群論と量子力学

ウイグナー著
森田正人
森田玲子訳

物理学叢書
30

吉岡書店

GROUP THEORY

AND ITS APPLICATION TO THE QUANTUM MECHANICS OF ATOMIC SPECTRA

EUGENE P. WIGNER

Palmer Physical Laboratory, Princeton University

Princeton, New Jersey

TRANSLATED FROM THE GERMAN BY

J. J. GRIFFIN

University of California, Los Alamos Scientific Laboratory

Los Alamos, New Mexico

EXPANDED AND IMPROVED EDITION

ACADEMIC PRESS NEW YORK AND LONDON

著者の序文

本書の目的は，特に原子スペクトルに関して，量子力学の問題への群論的方法の応用を記述することである．一般に，量子力学的方程式の本当の解は非常にむずかしいため，直接の計算によって得られるものは本当の解に対する単に粗い近似にすぎない．したがって，関連のある結果の大部分が，基本的な対称性の演算を考えることによって導かれ得るということは喜ばしいことである．

1931年に，もとのドイツ語版がはじめて出版されたとき，物理学者の間に群論的議論や群論的観点を受け入れることに対して大きな抵抗があった．この抵抗はとかくするうちに実際上なくなり，そして若い世代がこの抵抗に対する原因や根拠を理解しないということは喜ばしいことである．量子力学の問題において，方向づけを見出すための自然な道具として群論の重要性を最初に認識したのは，古い世代の中では，多分 M. von Laue であろう． von Laue は出版社と著者の両方を激励し，本書の刊行のために著しい貢献をした．本書に導かれた結果のうちどれを私が最も重要と考えるかという彼の疑問について想い出してみたい． 私は「Laporte の法則（パリティの概念）とベクトルの加え算の模型に関する量子論が最も重要と私には思われる」と答えた．そのとき以来，私は「分光学のほとんどすべての法則が問題の対称性から導かれるということの認識が最もすばらしい結果である」という彼の答えに賛成するようになった．

英訳版には3つの新しい章が付け加えられている．第24章の後半分は Racah と彼の後継者達の仕事について報告する．ドイツ語版の第24章はいま第25章として現われている．第26章は時間反転，ドイツ語版が書かれたときにまだ認められていなかった対称演算を取り扱う．この章の最後の部分と第27章の内容は，以前に出版されたことはない．第27章は編集上の理由で後になってしまっているが，第17章と第24章の結果を勉強する際には，第27章を併せて読んでみることをすすめたい．その他の章は J. J. Griffin 博士の英訳に成っている．彼はいくつかの提案を即座に受け入れてくれ，非常に協力的であった．彼はまたドイツ語版に用いられた左手系を右手系に変え，表記法について付録を加えた．

本書の特徴——その明白さとただ一つの主題，すなわち，原子スペクトルの量子力学への制限——は変わっていない．その主要な結果は，1926年および1927年初頭 *Zeitschrift für Physik* の論文として出版された．これらの論文に対する最初の刺激は Heisenberg と Dirac による同一粒子の集団に関する量子論についての研究によって与えられた．Weyl は 1927—1928年度に関連した問題について Zürich で講義をした．あとで彼はこれらを基としてあの有名な本を書いた．

ドイツ語版が英訳されていることがわかったとき，多くの提案を頂いた．これらの大部分は，本書の見解と頁数を著しく変えることなしにはできないので残念なことである．そして，著者と訳者を非常に力づけたこれらの提案に感謝している．著者はまた，量子力学における群論の役割や，より特定の問題について多くの活発な議論をして頂いた共同研究者たちに感謝したい．Bargman, Michel, Wightman 博士，そして順序は最後になったが特に J. von Neumann 博士に深い感謝の意をあらわしたい．

1959年2月

ニュージャージー州プリンストンにて

E. P. Wigner

英訳者の序文

この翻訳は訳者がプリンストン大学の大学院学生であったときに始めたもので，物理学者の観点から群論の問題を論じたよい英語の著書がなかったことが動機であった．そのとき以来，量子力学における群論を取り扱ういくつかの本が英語で出版されている．しかし，この翻訳が現代物理学における群論の使用について，英語を話す物理学者に入門の手助けとなることを希望することは多分穏当であろう．

本書では物理学と数学が交錯している．最初の３章は１次ベクトル理論の要綱を議論する．次の３章は特に量子力学自身の基本的原理を取り扱う．第７章から第16章までは再び数学的になる．しかし取り扱われている多くのことについては量子力学の初等課程からなじみ深いはずである．第17章から第23章までは，第25章と同じく，特に原子スペクトルに関係している．残りの章はドイツ語版には無く，ここで追加された；そこでは本書の始めの出版以降発展した問題，すなわち再結合（Racah）係数，時間反転の演算，および係数の古典的解釈を議論する．

本書をいろんなふうに利用することを希望したい．特別に群論の数学に興味のある読者は量子力学を取り扱っている章をとばして読むとよい．他の読者は第７，９，10，13および14章を基礎として軽くふれて，後続の章をより注意して読み，数学を強調しないように選んでよい．量子力学を学ぶ人や，余り親しみのない事柄と織り混ぜてよく知られた事柄を学びたい物理学者は，いずれも一様に注意して読むことになるだろう．

訳者はこの仕事を激励し，ご指導してくださった E. P. Wigner 教授，本書について多くの 改良を提案された Robert Johnston および John McHale 博士，そして秘書として最も貴重な援助をされた Marjorie Dresback 夫人に感謝の気持を表わしたい．

1959年2月

ニューメキシコ州ロスアラモスにて

J. J. GRIFFIN

訳者の序文

ウイグナー博士は，量子力学，原子分子，原子核，素粒子，原子力など物理学の広範な領域に独創的な研究を発表し続けられている，プリンストン大学の教授である．また原子核の殻構造に関する数学的業績によって，1963年ノーベル物理学賞を授賞されている．**群論と量子力学**は博士の業績の一端を窺い知るに好適の著であろう．この本は序文に示されているように，元々独逸語版として1931年に出版され，創生期にあった量子力学の指導的研究手段として用いられていた群論を，物理に応用する者の立場から詳述したものである．もとの題「群論とその原子スペクトルの量子力学への応用」から明らかなように，群論的方法は量子力学的レベル乃至は原子スペクトルの分類，遷移確率の計算，特に分岐比や放射線の角分布の場合に有用であり，量子力学の学習に必読の書であった．1959年の英語版が作られた際，改訂増補が行なわれ，原子分子の物理のみならず，最近原子核や素粒子物理の研究にもひろく用いられているラカー代数の紹介がつけ加えられている．また，時間反転に関する記述はウイグナー博士の1932年の論文に基づいているが，現在素粒子反応における興味の焦点の1つとして，この時間反転に対する不変性がとりあげられている．

原子核の構造の研究にはより高度な群論的知識が必要であり，また素粒子分類学にはさらに複雑な群の導入が不可欠であるが，本書の学習はこれら最新の学問に対する入門としても最適であろう．拙訳が，学生諸君の物理学に対する好奇心を誘起する一助ともなれば，訳者の最も幸いとするところである．

日本語訳には，英語版および独逸語版を用いた．原著者より寄せられた一個所の訂正は脚注として加えた．訳語は主として，山内恭彦先生著「回転群とその表現」および「代数学 および 幾何学」に従い，必要の 場合は原語を 併記した．本書の翻訳にご尽力くださった小林稔先生，吉岡書店に感謝する．

1970年12月　大阪大学にて

訳者しるす

目　　　次

1), 2)…は原著者注，*), **)…は訳者注

第1章　ベクトルと行列

1　次　変　換

n 個の数の集合 $(\mathfrak{v}_1, \mathfrak{v}_2, \cdots, \mathfrak{v}_n)$ を n 次元のベクトル，または n 次元空間のベクトルという．n 次元空間の一つの点の座標は座標系の原点とその点を結ぶベクトルであると考えられる．ベクトルはドイツ太文字で表わし，その成分は座標軸を示すローマ字の添字をつける．したがって $\mathfrak{v}_k$ はベクトル成分であり(数である)，$\mathfrak{v}$ はベクトル，すなわち n 個の数の集合を表わす．

2つのベクトルはそれらの対応する成分が等しいとき等しいという．すなわち

$$\mathfrak{v}=\mathfrak{w} \tag{1.1}$$

は，次の n 個の方程式に等しい，

$$\mathfrak{v}_1=\mathfrak{w}_1;\quad \mathfrak{v}_2=\mathfrak{w}_2;\quad \cdots;\quad \mathfrak{v}_n=\mathfrak{w}_n.$$

ベクトルのすべての成分がゼロであるとき，そのベクトルをゼロベクトルという．ベクトル $\mathfrak{v}$ と数 c の積 $c\mathfrak{v}$ はベクトルであり，その成分はベクトル $\mathfrak{v}$ の成分の c 倍である．すなわち，$(c\mathfrak{v})_k=c\mathfrak{v}_k$．ベクトルの和は，和ベクトルの成分が対応する各成分の和であるという規則で定義される．式で表わすと

$$(\mathfrak{v}+\mathfrak{w})_k=\mathfrak{v}_k+\mathfrak{w}_k. \tag{1.2}$$

数学的諸問題では，最初に用いられた変数の代わりに新しい変数を導入することが望ましい場合がしばしば起こる．最も簡単な場合，新しい変数 x'_1, x'_2, $\cdots$, x'_n が古い変数 x_1, x_2, $\cdots$, x_n の1次結合である．すなわち

$$\begin{aligned} x'_1&=\boldsymbol{\alpha}_{11}x_1+\cdots+\boldsymbol{\alpha}_{1n}x_n\\ x'_2&=\boldsymbol{\alpha}_{21}x_1+\cdots+\boldsymbol{\alpha}_{2n}x_n\\ &\vdots \end{aligned} \tag{1.3}$$

$$x'_n = \boldsymbol{\alpha}_{n1}x_1 + \cdots + \boldsymbol{\alpha}_{nn}x_n$$

または

$$x'_i = \sum_{k=1}^{n} \boldsymbol{\alpha}_{ik}x_k. \tag{1.3a}$$

このようにして新しい変数を導入することを1次変換という．変数は係数 $\boldsymbol{\alpha}_{11}$, …, $\boldsymbol{\alpha}_{nn}$ によって完全に決まり，これら n^2 個の数を正方形に並べたものを1次変換 (1.3) の**行列**とよぶ．

$$\begin{pmatrix} \boldsymbol{\alpha}_{11} & \boldsymbol{\alpha}_{12} & \cdots & \boldsymbol{\alpha}_{1n} \\ \boldsymbol{\alpha}_{21} & \boldsymbol{\alpha}_{22} & \cdots & \boldsymbol{\alpha}_{2n} \\ \vdots & \vdots & & \vdots \\ \boldsymbol{\alpha}_{n1} & \boldsymbol{\alpha}_{n2} & \cdots & \boldsymbol{\alpha}_{nn} \end{pmatrix} \tag{1.4}$$

この行列をもっと簡単に $(\boldsymbol{\alpha}_{ik})$ または単に $\boldsymbol{\alpha}$ と書く．

(1.3) 式は新しい変数の導入を表わすから，x' が x によって書き表わされることが必要なだけでなく，x もまた x' によって書き表わされなければならない．言葉をかえていえば，もし x_i を (1.3) 式において未知数と考えるならば，この連立1次方程式が x_i について一義的に解き得るならば，x を x' によって与えることができる．このために必要かつ十分条件は係数 $\boldsymbol{\alpha}_{ik}$ で作った行列式がゼロでないことである．

$$\begin{vmatrix} \boldsymbol{\alpha}_{11} & \cdots & \boldsymbol{\alpha}_{1n} \\ \vdots & & \vdots \\ \boldsymbol{\alpha}_{n1} & \cdots & \boldsymbol{\alpha}_{nn} \end{vmatrix} \neq 0. \tag{1.4a}$$

行列式がゼロでない変換を**正常**変換という．また変換が正常変換であるなしにかかわらず，(1.4) 式の係数の配列をいつも行列とよぶ．行列を表わすには太文字を使う；行列の要素は行と列を指定する2個の添字をつけて表わす．したがって，$\boldsymbol{\alpha}$ は行列すなわち n^2 個の数の配列であり，$\boldsymbol{\alpha}_{jk}$ は行列要素すなわち数である．

2つの行列は対応する要素が等しいとき，等しいという．したがって

$$\boldsymbol{\alpha} = \boldsymbol{\beta} \tag{1.5}$$

は次の n^2 個の式に等しい

$$\boldsymbol{\alpha}_{jk}=\boldsymbol{\beta}_{jk}\quad(j,k=1,2,\cdots,n).$$

次の式

$$x'_i=\sum_{k=1}^{n}\boldsymbol{\alpha}_{ik}x_k \tag{1.3a}$$

は，x'_j を元のベクトル x_j の新しい座標系における成分ではなく元の座標系での新しいベクトルの成分であると考えることによって，別の解釈をすることができる．すなわち行列 $\boldsymbol{\alpha}$ はベクトル $\mathfrak{x}$ をベクトル $\mathfrak{x}'$ に変換する，または $\mathfrak{x}$ に $\boldsymbol{\alpha}$ を作用させると $\mathfrak{x}'$ になると考えることができる．

$$\mathfrak{x}'=\boldsymbol{\alpha}\mathfrak{x}. \tag{1.3b}$$

この式は（1.3 a）と完全に同等である．

n 次元の行列は n 次元のベクトルに作用する**1次演算子**である．**演算子**であることはこの行列があるベクトルを別のベクトルに変換するからである；またいま任意の数を a，b，任意のベクトルを，$\mathfrak{v}$, $\mathfrak{w}$ とすると式

$$\boldsymbol{\alpha}(a\mathfrak{v}+b\mathfrak{w})=a\boldsymbol{\alpha}\mathfrak{v}+b\boldsymbol{\alpha}\mathfrak{w} \tag{1.6}$$

が成り立つので，**1次**演算子である．(1.6) を証明するには左辺と右辺を実際に書いてみればよい．$a\mathfrak{v}+b\mathfrak{w}$ の k 番目の成分は $a\mathfrak{v}_k+b\mathfrak{w}_k$ であるから，左辺のベクトルの i 番目の成分は

$$\sum_{k=1}^{n}\boldsymbol{\alpha}_{ik}(a\mathfrak{v}_k+b\mathfrak{w}_k).$$

これは (1.6) 式の右辺のベクトルの i 番目の成分とまったく等しい

$$a\sum_{k=1}^{n}\boldsymbol{\alpha}_{ik}\mathfrak{v}_k+b\sum_{k=1}^{n}\boldsymbol{\alpha}_{ik}\mathfrak{w}_k.$$

これで行列演算子の1次性が証明された．

n 次元行列は n 次元ベクトル空間における**最も一般的な**1次演算子である．すなわち，n 次元空間のどのような1次演算子も行列と同等である．これを証明するためにベクトル $\mathfrak{e}_1=(1,0,\cdots,0)$ をベクトル $\mathfrak{r}_{\cdot 1}$ に，ベクトル $\mathfrak{e}_2=(0,1,\cdots,0)$ をベクトル $\mathfrak{r}_{\cdot 2}$ に，そして最後に $\mathfrak{e}_n=(0,0,\cdots,1)$ を $\mathfrak{r}_{\cdot n}$ に変換する一次演算子 $\mathbf{O}$ を考える．ここでベクトル $\mathfrak{r}_{\cdot k}$ の成分は $\mathfrak{r}_{1k}$, $\mathfrak{r}_{2k}$, $\cdots$, $\mathfrak{r}_{nk}$ である．いま行列 $(\mathfrak{r}_{ik})$ は演算子 $\mathbf{O}$ と同様に，ベクトル $\mathfrak{e}_1$, $\mathfrak{e}_2$, $\cdots$, $\mathfrak{e}_n$ を実際にベクトル $\mathfrak{r}_{\cdot 1}$, $\mathfrak{r}_{\cdot 2}$, $\cdots$, $\mathfrak{r}_{\cdot n}$ に変換する．さらに，任意の n 次元ベクトル $\mathfrak{a}$ はベクトル $\mathfrak{e}_1$, $\mathfrak{e}_2$, $\cdots$, $\mathfrak{e}_n$ の1次結合である．したがって，$\mathbf{O}$ と $(\mathfrak{r}_{ik})$ はいずれも

（これらは１次であるから）任意のベクトル $\mathfrak{a}$ を同じベクトル $a_1\mathfrak{r}_{\cdot 1}+\cdots+a_n\mathfrak{r}_{\cdot n}$ に変換する．したがって行列 $(\mathfrak{r}_{ik})$ は演算子 $\mathbf{O}$ と同等である．

１次演算子の最も重要な性質は，２つの演算子を続けて作用させたものは１つの１次変換によって表わされるということである．たとえば，いま我々は１次変換 (1.3) によって x の代わりに x' を導入し，さらに**第２の１次変換**によって x'' を導入したと考えよう．

$$
\begin{aligned}
x''_1&=\beta_{11}x'_1+\beta_{12}x'_2+\cdots+\beta_{1n}x'_n\\
\vdots\quad&\quad\ \ \vdots\qquad\qquad\qquad\qquad\ \vdots\\
x''_n&=\beta_{n1}x'_1+\beta_{n2}x'_2+\cdots+\beta_{nn}x'_n.
\end{aligned}
\tag{1.7}
$$

この手続きは**１つの変換に合成される**から，x'' は直接 x から１次変換によって導かれる．(1.7) に (1.3) を代入すると次の式を得る

$$
\begin{aligned}
x''_1&=\beta_{11}(\alpha_{11}x_1+\cdots+\alpha_{1n}x_n)+\cdots+\beta_{1n}(\alpha_{n1}x_1+\cdots+\alpha_{nn}x_n)\\
x''_2&=\beta_{21}(\alpha_{11}x_1+\cdots+\alpha_{1n}x_n)+\cdots+\beta_{2n}(\alpha_{n1}x_1+\cdots+\alpha_{nn}x_n)\\
&\vdots\\
x''_n&=\beta_{n1}(\alpha_{11}x_1+\cdots+\alpha_{1n}x_n)+\cdots+\beta_{nn}(\alpha_{n1}x_1+\cdots+\alpha_{nn}x_n).
\end{aligned}
\tag{1.8}
$$

このようにして，x'' は x の１次関数である．(1.3) および (1.7) を次のように短く書くと (1.8) をもっと簡単に書くことができる．

$$x'_j=\sum_{k=1}^{n}\alpha_{jk}x_k \quad (j=1, 2, \cdots, n) \tag{1.3c}$$

$$x''_i=\sum_{j}^{n}\beta_{ij}x'_j \quad (i=1, 2, \cdots, n) \tag{1.7a}$$

したがって (1.8) は次のようになる

$$x''_i=\sum_{j=1}^{n}\sum_{k=1}^{n}\beta_{ij}\alpha_{jk}x_k. \tag{1.8a}$$

さらに，γ を次のように定義すると

$$\gamma_{ik}=\sum_{j=1}^{n}\beta_{ij}\alpha_{jk} \tag{1.9}$$

(1.8 a) は簡単に次のように書ける

$$x''_i=\sum_{k=1}^{n}\gamma_{ik}x_k. \tag{1.8b}$$

これは行列 $(\boldsymbol{\beta}_{ik})$ による変換 (1.7) と $(\boldsymbol{\alpha}_{ik})$ による (1.3) の2つの1次変換の合成が行列 $(\boldsymbol{\gamma}_{ik})$ で表わされる1つの1次変換であることを示す.

(1.9) 式に従って行列 $(\boldsymbol{\alpha}_{ik})$ と $(\boldsymbol{\beta}_{ik})$ で与えられた行列 $(\boldsymbol{\gamma}_{ik})$ を行列 $(\boldsymbol{\beta}_{ik})$ と $(\boldsymbol{\alpha}_{ik})$ の**積**とよぶ. $(\boldsymbol{\alpha}_{ik})$ はベクトル $\mathfrak{r}$ を $\mathfrak{r}'=\boldsymbol{\alpha}\mathfrak{r}$ に, $(\boldsymbol{\beta}_{ik})$ はベクトル $\mathfrak{r}'$ を $\mathfrak{r}''=\boldsymbol{\beta}\mathfrak{r}'$ に変換するから, 積行列 $(\boldsymbol{\gamma}_{ik})$ は定義によって $\mathfrak{r}$ を直接に $\mathfrak{r}''$ に変換する. このような変換を合成する方法を“行列の掛け算”といい, 多くの簡単な性質がある. 次にそれらを定理として列挙する.

まず, 行列の掛け算の規則は行列式の掛け算の規則と同じである.

1.　2つの行列の積の行列式はおのおのの行列の行列式の積に等しい.

行列の掛け算では

$$\boldsymbol{\alpha\beta}=\boldsymbol{\beta\alpha} \tag{1.E.1}$$

は必ずしも正しくない. たとえば, 次のような2つの行列を考えてみよう

$$\begin{pmatrix} 1 & 1 \\ 0 & 1 \end{pmatrix} \text{および} \begin{pmatrix} 1 & 0 \\ 1 & 1 \end{pmatrix}.$$

そこで

$$\begin{pmatrix} 1 & 1 \\ 0 & 1 \end{pmatrix}\begin{pmatrix} 1 & 0 \\ 1 & 1 \end{pmatrix} = \begin{pmatrix} 2 & 1 \\ 1 & 1 \end{pmatrix}$$

および

$$\begin{pmatrix} 1 & 0 \\ 1 & 1 \end{pmatrix}\begin{pmatrix} 1 & 1 \\ 0 & 1 \end{pmatrix} = \begin{pmatrix} 1 & 1 \\ 1 & 2 \end{pmatrix}.$$

これは行列の掛け算の第2の性質を与える.

2.　2つの行列の積は一般にその行列の順序によって異なる.

非常に特別の場合として (1.E.1) が成り立つとき, 行列 $\boldsymbol{\alpha}$ と $\boldsymbol{\beta}$ は**交換する**という (可換であるともいう).

交換則とは対照的に,

3.　行列の掛け算では結合則が成り立つ.

すなわち,

$$\boldsymbol{\gamma}(\boldsymbol{\beta\alpha})=(\boldsymbol{\gamma\beta})\boldsymbol{\alpha}. \tag{1.10}$$

このように, $\boldsymbol{\gamma}$ に $\boldsymbol{\beta}$ と $\boldsymbol{\alpha}$ の積を掛けるのと, $\boldsymbol{\gamma}$ と $\boldsymbol{\beta}$ の積に $\boldsymbol{\alpha}$ を掛けるのとに違いはない. これを証明するために, (1.10) 式の左辺の行列の i—k 番

目の要素を $\boldsymbol{\epsilon}_{ik}$ と書くと

$$\boldsymbol{\epsilon}_{ik}=\sum_{j=1}^{n}\boldsymbol{\gamma}_{ij}(\boldsymbol{\beta\alpha})_{jk}=\sum_{j=1}^{n}\sum_{l=1}^{n}\boldsymbol{\gamma}_{ij}\boldsymbol{\beta}_{jl}\boldsymbol{\alpha}_{lk}. \tag{1.10a}$$

(1.10) 式の右辺の $i-k$ 番目の要素は

$$\boldsymbol{\epsilon}'_{ik}=\sum_{l=1}^{n}(\boldsymbol{\gamma\beta})_{il}\boldsymbol{\alpha}_{lk}=\sum_{l=1}^{n}\sum_{j=1}^{n}\boldsymbol{\gamma}_{ij}\boldsymbol{\beta}_{jl}\boldsymbol{\alpha}_{lk}. \tag{1.10b}$$

そこで $\boldsymbol{\epsilon}_{ik}=\boldsymbol{\epsilon}'_{ik}$ となり (1.10) 式は正しい．したがって，(1.10) 式の両辺を $\boldsymbol{\gamma\beta\alpha}$ と書くことができる．

結合則が成り立つことは，行列を1次演算子と考えれば，明らかである．$\boldsymbol{\alpha}$ はベクトル $\mathfrak{r}$ を $\mathfrak{r}'=\boldsymbol{\alpha}\mathfrak{r}$ に，$\boldsymbol{\beta}$ はベクトル $\mathfrak{r}'$ を $\mathfrak{r}''=\boldsymbol{\beta}\mathfrak{r}'$ に，$\boldsymbol{\gamma}$ はベクトル $\mathfrak{r}''$ を $\mathfrak{r}'''=\boldsymbol{\gamma}\mathfrak{r}''$ に変換するとしよう．すると行列の掛け算によって2つの行列を1つの行列で表わすということは，単に2つの演算の合成を意味する．積 $\boldsymbol{\beta\alpha}$ は $\mathfrak{r}$ を直接に $\mathfrak{r}''$ に，また $\boldsymbol{\gamma\beta}$ は $\mathfrak{r}'$ を直積 $\mathfrak{r}'''$ に変換する．このようにして，$(\boldsymbol{\gamma\beta})\boldsymbol{\alpha}$ も $\boldsymbol{\gamma}(\boldsymbol{\beta\alpha})$ も共に $\mathfrak{r}$ を $\mathfrak{r}'''$ に変換するから，2つの演算は同等である．

4.　単位行列

$$\mathbf{1}=\begin{pmatrix}1 & 0 & 0 & \cdots & 0\\ 0 & 1 & 0 & \cdots & 0\\ 0 & 0 & 1 & \cdots & 0\\ \vdots & \vdots & \vdots & & \vdots\\ 0 & 0 & 0 & \cdots & 1\end{pmatrix} \tag{1·11}$$

は普通の掛け算の1と同じように，行列の掛け算で特別の役割を果たす．任意の行列 $\boldsymbol{\alpha}$ に対して

$$\boldsymbol{\alpha}\cdot\mathbf{1}=\mathbf{1}\cdot\boldsymbol{\alpha}.$$

すなわち，**1**はすべての行列と交換し，どんな行列と**1**との積もその行列自身になる．単位行列の要素は $\boldsymbol{\delta}_{ik}$ の記号で表わされるから

$$\begin{aligned}\boldsymbol{\delta}_{ik}&=0 \qquad (i\neq k)\\ \boldsymbol{\delta}_{ik}&=1 \qquad (i=k).\end{aligned} \tag{1.12}$$

このように定義された $\boldsymbol{\delta}_{ik}$ を Kronecker デルタ記号という．行列 $(\boldsymbol{\delta}_{ik})=\mathbf{1}$ は

恒等変換を与える，すなわち変数は不変である．

もし与えられた行列 $\boldsymbol{\alpha}$ に対して，次のような行列 $\boldsymbol{\beta}$ が存在するとき

$$\boldsymbol{\beta\alpha}=\mathbf{1}, \tag{1.13}$$

$\boldsymbol{\beta}$ は行列 $\boldsymbol{\alpha}$ の**逆行列**という．(1.13) 式は，$\boldsymbol{\beta}$ によって表わされる変換が存在し，その変換は $\boldsymbol{\alpha}$ と結合して恒等変換を与えることを示す．もし $\boldsymbol{\alpha}$ の行列式がゼロでなければ ($|\boldsymbol{\alpha}_{ik}|\neq 0$), p. 2 で述べたように逆変換は常に存在する．これを証明するために，n^2 個の式 (1.13) をもっとはっきり書いてみよう．

$$\sum_{j=1}^{n}\boldsymbol{\beta}_{ij}\boldsymbol{\alpha}_{jk}=\boldsymbol{\delta}_{ik}\quad (i,k=1,2,\cdots,n). \tag{1.14}$$

いま i がある値，たとえば l とした場合の n 個の式を考える．n 個の未知数 $\boldsymbol{\beta}_{l1}$, $\boldsymbol{\beta}_{l2}$, …, $\boldsymbol{\beta}_{ln}$ に対して n 個の１次方程式が存在する．したがって，行列式 $|\boldsymbol{\alpha}_{jk}|$ がゼロでなければ，これらの連立方程式はただ１つの解を持つ．同様のことが ($n-1$) 組の連立方程式についても成り立つ．このことは，我々が述べようとする第５の性質を与える．

5.　もし行列式 $|\boldsymbol{\alpha}_{jk}|\neq 0$ ならば，$\boldsymbol{\beta\alpha}=\mathbf{1}$ となるような行列 $\boldsymbol{\beta}$ がただ１つ存在する．

さらに行列式 $|\boldsymbol{\beta}_{jk}|$ は $|\boldsymbol{\alpha}_{jk}|$ の逆数である，なぜならば定理１によって

$$|\boldsymbol{\beta}_{jk}|\cdot|\boldsymbol{\alpha}_{jk}|=|\boldsymbol{\delta}_{jk}|=\mathbf{1}. \tag{1.15}$$

このことからもし $|\boldsymbol{\alpha}_{jk}|=0$ ならば，$\boldsymbol{\alpha}$ は逆行列を持たない．また $\boldsymbol{\alpha}$ の逆行列である $\boldsymbol{\beta}$ も逆行列を持たなければならない．

ここでもし (1.13) が正しいならば

$$\boldsymbol{\alpha\beta}=\mathbf{1} \tag{1.16}$$

が成り立つことを示そう．すなわち，もし $\boldsymbol{\beta}$ が $\boldsymbol{\alpha}$ の逆行列ならば，$\boldsymbol{\alpha}$ はまた $\boldsymbol{\beta}$ の逆行列である．これは最も簡単に次のようにしてわかる．(1.13) 式に右から $\boldsymbol{\beta}$ を掛け

$$\boldsymbol{\beta\alpha\beta}=\boldsymbol{\beta}, \tag{1.17}$$

そして左から $\boldsymbol{\beta}$ の逆行列 $\boldsymbol{\gamma}$ を掛ける．したがって

$$\boldsymbol{\gamma\beta\alpha\beta}=\boldsymbol{\gamma\beta}$$

で，$\boldsymbol{\gamma\beta}=\mathbf{1}$ という仮定によってこの式は（1.16）と全く等しい．逆に，（1.13）は（1.16）から簡単に導かれる．これは定理6の証明である（$\boldsymbol{\alpha}$ の逆行列を $\boldsymbol{\alpha}^{-1}$ で表わす）．

6. もし $\boldsymbol{\alpha}^{-1}$ が $\boldsymbol{\alpha}$ の逆行列ならば，$\boldsymbol{\alpha}$ もまた $\boldsymbol{\alpha}^{-1}$ の逆行列である．逆行列が互いに交換することは明らかである．

法　則：積 $\boldsymbol{\alpha\beta\gamma\delta}$ の逆行列は各行列の逆行列を逆の順序に掛けることによって得られる．すなわち，$\boldsymbol{\delta}^{-1}\boldsymbol{\gamma}^{-1}\boldsymbol{\beta}^{-1}\boldsymbol{\alpha}^{-1}$．したがって

$$(\boldsymbol{\delta}^{-1}\boldsymbol{\gamma}^{-1}\boldsymbol{\beta}^{-1}\boldsymbol{\alpha}^{-1})\cdot(\boldsymbol{\alpha\beta\gamma\delta})=\mathbf{1}.$$

もう1つの重要な行列は

7. すべての要素がゼロとなる，ゼロ行列である．

$$\mathbf{0}=\begin{pmatrix} 0 & 0 & 0 & \cdots & 0 \\ 0 & 0 & 0 & \cdots & 0 \\ . & . & . & \cdots & . \\ 0 & 0 & 0 & \cdots & 0 \end{pmatrix}. \tag{1.18}$$

明らかに，任意の行列 $\boldsymbol{\alpha}$ に対して

$$\boldsymbol{\alpha}\cdot\mathbf{0}=\mathbf{0}\cdot\boldsymbol{\alpha}=\mathbf{0}$$

を得る．

ゼロ行列は，行列のもう1つの結合過程，すなわち加え算において重要な役割を果たす．2つの行列 $\boldsymbol{\alpha}$ と $\boldsymbol{\beta}$ の和 $\boldsymbol{\gamma}$ は次のような要素を持つ行列である

$$\gamma_{ik}=\alpha_{ik}+\beta_{ik}. \tag{1.19}$$

n^2 個の方程式（1.19）は次の式と同等である

$$\boldsymbol{\gamma}=\boldsymbol{\alpha}+\boldsymbol{\beta} \quad \text{あるいは} \quad \boldsymbol{\gamma}-\boldsymbol{\alpha}-\boldsymbol{\beta}=\mathbf{0}.$$

行列の加え算は明らかに可換である．

$$\boldsymbol{\alpha}+\boldsymbol{\beta}=\boldsymbol{\beta}+\boldsymbol{\alpha}. \tag{1.20}$$

その上，和行列との掛け算には分配則が成り立つ．

$$\boldsymbol{\gamma}(\boldsymbol{\alpha}+\boldsymbol{\beta})=\boldsymbol{\gamma}\boldsymbol{\alpha}+\boldsymbol{\gamma}\boldsymbol{\beta}$$

$$(\boldsymbol{\alpha}+\boldsymbol{\beta})\boldsymbol{\gamma}=\boldsymbol{\alpha}\boldsymbol{\gamma}+\boldsymbol{\beta}\boldsymbol{\gamma}.$$

さらに，行列 $\boldsymbol{\alpha}$ と数 a との積は行列 $\boldsymbol{\gamma}$ で定義され，$\boldsymbol{\gamma}$ の行列要素は $\boldsymbol{\alpha}$ の対応する行列要素の a 倍になっている．

$$\boldsymbol{\gamma}_{ik}=a\boldsymbol{\alpha}_{ik}. \tag{1.21}$$

したがって公式

$$(ab)\boldsymbol{\alpha}=a(b\boldsymbol{\alpha})\,; \quad \boldsymbol{\alpha}a\boldsymbol{\beta}=a\boldsymbol{\alpha}\boldsymbol{\beta}; \quad a(\boldsymbol{\alpha}+\boldsymbol{\beta})=a\boldsymbol{\alpha}+a\boldsymbol{\beta}$$

は直ちに導き出せる．

行列 $\boldsymbol{\alpha}$ の整数巾は次々と掛けることによって定義されるから

$$\boldsymbol{\alpha}^2=\boldsymbol{\alpha}\cdot\boldsymbol{\alpha}; \qquad \boldsymbol{\alpha}^3=\boldsymbol{\alpha}\cdot\boldsymbol{\alpha}\cdot\boldsymbol{\alpha};\cdots$$

$$\boldsymbol{\alpha}^{-2}=\boldsymbol{\alpha}^{-1}\cdot\boldsymbol{\alpha}^{-1}; \quad \boldsymbol{\alpha}^{-3}=\boldsymbol{\alpha}^{-1}\cdot\boldsymbol{\alpha}^{-1}\cdot\boldsymbol{\alpha}^{-1};\cdots \tag{1.22}$$

正および負の整数巾を含む多項式は次のように定義される

$$\cdots+a_{-n}\boldsymbol{\alpha}^{-n}+\cdots+a_{-1}\boldsymbol{\alpha}^{-1}+a_0\mathbf{1}+a_1\boldsymbol{\alpha}+\cdots+a_n\boldsymbol{\alpha}^n+\cdots. \tag{1.23}$$

上式での係数 a は行列ではなく，数である．(1.23) のような $\boldsymbol{\alpha}$ の関数は他の $\boldsymbol{\alpha}$ の関数（特に $\boldsymbol{\alpha}$ 自身）と交換する．

この外，しばしば現われる重要な行列は対角行列である．

8. 対角行列とは，その行列要素が主対角線上のもの以外はすべてゼロとなる行列である．

$$\mathbf{D}=\begin{pmatrix} D_1 & 0 & \cdots & 0 \\ 0 & D_2 & \cdots & 0 \\ \vdots & \vdots & \ddots & \vdots \\ 0 & 0 & \cdots & D_n \end{pmatrix}. \tag{1.24}$$

この対角行列の一般的な要素は次のように書ける

$$\mathbf{D}_{ik}=D_i\delta_{ik}. \tag{1.25}$$

すべての対角行列は交換し，また2つの対角行列の積も対角行列である．これは積の定義から直ちにわかる．

$$(\mathbf{DD'})_{ik}=\sum_j \mathbf{D}_{ji}\mathbf{D'}_{jk}=\sum_j D_i\delta_{ij}D'_j\delta_{jk}=D_iD'_i\delta_{ik}. \tag{1.26}$$

逆に，もしある行列 $\boldsymbol{\alpha}$ が，その対角要素がすべて異なるような対角行列 $\mathbf{D}$ と交換するならば，$\boldsymbol{\alpha}$ はそれ自身対角行列でなければならない．積を書いてみると

$$\boldsymbol{\alpha}\mathbf{D}=\mathbf{D}\boldsymbol{\alpha}$$

$$(\boldsymbol{\alpha}\mathbf{D})_{ik}=\boldsymbol{\alpha}_{ik}D_k=(\mathbf{D}\boldsymbol{\alpha})_{ik}=D_i\boldsymbol{\alpha}_{ik}. \tag{1.27}$$

すなわち

$$(D_i-D_k)\boldsymbol{\alpha}_{ik}=0 \tag{1.27a}$$

となり，$i\neq k$ の場合 $D_i\neq D_k$ ということから非対角要素 $\boldsymbol{\alpha}_{ik}$ はゼロとなることが結論される．したがって $\boldsymbol{\alpha}$ は対角行列である．

行列の対角要素の和を行列の跡という．

$$\mathrm{Tr}\boldsymbol{\alpha}=\sum_j \boldsymbol{\alpha}_{jj}=\boldsymbol{\alpha}_{11}+\cdots+\boldsymbol{\alpha}_{nn}. \tag{1.28}$$

積 $\boldsymbol{\alpha\beta}$ の跡はしたがって

$$\mathrm{Tr}\boldsymbol{\alpha\beta}=\sum_i(\boldsymbol{\alpha\beta})_{ii}=\sum_{jk}\boldsymbol{\alpha}_{jk}\boldsymbol{\beta}_{kj}=\mathrm{Tr}\boldsymbol{\beta\alpha}. \tag{1.29}$$

これは行列のもう１つの性質を与える．

9.　2つの行列の積の跡は積の順序によらない．

この法則の応用として重要な例は行列の**相似変換**の場合である．相似変換とは，変換されるべき行列 $\boldsymbol{\alpha}$ に右から変換する行列 $\boldsymbol{\beta}$ を掛け，左からその逆行列を掛けるような変換である．したがって行列 $\boldsymbol{\alpha}$ は $\boldsymbol{\beta}^{-1}\boldsymbol{\alpha\beta}$ に変換される．上記の法則により $\boldsymbol{\beta}^{-1}\boldsymbol{\alpha\beta}$ は $\boldsymbol{\alpha\beta\beta}^{-1}=\boldsymbol{\alpha}$ と同じ跡を持つから，相似変換は行列の跡を不変にする．

相似変換の重要性は次の事実に基づく．すなわち，

10.　行列の方程式は，式中の各行列が同じ相似変換を受けても，同じように成り立つ．

たとえば，行列の積 $\boldsymbol{\alpha\beta}=\boldsymbol{\gamma}$ の変換は

$$\boldsymbol{\sigma}^{-1}\boldsymbol{\alpha}\boldsymbol{\sigma}\boldsymbol{\sigma}^{-1}\boldsymbol{\beta}\boldsymbol{\sigma}=\boldsymbol{\sigma}^{-1}\boldsymbol{\gamma}\boldsymbol{\sigma}$$

である．もし

$$\boldsymbol{\alpha}\boldsymbol{\beta}=\mathbf{1},$$

であるならば

$$\boldsymbol{\sigma}^{-1}\boldsymbol{\alpha}\boldsymbol{\sigma}\boldsymbol{\sigma}^{-1}\boldsymbol{\beta}\boldsymbol{\sigma}=\boldsymbol{\sigma}^{-1}\mathbf{1}\cdot\boldsymbol{\sigma}=\mathbf{1}.$$

となる．また行列の和ならびに数と行列との積は，相似変換しても同じように成り立つことがわかる．

$$\boldsymbol{\gamma}=\boldsymbol{\alpha}+\boldsymbol{\beta}$$

から

$$\boldsymbol{\sigma}^{-1}\boldsymbol{\gamma}=\boldsymbol{\sigma}^{-1}(\boldsymbol{\alpha}+\boldsymbol{\beta})=\boldsymbol{\sigma}^{-1}\boldsymbol{\alpha}+\boldsymbol{\sigma}^{-1}\boldsymbol{\beta}$$

および

$$\boldsymbol{\sigma}^{-1}\boldsymbol{\gamma}\boldsymbol{\sigma}=\boldsymbol{\sigma}^{-1}\boldsymbol{\alpha}\boldsymbol{\sigma}+\boldsymbol{\sigma}^{-1}\boldsymbol{\beta}\boldsymbol{\sigma}.$$

が導かれる．同様に

$$\boldsymbol{\beta}=a\cdot\boldsymbol{\alpha}$$

は次のことを意味する

$$\boldsymbol{\sigma}^{-1}\boldsymbol{\beta}\boldsymbol{\sigma}=a\boldsymbol{\sigma}^{-1}\boldsymbol{\alpha}\boldsymbol{\sigma}.$$

定理10はしたがって行列と数または行列と他の行列の積，行列の（正または負の）整数巾，および行列の和を含むあらゆる行列方程式に適用される．

行列の計算に関する上記10個の定理は，Born と Jordan[1] の非常に初期の論文に示されているので，多くの読者にとってすでになじみ深いものであろう．しかし，これら基本的な法則の確実な運用力が今後特に量子力学的計算において要求されるので繰り返して述べた．その上に，これなしには最も簡単な証明もはなはだしく長くなる.[2]

ベクトルの1次的独立性

ベクトル $\mathfrak{v}_1, \mathfrak{v}_2, \cdots, \mathfrak{v}_k$ の間に

$$a_1\mathfrak{v}_1+a_2\mathfrak{v}_2+\cdots+a_k\mathfrak{v}_k=0 \qquad (1.30)$$

---

[1] M. Born and P. Jordan, *Z. Physik* **34**, 858 (1925).

[2] たとえば，掛け算の結合則（定理3）は暗黙のうちに3回，逆行列の可換性を導き出すのに（定理6）用いられている．（すべての式を書いてみよ！）

の関係が，あらゆる $a_1, a_2, \cdots, a_k$ がゼロ以外の場合に成り立たないとき，これらのベクトルは１次的独立であるという．１次的独立な組のあるベクトルを，その組の他のベクトルの１次結合として書き表わすことはできない．あるベクトル，たとえば $\mathfrak{v}_1$，がゼロベクトルである場合は，この k 個のベクトルはもはや１次的独立ではあり得ない．この場合

$$1\cdot\mathfrak{v}_1+0\cdot\mathfrak{v}_2+\cdots+0\cdot\mathfrak{v}_k=0$$

の関係が確かに満足され，これは１次的独立性の条件に反するからである．

１次的従属性の１例として，次のような４次元ベクトルを考える：$\mathfrak{v}_1=(1, 2, -1, 3)$，$\mathfrak{v}_2=(0, -2, 1, -1)$，および $\mathfrak{v}_3=(2, 2, -1, 5)$．これらは１次的従属である，なぜならば

$$2\mathfrak{v}_1+\mathfrak{v}_2-\mathfrak{v}_3=0.$$

これに反して，$\mathfrak{v}_1$ と $\mathfrak{v}_2$ は１次的独立である．

もし k 個のベクトル $\mathfrak{v}_1, \mathfrak{v}_2, \cdots, \mathfrak{v}_k$ が１次的従属ならば，これらの中に $k'(k'<k)$ 個の１次的独立なベクトルがある．さらに，すべての k 個のベクトルはこれら k' 個のベクトルの１次結合として書き表わされる．

k' 個の１次的独立なベクトルを探すには，まずすべてのゼロベクトルを除かねばならない．これはすでに述べたように，ゼロベクトルは決して１次的独立なベクトルではあり得ないからである．次に，１次的独立性が確かめられたベクトルの１次結合として表わされるベクトルを取り除くという操作を，残りのベクトルについて次々と行なう．このようにして得られた k' 個のベクトルは１次的独立であり，かつまたこれらのベクトルの内のどれもを他の１次結合として書き表わすことができないので，これらのベクトルの間に（1.30）式の関係が存在しない．この結果，除かれたベクトル（したがって元の k 個のベクトル）は k' 個のベクトルで書き表わされる．このことは k' 個のベクトルの選び方から考えて自明であろう．

k 個のベクトル $\mathfrak{v}_1, \mathfrak{v}_2, \cdots, \mathfrak{v}_k$ の１次的従属性または１次的独立性は，また**正常**変換 $\boldsymbol{\alpha}$ によって得られたベクトル $\boldsymbol{\alpha}\mathfrak{v}_1, \cdots, \boldsymbol{\alpha}\mathfrak{v}_k$ の性質でもある．すなわち，

$$a_1\mathfrak{v}_1+a_2\mathfrak{v}_2+\cdots+a_k\mathfrak{v}_k=0 \tag{1.31}$$

であれば

$$a_1\alpha\mathfrak{v}_1+a_2\alpha\mathfrak{v}_2+\cdots+a_k\alpha\mathfrak{v}_k=0 \tag{1.31a}$$

も成り立つ．これは（1.31）式の両辺に $\boldsymbol{\alpha}$ を掛け，1次性の性質を使えば得られる．逆に，（1.31 a）式から（1.31）式が導かれる．したがってベクトル $\mathfrak{v}_i$ の間にある1次的従属関係（1.31）式が存在すれば，$\alpha\mathfrak{v}_i$ の間でも同じ関係が存在し，また逆も成り立つ．

次に n 個以上の n 次元ベクトルは1次的独立ではあり得ないことを証明しよう．1次的従属性を表わす関係式，

$$a_1\mathfrak{v}_1+\cdots+a_{n+1}\mathfrak{v}_{n+1}=0 \tag{1.32}$$

は，ベクトルの成分に対する次の n 個の斉1次方程式と同等である．

$$\begin{aligned} &a_1(\mathfrak{v}_1)_1+\cdots+a_n(\mathfrak{v}_n)_1+a_{n+1}(\mathfrak{v}_{n+1})_1=0 \\ &\vdots \\ &a_1(\mathfrak{v}_1)_n+\cdots+a_n(\mathfrak{v}_n)_n+a_{n+1}(\mathfrak{v}_{n+1})_n=0. \end{aligned} \tag{1.32a}$$

ここで係数 $a_1, a_2, \cdots, a_n, a_{n+1}$ を未知数と見なすならば，上式は $n+1$ 個の未知数を持つ n 個の斉1次方程式となりゼロでない解を持つ．このことは直ちに（1.32）式が常に存在することを意味する．このようにして，$n+1$ 個の n 次元ベクトルは常に1次的従属である．

上記の定理の系として，n 個の1次的独立な n 次元ベクトルは完全ベクトル系を作るということが直ちに導かれる；すなわち，任意の n 次元ベクトル $\mathfrak{w}$ はこれらの1次結合として書き表わされる．実際，この定理は次の関係式

$$a_1\mathfrak{v}_1+\cdots+a_n\mathfrak{v}_n+b\mathfrak{w}=0$$

が n 個のベクトルと任意のベクトルの間に存在しなければならないことを示している．さらに，$\mathfrak{v}_1, \cdots, \mathfrak{v}_n$ が1次的独立ならば係数 b はゼロではあり得ない．このようにして，任意のベクトル $\mathfrak{w}$ は $\mathfrak{v}_i$ の1次結合として表わされ，したがってこれらの $\mathfrak{v}_i$ は完全ベクトル系を作る．

n 次元行列の行または列をベクトルと見なすことができる．たとえば，k 番目の列を作るベクトル $\boldsymbol{\alpha}_{\cdot k}$ の成分は $\alpha_{1k}, \alpha_{2k}, \cdots, \alpha_{nk}$ であり，i 番目の行を作るベクトル $\boldsymbol{\alpha}_{i\cdot}$ の成分は $\alpha_{i1}, \cdots, \alpha_{in}$ である．列ベクトル $\boldsymbol{\alpha}_{\cdot 1}, \cdots, \boldsymbol{\alpha}_{\cdot n}$ の1次的

従属性

$$a_1\boldsymbol{\alpha}_{\cdot 1}+\cdots+a_n\boldsymbol{\alpha}_{\cdot n}=0$$

は，$a_1, \cdots, a_n$ に対する次の連立斉1次方程式のゼロでない解の存在と同等である．

$$\begin{aligned} &a_1\boldsymbol{\alpha}_{11}+\cdots+a_n\boldsymbol{\alpha}_{1n}=0\\ &\vdots\\ &a_1\boldsymbol{\alpha}_{n1}+\cdots+a_n\boldsymbol{\alpha}_{nn}=0. \end{aligned}$$

このような解が存在するための必要かつ十分条件は，行列式 $|\boldsymbol{\alpha}_{ik}|$ がゼロとなることである．したがって，もしこの行列式がゼロでないならば（$|\boldsymbol{\alpha}_{ik}|\neq 0$），ベクトル $\boldsymbol{\alpha}_{\cdot 1}, \cdots, \boldsymbol{\alpha}_{\cdot n}$ は1次的独立で，完全ベクトル系を作る．逆に，もしベクトル $\mathfrak{v}_1, \cdots, \mathfrak{v}_n$ が1次的独立ならば，これらのベクトルを列とする行列はゼロでない行列式を持つ．同様の議論は行列の行ベクトルにも成り立つ．

第2章　一　　般　　化

1.　今度は前章の結果を一般化しよう．最初に全く形式的な一般化を行ない，次に本質的な性質について一般化する．いままで，ベクトルの成分および行列要素を表わすために，適当な座標軸を添字としてつけた．そして座標軸は $1, 2, 3, \cdots, n$ と記された．これからは座標軸として任意の集合の元の名を用いることにする．もし G が $g, h, i, \cdots$ の物体の集合であれば，集合 G の空間におけるベクトル $\mathfrak{v}$ は $\mathfrak{v}_g, \mathfrak{v}_h, \mathfrak{v}_i, \cdots$ なる数の集合である．等号や加え算等は，同じ空間で定義されたベクトルの間についてのみ，成立する．これは，その場合にのみ，対応するもしくは同等の成分が存在するからである．

同様な方法が行列の場合にも用いられる．したがって，成分 $\mathfrak{v}_g, \mathfrak{v}_h, \mathfrak{v}_i, \cdots$ を持つベクトル $\mathfrak{v}$ に作用させられるべき行列 $\boldsymbol{\alpha}$ に対して，$\boldsymbol{\alpha}$ の列は，$\mathfrak{v}$ の成分を指定するものとして，同じ集合 G の元によって名づけられなければならない．最も簡単な場合には，行もまたこの集合の元 $g, h, i, \cdots$ の名によって名づけられ，$\boldsymbol{\alpha}$ は G の空間におけるベクトル $\mathfrak{v}$ を同じ空間のベクトル $\boldsymbol{\alpha}\mathfrak{v}$ に変換する．すなわち

$$\mathfrak{v}'_j = \sum_{l \in G} \boldsymbol{\alpha}_{jl} \mathfrak{v}_l \tag{2.1}$$

ここで j は集合 G の元であり，l はこの集合のすべての元をとる．

たとえば，座標軸は3つの文字 x, y, z で表わすことができる．このとき $\mathfrak{v}_x=1, \mathfrak{v}_y=0, \mathfrak{v}_z=-2$ は1つのベクトル $\mathfrak{v}$ であり，

$$\begin{array}{cc} & \begin{array}{ccc} x & y & z \end{array} \\ \boldsymbol{\alpha}= & \begin{pmatrix} 1 & 2 & 3 \\ 0 & 5 & -1 \\ -4 & -2 & 4 \end{pmatrix} \begin{array}{c} x \\ y \\ z \end{array} \end{array}$$

は1つの行列 $\boldsymbol{\alpha}$ である．(行と列の記号が示されている．) この例では，$\boldsymbol{\alpha}_{xx}=1$　$\boldsymbol{\alpha}_{yy}=2$, $\boldsymbol{\alpha}_{zz}=3$．したがって $\mathfrak{v}'=\boldsymbol{\alpha}\mathfrak{v}$ の x 成分は (2.1) 式によって次のように与えられる

$$\mathfrak{v}'_x=\boldsymbol{\alpha}_{xx}\mathfrak{v}_x+\boldsymbol{\alpha}_{xy}\mathfrak{v}_y+\boldsymbol{\alpha}_{xz}\mathfrak{v}_z=1\cdot1+2\cdot0+3(-2)=-5.$$

上に述べた一般化は全く形式的なものである；すなわち，これは単に座標軸並びにベクトルと行列の成分の名づけ方に別の方法を導入したにすぎない．同じ空間のベクトルに作用する2つの行列は，前章に定義された行列と同じく，互いに掛けることができる．したがって，

$$\boldsymbol{\gamma}=\boldsymbol{\beta}\boldsymbol{\alpha} \tag{2.2}$$

は次の式と同等である，

$$\boldsymbol{\gamma}_{jk}=\sum_{l\in G}\boldsymbol{\beta}_{jl}\boldsymbol{\alpha}_{lk},$$

ここで j と k は集合 G の2つの元であり，l はこの集合のすべての元をとる．

2. もう少し一般化してみよう．これは行列の行と列が**違った集合** F と G の元によって名づけられる場合である．(2.1) 式より

$$\mathfrak{w}_j=\sum_{l\in G}\boldsymbol{\alpha}_{jl}\mathfrak{v}_l, \tag{2.1a}$$

ここで j は集合 F の元であり，l として集合 G のすべての元をとる．このように，行と列が違った集合の元によって名づけられる行列を，前章の正方行列に対して，**矩形**行列とよぶ；すなわち，矩形行列は G 空間のベクトル $\mathfrak{v}$ を F 空間のベクトル $\mathfrak{w}$ に変換する．一般に集合 F は集合 G の元と同数の元を持つ必要はない．もし F が G と同数の元を持つとき，行列は同数の行と列を持ち，“広義の正方行列” とよばれる．

G が記号 $*$，△，□の集合であり，F が数1,2の集合である場合を考えよう．行列，

$$\begin{array}{cccc} & * & \triangle & \square \\ \boldsymbol{\alpha}= & \left(\begin{array}{c}5\\0\end{array}\right. & \begin{array}{c}7\\-1\end{array} & \left.\begin{array}{c}3\\-2\end{array}\right) \begin{array}{c}1\\2\end{array}\end{array}$$

は矩形行列である．（行と列の名づけ方が再び示されている．）$\boldsymbol{\alpha}$ はベクトル $\mathfrak{v}_*=1$, $\mathfrak{v}_\triangle=0$, $\mathfrak{v}_\square=-2$ をベクトル $\mathfrak{w}$ に変換する，

$$\mathfrak{w}=\boldsymbol{\alpha}\mathfrak{v}.$$

したがって $\mathfrak{w}_1$ と $\mathfrak{w}_2$ の成分は

$$\mathfrak{w}_1=\boldsymbol{\alpha}_{1*}\mathfrak{v}_*+\boldsymbol{\alpha}_{1\triangle}\mathfrak{v}_\triangle+\boldsymbol{\alpha}_{1\square}\mathfrak{v}_\square=5\cdot1+7\cdot0+3(-2)=-1$$
$$\mathfrak{w}_2=\boldsymbol{\alpha}_{2*}\mathfrak{v}_*+\boldsymbol{\alpha}_{2\triangle}\mathfrak{v}_\triangle+\boldsymbol{\alpha}_{2\square}\mathfrak{v}_\square=0\cdot1+(-1)(0)+(-2)(-2)=4.$$

2つの矩形行列 $\boldsymbol{\beta}$ と $\boldsymbol{\alpha}$ は，第1の行列の列と第2の行列の行とが同じ集合 Fによって名づけられるとき，すなわち第2の行列の行と第1の行列の列とが“釣り合う”ときにのみ，掛けることができる．これに反して，第1の行列の行および第2の列は全く違った集合，E およびG の元によって名づけられることができる．この場合

$$\boldsymbol{\gamma}=\boldsymbol{\beta}\boldsymbol{\alpha} \tag{2.2a}$$

は次の式と同等である，

$$\gamma_{jk}=\sum_{l\in F}\beta_{jl}\alpha_{lk}$$

ここで j はEの元，k は G の元であり，l はF のすべての元をとる．矩形行列 $\boldsymbol{\alpha}$ はG空間のベクトルをF空間のベクトルに変換し，さらに行列 $\boldsymbol{\beta}$ はこのベクトルをE空間のベクトルに変換する．したがって行列 $\boldsymbol{\gamma}$ は G 空間のベクトルをE空間のベクトルに変換する．

Gは前と同じように＊，△，□の集合，Fは文字 x, y, の集合，Eは数 1，2 の集合としよう．この場合，$\boldsymbol{\beta}$, $\boldsymbol{\alpha}$ を

$$\boldsymbol{\beta}=\overset{\quad x \qquad y}{\begin{pmatrix} 7 & 8 \\ 9 & 3 \end{pmatrix}}\begin{matrix} 1 \\ 2 \end{matrix}, \qquad \boldsymbol{\alpha}=\overset{\quad * \qquad \triangle \qquad \square}{\begin{pmatrix} 2 & 3 & 4 \\ 5 & 6 & 7 \end{pmatrix}}\begin{matrix} x \\ y \end{matrix},$$

とすると，$\boldsymbol{\gamma}$ の要素はたとえば，

$$\gamma_{1*}=\beta_{1x}\alpha_{x*}+\beta_{1y}\alpha_{y*}=7\cdot 2+8\cdot 5=54$$
$$\gamma_{2\triangle}=\beta_{2x}\alpha_{x\triangle}+\beta_{2y}\alpha_{y\triangle}=9\cdot 3+3\cdot 6=45$$

となる．さらに

$$\boldsymbol{\gamma}=\overset{\quad * \qquad \triangle \qquad \square}{\begin{pmatrix} 54 & 69 & 84 \\ 33 & 45 & 57 \end{pmatrix}}\begin{matrix} 1 \\ 2 \end{matrix}.$$

3.　我々はここで第1章で導かれた行列の計算に関する10個の定理が，矩形行列の場合にはどのように修正されなければならないかを調べよう．この章の始めに議論された広義の正方行列に対して，これらの定理が成り立つことはすぐに理解される．これは，添字の**数としての性質**が，第1章のどこにも用いられていないからである．

2つの矩形行列の加え算は——2つのベクトルの加え算と同様に——これらの行列が同じ座標系で定義されていること，すなわち第1の行列の行は第2の行列の行と釣り合い，かつ列は列と釣り合うということを前提としている．次の等式において

$$\boldsymbol{\alpha}+\boldsymbol{\beta}=\boldsymbol{\gamma}$$

3個の行列 $\boldsymbol{\alpha}, \boldsymbol{\beta}, \boldsymbol{\gamma}$ の行の名づけ方はすべて同じであり，列についてもまた同様でなければならない．一方，掛け算に対しては，第1の行列の列と第2の行列の行とが釣り合わなければならない；このときに限り（そしてこの場合は常に）積が作られる．こうして作られた積は第1の行列の名づけ方による行と第2の行列の名づけ方による列を持つ．

定理1. もし矩形行列が同数の行と列を持つ場合—たとえそれらが違った名づけ方をされていようとも—は矩形行列の行列式について述べることができる．“広義の正方行列”に対しては，積の行列式が2つの行列の行列式の積に等しいという法則は成り立つ．

定理2および3. 矩形行列の掛け算に対してまた結合則は成り立つ

$$(\boldsymbol{\alpha\beta})\boldsymbol{\gamma}=\boldsymbol{\alpha}(\boldsymbol{\beta\gamma}). \tag{2.3}$$

左辺の掛け算が実行可能ならば，右辺のすべての掛け算もすべて実行可能であることは明白であり，かつ逆も成り立つ．

定理4, 5および6. 行列**1**は常に行と列が同じ集合によって名づけられた正方行列であると考える．**1**との掛け算は常に省略することができる．

広義の正方行列は，その行列式がゼロでない場合にのみ，逆行列を持つ．行と列の数が異なる矩形行列では逆行列は定義されない．$\boldsymbol{\alpha}$ が広義の正方行列ならば，次式

$$\boldsymbol{\beta\alpha}=\mathbf{1}$$

は $\boldsymbol{\beta}$ の列と $\boldsymbol{\alpha}$ の行が釣り合うことを意味する．さらに**1**の行と $\boldsymbol{\beta}$ の行は釣り合い，**1**の列と $\boldsymbol{\alpha}$ の列が釣り合わねばならない．**1**は狭義の正方行列であるから，$\boldsymbol{\beta}$ の行と $\boldsymbol{\alpha}$ の列もまた釣り合わねばならない．

行列 α の逆行列である β の行は α の列の元と同じ集合によって名づけられ，β の列は α の行と同じ元によって名づけられる．広義の正方行列で，ゼロでない行列式を持つどんな行列 α に対しても次のような逆行列 β が存在する．すなわち

$$\beta\alpha = \mathbf{1}. \tag{2.4}$$

さらに，

$$\alpha\beta = \mathbf{1}. \tag{2.4a}$$

しかしながら，(2.4) 式の $\mathbf{1}$ の行と列は (2.4a) 式の $\mathbf{1}$ の行と列とは違った名づけ方をされていることに注意しなければならない．

定理 7. 加え算とゼロ行列に関しては，矩形行列に対して正方行列の場合と同じ法則が成り立つ．しかし**矩形行列の巾は作れない，**なぜならば α と α の掛け算は α の列と α の行が釣り合うこと，すなわち α が正方行列であることを前提としているからである．

定理 8, 9 および10. 矩形行列に対しては，対角行列や跡の概念は意味がない；また相似変換は定義されない．次の式を考えてみよう

$$\sigma\alpha\sigma^{-1} = \beta.$$

この式は β の行と σ の行の名づけ方が同じことを意味する．しかし σ の行の名づけ方は σ^{-1} の列の名づけ方と同じで，したがって β の列の名づけ方と同じである．このことから，β は狭義の正方行列であることがわかる；同様に，α の行は σ の列と釣り合い，α の列は σ^{-1} の行と釣り合わねばならない，したがって α は狭義の正方行列でなければならない．

これに対して，σ 自身は広義の正方行列であり得る：したがって α の列と行は β の列と行とは異なる．行と列の名づけ方を変える相似変換は特に重要である．量子力学におけるいわゆる変換理論はこのような変換の一例である．

矩形行列の導入は，その見かけ上の複雑さにもかかわらず，記述を著しく簡単化することができるという非常な利点がある．上述の内容は，厳密な体系として組み立てられたものではなく，むしろ読者をこのような事項によって考え

ることに慣れさせるのが目的である．今後このようなより複雑な行列を用いる場合には，行列の形や元の定義から非常にはっきりしておりそれ以上説明の必要がないときを除いて，行と列の名づけ方をそのつど述べることにしよう．

4. 1つの数でなく，2つあるいはそれ以上の数によって列を名づける場合が非常にしばしば起こる，たとえば

$$\gamma=\begin{pmatrix} a_1b_1c_1d_1 & a_1b_1c_1d_2 & a_1b_1c_2d_1 & a_1b_1c_2d_2 \\ a_1b_2c_1d_1 & a_1b_2c_1d_2 & a_1b_2c_2d_1 & a_1b_2c_2d_2 \\ a_2b_1c_1d_1 & a_2b_1c_1d_2 & a_2b_1c_2d_1 & a_2b_1c_2d_2 \\ a_2b_2c_1d_1 & a_2b_2c_1d_2 & a_2b_2c_2d_1 & a_2b_2c_2d_2 \end{pmatrix}. \tag{2.E.1}$$

第1列を“1,1列；” 第2列を“1,2列；” 第3列を“2,1列；” 第4列を“2,2列；” とよぶ．また行についても同様に名づける．(2.E.1) の要素は

$$\gamma_{ij;kl}=a_ib_jc_kd_l.$$

行と列とをはっきりさせるため，ij と kl の間にセミコロンを入れた．

この種の行列のうち，特に重要なものは2つの行列 (α_{ik}) と (β_{jl}) の直積である．

$$\gamma=\alpha\times\beta. \tag{2.5}$$

(2.5) 式は次の式と同等である[1]

$$\gamma_{ij;kl}=\alpha_{ik}\beta_{jl}. \tag{2.6}$$

もし α の行の数が n_1，列の数が n_2，β の行の数が n_1'，列の数が n_2' とすると，γ は正確に n_1n_1' の行と n_2n_2' の列を持つ．特に α と β が共に正方行列であれば，$\alpha\times\beta$ もまた正方行列である．

定理 1. もし $\alpha\bar{\alpha}=\bar{\bar{\alpha}}$, $\beta\bar{\beta}=\bar{\bar{\beta}}$ でありかつ $\alpha\times\beta=\gamma$, $\bar{\alpha}\times\bar{\beta}=\bar{\gamma}$ であるならば，$\gamma\bar{\gamma}=\bar{\bar{\alpha}}\times\bar{\bar{\beta}}$ である．

$$(\alpha\times\beta)(\bar{\alpha}\times\bar{\beta})=\alpha\bar{\alpha}\times\beta\bar{\beta}. \tag{2.7}$$

---

[1] 通常の行列の積の場合の因子 α と $\bar{\alpha}$ を単に2つ並べて $\bar{\alpha}\alpha$ と書く．行列 (2.E.1) は2つの行列の直積であり，次のように書く．

$$\begin{pmatrix} a_1c_1 & a_1c_2 \\ a_2c_1 & a_2c_2 \end{pmatrix}\times\begin{pmatrix} b_1d_1 & b_1d_2 \\ b_2d_1 & b_2d_2 \end{pmatrix}=\gamma.$$

すなわち，2つの直積の行列の 積は2つの行列の積の直積である．これを示すために，次の式を考えよう

$$(\boldsymbol{\alpha}\times\boldsymbol{\beta})_{ik;i'k'}=\boldsymbol{\alpha}_{ii'}\boldsymbol{\beta}_{kk'};\quad (\overline{\boldsymbol{\alpha}}\times\overline{\boldsymbol{\beta}})_{i'k':i''k''}=\overline{\boldsymbol{\alpha}}_{i'i''}\overline{\boldsymbol{\beta}}_{k'k''}$$

したがって

$$(\boldsymbol{\alpha}\times\boldsymbol{\beta})(\overline{\boldsymbol{\alpha}}\times\overline{\boldsymbol{\beta}})_{ik;i''k''}=\sum_{i'k'}\boldsymbol{\alpha}_{ii'}\boldsymbol{\beta}_{kk'}\overline{\boldsymbol{\alpha}}_{i'i''}\overline{\boldsymbol{\beta}}_{k'k''}. \tag{2.8}$$

一方

$$(\boldsymbol{\alpha}\overline{\boldsymbol{\alpha}})_{ii''}=\sum_{i'}\boldsymbol{\alpha}_{ii'}\overline{\boldsymbol{\alpha}}_{i'i''};\quad (\boldsymbol{\beta}\overline{\boldsymbol{\beta}})_{kk''}=\sum_{k'}\boldsymbol{\beta}_{kk'}\overline{\boldsymbol{\beta}}_{k'k''}$$

したがって

$$(\boldsymbol{\alpha}\overline{\boldsymbol{\alpha}}\times\boldsymbol{\beta}\overline{\boldsymbol{\beta}})_{ik;i''k''}=\sum_{i'}\boldsymbol{\alpha}_{ii'}\overline{\boldsymbol{\alpha}}_{i'i''}\sum_{k'}\overline{\boldsymbol{\beta}}_{kk'}\boldsymbol{\beta}_{k'k''}, \tag{2.9}$$

ゆえに，(2.8) および (2.9) より定理1を得る．すなわち

$$(\boldsymbol{\alpha}\times\boldsymbol{\beta})(\overline{\boldsymbol{\alpha}}\times\overline{\boldsymbol{\beta}})=\boldsymbol{\alpha}\overline{\boldsymbol{\alpha}}\times\boldsymbol{\beta}\overline{\boldsymbol{\beta}}. \tag{2.7}$$

定理 2. 2つの対角行列の直積はまた対角行列である；2つの単位行列の直積は単位行列である．これは直積の定義から容易にわかる．

行列を使った形式的な計算では，上記の掛け算が実行可能であることが証明されなければならない．終始 n 行 n 列の正方行列を扱った第1章では，もちろんこのことは常に成り立つ．しかし一般には行列の掛け算において，第1の因子の**列**と第2の因子の**行**が釣り合っていること，言葉を換えればこれらは共に同じ名前または符牒を持つことが確かめられねばならない．2つの行列の積は，常に (2.6) 式によって構成される．

M. Born と P. Jordan は，数個の添字によって記述される一般化された行列を“**超行列**”とよび，行列 $(\boldsymbol{\alpha}_{ij;kl})$ を行列要素 $\mathbf{A}_{ik}$ がそれ自身行列となっている行列 $(\mathbf{A}_{ik})$ と解釈した．したがって $\mathbf{A}_{ik}$ は，j 行 l 列の行列要素として数 $\boldsymbol{\alpha}_{ij;kl}$ を持つ行列である．

$$(\boldsymbol{\alpha}_{ij;kl})=\boldsymbol{\alpha}=(\mathbf{A}_{ik}),\quad ここで\quad (\mathbf{A}_{ik})_{jl}=\boldsymbol{\alpha}_{ij;kl}. \tag{2.10}$$

定理 3. もし $\boldsymbol{\alpha}=(\mathbf{A}_{ii'})$, $\boldsymbol{\beta}=(\mathbf{B}_{i'i''})$ ならば，$\boldsymbol{\alpha\beta}=\boldsymbol{\gamma}=(\mathbf{C}_{ii''})$ となる，ここで

$$\mathbf{C}_{ii''}=\sum_{i'}\mathbf{A}_{ii'}\mathbf{B}_{i'i''}. \tag{2.11}$$

(2.11) の右辺は**行列**の積の和から成り立っている．したがって

$$(\boldsymbol{\alpha\beta})_{ik;i''k''}=\sum_{i',k'}\alpha_{ik;i'k'}\beta_{i'k';i''k''}.$$

一方では

$$\gamma_{ik;i''k''}=(\mathbf{C}_{ii''})_{kk''}=\sum_{i'}(\mathbf{A}_{ii'}\mathbf{B}_{i'i''})_{kk''}$$

および

$$(\mathbf{A}_{ii'}\mathbf{B}_{i'i''})_{kk''}=\sum_{k'}(\mathbf{A}_{ii'})_{kk'}(\mathbf{B}_{i'i''})_{k'k''}=\sum_{k'}\boldsymbol{\alpha}_{ik;i'k'}\boldsymbol{\beta}_{i'k';i''k''}.$$

ゆえに

$$(\boldsymbol{\alpha\beta})_{ik;i''k''}=\gamma_{ik;i''k''},$$

によって定理 3 が証明された．(2.11) 式の右辺では 行列なので 因子の順序に関して注意しなければならない，しかし簡単な行列の掛け算では，対応する式でこの注意は不要である．この条件で，超行列は簡単な行列の場合に成り立つ法則に従って掛けることができる．

最も簡単な場合，次の 2 つの行列があると考えよう．

$$\left(\begin{array}{cc|ccc}
\boldsymbol{\alpha}_{11} & \boldsymbol{\alpha}_{12} & \boldsymbol{\alpha}_{13} & \boldsymbol{\alpha}_{14} & \boldsymbol{\alpha}_{15} \\
\boldsymbol{\alpha}_{21} & \boldsymbol{\alpha}_{22} & \boldsymbol{\alpha}_{23} & \boldsymbol{\alpha}_{24} & \boldsymbol{\alpha}_{25} \\
\hline
\boldsymbol{\alpha}_{31} & \boldsymbol{\alpha}_{32} & \boldsymbol{\alpha}_{33} & \boldsymbol{\alpha}_{34} & \boldsymbol{\alpha}_{35} \\
\boldsymbol{\alpha}_{41} & \boldsymbol{\alpha}_{42} & \boldsymbol{\alpha}_{43} & \boldsymbol{\alpha}_{44} & \boldsymbol{\alpha}_{45} \\
\boldsymbol{\alpha}_{51} & \boldsymbol{\alpha}_{52} & \boldsymbol{\alpha}_{53} & \boldsymbol{\alpha}_{54} & \boldsymbol{\alpha}_{55}
\end{array}\right) \text{ および } \left(\begin{array}{ccc|cc}
\boldsymbol{\beta}_{11} & \boldsymbol{\beta}_{12} & \boldsymbol{\beta}_{13} & \boldsymbol{\beta}_{14} & \boldsymbol{\beta}_{15} \\
\boldsymbol{\beta}_{21} & \boldsymbol{\beta}_{22} & \boldsymbol{\beta}_{23} & \boldsymbol{\beta}_{24} & \boldsymbol{\beta}_{25} \\
\hline
\boldsymbol{\beta}_{31} & \boldsymbol{\beta}_{32} & \boldsymbol{\beta}_{33} & \boldsymbol{\beta}_{34} & \boldsymbol{\beta}_{35} \\
\boldsymbol{\beta}_{41} & \boldsymbol{\beta}_{42} & \boldsymbol{\beta}_{43} & \boldsymbol{\beta}_{44} & \boldsymbol{\beta}_{45} \\
\boldsymbol{\beta}_{51} & \boldsymbol{\beta}_{52} & \boldsymbol{\beta}_{53} & \boldsymbol{\beta}_{54} & \boldsymbol{\beta}_{55}
\end{array}\right) \tag{2.12}$$

第 1 の行列の列を 2 対 3 に分割することは第 2 の行列の行の分割と一致することを考慮しながら，これらの行列を点線に沿って部分行列に分割しよう．2 つの行列 (2.12) 式を簡略化して次のように書く

$$\begin{pmatrix}\mathbf{A}_{11} & \mathbf{A}_{12} \\ \mathbf{A}_{21} & \mathbf{A}_{22}\end{pmatrix} \text{ および } \begin{pmatrix}\mathbf{B}_{11} & \mathbf{B}_{12} \\ \mathbf{B}_{21} & \mathbf{B}_{22}\end{pmatrix}.$$

したがって，2 つの行列 (2.12) 式の積は

$$\begin{pmatrix}\mathbf{A}_{11}\mathbf{B}_{11}+\mathbf{A}_{12}\mathbf{B}_{21} & \mathbf{A}_{11}\mathbf{B}_{12}+\mathbf{A}_{12}\mathbf{B}_{22} \\ \mathbf{A}_{21}\mathbf{B}_{11}+\mathbf{A}_{22}\mathbf{B}_{21} & \mathbf{A}_{21}\mathbf{B}_{12}+\mathbf{A}_{22}\mathbf{B}_{22}\end{pmatrix}=\begin{pmatrix}\mathbf{C}_{11} & \mathbf{C}_{12} \\ \mathbf{C}_{21} & \mathbf{C}_{22}\end{pmatrix}$$

となる．これに反して，次式

$$\begin{pmatrix}\mathbf{B}_{11} & \mathbf{B}_{12}\\ \mathbf{B}_{21} & \mathbf{B}_{22}\end{pmatrix}\begin{pmatrix}\mathbf{A}_{11} & \mathbf{A}_{12}\\ \mathbf{A}_{21} & \mathbf{A}_{22}\end{pmatrix}=\begin{pmatrix}\mathbf{B}_{11}\mathbf{A}_{11}+\mathbf{B}_{12}\mathbf{A}_{21} & \mathbf{B}_{11}\mathbf{A}_{12}+\mathbf{B}_{12}\mathbf{A}_{22}\\ \mathbf{B}_{21}\mathbf{A}_{11}+\mathbf{B}_{22}\mathbf{A}_{21} & \mathbf{B}_{21}\mathbf{A}_{12}+\mathbf{B}_{22}\mathbf{A}_{22}\end{pmatrix}$$

は意味を持たない．これは，たとえば $\mathbf{B}_{11}$ の列の数は $\mathbf{A}_{11}$ の行の数と異なるからである．

第3章　主軸変換

第1章において，相似変換の重要な性質の1つが確立された．相似変換は行列の跡を不変に保つ[1]；行列 $\boldsymbol{\alpha}$ は $\boldsymbol{\sigma}^{-1}\boldsymbol{\alpha}\boldsymbol{\sigma}$ と同じ跡を持つ．相似変換に対して，行列の跡が唯一の不変量であるかという問に対する解答は，明らかに否である，たとえば，行列式 $|\boldsymbol{\sigma}^{-1}\boldsymbol{\alpha}\boldsymbol{\sigma}|$ もまた行列式 $|\boldsymbol{\alpha}|$ に等しい．これ以外の不変量を得るために，我々は λ について n 次の行列式の方程式を考える．

$$\begin{vmatrix} \alpha_{11}-\lambda & \alpha_{12} & \cdots & \alpha_{1n} \\ \alpha_{21} & \alpha_{22}-\lambda & \cdots & \alpha_{2n} \\ \cdot & \cdot & \cdots & \cdot \\ \cdot & \cdot & \cdots & \cdot \\ \cdot & \cdot & \cdots & \cdot \\ \alpha_{n1} & \alpha_{n2} & \cdots & \alpha_{nn}-\lambda \end{vmatrix}=0 \tag{3.1}$$

または簡単に

$$|\boldsymbol{\alpha}-\lambda\mathbf{1}|=0. \tag{3.2}$$

これを $\boldsymbol{\alpha}$ についての**永年方程式**とよぶ．$\boldsymbol{\beta}=\boldsymbol{\sigma}^{-1}\boldsymbol{\alpha}\boldsymbol{\sigma}$ についての永年方程式は

$$|\boldsymbol{\beta}-\lambda\mathbf{1}|=|\boldsymbol{\sigma}^{-1}\boldsymbol{\alpha}\boldsymbol{\sigma}-\lambda\mathbf{1}|=0. \tag{3.3}$$

明らかに行列式 $|\boldsymbol{\sigma}^{-1}(\boldsymbol{\alpha}-\lambda\mathbf{1})\boldsymbol{\sigma}|$ もまたゼロである，すなわちこれは次のように書ける

$$|\boldsymbol{\sigma}^{-1}|\cdot|\boldsymbol{\alpha}-\lambda\mathbf{1}|\cdot|\boldsymbol{\sigma}|=0. \tag{3.4}$$

永年方程式 $|\boldsymbol{\beta}-\lambda\mathbf{1}|=0$ の n 個の根は永年方程式 $|\boldsymbol{\alpha}-\lambda\mathbf{1}|=0$ の n 個の根と一致する，[2] ことを (3.4) 式は示している．永年方程式の根，いわゆる行列の固

[1] 相似変換を受ける行列は常に正方行列でなければならない．この理由から，行および列は再び数 $1, 2, \cdots, n$ で表わされる．

[2] $|\boldsymbol{\sigma}^{-1}|$ および $|\boldsymbol{\sigma}|$ は数である！

有値は，相似変換に対して不変である．後に，一般に行列はこれ以外の不変量を持たないことが証明される．また跡は固有値の和，行列式は固有値の積であるから，したがって行列の不変量は上述の定理に含まれている．

1つの固有値 λ_1 を考えよう．行列 $(\boldsymbol{\alpha}-\lambda_1\mathbf{1})$ の行列式はゼロであるから，したがって連立斉1次方程式

$$\left.\begin{aligned} &\alpha_{11}\mathfrak{r}_1+\alpha_{12}\mathfrak{r}_2+\cdots+\alpha_{1n}\mathfrak{r}_n=\lambda_1\mathfrak{r}_1\,, \\ &\alpha_{21}\mathfrak{r}_1+\alpha_{22}\mathfrak{r}_2+\cdots+\alpha_{2n}\mathfrak{r}_n=\lambda_1\mathfrak{r}_2\,, \\ &\cdots\cdots\cdots\cdots\cdots\cdots\cdots\cdots \\ &\alpha_{n1}\mathfrak{r}_1+\alpha_{n2}\mathfrak{r}_2+\cdots+\alpha_{nn}\mathfrak{r}_n=\lambda_1\mathfrak{r}_n \end{aligned}\right\} \tag{3.5}$$

は1つの解を持つ．(3.5) 式のような連立斉1次方程式は，n 個の固有値 λ_k のおのおのに対しても成り立つ．これらの連立方程式の解は，共通の定数因子を除いて決まるのであるが，$\mathfrak{r}_{1k}, \mathfrak{r}_{2k}, \cdots, \mathfrak{r}_{nk}$ で表わすことにしよう．そこで次式が得られる

$$\sum_j \alpha_{ij}\mathfrak{r}_{jk}=\lambda_k\mathfrak{r}_{ik}\,. \tag{3.5a}$$

n 個の数 $\mathfrak{r}_{1k}, \mathfrak{r}_{2k}, \cdots, \mathfrak{r}_{nk}$ の集合を行列 $\boldsymbol{\alpha}$ の**固有ベクトル** $\boldsymbol{\mathfrak{r}}_{\cdot k}$ とよぶ；固有ベクトル $\boldsymbol{\mathfrak{r}}_{\cdot k}$ は固有値 λ_k に属する．そこで (3.5a) 式は次のように書ける

$$\boldsymbol{\alpha}\boldsymbol{\mathfrak{r}}_{\cdot k}=\lambda_k\boldsymbol{\mathfrak{r}}_{\cdot k}\,. \tag{3.5b}$$

行列はある固有ベクトルを定数因子だけ異なるベクトルに変換する；この因子は固有値自身である．

いま固有ベクトル $\boldsymbol{\mathfrak{r}}_{\cdot 1}, \boldsymbol{\mathfrak{r}}_{\cdot 2}, \cdots, \boldsymbol{\mathfrak{r}}_{\cdot n}$ を，$\boldsymbol{\mathfrak{r}}_{\cdot k}$ が行列の k 番目の列になるように並べた行列 $\boldsymbol{\rho}$ を導入しよう．

$$\rho_{ik}=(\boldsymbol{\mathfrak{r}}_{\cdot k})_i=\mathfrak{r}_{ik}\,.$$

そうすると，(3.5a) 式の左辺は $\boldsymbol{\alpha\rho}$ の (ik) 要素から成っている．右辺はまた行列 $\boldsymbol{\rho\Lambda}$ の (ik) 要素と考えられる，ここで $\boldsymbol{\Lambda}$ は対角要素 $\lambda_1, \lambda_2, \cdots, \lambda_n$ を持つ対角行列である

$$\Lambda_{jk}=\delta_{jk}\lambda_k\,.$$

すなわち (3.5a) は次の式を意味する

$$(\alpha\rho)_{ik}=\sum_j \rho_{ij}\delta_k\lambda_k=(\rho\Lambda)_{ik},$$

したがって n^2 個の式（3.5a）は次のように総括される

$$\alpha\rho=\rho\Lambda, \tag{3.6}$$

あるいは，もし ρ が逆行列を持つならば

$$\rho^{-1}\alpha\rho=\Lambda. \tag{3.6a}$$

元の行列は，その n 個の固有ベクトルを列として作られた行列の相似変換によって対角化される．この場合対角要素は元の行列の固有値となる．全く同じ固有値を持つ2つの行列は常に相互に変換される．なぜならば，2つの行列は共に同じ行列に変換されるからである．相似変換に対する不変量は固有値のみである．

これはもちろん ρ が逆行列を持つ場合にのみ，すなわち n 個のベクトル $\mathfrak{r}_{\cdot 1}, \mathfrak{r}_{\cdot 2}, \cdots, \mathfrak{r}_{\cdot n}$ が1次的独立のときにのみ成り立つ．一般的にはこれは正しく，また固有値がすべて異なる場合は常に成り立つ．それにもかかわらず，たとえば，次のような行列で示されるように例外がある*)

$$\begin{pmatrix}1 & 1\\ 0 & 1\end{pmatrix} \quad \text{あるいは} \quad \begin{pmatrix}1 & i\\ i & -1\end{pmatrix}.$$

これらの行列はどんな種類の相似変換によっても対角化できない．単因子の理論においては，このような行列を取り扱う；今後は（3.6a）式のように対角化できる行列（たとえばユニタリまたはエルミート行列）のみを取り扱うので，我々はこの点についてふれないことにする．

2つの行列の可換性の条件は，上述の観点から非常によくまとめられる．もし2つの行列が同じ変換によって対角化されるならば，すなわち，2つの行列が同じ固有ベクトルを持つならば，これらの行列は交換する．[3] 相似変換の後対角行列として，これらは確かに交換する；したがってこれらは元の形でもまた交換するはずである．

---

*) 原著者による訂正： 第2番目の行列は対称ではあるが直交行列ではない．直交行列はすべて対角化可能である．

3) これに対し，固有値は異なっていてもよい．

第1章で我々は行列の有理関数を定義した

$$f(\boldsymbol{\alpha})=\cdots a_{-3}\boldsymbol{\alpha}^{-3}+a_{-2}\boldsymbol{\alpha}^{-2}+a_{-1}\boldsymbol{\alpha}^{-1}+a_0\mathbf{1}+a_1\boldsymbol{\alpha}+a_2\boldsymbol{\alpha}^2+a_3\boldsymbol{\alpha}^3+\cdots.$$

$f(\boldsymbol{\alpha})$ を対角化するためには，$\boldsymbol{\alpha}$ を対角形 $\boldsymbol{\Lambda}=\boldsymbol{\sigma}^{-1}\boldsymbol{\alpha\sigma}$ に変換することで十分である．したがって，第1章の定理10によって，

$$\begin{aligned}\boldsymbol{\sigma}^{-1}f(\boldsymbol{\alpha})\boldsymbol{\sigma}&=\boldsymbol{\sigma}^{-1}(\cdots a_{-2}\boldsymbol{\alpha}^{-2}+a_{-1}\boldsymbol{\alpha}^{-1}+a_0\mathbf{1}+a_1\boldsymbol{\alpha}+a_2\boldsymbol{\alpha}^2+\cdots)\boldsymbol{\sigma},\\&=\cdots a_{-2}\boldsymbol{\Lambda}^{-2}+a_{-1}\boldsymbol{\Lambda}^{-1}+a_0\mathbf{1}+a_1\boldsymbol{\Lambda}+a_2\boldsymbol{\Lambda}^2+\cdots=f(\boldsymbol{\Lambda})\end{aligned}$$

となり，これはそれ自身対角行列である．もし λ_k が $\boldsymbol{\Lambda}=(\Lambda_{ik})=\delta_{ik}\lambda_k$ の k 番目の対角要素ならば，$(\lambda_k)^\rho$ は $(\boldsymbol{\Lambda})^\rho$ の k 番目の対角要素でありまた

$$\cdots a_{-2}\lambda_k^{-2}+a_{-1}\lambda_k^{-1}+a_0+a_1\lambda_k+a_2\lambda_k^2+\cdots=f(\lambda_k)$$

は $f(\boldsymbol{\Lambda})$ の k 番目の対角要素である．

行列 $\boldsymbol{\alpha}$ の有理関数 $f(\boldsymbol{\alpha})$ は，$\boldsymbol{\alpha}$ を対角形にするのと同じ変換によって対角化される．対角要素，すなわち $f(\boldsymbol{\alpha})$ の固有値，は $\boldsymbol{\alpha}$ の対角要素 $\lambda_1,\lambda_2,\cdots,\lambda_n$ に対応する関数 $f(\lambda_1),f(\lambda_2),\cdots,f(\lambda_n)$ である．我々はこの法則が有理関数のみでなく，また $\boldsymbol{\alpha}$ の任意の関数 $F(\boldsymbol{\alpha})$ に対しても成り立つものと仮定し，これを一般的な行列関数の**定義**と考える．

特別な行列

正方行列 $\boldsymbol{\alpha}$ から，行と列の役割を入れ換えた新しい行列 $\boldsymbol{\alpha}'$ を作ることができる．この行列 $\boldsymbol{\alpha}'$ を $\boldsymbol{\alpha}$ の**転置行列**といい，転置はプライムで表わされる．したがって

$$\alpha'_{ik}=\alpha_{ki}. \tag{3.7}$$

法　則： 積 $\boldsymbol{\alpha\beta\gamma\delta}\cdots$ の転置行列は各転置行列を逆順に掛けたものである：

$$(\boldsymbol{\alpha\beta\gamma}\cdots\boldsymbol{\epsilon})'=\boldsymbol{\epsilon}'\cdots\boldsymbol{\gamma}'\boldsymbol{\beta}'\boldsymbol{\alpha}'. \tag{3.7a}$$

これを証明するために，左辺のみを考える

$$(\boldsymbol{\alpha\beta\gamma}\cdots\boldsymbol{\epsilon})'_{ki}=(\boldsymbol{\alpha\beta\gamma}\cdots\boldsymbol{\epsilon})_{ik}=\sum_{\kappa\lambda\mu\cdots\zeta}\alpha_{i\kappa}\beta_{\kappa\lambda}\gamma_{\lambda\mu}\cdots\epsilon_{\zeta k}.$$

これに対して，右辺は

$$(\epsilon'\cdots\gamma'\beta'\alpha')_{ki}=\sum_{\zeta\cdots\mu\lambda\kappa}\epsilon'_{k\zeta}\cdots\gamma'_{\mu\lambda}\beta'_{\lambda\kappa}\alpha'_{\kappa i}$$

であり，(3.7a) が証明された．

n^2 個の要素の おのおのを その複素共軛で 置き換えることによって作られた行列は，α の複素共軛 α^* で表わされる．もし $\alpha=\alpha^*$ ならば，すべての要素は実数である．

行と列を入れ換え，同時に複素共軛をとることによって，α から行列 $\alpha^{*\prime}=\alpha'^*$ を得る．この行列は α の**転置共軛行列**（随伴行列）とよばれる：

$$\alpha^{*\prime}=\alpha^{\dagger}=\alpha'^{*}. \tag{3.8}$$

積の複素共軛は明らかに複素共軛の積である．

$$(\alpha\beta\gamma\cdots\epsilon)^*=\alpha^*\beta^*\gamma^*\cdots\epsilon^*.$$

転置共軛の操作に対しては順序を逆にしなければならない．

$$\begin{aligned}(\alpha\beta\gamma\cdots\epsilon)^{\dagger}&=(\alpha\beta\gamma\cdots\epsilon)^{*\prime}=(\alpha^*\beta^*\gamma^*\cdots\epsilon^*)'\\&=(\epsilon^{*\prime}\cdots\gamma^{*\prime}\beta^{*\prime}\alpha^{*\prime})=\epsilon^{\dagger}\cdots\gamma^{\dagger}\beta^{\dagger}\alpha^{\dagger}.\end{aligned} \tag{3.8a}$$

行列 α とその転置共軛，転置，逆行列の間に いろいろな関係を 仮定することによって，特殊な行列が得られる．これらの名前はしばしば文献に現われるから，すべての名前を挙げておく；今後は**ユニタリ**，**エルミート**および**実直交**行列のみを用いる．

もし $\alpha=\alpha^*$（したがって $\alpha_{ik}=\alpha_{ik}^*$）ならば，行列は**実**であるといい，すべての n^2 個の要素 α_{ik} は実数である．もし $\alpha=-\alpha^*$ ($\alpha_{ik}=-\alpha_{ik}^*$) ならば，行列は純虚である．

もし $\mathbf{S}=\mathbf{S}'$ ($\mathbf{S}_{ik}=\mathbf{S}_{ki}$) ならば，行列は**対称**である； もし $\mathbf{S}=-\mathbf{S}'$ ($\mathbf{S}_{ik}=-\mathbf{S}_{ki}$) ならば，行列は反対称（skew または anti-symmetric）である．

もし $\mathbf{H}=\mathbf{H}^{\dagger}$ ($\mathbf{H}_{ik}=\mathbf{H}_{ki}^*$) ならば， 行列は **エルミート** であるという；もし $\mathbf{A}=-\mathbf{A}^{\dagger}$ ならば，**反エルミート**（skew または anti-Hermitian）という．

もし α が**実であると同時に対称**ならば，α はまた **エルミート**である．

もし $\mathbf{O}'=\mathbf{O}^{-1}$ ならば，$\mathbf{O}$ は**複素直交**行列である．$\mathbf{U}^{\dagger}=\mathbf{U}^{-1}$ であるような行列 $\mathbf{U}$ をユニタリ行列という．もし $\mathbf{R}^{\dagger}=\mathbf{R}^{-1}$ で $\mathbf{R}=\mathbf{R}^*$ (すなわち実である)

ならば，$\mathbf{R}'=\mathbf{R}^{*\prime}=\mathbf{R}^{\dagger}=\mathbf{R}^{-1}$ で $\mathbf{R}'=\mathbf{R}^{-1}$ となり，$\mathbf{R}$ は実直交または単に**直交**行列であるという．

ユニタリ行列とスカラー積

ユニタリ行列を議論する前に，我々はもう１つ新しい概念を導入しなければならない．第１章の始めに，我々は２つのベクトルの和およびベクトルの定数倍を定義した．もう１つの重要な初等的概念は２つのベクトルの**スカラー積**である．ベクトル $\mathfrak{a}$ とベクトル $\mathfrak{b}$ のスカラー積は数である．我々はエルミートスカラー積

$$\mathfrak{a}_1{}^*\mathfrak{b}_1+\mathfrak{a}_2{}^*\mathfrak{b}_2+\cdots+\mathfrak{a}_n{}^*\mathfrak{b}_n=(\mathfrak{a},\mathfrak{b}) \tag{3.9}$$

と単純スカラー積

$$\mathfrak{a}_1\mathfrak{b}_1+\mathfrak{a}_2\mathfrak{b}_2+\cdots+\mathfrak{a}_n\mathfrak{b}_n=((\mathfrak{a},\mathfrak{b})) \tag{3.9a}$$

を区別する．特に指定しない限り，常に単純スカラー積よりむしろ**エルミート**スカラー積を指す．もしベクトル成分 $\mathfrak{a}_1,\mathfrak{a}_2,\cdots,\mathfrak{a}_n$ が実数ならば２つの積は全く等しい．

もし $(\mathfrak{a},\mathfrak{b})=0=(\mathfrak{b},\mathfrak{a})$ ならば，$\mathfrak{a}$ と $\mathfrak{b}$ は互いに直交であるという．もし $(\mathfrak{a},\mathfrak{a})=1$ ならば，$\mathfrak{a}$ は**単位ベクトル**である．または規格化されているという．積 $(\mathfrak{a},\mathfrak{a})$ は常に実数で正であり，$\mathfrak{a}$ のすべての成分がゼロであるときにのみ，積はゼロである．この事実はエルミートスカラー積に対してのみ成り立ち，単純スカラー積については成り立たない．たとえば，$\mathfrak{a}$ が２次元ベクトル $(1,i)$ であるとしよう．この場合 $((\mathfrak{a},\mathfrak{a}))=0$ であるが，しかし $(\mathfrak{a},\mathfrak{a})=2$ である．実際 $(\mathfrak{a},\mathfrak{a})=0$ から $\mathfrak{a}=0$ であることを結論できるが，$((\mathfrak{a},\mathfrak{a}))=0$ からはできない．

スカラー積に対する簡単な法則：

1.　ベクトルの入れ換えについて

$$(\mathfrak{a},\mathfrak{b})=(\mathfrak{b},\mathfrak{a})^* \tag{3.10}$$

これに対して

$$((\mathfrak{a}, \mathfrak{b})) = ((\mathfrak{b}, \mathfrak{a})). \tag{3.10a}$$

2.　もし c が数ならば

$$(\mathfrak{a}, c\mathfrak{b}) = c(\mathfrak{a}, \mathfrak{b}) \quad \text{および} \quad ((\mathfrak{a}, c\mathfrak{b})) = c((\mathfrak{a}, \mathfrak{b})). \tag{3.11}$$

これに対して

$$(c\mathfrak{a}, \mathfrak{b}) = c^*(\mathfrak{a}, \mathfrak{b}) \quad \text{および} \quad ((c\mathfrak{a}, \mathfrak{b})) = c((\mathfrak{a}, \mathfrak{b})).$$

3.　スカラー積は第2の因子（ベクトル）について1次である．なぜならば

$$(\mathfrak{a}, b\mathfrak{b} + c\mathfrak{c}) = b(\mathfrak{a}, \mathfrak{b}) + c(\mathfrak{a}, \mathfrak{c}). \tag{3.12}$$

しかしながら，第1の因子については“反1次”（antilinear）である

$$(a\mathfrak{a} + b\mathfrak{b}, \mathfrak{c}) = a^*(\mathfrak{a}, \mathfrak{c}) + b^*(\mathfrak{b}, \mathfrak{c}). \tag{3.12a}$$

4.　さらに，重要な法則として

$$(\mathfrak{a}, \boldsymbol{\alpha}\mathfrak{b}) = (\boldsymbol{\alpha}^\dagger \mathfrak{a}, \mathfrak{b}) \quad \text{あるいは} \quad (\boldsymbol{\beta}\mathfrak{a}, \mathfrak{b}) = (\mathfrak{a}, \boldsymbol{\beta}^\dagger \mathfrak{b}) \tag{3.13}$$

が任意のベクトル $\mathfrak{a}$, $\mathfrak{b}$ とすべての行列 $\boldsymbol{\alpha}$ に対して成り立つ．これを示すために，次のように書いてみよう

$$(\mathfrak{a}, \boldsymbol{\alpha}\mathfrak{b}) = \sum_{k=1}^{n} \mathfrak{a}_k^* (\boldsymbol{\alpha}\mathfrak{b})_k = \sum_{k=1}^{n} \mathfrak{a}_k^* \sum_{\lambda=1}^{n} \boldsymbol{\alpha}_{k\lambda} \mathfrak{b}_\lambda$$

および

$$(\boldsymbol{\alpha}^\dagger \mathfrak{a}, \mathfrak{b}) = \sum_{\lambda=1}^{n} (\boldsymbol{\alpha}^\dagger \mathfrak{a})_\lambda^* \mathfrak{b}_\lambda = \sum_{\lambda=1}^{n} \sum_{k=1}^{n} (\boldsymbol{\alpha}_{k\lambda}^* \mathfrak{a}_k)^* \mathfrak{b}_\lambda = \sum_{\lambda=1}^{n} \sum_{k=1}^{n} \boldsymbol{\alpha}_{k\lambda} \mathfrak{a}_k^* \mathfrak{b}_\lambda .$$

スカラー積の1つの因子に行列 $\boldsymbol{\alpha}$ を作用させる代わりに，その転置共軛行列 $\boldsymbol{\alpha}^\dagger$ を他の因子に作用させることができる．

単純スカラー積に対しては，転置行列について上と同じ法則が成り立つ；すなわち

$$((\mathfrak{a}, \boldsymbol{\alpha}\mathfrak{b})) = ((\boldsymbol{\alpha}'\mathfrak{a}, \mathfrak{b})).$$

5.　いまもう少しはっきりとユニタリ行列に対する条件を $\mathbf{U}^\dagger = \mathbf{U}^{-1}$ と書いてみよう：$\mathbf{U}^\dagger\mathbf{U} = \mathbf{1}$ は次のことを意味する

$$\sum_{j=1}^{n} (\mathbf{U}^\dagger)_{ij} \mathbf{U}_{jk} = \sum_{j=1}^{n} \mathbf{U}_{ji}^* \mathbf{U}_{jk} = \delta_{ik} ; \quad (\mathbf{U}_{\cdot i}, \mathbf{U}_{\cdot k}) = \delta_{ik} . \tag{3.14}$$

もしユニタリ行列のn個の列をベクトルと見なすならば，これらはn個の単位直交ベクトル系を作る．同様に $\mathbf{U}\mathbf{U}^{\dagger}=\mathbf{1}$ から次のことが導かれる

$$\sum_j \mathbf{U}_{ij}\mathbf{U}_{kj}^* = \delta_{ik}\,; \quad (\mathbf{U}_{k\cdot}, \mathbf{U}_{i\cdot}) = \delta_{ik}. \qquad (3.14\text{a})$$

ユニタリ行列のn個の行はまた互いに直交なn個の単位ベクトル系を作る．

6. ユニタリ変換はエルミートスカラー積を不変にする；換言すれば，**任意のベクトル** $\mathfrak{a}, \mathfrak{b}$ に対して

$$(\mathbf{U}\mathfrak{a}, \mathbf{U}\mathfrak{b}) = (\mathfrak{a}, \mathbf{U}^{\dagger}\mathbf{U}\mathfrak{b}) = (\mathfrak{a}, \mathfrak{b}). \qquad (3.15)$$

逆に，もし (3.15) が行列 $\mathbf{U}$，任意のベクトル $\mathfrak{a}, \mathfrak{b}$ のあらゆる組に対して成り立つならば，$\mathbf{U}$ はユニタリである，すなわち (3.15) はまた $\mathfrak{a}=\mathfrak{e}_i$ および $\mathfrak{b}=\mathfrak{e}_k$ (ここで $(\mathfrak{e}_k)_l=\delta_{kl}$) に対しても成り立つ．しかし，この特別な場合には (3.15) は次のように書ける

$$\begin{aligned}\delta_{ik} = (\mathfrak{e}_i, \mathfrak{e}_k) = (\mathbf{U}\mathfrak{e}_i, \mathbf{U}\mathfrak{e}_k) &= \sum_j (\mathbf{U}\mathfrak{e}_i)_j^* (\mathbf{U}\mathfrak{e}_k)_j \\ &= \sum_j \Big(\sum_l \mathbf{U}_{jl}\delta_{il}\Big)^* \cdot \sum_l \mathbf{U}_{jl}\delta_{kl} = \sum_j \mathbf{U}_{ji}^* \mathbf{U}_{jk},\end{aligned}$$

これはちょうど (3.14) 式となる．このようにして (3.15) は $\mathbf{U}$ がユニタリであるための必要かつ十分条件である．

単純スカラー積を用いると，同じ法則が**複素直交**行列に適用される．

7. 2つのユニタリ行列 $\mathbf{U}, \mathbf{V}$ の積はユニタリである．

$$(\mathbf{U}\mathbf{V})^{\dagger} = \mathbf{V}^{\dagger}\mathbf{U}^{\dagger} = \mathbf{V}^{-1}\mathbf{U}^{-1} = (\mathbf{U}\mathbf{V})^{-1}. \qquad (3.16)$$

ユニタリ行列の逆行列 $\mathbf{U}^{-1}$ はまたユニタリである．

$$(\mathbf{U}^{-1})^{\dagger} = (\mathbf{U}^{\dagger})^{\dagger} = \mathbf{U} = (\mathbf{U}^{-1})^{-1}. \qquad (3.17)$$

ユニタリおよびエルミート行列に対する主軸変換

あらゆるユニタリ行列 $\mathbf{V}$ およびあらゆるエルミート行列 $\mathbf{H}$ は，ユニタリ行列$\mathbf{U}$を使った相似変換によって，対角化されることができる．このような行列については 26頁 に述べたような例外的な場合は起こらない．まず，我々はユ

ニタリ（またはエルミート）行列はユニタリ変換をした後でもユニタリ（またはエルミート）であることを指摘する．これは３つのユニタリ行列の積であるから，$\mathbf{U}^{-1}\mathbf{V}\mathbf{U}$ はそれ自身ユニタリである．もし $\mathbf{H}$ がエルミートならば，$\mathbf{U}^{-1}\mathbf{H}\mathbf{U}$ はまたエルミートである，なぜならば (3.17) によって

$$(\mathbf{U}^{-1}\mathbf{H}\mathbf{U})^{\dagger}=\mathbf{U}^{\dagger}\mathbf{H}\mathbf{U}^{-1\dagger}=\mathbf{U}^{\dagger}\mathbf{H}\mathbf{U}=\mathbf{U}^{-1}\mathbf{H}\mathbf{U}. \tag{3.18}$$

$\mathbf{V}$ または $\mathbf{H}$ を対角化するために，我々は $\mathbf{V}$ または $\mathbf{H}$ の１つの固有値を定める．これを λ_1 としよう；対応する固有ベクトル $\mathbf{U}_{\cdot 1}=(\mathbf{U}_{11}\cdots\mathbf{U}_{n1})$ は定数因子を除いて決定される．我々は定数因子を次式が成り立つように定める

$$(\mathbf{U}_{\cdot 1},\mathbf{U}_{\cdot 1})=1.$$

$(\mathbf{U}_{\cdot 1},\mathbf{U}_{\cdot 1})$ は決してゼロでないので，これは常に可能である．我々はいま第１列が $\mathbf{U}_{\cdot 1}$ であるようなユニタリ行列 $\mathbf{U}$ を作る．[4] このユニタリ行列を使って，$\mathbf{V}$ または $\mathbf{H}$ を $\mathbf{U}^{-1}\mathbf{V}\mathbf{U}$ または $\mathbf{U}^{-1}\mathbf{H}\mathbf{U}$ に変換する．たとえば，$\mathbf{U}^{-1}\mathbf{V}\mathbf{U}$ では第１列に対して次の式を得る

$$\mathbf{X}_{r1}=(\mathbf{U}^{-1}\mathbf{V}\mathbf{U})_{r1}=(\mathbf{U}^{\dagger}\mathbf{V}\mathbf{U})_{r1}=\sum_{\nu}\mathbf{U}_{\nu r}{}^{*}\sum_{\mu}\mathbf{V}_{\nu\mu}\mathbf{U}_{\mu 1}=\sum_{\nu}\mathbf{U}_{\nu r}{}^{*}\lambda_1\mathbf{U}_{\nu 1}=\delta_{r1}\lambda_1,$$

これは $\mathbf{U}_{\cdot 1}$ がすでに $\mathbf{V}$ の固有ベクトルであるので成り立つ．したがって，第１列の第１行要素は λ_1 となり，第１列の他のすべての要素はゼロであることがわかった．

明らかに，このことは $\mathbf{U}^{-1}\mathbf{V}\mathbf{U}$ のみでなく，$\mathbf{U}^{-1}\mathbf{H}\mathbf{U}$ に対しても成り立つ．$\mathbf{U}^{-1}\mathbf{H}\mathbf{U}$ はエルミート行列であるから，最初の要素を除いて第１行もまたゼロとなる，したがって $\mathbf{U}^{-1}\mathbf{H}\mathbf{U}$ は次の形をしている

$$\begin{pmatrix}\lambda_1 & 0 & \cdots & 0\\ 0 & & & \\ \vdots & & & \\ 0 & & & \end{pmatrix} \tag{3.E.1}$$

しかしまた $\mathbf{U}^{-1}\mathbf{V}\mathbf{U}$ も全く同じ形を持たなければならない！ $\mathbf{X}$ はユニタリ行列であるから，その第１列 $\mathbf{X}_{\cdot 1}$ は単位ベクトルであり，このことから次の

[4] 証明の終りにある補題を見よ．

式が導かれる

$$|\mathbf{X}_{11}|^2+|\mathbf{X}_{21}|^2+\cdots+|\mathbf{X}_{n1}|^2=|\lambda_1|^2=1. \tag{3.E.2}$$

同様な議論が $\mathbf{X}$ の第1行 $\mathbf{X}_{1\cdot}$ にも適用される．2乗の和は次のように与えられる

$$|\mathbf{X}_{11}|^2+|\mathbf{X}_{12}|^2+\cdots+|\mathbf{X}_{1n}|^2=|\lambda_1|^2+|\mathbf{X}_{12}|^2+|\mathbf{X}_{13}|^2+\cdots+|\mathbf{X}_{1n}|^2=1,$$

この式は $\mathbf{X}_{12}, \mathbf{X}_{13}, \cdots, \mathbf{X}_{1n}$ がすべてゼロであることを意味する．

したがって，あらゆるユニタリまたはエルミート行列はユニタリ行列によって (3.E.1) の形に変換することができる．我々はたった1つの固有値の存在を用いたから，行列 (3.E.1) はまだ対角形になってはいない．しかしながら元の行列 $\mathbf{V}$ はまた $\mathbf{H}$ よりももう少し対角行列に近くなっている．(3.E.1) は超行列として次のように書くのが自然である

$$\begin{pmatrix}\lambda_1 & \mathbf{0}\\ \mathbf{0} & \mathbf{V}_1\end{pmatrix} \quad \text{または} \quad \begin{pmatrix}\lambda_1 & \mathbf{0}\\ \mathbf{0} & \mathbf{H}_1\end{pmatrix}, \tag{3.E.3}$$

ここで行列 $\mathbf{V}_1$ または $\mathbf{H}_1$ は $n-1$ 個の行と列を持つ．次に (3.E.3) をさらにもう1つのユニタリ行列

$$\begin{pmatrix}1 & \mathbf{0}\\ \mathbf{0} & \mathbf{U}_1\end{pmatrix}$$

によって変換することができる，ここで $\mathbf{U}_1$ は $n-1$ 個の行と列を持つ．

この場合 (3.E.1) は次の形をとる

$$\begin{pmatrix}\lambda_1 & \mathbf{0}\\ \mathbf{0} & \mathbf{U}_1{}^\dagger\mathbf{V}\mathbf{U}_1\end{pmatrix} \quad \text{または} \quad \begin{pmatrix}\lambda_1 & \mathbf{0}\\ \mathbf{0} & \mathbf{U}_1{}^\dagger\mathbf{H}_1\mathbf{U}_1\end{pmatrix}. \tag{3.E.4}$$

$\mathbf{U}_1$ に以前の手続きを再び適用すると，$\mathbf{U}_1{}^\dagger\mathbf{V}_1\mathbf{U}_1$ または $\mathbf{U}_1{}^\dagger\mathbf{H}_1\mathbf{U}_1$ が次のような形となるように選ぶことができる，

$$\begin{pmatrix}\lambda_2 & \mathbf{0}\\ \mathbf{0} & \mathbf{V}_2\end{pmatrix} \quad \text{または} \quad \begin{pmatrix}\lambda_2 & \mathbf{0}\\ \mathbf{0} & \mathbf{H}_2\end{pmatrix}$$

ここで $\mathbf{V}_2$ または $\mathbf{H}_2$ は $n-2$ 次元である．したがって $\mathbf{U}_1{}^\dagger\mathbf{U}^\dagger\mathbf{V}\mathbf{U}\mathbf{U}_1$ は次のような形を持つ

$$\begin{pmatrix} \mathbf{\Lambda}_1 & \mathbf{0} \\ \mathbf{0} & \mathbf{V}_2 \end{pmatrix}, \qquad ここで \qquad \mathbf{\Lambda}_1 = \begin{pmatrix} \lambda_1 & 0 \\ 0 & \lambda_2 \end{pmatrix}.$$

この手順の繰り返しによって，$\mathbf{V}$ または $\mathbf{H}$ を**完全に対角化**できることは明らかであり，定理は証明された．

26頁 の第2の例（第2の行列は 対称で複素直交である）が示すように，この定理は対称または複素直交行列に対しては成り立たない．しかし，この定理は実対称または実直交行列に対しては成り立つ．これらはエルミートまたはユニタリ行列のちょうど特別な場合である．

補　題. もし $(\mathfrak{u}_{\cdot 1}, \mathfrak{u}_{\cdot 1})=1$ ならば，第1列が $\mathfrak{u}_{\cdot 1}=(\mathfrak{u}_{11}, \mathfrak{u}_{21}, \cdots, \mathfrak{u}_{n1})$ であるように，種々の違った方法で，ユニタリ行列を作ることができる．

我々はまず一般に第1列が $\mathfrak{u}_{\cdot 1}$ で，ゼロでない行列式を持つ行列を作る．この行列の第2列を $\mathfrak{v}_{\cdot 2}=(\mathfrak{v}_{12}, \mathfrak{v}_{22}, \cdots, \mathfrak{v}_{n2})$，第3列を $\mathfrak{v}_{\cdot 3}$，等としよう．

$$\begin{pmatrix} \mathfrak{u}_{11} & \mathfrak{v}_{12} & \mathfrak{v}_{13} & \cdots & \mathfrak{v}_{1n} \\ \mathfrak{u}_{21} & \mathfrak{v}_{22} & \mathfrak{v}_{23} & \cdots & \mathfrak{v}_{2n} \\ \mathfrak{u}_{31} & \mathfrak{v}_{32} & \mathfrak{v}_{33} & \cdots & \mathfrak{v}_{3n} \\ \vdots & \vdots & \vdots & & \vdots \\ \mathfrak{u}_{n1} & \mathfrak{v}_{n2} & \mathfrak{v}_{n3} & \cdots & \mathfrak{v}_{nn} \end{pmatrix}$$

行列式がゼロでないから，ベクトル $\mathfrak{u}_{\cdot 1}, \mathfrak{v}_{\cdot 2}, \mathfrak{v}_{\cdot 3}, \cdots$ は1次的独立である．これらを“直交化”するために Schmidt の方法を使う．まず $\mathfrak{v}_{\cdot 2}$ を $\mathfrak{u}_{\cdot 2}=a_{21}\mathfrak{u}_{\cdot 1}+\mathfrak{v}_{\cdot 2}$ で置き換える；これは行列式を不変にする．そして次のように置く

$$(\mathfrak{u}_{\cdot 1}, \mathfrak{u}_{\cdot 2})=0=a_{21}(\mathfrak{u}_{\cdot 1}, \mathfrak{u}_{\cdot 1})+(\mathfrak{u}_{\cdot 1}, \mathfrak{v}_{\cdot 2})=a_{21}+(\mathfrak{u}_{\cdot 1}, \mathfrak{v}_{\cdot 2})$$

これから a_{21} を定める．次に $\mathfrak{v}_{\cdot 3}$ の代わりに $\mathfrak{u}_{\cdot 3}$ と書き，$\mathfrak{u}_{\cdot 3}=a_{31}\mathfrak{u}_{\cdot 1}+a_{32}\mathfrak{u}_{\cdot 2}+\mathfrak{v}_{\cdot 3}$ として a_{31} と a_{32} を次のように定める

$$0=(\mathfrak{u}_{\cdot 1}, \mathfrak{u}_{\cdot 3})=a_{31}(\mathfrak{u}_{\cdot 1}, \mathfrak{u}_{\cdot 1})+(\mathfrak{u}_{\cdot 1}, \mathfrak{v}_{\cdot 3})$$
$$0=(\mathfrak{u}_{\cdot 2}, \mathfrak{u}_{\cdot 3})=a_{32}(\mathfrak{u}_{\cdot 2}, \mathfrak{u}_{\cdot 2})+(\mathfrak{u}_{\cdot 2}, \mathfrak{v}_{\cdot 3}).$$

このような手続きを進め，最後に $\mathfrak{v}_{\cdot n}$ の代わりに $\mathfrak{u}_{\cdot n}$ ととり，

$$\mathfrak{u}_{\cdot n}=a_{n1}\mathfrak{u}_{\cdot 1}+a_{n2}\mathfrak{u}_{\cdot 2}+\cdots+a_{n,n-1}\mathfrak{u}_{\cdot n-1}+\mathfrak{v}_{\cdot n}$$

とし，$a_{n1}, a_{n2}, a_{n3}, \cdots, a_{n,n-1}$ を次のように定める

$$0=(\mathfrak{u}_{\cdot 1}, \mathfrak{u}_{\cdot n})=a_{n1}(\mathfrak{u}_{\cdot 1}, \mathfrak{u}_{\cdot 1})+(\mathfrak{u}_{\cdot 1}, \mathfrak{v}_{\cdot n}),$$

$$0=(\mathfrak{u}_{\cdot 2}, \mathfrak{u}_{\cdot n})=a_{n2}(\mathfrak{u}_{\cdot 2}, \mathfrak{u}_{\cdot 2})+(\mathfrak{u}_{\cdot 2}, \mathfrak{v}_{\cdot n}),$$

$$\cdots\cdots\cdots\cdots\cdots\cdots\cdots\cdots\cdots\cdots\cdots\cdots$$

$$0=(\mathfrak{u}_{\cdot n-1}, \mathfrak{u}_{\cdot n})=a_{n,n-1}(\mathfrak{u}_{\cdot n-1}, \mathfrak{u}_{\cdot n-1})+(\mathfrak{u}_{\cdot n-1}, \mathfrak{v}_{\cdot n}).$$

このようにして，$\frac{1}{2}n(n-1)$ 個の a の助けによって，我々はベクトル $\mathfrak{v}$ の代わりにベクトル $\mathfrak{u}$ を導入することに成功した．$\mathfrak{u}$ は互いに直交であり，かつ $\mathfrak{v}$ の1次的独立性の仮定によってゼロでない．たとえば，$\mathfrak{u}_{\cdot n}=0$ と仮定することは次のことを意味する，

$$a_{n1}\mathfrak{u}_{\cdot 1}+a_{n2}\mathfrak{u}_{\cdot 2}+\cdots+a_{n,n-1}\mathfrak{u}_{\cdot n-1}+\mathfrak{v}_{\cdot n}=0$$

で，$\mathfrak{u}_{\cdot 1}, \mathfrak{u}_{\cdot 2}, \cdots, \mathfrak{u}_{\cdot n}$ は $\mathfrak{u}_{\cdot 1}, \mathfrak{v}_{\cdot 2}, \cdots, \mathfrak{v}_{\cdot n-1}$ の1次結合であるから，$\mathfrak{v}_{\cdot n}$ をこれらの $n-1$ 個のベクトルで書き表わすことができる．これは1次的独立性の仮定に反する．

最後に，$\mathfrak{u}_{\cdot 2}, \mathfrak{u}_{\cdot 3}, \cdots, \mathfrak{u}_{\cdot n}$ を規格化し，それによって第1列が $\mathfrak{u}_{\cdot 1}$ であるようなユニタリ行列を作る．

この **"Schmidt の直交化の方法"** は，いかにして1次的独立なベクトルの任意の集合から，k 番目の単位ベクトルが元のベクトルの最初の k 個の1次結合であるような直交規格化された集合を作るかを示したものである．このようにして，ベクトルの完全集合を作るような n 個の n 次元ベクトルから，完全**直交**系を得ることができる．

もしユニタリ行列 $\mathbf{V}$ またはエルミート行列 $\mathbf{H}$ が，こうして対角化されるならば，結果として生ずる行列 $\mathbf{\Lambda}_v$ または $\mathbf{\Lambda}_h$ はまたユニタリまたはエルミート行列である．したがって

$$\mathbf{\Lambda}_v \mathbf{\Lambda}_v^* = 1, \qquad \text{または} \qquad \mathbf{\Lambda}_h = \mathbf{\Lambda}_h^\dagger. \tag{3.19}$$

ユニタリ行列[5]の各固有値の絶対値は1である；エルミート行列の固有値は実数である．これは (3.19) より直ちに導かれる．(3.19) はユニタリ行列の固有値 λ_v に対して $\lambda_v\lambda_v^*=1$；エルミート行列の固有値に対して $\lambda_h=\lambda_h^*$ である

[5] (3.E.2) 式がすでに示しているように．

ことを示している．**V** および **H** の固有ベクトルは，ユニタリ行列 **U** の列と同様に，直交であると仮定することができる．

実直交および対称行列

最後に，**V** または **H** がユニタリ（またはエルミート）であると同時に複素直交（または対称）であるという要請の意味を考えよう．この場合 **V**, **H** ともに実である．

$\mathbf{U}^\dagger\mathbf{V}\mathbf{U}=\boldsymbol{\Lambda}_v$ の複素共軛は $\mathbf{U}^{*\dagger}\mathbf{V}^*\mathbf{U}^*=(\mathbf{U}^*)^\dagger\mathbf{V}\mathbf{U}^*=\boldsymbol{\Lambda}_v^*$ である．ここに $\boldsymbol{\Lambda}_v$ を $\boldsymbol{\Lambda}_v^*$ と書くことができる．永年方程式の根としての固有値は，行列がどのような手順によって（すなわち **U** によってあるいは $\mathbf{U}^*$ によって）対角化されたかにはよらない．したがって数 $\lambda_1, \lambda_2, \cdots, \lambda_n$ は数 $\lambda_1^*, \lambda_2^*, \cdots, \lambda_n^*$ に全体として同じである．このことは実直交行列 **V** の複素数の固有値はその複素共軛と共に対になって現われることを意味する．さらに $\mathbf{V}\mathbf{V}'=\mathbf{1}$ であるから，固有値はすべて絶対値 1 を持つ；実数の固有値は ±1 である．したがって奇数次元の行列では少なくとも 1 つの固有値は実数でなければならない．

もし $\mathfrak{v}$ が固有値 λ の固有ベクトルならば，$\mathfrak{v}^*$ は複素共軛固有値 λ^* の固有ベクトルである．これを知るために $\mathbf{V}\mathfrak{v}=\lambda\mathfrak{v}$ と書いてみる；そこで $\mathbf{V}^*\mathfrak{v}^*=\lambda^*\mathfrak{v}^*=\mathbf{V}\mathfrak{v}^*$．さらに，もし λ^* が λ と異なるならば，$(\mathfrak{v}^*, \mathfrak{v})=0=((\mathfrak{v}, \mathfrak{v}))$；固有ベクトルとそれ自身の単純スカラー積は，もし対応する固有値が実数でなければ（±1 でなければ），ゼロである．逆に，実の固有ベクトル（この場合単純スカラー積はゼロでない）は固有値 ±1 に対応する．また $\mathfrak{v}$ を λ_1 の固有ベクトル，$\mathfrak{v}^*$ を λ_1^* の固有ベクトル，$\mathfrak{z}$ を λ_2 の固有ベクトルとしよう．もし $\lambda_1 \neq \lambda_2$ ならば

$$0=(\mathfrak{v}^*, \mathfrak{z})=((\mathfrak{v}, \mathfrak{z})).$$

実直交行列の単純スカラー積は，もし対応する固有値が複素共軛でなければ，常にゼロである；固有値が複素共軛であるときは，対応する固有ベクトルはそれら自身複素共軛である．

直交行列の行列式は ±1 である．これを知るために，$\mathbf{VV'=1}$ を考えよ；$\mathbf{V}$ の行列式と $\mathbf{V'}$ の行列式を掛けたものは 1 であることが導き出せる．しかし $\mathbf{V}$ の行列式は $\mathbf{V'}$ の行列式と等しい，したがって共に +1 または −1 でなければならない．

もし $\mathbf{H}$ が実ならば，λ_h は実数であるから，(3.5) 式は実数である．実エルミート行列の固有ベクトルは実であると仮定してよい．（固有ベクトルは定数因子を除いて決定されるから，これらにまた複素数の因子を掛けることはできる）．こうして $\mathbf{U^{-1}HU}=\mathbf{\Lambda}_h$ におけるユニタリ行列 $\mathbf{U}$ は実であると仮定してよい．

第4章　量子力学の基礎

1.　1925年以前の年においては，新しい"量子力学"の発展は主として定常状態のエネルギーの決定，すなわちエネルギー準位の計算に向って方向づけられていた．Epstein-Schwarzschild の古い"分離理論"は，古典力学的運動が周期的あるいは少なくとも準周期的であるという特殊な性質を持つ系に対してのみ，エネルギー準位，または項を決定する処法を与えた．

Bohr の対応原理の正確な記述を試みた W. Heisenberg の考えは，この欠陥を救った．対応原理は M. Born と P. Jordan および P. A. M. Dirac によって独立に提案されたもので，要約すると，後で量子力学的に許される運動として考えられる運動のみが計算の中に現われるべきであるという要請である．これらの人達は，この考えを実現するために位置と運動量座標の形式的表示として，かつまた結合則には従うが交換則に従わない"q-数"を使った形式的な計算の際に，無限の行と列を持つ行列を導入せざるを得なかった．

このようにして，たとえば，線型振動子[1]のエネルギー $\mathbf{H}$ に対する方程式

$$\mathbf{H}=\frac{1}{2m}\mathbf{p}^2+\frac{K}{2}\mathbf{q}^2 \tag{4.1}$$

は，エネルギーに対する古典的記述の**ハミルトニアン形式**において，**運動量と位置座標** p と q を行列 $\mathbf{p}$ と $\mathbf{q}$ で形式的に置き換えることによって，得られる．$\mathbf{H}$ は対角行列であることが要求される．したがって対角項 $\mathbf{H}_{nn}$ は可能なエネルギー，すなわち系の定常準位を与える．これに対して，行列 $\mathbf{q}$ の要素 $\mathbf{q}_{nk}$ の絶対値の2乗は，エネルギー $\mathbf{H}_{nn}$ を持つ状態からエネルギー $\mathbf{H}_{kk}$ の状態への自然遷移の確率に比例する．ゆえに，これらは振動数 $\omega=\dfrac{\mathbf{H}_{nn}-\mathbf{H}_{kk}}{\hbar}$ を持つスペク

[1] m は振動している粒子の質量，K は弾性力の係数；$\mathbf{q}$ と $\mathbf{p}$ は位置および運動量座標である．

トル線の強度を与える．これらはすべて，**p** と **q** についての行列の導入に示唆された考察から結論される．

問題を完全に指定するためには，さらに **p** と **q** の間の“交換関係”を導入しなければならない．これは次のように仮定される

$$\mathbf{pq}-\mathbf{qp}=\frac{\hbar}{i}\mathbf{1} \tag{4.2}$$

ここで $\hbar$ は **Planck の定数**を 2π で割ったものである．

これらの量を用いた計算は，しばしば非常に面倒であるが，驚くべく美しい，かつまた重要な結果を直ちに与えることができる．すなわち，角運動量の“選択則”やあるスペクトルの Zeeman 成分の相対強度を決定する“和則”(sum rules) を定めることができ，これは実験と一致する．一方これらの法則に対しては分離理論は十分な解答を与えることができない．

E. Schrödinger は，Heisenberg の観点とは全く独立な扱い方によって，上述の理論と数学的に同等な結果に到達した．彼の方法は L. de Broglie の概念と深い類似を持っている．以下の議論は Schrödinger の扱い方に基づいている．

考える系の位置座標の数と同数の座標を持つ多次元空間を考えよう．各瞬間における系の粒子の位置は，この多次元“配位空間”の1つの点に対応する．この点は時間の経過に従って動き，ある曲線をえがく．そしてこの曲線によって，系の運動は古典的に完全に記述される．この系が配位空間において示す点の古典的運動は，もし我々がこれらの波の屈折率を $[2m(E-V)]^{1/2}/E$ と仮定すると，配位空間において考えられた波束の運動との間に基本的な対応がある[2]．E は系の全エネルギーであり；V は配位の関数としての位置エネルギーである．

この対応は，波束の波長と配位空間における進路の曲率半径の比が小さければ小さいほど，波束はその進路により正確にしたがうという事実に基づく．これに対して，もし波束が配位空間の進路の古典的曲率半径と同じ位大きい波長

---

[2] 本書の展開は，現在慣例となっているものよりもっと Schrödinger の考えに密接にしたがっている．（英語版訳者注）

を持つ場合は，波の干渉によって2つの運動の間に重要な違いが現われてくる．

Schrödinger は，配位点の運動は波の運動に対応するが，古典的に計算された運動には対応しないと仮定した．

もし波のスカラー振巾を ψ で表わせば，波動方程式は次のようになる

$$\frac{E-V}{E^2}\frac{\partial^2\psi}{\partial t^2}=\frac{1}{2m_1}\frac{\partial^2\psi}{\partial {x_1}^2}+\frac{1}{2m_2}\frac{\partial^2\psi}{\partial {x_2}^2}+\cdots+\frac{1}{2m_f}\frac{\partial^2\psi}{\partial {x_f}^2}, \tag{4.3}$$

ここで $x_1, x_2, \cdots, x_f$ は考える系の粒子の位置座標であり，$m_1, m_2, \cdots, m_f$ は対応する質量，また $V(x_1, x_2, \cdots, x_f)$ は個々の粒子の座標 $x_1, x_2, \cdots, x_f$ によって表わされた位置エネルギーである．

系の全エネルギーは (4.3) に陽に現われている．一方波の振動数，または周期，はまだ指定されていない．Schrödinger は，全エネルギー E を持つ系の運動に関連した波の振動数は $\hbar\omega=E$ で与えられると仮定した．ゆえに彼は (4.3) に次の式を代入した

$$\psi=\psi_E \exp\left(-i\frac{E}{\hbar}t\right), \tag{4.4}$$

ここで ψ_E は t に独立である．このようにして彼は固有値方程式を得た

$$\frac{1}{\hbar^2}(V-E)\psi_E=\frac{1}{2m_1}\frac{\partial^2\psi_E}{\partial {x_1}^2}+\frac{1}{2m_2}\frac{\partial^2\psi_E}{\partial {x_2}^2}+\cdots+\frac{1}{2m_f}\frac{\partial^2\psi_E}{\partial {x_f}^2}. \tag{4.5}$$

ここで ψ_E は粒子の位置座標 $x_1, x_2, \cdots, x_f$ の関数である．また ψ_E はその2乗の積分可能性が要求される．すなわち配位空間についての全積分

$$\int_{-\infty}^{\infty}\cdots\int_{-\infty}^{\infty}|\psi_E(x_1, x_2, \cdots, x_f)|^2 dx_1 dx_2\cdots dx_f$$

が有限でなければならない．特に ψ は無限大でゼロでなければならない．このような関数 ψ_E の決定が可能であるような E の値を (4.5) の“**固有値**”という；固有値は系の可能なエネルギー値を与える．対応する (4.5) 式の2乗の積分可能な解を固有値 E に属する**固有関数**という．

(4.5) 式はまた次の形に書ける，

$$\mathbf{H}\psi_E = E\psi_E \tag{4.5a}$$

ここで **H** は1次**演算子**(ハミルトニアン，またはエネルギー演算子)である．

$$\mathbf{H} = -\hbar^2\left(\frac{1}{2m_1}\frac{\partial^2}{\partial x_1{}^2}+\frac{1}{2m_2}\frac{\partial^2}{\partial x_2{}^2}+\cdots+\frac{1}{2m_f}\frac{\partial^2}{\partial x_f{}^2}\right) + V(x_1, x_2, \cdots, x_f). \tag{4.5b}$$

最後の項は $V(x_1, x_2, \cdots, x_f)$ を掛けることを意味する．

この演算子は $x_1, x_2, \cdots, x_f$ のある関数を別の関数に変換する．(4.4)の関数 ψ は次の関係を満足する

$$i\hbar\frac{\partial\psi}{\partial t} = \mathbf{H}\psi. \tag{4.6}$$

系の全エネルギーは (4.6) に陽に現われていない，したがって系のエネルギーとは独立で，一般にすべての運動に適用される；これを**時間を含んだ形の Schrödinger 方程式**という．

2つの式 (4.5)(または (4.5a)，(4.5b)) と (4.6) は量子力学の基本方程式である．後者は時間の経過にしたがって配位波の変化を指定する ――後でわかるように，広大な物理的事実がこのことに起因している．(4.5)(または (4.5a)，(4.5b)) は振動数 $\omega=E/\hbar$，エネルギー E，そして周期的時間変化を持つ波動関数 ψ に対する方程式である．実際，(4.5) は (4.6) および次の仮定から導かれる

$$\psi = \psi_E \exp\left(-i\frac{E}{\hbar}t\right).$$

2.　いま我々は (4.5b) の固有値および固有関数の最も重要な性質を総括しよう．この目的のために，まず2つの関数 φ と g のスカラー積を次のように定義する

$$(\varphi, g) = \int\overset{\infty}{\underset{-\infty}{\cdots}}\int\varphi(x_1\cdots x_f)^* g(x_1\cdots x_f)dx_1\cdots dx_f = \int\varphi^* g\,. \tag{4.7}$$

第3章の，すべての簡単な計算の法則はこのスカラー積に適用される．したがって，もし a_1 および a_2 が数係数ならば

$$(\varphi, a_1 g_1 + a_2 g_2) = a_1(\varphi, g_1) + a_2(\varphi, g_2),$$

および

$$(\varphi, g) = (g, \varphi)^*.$$

(φ, φ) は実数で正であり，$\varphi=0$ のときにのみゼロとなる．もし $(\varphi, \varphi)=1$ ならば φ は規格化されているという．もし積分

$$(\varphi, \varphi) = \int_{-\infty}^{\infty}\cdots\int |\varphi(x_1\cdots x_f)|^2 dx_1\cdots dx_f = c^2$$

が有限ならば，φ はある係数を掛けることによって常に規格化されることができる $\left(\left(\frac{\varphi}{c}, \frac{\varphi}{c}\right)=1\right.$ であるから上の場合では $\left.1/c\right)$．２つの**関数**は，そのスカラー積がゼロならば，直交である．

(4.7) 式において与えられたスカラー積は，$x_1, x_2, \cdots, x_f$ の関数 $\varphi(x_1\cdots x_f)$, $g(x_1\cdots x_f)$ を成分が f 個の連続な添字で名づけられたベクトルと考えることによって，作られる．関数ベクトル $\varphi(x_1\cdots x_f)$ は f-重 無限次元空間において定義される．$x_1, \cdots, x_f$ の値の各系，すなわち各配位は１次元に対応する．そこで φ と g のスカラー積はベクトルの言葉では

$$(\varphi, g) = \sum_{x_1\cdots x_f} \varphi(x_1\cdots x_f)^* g(x_1\cdots x_f)$$

これに対して積分 (4.7) が代入される．

関数の１次的従属性または１次的独立性はベクトルの議論からの概念と一致する．もし下の方程式が与えられた係数 $a_1, a_2, \cdots, a_k$ を持ち，すべてのベクトルの成分，すなわち $x_1, \cdots, x_f$ の値のすべての組に対して成り立つとき

$$a_1\varphi_1 + a_2\varphi_2 + \cdots + a_k\varphi_k = 0$$

１次的関係が $\varphi_1, \varphi_2, \cdots, \varphi_k$ の間に存在する．さらに，もし

$$\mathbf{H}(a\varphi + bg) = a\mathbf{H}\varphi + b\mathbf{H}g \tag{4.8}$$

がすべての関数 φ および g に対して正しいとき，演算子 $\mathbf{H}$ は１次であるという．一般に我々は１次演算子のみを問題にする．関数ベクトルに対する１次演算子は普通のベクトルの場合の行列に対応する．いずれの場合にもこれらが作用したベクトルを他のベクトルに変換する．１次性の条件，(4.8) 式，はすべての行列について成り立つ．我々はすでに，有限次元のベクトルに適用され得るあらゆる演算子は，行列と同等である[3] ということを知っている．無限次元の演算子もまた行列形を持つのであるが，しかしそれはしばしば強い特異性を持っている．

---

[3] 第１章，３頁を見よ．

一例として，“x_1 を掛けること”という演算に対応する行列 $\mathbf{q}_1$ の要素は

$$(\mathbf{q}_1)_{x_1x_2\cdots x_f;\, x'_1x'_2\cdots x'_f}=x_1\delta_{x_1x'_1}\delta_{x_2x'_2}\cdots\delta_{x_fx'_f}. \tag{4.E.1}$$

これはベクトル ψ を次のような成分を持つベクトル $\mathbf{q}_1\psi$ に変換する

$$\begin{aligned}\mathbf{q}_1\psi(x_1x_2\cdots x_f)&=\sum_{x_1'\cdots x'_f}(\mathbf{q}_1)_{x_1\cdots x_f;\, x'_1\cdots x'_f}\psi(x'_1\cdots x'_f)\\&=\sum_{x'_1\cdots x'_f}x_1\delta_{x_1x'_1}\delta_{x_2x'_2}\cdots\delta_{x_fx'_f}\psi(x'_1\cdots x'_f)=x_1\psi(x_1\cdots x_f).\end{aligned}$$

このベクトルは正確に関数 $x_1\psi$ であり，ψ が“x_1 を掛ける”という演算によってこの関数に変換されている．

“x_1 について微分”という演算に対応する行列は $(i/\hbar)\mathbf{p}_1$ と表わされる，なぜならば $(\hbar/i)\partial/\partial x_1$ が p_1 に対応するからである

$$\left(\frac{i}{\hbar}\mathbf{p}_1\right)_{x_1\cdots x_f;\, x'_1\cdots x'_f}=\lim_{\Delta\to0}\frac{1}{\Delta}(\delta_{x_1+\frac{1}{2}\Delta,\, x'_1}-\delta_{x_1-\frac{1}{2}\Delta,\, x'_1})\delta_{x_2x'_2}\cdots\delta_{x_fx'_f}. \tag{4.E.2}$$

これはベクトル ψ を次のベクトルに変換する

$$\begin{aligned}&\sum_{x'_1\cdots x'_f}\lim_{\Delta\to0}\frac{1}{\Delta}(\delta_{x_1+\frac{1}{2}\Delta,\, x'_1}-\delta_{x_1-\frac{1}{2}\Delta,\, x'_1})\delta_{x_2x'_2}\cdots\delta_{x_fx'_f}\psi(x'_1, x'_2, \cdots, x'_f)\\&\quad=\lim_{\Delta\to0}\frac{1}{\Delta}(\psi(x_1+\tfrac{1}{2}\Delta, x_2, \cdots, x_f)-\psi(x_1-\tfrac{1}{2}\Delta, x_2, \cdots, x_f))\end{aligned}$$

そしてこれは正確に ψ の x_1 についての導関数である．

もし $\mathbf{H}=\mathbf{H}^\dagger$ ならば，すなわち，もし任意のベクトル $\mathfrak{v}$ および $\mathfrak{w}$ に対して次の式が成り立つとき

$$(\mathfrak{v}, \mathbf{H}\mathfrak{w})=(\mathbf{H}^\dagger\mathfrak{v}, \mathfrak{w})=(\mathbf{H}\mathfrak{v}, \mathfrak{w})$$

$\mathbf{H}$ はエルミートであるといわれる．換言すれば，$\mathbf{H}$ がスカラー積の中で，一方の因子から他方の因子に移されることができるとき，$\mathbf{H}$ はエルミートである．演算子のエルミート性はこの要求によって**定義**される．

もしある補助条件（たとえば，2乗の積分可能性，これは関数が無限大においてゼロとなることを意味している）を満足するすべての関数 φ, g に対して次の式が成り立つとき

$$(\varphi, \mathbf{H}g)=(\mathbf{H}\varphi, g) \tag{4.9}$$

演算子 $\mathbf{H}$ はエルミートである．エルミート演算子の和，実数倍もまた1次でエルミートである．これはエルミート演算子の巾，逆，等に対しても成り立つ．

ハミルトニアン演算子（4.5 b）はエルミートである．これを議論するために，まず実関数 $V(x_1, x_2, \cdots, x_f)$ の掛け算はエルミートであることに注意する．

$$(\varphi, Vg)=\int\overset{\infty}{\underset{-\infty}{\cdots}}\int\varphi(x_1\cdots x_f)^*V(x_1\cdots x_f)g(x_1\cdots x_f)dx_1\cdots dx_f$$
$$=\int\overset{\infty}{\underset{-\infty}{\cdots}}\int(V(x_1\cdots x_f)\varphi(x_1\cdots x_f))^*g(x_1\cdots x_f)dx_1\cdots dx_f$$
$$=(V\varphi, g). \tag{4.9a}$$

演算子 $(\hbar/i)\partial/\partial x_k$ もまたエルミートである．ψ は $x_k=\pm\infty$ でゼロであり，$i^*=-i$ であるから，部分積分によって

$$\left(\varphi, \frac{\hbar}{i}\frac{\partial}{\partial x_k}g\right)=\int\overset{\infty}{\underset{-\infty}{\cdots}}\int\varphi(x_1\cdots x_f)^*\frac{\hbar}{i}\frac{\partial}{\partial x_k}g(x_1\cdots x_f)dx_1\cdots dx_f$$
$$=\int\overset{\infty}{\underset{-\infty}{\cdots}}\int-\frac{\hbar}{i}\left(\frac{\partial}{\partial x_k}\varphi(x_1\cdots x_f)\right)^*g(x_1\cdots x_f)dx_1\cdots dx_f$$
$$=\left(\frac{\hbar}{i}\frac{\partial}{\partial x_k}\varphi, g\right) \tag{4.10}$$

ゆえにその2乗 $-(\hbar^2)\,\partial^2/\partial x_k{}^2$ もまた エルミート である．これは部分積分を2回行なうことによって 直接証明される．したがって **H** のすべての項はエルミートであり，ゆえに **H** 自身もエルミートである．

ψ に対する方程式

$$\mathbf{H}\psi=E\psi$$

は，Eのある値に対してのみ，2乗が積分可能なゼロでない解を持っていることはよく知られている．このような解が存在する場合の E の値を**固有値**とよぶ；固有値のすべての集合を **H** の**スペクトル**とよぶ．エルミート演算子の固有値はすべて実数である．もし $\mathbf{H}\psi_E=E\psi_E$ ならば，ψ_E とのスカラー積は

$$(\psi_E, \mathbf{H}\psi_E)=(\psi_E, E\psi_E)=E(\psi_E, \psi_E). \tag{4.11}$$

しかし (4.11) において $(\psi_E, \mathbf{H}\psi_E)=(\mathbf{H}\psi_E, \psi_E)=(\psi_E, \mathbf{H}\psi_E)^*$．したがって (ψ_E, ψ_E) は実数であるから，E もまた実数である．

エルミート演算子は**離散**スペクトル，あるいはまた**連続**スペクトルを持つことができる．離散スペクトルの固有値は（有限個または可付番無限個の）とびとびの数である．対応する固有関数は規格化することができる（この場合，2乗の積分 (ψ_E, ψ_E) が有限であることを意味する）．そして今後は固有関数は

すでに規格化されているものと仮定する．固有関数は互いに添字によってψ_E, ψ_F, … のように区別される．通常離散固有値はスペクトルの興味ある部分を形成している．いままで我々が単に“固有値”といったものは離散固有値を意味している．

連続スペクトルに属する固有値方程式の解 $\psi(x_1, x_2, \cdots, x_f, E)$ は有限な2乗の積分を持たない．ゆえにこれはスペクトルに全く属していないと考えるかもしれない．しかし，もし我々はいわゆる“固有微分”(eigendifferential) を作るならば

$$\int_E^{E+\Delta}\psi(x_1, x_2, \cdots, x_f; E)dE = \psi(x_1, x_2, \cdots, x_f; E, E+\Delta), \qquad (4.\mathrm{E}.3)$$

これは2乗が積分可能であり，したがって規格化できる．もしEが実際スペクトルに属していないならば，このようなことはない．固有微分 (4.E.3) は E と $E+\Delta$ の間隔に属している．これは，連続スペクトルが点から成っているのではなく，連続領域から成っていることを示す．固有値方程式の解 $\psi(x_1, x_2, \cdots, x_f; E)$ は，規格化され得ないにもかかわらず，連続スペクトルの固有関数とよばれる．この関数は固有値Eに連続的に依存する；通常我々は種々の連続固有関数を区別するために，Eを添字としてよりもむしろ変数として導入する．もし連続スペクトルを長さ Δ の一定の小さな領域に分割するならば，固有微分がおのおのに定義される．これらは規格化された後は，Δ が小さくなればなるほど，離散スペクトルの固有関数とますます似た性質を帯びてくる．

離散スペクトルの違った固有値に属する固有関数は互いに直交である．これを確立するために，$\mathbf{H}\psi_E = E\psi_E$ から次のことが導かれることに注意しよう，

$$(\psi_F, \mathbf{H}\psi_E) = (\psi_F, E\psi_E); \quad (\mathbf{H}\psi_F, \psi_E) = E(\psi_F, \psi_E).$$

同様に $\mathbf{H}\psi_F = F\psi_F$ は，固有値の実数性と共に，次のことを意味する

$$(\mathbf{H}\psi_F, \psi_E) = (F\psi_F, \psi_E) = F^*(\psi_F, \psi_E) = F(\psi_F, \psi_E).$$

引き算をすると，もし $E \neq F$ ならば (ψ_E, ψ_F) はゼロでなければならないことがわかる．同様に，離散固有関数はすべての固有微分と直交であり，また固有微分は，それらの属する領域が重なり合わないならば，互いに直交である．

1つ以上の1次的独立な固有関数が，たとえば離散スペクトルの，ある固有値に属することがある．このような場合，固有値は“縮退”しているという．縮退している固有関数の，どのような可能な1次結合もまた同じ固有値を持つ固有関数である．固有関数の1次的集合から，1次的独立な集合を選び出すことができる；したがって問題とする固有値のすべての固有関数はこの1次的独立な集合の1次結合で書き表わされる．この集合は，たとえば Schmidt の方法によって直交化されることができる．もちろん，選択過程は必然的に任意なものである；Schmidt の方法は固有関数をとる順序によって，多くの違った直交系を与えることは明らかである．しかし，いまこれを問題とする必要はない．

今後我々はいつも，縮退した固有関数は適当な方法で直交化されているものと仮定しよう．したがってすべての固有関数と固有微分は**直交系**を作る．もし ψ と ψ' がこの系の2つの任意の違った関数ならば

$$(\psi, \psi')=0 \tag{4.12}$$

および

$$(\psi, \psi)=1. \tag{4.12a}$$

連続スペクトルの分割が十分に細かいときにのみ（すなわちもし Δ が十分に小さいならば），この直交系は完全である．換言すれば，積分 (φ, φ) が収斂するようなあらゆる関数 $\varphi(x_1\cdots x_f)$ は，次の級数に展開できる

$$\varphi=\sum_{\kappa} g_{\kappa}\psi_{\kappa}+\sum_{E} g(E, \Delta)\psi(E, E+\Delta), \tag{4.13}$$

ここで添字 κ はすべての離散固有値をとり，E は下限から始まってすべての固有微分をとる．この級数展開は実際無限小の Δ に対してのみ適用される；したがって第2の和は積分によって置き換えられるべきである

$$\varphi=\sum_{\kappa} g_{\kappa}\psi_{\kappa}+\int g(E)\psi(E)dE, \tag{4.13a}$$

ここで積分は連続スペクトルの全領域について行なわれる．もし数個の1次的独立な固有関数が連続スペクトルのある固有値に属しているならば，(4.13a)

に数個の積分が現われる．もしこのような固有関数の数が無限に多い場合には，1個または2個以上の2重ないし多重積分が現われる．これに対して，考える問題が連続スペクトルを持たないならば，(4.13) における第2項，したがって (4.13a) における積分が除かれる．(4.13) と ψ_κ のスカラー積を作ることによって，係数 g_κ は次のように与えられることがわかる

$$(\psi_\kappa, \varphi) = g_\kappa . \tag{4.14}$$

同様に，

$$(\psi(E, E+\Delta), \varphi) = g(E, \Delta). \tag{4.14a}$$

形式的な計算では，連続スペクトルはしばしば落され，計算はあたかも離散スペクトルのみが存在するかのように行なわれている．しかし連続スペクトルの存在によってどんな変化が生じるかは簡単に理解できる．すなわち積分の項が和に加えられる．

本章の展開は——特に連続スペクトルに関する限りは——厳密でない．本書が最初に書かれた少し前に，任意のエルミート演算子に対する厳密な固有値理論が解決された．[4] 我々はここで，その結果の一部分のみをまとめた．厳密な理論はかなり複雑である．しかしながらこの理論は上に与えた形式にほとんど変化なく用いられている．[5]

---

[4] J. V. Neumann, *Math. Ann.*, **102**, 49 (1924).

[5] エルミート（もっと正確には “自己随伴” (self-adjoint) 演算子のスペクトル分割の理論は，M. H. Stone の Linear Transformation in Hilbert Space (Am. Math. Soc. publication, New York, 1932) に与えられている．幾らか短い取り扱いは F. Riesz と B. Sz-Nagy の “Functional Analysis”, F. Ungar Publ., New York, 1955 にのっている．

第5章　摂　　動　　論

1.　与えられた問題の固有値と固有関数が知られており，エネルギー演算子が，与えられた問題のエネルギー演算子と相対的にわずかな変化，すなわち，"摂動" の分だけ異なる同種の問題に興味があることがしばしば起こる．摂動論はこの種の問題を解く方法を取り扱う．行列理論による1つの摂動論が M. Born, W. Heisenberg および P. Jordan によって発展させられている；しかしながら，我々は今後の議論では Rayleigh-Schrödinger の方法に従う．

我々は，あたかも初期系が連続スペクトルを持たないように計算し，また摂動系もまた純粋な点スペクトルを持つと仮定する．連続スペクトルによって導入されるわずかな複雑さは最後に議論されるであろう；まず理論は最も簡単な形で説明される．

固有値 $E_1, E_2, \cdots$ と固有関数 $\psi_1, \psi_2, \cdots$ を持つエルミート演算子 $\mathbf{H}$ を考えよう，

$$\mathbf{H}\psi_k = E_k\psi_k\,. \tag{5.1}$$

演算子 $\mathbf{H}+\lambda\mathbf{V}$ の固有値 F と固有関数 φ を決めたい，ここで $\mathbf{V}$ はエルミートで，λ は小さな数である

$$(\mathbf{H}+\lambda\mathbf{V})\varphi_k = E_k\varphi_k\,. \tag{5.2}$$

我々は最初に F と φ を λ の巾級数として展開し，これを第2項できりすてる

$$F_k = E_k + \lambda E'_k + \lambda^2 E''_k \cdots \tag{5.3a}$$

$$\varphi_k = \psi_k + \lambda\psi'_k + \lambda^2\psi''_k \cdots = \psi_k + \lambda\sum_l a_{kl}\psi_l + \lambda^2\sum_l b_{kl}\psi_l \cdots. \tag{5.3b}$$

(5.3a) および (5.3b) において，$\lambda=0$ の場合 F_k と φ_k は E_k および ψ_k に一致すると仮定されている；また前節に議論されたように，ψ'_k と ψ''_k は係

数 a_{kl} と b_{kl} によって関数 ψ の級数として展開される.

(5.3a) および (5.3b) を (5.2) に代入すると次の式を得る

$$\mathbf{H}[\psi_k+\lambda\sum_l a_{kl}\psi_l+\lambda^2\sum b_{kl}\psi_l]+\lambda\mathbf{V}[\psi_k+\lambda\sum_l a_{kl}\psi_l]$$
$$=(E_k+\lambda E'_k+\lambda^2 E''_k)(\psi_k+\lambda\sum_l a_{kl}\psi_l+\lambda^2\sum_l b_{kl}\psi_l). \tag{5.4}$$

(5.4) の両辺の λ の同じ巾の係数は等しくなければならない. λ を含まない項は (5.1) のゆえに相殺する. λ と λ^2 の係数を比較すると次の式が得られる

$$\sum_l a_{kl}E_l\psi_l+\mathbf{V}\psi_k=E'_k\psi_k+E_k\sum_l a_{kl}\psi_l, \tag{5.5a}$$

$$\sum_l b_{kl}E_l\psi_l+\sum_l a_{kl}\mathbf{V}\psi_l=E''_k\psi_k+E'_k\sum_l a_{kl}\psi_l+E_k\sum_l b_{kl}\psi_l. \tag{5.5b}$$

(5.5a)式は $l\neq k$ の場合 E'_k と a_{kl} を決める. ψ_k または ψ_l とのスカラー積を作り, 直交性を用いることによって, 次の式を得る

$$a_{kk}E_k+(\psi_k,\mathbf{V}\psi_k)=E'_k+a_{kk}E_k, \tag{5.6}$$

$$a_{kl}E_l+(\psi_l,\mathbf{V}\psi_k)=E_k a_{kl}\quad(l\neq k). \tag{5.7}$$

もしここで次のように簡単に書くことにすると

$$\mathbf{V}_{\alpha\beta}=(\psi_\alpha,\mathbf{V}\psi_\beta)=(\mathbf{V}\psi_\alpha,\psi_\beta)=(\psi_\beta,\mathbf{V}\psi_\alpha)^*=\mathbf{V}_{\beta\alpha}{}^* \tag{5.8}$$

($\mathbf{V}_{\alpha\beta}$ は演算子 $\mathbf{V}$ の**行列要素**とよばれる) これらは次のようになる

$$E'_k=(\psi_k,\mathbf{V}\psi_k)=\mathbf{V}_{kk}, \tag{5.6a}$$

$$a_{kl}=\frac{(\psi_l,\mathbf{V}\psi_k)}{E_k-E_l}=\frac{\mathbf{V}_{lk}}{E_k-E_l}\quad(l\neq k). \tag{5.7a}$$

同様に, (5.5b) に $\psi_k{}^*$ を掛け, 配位空間についての全積分を行なうと, 次の式が導かれる

$$b_{kk}E_k+\sum_l a_{kl}(\psi_k,\mathbf{V}\psi_l)=E''_k+E'_k a_{kk}+E_k b_{kk}. \tag{5.9}$$

左辺の l についての和を, $l=k$ の項とそれ以外とに分けて書く. 次に (5.6a) より E'_k に対する値と, (5.7a) より a_{kl} に対する値を代入して次の式を得る

$$E''_k=\sum_{l\neq k}\frac{(\psi_l,\mathbf{V}\psi_k)(\psi_k,\mathbf{V}\psi_l)}{E_k-E_l}=\sum_{l\neq k}\frac{|\mathbf{V}_{lk}|^2}{E_k-E_l}.$$

これは新しい固有値を λ^2 の項まで与える

$$F_k = E_k + \lambda \mathbf{V}_{kk} + \lambda^2 \sum_{l \neq k} \frac{|\mathbf{V}_{lk}|^2}{E_k - E_l}. \tag{5.10}$$

新しい固有関数 φ_k は λ 次の項まででで次のように与えられる

$$\varphi_k = \psi_k + \lambda \sum_{l \neq k} \frac{\mathbf{V}_{lk}}{E_k - E_l} \psi_l + \lambda a_{kk} \psi_k$$

ここで a_{kk} は常に前の方程式から省かれていることに注意する．これは φ_k の規格化定数が指定されていないという事情に対応する．$(\varphi_k, \varphi_k) = 1$ と置くと，$a_{kk} = 0$ を得て，また

$$\varphi_k = \psi_k + \lambda \sum_{l \neq k} \frac{\mathbf{V}_{lk}}{E_k - E_l} \psi_l \tag{5.11}$$

は λ^2 の項まで規格化される．

始めの問題において，2つの固有関数 ψ_l と ψ_k の固有値 E_k と E_l が一致することが起こったとき，無限に大きな項が (5.10) および (5.11) の和に現われ得ることに注意せねばならない．しかしこのような項は除去することができ，したがって深刻な困難とはならないことが直ちにわかるであろう．これを行なうと，実際上ほとんどの場合に現われる足し算が可能となる．

しかしながら，手続の全部の収斂性，すなわち級数 (5.3a) および (5.3b) の収斂についてはまだなにも述べられていない．これらは非常によく発散するかもしれない；多くの例では第3項だけですでに無限に大きい！さらに，離散固有値は，特に始めの問題においてすでに連続スペクトルと重なり合っているとき，摂動を行なうと消失してしまう，すなわち連続スペクトルの中にすっかりはいってしまう．

それにもかかわらず，(5.11) ははっきりした意味を持っている：これは次のような状態を表わす，すなわち小さな λ に対して，完全に定常状態ではないが，なお，ほとんどそうであり，非常に長い時間の後に崩壊するような状態である．(5.10) の固有値 F_k は近似的エネルギーを与え，また $\hbar$ で割ることによって，この状態の近似的振動数を与える．もし $a = (\mathbf{H} + \lambda \mathbf{V} - F_k)\varphi_k$ が (5.10)

および (5.11) によって作られるならば，これらは λ について2次であることがわかる．このようにして，もしこの系の波動関数 $\varphi(t)$ が $t=0$ で φ_k と一致する ($\varphi(0)=\varphi_k$) と仮定されるならば，次のように書くことができる

$$\varphi(t)=\varphi_k \exp\left(-i\frac{F_k t}{\hbar}\right)+\chi(t). \tag{5.12}$$

これを時間を含んだ形の Schrödinger 方程式に代入すると

$$\begin{aligned} i\hbar\frac{\partial\varphi}{\partial t} &= F_k\varphi_k \exp\left(-i\frac{F_k}{\hbar}t\right)+i\hbar\frac{\partial\chi}{\partial t}=(\mathbf{H}+\lambda\mathbf{V})\varphi(t) \\ &= F_k\varphi_k \exp\left(-i\frac{F_k}{\hbar}t\right)+a\exp\left(-i\frac{F_k}{\hbar}t\right)+(\mathbf{H}+\lambda\mathbf{V})\chi, \end{aligned}$$

したがって次の式を得る

$$i\hbar\frac{\partial\chi}{\partial t}=a\exp\left(-i\frac{F_k}{\hbar}t\right)+(\mathbf{H}+\lambda\mathbf{V})\chi, \tag{5.13}$$

この式より $\dfrac{\partial}{\partial t}(\chi,\chi)$ を計算することができる：

$$\frac{\partial}{\partial t}(\chi,\chi)=-\frac{i}{\hbar}\left[\exp\left(-i\frac{F_k}{\hbar}t\right)(\chi,a)-\exp\left(+i\frac{F_k}{\hbar}t\right)(a,\chi)\right].$$

Schwarz の不等式 $|(\chi,a)|^2\leqslant(\chi,\chi)\cdot(a,a)$ を使って，我々は時間微分の上限を決めることができる

$$\frac{\partial}{\partial t}(\chi,\chi)\leqslant\frac{2}{\hbar}\sqrt{(\chi,\chi)(a,a)}$$

または，a は時間に独立であるから（時間を含まないから），

$$\frac{\partial}{\partial t}\sqrt{(\chi,\chi)}\leqslant\frac{1}{\hbar}\sqrt{(a,a)}\ ;\quad \sqrt{(\chi,\chi)}\leqslant\frac{1}{\hbar}\sqrt{(a,a)}\,t+c. \tag{5.14}$$

$t=0$ に対して，$\chi=0$ と仮定している；ゆえに，定数 c もまたゼロである．したがって

$$(\chi,\chi)\leqslant(a,a)\frac{t^2}{\hbar^2}.$$

すなわち，$\varphi(t)$ と $\varphi_k\exp\left(-i\dfrac{F_k}{\hbar}t\right)$ との差は，$\hbar/\sqrt{(a,a)}$ に比べて小さい時

間では，常に非常に小さい．(a, a) は λ^4 に比例するから，関数 φ_k は，λ が小さいというだけの条件で，比較的長いあいだ本物の固有関数のように振舞う．

2. すでに述べたように，始めの問題において縮退が起こったとき，すなわち，数個の1次的独立な固有関数が同じ固有値に属しているときには，この展開の修正が必要である．(5.10) および (5.11) における足し算は，その固有値 E_l が E_k と等しいようなあらゆる固有関数を含む，**すべての固有関数**についてなされる．ゆえに，この和は，固有値 $E_l=E_k$ を持つすべての固有関数 ψ_l に対して $(\psi_l, \mathbf{V}\psi_k)$ がゼロとなるときにのみ，可能である．

固有関数 $\psi_{k1}, \psi_{k2}, \cdots, \psi_{ks}$ が同じ固有値 E_k を持つとしよう．我々はすでに，これらは互いに直交であると仮定している．この近似の手続には，初期固有関数の選択にある任意性が存在する．これは $\psi_{k1}, \psi_{k2}, \cdots, \psi_{ks}$ の代わりに他の集合を選ぶことができるからである，たとえば，

$$\left.\begin{array}{l} \psi'_{k1}=\boldsymbol{\alpha}_{11}\psi_{k1}+\boldsymbol{\alpha}_{12}\psi_{k2}+\cdots+\boldsymbol{\alpha}_{1s}\psi_{ks} \\ \psi'_{k2}=\boldsymbol{\alpha}_{21}\psi_{k1}+\boldsymbol{\alpha}_{22}\psi_{k2}+\cdots+\boldsymbol{\alpha}_{2s}\psi_{ks} \\ \cdots\cdots\cdots\cdots\cdots\cdots\cdots\cdots\cdots\cdots\cdots\cdots \\ \psi'_{ks}=\boldsymbol{\alpha}_{s1}\psi_{k1}+\boldsymbol{\alpha}_{s2}\psi_{k2}+\cdots+\boldsymbol{\alpha}_{ss}\psi_{ks} \end{array}\right\} \tag{5.15}$$

したがって，φ_k の第1近似が単に ψ_k であると仮定するにはもはやどんな理由もない．もし $(\boldsymbol{\alpha}_{\mu\mu'})$ がユニタリ行列ならば，$\psi'_{k\nu}$ もまた互いに直交である（そしてもちろん，E_k と異なる固有値を持つ他の固有関数と直交である）．

$$\begin{aligned} (\psi'_{k\nu}, \psi'_{k\mu}) &= (\sum_{\nu'} \boldsymbol{\alpha}_{\nu\nu'}\psi_{k\nu'}, \sum_{\mu'} \boldsymbol{\alpha}_{\mu\mu'}\psi_{k\mu'}) \\ &= \sum_{\nu'\mu'} \boldsymbol{\alpha}_{\nu\nu'}{}^*\boldsymbol{\alpha}_{\mu\mu'}(\psi_{k\nu'}, \psi_{k\mu'}) = \sum_{\nu'\mu'} \boldsymbol{\alpha}_{\nu\nu'}{}^*\boldsymbol{\alpha}_{\mu\mu'}\,\boldsymbol{\delta}_{\nu'\mu'} = \boldsymbol{\delta}_{\nu\mu}. \end{aligned} \tag{5.16}$$

このようにして，$\psi'_{k\nu}$ は元の $\psi_{k\nu}$ と同じように近似手続に対して適当な基底である．

このことは，行列 $\boldsymbol{\alpha}$ を適当に選ぶことによって，すべての行列要素 $(\psi_{k\nu'}, \mathbf{V}\psi_{k\mu'})$ $(\nu\neq\mu$ として) をゼロにすることができないのではないかという疑問を提起する．しかしこれは実現可能である．次の式を考えよう

$$(\psi'_{k\nu}, \mathbf{V}\psi'_{k\mu}) = \sum_{\nu',\mu'=1}^{s} \alpha_{\nu\nu'}{}^{*}\alpha_{\mu\mu'}(\psi_{k\nu'}, \mathbf{V}\psi_{k\mu'}). \tag{5.17}$$

もし次の量 $(\psi_{k\nu'}, \mathbf{V}\psi_{k\mu'}) = \mathbf{V}_{k\nu';k\mu'} = \mathbf{v}_{\nu'\mu'}$ から作られたエルミート行列を $\mathbf{v}$ と表わすならば，行列 α は $\alpha^{*}\mathbf{v}\alpha'$ が対角行列になるように決定されなければならない．もし α がこのように選ばれるならば，(5.17)において $(\psi'_{k\nu}, \mathbf{V}\psi'_{k\mu})$ は $\mu=\nu$ でない限りゼロである： 摂動計算の場合に，初期系として集合 $\psi'_{k\nu}$（これはあらゆる面で $\psi_{k\nu'}$ と同等である）を使用することは，(5.10) および (5.11) 式の中にゼロの分母を持つ項が現われないということを保証する．

したがって問題は全体として，$\mathbf{v}$ を対角形に変換するように α を選ぶことにある．α はユニタリであるから，α^{*} もまたユニタリであり，また $\alpha^{*}=\alpha'^{-1}$. $\alpha_{\mu\mu'}$ を指定する式はしたがって

$$\sum_{\mu'} \mathbf{v}_{\nu\mu'}\alpha_{\mu\mu'} = \alpha_{\mu\nu}v'_{\mu}, \tag{5.18}$$

ここで v'_{μ} は行列 $\mathbf{v}$ の固有値である．

再び固有値を λ^2 の項まで，また固有関数を λ の1乗の項まで計算しよう．前節に基づいて，固有値 E の固有関数 $\psi_{k1}, \psi_{k2}, \cdots, \psi_{ks}$――そのずれを我々は計算しようとしているのであるが――が次のようであると仮定する

$$(\psi_{k\nu}, \mathbf{V}\psi_{k\mu}) = \mathbf{V}_{k\nu;k\mu} = \mathbf{V}_{k\nu;k\nu}\delta_{\mu\nu} = v'_{\nu}\delta_{\nu\mu}. \tag{5.19}$$

換言すれば，最初から ψ' を使う．残りの固有関数は2重の符牒は必要でない：ψ_l は E_l に属し，しかし E_l は必ずしもすべて異なるとは限らない．固有関数 $\varphi_{k\nu}$ が属する演算子 $\mathbf{H}+\lambda\mathbf{V}$ の固有値を $F_{k\nu}$ で表わす；これは s-重に縮退している固有値[1] E_k が一般に s 個の新しい固有値に分離するという事実を示す．

$$F_{k\nu} = E_k + \lambda E'_{k\nu} + \lambda^2 E''_{k\nu} \cdots \tag{5.20}$$

および

$$\varphi_{k\nu} = \psi_{k\nu} + \lambda\sum_{\mu=1}^{s}\beta_{k\nu;k\mu}\psi_{k\mu} + \lambda\sum_{l\neq k}a_{k\nu;l}\psi_l + \lambda^2\sum_{\mu=1}^{s}\gamma_{k\nu;k\mu}\psi_{k\mu} + \lambda^2\sum_{l\neq k}b_{k\nu;l}\psi_l. \tag{5.20a}$$

[1] s 個の1次的独立な固有関数を持つので，そう名付けられている．

としよう．(5.20) および (5.20a) を式 $(\mathbf{H}+\lambda\mathbf{V})\varphi_{k\nu}=F_{k\nu}\varphi_{k\nu}$ に代入し，再び λ について同じ巾の係数を等しいと置く．0次の項は両辺から落とし，λ および λ^2 の項は次の式を与える

$$\sum_{\mu} E_k \beta_{k\nu;k\mu}\psi_{k\mu}+\sum_{l\neq k} E_l a_{k\nu;l}\psi_l+\mathbf{V}\psi_{k\nu}$$
$$=\sum_{\mu} E_k \beta_{k\nu;k\mu}\psi_{k\mu}+\sum_{l\neq k} E_k a_{k\nu;l}\psi_l+E'_{k\nu}\psi_{k\nu}, \tag{5.21}$$

および

$$\sum_{\mu} E_k \gamma_{k\nu;k\mu}\psi_{k\mu}+\sum_{l\neq k} E_l b_{k\nu;l}\psi_l+\sum_{\mu}\beta_{k\nu;k\mu}\mathbf{V}\psi_{k\mu}+\sum_{l\neq k} a_{k\nu;l}\mathbf{V}\psi_l$$
$$=\sum_{\mu} E_k\gamma_{k\nu;k\mu}\psi_{k\mu}+\sum_{l\neq k} E_k b_{k\nu;l}\psi_l+\sum_{\mu} E'_{k\nu}\beta_{k\nu;k\mu}\psi_{k\mu}$$
$$+\sum_{l\neq k} E'_{k\nu} a_{k\nu;l}\psi_l+E''_{k\nu}\psi_{k\nu}. \tag{5.21a}$$

これらの式から，未知数 $E'_{k\nu}, E''_{k\nu}, a_{k\nu;l}$ および $\beta_{k\nu\cdot k\mu}$ は縮退のない場合と同様に決定される．エネルギー $F_{k\nu}$ に対して次の式が得られる

$$F_{k\nu}=E_k+\lambda\mathbf{V}_{k\nu;k\nu}+\lambda^2\sum_{l\neq k}\frac{|\mathbf{V}_{l;k\nu}|^2}{E_k-E_l} \tag{5.22}$$

そして対応する固有関数は

$$\varphi_{k\nu}=\psi_{k\nu}+\lambda\sum_{\mu\neq\nu}\sum_{l\neq k}\frac{\mathbf{V}_{k\mu;l}\mathbf{V}_{l;k\nu}}{(E_k-E_l)(\mathbf{V}_{k\nu;k\nu}-\mathbf{V}_{k\mu;k\mu})}\psi_{k\mu}$$
$$+\lambda\sum_{l\neq k}\frac{\mathbf{V}_{l;k\nu}}{E_k-E_l}\psi_l. \tag{5.23}$$

以上の式において，$\psi_{k1}, \psi_{k2}, \cdots, \psi_{ks}$ がすでに $\nu\neq\mu$ の場合 $\mathbf{V}_{k\nu;k\mu}=0$ となるように選ばれているという事実を用いた．

もし $\nu=1, 2, \cdots, s$ に対して $\mathbf{V}_{k\nu;k\nu}=v'_\nu$ がすべて異なるならば，E_k は第1近似において s 個の新しい固有値に分かれる．したがって (5.23) にゼロとなる分母が現われないから，すべての $\varphi_{k\nu}$ もまた直ちに作られる．

しかしながら，もし $\mathbf{v}$ の固有値のあるもの，$v'_\nu=\mathbf{V}_{k\nu;k\nu}$ が等しいならば，λ の1次まででは摂動を受けた固有値はまだ縮退している．対応するゼロ次の波動関数 $\psi_{k\nu}$ は，ゆえに，さらにもう1つのユニタリ変換をうけねばならない．$\varphi_{k\mu}$ を λ について1次まで得るために，これらの関数はエルミート行列

$$\mathbf{w}_{\mu\nu}=\sum_{l\neq k}\frac{\mathbf{V}_{k\mu;l}\mathbf{V}_{l;k\nu}}{E_k-E_l} \tag{5.24}$$

が対角行列となるように選ばれなければならない．したがって (5.23) においてゼロの分母を持つ項は消え，足し算が可能となる．もし第1近似 (5.15) に対して正しい固有関数が他の考察から知られ，始めから用いられるならば，すべてのことは自動的に行なわれる．

このような修正によって，数個の固有関数（無限ではないとはいえ）が同じ離散固有値に属するときにも，摂動の手続きはまだ適用される．この事態は今後の仕事の多くに関係があり，本章の展開は量子力学的計算の基礎を作る．実際，このような計算はしばしば (5.22) における1次の項，すなわち $\mathbf{V}_{k\nu;k\nu}=v'_\nu$ を含む項に制限される．

$$\mathbf{v}_{\nu\mu}=(\psi_{k\nu}, \mathbf{V}\psi_{k\mu})=0 \quad (\nu\neq\mu)$$

および

$$\mathbf{w}_{\nu\nu'}=0 \quad (\nu\neq\nu' \text{ および } v'_\nu=v'_{\nu'})$$

が共に成り立つような“正しい1次結合”が知られているという条件で，これは (5.18) の永年方程式を解くことによって，あるいは，もっと直接に，簡単な求積法によって計算される．この“正しい1次結合”はしばしば，永年方程式を解くことなしに，群論的考察から直接決定される．このような決定は量子力学的問題への群論の重要な応用の1つである．

第6章　変換理論と量子力学の統計的解釈の基礎

1.　量子力学はその初期の段階において，エネルギー固有値，自然遷移の確率，等の決定を主眼としていたが，後に次第に原理的問題がとりあげられ，行列，演算子および固有関数の物理的解釈が探究された．これは**量子力学の統計的解釈**によって与えられ，その発展に最も貢献した人たちは M. Born, P. A. M. Dirac, W. Heisenberg, P. Jordan および W. Pauli Jr. であった．

古典力学では，f 個の自由度を持つ系を記述するためには $2f$ 個の数が必要であった（f 個の位置座標と f 個の速度座標）が，量子力学はこの状態を規格化された波動関数 $\varphi(x_1, \cdots, x_f)$ $((\varphi, \varphi)=1)$ で表わす，この波動関数の自変数は位置座標である．古典論では任意の $2f$ 個の数によって1つの状態が定義されることと同じように，量子論では条件

$$\int \overset{\infty}{\underset{-\infty}{\cdots}} \int |\varphi(x_1, x_2, \cdots, x_f)|^2 dx_1 \cdots dx_f = 1$$

を満足するおのおのの波動関数によって1つの状態が定義される．この波動関数は Schrödinger 方程式の固有関数，またはこのような固有関数の1次結合でもよい．したがって量子力学での状態の数は，古典論でのそれより，ずっと大きい．

古典力学ではある系の時間的展開は Newton の運動方程式によって決定される；量子力学では，時間を含む形の Schrödinger 方程式によって決められる

$$i\hbar \frac{\partial \varphi}{\partial t} = \mathbf{H}\varphi, \tag{6.1}$$

ここで $\mathbf{H}$ はハミルトニアン演算子である．最も簡単な場合では $\mathbf{H}$ は次のような形をとる

$$\mathbf{H}=-\sum_{k=1}^{f}\frac{\hbar^2}{2m_k}\frac{\partial^2}{\partial {x_k}^2}+V(x_1\cdots x_f). \tag{6.2}$$

実際，$\mathbf{H}$ の正確な決定は量子力学の最も重要な問題である．

古典力学では，状態を記述するのに役立つ $2f$ 個の数は個々の粒子の座標や速度を直接与え，これから，これらの量の任意の関数は苦もなく計算された．量子力学では，粒子の位置についての質問は一般に意味がない．粒子がある場所に見出されるべき確率についての質問のみが意味がある．同様なことが運動量およびこれらの量の関数，たとえばエネルギーのような，に対して成り立つ．

量子力学においてエルミート演算子は個々の物理量に対応する．このようにして，たとえば，x_k 座標に対応する演算子は“x_k を掛けること”であり；運動量に対応するものは $-i\hbar(\partial/\partial x_k)$；エネルギーに対応するものは (6.2) の $\mathbf{H}$；等である．最後の演算子はこれらすべての中で独特の役割を演ずる唯一のものである．すなわち，時間を含む形の Schrödinger 方程式においてこの演算子が現われる．

一般に，これらの演算子は，位置および運動量座標によって記述された古典的な量において，位置座標 x_k を“x_k を掛ける”という演算子で，また運動量座標 p_k を $-i\hbar(\partial/\partial x_k)$ という演算子で置き換えることによって得られる．たとえば，古典的な調和振動子でエネルギーは

$$\frac{1}{2m}({p_1}^2+{p_2}^2+{p_3}^2)+\frac{K}{2}({x_1}^2+{x_2}^2+{x_3}^2).$$

これは量子力学では次のような演算子で置き換えられる

$$-\frac{\hbar^2}{2m}\left(\frac{\partial^2}{\partial {x_1}^2}+\frac{\partial^2}{\partial {x_2}^2}+\frac{\partial^2}{\partial {x_3}^2}\right)+\frac{K}{2}(x_1\cdot x_1+x_2\cdot x_2+x_3\cdot x_3).$$

この演算子の形はちょうど (6.2) で与えられたものである．

1つの量（座標，エネルギー）の測定は，一般に，対応する演算子の固有値として現われる値のみを与えることができる．したがって，たとえば，可能なエネルギー準位は演算子 $\mathbf{H}$ の固有値である．もしある系が $\varphi(x_1\cdots x_f)$ なる状態にあるとき，演算子 $\mathbf{G}$ に対応する量が λ_k なる値を持つ確率はなにほどか？ λ_k が $\mathbf{G}$ の固有値でなければ，この確率は確かにゼロである；これに対して，

もし λ_k が固有値で，ψ_k が対応する規格化された固有関数ならば，

$$|(\varphi, \psi_k)|^2 = |(\psi_k, \varphi)|^2 \tag{6.3}$$

が求むる確率を与える．

統計的解釈のもとでは，確率のみが物理的意味を持たなければならない．実験によって験証できることは，理論より導かれたこの結論のみである．

もし φ が $\mathbf{G}$ の固有関数の完全直交系で展開され

$$\varphi = a_1\psi_1 + a_2\psi_2 + \cdots, \tag{6.4}$$

かつ

$$\mathbf{G}\psi_k = \lambda_k\psi_k, \tag{6.4a}$$

ならば，(6.3) によって測定が値 λ_k を与える確率は次式で与えられる a_k の絶対値の２乗 $|a_k|^2$ である

$$(\psi_k, \varphi) = a_k. \tag{6.5}$$

もちろん，すべての可能な値 $\lambda_1, \lambda_2, \cdots$ に対する確率の和は合計で１とならなければならない．すなわち，

$$|a_1|^2 + |a_2|^2 + \cdots = 1.$$

実際このようになるということは φ の規格化から導かれる：

$$(\varphi, \varphi) = (\sum_k a_k\psi_k, \sum_l a_l\psi_l) = \sum_{k,l} a_k^* a_l(\psi_k, \psi_l)$$
$$= \sum_{k,l} a_k^* a_l \delta_{kl} = \sum_k |a_k|^2 = 1.$$

波動関数 $c\varphi$（$|c|=1$ である）は，波動関数 φ と同じ状態に対応する；ゆえに，波動関数は絶対値が１である因子を除いて物理的状態によって決定される．次式から直ちにわかるように，波動関数 φ から計算されるすべての確率は，波動関数 $c\varphi$ から計算されたものと全く同じである，

$$|(\psi_k, c\varphi)|^2 = |c(\psi_k, \varphi)|^2 = |c|^2|(\psi_k, \varphi)|^2 = |(\psi_k, \varphi)|^2.$$

これらの確率は状態に対する唯一の物理的実在であるから，２つの状態は物理的に全く等しい．

数個の１次的独立な波動関数 $\psi_{k1}, \psi_{k2}, \psi_{k3}, \cdots$（これらは互いに直交と仮定

されている）が１つの固有値 λ_k に属するとき，λ_k に対する確率は展開係数の２乗の和に等しい

$$|(\psi_{k1},\varphi)|^2+|(\psi_{k2},\varphi)|^2+|(\psi_{k3},\varphi)|^2+\cdots.$$

いままでの議論は離散固有値の確率にのみ適用される．連続スペクトルでは有限の領域のみが有限の確率を持ち得るから，連続スペクトルのある完全に決まった固有値に対する確率は常にゼロである．この領域が十分に小さいならば，確率はこの領域に属する規格化された固有微分の展開係数の絶対値の２乗に等しい．

2.　量子力学的叙述が古典論のように決まった答を与えるのは次の場合だけである；すなわち，状態関数 φ が測定されるべき物理量に対応する演算子 $\mathbf{G}$ の１つの固有関数であり，$\mathbf{G}$ は $\mathbf{G}\varphi=\lambda_k\varphi$ となる場合である．そこで φ は λ_k に属していない $\mathbf{G}$ のすべての固有関数と直交であり，したがってこれらの固有値に対する確率はゼロである．ゆえに λ_k に対する確率は１である．この場合，測定は値 λ_k を確実に与える．

もし我々がある量を測定し，それがある値を持つことがわかったとき，そこでこの測定を十分に速く繰り返しさえすれば，同じ値を得るはずである．さもなければ，測定によって与えられた叙述，問題にしている量がこの値あるいはあの値を持つ，ということは意味がなくなる．繰り返された実験に対する確率，そしてまた確率の計算に対してのみ存在する波動関数は測定の間に変化する．[1]　実際，$\mathbf{G}$ に対して固有値 λ_k を与えた測定の後での波動関数は λ_k に属している $\mathbf{G}$ の固有関数でなければならないということを我々は知っている．そのときにのみ $\mathbf{G}$ の繰り返えされた測定は再び値 λ_k を確かに与えることができる．$\mathbf{G}$ の測定の際に波動関数はかき乱されて，$\mathbf{G}$ の固有関数の１つに移る；測定が結果 λ_k を与えるとき特に ψ_k に移る．系の状態関数が $\mathbf{G}$ のどの固有関数に移るであろうかということを確実に予言することは一般に不可能である；

---

[1] このように，波動関数は２つの非常に違った方法で変化する．第１は時間がたつにつれて微分方程式（6.1）にしたがって連続的に，また第２は系に不連続的に適用された測定の間に確率の法則にしたがって変化する．（後の議論を見よ）

量子力学は単に個々の固有関数 ψ_k と固有値 λ_k に対する確率 $|(\psi_k, \varphi)|^2$ を与える．測定 $\mathbf{G}$ のもとで，波動関数 φ の ψ_k への遷移の見込みは波動関数 φ と ψ_k から式 $|(\psi_k, \varphi)|^2$ によって計算され得るから，この量は状態 φ から状態 ψ_k への遷移確率と見なされる．もし波動関数のあらゆる関数への遷移確率が知られているならば，考えられるすべての実験に対する確率が与えられる．

上述のことに関して，遷移確率は物理的意味を持ち，ゆえにそれは同一系の相互に同等な2種の記述においては，同じ値を持たなければならないということに注意することが特に重要である．

3. 新しい“座標系”への変換． もし $\mathbf{G}, \mathbf{G}', \mathbf{G}'', \cdots$ がエネルギー，運動量，位置，等のような異なった物理量に対応する演算子であり，$\varphi_1, \varphi_2, \cdots$ が違った状態に対する波動関数ならば，この演算子および波動関数の系と，次のように置き換えられた演算子

$$\overline{\mathbf{G}} = \mathbf{UGU}^{-1};\ \overline{\mathbf{G}'} = \mathbf{UG'U}^{-1};\ \overline{\mathbf{G}''} = \mathbf{UG''U}^{-1};\ \cdots,$$

と状態関数

$$\overline{\varphi}_1 = \mathbf{U}\varphi_1;\ \overline{\varphi}_2 = \mathbf{U}\varphi_2;\ \overline{\varphi}_3 = \mathbf{U}\varphi_3;\ \cdots,$$

の系とにおいて，同じ結果が得られる．ここで $\mathbf{U}$ は任意のユニタリ[2)]演算子である．まず，測定 $\mathbf{G}$ および $\overline{\mathbf{G}} = \mathbf{UGU}^{-1}$ の可能な結果を定義する固有値は全く等しい，なぜならば固有値は相似変換によって変わらないからである．もし λ_k が $\mathbf{G}$ の固有値であり，ψ_k が対応する固有関数ならば，λ_k はまた $\overline{\mathbf{G}} = \mathbf{UGU}^{-1}$ の固有値であり，対応する固有関数は $\mathbf{U}\psi_k$ である．すなわち，$\mathbf{G}\psi_k = \lambda_k\psi_k$ より次式が導かれる

$$\overline{\mathbf{G}}\mathbf{U}\psi_k = \mathbf{UGU}^{-1}\mathbf{U}\psi_k = \mathbf{UG}\psi_k = \mathbf{U}\lambda_k\psi_k = \lambda_k\mathbf{U}\psi_k.$$

---

2) 演算子 $\mathbf{U}$ のユニタリ性はエルミート性に類似して定義される：2つの任意の関数 f と g に対して

$$(f, g) = (\mathbf{U}f, \mathbf{U}g)$$

が要求される．もし f と g がベクトルならば，$\mathbf{U}$ は行列であり，したがってこれはユニタリ性に対する通常の（必要かつ十分）条件になる．

さらに，第1の“座標系”において $\mathbf{G}$ であり，第2の“座標系”において $\overline{\mathbf{G}}$ である量が固有値 λ_k をとる確率は2つの場合において等しい．第1の場合では，それは

$$|(\psi_k, \varphi)|^2.$$

第2の場合では，φ は $\mathbf{U}\varphi$ で，ψ_k は λ_k に対応する $\overline{\mathbf{G}}$ の固有関数で，すなわち $\mathbf{U}\psi_k$ で置き換えられる．このようにして，第2の“座標系”における確率に対して次の式を得る

$$|(\mathbf{U}\psi_k, \mathbf{U}\varphi)|^2$$

これは $\mathbf{U}$ についてのユニタリ性の仮定によって，前に得た確率と全く等しい．同様に，対応する状態 φ_1, φ_2 および $\mathbf{U}\varphi_1$, $\mathbf{U}\varphi_2$ の対の間の遷移確率もまた2つの座標系で同じである，なぜならば

$$(\mathbf{U}\varphi_1, \mathbf{U}\varphi_2) = (\varphi_1, \varphi_2) \quad \text{は} \quad |(\mathbf{U}\varphi_1, \mathbf{U}\varphi_2)|^2 = |(\varphi_1, \varphi_2)|^2$$

を意味するからである．

演算子を相似変換し，同時に波動関数 φ を $\mathbf{U}\varphi$ に置き換えることによって，他の座標系へ変換することを**正準変換**という．正準変換によって互いに生ずる2つの記述は同等である．逆に，同等な2つの量子力学的記述は正準変換によって相互に変換され得るということが第20章で示されるであろう（ただし第26章で議論されるような時間反転が起こらないとする）．

4.　我々は変換理論と統計的解釈の応用の一例を理解していこう．この目的のために，行列要素の絶対値の2乗の意味について Schrödinger の議論を選ぶ．

$$(x_1+x_2+\cdots+x_N)_{FE} = (\psi_F, (x_1+x_2+\cdots+x_N)\psi_E) = \mathbf{X}_{FE}, \tag{6.6}$$

ここで $N=f/3$ は電子の数であり，$x_1, x_2, \cdots, x_N$ はそれらの x 座標である．行列理論によれば，これは定常状態 ψ_E から定常状態 ψ_F へ x 軸に沿って偏極した輻射によって引き起こされた遷移の確率を決定する．添字EおよびFは2つの定常状態のエネルギーを表わす：

$$\mathbf{H}\psi_E = E\psi_E;\ \mathbf{H}\psi_F = F\psi_F. \tag{6.7}$$

輻射によって引き起こされた遷移の概念は，上に議論されたように，実験によって引き起こされた遷移を処理すべきなに物も持たない．後者は統計的解釈の概念の構造に起因し，もし状態が φ ならば状態 φ' の存在に対して幾らか逆説的にきこえる確率を生ずる．これは次元のない量である．いま重要な概念は，次の1秒間に原子が光量子 $\hbar\omega=F-E$ の吸収によって状態 E から状態 F へ遷移する確率を与えることである．この確率は秒の逆次元を持ち，2つの定常状態（ハミルトニアン演算子 $\mathbf{H}$ の固有関数）の間の遷移についてのみ意味がある．はじめに議論した概念は任意の状態 φ, φ' に対して定義されている．これは時間の経過と共に展開する過程に関係するから，時間を含む形の Schrödinger 方程式にしたがって理解されねばならない．

実際には，時間を含む形の Schrödinger 方程式は自然放射を説明することは不可能であるから，この最後の記述の意味はすべての点では正しくはない．この方程式によって原子は任意に長い時間の周期で，(ψ_F のような) 励起状態においてさえも安定である．なぜならば $\varphi=\psi_F \exp\left(-i\frac{F}{\hbar}t\right)$ が (6.1) 式の解だからである．それにもかかわらず，Schrödinger 方程式は吸収過程（および輻射の誘導放射）を含むから，したがって自然放射が本質的な役割を果たさない限りは，すなわち，原子がほとんど完全に基底状態 ψ_F にある限りは，我々は正しい結果を得るはずである．この同じ仮定は，後に計算を完全にするために，必要であることがわかるであろう；原子が初めに最低状態 ψ_E にあり，比較的短い時間だけを考え，かつ衝突してくる光の波の強度が非常に高くはない（実際にはほとんどこの条件が満たされている）という条件では，それは正当化される．

さて今度は吸収過程の取り扱いについて述べよう．我々は時間 $t=0$ で系の状態 $\varphi(0)=\psi_E$ であったと仮定する；そこで系は次の式にしたがって変化する

$$i\hbar\frac{\partial\varphi}{\partial t}=\mathbf{H}\varphi=(\mathbf{H}_0+\mathbf{H}_1)\varphi, \tag{6.8}$$

ここで $\mathbf{H}_0$ は原子に衝突してくる光がない場合のハミルトニアン演算子であ

り，また $\mathbf{H}_1$ は光を含む追加演算子である．光として単に振動する電場とする

$$\mathcal{E}_x = P\sin\omega t;\quad \mathcal{E}_y = 0;\quad \mathcal{E}_z = 0\,. \tag{6.9}$$

場の強さの座標への依存性は原子が小さいので無視できる．(6.2) における位置エネルギーはしたがって次のように置き換えられる

$$V + \mathbf{H}_1 = V + e(x_1 + x_2 + \cdots + x_N)P\sin\omega t\,. \tag{6.8a}$$

もしPがゼロならば，次のようであった波動関数の時間依存性は

$$\varphi = \psi_E \exp\left(-i\frac{E}{\hbar}t\right) \tag{6.10}$$

摂動として取り扱われるべき追加位置エネルギーによって修正される．すなわち，φ に対する方程式は

$$i\hbar\frac{\partial\varphi}{\partial t} = \mathbf{H}_0\varphi + (eP\sin\omega t)(x_1 + x_2 + \cdots + x_N)\varphi\,. \tag{6.11}$$

この式を解くために，φ を $\mathbf{H}_0$ の固有関数の完全系で展開する，

$$\varphi(t) = a_E(t)\psi_E + a_F(t)\psi_F + a_G(t)\psi_G + \cdots, \tag{6.12}$$

ここで，$a_E, a_F, a_G, \cdots$ は座標 $x_1, x_2, \cdots, x_N$ に依存せず，また $\psi_E, \psi_F, \psi_G, \cdots$ は時間に依存しない．したがって１つの状態は，その波動関数φの代わりに，展開係数 $a_E, a_F, a_G, \cdots$ によって特徴づけられる．

これらの量の絶対値の２乗，$|a_E|^2, |a_F|^2, |a_G|^2, \cdots$ は原子の異なった励起準位の確率を与える．もし原子が光波によってかき乱されなければ，これらの確率は時間について一定であり，また初めに $|a_E|^2 = 1$ のみがゼロでないから，すべての時間についてこの値が保たれる．これに反して，もし光波が原子に衝突すると，より高い状態がまた励起されるようになる．我々はこの励起の強さを計算しよう．このために，時間 $t=0$ で

$$a_E(0) = 1,\ a_F(0) = 0,\ a_G(0) = 0,\ \cdots$$

かつ，また光の振動数 ω は近似的にエネルギーの飛躍の振動数

$$(F - E) = \hbar\omega \tag{6.E.1}$$

によって与えられると仮定する．

もし φ に対する式 (6.12) を (6.11) に代入するならば，$a_E, a_F, a_G, \cdots$ の時間依存に対する微分方程式を得る．我々は第1励起状態 ψ_F の励起に興味があるから，この式と ψ_F とのスカラー積を作る；その左辺では，$\mathbf{H}_0$ の固有関数の直交性のために ((4.12)，(4.12a) 式)，a_F についての項だけが残り，次の式が得られる

$$i\hbar\frac{\partial a_F(t)}{\partial t}=Fa_F+(Pe\sin\omega t)(\mathbf{X}_{FE}a_E+\mathbf{X}_{FF}a_F+\mathbf{X}_{FG}a_G+\cdots). \qquad (6.13)$$

ここで我々は (6.6) によって

$$(\psi_F, (x_1+x_2+\cdots+x_N)\psi_E)=\mathbf{X}_{FE},$$

その他を用いた．

(6.13) の右辺で2つの項は大きさの桁が著しく異なっている．エネルギー E は大体2～3ボルト程度の大きさである．これに対して，非常に強い単色光線の場合にのみ電気ベクトルの振巾 P が 10^{-2} volt/cm に達する．$\mathbf{X}$ の行列要素は大体 10^{-8} cm であるから，$Pe\mathbf{X}\approx10^{-10}$ volt である．ゆえに (6.13) の右辺の第2項において次のように書くことができる

$$a_E=\exp\left(-i\frac{E}{\hbar}t\right),\ a_F=0,\ a_G=0,\ \cdots$$

(6.13) の第2項はすでに小さいから，この中では近似的波動関数として (6.10) の形で置き換えることができる．これは逆にいえば，(6.13) の右辺で摂動を全く無視した近似で得られる形である．こうして次式が得られる

$$i\hbar\frac{\partial a_F(t)}{\partial t}=Fa_F(t)+Pe\mathbf{X}_{FE}\sin\omega t\exp\left(-i\frac{E}{\hbar}t\right). \qquad (6.14)$$

この式を積分するために，次式を代入する

$$a_F(t)=b(t)\exp\left(-i\frac{F}{\hbar}t\right).$$

その結果

$$\exp\left(-i\frac{F}{\hbar}t\right)i\hbar\frac{\partial b(t)}{\partial t}$$
$$=\frac{iPe}{2}\mathbf{X}_{FE}\left\{\exp\left[-i\left(\frac{E}{\hbar}+\omega\right)t\right]-\exp\left[-i\left(\frac{E}{\hbar}-\omega\right)t\right]\right\}$$

となる．上式に $\exp\left(i\frac{F}{\hbar}t\right)$ をかけて積分すると

$$i\hbar b(t)=\frac{iPe}{2}\mathbf{X}_{FE}\left\{\frac{\exp\left[-i\left(\omega-\frac{F-E}{\hbar}\right)t\right]}{-i\left(\omega-\frac{F-E}{\hbar}\right)}-\frac{\exp\left[-i\left(-\omega-\frac{F-E}{\hbar}\right)t\right]}{-i\left(-\omega-\frac{F-E}{\hbar}\right)}+C\right\}.$$

積分常数は $b(0)=0$ という条件によって定まる．そこで $b(t)$ に対する式は2つの部分に分けることができる；

$$b(t)=\frac{iPe}{2}\mathbf{X}_{FE}\left\{\frac{\exp\left[-i\left(\omega-\frac{F-E}{\hbar}\right)t\right]-1}{\hbar\omega-F+E}+\frac{\exp\left[-i\left(-\omega-\frac{F-E}{\hbar}\right)t\right]-1}{\hbar\omega+F-E}\right\}. \tag{6.15}$$

この式は，$t=0$ で実際ゼロとなる；また $b(t)$ は2つの周期関数の和であることがわかる．

もし光の強度 P^2 を一定にして振動数を変えると，$\hbar\omega$ が近似的に $F-E$ と等しくなるとき (6.15) の第1項は非常に大きくなる．一般に，この条件が満たされたときにのみ顕著な励起が起こる．このことから Bohr の振動数条件は次のように説明される：エネルギー E を持つ状態からエネルギー F の状態への観測可能な遷移が起こるためには光の振動数が (6.E.1) の条件，すなわち，$\hbar\omega\approx(F-E)$ を満たさなければならない．

この条件を仮定すると，(6.15) の第2項を第1項に比べて今後無視することができる．状態 F の確率 $|a_F(t)|^2=|b(t)|^2$ として次式が得られる

$$|b(t)|^2=\frac{P^2e^2}{2}|\mathbf{X}_{FE}|^2\frac{1-\cos\left(\omega-\frac{F-E}{\hbar}\right)t}{(\hbar\omega-F+E)^2}. \tag{6.15a}$$

5.　いままで我々は，時間 $t=0$ で原子に衝突する光波が純粋なサイン波の

形を持つと仮定した．実際にはそうではなく，大抵の場合に，$\omega=(F-E)/\hbar$ のまわりに近似的に対称な間隔をおおう振動数を持ち，勝手に分布した位相を持つサイン波の重ね合わせである．勝手な位相のゆえに，これら重ね合わされた波の効果は加法的に結合すると仮定できる；そこで時間 t で原子が状態Fにある全確率は

$$|b(t)|^2=\sum_{\omega}|\mathbf{X}_{FE}|^2\frac{P_\omega{}^2e^2}{2}\frac{1-\cos\left(\omega-\frac{F-E}{\hbar}\right)t}{(\hbar\omega-F+E)^2}, \tag{6.16}$$

ここで ω は衝突する光波の取り得るすべての振動数，P_ω は振動数 ω を持つ振動の振巾である．

個々のサイン波振動の振動数が $(F-E)/\hbar=\omega$ のまわりに対称な小さな領域，たとえば，ω_2 以上 ω_1 以下によって限られた小さな領域に密に分布しているとき，$P_\omega{}^2=4Jd\omega$ と書くことができる，ここで J は単位振動数 $\omega/2\pi$ あたりの光の強度（エネルギー密度）であり，$d\omega$ は ω の無限小の間隔である．そこで (6.16) は積分になる

$$|b(t)|^2=2e^2J|\mathbf{X}_{FE}|^2\int_{\omega_1}^{\omega_2}\frac{1-\cos\left(\omega-\frac{F-E}{\hbar}\right)t}{(\hbar\omega-F+E)^2}d\omega, \tag{6.16a}$$

あるいは，新しい積分変数

$$x=t\left(\omega-\frac{F-E}{\hbar}\right),$$

$$|b(t)|^2=\frac{2}{\hbar^2}e^2Jt|\mathbf{X}_{FE}|^2\int_{x_1}^{x_2}\frac{1-\cos x}{x^2}dx \tag{6.16b}$$

を導入すると新しい積分領域は

$$x_1=t\left(\omega_1-\frac{F-E}{\hbar}\right),\qquad x_2=t\left(\omega_2-\frac{F-E}{\hbar}\right) \tag{6.E.2}$$

となる．しかしながら，(6.16b) の被積分関数は $x=0$ のまわりのせまい領域からのみ重要な寄与を受けるから，積分 $-\infty$ から $+\infty$ までとることができる．したがって，エネルギーFを持つ状態の確率は次のようになる

$$|b(t)|^2=\frac{2\pi e^2Jt}{\hbar^2}|\mathbf{X}_{FE}|^2. \tag{6.17}$$

積分領域の拡張は x_1 と x_2 が大きいときにのみ成り立つ，これは (6.E.2) によって入射光が $1/t$ に比べて大きい $\omega=(F-E)/\hbar$ の両側で振動数領域をおおわなければならないことを意味する．一方では我々の計算は状態Fの寿命 τ に比べて短い時間について正当性を要求している．これは入射光の巾が“自然巾” $\hbar/\tau$ に比べて非常に大きいと仮定されなければならない．

原子がエネルギー F を持つ状態にあるという確率は，(6.17) によって，入射光の強度Jに比例し，行列要素の2乗 $|\mathbf{X}_{FE}|^2$ に比例する——これは行列論的計算に一致する——また期待されるように，入射光の持存時間に比例する．(6.17) は励起状態の寿命に比べて短かく，入射光の振動数の幅の逆数に比べて長い時間についてのみ成り立つことに再び注意する．

このことならびにその近似的性格にもかかわらず，(6.17) は $|a_F|^2$ がエネルギーFを持つ状態の励起の強さであるという仮定に対する非常に美しい証明を与える．配位空間における波束の概念と共に，この式は量子力学の統計的解釈に対して非常に強力な基幹を形成している．さらに，(6.17) はまた

$$|\mathbf{X}_{FE}|^2=|(\psi_F,(x_1+x_2+\cdots+x_N)\psi_E)|^2$$

が定常状態 ψ_E から定常状態 ψ_F へ x 軸に沿って偏極した光によって引き起こされる遷移確率に比例するということを示す．これらの結果は——これはここで考えたものよりもずっと一般的な条件からもまた導かれるが——スペクトル線の強度，または強度の比の計算の基礎を形成している．

第7章　抽象群論

いま6個の行列[1]

$$\left.\begin{array}{c}\underset{\mathbf{E}}{\begin{pmatrix}1 & 0\\ 0 & 1\end{pmatrix}},\quad \underset{\mathbf{A}}{\begin{pmatrix}1 & 0\\ 0 & -1\end{pmatrix}},\quad \underset{\mathbf{B}}{\begin{pmatrix}-\frac{1}{2} & \frac{1}{2}\sqrt{3}\\ \frac{1}{2}\sqrt{3} & \frac{1}{2}\end{pmatrix}},\quad \underset{\mathbf{C}}{\begin{pmatrix}-\frac{1}{2} & -\frac{1}{2}\sqrt{3}\\ -\frac{1}{2}\sqrt{3} & \frac{1}{2}\end{pmatrix}},\\ \underset{\mathbf{D}}{\begin{pmatrix}-\frac{1}{2} & \frac{1}{2}\sqrt{3}\\ -\frac{1}{2}\sqrt{3} & -\frac{1}{2}\end{pmatrix}},\quad \underset{\mathbf{F}}{\begin{pmatrix}-\frac{1}{2} & -\frac{1}{2}\sqrt{3}\\ \frac{1}{2}\sqrt{3} & -\frac{1}{2}\end{pmatrix}}\end{array}\right\}\quad (7.\mathrm{E}.1)$$

を考え，行列の掛け算に対する法則にしたがって（7.E.1）における各行列と（7.E.1）のあらゆる他の行列とを掛けることから生ずる36個の積の掛け算の表を作ってみよう．得られた36個の行列はすべて（7.E.1）にすでに現われている行列のうちの１つと全く同じであることがわかる．このような行列の系を**群**という．我々はこれらの行列のこの性質を表，**群表**，に総括することができる．

	E	A	B	C	D	F
E	E	A	B	C	D	F
A	A	E	D	F	B	C
B	B	F	E	D	C	A
C	C	D	F	E	A	B
D	D	C	A	B	F	E
F	F	B	C	A	E	D

この表で，第１因子は第１列に現われ，第２因子は第１行に，積は交点に現われる．この表は行列（7.E.1）のすべての掛け算法則を総括する．

[1] 我々は記号 E（ドイツ語で Einheit，英語で，the unit，単位元）を群の恒等元（identity）を表わすのに用いる．

群の厳密な定義は次のようである：**群**は対象（群の**元**）の集合であり，これらの間で**掛け算**とよばれる１種の演算が一義的に定義される．この掛け算は，群のあらゆる２つの元（因子）について，群の第３の元，積，を指定する．[2)]
群の元の固有の性質であると考えられるこの**群の掛け算**はまた次のような特性を示さなければならない．

1. 結合則が成り立たねばならない．すなわち，もし $AB=F$ で $BC=G$ ならば，したがって $FC=AG$．もし群の元が行列であり，我々が群の掛け算を行列の掛け算であると理解するならば，(第１章の定理３によって）結合則は常に満足される．掛け算の交換則がまた成り立つような群，すなわち，$AB=BA$ であるような群を Abel 群とよぶ．

2. 元の中に**恒等元**または**単位元**とよばれる１つの元（たった１つである）E があり，E と任意の元との積もちょうどその元を与える，すなわち，$EA=AE=A$ という性質を持つ．

3. あらゆる元は**逆元**を持つ．すなわち，あらゆる元Aに対して $BA=E$ となるようなある元Bが存在する．そこで我々はまた $AB=E$ ということを次のように示すことができる（第１章の定理５のように）；$BA=E$ は $BAB=B$ を意味する；そこでもしCがBの逆元ならば，$CBAB=CB$，すなわち，$AB=E$ が導かれる．Aの逆元は A^{-1} で表わされる．

群の元および群の掛け算に関するこれら３つの性質が群の定義である．上述のような（または多少異なった）方法で定式化されたとき，これらの性質を**群の公理**または**群の公準**という．

法　則： 積 $ABCD\cdots$ の逆元は個々の因子の逆元の**逆順**の積によって作られる（行列についてしたように）．

$$(ABCD\cdots)^{-1}=\cdots D^{-1}C^{-1}B^{-1}A^{-1}.$$

これは直ちに証明される．

$$(\cdots D^{-1}C^{-1}B^{-1}A^{-1})(ABCD\cdots)=E.$$

[2)] 今後我々は n 行の行列を考える．

$AX=B$ および $AY=B$ は $X=Y$ を意味することに注意しなければならない．これは X および Y 共に，明らかに $A^{-1}B$ に等しいからである．また $XA=B$ および $YA=B$ は $X=Y=BA^{-1}$ を示す．もし群が単に有限の数 h 個の元を持つならば，それは有限群とよばれ，h を群の**位数**という．

有限群に対する定理[3)]

まずある元 X に注目しよう．この元から順々に

$$E, X, X^2, X^3, X^4, X^5, \cdots \qquad (7.\mathrm{E}.2)$$

等を作ることができる．(7.E.2) の元はすべて群の元であり，かつすべての元の全体の数は有限であるから，(7.E.2) の列の中の1つは，ある巾数の後に再び現われるはずである．最初に繰り返す元を $X^n=X^k$ $(k<n)$ としよう．そこで $k=0$ で $X^n=E$ でなければならない；さもなければ，$X^{n-1}=X^{k-1}$ はすでに (7.E.2) の列の中に現われており，X^n は**2回目**に現われる最初の元ではない．もし n が $X^n=E$ となる最小の数ならば，n を X の**位数**とよぶ．元の列，

$$E, X, X^2, X^3, \cdots, X^{n-1} \qquad (7.\mathrm{E}.3)$$

は X の**周期**とよばれる．たとえば，群 (7.E.1) で D の周期は $E, D, D^2=F$ $(D^3=FD=E)$ で，このようにして D の位数は3である．これに対して，直ちに $A^2=E$ であるから，A の位数は2である．

X の周期はそれ自身で群を作る（実際，**Abel** 群である）．それ自身群を作るような群の元の集合は**部分群**とよばれる．例 (7.E.3) は Abel **部分群**である．

定理 1. もし $\mathfrak{A}$ が元 $E, A_2, A_3, \cdots, A_h$ を持つ位数 h の群で，A_k がこの群の任意の元ならば，あらゆる元は次の列，$EA_k=A_k, A_2A_k, A_3A_k, \cdots, A_hA_k$, に1度そしてたった1度だけ現われる．$X$ がある元で，$XA_k^{-1}=A_r$ の場合 $A_rA_k=X$ となる．したがって X は列の中に現われる．一方 X が2回現われ

3) 有限群に関するすべての定理は群 (7.E.1) について証明されなければならない．このために，群表を用いよ！

ることはできない，なぜならば $A_r A_k = X$ および $A_s A_k = X$ は $A_s = A_r$ を意味するからである．

もちろん，同様のことが列 $A_k E, A_k A_2, A_k A_3, \cdots, A_k A_h$ について成り立つ．定理1は，群表のあらゆる列で（あらゆる行についても同様に）各元は1度そしてただ1度現われるという事実を表わしている．この定理の最も簡単でしかも最も重要な応用は次のことである：もし $J_E, J_{A_2}, J_{A_3}, \cdots, J_{A_h}$ が，あらゆる群の元 X が数 J に対応するような数であるならば（"J は群の空間での関数である"），

$$\sum_{\nu=1}^{h} J_{A_\nu} = \sum_{\nu=1}^{h} J_{A_\nu X} = \sum_{\nu=1}^{h} J_{X A_\nu}. \tag{7.1}$$

おのおのの和が，順序が異なっていることを除いて，ちょうど同じ数を含んでいることは明らかである．

$\mathscr{B}$ が元 $E, B_2, B_3, \cdots, B_g$ を持つ $\mathscr{H}$ の部分群であるとしよう．X がこの部分群に現われない元であるとき，g 個の元 $EX, B_2X, B_3X, \cdots, B_gX$ の集合を**右剰余類** $\mathscr{B}X$ という．[4]（というのはもし X が部分群に現われるならば，$\mathscr{B}X$ の元は定理1が示すようにちょうど $\mathscr{B}$ の元であるから．）剰余類はたしかに群ではない，というのはこれは恒等元 E を持つことができず，また $\mathscr{B}$ のうちどのような元も持つことができないからである．たとえば，もし $B_kX = B_l$ としよう．このとき，$X = B_k^{-1}B_l$，すなわち X は部分群 $\mathscr{B}$ に含まれており，$\mathscr{B}X$ は $\mathscr{B}$ それ自身である．以上と同様に，元 $XE = X, XB_2, XB_3, \cdots, XB_g$ は $\mathscr{B}$ の**左剰余類**を作る．

定理 2. 部分群 $\mathscr{B}$ の2つの右剰余類は全く同じ元を含むか，あるいはまた共通の元を全く持たない．ある1つの剰余類を $\mathscr{B}X$，もう1つを $\mathscr{B}Y$ としよう．そこで $B_kX = B_lY$ は $YX^{-1} = B_l^{-1}B_k$ を意味する．すなわち，YX^{-1} は $\mathscr{B}$ に含まれる．したがって定理1を部分群 $\mathscr{B}$ に適用すれば，元の列 $EYX^{-1}, B_2YX^{-1}, \cdots, B_gYX^{-1}$ は，順序を除いて，$E, B_2, B_3, \cdots, B_g$ と全く同じである．同じように，$EYX^{-1}X, B_2YX^{-1}X, B_3YX^{-1}X, \cdots, B_gYX^{-1}X$ もまた，順

[4] X はもちろん $\mathscr{H}$ の元でなければならない．

序を除いて，$EX, B_2X, B_3X, \cdots, B_gX$ と全く等しい．しかるに前者は剰余類 $\mathcal{B}Y=EY, B_2Y, B_3Y, \cdots, B_gY$ に他ならない．このように $\mathcal{B}Y$ の元と $\mathcal{B}X$ の元とは，1つの元が一致しさえすれば，全体が一致する．これに対する判定条件は YX^{-1} が $\mathcal{B}$ に含まれるということである．

(7.E.1) の1つの部分群は，たとえば，A の周期を形成する，すなわち，2つの元 E およびAより成り立つ．この群の右剰余類はあらゆる元にある別の元，たとえばB，を右から掛けることによって得られる．このようにして剰余類 $EB=B, AB=D$ が得られる．剰余類はまた元 E, A に別の元 C, D, F を掛けることによって得られる．E, A に他の元を掛けて得られる剰余類は結局，

Bと掛けることによって B, D
Cと掛けることによって C, F
Dと掛けることによって D, B
Fと掛けることによって F, C

である．したがって，この場合BとD（またはCとF）を掛けることによって得られた剰余類は全く同じ元を含む．また $BD^{-1}=BF=A$（または $CF^{-1}=CD=A$）は部分群 E, A に含まれていることに注意せよ．

いま$\mathcal{B}$のすべての**異なった**剰余類を考えよう！これらを $\mathcal{B}X_2, \mathcal{B}X_3, \cdots, \mathcal{B}X_l$ としよう．$\mathcal{H}$ に属するおのおのの元は $\mathcal{B}$ に現われるかまたは $l-1$ 個の剰余類のうちの1つに現われるかのいずれかである．このようにして，我々は全部で lg 個の元を得る．あらゆる元は少なくとも1回現われそして2回現われるものはないから，lg は h に等しくなければならない．これは定理3を確立する．

定理 3. 部分群の位数 g は群の位数 h の約数である．商 $h/g=l$ を群 $\mathcal{H}$ の部分群 $\mathcal{B}$ の**指数**という．

あらゆる元の周期はその位数と同数の元を含む部分群であるから，あらゆる元の位数は群の位数の約数であるということが導かれる．

部分群に対する判定条件． もし群の元のある集合が，これに含まれるすべての元AおよびBのすべての積 AB を含むならば，それは群を作り，ゆえに元の群の部分群である．群のすべての元について掛け算の**結合則**が成り立つのだから，したがってまた考えている元の集合についても成り立つ．また，あらゆ

る元Aについて，すべてのその巾が集合に現われ，したがって**恒等元**Eもまた現われる．最後に，もしnが A の位数ならば，$A^n=E$ で $A^{n-1}=A^{-1}$．あらゆる元の**逆元**もまたこの集合に現われる．ゆえに3つの群公理はすべて満たされる．

群 の 例

1. **たった1個の**元を含む群は恒等元Eのみから成る．
2. 位数2の群に対する群表は次の表で与えられる．

	E	A
E	E	A
A	A	E

これは **Abel 群**である．これは恒等元と鏡像変換 $x'=-x$ から成り立っているから，我々はこれを鏡像群とよぶ．

3. 位数3の群は恒等元の他に，位数3の元ただ1個を含むことができる．これは元の位数が約数（ただし1を除く）でなければならないからである．ゆえに群は1つの周期から成り立ち，かつその元は

$$E,\ A,\ A^2\ (A^3=E).$$

したがってこの群も Abel 群である．

位数が素数pであるようなあらゆる群について同様のことが成り立つ．その元は

$$E,\ A,\ A^2,\ A^3,\ \cdots,\ A^{p-1}.$$

p が素数でなくても群が上記の形をしている場合，**循環群**とよぶ．ω を1の原始n乗根（ω^n は1に等しくなる ω の最低の巾である．たとえば，$\omega=\cos 2\pi/n+i\sin 2\pi/n$）としよう．このとき数

$$1,\ \omega,\ \omega^2,\ \cdots,\ \omega^{n-1} \tag{7.E.4}$$

は，もし群の掛け算が普通の数の掛け算であると理解されるならば，位数nの循環群を作る．循環群は**すべて Abel 群**である．(7.E.4) と“同等な群”は，

次のような数によって作ることもできる,

$$0, 1, 2, \cdots, n-1 \qquad (7.\text{E}.5)$$

ここに群の掛け算は, **mod n の足し算**であると定義する.（たとえば, $n=7$ のとき, $5+4=9=7+2=n+2$ だから $5\cdot 4=2$ となる.）k を ω^k に対応させると, 群 (7.E.5) の元は (7.E.4) の元に1対1に対応する. この対応は次のような性質を持つ, すなわち, これによって"**積は積に変換する**", すなわち, $k_1\cdot k_2=k_3$ は $\omega^{k_1}\cdot\omega^{k_2}=\omega^{k_3}$ を意味する. このような群の1組を同型である[5]という.

2つの群は次のような場合に**同型**である. ある群の元を A, 他の群の元を $\bar{A}$ としたとき, $AB=C$ から $\bar{A}\bar{B}=\bar{C}$で あることが導かれる, すなわち $\bar{A}\bar{B}=\overline{AB}$ であることが証明されるような方法で, A が $\bar{A}$ に一義的にかつ相互的に対応づけられることが可能な場合である. 同型の群は本質的に全く等しい；個々の元は単に違って名づけられただけである.

4.　位数4の場合は2種類の群が存在する；この2つの群はどちらも他に同型ではない. この他のすべての群は, これら2つの群のうちの1つと同型である. 第1の群は循環群である. たとえば,群の掛け算を数の掛け算と定義して, $1, i, -1, -i$. 第2の群は いわゆる**4群** (four-group) である. この群表は：

	E	A	B	C
E	E	A	B	C
A	A	E	C	B
B	B	C	E	A
C	C	B	A	E

[5] いままで導き出した定理が全く自明ではないということを示すために, 整数論の場合にこれらの定理が持つ意味を述べよう. $n+1$ が素数の場合, 数 $1, 2, 3, \cdots, n$ は, 我々が群の掛け算を mod $n+1$ の数の掛け算と解釈したとき, 以前とは別の方法で群を作る. たとえば, $n+1=7$ ならば $3\cdot 5=1$ である, というのは $3\cdot 5=15=2\cdot 7+1$ だからである. ここで恒等元は1である. 元のおのおのの周期は,群の位数 n の約数である. 群の1つの元を A とすると, 確かに $A^n=1$ である. しかし, これは, もし a が数 $1, 2, 3, \cdots, n$ ならば, $a^n\equiv 1 \pmod{n+1}$ という記述に等しい. これは Fermat の定理の特別の場合であり, これは認められるであろうが, 確かに自明ではない.

この元の(Eを除いて)すべては位数が2である；これもまた Abel 群である．

5. 4群は，群の（特に結晶群の）非常に広範囲な範例のうちの第1例である．XY平面においてn個の辺を持つ正多角形を考えよ．n個の頂点の座標を $x_k=r\cos 2\pi k/n$, $y_k=r\sin 2\pi k/n$ ($k=0, 1, 2, 3, \cdots, n-1$) として，次の1次の置き換えを考えよう．

$$x'=\alpha x+\beta y; \qquad y'=\gamma x+\delta y$$

このような置き換えは正n角形を“それ自身”に変換する．すなわち，この場合に頂点の新しい座標 x_κ', y_κ' もまた次の形で書ける

$$x_\kappa'=r\cos 2\pi\kappa/n, \qquad y_\kappa'=r\sin 2\pi\kappa/n$$

($\kappa=0, 1, 2, 3, \cdots, n-1$)．このような1次の置き換えに対する行列は**群を作る**．任意の2つの置き換えの積，あらゆる置き換えの逆，恒等元の置き換えE，これらはすべて，それら自身，群の元の要請を満足する置き換えであるからである．

n 角形をそれ自身に変換する置き換えは：(A) 角度 $2\pi k/n$ ($k=0, 1, 2, \cdots, n-1$) だけ平面の回転であり，対応する行列は

$$\begin{pmatrix} \cos\dfrac{2\pi k}{n}, & \sin\dfrac{2\pi k}{n} \\ -\sin\dfrac{2\pi k}{n}, & \cos\dfrac{2\pi k}{n} \end{pmatrix}=\mathbf{D}_k \tag{7.E.6}$$

これらは循環群を作る．(B) 平面の鏡像とその後の角度 $2\pi k/n$ だけの回転．対応する行列は

$$\begin{pmatrix} -\cos\dfrac{2\pi k}{n}, & \sin\dfrac{2\pi k}{n} \\ \sin\dfrac{2\pi k}{n}, & \cos\dfrac{2\pi k}{n} \end{pmatrix}=\mathbf{U}_k. \tag{7.E.7}$$

これら $2n$ 個の行列は**正2面体群**として知られる位数 $2n$ の群を作る．行列 (7.E.6) はこの群の部分群を作る：(7.E.7) の行列はこの部分群の剰余類である．$n=2$ の4群は正2面体群の最も簡単な例である；n角形は2つの頂点，すなわち直線に縮退する．4群はまだ Abel 群であるが，その他の正2面体群はもはや Abel 群ではない．群 (7.E.1) は正3角形の正2面体群であり，最初の**非-Abel 群**である；元 E, F, D は部分群に属し，A B, C は剰余類に属する．

正多面体をそれ自身に変換する置き換えは重要で興味ある群であり，結晶群として知られる．これらは通常これらの置き換えがそれ自身に変換する正多面体によって指定される．このようにして正4面体の群，正8面体の群，正20面体の群，等が存在する．これらは結晶物理学において重要な役割を演ずる．

6. **置換群**もまた非常に重要である．1からnまでの数を考えよう：$1, 2, 3, \cdots, n$．これらn個の数のあらゆる順列 $\alpha_1, \alpha_2, \cdots, \alpha_n$ は置換を作る．このよう

にしてn個の対象の $n!$ の置換が存在し，普通次のような記号で表わす

$$\begin{pmatrix} 1, & 2, & 3, & \cdots, & n \\ \alpha_1, & \alpha_2, & \alpha_3, & \cdots, & \alpha_n \end{pmatrix}.$$

順序を変えられるべき対象は，上の行にその自然の順序に書かれ，第2行に問題となる置換によって生じた順序に書かれる．2つの置換 P_1 と P_2 の掛け算は次のようになされる，すなわち，P_2 が自然の順序に及ぼす変化を P_1 の順列の中の数字に適用する．例として，もし

$$P_1=\begin{pmatrix} 1 & 2 & 3 \\ 2 & 1 & 3 \end{pmatrix}, \quad P_2=\begin{pmatrix} 1 & 2 & 3 \\ 3 & 1 & 2 \end{pmatrix}$$

ならば，

$$P_1P_2=\begin{pmatrix} 1 & 2 & 3 \\ 2 & 1 & 3 \end{pmatrix}\begin{pmatrix} 1 & 2 & 3 \\ 3 & 1 & 2 \end{pmatrix}=\begin{pmatrix} 1 & 2 & 3 \\ 1 & 3 & 2 \end{pmatrix}.$$

したがって，P_2 は1を3に変換するから，P_1P_2 では3は P_1 で1が現われた場所に現われる．同様に，P_2 は2を1に変換するから，P_1P_2 で1は P_1 で2が現われた場所に現われる，等．

もし P_1 がkを α_k に変換し；P_2 が α_k を β_k に；また P_3 が β_k を γ_k に変換するならば，そこで P_1P_2 はkを β_k に変換し，また P_2P_3 は α_k を γ_k に変換する．結果として，$(P_1P_2)\cdot P_3$ は $P_1\cdot(P_2P_3)$ と同様に k を γ_k に変換する；このようにして，置換の掛け算は**結合則が成り立つ．**

n 個の対象のすべての $n!$ の置換の集合は，単位元として恒等置換

$$\begin{pmatrix} 1, 2, 3, \cdots, n \\ 1, 2, 3, \cdots, n \end{pmatrix}$$

を持つ群を作る．この群はn次の対称群[6] である．3次の対称群は位数6である；そして群（7.E.1）に同型であり，したがって $n=3$ の正2面体群に同型である．対応は次の通りである

[6] 対称群（symmetric group）はしばしば置換群（permutation group）とよばれるが，しかし**決して**結晶群または対称性の群（symmetry group）**でない．**

$$\begin{pmatrix}1&2&3\\1&2&3\end{pmatrix}\begin{pmatrix}1&2&3\\2&1&3\end{pmatrix}\begin{pmatrix}1&2&3\\1&3&2\end{pmatrix}\begin{pmatrix}1&2&3\\3&2&1\end{pmatrix}\begin{pmatrix}1&2&3\\3&1&2\end{pmatrix}\begin{pmatrix}1&2&3\\2&3&1\end{pmatrix}$$
$$E \qquad\quad A \qquad\quad B \qquad\quad C \qquad\quad D \qquad\quad F$$

対称群はまた量子力学において重要な役割を演ずる.

共軛元と類

元 XAX^{-1} を A に**共軛な**元であるという. もし2つの元AとBが第3の元Cに共軛ならば, これらはまた互いに共軛である:$A=XCX^{-1}$ と $B=YCY^{-1}$ より $X^{-1}AX=C$ および $B=YX^{-1}AXY^{-1}=(YX^{-1})A(YX^{-1})^{-1}$ が導かれる. 1つの群の互いに共軛な元は**類**を作る. 類はその元のうちの1個, Aを指定することによって定まる;類の全体は次のような元の列より成り立っている,

$$EAE^{-1}=A,\ A_2AA_2^{-1},\ A_3AA_3^{-1},\ \cdots,\ A_hAA_h^{-1}.$$

この列の中のすべての元はAに共軛であり, それゆえに互いに共軛である;さらに, Aに共軛なあらゆる元 (したがって上の列のすべての他の元にも共軛) が (実際に1回以上) 列の中に現われる. ゆえに, 群の元は類に分けることができ, またあらゆる元は1つそしてただ1つの類に現われる.

群の恒等元はそれ自身で類を作る. その理由は恒等元はどんな他の元にも共軛でないからである. すべての X に対して $XEX^{-1}=E$. 元Eのみから成り立つ類を除いて, どんな類も部分群でない, なぜならばどれも恒等元Eを含むことができないからである. Abel 群では, すべての X について $XAX^{-1}=A$ であるから, おのおのの類は1個の元だけから成り立つ.

1つの類のすべての元は同じ位数を持つ. もし $A^n=E$ ならば, 直ちにわかるように, $(XAX^{-1})^n$ は E に等しい

$$(XAX^{-1})^n=(XAX^{-1})\cdot(XAX^{-1})\cdots(XAX^{-1})=XA^nX^{-1}=XEX^{-1}=E.$$

置き換えの群 (行列の群) では, 同じ類に属するすべての行列は同じ跡を持つ. これを知るために, $\boldsymbol{\alpha}$ と $\boldsymbol{\beta}$ が同じ類に属するとしよう. そこで次のような群の元, すなわち, 行列 $\boldsymbol{\gamma}$ が存在する

$$\boldsymbol{\beta}=\boldsymbol{\gamma}\boldsymbol{\alpha}\boldsymbol{\gamma}^{-1}$$

したがって，$\mathrm{Tr}\,\boldsymbol{\beta}=\mathrm{Tr}\,\boldsymbol{\gamma\alpha\gamma}^{-1}=\mathrm{Tr}\,\boldsymbol{\alpha}$.

たとえば，群 (7. E. 1) で C の類を作ってみよう．それは次の元から成り立つ，

$$ECE^{-1}=C,\quad ACA^{-1}=B,\quad BCB^{-1}=A,\quad CCC^{-1}=C,$$
$$DCD^{-1}=A,\quad FCF^{-1}=B.$$

C の類はこのようにして元 A, B, C から成り立つ；これはまた A および B の類である．3 つの元 A, B, C はすべて位数 2 であり，群の行列表現 (7. E. 1) での跡はすべての 3 つについて 0 である．D の類は

$$EDE^{-1}=D,\quad ADA^{-1}=F,\quad BDB^{1-}=F,\quad CDC^{-1}=F$$
$$DDD^{-1}=D,\quad FDF^{-1}=D.$$

D (あるいは F) の類は 2 つの元 D, F より成る．

第8章　不変部分群

部分群が始めの群の類の元すべてを含む場合不変部分群という．いま $\mathcal{R}=E, N_2, \cdots, N_n$ を不変部分群であるとしよう．それは群であるから，N_i および N_j と共にその積 N_iN_j を含まなければならない．さらに，不変部分群は類の１つの元 N_j を含みさえすれば，その類のすべての元 XN_jX^{-1} を含む．したがって，この不変部分群は，Xを全体の群の任意の元としたとき，XN_jX^{-1} を含む．通常の部分群では，N_j と同時に X もまた含まれるときにのみ XN_jX^{-1} が含まれる．

通常の部分群では，どんな群でも同様であるが，元

$$N_jE=N_j,\ N_jN_2,\ \cdots,\ N_jN_n \tag{8.E.1}$$

は順序を除いてその部分群の元と全く等しい．同様のことは元の列

$$EN_j^{-1}=N_j^{-1},\ N_2N_j^{-1},\ \cdots,\ N_nN_j^{-1} \tag{8.E.2}$$

および元の列

$$N_jEN_j^{-1}=E,\ N_jN_2N_j^{-1},\ \cdots,\ N_jN_nN_j^{-1} \tag{8.E.3}$$

についても成り立つ．(8.E.3) は，(8.E.2) の各項の第１の因子として，(8.E.1) の各項を代入することにより作られる．（この操作は項の並べ換えにすぎない．）ここですべての N_i は部分群の元である．

一方，元 $E, N_2, \cdots, N_n$ が不変部分群を作り，かつ X は**全体の**群の**任意の**元とするとき，元の列

$$XEX^{-1}=E,\ XN_2X^{-1},\ \cdots,\ XN_nX^{-1} \tag{8.E.4}$$

は順序を除いて不変部分群の元と全く等しい．(8.E.4) の元は部分群の元に共軛であるから，これらはすべて不変部分群に現われる；他方，不変部分群のすべての元は (8.E.4) に現われる．ある与えられた元 N_k を (8.E.4) の中に

見出すめたには，我々は単に $X^{-1}N_kX$ を作ればよい．これは不変部分群の1つの元であるから，$E, N_2, \cdots, N_n$ の中にある．これを N_i としよう．したがって，$N_k=XN_iX^{-1}$ となり，N_k は (8.E.4) において i 番目の場所に現われる．

Abel群のあらゆる部分群は不変部分群である．すべての元はそれ自身で類であるので，あらゆる部分群は各類の全体を包んでいることになる．対称群は1つ，そして一般にたった1つの不変部分群を持ち，それはすべての偶置換から成る．2つの偶置換の積は偶置換であるから，偶置換は群を作る．さらに，偶置換に共軛な元は偶置換でなければならない，したがってこの部分群に属する（また第13章を見よ）．

例 (7.E.1) において元 E, D および F は不変部分群を作る．次に述べる諸定理を，特別な場合としてこの群について証明することを読者におすすめする．

不変部分群の決定は群の構造の研究において非常に重要である．不変部分群を持たない群を**単純**群という．

因　子　群

いま不変部分群 $\mathfrak{R}$ の剰余類を考えよう．元 $EU=U, N_2U, \cdots, N_nU$ は $\mathfrak{R}$ の右剰余類を作る．$U=UU^{-1}EU,\ N_2U=UU^{-1}N_2U,\ \cdots,\ N_nU=UU^{-1}N_nU$ は順序を除いて，$U=UE, UN_2, \cdots, UN_n$ に全く等しいから，これらはまた左剰余類を作る．すなわち，集合体 $\mathfrak{R}U$ は集合体 $U\mathfrak{R}$ と全く等しい．したがって，これら剰余類が左剰余類であるか右剰余類であるかを指定することなく，[1] 単に不変部分群の剰余類として述べることができる．

ある剰余類 $\mathfrak{R}U$ のすべての元に別の剰余類 $\mathfrak{R}V$ のすべての元を掛けよう！ N_j および UN_lU^{-1} の両方共，ゆえにそれらの積 N_k は $\mathfrak{R}$ に含まれているから，$N_jUN_lV=N_jUN_lU^{-1}UV=N_kUV$ となる．このようにして，掛け算の過程はある1つの剰余類 $\mathfrak{R}UV$ の元を与える．

---

[1] 我々はこれを別の方法で知ることができる．UとVが同じ右剰余類にあるという条件は（72頁を見よ）UV^{-1} が $\mathfrak{R}$ にあるということである．これらが同じ左剰余類にあるという条件は $V^{-1}U$ が $\mathfrak{R}$ にあるということである．しかし，もし $\mathfrak{R}$ が不変分群で UV^{-1} を含むならば，それはまた $V^{-1}\cdot UV^{-1}\cdot V=V^{-1}U$ を含まなければならない．ゆえに，2つの元は同じ右剰余類にありさえすれば，これらは同じ左剰余類にあり，また逆も成り立つ．

もし不変部分群の剰余類を独立の量として考え，そして2つの剰余類の積として，2つの剰余類の元の掛け算の積を元として含む剰余類であると定義するならば，剰余類それ自身が群を作る．この群は不変部分群の**因子群**とよばれる．因子群の単位元は不変部分群それ自身である．剰余類 $\mathcal{R}U$ のあらゆる元 N_jU と，$\mathcal{R}$ のある元 N_l と掛けると（右からあるいは左から），再び剰余類 $\mathcal{R}U$ のある元を与える．明らかに，$N_l\cdot N_jU=N_lN_j\cdot U=N_k\cdot U$，および $N_j\cdot UN_l=N_j\cdot UN_lU^{-1}U=N_kU$．第2に，すべての剰余類 $\mathcal{R}U$ に対するその逆として剰余類 $\mathcal{R}U^{-1}$ が存在する．すなわち，

$$N_jU\cdot N_lU^{-1}=N_j\cdot UN_lU^{-1}=N_k,$$

これは不変部分群の元そのものである．$\mathcal{R}U$ と $\mathcal{R}U^{-1}$ の積はゆえに $\mathcal{R}$，因子群の単位元，を与える．

$\mathcal{R}$ の因子群の位数は $\mathcal{R}$ の剰余類の数，すなわち，その指数に等しい．因子群と部分群を混同してはならない；部分群の元は群の元であるが，それに対して因子群の元は剰余類である．

上に導かれた定理はもっと簡単に記号的な方法によって得られる．記号的な方法では元の全体，集合体，は1つの文字，たとえば $\mathcal{C}$，によって表わされる．さらに集合体 $\mathcal{C}$ と元 A との積は集合体 $\mathcal{C}A$ であり，その元は $\mathcal{C}$ のすべての元に右から A を（あるいは $A\mathcal{C}$ を得るためには左から）掛けることによって得られる．2つの集合体 $\mathcal{C}$ と $\mathcal{D}$ の積は集合体 $\mathcal{C}\mathcal{D}$ であり，その元は $\mathcal{C}$ のすべての元に右から $\mathcal{D}$ の元を掛けたとき得られる．この種の掛け算に**結合則**が成り立つことは容易にわかる．

もし $\mathcal{C}$ と $\mathcal{D}$ がそれぞれ n および n' 個の元を含むならば，$\mathcal{C}\mathcal{D}$ はたかだが nn' 個の元を含む．しかしながら，通常異なった元の数はそれよりも少ない．これは，ある元は nn' 個の積の中に1回以上現われることがあるからである．

$\mathcal{C}$ が部分群であるための条件は $\mathcal{C}\cdot\mathcal{C}=\mathcal{C}^2=\mathcal{C}$ である．もしあらゆる元 U について $U^{-1}\mathcal{C}U=\mathcal{C}$ が成り立つならば，この部分群は**不変**部分群である．$\mathcal{C}$ の右剰余類はすべての異なった集合体 $\mathcal{C}U$ である．もし $\mathcal{C}$ が1つの

不変部分群ならば，$U^{-1}\mathcal{C}U=\mathcal{C}$．したがって $\mathcal{C}U=U\mathcal{C}$；右剰余類はまた左剰余類である．因子群の元は異なった集合体 $\mathcal{C}U$ である．因子群の掛け算の意味における2つの集合体 $\mathcal{C}U$ と $\mathcal{C}V$ の積は，集合体の掛け算の意味での積と全く同じである，

$$\mathcal{C}U\cdot\mathcal{C}V=\mathcal{C}\cdot U\mathcal{C}\cdot V=\mathcal{C}\cdot\mathcal{C}U\cdot V=\mathcal{C}^2UV=\mathcal{C}UV$$

同型と類型

前章で我々は2つの群の**同型**の概念についてよく学んだ．2つの群は，積が積に対応するような方法でそれらの元の間に一義的な，**1対1**の対応が存在するとき，同型である．ある群の A，あるいは B，に対して同型の群の $\overline{A}$，あるいは $\overline{B}$，が対応し，また積 AB に対して積 $\overline{A}\cdot\overline{B}=\overline{AB}$ が対応する．明らかに，同型の群は同じ位数でなければならない．

2つの群の間のよりきびしくない対応は単なる**類型**といわれ，これは対応が1対1であると要求されないという点を除いて同型と似ている．群 $\mathcal{G}$ のあらゆる元に群 $\mathcal{H}$ の1つそしてたった1つの元が対応し，また $\mathcal{H}$ のあらゆる元に $\mathcal{G}$ の少なくとも1つの元が対応し，また $\mathcal{G}$ の A と B の積が $\mathcal{H}$ の対応する元 $\overline{A}$ と $\overline{B}$ の積 $\overline{A}\cdot\overline{B}=\overline{AB}$ に対応するようなとき，[2] 群 $\mathcal{G}$ は他の群 $\mathcal{H}$ に類型である．類型では，$\mathcal{H}$ のある元，$\overline{A}$，は $\mathcal{G}$ の幾つかの異なった元，たとえば A および A'，に対応してよい．したがって，類型は可逆的な性質ではない．$\mathcal{G}$ が $\mathcal{H}$ に類型であるとき，$\mathcal{H}$ は $\mathcal{G}$ に必ずしも類型ではない．$\mathcal{G}$ の元の数は $\mathcal{H}$ の元の数に等しいかあるいはより多くなければならない；もし数が等しければ，類型は同型となり，これは可逆的である．

$\mathcal{G}$ の恒等元，E，は $\mathcal{H}$ の恒等元，$\overline{E}$，に対応する，理由は $E\cdot E=E$ は $\overline{E}\cdot\overline{E}=\overline{E}$ を意味するからである．これは群の恒等元に対してのみ成り立つ．また $\mathcal{G}$ の逆元は $\mathcal{H}$ の逆元に対応する．

$\mathcal{H}$ の恒等元，$\overline{E}$，に対応する $\mathcal{G}$ のすべての元 $E, E_2, \cdots, E_n$ を考え，この

[2] ここで $\mathcal{G}$ の $\mathcal{H}$ への類型といわれる関係は大多数のドイツの著者によって $\mathcal{H}$ の $\mathcal{G}$ への類型と記述されている．また類型と同型という言葉はある本では同義に用いられる．

集合体を $\mathcal{C}$ で表わそう．$E_k \cdot E_l$ は $\overline{E} \cdot \overline{E} = \overline{E}$ に対応するから，集合体 $\mathcal{C}$ はまた $E_k \cdot E_l$ を含み，したがって $\mathcal{C}$ は群である．さらに，$\overline{U^{-1}} \cdot \overline{E} \cdot \overline{U} = \overline{U}^{-1}\overline{E}\overline{U} = \overline{E}$ であるから，E_k に共軛などんな元 $U^{-1}E_kU$ も $\overline{E}$ に対応する；ゆえに群 $\mathcal{C}$ は $\mathcal{G}$ の**不変部分群**である．同じようにして，$\mathcal{H}$ の１つのそして同じ元，$\overline{A}$，が対応するような集合体 $\mathcal{A}$ の元は $\mathcal{C}$ の剰余類を作る．A_j と A_l が $\mathcal{A}$ の２つの元であるとしよう；そこで $\overline{A_j} = \overline{A_l} = \overline{A}$．どんな元 $A_jA_l^{-1}$ に対しても $\overline{A_j}\,\overline{A_l^{-1}} = \overline{A_j}\,\overline{A_l}^{-1} = \overline{A}\,\overline{A}^{-1} = E$ が対応する；すなわち，$A_jA_l^{-1}$ は $\mathcal{C}$ に含まれる．これは A_j および A_l が $\mathcal{C}$ の１つのそして同じ剰余類にあるという条件である．$\mathcal{C}$ の剰余類は $\mathcal{H}$ の元と１対１に対応する；ゆえに，２つの剰余類 $\mathcal{C}U$ と $\mathcal{C}V$ の積は２つの元 $\overline{U}$ と $\overline{V}$ の積 $\overline{U}\overline{V} = \overline{UV}$ に対応する．剰余類は $\mathcal{C}$ の因子群を作るから，この因子群は $\mathcal{H}$ に同型である．

$\mathcal{G}$ が $\mathcal{H}$ に類型であるならば，$\mathcal{G}$ の因子群は $\mathcal{H}$ に同型である．$\mathcal{G}$ の位数は $\mathcal{H}$ の位数の整数倍である．もし類型が実際に同型であるならば，問題の不変部分群，$\mathcal{C}$，は１つの恒等元 E になってしまう．

群の元の適当な名づけ変えによって，$\mathcal{G}$ と $\mathcal{H}$ の元の間に次のような対応を作ることができる

$$\underbrace{E, G_2, \cdots, G_n}_{\overline{E}},\quad \underbrace{G_{n+1}, G_{n+2}, \cdots, G_{2n}}_{H_2}, \cdots, \underbrace{G_{(h-1)n+1}, \cdots, G_{hn}}_{H_h}.$$

$\mathcal{G}$ のおのおのの元には一義的に $\mathcal{H}$ の１つの元が対応する．逆に，$\mathcal{H}$ のおのおのの元には $\mathcal{G}$ の幾つかの元が対応する．$\mathcal{H}$ の各元は正確に $\mathcal{G}$ の n 個の元に対応するから，この対応は，しかしながら，１対１ではなく，n 対１である．元 $E, G_2, \cdots, G_n$ は不変部分群 $\mathcal{C}$ を作る（以前に $E, E_2, E_3, \cdots, E_n$ と書いたもの）；その他の括弧をつけた集合体のおのおのは この部分群の剰余類の１つを作り，この剰余類は $\mathcal{H}$ の１つの元におのおの対応する．

H_i に対応する $\mathcal{G}$ の元と H_j に対応する元との掛け算は $H_i \cdot H_j$ に対応する元を与える．H_i に対応するすべての n 個の元と H_j に対応するすべての n 個の元の掛け算は，$H_i \cdot H_j$ に対応する n 個の元をおのおの n 回与える．群 $\mathcal{H}$

本質的に不変部分群 $E, G_2, \cdots, G_n$ の因子群に同型である.

はすべての群がそれ自身に同型であることは自明である．すべての群はまた恒等元 $\overline{E}$ のみから成っている群に類型である．ある元 A に対して恒等元 $\overline{E}$ が対応し，ある元 B に対してもまた恒等元 $\overline{E}$ が対応する．したがって積 AB はまた $\overline{E}\overline{E}=\overline{E}$ に対応する．この場合，不変部分群は全体の群を含む．

あらゆる置き換えの群は Abel 群に類型である．この類型は，置き換えをその行列式の値に対応させることによって得られる．これは前章の（7.E.1）の例の場合にはどうなるか考えてごらんなさい．

これをもって有限群の抽象論を終え，群の表現論へ話をすすめよう．連続群については後で第10章において議論する．我々は，思考過程において極めて単純な抽象論の基本の議論に留めた．詳細は A. Speiser 著の Theory of Groups of Finite Order，あるいは Weber 著の有名な Algebra に述べられている．我々は，しかしながら，今後の議論に必須であり，また群を使っての仕事を自信をもって行なうことができるように[3] 本質的な部分のみを考えて，これ以上の議論は省くことにしよう．

---

[3] より最近の英語の論文は H. Zassenhaus の "Theory of Groups", Chelsea Publ., New York, 1958.

第9章　表現の一般論

群の表現[1]とは，表現されるべき群に類型となる行列群[2]である．したがって，群の表現とは，すべての行列$\mathbf{D}$について

$$\mathbf{D}(A)\mathbf{D}(B)=\mathbf{D}(AB) \tag{9.1}$$

が成り立つような方法で，群のおのおのの元Aに行列 $\mathbf{D}(A)$ あるいは単に$\mathbf{A}$を割り当てることから成り立っている．もし異なった群の元に割り当てられた行列がすべて異なるならば，行列群は表現されるべき群に同型であり，表現は忠実であるという．これに対して，1個以上の群の元が同じ行列に対応するならば，恒等元として同じ行列に対応するこれらの元は(前章で指摘したように)不変部分群を作る．そこで表現は，実際にこの不変部分群の因子群の忠実な表現であり，しかし全体の群の表現として忠実でない．

逆に，全体の群の忠実でない表現は，因子群のあらゆる表現から作ることができる．因子群の元は不変部分群の剰余類である．群の与えられた剰余類のすべての元に，因子群の元としてその剰余類を表現した同じ行列を対応させることによって，全体の群の忠実でない表現が得られる．

各行列群は明らかにそれ自身の忠実な表現である．我々は行列（1）を群のあらゆる元に対応させることができる．またこのことからわかるように，任意の群がその恒等元のみを含む群に類型であることは自明である．(7.E.1)の例は3次の対称群の忠実な表現である．さらに，この群の忠実でない表現の一例は，下に書いた行列を群の元のおのおのに割り当てることによって得られる．

---

[1] もっと詳しくいえば："1次写像による表現"．

[2] "行列群"とは，特にここで正方行列，すなわちその行と列が同じ方法で名付けられている行列を持つ群を意味する；行列の積が一義的に定義されるために，またこの名付け方は与えられた表現でのすべての行列に共通である．これらの規則はあらゆる表現行列において成立するものとする．

$$\begin{array}{cccccc} E & A & B & C & D & F \\ (1) & (-1) & (-1) & (-1) & (1) & (1). \end{array} \qquad (9.\text{E}.1)$$

これは実際，不変部分群 E, D, F の因子群の忠実な表現である．この因子群は２つの元を持つ，すなわち，不変部分群 E, D, F とその剰余類 A, B, C である．行列（1）は因子群の第１の元に割り当てられ，行列（－１）は第２の元に割り当てられている．

表現行列での行と列の数を表現の**次元数**という．与えられた表現から，群のすべての行列に同じ相似変換を適用することによって，１つの新しい表現が得られる．相似変換は行列の掛け算の性質に全く影響を及ぼさないから，表現の性質はこれらの変換で全部不変である．このような方法でお互いから生み出される２つの表現，言葉を換えていえば，互いに変換可能な２つの表現は**同値**であるという．同値な表現は本質的に同じものと見なされる．

２つの表現から，いろいろな方法で１つの新しい表現を作ることができる．たぶん，最も簡単な表現は２つの表現を単に１つに結合したものである．第１の表現 $\mathbf{D}(A_1), \mathbf{D}(A_2), \cdots, \mathbf{D}(A_h)$ と第２の表現 $\mathbf{D}'(A_1), \mathbf{D}'(A_2), \cdots, \mathbf{D}'(A_h)$ から次のような超行列を作ることによって新しい表現を得る

$$\begin{pmatrix} \mathbf{D}(A_1) & \mathbf{0} \\ \mathbf{0} & \mathbf{D}'(A_1) \end{pmatrix};\ \begin{pmatrix} \mathbf{D}(A_2) & \mathbf{0} \\ \mathbf{0} & \mathbf{D}'(A_2) \end{pmatrix};\ \cdots;\begin{pmatrix} \mathbf{D}(A_h) & \mathbf{0} \\ \mathbf{0} & \mathbf{D}'(A_h) \end{pmatrix}. \qquad (9.\text{E}.2)$$

この新しい表現を相似変換すると，この表現がもとは２つの表現から作られたという事実が不明瞭になるであろう．表現（9. E. 2）からこのような相似変換によって生じた表現は**可約**であるという．可約な表現は，常に相似変換によって（9. E. 2）の形に持ち込むことができる；すなわち，可約な表現は（9. E. 2）の形の表現に同値である．これが不可能であるような表現は**既約**であるという．

すべての行列に対して，その行と列を単に同時に名付けかえることによって（9. E. 2）の形にできる表現は，もちろん，可約である．事実，このような番号のつけかえは相似変換によって行なうことができる．$\bar{j}$ 番目の行または列を

j 番目の行または列に変えるために，我々は $\mathbf{S}$ として行列 $\mathbf{S}_{ki}=\delta_{k\bar{i}}$ を選ぶ；そのとき $(\mathbf{S}^{-1})_{jm}=\delta_{\bar{j}m}$ および

$$\sum_i \mathbf{S}_{ki}(\mathbf{S}^{-1})_{ij}=\sum_i \delta_{k\bar{i}}\delta_{\bar{i}j}=\delta_{kj},$$

となる．$\mathbf{S}$ を用いた変換によって実際に欲しい番号のつけかえが行なわれる：

$$\bar{\mathbf{A}}=\mathbf{S}^{-1}\mathbf{A}\mathbf{S};\quad \bar{\mathbf{A}}_{ji}=\sum_{mk}\delta_{\bar{j}m}\mathbf{A}_{mk}\delta_{k\bar{i}}=\mathbf{A}_{\bar{j}\bar{i}}.$$

行列系の行と列を2つの組み分け，たとえば“印をつけた”ものおよび“印をつけない”ものに分割することを考えよう．“印をつけた”行と“印をつけない”列の交点および“印をつけない”行と“印をつけた”列との交点に現われた行列要素はすべてゼロとなるように分割をすることが可能な行列系は，可約であるかまたはすでに簡約された形にあるかのいずれかである．これを証明するために，“印をつけた”行と列を行列の一番上の左に移すことができ，そして表現を（9.E.2）の形にできるということを指摘するだけで十分である．

今後，我々は表現として**ゼロでない行列式**を持つ行列だけを問題としよう．したがってあらゆる行列 $\mathbf{D}(A)$ は逆行列を持つ．群のどのような元 A と群の恒等元 E の積も A を与えるから，どのような表現行列 $\mathbf{D}(A)$ と恒等元に割り当てられた $\mathbf{D}(E)$ との積も $\mathbf{D}(A)$ を与える．したがって次のことが導かれる

$$\mathbf{D}(A)\mathbf{D}(E)=\mathbf{D}(A);\quad \mathbf{D}(E)=(\mathbf{1}). \tag{9.2}$$

群の恒等元に単位行列が割り当てられる．行列 $\mathbf{D}(A)$ と逆元に対応する $\mathbf{D}(A^{-1})$ との積は $\mathbf{D}(E)=\mathbf{1}$．ゆえに

$$\mathbf{D}(A)\mathbf{D}(A^{-1})=\mathbf{D}(E)=\mathbf{1};\quad \mathbf{D}(A^{-1})=[\mathbf{D}(A)]^{-1}, \tag{9.3}$$

これはユニタリ行列による表現に対して次式を意味する

$$\mathbf{D}(A^{-1})=\mathbf{D}(A)^{\dagger}. \tag{9.3a}$$

定理 1.　ゼロでない行列式を持つ行列によるどんな表現も，相似変換によってユニタリ行列による表現に変換される．

位数 h の群の表現行列を $\mathbf{A}_1, \mathbf{A}_2, \cdots, \mathbf{A}_h$ であるとしよう．（もし表現が忠実でないならば，$\mathbf{A}_1, \mathbf{A}_2, \cdots, \mathbf{A}_h$ の中に同じものがある．）いま次式のようなエ

ルミート行列 $\mathbf{H}$ を考えよう．ここで右辺の和は群のすべての元について加える．

$$\mathbf{H}=\sum_{\kappa}\mathbf{A}_{\kappa}\mathbf{A}_{\kappa}{}^{\dagger}. \tag{9.4}$$

証明は $\mathbf{H}$ を対角化し，その逆の平方根（$-1/2$ 乗根）を見出すことによってなされる．$\mathbf{A}_{\kappa}$ を，$\mathbf{H}$ を対角化する $\mathbf{U}$，および $\mathbf{H}$ の対角形の平方根である $\mathbf{d}^{1/2}$ によって繰り返し相似変換し，ユニタリである表現 $\bar{\bar{\mathbf{A}}}_{\kappa}$ を作り出す．

まずエルミート行列 $\mathbf{H}$ をユニタリ行列 $\mathbf{U}$ によって対角形 $\mathbf{d}$ にしよう．

$$\left.\begin{aligned}\mathbf{d}&=\mathbf{U}^{-1}\mathbf{H}\mathbf{U}=\sum_{\kappa}\mathbf{U}^{-1}\mathbf{A}_{\kappa}\mathbf{A}_{\kappa}{}^{\dagger}\mathbf{U}\\&=\sum_{\kappa}\mathbf{U}^{-1}\mathbf{A}_{\kappa}\mathbf{U}(\mathbf{U}^{-1}\mathbf{A}_{\kappa}\mathbf{U})^{\dagger}=\sum_{\kappa}\bar{\mathbf{A}}_{\kappa}\bar{\mathbf{A}}_{\kappa}{}^{\dagger}.\end{aligned}\right\} \tag{9.5}$$

この式で，たとえば，

$$\mathbf{d}_{kk}=\sum_{\kappa}\sum_{j}(\bar{\mathbf{A}}_{\kappa})_{kj}(\bar{\mathbf{A}}_{\kappa})_{kj}{}^{*}=\sum_{\kappa}\sum_{j}|(\bar{\mathbf{A}}_{\kappa})_{kj}|^{2}$$

は，κ を決めたとき，表現行列の要素 $(\bar{\mathbf{A}}_{\kappa})_{kj}$ がすべての j（および κ）に対してゼロであるときにのみ，ゼロであり得るから，$\mathbf{d}$ のすべての対角要素は実で正である．ここで，もし $\bar{\mathbf{A}}_{\kappa}$ の１つの行全部がゼロであれば，その行列式，そして $\mathbf{A}_{\kappa}$ の行列式もまたゼロとなり仮定に反する．ゆえに，$\mathbf{d}^{1/2}$ および $\mathbf{d}^{-1/2}$ は，$\mathbf{d}$ の対角項の平方根または $-1/2$ 乗根（正の値である）をとることによって，$\mathbf{d}$ から一義的に作ることができる；$\mathbf{d}$ および $\mathbf{d}^{-1/2}$ は実の対角行列であり，$\mathbf{d}^{1/2\dagger}=\mathbf{d}^{1/2}$; $\mathbf{d}^{-1/2\dagger}=\mathbf{d}^{-1/2}$.

いま表現

$$\bar{\bar{\mathbf{A}}}_{\lambda}=\mathbf{d}^{-1/2}\bar{\mathbf{A}}_{\lambda}\mathbf{d}^{1/2}=\mathbf{d}^{-1/2}\mathbf{U}^{-1/2}\mathbf{A}\mathbf{U}\mathbf{d}^{1/2}$$

がユニタリであることを証明しよう．(9.5) より次式が得られる

$$\mathbf{1}=\mathbf{d}^{-1/2}\sum_{\kappa}\bar{\mathbf{A}}_{\kappa}\bar{\mathbf{A}}_{\kappa}{}^{\dagger}\mathbf{d}^{-1/2}.$$

単位行列に対してこの式を使うと，我々は次のように書くことができる

$$\left.\begin{aligned}\bar{\bar{\mathbf{A}}}_{\lambda}\bar{\bar{\mathbf{A}}}_{\lambda}{}^{\dagger}&=\mathbf{d}^{-1/2}\bar{\mathbf{A}}_{\lambda}\mathbf{d}^{1/2}\cdot(\mathbf{d}^{-1/2}\sum_{\kappa}\mathbf{A}_{\kappa}\mathbf{A}_{\kappa}{}^{\dagger}\mathbf{d}^{-1/2})\mathbf{d}^{1/2}\bar{\mathbf{A}}_{\lambda}{}^{\dagger}\mathbf{d}^{-1/2}\\&=\mathbf{d}^{-1/2}\sum_{\kappa}\bar{\mathbf{A}}_{\lambda}\bar{\mathbf{A}}_{\kappa}\bar{\mathbf{A}}_{\kappa}{}^{\dagger}\bar{\mathbf{A}}_{\lambda}{}^{\dagger}\mathbf{d}^{-1/2}.\end{aligned}\right\} \tag{9.6}$$

群の性質上，$\kappa=1,2,\cdots,h$ をとったときに $\bar{\mathbf{A}}_\lambda\bar{\mathbf{A}}_\kappa$ は違った順序でちょうど $\bar{\mathbf{A}}_1, \bar{\mathbf{A}}_2, \cdots, \bar{\mathbf{A}}_h$ と一致する.[3] したがって

$$\sum_\kappa \bar{\mathbf{A}}_\lambda\bar{\mathbf{A}}_\kappa(\bar{\mathbf{A}}_\lambda\bar{\mathbf{A}}_\kappa)^\dagger=\sum_\kappa \bar{\mathbf{A}}_\kappa\bar{\mathbf{A}}_\kappa{}^\dagger$$

それゆえに，

$$\bar{\bar{\mathbf{A}}}_\lambda\bar{\bar{\mathbf{A}}}^\lambda=\mathbf{d}^{-1/2}\sum_\kappa \bar{\mathbf{A}}_\kappa\bar{\mathbf{A}}_\kappa{}^\dagger\mathbf{d}^{-1/2}=\mathbf{1}. \tag{9.7}$$

これは表現 $\bar{\bar{\mathbf{A}}}_\kappa$ がユニタリであることを証明した．定理1の証明終り．

定理 2. 既約表現のすべての行列と交換する行列は定数行列である（すなわち，単位行列の定数倍である）.

単位行列並びにその定数倍は相似変換によって不変であるから，我々は表現がユニタリ形であると仮定することができる．そこで，行列 $\mathbf{M}$ は $\mathbf{A}_1, \mathbf{A}_2, \cdots, \mathbf{A}_h$ すべてと交換するとしよう．すなわち

$$\mathbf{A}_\kappa\mathbf{M}=\mathbf{M}\mathbf{A}_\kappa \quad (\kappa=1,2,\cdots,h). \tag{9.8}$$

次に証明されるように，$\mathbf{M}$ としてエルミート行列だけを考えればよろしい．(9.8) 式の転置共軛行列をとれば，次の式が得られる

$$\mathbf{M}^\dagger\mathbf{A}_\kappa{}^\dagger=\mathbf{A}_\kappa{}^\dagger\mathbf{M}^\dagger.$$

前と後から $\mathbf{A}_\kappa$ を掛けて，かつ $\mathbf{A}_\kappa\mathbf{A}_\kappa{}^\dagger=\mathbf{A}_\kappa{}^\dagger\mathbf{A}_\kappa=\mathbf{1}$ であることに注意すれば

$$\mathbf{A}_\kappa\mathbf{M}^\dagger=\mathbf{M}^\dagger\mathbf{A}_\kappa \quad (\kappa=1,2,\cdots,h). \tag{9.9}$$

すなわち $\mathbf{M}$ のみでなく，$\mathbf{M}^\dagger$ もまたすべての $\mathbf{A}$ と交換する．ゆえに，エルミートである $\mathbf{M}+\mathbf{M}^\dagger=\mathbf{H}_1$ および $i(\mathbf{M}-\mathbf{M}^\dagger)=\mathbf{H}_2$ はすべて $\mathbf{A}$ と交換する．もし $\mathbf{H}_1$ と $\mathbf{H}_2$ が単位行列の定数倍でなければならないならば，$2\mathbf{M}=\mathbf{H}_1-i\mathbf{H}_2$ もそうでなければならないから，したがってすべての$\mathbf{A}$と交換するようなあらゆるエルミート行列は定数行列であるということを証明すれば十分である．

もし (9.8) の $\mathbf{M}$ がエルミートならば，これはユニタリ行列 $\mathbf{V}$ を用いて対角行列$\mathbf{d}$にすることができる，したがって $\mathbf{d}=\mathbf{V}^{-1}\mathbf{M}\mathbf{V}$. さらに $\bar{\mathbf{A}}_\kappa=\mathbf{V}^{-1}\mathbf{A}_\kappa\mathbf{V}$ ($\bar{\mathbf{A}}_\kappa$ は $\mathbf{A}_\kappa$ のユニタリ性を保持する）と書くと，(9.8) より次式を得る

---

[3] 70頁 の定理1を見よ.

$$\overline{\mathbf{A}}_\kappa \mathbf{d} = \mathbf{d} \overline{\mathbf{A}}_\kappa \quad (\kappa = 1, 2, \cdots, h). \tag{9.10}$$

もし対角行列 $\mathbf{d}$ の 要素のうち等しくないものがあればすべての $\overline{\mathbf{A}}_\kappa$ は, $\mathbf{d}$ の対角要素が異なる行と列の交点に対応する部分がゼロでなければならない. すなわち,

$$(\overline{\mathbf{A}}_\kappa)_{kj} \mathbf{d}_{jj} = \mathbf{d}_{kk} (\overline{\mathbf{A}}_\kappa)_{kj}$$

は, $\mathbf{d}_{jj} \neq \mathbf{d}_{kk}$ の場合, 表現行列の要素 $(\overline{\mathbf{A}}_\kappa)_{kj} = 0$ を 意味する ; したがってこの表現は, 86頁 の 議論に よって可約であることになってしまう. これは仮定に反するから, すべての $\mathbf{d}_{kk}$ は等しい. すなわち $\mathbf{d}$, したがって, $\mathbf{VdV}^{-1} = \mathbf{M}'$ はあらゆる行列と交換する 定数行列である. これで Schur の補題として知られる定理 2 の証明ができた.

定理 2 の導き方は, もし常数でない行列があらゆる表現行列と交換するならば, 表現は可約でなければならないということを示すだけでなく, またいかにして表現を (9. E. 2) の形に簡約化する, すなわちその形に 持って行くことができるかを示す. これは “交換する行列” を対角化する相似変換によって達成される.

逆に, もし表現が可約であるならば, すべての表現行列と交換するような定数でない行列が確かに存在する. この場合, 表現は適当に選ばれた行列 $\mathbf{S}$ を用いた相似変換によって (9. E. 2) の形にする ことができる. しかし任意の a および a' を持つすべての行列 $\mathbf{M}$,

$$\mathbf{M} = \begin{pmatrix} a\mathbf{1} & \mathbf{0} \\ \mathbf{0} & a'\mathbf{1} \end{pmatrix},$$

は (9 E. 2) の形の行列と交換する. したがって $\mathbf{M}$ を $\mathbf{S}^{-1}$ によって変換した行列は, もとの表現行列すなわち (9. E. 2) の形をした表現を $\mathbf{S}^{-1}$ によって変換した表現行列と交換する.

もし表現のすべての行列と 交換するような 定数でない 行列が 存在するならば, 表現は可約である ; もしそのような行列が存在しないならば, 表現は既約である.

定理 3. 次元数 l_1 および l_2 の表現 $\mathbf{D}^{(1)}(A_1), \mathbf{D}^{(1)}(A_2), \cdots, \mathbf{D}^{(1)}(A_h)$ および $\mathbf{D}^{(2)}(A_1), \mathbf{D}^{(2)}(A_2), \cdots, \mathbf{D}^{(2)}(A_h)$ は同じ群の2つの既約な表現である．もし次のような l_2 行と l_1 列の行列 $\mathbf{M}$ が存在するならば

$$\mathbf{M}\mathbf{D}^{(1)}(A_\kappa)=\mathbf{D}^{(2)}(A_\kappa)\mathbf{M} \quad (\kappa=1, 2, \cdots, h), \tag{9.11}$$

$l_1 \neq l_2$ のとき，行列 $\mathbf{M}$ はゼロ行列である；$l_1=l_2$ のとき，$\mathbf{M}$ はゼロ行列であるかあるいはゼロでない行列式を持つ行列である．後者の場合，$\mathbf{M}$は逆行列を持ち，2つの既約な表現は同値である．

我々はまず表現がすでにユニタリ形にあると仮定することができる．もしそうでなければ，行列 $\mathbf{S}$ と $\mathbf{R}$ を用いて変換することによって表現をユニタリにすることができる．そこで (9.11) は次のようになる

$$\left.\begin{array}{l}\mathbf{R}^{-1}\mathbf{M}\mathbf{S}\cdot\mathbf{S}^{-1}\mathbf{D}^{(1)}(A_\kappa)\mathbf{S}=\mathbf{R}^{-1}\mathbf{D}^{(2)}(A_\kappa)\mathbf{R}\cdot\mathbf{R}^{-1}\mathbf{M}\mathbf{S} \\ \mathbf{R}^{-1}\mathbf{M}\mathbf{S}\cdot\overline{\mathbf{D}}^{(1)}(A_\kappa)=\overline{\mathbf{D}}^{(2)}(A_\kappa)\cdot\mathbf{R}^{-1}\mathbf{M}\mathbf{S}\end{array}\right\} \tag{9.12}$$

ここでまた，$\mathbf{R}^{-1}\mathbf{M}\mathbf{S}$ として記号 $\mathbf{M}$ と置くことができる．

さらに $l_1 \leqq l_2$ と仮定しよう．$l_1 > l_2$ の場合には，単に (9.11) 式の転置行列をとれば，以下の議論はそのまま成り立つ．行列はユニタリであるから，$\mathbf{D}^{(1)}(A_\kappa)^\dagger=\mathbf{D}^{(1)}(A_\kappa)^{-1}=\mathbf{D}^{(1)}(A_\kappa^{-1})$，$\mathbf{D}^{(2)}(A_\kappa)^\dagger=\mathbf{D}^{(2)}(A_\kappa^{-1})$ であることに注意して，(9.11) の転置共軛をとることによって次の式が得られる

$$\mathbf{D}^{(1)}(A_\kappa^{-1})\mathbf{M}^\dagger=\mathbf{M}^\dagger\mathbf{D}^{(2)}(A_\kappa^{-1}). \tag{9.13}$$

(9.11) は群のすべての元に対して成り立ち，したがって A_κ^{-1} に対しても成り立つから，(9.13) に左から$\mathbf{M}$を掛けて次の式が導かれる

$$\mathbf{M}\mathbf{D}^{(1)}(A_\kappa^{-1})\mathbf{M}^\dagger=\mathbf{M}\mathbf{M}^\dagger\mathbf{D}^{(2)}(A_\kappa^{-1}) \tag{9.14}$$

$$\mathbf{D}^{(2)}(A_\kappa^{-1})\mathbf{M}\mathbf{M}^\dagger=\mathbf{M}\mathbf{M}^\dagger\mathbf{D}^{(2)}(A_\kappa^{-1}). \tag{9.15}$$

すなわちエルミート行列 $\mathbf{M}\mathbf{M}^\dagger$ は第2の既約表現のすべての行列 $\mathbf{D}^{(2)}(A_1)$，$\mathbf{D}^{(2)}(A_2), \cdots, \mathbf{D}^{(2)}(A_h)$ と交換する．定理2によって，$\mathbf{M}\mathbf{M}^\dagger$ は単位行列の定数倍でなければならない

$$\mathbf{M}\mathbf{M}^\dagger=c\mathbf{1}. \tag{9.16}$$

もし2つの表現 $\mathbf{D}^{(1)}$ と $\mathbf{D}^{(2)}$ の次元数が同じならば，2つの可能性がある．$c\neq 0$ の場合は行列式 $|c\mathbf{1}|=c^l$ はゼロでない．これは $\mathbf{M}$ の行列式がゼロでなく，そして $\mathbf{M}$ は逆行列を持つことを意味する；あるいは $c=0$ でこの場合は $\mathbf{MM}^\dagger=0$ で $\mathbf{M}$ はゼロ行列である．行列要素で書くと

$$(\mathbf{MM}^\dagger)_{ij}=\sum_k \mathbf{M}_{ik}\mathbf{M}_{jk}{}^*=0. \tag{9.17}$$

ここで $i=j$ と置き

$$\sum_k |\mathbf{M}_{ik}|^2=0, \tag{9.18}$$

$|\mathbf{M}_{ik}|^2$ は負になることは決してなく，かつまた (9.18) によって正であることも禁止されているので，これより $\mathbf{M}_{ik}=0$ となる．したがって $l_1=l_2$ の場合，定理は証明された．

これに対して，もし2つの表現の次元数が同じでないならば，$\mathbf{M}$は正方行列でなく，矩形行列である．しかしながらそれにゼロをつけ加えて正方行列にすることができる．

$$\mathbf{N}=\begin{pmatrix} \mathbf{M}_{11} & \mathbf{M}_{12} \cdots \mathbf{M}_{1a} & 0\cdots 0 \\ \mathbf{M}_{21} & \mathbf{M}_{22} \cdots \mathbf{M}_{2a} & 0\cdots 0 \\ \vdots & \vdots \qquad \vdots & \vdots \quad \vdots \\ \mathbf{M}_{b1} & \mathbf{M}_{b2} \cdots \mathbf{M}_{ba} & 0\cdots 0 \end{pmatrix}. \tag{9.19}$$

このとき $\mathbf{MM}^\dagger=\mathbf{NN}^\dagger$ である．$\mathbf{N}$ の行列式は明らかにゼロであるから，$\mathbf{NN}^\dagger=\mathbf{MM}^\dagger$ の行列式もゼロとならねばならない．したがって (9.16) での c はゼロとなり，(9.17) および (9.18) は再び正しい．以上で定理3は完全に証明された．

定理 1a．同じ群の任意の2つの表現，$\mathbf{A}_1, \mathbf{A}_2, \cdots, \mathbf{A}_h$ および $\mathbf{B}_1, \mathbf{B}_2, \cdots, \mathbf{B}_h$，がユニタリで同値であれば，言葉を換えれば

$$\mathbf{MA}_\kappa\mathbf{M}^{-1}=\mathbf{B}_\kappa \quad (\kappa=1, 2, \cdots, h), \tag{9.20}$$

を満足する**任意の**行列$\mathbf{M}$が存在するならば，この2つの表現はまた**ユニタリ**変換によって互いに変換される．すなわち，

$$\mathbf{UA}_\kappa\mathbf{U}^{-1}=\mathbf{B}_\kappa \quad (\kappa=1, 2, \cdots, h) \tag{9.21}$$

となるような**ユニタリ**行列 $\mathbf{U}$ が存在する．

この定理を証明するために，すべての $\mathbf{B}_\kappa$ と交換し，積 $\mathbf{U}=\mathbf{KM}$ がユニタリとなるような行列 $\mathbf{K}$ を探す．いったんこのような行列が見出されると，(9.20) より次式が得られ

$$\left.\begin{aligned}\mathbf{B}_\kappa&=\mathbf{KB}_\kappa\mathbf{K}^{-1}=\mathbf{KMA}_\kappa\mathbf{M}^{-1}\mathbf{K}^{-1}=(\mathbf{KM})\mathbf{A}_\kappa(\mathbf{KM})^{-1}\\&=\mathbf{UA}_\kappa\mathbf{U}^{-1}\end{aligned}\right\}\tag{9.21a}$$

そして定理は証明される．

(9.20) より

$$\mathbf{MA}_\kappa=\mathbf{B}_\kappa\mathbf{M}\quad(\kappa=1,2,\cdots,h),\tag{9.22}$$

したがって，ちょうど前と同様に，$\mathbf{MM}^\dagger$ は第2の表現のすべての行列と交換することになる

$$\mathbf{B}_\kappa\mathbf{MM}^\dagger=\mathbf{MM}^\dagger\mathbf{B}_\kappa\ (\kappa=1,2,\cdots,h).\tag{9.22a}$$

それゆえ，$\mathbf{MM}^\dagger$ による相似変換は第2の表現を変えない．これは行列 $\mathbf{MM}^\dagger$ あるいはこれと似たある行列が，$\mathbf{K}$ に対する要求を満足するのではないかということを暗示する．$\mathbf{KM}$ がユニタリであるという要求から

$$\mathbf{M}^\dagger\mathbf{K}^\dagger\mathbf{KM}=\mathbf{1},\quad \text{すなわち}\quad \mathbf{K}^\dagger\mathbf{K}=(\mathbf{M}^\dagger)^{-1}(\mathbf{M})^{-1}=(\mathbf{MM}^\dagger)^{-1}.\tag{9.23}$$

ゆえに，$\mathbf{K}$ に等しくなければならないのは $\mathbf{MM}^\dagger$ 自身ではなく，その $-1/2$ 乗である．

次に定理1の証明で用いた手続きによって $(\mathbf{MM}^\dagger)^{-1/2}$ を作る．まず $\mathbf{MM}^\dagger$ をユニタリ行列 $\mathbf{V}$ によって対角形に変換する．

$$\mathbf{V}^{-1}\mathbf{MM}^\dagger\mathbf{V}=\mathbf{d};\ \mathbf{MM}^\dagger=\mathbf{VdV}^{-1}.\tag{9.24}$$

$\mathbf{MM}^\dagger$ はエルミート行列であるから，これは常に可能である；さらに，$\mathbf{d}$ のすべての対角要素は実数で正である.[4] したがって行列 $\mathbf{d}^{-1/2}$ を作ることができ，これはまた対角行列でその要素はすべて正の実数である．最後に我々は $\mathbf{K}$ を得るために $\mathbf{V}^{-1}$ で変換する

$$\mathbf{K}=\mathbf{Vd}^{-1/2}\mathbf{V}^{-1}.\tag{9.25}$$

いま $\mathbf{K}$ がすべての $\mathbf{B}_\kappa$ と交換し，$\mathbf{KM}$ がユニタリであることを証明しよう．(9.22a) および (9.24) のゆえに

$$\mathbf{B}_\kappa\mathbf{VdV}^{-1}=\mathbf{VdV}^{-1}\mathbf{B}_\kappa;\ \mathbf{V}^{-1}\mathbf{B}_\kappa\mathbf{Vd}=\mathbf{dV}^{-1}\mathbf{B}_\kappa\mathbf{V},\tag{9.26}$$

すなわち，対角行列 $\mathbf{d}$ はすべての $\mathbf{V}^{-1}\mathbf{B}_\kappa\mathbf{V}$ と交換する．ゆえに，すべての $\mathbf{V}^{-1}\mathbf{B}_\kappa\mathbf{V}$ において，$\mathbf{d}$ の対角要素が異なるような行と列の交点ではゼロのみが現われ得る．そこでこれらの行列はまた $\mathbf{d}^{-1/2}$ と交換する，というのは $\mathbf{d}^{-1/2}$ においては，$\mathbf{d}$ ですでに異なっているような対角項のみが異なるからである．ゆえに

$$\mathbf{V}^{-1}\mathbf{B}_\kappa\mathbf{Vd}^{-1/2}=\mathbf{d}^{-1/2}\mathbf{V}^{-1}\mathbf{B}_\kappa\mathbf{V};\ \mathbf{B}_\kappa\mathbf{K}=\mathbf{KB}_\kappa,\tag{9.27}$$

そして $\mathbf{K}$ は実際にすべての表現行列 $\mathbf{B}_1,\mathbf{B}_2,\cdots,\mathbf{B}_h$ と交換する．

---

[4] 87頁 の定理1の証明を見よ．

次に

$$\mathbf{UU}^\dagger=\mathbf{KMM}^\dagger\mathbf{K}^\dagger=\mathbf{Vd}^{-1/2}\mathbf{V}^{-1}\mathbf{MM}^\dagger\mathbf{V}^{-1\dagger}\mathbf{d}^{-1/2\dagger}\mathbf{V}^\dagger \tag{9.28}$$

を考えよう．(9.24) および $\mathbf{V}$ はユニタリで $\mathbf{d}^{-1/2}$ はエルミート行列（実の対角行列）であるから，

$$\mathbf{UU}^\dagger=\mathbf{Vd}^{-1/2}\mathbf{dd}^{-1/2}\mathbf{V}^\dagger=\mathbf{VV}^\dagger=\mathbf{1} \tag{9.29}$$

したがって $\mathbf{U}$ はユニタリである．定理 1 a の証明終り．

この定理の重要性は，表現がユニタリである限り，ユニタリ相似変換に限ることを許すという事実にある．もし (9.20) ですべての表現がユニタリで既約ならば，$\mathbf{M}$ は数の因子を除いて，必然的にユニタリであることに注意せよ．これは (9.22 a) に適用されたときの定理 2 から当然となる．

定理 4. 実用的に最も重要である第 4 の定理は，既約な表現の行列要素に対する直交関係である．もし

$$\mathbf{D}^{(1)}(E),\ \mathbf{D}^{(1)}(A_2),\ \cdots,\ \mathbf{D}^{(1)}(A_h)$$

および

$$\mathbf{D}^{(2)}(E),\ \mathbf{D}^{(2)}(A_2),\ \cdots,\ \mathbf{D}^{(2)}(A_h)$$

が同じ群の 2 つの異値，既約な，ユニタリ表現であるならば，そこで

$$\sum_R \mathbf{D}^{(1)}(R)_{\mu\nu}{}^*\mathbf{D}^{(2)}(R)_{\alpha\beta}=0 \tag{9.30}$$

がすべての要素 $\mu\nu$ および $\alpha\beta$ について成り立つ．ここで，指示されているように，足し算はすべての群の元 $E, A_1, A_2, \cdots, A_h$ におよぶ．[5] 単 1 のユニタリ既約表現の行列要素に対して次式が成り立つ

$$\sum_R \mathbf{D}^{(1)}(R)_{\mu\nu}{}^*\mathbf{D}^{(1)}(R)_{\mu'\nu'}=\frac{h}{l_1}\delta_{\mu\mu'}\delta_{\nu\nu'}, \tag{9.31}$$

ここで h は群の位数，l_1 は表現の次元数である．

定理 4 は，表現の群の性質から，(9.11) 式あるいは (9.8) 式を満足する数多くの行列 $\mathbf{M}$ を容易に作ることができる，という事実に対応する．(9.30) および (9.31) 式は，(9.11) を満たす行列が **ゼロ行列** でなければならず，また (9.8) を満足する行列が **単位行列**の定数倍でなければならないという事実を表わす．

---

[5] 今後，R および S は常に群の元 $E, A_2, \cdots, A_h$ を表わす．

群の性質のゆえに，任意の，l_2-行，l_1-列の $\mathbf{X}$ に対して，次のような形のすべての行列

$$\mathbf{M}=\sum_R \mathbf{D}^{(2)}(R)\mathbf{X}\mathbf{D}^{(1)}(R^{-1})$$

は，(9.11) を満足する．群の性質はまた次のことを意味する

$$\sum_R \mathbf{D}^{(2)}(SR)\mathbf{X}\mathbf{D}^{(1)}(SR)^{-1}=\sum_R \mathbf{D}^{(2)}(R)\mathbf{X}\mathbf{D}^{(1)}(R)^{-1}=\mathbf{M},$$

ここで異なった順序にあることを除いて，同じ行列が左辺と右辺に現われているからである．それゆえ

$$\begin{aligned}\mathbf{D}^{(2)}(S)\mathbf{M}&=\sum_R \mathbf{D}^{(2)}(S)\mathbf{D}^{(2)}(R)\mathbf{X}\mathbf{D}^{(1)}(R)^{-1}\\&=\sum_R \mathbf{D}^{(2)}(SR)\mathbf{X}\mathbf{D}^{(1)}(SR)^{-1}\mathbf{D}^{(1)}(S),\end{aligned}$$

あるいは，もっと簡単に

$$\mathbf{D}^{(2)}(S)\mathbf{M}=\mathbf{M}\mathbf{D}^{(1)}(S). \tag{9.11a}$$

ここで定理3によって，$\mathbf{M}$は**ゼロ行列**でなければならない，すなわち，任意の $\mathbf{X}_{\kappa\lambda}$ に対して

$$\mathbf{M}_{\alpha\mu}=\sum_{\kappa\lambda}\sum_R \mathbf{D}^{(2)}(R)_{\alpha\kappa}\mathbf{X}_{\kappa\lambda}\mathbf{D}^{(1)}(R^{-1})_{\lambda\mu}=0.$$

$\mathbf{X}_{\beta\nu}=1$ を除いて，すべての行列要素 $\mathbf{X}_{\kappa\lambda}=0$ と置くと，(9.30) 式の一般化された形として次式が得られる．

$$\sum_R \mathbf{D}^{(2)}(R)_{\alpha\beta}\mathbf{D}^{(1)}(R^{-1})_{\nu\mu}=0, \tag{9.30a}$$

ここで $\mathbf{D}^{(2)}(R)$ および $\mathbf{D}^{(1)}(R)$ は既約でなければならないが，ユニタリである必要はない．もし $\mathbf{D}^{(2)}(R)$ と $\mathbf{D}^{(1)}(R)$ がユニタリならば，

$$\mathbf{D}^{(1)}(R^{-1})=[\mathbf{D}^{(1)}(R)]^{-1}=\mathbf{D}^{(1)}(R)^{\dagger},$$

そして (9.30 a) は (9.30) にもどる．

(9.31) を証明するために，我々は次の形を仮定する

$$\mathbf{M}=\sum_R \mathbf{D}^{(1)}(R)\mathbf{X}\mathbf{D}^{(1)}(R^{-1}),$$

ここで $\mathbf{X}$ は任意である．この $\mathbf{M}$ はすべての $\mathbf{D}^{(1)}(S)$ と交換する．

$$\begin{aligned}\mathbf{D}^{(1)}(S)\mathbf{M}&=\sum_R \mathbf{D}^{(1)}(S)\mathbf{D}^{(1)}(R)\mathbf{X}\mathbf{D}^{(1)}(R^{-1})\\&=\sum_R \mathbf{D}^{(1)}(SR)\mathbf{X}\mathbf{D}^{(1)}[(SR)^{-1}]\mathbf{D}^{(1)}(S)=\mathbf{M}\mathbf{D}^{(1)}(S).\end{aligned}$$

したがって，定理3により $\mathbf{M}$ が単位行列の定数倍でなければならない．すなわち，

$$\sum_{\kappa\lambda}\sum_{R}\mathbf{D}^{(1)}(R)_{\mu\kappa}\mathbf{X}_{\kappa\lambda}\mathbf{D}^{(1)}(R^{-1})_{\lambda\mu'}=c\delta_{\mu\mu'},$$

ここで c は μ および μ' によらないが，しかしまだ $\mathbf{X}_{\kappa\lambda}$ に依存してよい．ここで再び特別に $\mathbf{X}_{\nu\nu'}=1$ と選び，他のすべての要素 $\mathbf{X}_{\kappa\lambda}$ をゼロと置くと，次式が得られる

$$\sum_{R}\mathbf{D}^{(1)}(R)_{\mu\nu}\mathbf{D}^{(1)}(R^{-1})_{\nu'\mu'}=c_{\nu\nu'}\delta_{\mu\mu'},$$

ここで $c_{\nu\nu'}$ は，この特別な $\mathbf{X}_{\kappa\lambda}$ の系に依存する定数である．

定数 $c_{\nu\nu'}$ を決定するために，$\mu=\mu'$ と置き μ について1から l_1 まで足す．そこでこの式はちょうど積 $\mathbf{D}^{(1)}(R)\mathbf{D}^{(1)}(R^{-1})=\mathbf{D}^{(1)}(E)=(\delta_{\nu\nu'})$ の和になる．

$$\sum_{\mu}\sum_{R}\mathbf{D}^{(1)}(R^{-1})_{\nu'\mu}\mathbf{D}^{(1)}(R)_{\mu\nu}=\sum_{R}\mathbf{D}^{(1)}(E)_{\nu'\nu}=h\delta_{\nu\nu'}=\sum_{\mu}c_{\nu\nu'}\delta_{\mu\mu}=c_{\nu\nu'}l_1.$$

このように，$c_{\nu\nu'}=\delta_{\nu\nu'}(h/l_1)$．したがって (9.31) のわずかに一般化された形として

$$\sum_{R}\mathbf{D}^{(1)}(R)_{\mu\nu}\mathbf{D}^{(1)}(R^{-1})_{\nu'\mu'}=\frac{h}{l_1}\delta_{\mu\mu'}\delta_{\nu\nu'}, \qquad (9.31\text{a})$$

これはユニタリ表現に対しては (9.31) の形となる．

次に述べる数の列

$$\mathbf{D}^{(1)}(A_1)_{\mu\nu}=\mathfrak{v}_{A_1}{}^{(\mu\nu)};\ \mathbf{D}^{(1)}(A_2)_{\mu\nu}=\mathfrak{v}_{A_2}{}^{(\mu\nu)};\ \cdots;\ \mathbf{D}^{(1)}(A_h)_{\mu\nu}=\mathfrak{v}_{A_h}{}^{(\mu\nu)}$$

は，h 次元のベクトル $\mathfrak{v}^{(\mu\nu)}$ の成分と解釈することができ，その成分は群の元によって名付けられている．そこで (9.31) は，この複素ベクトルの長さは $\sqrt{h/l_1}$ であり，これら l_1^2 個のベクトルはすべて直交している，ということを意味している．また (9.30) にしたがって，$\mathfrak{v}$ はある異値，既約な表現から同じような方法で得られたすべてのベクトル $\mathfrak{w}$ と直交する：

$$\mathfrak{w}_{A_1}{}^{(\alpha\beta)}=\mathbf{D}^{(2)}(A_1)_{\alpha\beta},\ \cdots,\ \mathfrak{w}_{A_h}{}^{(\alpha\beta)}=\mathbf{D}^{(2)}(A_h)_{\alpha\beta}.$$

いままですでに数度議論した3次の対称群の表現

$$\mathbf{D}(E)=\begin{pmatrix}1 & 0\\ 0 & 1\end{pmatrix};\quad \mathbf{D}(A)=\begin{pmatrix}1 & 0\\ 0 & -1\end{pmatrix};\quad \mathbf{D}(B)=\begin{pmatrix}-\frac{1}{2} & \frac{1}{2}\sqrt{3}\\ \frac{1}{2}\sqrt{3} & \frac{1}{2}\end{pmatrix},$$

$$\left.\begin{aligned}&\mathbf{D}(C)=\begin{pmatrix}-\frac{1}{2} & -\frac{1}{2}\sqrt{3}\\ -\frac{1}{2}\sqrt{3} & \frac{1}{2}\end{pmatrix};\quad \mathbf{D}(D)=\begin{pmatrix}-\frac{1}{2} & \frac{1}{2}\sqrt{3}\\ -\frac{1}{2}\sqrt{3} & -\frac{1}{2}\end{pmatrix},\\ &\mathbf{D}(F)=\begin{pmatrix}-\frac{1}{2} & -\frac{1}{2}\sqrt{3}\\ \frac{1}{2}\sqrt{3} & -\frac{1}{2}\end{pmatrix},\end{aligned}\right\}\quad (7.\text{E1.})$$

は既約である．もしこれが可約であると仮定すると，上の行列のすべては同じ相似変換によって対角化されるはずである．また対角形であるからこれらすべての行列は交換するはずである．しかしながら，たとえば，次式からわかるように

$$\mathbf{D}(A)\mathbf{D}(B)=\mathbf{D}(D),\quad \mathbf{D}(B)\mathbf{D}(A)=\mathbf{D}(F)\neq\mathbf{D}(D)$$

となり実際には交換しない．定理2によって，単位行列の定数倍のみが (7.E.1) のすべての行列と交換できる．この簡単な例では，$\mathbf{D}(A)$ と交換するのは対角行列のみであり，$\mathbf{D}(B)$ と交換するのは対角行列で2つの対角要素が等しいときに限る，ということがすぐにわかる．このようにして $\mathbf{D}(A)$ および $\mathbf{D}(B)$ との交換関係から，すでに単位行列の定数倍に制限される．(9.31) によって，4つのベクトル $\mathfrak{v}^{(11)}$, $\mathfrak{v}^{(12)}$, $\mathfrak{v}^{(21)}$ および $\mathfrak{v}^{(22)}$,

$$\begin{aligned}
&\mathfrak{v}_E^{(11)}=1;\quad \mathfrak{v}_A^{(11)}=1;\quad \mathfrak{v}_B^{(11)}=-\tfrac{1}{2};\quad \mathfrak{v}_C^{(11)}=-\tfrac{1}{2};\\
&\qquad\qquad \mathfrak{v}_D^{(11)}=-\tfrac{1}{2};\quad \mathfrak{v}_F^{(11)}=-\tfrac{1}{2}\\
&\mathfrak{v}_E^{(12)}=0;\quad \mathfrak{v}_A^{(12)}=0;\quad \mathfrak{v}_B^{(12)}=\tfrac{1}{2}\sqrt{3};\quad \mathfrak{v}_C^{(12)}=-\tfrac{1}{2}\sqrt{3};\\
&\qquad\qquad \mathfrak{v}_D^{(12)}=\tfrac{1}{2}\sqrt{3};\quad \mathfrak{v}_F^{(12)}=-\tfrac{1}{2}\sqrt{3}\\
&\mathfrak{v}_E^{(21)}=0;\quad \mathfrak{v}_A^{(21)}=0;\quad \mathfrak{v}_B^{(21)}=\tfrac{1}{2}\sqrt{3};\quad \mathfrak{v}_C^{(21)}=-\tfrac{1}{2}\sqrt{3};\\
&\qquad\qquad \mathfrak{v}_D^{(21)}=-\tfrac{1}{2}\sqrt{3};\quad \mathfrak{v}_F^{(21)}=\tfrac{1}{2}\sqrt{3}\\
&\mathfrak{v}_E^{(22)}=1;\quad \mathfrak{v}_A^{(22)}=-1;\quad \mathfrak{v}_B^{(22)}=\tfrac{1}{2};\quad \mathfrak{v}_C^{(22)}=\tfrac{1}{2};\\
&\qquad\qquad \mathfrak{v}_D^{(22)}=-\tfrac{1}{2};\quad \mathfrak{v}_F^{(22)}=-\tfrac{1}{2}
\end{aligned}$$

は互いに直交でなければならない．たとえば，

$$(\mathfrak{v}^{(11)},\mathfrak{v}^{(12)})=1\cdot 0+1\cdot 0+-\tfrac{1}{2}\,\tfrac{1}{2}\sqrt{3}+-\tfrac{1}{2}\cdot-\tfrac{1}{2}\sqrt{3}+-\tfrac{1}{2}\,\tfrac{1}{2}\sqrt{3}+-\tfrac{1}{2}\cdot-\tfrac{1}{2}\sqrt{3}=0.$$

また，これらのベクトルの長さは $\sqrt{h/l}=\sqrt{6/2}=\sqrt{3}$ でなければならない，たとえば

$$(\mathfrak{v}^{(21)},\mathfrak{v}^{(21)})=0^2+0^2+\tfrac{3}{4}+\tfrac{3}{4}+\tfrac{3}{4}+\tfrac{3}{4}=3.$$

(9.30) の一例を見るために，86頁 に与えられた同じ群の明らかに既約な表現：

$$\begin{aligned}&\overline{\mathbf{D}}(E)=(1),\quad \overline{\mathbf{D}}(A)=(-1),\quad \overline{\mathbf{D}}(B)=(-1),\\ &\overline{\mathbf{D}}(C)=(-1),\quad \overline{\mathbf{D}}(D)=(1),\quad \overline{\mathbf{D}}(F)=(1),\end{aligned}\qquad (9.\text{E}.1)$$

および1のみによる自明な表現：

$$\begin{aligned}&\overline{\overline{\mathbf{D}}}(E)=(1),\quad \overline{\overline{\mathbf{D}}}(A)=(1),\quad \overline{\overline{\mathbf{D}}}(B)=(1),\\ &\overline{\overline{\mathbf{D}}}(C)=(1),\quad \overline{\overline{\mathbf{D}}}(D)=(1),\quad \overline{\overline{\mathbf{D}}}(F)=(1)\end{aligned}\qquad (9.\text{E}.3)$$

を考えてみよう．4つのベクトル $\mathfrak{v}$ のすべてはベクトル $\mathfrak{w}_R=\overline{\mathbf{D}}(R)_{11}$ と直交であり，またベクトル $\mathfrak{z}_R=\overline{\overline{\mathbf{D}}}(R)_{11}=1$ と直交である．たとえば，

$$(\mathfrak{v}^{(22)}, \mathfrak{w}) = 1\cdot1 + -1\cdot-1 + \tfrac{1}{2}\cdot-1 + \tfrac{1}{2}\cdot-1 - \tfrac{1}{2}\cdot1 - \tfrac{1}{2}\cdot1 = 0.$$

いまある群のすべての異値既約な表現を考えよう．行列 $\mathbf{D}^{(1)}(R)$ の次元数は l_1, $\mathbf{D}^{(2)}(R)$ の次元数は $l_2, \cdots, \mathbf{D}^{(c)}(R)$ の次元数は l_c, すべての表現はユニタリであると仮定する．そこで (9.30) および (9.31) は次のように総括される

$$\left.\begin{aligned}&\sum_R \mathbf{D}^{(j)}(R)_{\mu\nu}\sqrt{\frac{l_j}{h}}\mathbf{D}^{(j')}(R)^*_{\mu'\nu'}\sqrt{\frac{l_{j'}}{h}} = \delta_{jj'}\delta_{\mu\mu'}\delta_{\nu\nu'}\\ &(\mu, \nu = 1, 2, \cdots, l_j;\ \mu', \nu' = 1, 2, \cdots, l_{j'};\ j, j' = 1, 2, \cdots, c).\end{aligned}\right\} \quad (9.32)$$

群の元の空間における $l_1^2 + l_2^2 + \cdots + l_c^2$ 個の h 次元のベクトル,

$$\mathfrak{v}_R^{(j,\mu,\nu)} = \mathbf{D}^{(j)}(R)_{\mu\nu}$$

は互いに直交する．

h 次元の空間にはたかだか h 個の直交なベクトルが存在し得るから，すべての異値，既約な表現の次元数の2乗の和 $l_1^2 + l_2^2 + \cdots + l_c^2$ はたかだか表現される群の位数に等しいことになる．2乗の和 $l_1^2 + l_2^2 + \cdots + l_c^2 = h$ は正確に群の位数に等しいことが示される．しかしこの定理の証明はここでは省く (137頁参照)．

いま (9.32) 式をさらに発展させてみよう．行列 $\mathbf{D}^{(j)}(R)$ の対角和，あるいは跡，を $\chi^{(j)}(R)$ で表わそう．したがって

$$\chi^{(j)}(R) = \sum_{\mu=1} \mathbf{D}^{(j)}(R)_{\mu\mu}.$$

h 個の量 $\chi^{(j)}(E), \chi^{(j)}(A_2), \cdots, \chi^{(j)}(A_h)$ から成っている数の集合を表現 $\mathbf{D}^{(j)}(R)$ の**指標**という．指標によって表現を指定することは，指標は相似変換によって不変であるという長所がある．(9.32) によって

$$\sum_R \mathbf{D}^{(j)}(R)_{\mu\mu}\mathbf{D}^{(j')}(R)^*_{\mu'\mu'} = \frac{h}{l_j}\delta_{jj'}\delta_{\mu\mu'}.$$

μ について1から l_j まで，μ' について1から $l_{j'}$ まで足すと，これは次式を与える

$$\sum_R \chi^{(j)}(R)\chi^{(j')}(R)^* = \frac{h}{l_j}\delta_{jj'}\sum_{\mu=1}^{l_j}\sum_{\mu'}^{l_{j'}}\delta_{\mu\mu'} = \frac{h}{l_j}\delta_{jj'}\sum_{\mu=1}^{l_j}1 = h\delta_{jj'}. \quad (9.33)$$

既約な表現の指標 $\chi^{(j)}(R)$ は，群の元の空間で直交ベクトル系を作る．この結果，また2つの異値，既約な表現は同じ指標を持つことができないし，また等しい指標を持つ既約な表現は同値である．

(9.33) 式を，同じ類の2つの元RとSに属する指標 $\chi^{(j)}(R)$ と $\chi^{(j)}(S)$ を比べることによって，さらに幾らか変形してみよう．さてRをSに変換する群の元 T が存在する．しかし $T^{-1}RT=S$ ならば，$\mathbf{D}^{(j)}(T^{-1})\mathbf{D}^{(j)}(R)\mathbf{D}^{(j)}(T)=\mathbf{D}^{(j)}(S)$，したがって $\mathbf{D}^{(j)}(R)$ はまた $\mathbf{D}^{(j)}(S)$ に変換されることができる．したがって行列 $\mathbf{D}^{(j)}(R)$ の跡 $\chi^{(j)}(R)$ は行列 $\mathbf{D}^{(j)}(S)$ の跡 $\chi^{(j)}(S)$ に等しいことになる．与えられた表現において，同じ類の元は等しい指標を持つ．

このように，指標の集合を述べる場合には，群の各類の1つの元の指標を与えることで十分である．これを類の指標と考えることができる．もしその表現を考察している群の全体がk個の類から成り立っている，たとえば $C_1, C_2, \cdots, C_k$ とし，またこれらがおのおの $g_1, g_2, \cdots, g_k$ 個の元を持つとすると$(g_1+g_2+\cdots+g_k=h)$，表現の指標は完全にk個の数 $\chi^{(j)}(C_1), \chi^{(j)}(C_2), \cdots, \chi^{(j)}(C_k)$ によって指定される．(9.33) において，$\chi^{(j)}(R)$ の代わりにこれらの数を代入することができる．次に，まず同じ類の g_ρ 個の元について足し算をし（対応する g_ρ 個の項はすべて等しい)，さらにすべてのk個の類について足し算することによって，群の元についての足し算を行なう．

$$\sum_{\rho=1}^{k}\chi^{(j)}(C_\rho)\chi^{(j')}(C_\rho)^* g_\rho = h\delta_{jj'},$$

あるいは

$$\sum_{\rho=1}^{k}\chi^{(j)}(C_\rho)\sqrt{\frac{g_\rho}{h}}\cdot\chi^{(j')}(C_\rho)^*\sqrt{\frac{g_\rho}{h}}=\delta_{jj'}. \qquad (9.34)$$

規格化された指標 $\chi^{(j)}(C_\rho)\sqrt{g_\rho/h}$ は類のk次元空間において規格直交ベクトル系を作る．

(9.30)，(9.31)，(9.33)，(9.34) 式は表現論において最も重要な式で，繰り返し用いられる．

表現 (7.E.1)，(9.E.1) および (9.E.3) の指標は

$$\chi^{(E)}=2;\quad \chi^{(A)}=0;\quad \chi^{(B)}=0;\quad \chi^{(C)}=0;\quad \chi^{(D)}=-1;\quad \chi^{(F)}=-1$$
$$\overline{\chi}^{(E)}=1;\quad \overline{\chi}^{(A)}=-1;\quad \overline{\chi}^{(B)}=-1;\quad \overline{\chi}^{(C)}=-1;\quad \overline{\chi}^{(D)}=1;\quad \overline{\chi}^{(F)}=1$$
$$\overline{\overline{\chi}}^{(E)}=1;\quad \overline{\overline{\chi}}^{(A)}=1;\quad \overline{\overline{\chi}}^{(B)}=1;\quad \overline{\overline{\chi}}^{(C)}=1;\quad \overline{\overline{\chi}}^{(D)}=1;\quad \overline{\overline{\chi}}^{(F)}=1.$$

D, F および A, B, C は同じ類にあるから，それらの指標は等しい．ゆえに指標は次のように総括る：

$$\chi^{(E)}=2;\quad \chi^{(A,B,C)}=0;\quad \chi^{(D,F)}=-1$$
$$\overline{\chi}^{(E)}=1;\quad \overline{\chi}^{(A,B,C)}=-1;\quad \overline{\chi}^{(D,F)}=1$$
$$\overline{\overline{\chi}}^{(E)}=1;\quad \overline{\overline{\chi}}^{(A,B,C)}=1;\quad \overline{\overline{\chi}}^{(D,F)}=1.$$

規格化された指標 $\sqrt{g_\rho/h}\cdot\chi^{(j)}(C_\rho)$ は互いに直交である．一例として，χ および $\overline{\chi}$ について

$$\sqrt{\frac{1}{6}}2\sqrt{\frac{1}{6}}1+\sqrt{\frac{3}{6}}0\cdot\sqrt{\frac{3}{6}}\cdot(-1)+\sqrt{\frac{2}{6}}\cdot(-1)\sqrt{\frac{2}{6}}1=0.$$

たかだか k 個の規格直交な k 次元ベクトルが存在するから，異値，既約表現の数 c はたかだか表現された群における類の数 k と等しいことになる．事実，群の異値，既約表現の数はこの群における類の数に正確に等しい；すなわち，$c=k$ であることを示すことができる．

我々はすでにこの一例を，96—97頁 に与えられた 3 次の対称群の 3 種の表現によって，知った．群は 3 つの類 E; A, B, C; および D, F から成り立っており，上に述べた以外に既約表現を持つことはできない．表現の次元数は，2，1，1; そして $2^2+1^2+1^2=6$ は群の位数と一致する．

表現の簡約． いままで我々はある所では可約な表現を，また他の所では既約な表現を取り扱った．定理 1 および 1a は任意の表現に対して成り立ち，定理 2，3 および 4（そして (9.30)，(9.31)，(9.33) および (9.34) 式）は既約表現に適用される．

既約表現の重要さは，どんな表現も一義的な方法で既約表現に分解され得るという事実にある．すなわち，どんな可約な表現も，適当に選ばれた“簡約する”行列を用いた相似変換によって，次のような形に持って行ける，

$$\begin{pmatrix} \mathbf{D}^{(1)}(R) & \mathbf{0} & \cdots & \mathbf{0} \\ \mathbf{0} & \mathbf{D}^{(2)}(R) & \cdots & \mathbf{0} \\ \vdots & \vdots & & \vdots \\ \mathbf{0} & \mathbf{0} & \cdots & \mathbf{D}^{(s)}(R) \end{pmatrix}. \qquad (9.\mathrm{E}.4)$$

ここで $\mathbf{D}^{(j)}(R)$ はいま既約な表現，もとの表現の既約な成分である．このように，ある表現がすでに既約でない限り，それは(9.E.2)の形に変換される，

$$\overline{\mathbf{D}}(A_\kappa)=\begin{pmatrix}\mathbf{D}'(A_\kappa) & \mathbf{0}\\ \mathbf{0} & \mathbf{D}''(A_\kappa)\end{pmatrix}, \qquad (9.\mathrm{E}.2)$$

すなわち，表現のすべての行列がこの形に変換される．そこで，両方の部分 $\mathbf{D}'(A_\kappa)$ および $\mathbf{D}''(A_\kappa)$ が既約であるか，あるいは，たとえば $\mathbf{D}''$ が可約であるかのいずれかである．後者の場合，$\overline{\mathbf{D}}(A_\kappa)$ を

$$\begin{pmatrix}\mathbf{S} & \mathbf{0}\\ \mathbf{0} & \mathbf{T}\end{pmatrix}$$

によってさらに相似変換し，次式を与える．

$$\overline{\overline{\mathbf{D}}}(A_\kappa)=\begin{pmatrix}\mathbf{S}^{-1}\mathbf{D}'(A_\kappa)\mathbf{S} & \mathbf{0}\\ \mathbf{0} & \mathbf{T}^{-1}\mathbf{D}''(A_\kappa)\mathbf{T}\end{pmatrix}.$$

もし $\mathbf{D}''$ が可約ならば，$\mathbf{T}$ は $\mathbf{T}^{-1}\mathbf{D}''(A_\kappa)\mathbf{T}$ が (9.E.2) の形を持つように選ばれる．そこで $\overline{\overline{\mathbf{D}}}(A_\kappa)$ は次の形を持つ

$$\begin{pmatrix}\mathbf{D}'(A_\kappa) & \mathbf{0} & \mathbf{0}\\ \mathbf{0} & \mathbf{D}'''(A_\kappa) & \mathbf{0}\\ \mathbf{0} & \mathbf{0} & \mathbf{D}''''(A_\kappa)\end{pmatrix}.$$

もし3つの表現 $\mathbf{D}'$, $\mathbf{D}'''$, $\mathbf{D}''''$ のうち少なくとも1つがまだ可約であるならば，これはさらに簡約される．

表現は有限次元であるから，この方法で最後に，すべての表現 $\mathbf{D}^{(1)},\mathbf{D}^{(2)},\cdots,\mathbf{D}^{(s)}$ が既約であるような形 (9.E.4) にすることが可能である．数回の連続した相似変換は常に1つの相似変換で置き換えられるから，考える表現を1つの相似変換によって直接 (9.E.4) の形にすることが可能である．この過程を**簡約**とよび，(9.E.4) を**簡約された形**という．

この簡約の過程を完了しても，既約な部分 $\mathbf{D}^{(1)}(R),\mathbf{D}^{(2)}(R),\cdots,\mathbf{D}^{(s)}(R)$ は一義的に決まらない（相似変換を除いて）であろう，むしろ $\mathbf{D}(R)$ は幾つかの方法で簡約されるのではないかと想像される．しかし我々は，このようなことがないことを証明することができる．ちょうど整数が一義的に素数の積に分

解されるように，可約な表現の既約な成分は（もちろん順序を除いて）一義的に決定される．

もし簡約によって任意の可約な表現が a_1 個の既約な表現 $\mathbf{D}^{(1)}(R)$（指標 $\chi^{(1)}(R)$ を持つ），a_2 個の表現 $\mathbf{D}^{(2)}(R)$（指標 $\chi^{(2)}(R)$ を持つ），等に分解されるならば，明らかに

$$\chi(R)=\sum_{j=1}^{c} a_j\chi^{(j)}(R) \quad (R=E, A_2, A_3, \cdots, A_h) \tag{9.35}$$

は可約な表現の指標を与える．しかし h 個の式 (9.35) は完全に数 $a_1, a_2, \cdots, a_c$ を決定する．もし (9.35) と $\chi^{(j')}(R)$ のスカラー積を取れば（すなわち，それに $\chi^{(j')}(R)^*$ を掛けてすべての群の元について和を取る），(9.33) を用いて次式を得る

$$\sum_R \chi(R)\chi^{(j')}(R)^*=\sum_R\sum_j a_j\chi^{(j)}(R)\chi^{(j')}(R)^*=ha_{j'}, \tag{9.36}$$

したがって全部の数 $a_{j'}$ は一義的に次式によって与えられる

$$a_{j'}=\frac{1}{h}\sum_R \chi(R)\chi^{(j')}(R)^*. \tag{9.37}$$

(9.37) によって，表現の簡約された形に現われる既約表現の回数は，表現の指標によって完全に決定される．このように，特に，既約な成分は簡約において用いられた手続きに関係しない．

さらに，2つの表現が同じ指標を持つときそれらは同値であるということを我々は知っている．これは，簡約の後に2つとも (9.E.4) の同じ形を持ち，ゆえに $\mathbf{D}^{(j)}(R)$ の現われる順序を除いて，全く同じであることを意味する．それゆえ，等しい指標を持つ2つの表現は同等な簡約された形に変換され，したがってそれら自身同値である．

一方では，同じ指標を持つことは，2つの表現の同値であるための必要条件である．したがって，同じ指標を持つことは，2つの表現の同値である，すなわち，相似変換によって互いに変換されるための必要かつ十分条件である．

2つの行列はそれらの固有値が等しいときにのみ相互に変換される．跡が同じこと，すなわち，それらの固有値の和が同じことは十分条件ではない．しかしながら，2つの表現

に対しては，もし固有値の和が対応する行列の h 個のすべての対に対して同じならば，対応する固有値は1つ1つ等しくなることが前の議論から結論される．しかしより少ない条件でも十分である．すなわち，同じ類のすべての群の元の指標は各表現で等しいから，k 個の数が同じこと $\chi(C_1)=\chi'(C_1)$; $\chi(C_2)=\chi'(C_2)$; $\cdots$; $\chi(C_k)=\chi'(C_k)$ は，指標 χ および χ' を持つ2つの表現の同値であることに対して十分である．

1つの表現に含まれる既約な成分の数に関するもう1つの公式を導こう．(9.35)とそれ自身のスカラー積を作ると，

$$\left.\begin{aligned}\sum_R |\chi(R)|^2 &= \sum_R \sum_j a_j \chi^{(j)}(R) \sum_{j'} a_{j'} \chi^{(j')}(R)^* \\ &= \sum_j \sum_{j'} h\delta_{jj'} a_j a_{j'} = h \sum_j a_j^2.\end{aligned}\right\} \tag{9.38}$$

表現の指標の絶対値の2乗は，群の位数 h に，個々の既約表現がこの表現に含まれる回数 a_j の2乗の和を掛けたものに等しい．既約表現に対して，和

$$\sum_R |\chi(R)|^2 = h \tag{9.38a}$$

は，可能な最も小さい値 h をとる；逆に，もし (9.38a) が成り立つならば，跡 $\chi(R)$ を持つ表現は既約である，というのは (9.38) によって，それは簡約の後でたった1つの成分を含んでいるからである．

ある場合には，上に与えられた一般的な定理は既約表現を決定するのに十分である．この目的に対して特に有用なものは，98頁 および 99頁 に部分的に証明された，異値表現の数（類の数に等しい）とそれらの次元数の2乗の和（群の位数に等しい）を与える定理である．多くの場合には，もちろん，これ以上の広汎な特別の研究が必要である．

特殊な場合として，Abel 群の各元はそれ自身類を作り，したがって群は元と同じだけ多くの類を持つことに注意せねばならない．群のすべての表現の次元数の2乗の和はその位数に等しいから，おのおのの既約な表現は次元数1である．

加うるに，本章の始めに強調されたように，因子群の各表現はまた全体の群の表現であることに注意せねばならない．たとえば，もう一度3次の対称群を考えよう．この群は1つの不変部分群 E, D, F を持つ；その因子群は位数2である．ゆえに，因子群は Abel 群で次元数1の2つの表現を持つ．全体の群はたった3つの類を持つから，それはもう1つ別の既約な表現を持つことができ，$1^2+1^2+2^2=6=h$ であるために2次元表現でなければならない．

異なった表現は，同じ選択則，外場の中での振舞い，等を持つ状態の集合を特徴づけるのに役立つから，これらは量子力学で特に重要な役割を演ずる．純粋に数学的な観点から，S. Frobenius, H. Burnside および I. Schur によって始めて与えられた上記の定理は代数の最も美しい部分の1つである．表現の指標はまたある興味深い整数論的関係を含んでいるが，ここでは議論しなかった．

第10章　連　続　群

1.　いままで，我々は有限群，すなわち，有限個数の元を持つ群のみを取り扱った．3つの群の公準（結合則，恒等元および逆元）をまた無限群，すなわち，元の数が無限である場合にも適用することができる．たとえば，3次元実直交行列，空間における回転，は群の掛け算を行列の掛け算と考えることによって，群の公準を満足する元の集合を作る；この集合では，2つの回転の組み合わせは，2つの積である1つの回転を引き起こす．同様の群は，行列式1を持つすべての3次元の行列，あるいは行列式 ±1 を持つ3次元の行列，等から成り立っている．これらすべての群は，前に考えた**有限**群に対比して，**無限**群とよばれる．

もし仮にすでに議論された群の性質の外なにも要求しないとすると，無限群の概念は我々の目的に対して余りに一般的すぎる．たとえば，行列式1で，かつ4個の行列要素が全部有理数であるようなあらゆる2次元の行列は，このような群を構成する．このような系は我々が前提としている連続性の性質を欠くであろう．ゆえに，我々は無限群の議論を連続群に制限する．**連続群**は，あらゆる領域で連続的に変わるパラメタによって特徴づけられた，群の元とよばれる対象の集合である．この領域内でパラメタの値のあらゆる組が群の元を定義する；逆に，一切の群の元に対して，定義された領域内でのパラメタの値の1組が対応する．これらの領域を**群空間**という．群の元と群空間における点との間には，1対1の対応がある．

そのパラメタが互いにごくわずかだけ異なる群の元を“隣接している”という．パラメタが連続的に変わるとき，群の元は連続的に変わるという．この場合3つの群の公準は成り立ち，かつ連続性の要求によって隣接した元の積および逆元も隣接していなければならないという仮定が補足される．

我々はさらに，積のパラメタ $p_1(RS), p_2(RS), \cdots, p_n(RS)$ は2つの因子 R

およびSのパラメタ $p_1(R), p_2(R), \cdots, p_n(R)$ および $p_1(S), \cdots, p_n(S)$ の，少なくとも部分的に連続的に微分可能な関数である，と仮定する．同じことがパラメタ $p_1(R^{-1}), \cdots, p_n(R^{-1})$ のRのパラメタへの依存性について要求される．

群の元がn個のパラメタによって表わされるとき，nパラメタ群という．パラメタの変域は単連結または多重連結されてよい，あるいは幾つかのばらばらな領域になってもよい．後者の場合，パラメタの変域が連結されている**単純連続群**に対比して，**混合連続群**という．

たとえば，3次元空間における回転の群，すなわち，3次元回転群を考えよう．この群のある元，実3次元直交行列，はもちろんその9個の行列要素を与えることによって特徴づけられる．しかしながら，これらは独立に変化せず，それら自身の間にある関係が成り立つので，これらはパラメタと考えられない．これに対して，もし回転が方位角Φ，回転軸の極角 ϑ，および回転角 φ によって特徴づけられると考えるならば，回転はある領域にある $(0 \leqslant \Phi \leqslant 2\pi,\ 0 \leqslant \vartheta \leqslant \pi,\ 0 \leqslant \varphi \leqslant \pi)$ これらの数値の各3つ組に対応する．逆に，これらのパラメタ[1]の値の1組は1つの回転に対応する．

1つの例外は回転角 $\varphi=0$ の回転，すなわち，正しくいえば，全く回転のない，静止に対応する，あるいは群の恒等元を表わす回転である．それはパラメタ $\Phi, \vartheta, 0$ のあらゆる3つ組に対応し，したがってこれらのパラメタとこの群の元の間の対応は一義的でない．この困難を除くために，他のパラメタ，Φ および ϑ，の変化の領域は $\varphi=0$ のとき0に縮むと考えることができるかもしれない．同様に，$\vartheta=0$ ならば $\Phi=0$ が指定されなければならない．こうすると回転とパラメタの3つ組の間の対応は一義的である．しかし，任意の軸のまわりの回転で，回転角が段々小さくなって行く角度に対応する回転の連続な系列を考えてみよう．すなわち，パラメタ $\Phi=\Phi_0,\ \vartheta=\vartheta_0,\ \varphi=t\varphi_0$，ここで$t$は連続的に変わる，を持つ回転を考えよう．もし $t=0$ で角度Φ および ϑ もまたゼロに等しくなければならないとすると，不連続性が現われる．ゆえに，$\varphi=0$ で $\Phi=0$ および $\vartheta=0$ という素朴な要求は許されず，我々は困難を除く別な方法を探さなければならない．

最も適当なパラメタは多分極座標が $\varphi/\pi, \vartheta, \Phi$ であるような点のデカルト座標 ξ, η, ζ であろう；$\xi=(\varphi/\pi)\sin\vartheta\cos\Phi,\ \eta=(\varphi/\pi)\sin\vartheta\sin\Phi,\ \zeta=(\varphi/\pi)\cos\vartheta$．以前にはパラメタ $\Phi, \vartheta, 0$ に対応した静止変換，すなわち群の恒等元は，いま1つの点 $\xi=\eta=\zeta=0$，すなわ

---

[1] パラメタ空間の1点は回転の演算でなく，その結果に対応する．ゆえに回転は球の最初および最後の位置によって完全に決定される．演算，すなわち回転が進行してゆく経路を記述したい場合には，球のすべての中間の位置が与えられなければならない．したがって，パラメタ空間での曲線，あるいは $t=0$ で $R(0)=E$ なる値を仮定し，$R(1)=R$ になるような“回転”の連続的な値 $R(t)$ が，演算としての回転，すなわち，どのようにして最終位置に達したかその**道筋**を記述するために必要である．

ち座標系の原点，に対応する．パラメタ空間の点と回転の間の対応は第1図に説明されている．各回転は $\xi\eta\zeta$—空間の単位球内の1点に対応する．

以上のパラメタ化においてもまた1つの例外が現われ，群の元のパラメタの3つ組への対応が1対1でない所がある．球面における2つの対蹠地（任意の直径と球面との交点としての2点）は同1のものと見なされなければならない．また $\xi\eta\zeta$—空間での球面の1つの対蹠地から他の対蹠地への移行を，曲線における不連続点とみなしてはならない．

パラメタ空間をこのように**多重連結**とすることによって，群の元のパラメタ空間における点への対応が実際に1対1となる．したがって，これらのパラメタは，回転群の**主要な**問題を考察する場合に特に便利である．

もちろん，このことは，形式的計算において他のパラメタ系の採用を除外するものではない．たとえば，第2図の Euler 角は対応が1対1ではないが，これによって実際に書かれた公式はより簡単となる．

2.　恒等元に隣接している群の部分は**無限小群**として知られる．Sophus Lie[2)]の基本的な研究は変換群の無限小群を取り扱っている．我々はこれらの研究をごく表面的に紹介しよう．そして基礎的な事実に制限し，存在や収斂についてのすべての説明を省く．我々が興味ある群の場合，存在の証明のかわりに，“無限小元” を実際に展示することにする．

今後，h は無限に小さな数とする．群の恒等元のパラメタを $\pi_1, \pi_2, \cdots, \pi_n$ としよう．そこで n 個の元 $F_1, F_2, \cdots, F_n$ を考えよう．

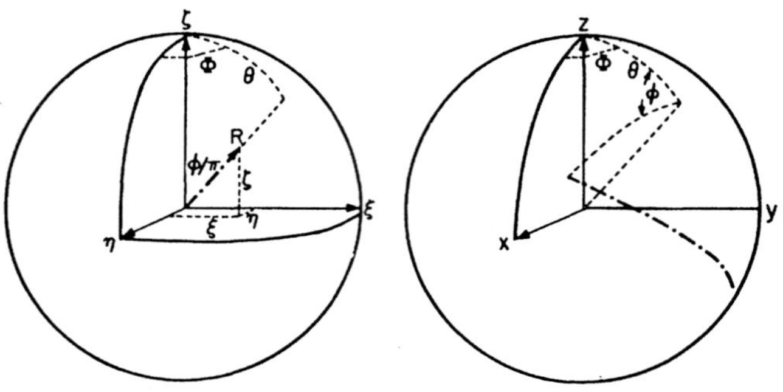

第1図. 左側の図において，矢印の点は，右側の図での実線の弧を破線の弧に変換する回転に対応する．

2) S. Lie, “Vorlesungen über kontinulerliche Gruppen mit geometrischen und anderen Anwendungen” (G. Scheffers 編集) Teubner, Leipzig, 1893.

F_k のパラメタは $\pi_1, \pi_2, \cdots, \pi_k+h, \pi_{k+1}, \cdots, \pi_n$ によって与えられる．もしhが十分に小さければ元 $E, F_k, F_k^2, F_k^3, \cdots$ はすべて同じ近傍にあり，したがってこれらはほとんど連続な元の集合を形作る．群の単位元からかなりの距離に達するためには，hの非常に高い巾をとらなければならない．このような（交換する！）群の元の１つのパラメタの一族は有限群の元の周期に対応する．

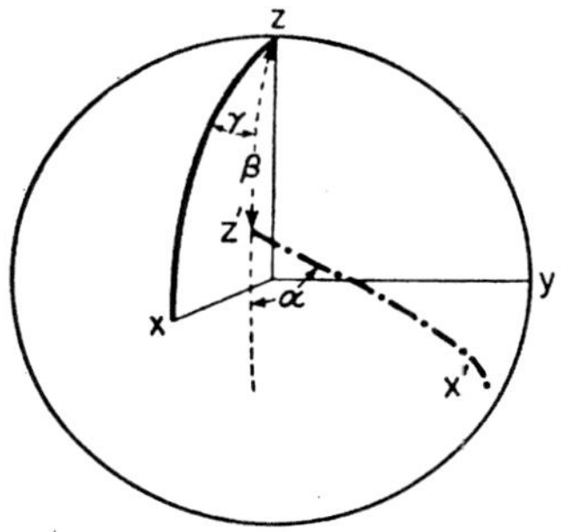

第２図． 実線の弧を破線の弧にする第１図の回転は，また Euler 角 α, β およびγによって特徴づけられる．

単純連続な，１パラメタの群は１つの周期から成り立っているから，それは常に Abel 群である．

第１図で説明されている３次元回転群のパラメタ化では，恒等元のパラメタは $\xi=\eta=\zeta=0$ である；３つの無限小元 $\{h, 0, 0\}$，$\{0, h, 0\}$ および $\{0, 0, h\}$ は３つの座標軸のまわりの回転の３つの無限に小さい角度である．

いまn個のパラメタの一族 $F_1^{p_1} F_2^{p_2} \cdots F_n^{p_n}$ を考えよう．そして，この一族の元がすべて恒等元の近傍になるようにhおよび $p_1, p_2, \cdots, p_n$ の値を制限しよう；そこでこれらは無限小群全体を含む，なぜならばこれはn個のパラメタに依存するからである．少なくとも無限小群に対しては，$p_1, p_2, \cdots, p_n$ をパラメタとして導入することが便利である．恒等元のn個のパラメタはすべてゼロである；無限小群の元のパラメタは非常に小さい．

無限小群の元は交換する．もし２つの因子RおよびSのパラメタの大きさが小さな数 ε の桁であれば，RS および SR のパラメタの差は ε^2 の桁である。パラメタ $tr_1, tr_2, \cdots, tr_n$ および $t's_1, t's_2, \cdots, t's_n$ を持つ元 $R(t)$ および $S(t')$ を考えよう，ここで t および t' は連続変数である．すなわち，$E=R(0)=S(0)$ であり，t および t' は ε の桁である．$R(t)S(t')$ および $S(t')R(t)$ のパラメタを t および t' についての MacLaurin の級数に展開することができる．$R(t)S(t')$ および $S(t')R(t)$ のn個のパラメタに対する級数は次のような形をとる，

$$u_1+tv_1+t'w_1+\cdots; u_2+tv_2+t'w_2+\cdots; \cdots; u_n+tv_n+t'w_n+\cdots$$

および

$$\bar{u}_1+t\bar{v}_1+t'\overline{w}_1+\cdots;\bar{u}_2+t\bar{v}_2+t'\overline{w}_2+\cdots;\cdots;\bar{u}_n+t\bar{v}_n+t'\overline{w}_n+\cdots.$$

v と $\bar{u}$ を決定するために，$t=t'=0$ と置く．そこで両方の積 $R(0)S(0)$ と $S(0)R(0)$ はEに等しく，すべてのuと$\bar{u}$はゼロである．

$$u_1=u_2=\cdots=u_n=\bar{u}_1=\bar{u}_2=\cdots=\bar{u}_n=0.$$

v と $\bar{v}$ を決めるために，単に $t'=0$ と置く；そこで $R(t)S(0)=R(t)E=R(t)$ および $S(0)R(t)=ER(t)=R(t)$．ゆえに，$v_1=\bar{v}_1=r_1$；$v_2=\bar{v}_2=r_2$；$\cdots$；$v_n=\bar{v}_n=r_n$．同じように，$t=0$ と置くことにより，$w_1=\overline{w}_1=s_1$；$w_2=\overline{w}_2=s_2$；$\cdots$；$w_n=\overline{w}_n=s_n$ を得る．これは，2つの積のパラメタが考えられた項までは同じであることを示す．差は t^2, tt', あるいは t'^2 についての項のみに現われ，これらはすべて ε^2 の桁である．

2次までの無限小の元の可換性は任意のSおよび$R=E$と同時に任意のRおよび$S=E$に対してこれらは正確に交換するという事実によっている．RがEからごくわずか異なるとき，交換関係はまだ近似的に成り立つ；$S\sim E$についても同様である．しかし，$R\sim E$で同時に$S\sim E$ならば，可換性は特によく成り立つ．

この定理は行列群について非常に簡単な形を持つ．恒等元の近傍での元は $\mathbf{1}+\varepsilon\mathbf{a}$ の形を持つ．そこで

$$(\mathbf{1}+\varepsilon\mathbf{a})(\mathbf{1}+\varepsilon\mathbf{b})=\mathbf{1}+\varepsilon(\mathbf{a}+\mathbf{b})+\varepsilon^2\mathbf{ab}$$

および

$$(\mathbf{1}+\varepsilon\mathbf{b})(\mathbf{1}+\varepsilon\mathbf{a})=\mathbf{1}+\varepsilon(\mathbf{b}+\mathbf{a})+\varepsilon^2\mathbf{ba},$$

これらは ε^2 についての項においてのみ異なる．

上記のように元 $F_1{}^{p_1}$, $F_2{}^{p_2},\cdots,F_n{}^{p_n}$ をパラメタ $p_1, p_2,\cdots,p_n$ に対応させると，無限小群の2つの元の積のパラメタが，高次の項を除いて，個々の因子のパラメタの**加え算**によって簡単に得られるという特別の性質を持つ．

3.　混合連続群では，単位元から連続的に得られた元は単純連続な部分群を作る．元が恒等元から連続的に得られるという記述は，$R(0)=E$ で始まり，$t=1$ に対して $R(1)=R$ で終る元の連続多様体 (continuous manifold) $R(t)$ が存在することを意味する．RとSがこの多様体の2つの元であり，$R(t)$ と $S(t)$ が2つの対応する路であるとすると，積 $R(1)S(1)=RS$ はまた恒等元から連続的な方法で得られる．そして対応する路は $R(t)S(t)$ となる．同じこ

とがRの逆元についても成り立ち，対応する路は $R(t)^{-1}$ である．ゆえに，恒等元から連続的に到達する元は単純連続な部分群を作る，なぜならばパラメタ空間の対応する領域が単連結だからである．

さらに，恒等元から連続的に到達できる元は混合連続群の**不変部分群**を作っている．これは，もしRが恒等元から連続的に到達できるならば，$X^{-1}RX$ もまたそうである，この場合たとえば路 $X^{-1}R(t)X$ に沿って行けばよい．この不変部分群の剰余類は，パラメタ空間において互いに分離された部分に相当する．したがって，因子群は有限で，その位数はパラメタ空間での連結されていない領域の数に等しいと考えられる．

以後，我々はパラメタ $r_1, r_2, \cdots, r_n$ を持つ**群の元**として表示法 $\{r_1, r_2, \cdots, r_n\}$ を導入する．この表示法では，恒等式

$$p_k\{r_1,\ r_2, \cdots, r_n\}=r_k \quad \text{および} \quad \{p_1(R),\ p_2(R), \cdots, p_n(R)\}=R$$

が成り立つ．

4.　連続群の表現は有限群のそれと正確に同じように定義される．おのおのの群の元に１つの行列 $\mathbf{D}(R)$ が対応し，かつ $\mathbf{D}(R)\mathbf{D}(S)=\mathbf{D}(RS)$ が成り立つ．その上１つだけ要求されることは表現の連続性である．これは，RとSが近接した群の元であるとき，l^2 個の行列要素 $\mathbf{D}(R)_{\kappa\lambda}$ のすべては対応する行列要素 $\mathbf{D}(S)_{\kappa\lambda}$ と無限小だけ異なる，ということを要求する．ここで再び，我々はゼロでない行列式を持つ表現の場合に制限する．

さて有限群の表現に対する定理を，連続群の表現に拡張してみよう．最初の４個の定理，ことに，直交関係 (9.30) および (9.31) に対して，我々はたった１つの群の性質を用いている，すなわち，足し算をすべての群の元に及ぼすことによって

$$\sum_R J_R=\sum_R J_{SR}, \tag{10.1}$$

となるように和 $\sum_R J_R$ が作られるという事実から話を始めよう．上において，J_R は全く任意な数（あるいは行列）であり，これはあらゆる群の元 R に対応し，かつ (10.1) 式が任意の元 S に対しても成り立つ．(10.1) の両辺の和の

中には全く同じ項が現われるが，しかし異なった順序で現われる．

このような和 $\sum_R \mathbf{D}(R)\mathbf{D}(R)^\dagger$ によって，我々は表現をユニタリ化できることを証明した（第9章，定理1）．直交関係（第9章，定理4）はまたこのような和 $\sum_R \mathbf{D}^{(j)}(R)\mathbf{X}\mathbf{D}^{(j')}(R^{-1})$ を調べることによって得られている．定理2および3はより行列論的性質のものであり，これらの拡張のために新しい群の性質が要求されることはない．

もし我々が連続群について和 $\sum_R J_R$ に似たなにかを定義できるならば（当然，これはパラメタの全領域についての積分となるであろう），有限群の表現論に関する4つの定理は連続群にも成り立つであろう．

5. 有限群の場合，(10.1) 式は，任意の S に対して列 $SE, SA_2, SA_3, \cdots, SA_n$ が順序を除いて列 $E, A_2, A_3, \cdots, A_n$ と全く等しいという事実に基づいている．我々は，有限の場合に自明なものであるが，次のような観察をする，すなわち，もし群を連続の場合のようにパラメタ化してみると，これらの2つの列は，群の元の同じ数（いまの場合は1個）がパラメタ空間での各体積要素に対応する，という性質を有する．（この場合，“体積要素”とはパラメタがとる値の不連続な集合に対応する点にすぎない．）ゆえに，(10.1) を連続な場合に拡張する可能性は，我々が一般化の際にこの性質を保持することができる，という事実に依存する．

第3図は，3次の置換群のすべての元 (7.E.1) へ左から F を掛け算したときの結果を示している．この掛け算は，矢印の附け根の点にある元を矢印の矢の先にある元に変換する．図は，もしRの元の集合が群ならば，元 FR の集合は元Rの集合と同じであるという事実を説明している．同様なことがFについてのみでなく，またこの群のすべての元Sについても成り立つ．(10.1) 式はこの事実の直接の結論である．

もし連続群において同じような性質を持つ元の集合を選ぶことができ，またこれらの集合の列が，集合の列に沿って進むにつれていたる所で集合の元の密度が増加するように選ばれるならば，連続群に対して同じ式 (10.1) が直ちに確立されるであろう．言葉をかえていえば，有限部分群の列が与えられ，その元が群の空間においてますます密な多様体を作るならば，(10. 1) 式は連続群についても容易に確立されるであろう．あいにくこれは不可能である (Abel 群の場合を除く)；連続群は一般に有限群の極限として考えられない．このようにたとえば，3次元の回転の最大の有限部分群 (その元は群空間のすべてに拡がっている) は，単に60個の元を持つ正20面体の結晶群である．(3次元の回転群は60より大きい位数の有限部分群を持つ．しかしながら，これらは平面正多角形結晶群であり，これらは群空間を一様に満たしてはいない．)

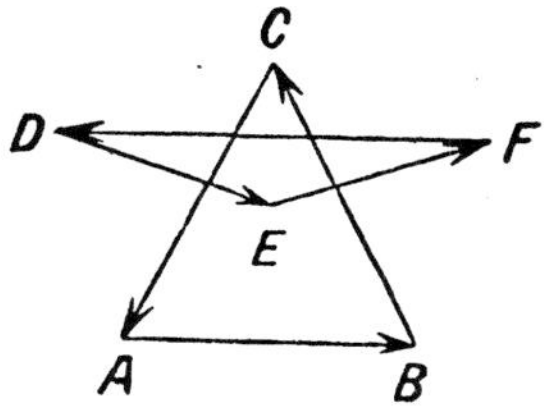

第3図. 3次の置換群の各元 (7. E. 1) に左から元 F を掛けたときの結果を示した図.

大多数の連続群は有限群の極限と見なすことはできないから，(10. 1) に現われている和の対応物は別の方法で見出されなければならない．そこでまず群空間を密に点で満たし，これらの点を R_1, R_2,… で表わそう．このとき，それら自身密に群空間に局在しているような点 S のすべてに対し，点の集合 SR_1, SR_2,…が点の集合 R_1, R_2, …と全く等しいことは一般に不可能である．しかし，点 SR_1, SR_2, …の**密度**が群空間のすべての部分で，群空間の同じ部分の点 R_1, R_2, … の**密度**と同じであるように，点 R_1, R_2,… を群空間に分布させることは可能であろう．このため，(10. 1) の類似が成り立つように，群積分を定義することができる．このようなわけで，第3図の絵は，点 SR_1, SR_2,…を表わす矢の頭が，矢の根本，すなわち，R_1, R_2, …と同じでないような他の絵によって置き換えられる．しかしながら，矢の頭の密度は我々が出発した点 R_1, R_2,…の密度にいたる所で等しい．パラメタ空間での連続関数 $J(R)$ に対して，このような“不変な分布”によって，等式

$$\sum_i J(R_i) = \sum_i J(SR_i) \qquad (10. 2)$$

(ここで R はすべての群空間に広がる) は，群空間における連続関数に対して成り立つ，なぜならば $SR_i = Q_i$ の近くのパラメタ空間での体積要素に対応する (10. 2) の右辺の群の元の数は同じ体積要素に含まれている群の元 R_i の数

と全く同じだからである．

解析的便利さのために，(10.2) の左辺の和を積分で置き換える

$$\int J(R)dR=\int J(R)g(R)dp_1\,dp_2\cdots dp_n, \tag{10.2a}$$

ここで $p_1, p_2, \cdots, p_n$, は元Rのパラメタであり，積分は群の元を定義するパラメタのすべての値に，すなわち，すべての群空間に およぼされる．荷重関数 $g(R)$ は，和 (10.2) においてRの近傍での点 R_i の密度である．(10.2a) の左辺は右辺の積分の省略形である；これは **Hurwitz** あるいは群空間における不変積分とよばれる．

$$\int J(SR)dR=\int J(R)dR \tag{10.2b}$$

が群空間におけるあらゆる連続関数J（群のパラメタのあらゆる連続関数）およびあらゆる群の元Sに対して成り立つことは，密度 $g(R)$ の不変性から当然であろう．

そこで，群空間に不変密度が存在することを証明し，かつこの密度を決めなければならない．我々はいまこれを逆順にやってみよう．まず密度が不変であると仮定して密度を決定し，そこで得られた分布の不変性を証明する．不変な分布の決定に着手する前に，これは定数因子を除いてのみ決定されるということに注意せねばならない．明らかに，密度 $g(R)$ が不変ならば，それのあらゆる定数倍もまた不変である．あらゆる点の近くの密度は任意に選ばれてよく，したがって我々は単位元 $g(E)$ の近くの密度を g_0 と仮定する．

いま群の元 Q の近傍での小さな体積要素Uを考えよう（第4図を見よ）．この体積要素の大きさが V で表わされるならば，その中に $g(Q)V$ 個の足し算の点が存在する．Q^{-1} の左からの掛け算に関する分布の不変性の仮定をいま適用しよう．体積要素はそこですべての点 $Q^{-1}R$ を含む体積要素 U_0（第4図）に変換される，ここでRはUの中にある．U_0 の体積を V_0 で表わそう，そこで U_0 は1の近傍にあるから，U_0 における足し算の点の数は g_0V_0 でなければならない．しかしながら，この体積要素の中にある足し算の点 $Q^{-1}R_i$ の数は

ば $g(Q)V$ に等しく，したがって不変性の要求は $g(Q)V=g_0V_0$，あるいは

$$g(Q)=(V_0/V)g_0$$

を与える．荷重関数 $g(Q)$ は，Q^{-1} による左からの掛け算によって１の近傍に射影されたとき，Qの近くの体積要素が受ける倍率に比例する．

V_0/V を計算するために，我々はUが次のような群の元から成り立つと仮定する，すなわち $q_1, q_2,\cdots,q_n$ が Q のパラメタであるとき，第１のパラメタが q_1 と $q_1+\Delta_1$ の間にあり，第２のパラメタが q_2 と $q_2+\Delta_2$ の間，…，n番目のパラメタが q_n と $q_n+\Delta_n$ の間にあるような群の元である．そこでUの体積は

$$V=\Delta_1\Delta_2\cdots\Delta_n.$$

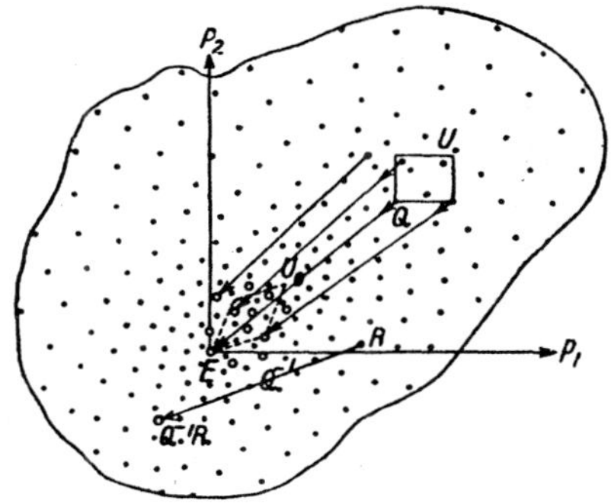

第４図． 点は（10. 2）での足し算の点 R_i である；左から Q^{-1} を掛けることによって，これら個々の点が変換される場所は小さな円で示されている．恒等元の近くでは，点の密度と円の密度は等しい．

$E=Q^{-1}\{q_1, q_2,\cdots,q_n\}$ のパラメタをゼロと仮定するならば，領域 U_0 の体積は Δ についての高次の項を除けば，

$$V_0=\begin{vmatrix} p_1(Q^{-1}\{q_1+\Delta_1, q_2,\cdots,q_n\})\cdots p_n(Q^{-1}\{q_1+\Delta_1, q_2,\cdots,q_n\}) \\ \vdots \qquad\qquad\qquad\qquad \vdots \\ p_1(Q^{-1}\{q_1, q_2,\cdots,q_n+\Delta_n\})\cdots p_n(Q^{-1}\{q_1, q_2,\cdots,q_n+\Delta_n\}) \end{vmatrix}$$

$$=\Delta_1\Delta_2\cdots\Delta_n\frac{\partial[p_1(Q^{-1}\{r_1,\cdots,r_n\}),p_2(Q^{-1}\{r_1,\cdots,r_n\}),\cdots,p_n(Q^{-1}\{r_1,\cdots,r_n\})]}{\partial[r_1,r_2,\cdots,r_n]},$$

最後の式は，$r_1=p_1(Q)=q_1$；$r_2=p_2(Q)=q_2$；…；$r_n=p_n(Q)=q_n$ における値を意味する．ここに $\{q_1\cdots q_n\}$ はパラメタ $q_1,\cdots,q_n$ を持つ群の元であり，$p_i(R)$

は群の元 R の i 番目のパラメタである．q_i について微分するとき，群の元 Q は定数と考え，r_i のみが変数である．[3)]

上の等式より $g(Q)$ は，$q_1=p_1(Q),\cdots,q_n=p_n(Q)$ で値を求められたヤコービアンとなる，

$$g(Q)=g_0\frac{\partial[p_1(Q^{-1}\{q_1,\cdots,q_n\}),\cdots,p_n(Q^{-1}\{q_1,\cdots,q_n\})]}{\partial[q_1,\cdots,q_n]} \tag{10.3}$$

この式は，R_i に対して $Q^{-1}R_i$ の置き換えが恒等元の近傍での群の元の数を不変にするとき，Qで仮定されなければならない密度に対する公式を陽に書いたものである．逆に，置き換えの前で恒等元での密度を g_0 とすると，E に対して QE の置き換えの後に，上式はまたQでの密度を与えると見なすことができる．

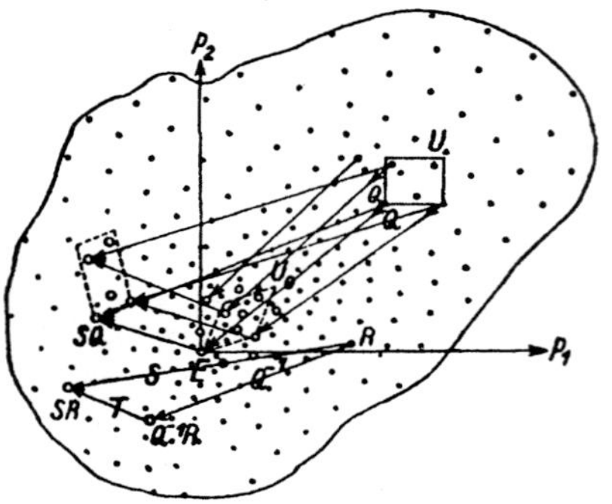

第 5 図． この図は第 4 図のやり方でRに対する SR の置き換えを **2 段階**の分割として説明する；R 対にする $Q^{-1}R$ の置き換えとそれから生じた点に対する $SQQ^{-1}R$ の置き換えである．

点 R_i の密度があらゆる点 Q で (10.3) によって与えられるならば，点 $Q^{-1}R_i$ の密度はあらゆる Q に対して単位元で g_0 である．さらに，点 QR_i の密度は，もし R_i の密度が E で g_0 ならば，Qの近傍において (10.3) によって与えられるであろう，なぜならば変換 $R_i\to QR_i$ はそれらの点を始に考えた点へもどすからである．これはまたあらゆる Q について成り立つ．しかし，R_i の密度があらゆる点Qで (10.3) であるならば，点 SR_i の密度はあらゆる点 $T=SQ$ で (10.3) によって与えられるということがまだ示されなければならない．これを証明するために，変

---

3) r_k に対して値 $p_k(Q)$ は微分がなされた後に導入される．(10.3) 式は “$x=y$ に対して $\frac{\partial}{\partial x}f(x,y)$” の型の 1 つの式である．たとえば，$f(x,y)=x^2y^3$ ならば，$x=y$ に対して $\frac{\partial f(x,y)}{\partial x}=2y^4$ である．

換Sは2つの因子$S=(SQ)Q^{-1}$に分解される．第1の考察によって，点$Q^{-1}R^i$の密度は単位元でg_0となる．次に上述の第2の考察を分布$Q^{-1}R_i$に適用する．これはQの代わりに$SQ=T$と置くことによってなされ，点$(SQ)Q^{-1}R_i$の密度は(10.3)によって与えられる．群の掛け算の結合則のゆえに，点$(SQ)Q^{-1}R_i$は点SR_iであり，したがってR_iの密度が(10.3)によって与えられるならば，任意の点Tで点$(SQ)Q^{-1}R_i$の密度は(10.3)によって与えられることを示した．第5図はこの証明を図示する．この証明は，読者がお気づきになるであろうが，掛け算の結合則の成立に基づいている．

もし$J(R)$がどこでも負でない（すなわち，どんなRに対しても負でない）ならば，(10.2a)は$J(R)$がいたる所でゼロであるときにのみゼロとなり得ることにまた注意せねばならない．この事実は前章の第1の定理を再び導き出す場合に重要である．

我々はいま Hurwitz 不変積分の陽に書かれた形を考え，もう1度直接の掛け算によって，(10.3)によって定義された密度関数の選択は，実際(10.2)を恒等式にすることを証明する．(10.20b)の右辺の積分は

$$\int J(R)dR=\int\cdots\int J(\{r_1,\cdots,r_n\})g(\{r_1,\cdots,r_n\})dr_1\cdots dr_n, \tag{10.4}$$

ここで積分は変数の変化の全領域についてなされるべきである．我々は次のことを証明しよう，すなわち

$$\left.\begin{aligned}\int J(R)dR&=\int\cdots\int J(\{r_1,r_2,\cdots,r_n\})g(\{r_1,r_2,\cdots,r_n\})dr_1\cdots dr_n\\ =\int J(SR)dR&=\int\cdots\int J(S\cdot\{r_1,r_2,\cdots,r_n\})g(\{r_1,r_2,\cdots,r_n\})\,dr_1\cdots dr_n\end{aligned}\right\} \tag{10.5}$$

は，$g(R)$が(10.3)によって与えられるならば，すべての元Sに対して正しいことを証明しよう．

まず，(10.5)の右辺の積分に新しい変数を導入する；すなわち，下式の積に対するパラメタ x_1, x_2, $x_3,\cdots,x_n$ である，

$$X=\{x_1,\ x_2,\cdots,x_n\}=SR=S\cdot\{r_1,\ r_2,\cdots,r_n\}.$$

すなわち，

$$x_k=p_k(S\cdot\{r_1,r_2,\cdots,r_n\}), \tag{10.6}$$

$$r_k=p_k(S^{-1}\cdot\{x_1,x_2,\cdots,x_n\}). \tag{10.6a}$$

SR は，R と同じく，群の全体に広がるから，積分領域は変わらない．そこで次式が得られる

$$\int J(SR)\,dR=\int\cdots\int J(S\cdot\{r_1,r_2,\cdots,r_n\})g(\{r_1,r_2,\cdots,r_n\})\,dr_1\cdots dr_n$$
$$=\int\cdots\int J(\{x_1,x_2,\cdots,x_n\})g(R)\frac{\partial(r_1,r_2,\cdots,r_n)}{\partial(x_1,x_2,\cdots,x_n)}dx_1\cdots dx_n,$$

ここで R および r_1 は，(10.6 a) において与えられているように，x_i の関数と考えるべきである．いま $g(R)$ として (10.3) を用いると，陰関数のヤコービアンについての定理にしたがって被積分関数の最後の2つの因子を結合させることができる[4)]

$$g_0\frac{\partial[\cdots p_k(R^{-1}\{r_1,\cdots,r_n\})\cdots]}{\partial[\cdots r_k\cdots]}\frac{\partial(r_1,\cdots,r_n)}{\partial(x_1,\cdots,x_n)}=g_0\frac{\partial[\cdots p_k(R^{-1}\{r_1,\cdots,r_n\})\cdots]}{\partial[\cdots x_k\cdots]}. \tag{10.7}$$

これは $r_1=p_1(R),\cdots,r_n=p_n(R)$ で値を求められる，ここで R^{-1} は (10.3) におけると同じく x_i に関する微分で定数と考えられ，一方 r_k は x_i の関数 (10.6a) と考えられる．したがって $\{r_1,r_2,\cdots,r_n\}=S^{-1}\cdot\{x_1,x_2,\cdots,x_n\}$ が (10.7) に代入されるならば，それは ($R^{-1}S^{-1}=X^{-1}$ であるから) $x_1=p_1(X),\cdots,x_n=p_n(X)$ で値を求められた[5)] 次の式になる

$$g_0\frac{\partial[\cdots p_k(X^{-1}\{x_1,\cdots,x_n\})\cdots]}{\partial[\cdots x_k\cdots]}=g(\{x_1,\cdots,x_n\}).$$

このように (10.5) の右辺は，実際，積分変数の名付け方を除いて左辺と全く同じである．

我々は，さし当り自由に変わると見なす q に対して（これに対して Q は一定

---

4) (10.7) が r_k の任意の値について成り立つならば，それはまた $r_k=p(R)$ の値についても成り立ち，これを我々は (10.3) の場合必要としている．

5) x_k に対する値 $p(X)$ はここで微分の後に導入される．

の群の元である）新しい変数 e を導入することによって，（10. 3）を書き直すことができる．ここで q と e は $Q^{-1}\cdot\{q_1, q_2,\cdots, q_n\}=\{e_1, e_2,\cdots, e_n\}=E$ によって関係づけられている．こうすると，陰関数のヤコービアンに関する定理は次の式を与える

$$\frac{\partial[\cdots p_k(\{e_1, e_2,\cdots, e_n\})\cdots]}{\partial[\cdots e_k\cdots]}=\frac{\partial[\cdots p_k(Q^{-1}\cdot\{q_1,\cdots, q_n\})\cdots]}{\partial[\cdots q_k\cdots]}\,\frac{\partial[\cdots q_k\cdots]}{\partial[\cdots e_k\cdots]}.$$

ここで q_k は e_k の関数 $q_k=p_k(Q\{e_1, e_2,\cdots, e_n\})$ である．$p_k(\{e_1, e_2,\cdots, e_n\})=e_k$ であるから，左辺は単に1に等しく，したがって e_k によって q_k を表わすことにより，次式を得る

$$\frac{\partial[\cdots p_k(Q^{-1}\{q_1\cdots q_n\})\cdots]}{\partial[\cdots q_k\cdots]}=\left[\frac{\partial(\cdots q_k\cdots)}{\partial(\cdots e_k\cdots)}\right]^{-1}=\left[\frac{\partial[\cdots p_k(Q\{e_1\cdots e_n\})\cdots]}{\partial[\cdots e_k\cdots]}\right]^{-1}. \tag{10.8}$$

$q_k=p_k(Q)$ での左辺の値は，右辺の $e_k=p_k(E)$ での値に等しい．そこで我々は（10.3）に対して次のように書ける

$$g(Q)=g_0\left[\frac{\partial[p_1(Q\cdot\{e_1,\cdots, e_n\}),\cdots, p_n(Q\cdot\{e_1,\cdots, e_n\})]}{\partial[e_1,\cdots, e_n]}\right]^{-1}. \qquad (10\cdot 9)$$

これは $e_1=p_1(E),\cdots, e_n=p_n(E)$ で値を求められている．（たとえば，181頁を見よ．）

Hurwitz 積分に対する密度関数 $g(R)$ の実際の計算は，直接（10. 3）あるいは（10. 9）によってなされるとき，しばしば非常に面倒である．多くの目的に対して，特に第9章の直交関係の導き出しの場合，不変積分の**存在**の知識が必要なもののすべてである．

6.　混合連続群に対して，Hurwitz 積分を，単位元と連結された群の部分についての Hurwitz 積分によって表わすことができる．いま恒等元と連結された領域を $\mathcal{G}_1$ で，他の連結された領域を $\mathcal{G}_2, \mathcal{G}_3,\cdots, \mathcal{G}_\rho$ としよう．

109頁で調べたように，$\mathcal{G}_1$ の元は部分群（実際には不変部分群である）を作り，$\mathcal{G}_\nu$ がその剰余類である．もし各々の領域 $\mathcal{G}_\nu$ から1つの任意の元，たとえば A_ν，をとると，A_ν との掛け算によって領域 $\mathcal{G}_1$ は $\mathcal{G}_\nu$ に射影される．

互いに射影される領域の荷重は等しいから，領域 $\mathcal{G}_1$ にわたる積分

$$\left.\begin{aligned}&\int_{\mathcal{G}_1}[J(R)+J(A_2R)+\cdots+J(A_\rho R)]\,dR\\=&\int_{\mathcal{G}_1}[J(SR)+J(SA_2R)+\cdots+J(SA_\rho R)]\,dR\end{aligned}\right\}\qquad(10.10)$$

は，群の元に任意の群の元Sを掛け算することに対して不変である．このように，$\int_{\mathcal{G}_1}\cdots dR$ が単純連続な部分群に対する Hurwitz 積分を表わすならば，全体の群に対する Hurwitz 積分は不変である．

Rが部分群 $\mathcal{G}_1$ を一巡するとき，$A_\nu R$ は剰余類 $\mathcal{G}_\nu$ の元を一巡する．(10.10) の左辺の１つ１つの項は $\mathcal{G}_1$ の各剰余類を意味する．しかし (10.10) の右辺もまた各剰余類に対して１つの項を含んでいる．すなわち，$\mathcal{G}_\mu=A_\mu\mathcal{G}_1$ が $S^{-1}A_\nu$ を含む剰余類ならば，剰余類 $\mathcal{G}_\nu=A_\nu\mathcal{G}_1$ は $SA_\mu R$ を含む項によって表わされる．次の式が成り立つことを証明できれば，

$$\int_{\mathcal{G}_1}J(A_\nu R)\,dR=\int_{\mathcal{G}_1}J(SA_\mu R)\,dR,\qquad(10.11)$$

(10.11) の両辺の項が１つ１つ等しいことが知れる．

剰余類 $A_\mu\mathcal{G}_1$ が $S^{-1}A_\nu$ を含むとしよう．また $A_\mu T=S^{-1}A_\nu$，すなわち，$A_\mu=S^{-1}A_\nu T^{-1}$ としよう，ここでTは部分群 $\mathcal{G}_1$ に含まれる．そこでこの式を (10.11) へ代入すると次の式となる

$$\int_{\mathcal{G}_1}J(A_\nu R)\,dR=\int_{\mathcal{G}_1}J(S\cdot S^{-1}A_\nu T^{-1}R)\,dR=\int_{\mathcal{G}_1}J(A_\nu T^{-1}R)\,dR.$$

この式は確かに正しい，なぜならばその右辺はその左辺からRの代わりに $T^{-1}R$ が現われているということにおいてのみ異なり，したがって仮説によって，Hurwitz 積分はこの置き換え（T^{-1} は $\mathcal{G}_1$ の元である）に対して不変だからである．

以上をもって，全体の混合連続群に対して Hurwitz 積分による式 (10.10) の同等性を証明し，同時に，恒等元と単連結された群の部分についてのみ行なわれる積分に還元する．（もちろん，この議論は全部，$\mathcal{G}_1$ についてのみでな

く，有限の添字を持つあらゆる部分群についてもまた成り立つ.)

7. 積　分

$$\int \mathbf{D}(R)_{\kappa\lambda}\mathbf{D}(R)_{\mu\lambda}{}^{*}dR$$

が収斂するならば，(10.5) から有限群と全く同じ方法で，あらゆる表現はユニタリ表現に変換されることが導かれる．回転群の場合のように群の体積 $\int dR$ が有限ならば，この積分は常に収斂する．表現の行列要素に対する直交関係（第9章，定理4）は次の形をとる

$$\int \mathbf{D}^{(\nu)}(R)_{\kappa\lambda}{}^{*}\mathbf{D}^{(\nu')}(R)_{\kappa'\lambda'}dR=\frac{\delta_{\nu\nu'}\delta_{\kappa\kappa'}\delta_{\lambda\lambda'}}{l_\nu}\int dR, \tag{10.12}$$

ここで l_ν は表現 $\mathbf{D}^{(\nu)}(R)$ の次元数である．これに対応して，指標に対する直交性の方程式 (9.33) は次のようになる

$$\int \chi^{(\nu)}(R)^{*}\chi^{(\nu')}(R)\,dR=\delta_{\nu\nu'}\int dR. \tag{10.13}$$

第11章　表現と固有関数

1.　2個の**同一粒子**から成る系の Schrödinger 方程式 $\mathbf{H}\psi=E\psi$ を考えよう．簡単さのために，粒子はただ1つの自由度を持つと仮定し，対応する座標をxおよびyとしよう．そこで

$$\mathbf{H}\psi=-\frac{\hbar^2}{2m}\left(\frac{\partial^2}{\partial x^2}+\frac{\partial^2}{\partial y^2}\right)\psi(x,y)+V(x,y)\psi(x,y)=E\psi(x,y), \quad (11.1)$$

ここでmは各粒子の質量である．粒子は全く等しいから，第1の粒子が位置aにあり，第2の粒子が位置bにあるときの位置エネルギーは，第1の粒子がbにあり第2がaにあるときの位置エネルギーと同じでなければならない．すなわち，aおよびbのすべての値に対して

$$V(a,b)=V(b,a). \quad (11.2)$$

(11.1) が離散スペクトルを持ち，$\psi_\kappa(x,y)$ は離散固有値 E_κ に属すると仮定しよう．またこの固有値には，他に1次的独立な固有関数は属さないと仮定する；すなわち，ψ_κ に属する微分方程式，

$$\mathbf{H}\psi_\kappa=E_\kappa\psi_\kappa, \quad (11.3)$$

の最も一般的な解は，xあるいはyのいずれかが$+\infty$ または$-\infty$ であるときゼロになるものとすれば，$\psi_\kappa(x,y)$ の定数倍である．

すべてのaおよびbの値に対して

$$\mathbf{P}\psi_\kappa(a,b)=\bar{\psi}_\kappa(a,b)=\psi_\kappa(b,a) \quad (11.4)$$

であるように定義された関数 $\mathbf{P}\psi_\kappa=\overline{\psi}_\kappa$ を考えると，$\overline{\psi}_\kappa(a,b)$ もまた微分方程式 (11.3) の解であることを示そう．さし当り，第1の変数に関する関数 $f(x,y)$ の微係数を $f^{(1)}(x,y)$，第2の変数に関する微係数を $f^{(2)}(x,y)$ によって表わす．すなわち，

$$\left.\begin{aligned}&\frac{\partial f(x,y)}{\partial x}=f^{(1)}(x,y),\ \frac{\partial f(x,y)}{\partial y}=f^{(2)}(x,y),\\&\frac{\partial^2 f(x,y)}{\partial x^2}=\frac{\partial f^{(1)}(x,y)}{\partial x}=f^{(1)(1)}(x,y),\end{aligned}\right\}\qquad(11.5)$$

等である．また

$$\frac{\partial f(y,x)}{\partial x}=f^{(2)}(y,x),\quad \frac{\partial f(y,x)}{\partial y}=f^{(1)}(y,x).$$

(11.4) の a および b に関する微分は次式を与える．

$$\left.\begin{aligned}&\bar{\psi}_\kappa{}^{(1)}(a,b)=\psi_\kappa{}^{(2)}(b,a),\qquad \bar{\psi}_\kappa{}^{(1)(1)}(a,b)=\psi_\kappa{}^{(2)(2)}(b,a),\\&\bar{\psi}_\kappa{}^{(2)}(a,b)=\psi_\kappa{}^{(1)}(b,a),\qquad \bar{\psi}_\kappa{}^{(2)(2)}(a,b)=\psi_\kappa{}^{(1)(1)}(b,a).\end{aligned}\right\}\qquad(11.6)$$

我々はいま次の式を計算する

$$\begin{aligned}\mathbf{H}\bar{\psi}_\kappa(x,y)&=-\frac{\hbar^2}{2m}\left(\frac{\partial^2}{\partial x^2}+\frac{\partial^2}{\partial y^2}\right)\bar{\psi}_\kappa(x,y)+V(x,y)\bar{\psi}_\kappa(x,y)\\&=-\frac{\hbar^2}{2m}[\bar{\psi}_\kappa{}^{(1)(1)}(x,y)+\bar{\psi}_\kappa{}^{(2)(2)}(x,y)]+V(x,y)\bar{\psi}_\kappa(x,y).\end{aligned}$$
$$(11.7)$$

(11.6), (11.4), (11.2) および (11.3) を用いて，次の式が導かれる，

$$\begin{aligned}\mathbf{H}\bar{\psi}_\kappa(x,y)&=-\frac{\hbar^2}{2m}[\psi_\kappa{}^{(2)(2)}(y,x)+\psi_\kappa{}^{(1)(1)}(y,x)]+V(y,x)\psi_\kappa(y,x)\\&=E_\kappa\psi_\kappa(y,x)=E_\kappa\bar{\psi}_\kappa(x,y).\end{aligned}\qquad(11.8)$$

このように，$\mathbf{P}\psi_\kappa(x,y)=\bar{\psi}_\kappa(x,y)$ もまた $\pm\infty$ で境界条件を満足する，微分方程式 (11.3) に対する解である．ゆえに，それは $\psi_\kappa(x,y)$ の定数倍でなければならない．

$$\bar{\psi}_\kappa(x,y)=c\psi_\kappa(x,y).\qquad(11.9)$$

c を決定するには，(11.4) のゆえにすべての a および b の値に対して

$$c\psi_\kappa(a,b)=\bar{\psi}_\kappa(a,b)=\psi_\kappa(b,a)\qquad(11.10)$$

であることに注意しよう．まず (11.10) を y, x の1組の値に対して適用し，

次にx，yの組について適用してみると

$$c\psi_\kappa(y,x)=\psi_\kappa(x,y);\ c\psi_\kappa(x,y)=\psi_\kappa(y,x), \tag{11.11}$$

これから次式が得られる

$$c^2\psi_\kappa(x,y)=\psi_\kappa(x,y).$$

また $\psi_\kappa(x,y)$ は恒等的にゼロでないから，$c^2=1$; $c=\pm1$. このようにして，xおよびyについて恒等的に次式が成り立つ，

$$\bar{\psi}_\kappa(x,y)=\psi_\kappa(y,x)=\pm\psi_\kappa(x,y), \tag{11.12}$$

点x，yでの固有関数 $\psi_\kappa(x,y)$ は点y, x でのその値に等しいか，あるいはその値に等しく逆符号を持つ．第1の場合あるいは第2の場合のいずれが起こるかは一般的な考察からは決定されない；しかし述べられた条件を満足するどのような与えられた固有関数に対しても（すなわち，どのような特定の固有関数に対しても）2つの可能性のうちの一方しか真実であり得ない．
(11.12) で＋符号が成り立つ固有値あるいは固有関数は，**対称な固有値**あるいは**固有関数**という；－符号が成り立つ固有値あるいは固有関数は，**反対称な**固有値あるいは固有関数である．ゆえに Schrödinger 方程式の固有値および固有関数を，これらが＋符号を持って (11.12) 式にしたがうかあるいは－符号を持って (11.12) にしたがうかによって，2つの組に定性的に分類できる．

下記の (11.15) 式のように **P** を定義すると，以上と全く同じように，しかし幾らか簡単な考察が固有値方程式，

$$\frac{-\hbar^2}{2m}\frac{\partial^2\psi(x)}{\partial x^2}+V(x)\psi(x)=E\psi(x), \tag{11.13}$$

に適用できる．ここで

$$V(x)=V(-x). \tag{11.14}$$

P は次のように定義される，

$$\mathbf{P}\psi(x)=\psi(-x). \tag{11.15}$$

これは，(11.12) の代わりに，次の式を与える

$$\psi(x)=\pm\psi(-x). \qquad (11.16)$$

これは単に，すべての固有関数が x の偶或は奇関数のいずれかであるという，よく知られた事実の記述にすぎない．

2.　以上の考察を，幾つかの（有限個と限るが）1次的独立な固有関数[1] を持つ離散固有値についての，より一般的な場合に拡張しよう．この過程では，可能な限り計算を概念的な考察で置き換える；(11.1) および (11.13) でのハミルトニアン演算子の特別な形は本質的でなく，第1の場合には2つの粒子の同等性のみが重要であり，また第2の場合には2つの方向，$+X$ および $-X$，の同等性のみが重要であることは明らかである．我々は (11.12) および (11.16) に類似した方程式を求める．それらは (11.12) および(11.16) のように，選択的にそのうち1つが成り立つ：各固有値の固有関数はいく組かの連立方程式のうちの1つの組を満足する――固有関数が同じ連立方程式を満足するとき固有値は似た性質を持つ．幾つかの固有値の固有関数が異なる連立方程式を満足することが，固有値の間の区別としての“レベル分類学”に対する基礎を形作る．

(11.12) を導いた考察は，(11.1) が次のような変換に対して不変であるという事実によっている

$$x'=y, \quad y'=x. \qquad (11.17)$$

これは，a，b について恒等的に成り立つ次式

$$\mathbf{P}\psi_\kappa(a,b)=\psi_\kappa(b,a)$$

によって定義された関数[2] $\mathbf{P}\psi_\kappa$ は，式 $\mathbf{H}\psi=E\psi$ の解であるということを意味

[1] ここで強調したいことは“有限個”についてであって，“離散”についてではない．全体の理論はほとんど変化なく，“離散複素固有値”に適用され，Gamow の原子核崩壊の理論はこれを取り扱っている．この場合対応する固有関数の2乗の積分が発散するから固有値はここで用いた意味で離散ではない．

[2] $\mathbf{P}\psi$ は f や g と同じように1つの関数に対する記号である．$\mathbf{P}\psi(x,y)$ は点 x，y でのこの関数の値である．したがって，たとえば，(11.19) は，点 $x'_1, x'_2, \cdots, x'_n$ での $\mathbf{P_R}f$ が点 $x_1, x_2, \cdots, x_n$ での関数 f と同じ値を持つということを意味している．

する．ここで ψ_κ が１つの解であることだけを仮定した．

この手続きを一般化するために，$\mathbf{R}$を実直交変換とする

$$\left.\begin{array}{l} x'_1=\mathbf{R}_{11}x_1+\mathbf{R}_{12}x_2+\cdots+\mathbf{R}_{1n}x_n \\ x'_2=\mathbf{R}_{21}x_1+\mathbf{R}_{22}x_2+\cdots+\mathbf{R}_{2n}x_n \\ \cdots\cdots\cdots\cdots\cdots\cdots\cdots\cdots\cdots\cdots\cdots \\ x'_n=\mathbf{R}_{n1}x_1+\mathbf{R}_{n2}x_2+\cdots+\mathbf{R}_{nn}x_n. \end{array}\right\} \tag{11.18a}$$

また $\mathbf{P_R}f$ を次のような関数と定義する，

$$\mathbf{P_R}f(x'_1, x'_2, \cdots, x'_n)=f(x_1, x_2, \cdots, x_n). \tag{11.19}$$

この関数は，$x_1, x_2, \cdots, x_n$ について恒等的に成り立つか（この場合 $x'_1, x'_2, \cdots, x'_n$ として（11.18 a）式を用いる），あるいは恒等的に $x'_1, x'_2, \cdots, x'_n$ について成り立つ（この場合 x_i は次式を用いねばならない），

$$x_i=\sum_{j=1}^{n}\mathbf{R}_{ji}x'_j. \tag{11.18b}$$

したがって，$\mathbf{P_R}$ は，x'_i を x_i によって置き換える演算子である．後者の表現方法では，演算 $\mathbf{P_R}$ とその逆演算とをはっきりと区別しないから，(11.19) と (11.18 a）または（11.18 b）に含まれている形式的な定義は，すべての実際の計算に用いられるであろう．

いま与えられた変換 $\mathbf{R}$ によって互いに変換される配位空間の２つの点 $x_1, x_2, \cdots, x_n$ および $x'_1, x'_2, \cdots, x'_n$ が物理的に同等であるならば（たとえば，２つの同一粒子の位置が交換されたことにおいてのみ異なる場合），２つの関数 ψ と $\mathbf{P_R}\psi$ はまた同等である（$\mathbf{P_R}\psi$ では，ψ において第１の粒子が演じた役割を第２の粒子が演じているにすぎない，そしてまた逆も成り立つ）．ψ が定常状態ならば，$\mathbf{P_R}\psi$ もまたそうであり，したがって両方とも同じエネルギーを持つ．式 $\mathbf{H}\psi=E\psi$ は $\mathbf{HP_R}\psi=E\mathbf{P_R}\psi$ を意味し，したがって $\mathbf{H}$ は演算 $\mathbf{P_R}$に対して不変である．

同等な点を相互に変換するような変換 $\mathbf{R}$ は，“Schrödinger 方程式の群” と呼ばれる群を作る．なぜならば，このような変換の逆変換および積もまた同

等な位置を相互に変換する（すなわち，1つの群の中にある）からである．この群の恒等元はあらゆる位置をそれ自身に変換する恒等変換である．この群を**配位空間の対称性の群**という．

同じような考察が演算子 $\mathbf{P_R}$ について成り立つ．$\mathbf{P_S}\cdot\mathbf{P_R}=\mathbf{P_{SR}}$ が容易にわかる．変換 $\mathbf{R}$ は x を x' に変換する，したがって $\mathbf{P_R}f(x'_i)=f(x_i)$ そして $\mathbf{S}$ は x' を x'' に変換し，したがって $\mathbf{P_S}g(x''_i)=g(x'_i)$，このようにして，$g(x)=\mathbf{P_R}f(x)$ に対して

$$\mathbf{P_S}\mathbf{P_R}f(x''_i)=\mathbf{P_R}f(x'_i)=f(x_i).$$

しかし $\mathbf{SR}$ は x を直接に x'' に変換する，したがって

$$\mathbf{P_{SR}}f(x''_i)=f(x_i)$$

これが $\mathbf{P_{SR}}f$ を定義している式である．f は任意の関数であるから，

$$\mathbf{P_{SR}}\equiv\mathbf{P_S}\cdot\mathbf{P_R} \tag{11.20}$$

が成り立つ．$\mathbf{P_R}$ の群は $\mathbf{R}$ の群に同型である．

関数 $\mathbf{P_R}f$ の定義（11.19）はまた次のような形に書かれる

$$\mathbf{P_R}f(x_1,\cdots,x_n)=f(\bar{x}_1,\cdots,\bar{x}_n), \tag{11.19a}$$

ここで

$$\bar{x}_i=\sum_j(\mathbf{R}^{-1})_{ij}x_j.$$

それゆえ，$\mathbf{P_S}\mathbf{P_R}$ を計算するとき，次のように話を進めたくなるかもしれない：

$$\mathbf{P_S}\mathbf{P_R}f(x_1,\cdots,x_n)=\mathbf{P_S}f(\bar{x}_1,\cdots,\bar{x}_n)$$

$$\mathbf{P_S}f(\bar{x}_1,\cdots,\bar{x}_n)=f(\bar{\bar{x}}_1,\cdots,\bar{\bar{x}}_n),$$

ここで

$$\bar{\bar{x}}_l=\sum_i(\mathbf{S}^{-1})_{li}\bar{x}_i,$$

したがって

$$\bar{\bar{x}}_l=\sum_{ij}(\mathbf{S}^{-1})_{li}(\mathbf{R}^{-1})_{ij}x_j=\sum_j(\mathbf{S}^{-1}\mathbf{R}^{-1})_{lj}x_j=\sum_j((\mathbf{RS})^{-1})_{lj}x_j. \tag{*}$$

そこで次のように結論するであろう

$$\mathbf{P_S}\mathbf{P_R}f(x_1,\cdots,x_n)=f(\bar{\bar{x}}_1,\cdots,\bar{\bar{x}}_n).$$

(11.19 a) によれば，これは $\mathbf{P_{RS}}$ の定義であるから，$\mathbf{P_S P_R} f=\mathbf{P_{RS}} f$ と結論するであろう．

こんなわけで，(11.20) を導く計算あるいは後者の計算のうち，どちらの計算が正しいかという疑問が起こる．答えは，読者がうすうす感づいているように，(11.20) が正しい．後の計算の誤りは(†)の式にある．この式は (11.19 a) (あるいは (11.19)) に $\mathbf{P_S}$ を両辺に掛けることによって導かれるようにみえる．しかしながら，演算子は関数に対してのみ適用される，そして (11.19 a) の両辺は自変数のある値に対する関数の値(それは数である) を表わしている．関数 $\mathbf{P_R} f$ を $\bar{f}$ と書くと $\mathbf{P_S}(\mathbf{P_R} f)=\mathbf{P_S}\bar{f}$ と結論してよい．一度この式が得られると，変数に対してどんな数の組をも代入することができ，その結果生じた式は正しい．議論をこのように進めると (11.20) が導かれる．これに反して，$\mathbf{P_S}$ を数に適用することはできない．

たとえば，$f(x)=g(x')$ が $x'=x+1$ であるとき x のあらゆる値に対して成り立つと考え，$\mathbf{P_S}$ が変数をその逆数で置き換える演算であると考えてみる．$x'=x+1$ に対して，

$$\mathbf{P_S} f(x)=\mathbf{P_S} g(x'),$$

あるいは

$$f(1/x)=g(1/x'),$$

と結論するかもしれない．これは明らかに正しくない．

$\mathbf{P_S P_R} f=\mathbf{P_S}(\mathbf{P_R} f)$ が関数であるということを思い出せば，(†) から (*) へ導く線に沿って議論するようなことはないであろう．もし大変でなければ，点 $x_1,\cdots,x_n$ でのこの関数の値を，$(\mathbf{P_R P_S} f)(x_1,\cdots,x_n)$ と書くことによって，$\mathbf{P_S P_R} f$ が，F, g 等と同じように，関数に対する記号であることを明示するのがより適切であろう．

(11.19)，(11.18 a) の意味する定義は，自然なものであることにまた注意せねばならない．プライムをつけた系での座標 x'_i による配位と，プライムをつけない系での座標 x_i を持つ配位とは，物理的に全く等しい．これが (11.18 a) の意味である．そこで(11.19) の意味は，プライムをつけた系の波動関数 $\mathbf{P_R} f$ とプライムをつけない系の波動関数 f は同じ配位に対して同じ値を持つ，ということである．

3. 演算子 $\mathbf{P}$ は1次である．和の中で x' に対して x を代入することは，個々の足されるべき関数の各々において同じ演算を行なうことに等しい；また，このような置き換えがなされた関数に定数を掛けることは，掛け算をして続いて置き換えをしたのと同じ結果を与える．形式的には

$$\mathbf{P}(af+bg)=a\mathbf{P}f+b\mathbf{P}g. \tag{11.21}$$

演算子 $\mathbf{P}$ は単に配位空間におけるある新しい，直交座標系への変換を表わす

から，$\mathbf{P}$ はユニタリでなければならない，すなわち，2つの任意の関数 f および g に対して，スカラー積 $(f, g)=(\mathbf{P}f, \mathbf{P}g)$ である．要約すれば，我々がした非常に一般的な仮定に対して $\mathbf{P}$ はユニタリ1次演算子である．

手近な特別の場合では，$\mathbf{P}$ はまた次のような性質を持つ

$$\mathbf{P}fg=\mathbf{P}f\cdot\mathbf{P}g, \tag{11.22}$$

これは直接に定義から導かれる．$\mathbf{P}$ のこの性質は，そのユニタリ—1次性のような一般的な性質ではない．

4.　大部分の場合について，Schrödinger 方程式の群は一般的な物理的考察より決定される．

k 番目の電子の座標が x_k, y_k, z_k で表わされる n 個の電子の系を考えよう．[3] Schrödinger 方程式は2種類の変換に対して不変である．第1の変換は電子の置換を表わし，次のような形である，

$$\left.\begin{array}{l}
x_1=x_{\alpha_1};\quad y_1=y_{\alpha_1};\quad z_1=z_{\alpha_1}\\
x_2=x_{\alpha_2};\quad y_2=y_{\alpha_2};\quad z_2=z_{\alpha_2}\\
\cdots\cdots\cdots\cdots\cdots\cdots\cdots\cdots\cdots\cdots\\
x_n=x_{\alpha_n};\quad y_n=y_{\alpha_n};\quad z_n=z_{\alpha_n}.
\end{array}\right\} \tag{11.E.1}$$

ここで $\alpha_1, \alpha_2,\cdots,\alpha_n$ は数1，2，3，…，n の勝手な置換である．このような変換に対する不変性は，すべての電子の物理的同等性によって成り立つ．もちろん同じことは陽子，α-粒子，等にあてはまる．第2種の変換は座標系の回転を記述し，次のような形を持つ，

$$\left.\begin{array}{ll}
x'_1=\beta_{11}x_1+\beta_{12}y_1+\beta_{13}z_1; & y'_1=\beta_{21}x_1+\beta_{22}y_1+\beta_{23}z_1;\\
x'_2=\beta_{11}x_2+\beta_{12}y_2+\beta_{13}z_2; & y'_2=\beta_{21}x_2+\beta_{22}y_2+\beta_{23}z_2;\\
\cdots\cdots\cdots\cdots\cdots\cdots & \cdots\cdots\cdots\cdots\cdots\cdots\\
x'_n=\beta_{11}x_n+\beta_{12}y_n+\beta_{13}z_n; & y'_n=\beta_{21}x_n+\beta_{22}y_n+\beta_{23}z_n;\\
\multicolumn{2}{c}{z'_1=\beta_{31}x_1+\beta_{32}y_1+\beta_{33}z_1}\\
\multicolumn{2}{c}{z'_2=\beta_{31}x_2+\beta_{32}y_2+\beta_{33}z_2}\\
\multicolumn{2}{c}{\cdots\cdots\cdots\cdots\cdots\cdots}\\
\multicolumn{2}{c}{z'_n=\beta_{31}x_n+\beta_{32}y_n+\beta_{33}z_n.}
\end{array}\right\} \tag{11.E.2}$$

---

[3] このように，我々は今後 n 個の変数 $x_1,\cdots,x_n$ の代わりに $3n$ 個の変数 $x_1, y_1, z_1, x_2, y_2, z_2,\cdots, x_n, y_n, z_n$ をとる．

ここで (β_{ik}) は実直交行列である；(11. E. 2) 式は単に違った方位を持つ座標系への遷移を意味する．空間でのすべての方向の物理的同等性は（少なくとも外場が存在しなければ），このような変換に対する不変性を意味する．

明らかに，(11. E. 1) および (11. E. 2) を合成した変換に対して Schrödinger 方程式はまた不変である．変換 (11. E. 1) は n 個の対象の置換群（対称群）に同型な群を作り，(11. E. 2) の変換は3次元回転群に同型な群を作る．

Schrödinger 方程式の群の元を文字 R，S，…によって記述しよう．これらの群の元に対応する演算子は $\mathbf{P}_R$, $\mathbf{P}_S$,… である．解析的には，$\mathbf{P}_R$ は (11.19) によって与えられ，ここでは $\mathbf{R}$ は群の元 R に対応する変換である．しかし，我々は今後，対応する行列の代わりに群の元を $\mathbf{P}$ の添字として用いることにする．こうする理由は，第1に記号がより簡単であり，第2に，対称性の元がそれに対応する行列よりもより基本的な意味を持つからである．$\mathbf{P}_R$ の物理的意味は，ある状態の波動関数 φ から，粒子の役割が入れ換えられた，もしくは新しい方向 x', y', z' が方向 x, y, z の役割を演ずる状態の波動関数 $\mathbf{P}_R\psi$ を作り出すことである．

ある物理量に関していえば，状態 φ と $\mathbf{P}_R\varphi$ が同等である．たとえば，いまの場合エネルギーがこれにあたる．このことは，これらの物理量の測定が φ および $\mathbf{P}_R\varphi$ に対して同じ確率をもって同じ値を与えるということを意味する．この性質を持った物理量に対応する演算子は，変換 $\mathbf{P}_R$ に対して**対称**であるという．逆に，群は物理量の**対称性の群** (symmetry group) といわれる．同一粒子の入れ換えの群および座標系の回転群はエネルギーの対称性の群である．

5. (11.12) あるいは (11.16) において我々は，$\mathbf{P}\psi$ が ψ の固有値に属しているから，$\mathbf{P}\psi$ は ψ の定数倍でなければならないという事実を確立した．l 個の1次的独立な固有関数 ψ_1, ψ_2,…, ψ_l を持つような固有値を考えるもっと一般的な場合では，もはやこの結論を引き出すことはできない．$\mathbf{P}_R\psi_1$, $\mathbf{P}_R\psi_2$, …, $\mathbf{P}_R\psi_l$ はすべて $\psi_1, \psi_2, \cdots, \psi_l$ の1次結合として書かれる（この固有値に対するあらゆる固有関数はこの性質を持つから），とだけいうことができる．

次式を満足する係数を $\mathbf{D}(R)_{\kappa\nu}$ と書こう[4)]

$$\mathbf{P}_R\psi_\nu(x_1, y_1, z_1, \cdots, x_n, y_n, z_n)=\sum_{\kappa=1}^{l}\mathbf{D}(R)_{\kappa\nu}\psi_\kappa(x_1, y_1, z_1, \cdots, x_n, y_n, z_n). \tag{11.23}$$

Sが Schrödinger 方程式の群に属するならば,

$$\mathbf{P}_S\psi_\kappa=\sum_{\lambda=1}^{l}\mathbf{D}(S)_{\lambda\kappa}\psi_\lambda.$$

(11.23) における変数を変換Sにしたがわせることによって，すなわち，$\mathbf{P}_S$ を両辺に適用することによって，我々は次の式を得る ($\mathbf{P}_S$ は１次で，$\mathbf{D}(R)_{\kappa\nu}$ は定数である！)

$$\left.\begin{aligned}\mathbf{P}_S\cdot\mathbf{P}_R\psi_\nu&=\mathbf{P}_S\cdot\sum_{\kappa=1}^{l}\mathbf{D}(R)_{\kappa\nu}\psi_\kappa=\sum_{\kappa=1}^{l}\mathbf{D}(R)_{\kappa\nu}\mathbf{P}_S\psi_\kappa\\&=\sum_{\kappa=1}^{l}\mathbf{D}(R)_{\kappa\nu}\sum_{\lambda=1}^{l}\mathbf{D}(S)_{\lambda\kappa}\psi_\lambda=\sum_{\lambda=1}^{l}\sum_{\kappa=1}^{l}\mathbf{D}(S)_{\lambda\kappa}\mathbf{D}(R)_{\kappa\nu}\psi_\lambda.\end{aligned}\right\} \tag{11.24}$$

一方では $\mathbf{P}_S\cdot\mathbf{P}_R\psi_\nu=\mathbf{P}_{SR}\psi_\nu$, したがって

$$\mathbf{P}_S\cdot\mathbf{P}_R\psi_\nu=\mathbf{P}_{SR}\psi_\nu=\sum_{\lambda=1}^{l}\mathbf{D}(SR)_{\lambda\nu}\psi_\lambda.$$

これから，(11.24) における係数とこの係数を等しいと置くと次の式が導かれる

$$\mathbf{D}(SR)_{\lambda\nu}=\sum_{\kappa=1}^{l}\mathbf{D}(S)_{\lambda\kappa}\mathbf{D}(R)_{\kappa\nu}. \tag{11.25}$$

(11.23) の係数より作られた l 次元行列 $\mathbf{D}(R)$ は，１つの固有値の固有関数 ψ_ν を変換された固有関数 $\mathbf{P}_R\psi_\nu$ に変える．これらの行列は式 $\mathbf{D}(SR)=\mathbf{D}(S)\mathbf{D}(R)$ を満足するから，$\mathbf{H}\psi=E\psi$ を不変にする変換群の表現を作る．表現の次元数はいま問題にしている固有値に属している一次的独立な固有関数 $\psi_1, \psi_2, \cdots, \psi_l$ の数 l に等しい．

(11.12) 式で上の符号が成り立つか下の符号が成り立つかという問題がある

[4)] 添字 $\kappa\nu$ はこの順序に書かれる．したがって，転置 $\mathbf{D}(R)'$ ではなく $\mathbf{D}(R)$ 自身が表現を形成する．(11.25) 参照．

ように，一般的な考察は (11.23) に現われる係数を持つ表現がどんな表現であるかという問題にはほとんど解答を与えない；(11.23) 式は，ちょうど(11.12) と同じく，2つの内の1つ（実際には数個のうちの1つ）を許す．さらに異なった固有値に対しては一般に異なった表現が現われる．

次に，$\mathbf{P}_R$ を定義している方程式と (11.23) を組み合わせてみよう，

$$\mathbf{P}_R\psi_\nu(x'_1, y'_1, z'_1,\cdots, x'_n, y'_n, z'_n)=\psi_\nu(x_1, y_1, z_1,\cdots, x_n, y_n, z_n). \quad (11.18c)$$

もしRを R^{-1} で置き換えるならば，プライムのついた変数とプライムのつかない変数の役割は交換される．したがって，ψ_ν に対する変換の公式は

$$\left.\begin{aligned}\psi_\nu(x'_1, y'_1, z'_1,\cdots, x'_n, y'_n, z'_n)&=\mathbf{P}_{R^{-1}}\psi_\nu(x_1, y_1, z_1,\cdots, x_n, y_n, z_n)\\ &=\sum_{\kappa=1}^{l}\mathbf{D}(R^{-1})_{\kappa\nu}\psi_\kappa(x_1, y_1, z_1,\cdots, x_n, y_n, z_n).\end{aligned}\right\} \quad (11.26)$$

これらの公式は，配位空間において物理的に等価な点での固有関数の値を関係づける．

(11.1) を不変にする群は恒等元とxおよびyの入れ換え$\mathbf{R}$から成り立っている．固有値は単純（仮設によって）であるから，我々は鏡像群の1次元表現を得るはずである．$\mathbf{P}_E$ は恒等演算子であるから

$$\mathbf{P}_E\psi=\psi=1\cdot\psi.$$

すなわち，群の恒等元は行列（1）に対応する．さらに (11.12) は次のことを述べる

$$\mathbf{P}_R\psi=\bar{\psi}=\pm\psi=\pm 1\cdot\psi. \quad (11.12a)$$

ある固有値には，上の符号があてはまる；これらに対して，行列（1）が2つの粒子を入れ換える元$\mathbf{R}$に対応する．その他の固有値には，下の符号があてはまる；これらに対しては行列（−1）が群の元 $\mathbf{R}$ に対応する．このようにして2次の対称群について2種の1次元表現が得られる．1つは $\mathbf{D}(E)=1, \mathbf{D}(R)=(1)$ の対応から成り立ち；他方は $\mathbf{D}(E)=(1)$, $\mathbf{D}(R)=(-1)$ の対応から成り立っている．

6.　もし我々が $\psi_1,\cdots,\psi_l$ の代わりに1次的独立な固有関数 $\psi'_1,\cdots,\psi'_l$ を新しく選ぶならば，ここで

$$\psi'_\mu=\sum_{\nu=1}^{l}\alpha_{\nu\mu}\psi_\nu, \quad (11.27)$$

(11.23) で演算子 $\mathbf{P}$ の群の異なった表現が得られる．そこでこの2つの表現がいかように関係づけられるかという問題が起こってくる．

次のように置いてみよう

$$\psi_\kappa=\sum_\lambda \beta_{\lambda\kappa}\psi'_\lambda, \tag{11.28}$$

ここで β は α の逆行列である．そこで，$\mathbf{P}_R$ の1次性のゆえに，

$$\left.\begin{aligned}\mathbf{P}_R\psi'_\mu&=\sum_\nu \alpha_{\nu\mu}\mathbf{P}_R\psi_\nu=\sum_\nu\sum_\kappa \alpha_{\nu\mu}\mathbf{D}(R)_{\kappa\nu}\psi_\kappa\\ &=\sum_\nu\sum_\kappa\sum_\lambda \alpha_{\nu\mu}\mathbf{D}(R)_{\kappa\nu}\beta_{\lambda\kappa}\psi'_\lambda=\sum_\lambda\Big(\sum_{\kappa\nu}\beta_{\lambda\kappa}\mathbf{D}(R)_{\kappa\nu}\alpha_{\nu\mu}\Big)\psi'_\lambda.\end{aligned}\right\} \tag{11.29}$$

ψ' を $\mathbf{P}_R\psi'$ に変換する行列 $\overline{\mathbf{D}}(R)$ は，$\mathbf{D}(R)$ を α で相似変換すると得られる

$$\overline{\mathbf{D}}(R)=\alpha^{-1}\mathbf{D}(R)\alpha. \tag{11.30}$$

すなわち，与えられた固有値に対する1次的独立な固有関数の異なった選択は対応する表現に相似変換をもたらすのみである：特定の固有値に属する Schrödinger 方程式の群の表現は，相似変換を除いて一義的に決定される．

もし $\mathbf{D}(R)$ によってではなく，それに同値な表現によって変換する固有関数を欲しい場合には，表現 $\mathbf{D}(R)$ を望ましい形の表現 $\overline{\mathbf{D}}(R)$ に変換する変換行列 α によって，固有関数の新しい1次結合を作らねばならない．

一義的に決定された（相似変換を除いて）表現は定性的特性をもち，これによって固有値のいろいろな型が区別される．1重 S 準位に属している表現は，たとえば，3重 P 準位，あるいは1重 D 準位に属する表現とは異なるが，しかし3重 P 準位に属しているすべての表現は同値である．これらの表現は事実上常に既約であり，これが既約表現の重要さに対する1つの理由である．

7.　もし l 個の固有関数 $\psi_1,\cdots,\psi_l$ が互いに直交ならば（我々は常にこのような場合を仮定する），対応する表現はユニタリである．演算子 $\mathbf{P}_R$ のユニタリ性から l 個の関数 $\mathbf{P}_R\psi_1,\cdots,\mathbf{P}_R\psi_l$ はまた直交となる．

$$(\mathbf{P}_R\psi_\kappa, \mathbf{P}_R\psi_\nu) = (\psi_\kappa, \psi_\nu) = \delta_{\kappa\nu}, \tag{11.31}$$

あるいは (11.23) を用いて

$$\left.\begin{aligned}\delta_{\kappa\nu} &= (\mathbf{P}_R\psi_\kappa, \mathbf{P}_R\psi_\nu) = (\sum_\lambda \mathbf{D}(R)_{\lambda\kappa}\psi_\lambda, \sum_\mu \mathbf{D}(R)_{\mu\nu}\psi_\mu) \\ &= \sum_\lambda \sum_\mu \mathbf{D}(R)_{\kappa\kappa}{}^*\mathbf{D}(R)_{\mu\nu}(\psi_\lambda, \psi_\mu) = \sum_\lambda \mathbf{D}(R)_{\lambda\kappa}{}^*\mathbf{D}(R)_{\lambda\nu},\end{aligned}\right\} \tag{11.32}$$

すなわち,

$$\mathbf{1} = \mathbf{D}(R)^\dagger\mathbf{D}(R).$$

すなわち, $\mathbf{D}(R)$ はユニタリである.[5] 結果として, $\mathbf{D}(R)$ が既約ならば, 第9章の直交関係が $\mathbf{D}(R)$ に対して成り立つということを, 直ちに示すことができる.

(11.26) 式はまた次の形に書かれる.

$$\left.\begin{aligned}\psi_\nu(x'_1, y'_1, z'_1, \cdots, x'_n, y'_n, z'_n) \\ &= \sum_\kappa \mathbf{D}(R^{-1})_{\kappa\nu}\psi_\kappa(x_1, y_1, z_1, \cdots, x_n, y_n, z_n) \\ &= \sum_\kappa \mathbf{D}(R)_{\nu\kappa}{}^*\psi_\kappa(x_1, y_1, z_1, \cdots, x_n, y_n, z_n).\end{aligned}\right\} \tag{11.26a}$$

またゼロでない行列式を持つ表現だけが, 我々に関係があるということがわかる.

---

[5] 固有関数は常に直交であるように選ばれているから, これは特に, 表現は必ずユニタリにできる, という事実の簡単な証明である.

第12章　表現論の代数

いま前の章の結果に関係した2，3の代数的考察をしてみよう．まず，幾つかの純粋に数学的定理を導くことから始める．

1. $\mathbf{D}^{(j)}(R)$ がユニタリ演算子 $\mathbf{P}_R$ の群の次元数 l_j の既約ユニタリ表現であり，$f_1^{(j)}, f_2^{(j)}, \cdots, f_{l_j}^{(j)}$ は，

$$\mathbf{P}_R f_\mu^{(j)} = \sum_{\lambda=1}^{l_j} \mathbf{D}^{(j)}(R)_{\lambda\mu} f_\lambda^{(j)} \qquad (\mu=1, 2, \cdots, l_j) \tag{12.1}$$

がすべての $\mathbf{P}_R$ について成り立つような，l_j 個の固有関数であるとしよう．$f_1^{(j)}, f_2^{(j)}, \cdots, f_{\kappa-1}^{(j)}, f_{\kappa+1}^{(j)}, \cdots f_{l_j}^{(j)}$ が (12.1) を満足するときこれらの関数を“パートナー”関数 (partner function) とよび，関数 $f_\kappa^{(j)}$ は既約表現 $\mathbf{D}^{(j)}(R)$ の κ 番目の行に属しているという．この記述は相似変換を含め $\mathbf{D}^{(j)}(R)$ が完全に指定されているときにのみ，意味を持っている．

(12.1) に $\mathbf{D}^{(j')}(R)_{\lambda'\kappa'}^*$ を掛けて群の全体について和をとると（あるいは連続群については積分をする），表現の元の直交性から次のようになる

$$\left.\begin{aligned}\sum_R \mathbf{D}^{(j')}(R)_{\lambda'\kappa'}^* \mathbf{P}_R f_\kappa^{(j)} &= \sum_R \sum_\lambda \mathbf{D}^{(j')}(R)_{\lambda'\kappa'}^* \mathbf{D}^{(j)}(R)_{\lambda\kappa} f_\lambda^{(j)} \\ &= \sum_\lambda \frac{h}{l_j} \delta_{jj'} \delta_{\lambda\lambda'} \delta_{\kappa\kappa'} f_\lambda^{(j)} = \frac{h}{l_j} \delta_{jj'} \delta_{\kappa\kappa'} f_{\lambda'}^{(j)}.\end{aligned}\right\} \tag{12.2}$$

特に，これは，既約表現 $\mathbf{D}^{(j)}(R)$ の κ 番目の行に属しているあらゆる関数 $f_\kappa^{(j)}$ に対して

$$\sum_R \mathbf{D}^{(j)}(R)_{\kappa\kappa}^* \mathbf{P}_R f_\kappa^{(j)} = \frac{h}{l_j} f_\kappa^{(j)} \tag{12.3}$$

であることを意味する．逆に，(12.3) を満足するどんな関数 $f_\kappa^{(j)}$ に対しても1組のパートナー関数 $f_1^{(j)}, f_2^{(j)}, \cdots, f_{\kappa-1}^{(j)}, f_{\kappa+1}^{(j)}, \cdots, f_{l_j}^{(j)}$ が見出され，(12.1)

が全体の組に対して成り立つ．(12.3) 式は，$f_\kappa^{(j)}$ が既約表現 $\mathbf{D}^{(j)}(R)$ の κ 番目の行に属するための必要かつ十分条件である．

(12.2) より，もし $f_\kappa^{(j)}$ がパートナー関数を持つならば，これらは次のようにして与えられることがわかる

$$f_\lambda^{(j)} = \frac{l_j}{h} \sum_S \mathbf{D}^{(j)}(S)_{\lambda\kappa}{}^* \mathbf{P}_S f_\kappa^{(j)}. \qquad (12.3\text{a})$$

我々はこれを $f_1^{(j)}, \cdots, f_{\kappa-1}^{(j)}, f_{\kappa+1}^{(j)}, \cdots, f_{l_j}^{(j)}$ の定義と考える．また仮定によって，(12.3a) は $\lambda=\kappa$ という特別の場合にも正しく，かつすべての $f_\lambda^{(j)}$ に対して成り立つ．いま (12.1) もまたこれらの $f_\lambda^{(j)}$ に対して成り立つことを示す．この目的のため，(12.1) の $f_\mu^{(j)}$, $f_\lambda^{(j)}$ に (12.3a) の右辺を直接に代入すると，

$$\mathbf{P}_R \frac{l_j}{h} \sum_S \mathbf{D}^{(j)}(S)_{\mu\kappa}{}^* \mathbf{P}_S f_\kappa^{(j)} = \sum_\lambda \mathbf{D}^{(j)}(R)_{\lambda\mu} \frac{l_j}{h} \sum_S \mathbf{D}^{(j)}(S)_{\lambda\kappa}{}^* \mathbf{P}_S f_\kappa^{(j)}$$

となる．この式が成り立つことが，(12.1) が実際成り立つということと同等である．しかし，両辺に $\mathbf{P}_{R^{-1}}$ を適用して $\mathbf{D}^{(j)}(R)_{\lambda\mu} = \mathbf{D}^{(j)}(R^{-1})_{\mu\lambda}{}^*$ を代入することによってわかるように，これは恒等的に正しい．$\mathbf{D}^{(j)}(R)$ は表現を作るから，これは次の式を与える

$$\begin{aligned}\sum_S \mathbf{D}^{(j)}(S)_{\mu\kappa}{}^* \mathbf{P}_S f_\kappa^{(j)} &= \sum_S \sum_\lambda \mathbf{P}_{R^{-1}} \mathbf{P}_S \mathbf{D}^{(j)}(R^{-1})_{\mu\lambda}{}^* \mathbf{D}^{(j)}(S)_{\lambda\kappa}{}^* f_\kappa^{(j)} \\ &= \sum_S \mathbf{P}_{R^{-1}S} \mathbf{D}^{(j)}(R^{-1}S)_{\mu\kappa}{}^* f_\kappa^{(j)},\end{aligned}$$

そして S についての代わりに $R^{-1}S$ について右辺の和をとることができる．ゆえに，(12.3) を満足するどんな $f_\kappa^{(j)}$ についても，(12.3a) 式はパートナーを定義し，したがって (12.1) は組の全体について満たされる．

2.　表現 $\mathbf{D}^{(j)}(R)$ の κ 番目の行に属している関数 $f_\kappa^{(j)}$ および $g_\kappa^{(j)}$ の1次結合 $af_\kappa^{(j)}+bg_\kappa^{(j)}$ は，また同じ表現の同じ行に属する．これは (12.3) の1次性から，あるいは定義 (12.1) から直接に導かれる．

3.　もし $\mathbf{D}^{(1)}(R)$, $\mathbf{D}^{(2)}(R),\cdots,\mathbf{D}^{(c)}(R)$ がすべて演算子 $\mathbf{P}_R$ の群の既約表現ならば，$\mathbf{P}_R$ が適用されるあらゆる関数Fは次のような和として書かれる

$$F=\sum_{j=1}^{c}\sum_{\kappa=1}^{l_j}f_\kappa^{(j)}, \tag{12.4}$$

ここで $f_\kappa^{(j)}$ は表現 $\mathbf{D}^{(j)}(R)$ の κ 番目の行に属している．

これを証明するために，h個の関数 $F=\mathbf{P}_E F,\ \mathbf{P}_{A_2}F,\ \mathbf{P}_{A_3}F,\cdots,\mathbf{P}_{A_h}F$ を考えよう．これはFへ群 $\mathbf{P}_R$ のh個の演算を適用したときに生じる．もしこれらの関数が１次的独立でないならば，我々はこれらのうち余分のものを除き，残りのF，$F_2,\cdots,F_{h'}$ の間に１次の関係が存在しないようにできる．これらh'個の関数は群 $\mathbf{P}_R$ の表現を張る．もしこれらの関数に演算子 $\mathbf{P}_R$ の１つを適用するならば，その結果生じる関数は $F, F_2,\cdots,F_{h'}$ の１次結合として書き表わされる．たとえば，$F_k=\mathbf{P}_T F$ とすると，$\mathbf{P}_R\mathbf{P}_T F=\mathbf{P}_{RT}F$．これはそれ自身 F_i のうちの１つであるか，あるいはこれらの１次結合として書き表わされるかのいずれかである．それゆえ

$$\mathbf{P}_R F_k=\sum_{i=1}^{h'}\boldsymbol{\Delta}(R)_{ik}F_i, \tag{12.5}$$

また，行列 $\boldsymbol{\Delta}(R)$ は $\mathbf{P}_R$ の群の表現を作る．これは前章で議論した固有関数の表現の性質に対応する．はっきりいえば，

$$\begin{aligned}\sum_n \boldsymbol{\Delta}(SR)_{nk}F_n=\mathbf{P}_{SR}F_k=\mathbf{P}_S\mathbf{P}_R F_k=\mathbf{P}_S\sum_i \boldsymbol{\Delta}(R)_{ik}F_i\\ =\sum_i\sum_n \boldsymbol{\Delta}(R)_{ik}\boldsymbol{\Delta}(S)_{ni}F_i,\end{aligned}$$

F_n は１次的独立であるから，

$$\boldsymbol{\Delta}(S)\boldsymbol{\Delta}(R)=\boldsymbol{\Delta}(SR).$$

表現を作り出すためのこの方法は，対称群の既約表現を実際に作り出すときに重要な役割を演ずるであろう．最初の関数Fをどう選ぶかによって，多くの種類の表現が得られ，これは既約な表現を求めるのに有用である．

もし (12.5) の表現が既約でないならば，それは相似変換によって，すなわ

ち，すべての行列 $\boldsymbol{\Delta}(R)$ を同時に次の形にする変換行列によって簡約される

$$\begin{pmatrix} \mathbf{D}^{(1)}(R) & \mathbf{0} & \cdots \\ \mathbf{0} & \mathbf{D}^{(2)}(R) & \cdots \\ \vdots & \vdots & \end{pmatrix} = \boldsymbol{\alpha}^{-1}\boldsymbol{\Delta}(R)\boldsymbol{\alpha}, \qquad (12.\mathrm{E}.1)$$

ここで $\mathbf{D}$ はすべてユニタリ既約表現である．そこで第11章第6節にしたがって，$\boldsymbol{\alpha}$ を用いて F_k の1次結合を作ることができ，これは $\mathbf{P}_R$ に対して (12.E 1) にしたがって変換し，その結果既約表現 $\mathbf{D}^{(1)}$, $\mathbf{D}^{(2)}$,… の種々の行に属している．逆に，$\boldsymbol{\alpha}$ が逆行列を持つから，F_k その結果また F もこれらの1次結合として書き表わされる．これをもって，任意の関数が (12.4) の和の形に書き表わされることが証明された．

(12.4) の $f_\kappa^{(j)}$ を計算するために，(12.4) に $\mathbf{P}_R$ を適用し，$\mathbf{D}^{(j)}(R)_{\kappa\kappa}{}^*$ を掛けてすべてのRについての和をとると，次式が得られる

$$\sum_R \mathbf{D}^{(j)}(R)_{\kappa\kappa}{}^*\mathbf{P}_R F = \sum_{j'}\sum_{\kappa'}\sum_R \mathbf{D}^{(j)}(R)_{\kappa\kappa}{}^*\mathbf{P}_R f_{\chi'}{}^{(j')} = \frac{h}{l_j} f_\kappa{}^{(j)}. \qquad (12.6)$$

(12.6) 式の最後の部分は (12.3) に依る．

(12.6) 式は，$\sum_R \mathbf{D}^{(j)}(R)_{\kappa\kappa}{}^*\mathbf{P}_R\cdot F$ が全く任意のFに対して表現 $\mathbf{D}^{(j)}(R)$ の κ 番目の行に属しているということを示している；これは $f_\kappa^{(j)}$ に対する上の式を (12.3) に代入した次式を証明することによってなされる，

$$\frac{l_j}{h}\sum_S \mathbf{D}^{(j)}(S)_{\kappa\kappa}{}^*\mathbf{P}_S\left(\sum_R \mathbf{D}^{(j)}(R)_{\kappa\kappa}{}^*\mathbf{P}_R F\right) = \sum_R \mathbf{D}^{(j)}(R)_{\kappa\kappa}{}^*\mathbf{P}_R F.$$

すなわち，左辺で $SR=T$ と置き換え，S の代わりに T について和をとることによって，左辺は右辺と全く等しいことがわかる．

$$\sum_S \mathbf{D}^{(j)}(S)_{\kappa\kappa}{}^*\mathbf{P}_S\cdot\left(\sum_R \mathbf{D}^{(j)}(R)_{\kappa\kappa}{}^*\mathbf{P}_R F\right) = \sum_{T,R} \mathbf{D}^{(j)}(TR^{-1})_{\kappa\kappa}{}^*\mathbf{P}_T\mathbf{D}^{(j)}(R)_{\kappa\kappa}{}^*F,$$

$$\sum_{T,R}\sum_\lambda \mathbf{D}^{(j)}(T)_{\kappa\lambda}{}^*\mathbf{D}^{(j)}(R^{-1})_{\lambda\kappa}{}^*\mathbf{D}^{(j)}(R)_{\kappa\kappa}{}^*\mathbf{P}_T F = \frac{h}{l_j}\left(\sum_T \mathbf{D}^{(j)}(T)_{\kappa\kappa}{}^*\mathbf{P}_T F\right).$$

ここでRについての足し算は (9.31 a) 式によって行なわれている．

恒等式

$$F=\sum_{j}\sum_{\kappa}\sum_{R}\frac{l_i}{h}\mathbf{D}^{(j)}(R)_{\kappa\kappa}{}^*\mathbf{P}_RF \tag{12.6a}$$

は全く任意のFに対して成り立ち，h個の量 $\mathbf{P}_RF$ がどんな値であるかは問題でない．これは次のようなときにのみ可能である．

$$\sum_{j=1}^{c}\sum_{\kappa=1}^{l_j}\frac{l_j}{h}\mathbf{D}^{(j)}(R)_{\kappa\kappa}{}^*\begin{cases}=1 & R=E \text{ の場合}\\ =0 & R\neq E \text{ の場合}\end{cases}$$

$R=E$ の場合，$\mathbf{D}^{(j)}(E)_{\kappa\kappa}=1$ だから，これはちょうど次の式である

$$\sum_{j=1}^{c}\sum_{\kappa=1}^{l_j}\frac{l_j}{h}=\sum_{j=1}^{c}\frac{l_j{}^2}{h}=1.$$

すなわち，すべての既約表現の次元数の2乗の和は表現された群の位数に等しい．この定理は98頁に述べられているが，証明されてはいない．

4. 異なる既約表現に属する，あるいは同じ表現の異なる行に属する2つの関数 $f_\kappa{}^{(j)}$ および $g_{\kappa'}{}^{(j')}$ は直交する．$f_\kappa{}^{(j)}$ および $g_{\kappa'}{}^{(j')}$ に対して パートナー関数 $f_1{}^{(j)}$, $f_2{}^{(j)}$,…および $g_1{}^{(j')}$, $g_2{}^{(j')}$,… が存在し，したがって，定義によって

$$\mathbf{P}_Rf_\kappa{}^{(j)}=\sum_{\lambda}\mathbf{D}^{(j)}(R)_{\lambda\kappa}f_\lambda{}^{(j)},\qquad \mathbf{P}_Rg_{\kappa'}{}^{(j')}=\sum_{\lambda'}\mathbf{D}^{(j')}(R)_{\lambda'\kappa'}g_{\lambda'}{}^{(j')}.$$

$\mathbf{P}_R$ はユニタリであるから

$$(f^{(j)}{}_\kappa,g_{\kappa'}{}^{(j')})=(\mathbf{P}_Rf_\kappa{}^{(j)},\mathbf{P}_Rg_{\kappa'}{}^{(j')})=\sum_{\lambda}\sum_{\lambda'}\mathbf{D}^{(j)}(R)_{\lambda\kappa}{}^*\mathbf{D}^{(j')}(R)_{\lambda'\kappa'}(f_\lambda{}^{(j)},g_{\lambda'}{}^{(j')}). \tag{12.7}$$

この式を群のすべての演算子 $\mathbf{P}_R$ について足すことによって次の式が導かれる

$$h(f_\kappa{}^{(j)},g_{\kappa'}{}^{(j')})=\frac{h}{l_j}\delta_{jj'}\delta_{\kappa\kappa'}\sum_{\lambda}(f_\lambda{}^{(j)},g_\lambda{}^{(j')}). \tag{12.8}$$

これは，第1に上述の基本的な定理，すなわち $(f_\kappa{}^{(j)},\ g_{\kappa'}{}^{(j')})$ は $j\neq j'$ あるいは $\kappa\neq\kappa'$ の場合にゼロとなるということ，そして第2に $(f_\kappa{}^{(j)},\ g_\kappa{}^{(j)})$ はすべてのパートナーに対して等しい，すなわち，κ によらないことを意味する．

5. 前章では $\mathbf{P}_R$ について対称な演算子のことを述べた；たとえば，ハミルトニアン演算子 $\mathbf{H}$ は (11. E.1) および (11. E.2) の演算について対称であった．これは，$\mathbf{P}_R$ が同一粒子の役割の入れ換え等のような，$\mathbf{H}$ の観点からは

無関係な変化のみを関数に与えるということを意味する．

いまこの概念をもう少し精密化してみよう．我々が考える対称な演算子は常にエルミート演算子で，エネルギーのような物理的な量に対応する．ある演算子が $\mathbf{P}_R$ について対称であるとき，$\mathbf{P}_R$ はユニタリ演算子である．しかしながら，これらは物理的な量に対応しない；むしろ，これらは状態の波動関数を他の状態の波動関数に変換する．もしある演算子 $\mathbf{S}$ に対してすべての $\mathbf{P}_R\varphi$ がちょうど φ が振舞うように振舞うとき，演算子 $\mathbf{S}$ は対称であるという．この定義が前章の定義と一致するということは直ぐ明らかになってくる．

$\mathbf{S}$ が $\mathbf{P}_R$ に対して対称な演算であり，そして ψ がその固有関数の1つである，すなわち $S\psi=s\psi$，ということは，状態 ψ において $\mathbf{S}$ が対応する量の測定は確かに値 s を与えることを意味する．このことはまた $\mathbf{P}_R\psi$ に対しても成り立たなければならない；すなわち，$\mathbf{P}_R\psi$ もまた固有値 s に属している $\mathbf{S}$ の1つの固有関数でなければならない．

$\mathbf{S}\psi=s\psi$ の両辺に $\mathbf{P}_R$ を適用すると，$\mathbf{P}_R\mathbf{S}\psi=\mathbf{P}_R s\psi=s\mathbf{P}_R\psi$ となる．この式と $\mathbf{S}\mathbf{P}_R\psi=s\mathbf{P}_R\psi$ とから $\mathbf{S}\mathbf{P}_R\psi=\mathbf{P}_R\mathbf{S}\psi$ が導かれる；ここでは固有値はもはや含まれていないから，この式は $\mathbf{S}$ のあらゆる固有関数に対して成り立たねばならない．この関係は1次であるから固有関数のあらゆる1次結合に対して同じようによく成り立ち，したがってすべての関数に対して成り立つ．ゆえに，これは演算子の恒等式 $\mathbf{S}\mathbf{P}_R=\mathbf{P}_R\mathbf{S}$ を意味する：$\mathbf{P}_R$ に対して対称な演算子はすべての $\mathbf{P}_R$ と交換する．したがって $\mathbf{S}$ と $\mathbf{P}_R$ がある関数にどんな順序に適用されても結果は変らない．$\mathbf{S}$ は $\mathbf{P}_R$ に対して不変であるという．

演算子 $\mathbf{S}$ を (12.1) に適用することによって，もし $f_\kappa^{(j)}$ が $\mathbf{D}^{(j)}$ の κ 番目の行に属するならば，$\mathbf{S}f_\kappa^{(j)}$ もまたそうであることがわかる．そこで (12.8) から

$$(f_\kappa^{(j)}, \mathbf{S}g_{\kappa'}^{(j')})=\delta_{jj'}\delta_{\kappa\kappa'}(f_\lambda^{(j)}, \mathbf{S}g_\lambda^{(j)}) \tag{12.8a}$$

は $j\neq j'$ あるいは $\kappa\neq\kappa'$ の場合ゼロとなる；また $j=j'$, $\kappa=\kappa'$ では κ によらない．

これらの定理は実際非常に一般的に成り立つのであるが，これらは演算子の最も簡単な群についてのみひろく知られている．これらの定理がよく知られている群の1例は恒等演算子 $\mathbf{P}_E$ と第11章の（11.15）の演算子から成り立っている場合である，

$$\mathbf{P}_R f(x)=f(-x),\quad \mathbf{P}^2{}_R=\mathbf{P}_E.$$

群 $\mathbf{P}_E, \mathbf{P}_R$ は鏡像群である．それは2つの既約表現を持ち，共に1次元である：

$$\mathbf{D}^{(1)}(E)=(1),\quad \mathbf{D}^{(1)}(R)=(1)\quad \text{および}\quad \mathbf{D}^{(2)}(E)=(1),\quad \mathbf{D}^{(2)}(R)=(-1).$$

第1の表現（それはたった1つの行を持っている）に属する関数に対して，(12.1) は次のようになる

$$\mathbf{P}_R f^{(1)}(x)=f^{(1)}(-x)=1\cdot f^{(1)}(x).$$

これらは x の偶関数である．第2の表現に属する関数に対しては，(12.1) は

$$\mathbf{P}_R f^{(2)}(x)=f^2(-x)=-1\cdot f^{(2)}(x).$$

これらは x の奇関数である．$f^{(1)}(x)$ に対して (12.3) 式は

$$\mathbf{D}^{(1)}(E)\mathbf{P}_E f^{(1)}(x)+\mathbf{D}^{(1)}(R)\mathbf{P}_R f^{(1)}(x)=1f^{(1)}(x)+1f^{(1)}(-x)=\frac{2}{1}f^{(1)}(x),$$

また $f^2(x)$ に対しては

$$\mathbf{D}^{(2)}(E)\mathbf{P}_E f^{(2)}(x)+\mathbf{D}^{(2)}(R)\mathbf{P}_R f^{(2)}(x)=1f^{(2)}(x)-1f^{(2)}(-x)=\frac{2}{1}f^{(2)}(x).$$

逆に，これらの式から $f^{(1)}(x)$ は偶関数で，$f^{(2)}(x)$ は奇関数であることがわかる．もちろん，あらゆる関数は偶および奇の部分に分解され，あらゆる偶関数はあらゆる奇関数に直交であるということはよく知られている．

6.　いままで我々は，表現がある任意の方法で決定されると仮定しなければならなかった．同じ任意性は $f_\kappa^{(j)}$ の定義に存在する：既約表現の κ 番目の行に属する関数は一般に同値な表現の κ 番目の行に属さない．いまから述べる幾つかの定理は，このような表現の特別の選び方には依らない．

既約表現 $\mathbf{D}^{(j)}(R)$ の κ 番目の行に属するあらゆる関数 $f_\kappa^{(j)}$ に対して，(12.2) によって，次式が成り立つ，

$$\sum_R \mathbf{D}^{(j)}(R)_{\lambda\lambda}{}^*\mathbf{P}_R f_\kappa^{(j)}=\frac{h}{l_j}\delta_{\kappa\lambda}f_\kappa^{(j)}. \tag{12.2a}$$

λ について1から l_j まで足すと，これは次のようになる，

$$\sum_R \chi^{(j)}(R)^*\mathbf{P}_R f_\kappa^{(j)}=\frac{h}{l_j}f_\kappa^{(j)}\quad (\kappa=1,2,\cdots,l_j). \tag{12.9}$$

(12.9) で κ はもはや本質的でないから，(12.9) は表現 $\mathbf{D}^{(j)}(R)$ の任意の行に属しているすべての関数について満足され，またこのような関数の任意の1次結合によっても満足される．(12.9) を満足する関数を，表現 $\mathbf{D}^{(j)}(R)$ に属するという．指標と同じく，このことは表現の特別の形に依らない．逆に，(12.9) を満足するあらゆる関数は，おのおのが表現 $\mathbf{D}^{(j)}(R)$ の1つの行に属する関数の1次結合である．(12.9) によって

$$\frac{h}{l_j}f^{(j)}=\sum_R \chi^{(j)}(R)^*\mathbf{P}_R f^{(j)}=\sum_\lambda\sum_R \mathbf{D}^{(j)}(R)_{\lambda\lambda}{}^*\mathbf{P}_R f^{(j)}. \tag{12.10}$$

しかし(12.3)によって，$\sum_R \mathbf{D}^{(j)}(R)_{\lambda\lambda}{}^*\mathbf{P}_R F$ の形のあらゆる関数は表現 $\mathbf{D}^{(j)}(R)$ の λ 番目の行に属する．

また (12.10) より，異値，既約表現に属する関数は互いに直交であることが導かれる．さらに，あらゆる関数 F は次のような和に分解される

$$F=\sum_{j=1}^{c} f^{(j)}, \tag{12.11}$$

ここで $f^{(j)}$ は表現 $\mathbf{D}^{(j)}(R)$ に属する．これを示すためには，(12.4) 式を次のように書き直すだけでよい，

$$\left.\begin{aligned} F&=\sum_{j=1}^{c} f^{(j)} \\ f^{(j)}&=\sum_{\kappa=1}^{l_j} f_\kappa{}^{(j)}. \end{aligned}\right\} \tag{12.4a}$$

このように与えられた既約表現に属する関数は，既約表現の1つの行に属する関数と全く類似した特性を持っている．ある種類の関数の1次結合は再びその種類の関数である；任意の関数は，1つの種類の関数の和として書かれる；異なる種類の2つの関数は常に互いに直交である；また $\mathbf{P}_R$ に対して不変である演算子 $\mathbf{S}$ は，与えられた種類の関数を同種類の別の関数に変換する．

ここで述べられた関数についての一般的な定理は，次のような記述によって総括される，すなわち，異なった種類の関数（異なった既約表現に属しているか，あるいは同じ既

約表現の異なった行に属している）は，すべての $\mathbf{P}$ やその関数のように，すべての不変演算子 $\mathbf{S}$ と交換するエルミート演算子の異なった固有値に属する．

演算子 $\mathbf{O}_{j\kappa}$ はFを次のように変換するとしよう

$$\mathbf{O}_{j\kappa}F=\sum_R \mathbf{D}^{(j)}(R)_{\kappa\kappa}{}^*\mathbf{P}_R F \qquad (12.12)$$

あるいは，この節で考えられた場合においては次のように変換する

$$\mathbf{O}_j F=\sum_R \chi^{(j)}(R)^*\mathbf{P}_R F. \qquad (12.12a)$$

このような演算子 $\mathbf{O}_{j\kappa}$ は2つの固有値，0 および h/l_j, を持つ．表現 $\mathbf{D}^{(j)}(R)$ の κ 番目の行に属する，あるいは単に表現 $\mathbf{D}^{(j)}(R)$ に属するすべての関数は固有値 h/l_j に対応する．既約な表現 $\mathbf{D}^{(j)}(R)$ の他の行に属する（あるいは他の表現に属する）関数は固有値0に対応する．

上の定理は演算子 (12.12), (12.12 a) の固有関数の直交性ならびに完全性の関係以外のなに物でもない．これらと通常のエルミート演算子との違いは，全く，(12.12) および (12.12 a) が**無限に縮退した演算子**であるということであり，この2個の固有値両方には無限に多くの1次的独立な固有関数が属しているという事実より生ずる．演算子 $l_j\mathbf{O}_j/h$ は，また数学の文献では巾等元 (idempotent) あるいは射影演算子といわれ，$(l_j\mathbf{O}_j/h)^2=l_j\mathbf{O}_j/h$ という性質を持っている．

7. 話を再び Schrödinger 方程式 $\mathbf{H}\psi=E\psi$ にもどそう．前の章で我々は，（相似変換を除いて）一義的に決定された群 $\mathbf{P}_R$ の表現が $\mathbf{H}$ の各固有値に属している，ということを知った．一方では，この相似変換は我々が自由に選べるということもまたわかっている．このことは，我々が用いようとする固有関数の特別な1次結合を指定することを意味する．

個々の固有値の表現は，これらが既約でない限り，簡約された形になっていると仮定すると都合よいことが多い．

$$\boldsymbol{\Delta}(R)=\begin{pmatrix} \mathbf{D}^{(1)}(R) & \mathbf{0} & \cdots & \mathbf{0} \\ \mathbf{0} & \mathbf{D}^{(2)}(R) & \cdots & \mathbf{0} \\ \vdots & \vdots & & \vdots \\ \mathbf{0} & \mathbf{0} & \cdots & \mathbf{D}^{(s)}(R) \end{pmatrix}. \qquad (12.13)$$

ここで $\mathbf{D}^{(1)}(R),\cdots,\mathbf{D}^{(s)}(R)$ は単に既約表現（相互に異なっている必要はない）であり，$\boldsymbol{\Delta}(R)$ の s 個の既約な成分である．これらの次元数を $l_1, l_2,\cdots, l_s$ としよう．いま考えている固有値に対する表現が上の形をとったとき，対応する固

有関数の1次結合を次のように表わそう

$$\psi_1^{(1)}, \psi_2^{(1)}, \cdots, \psi_{l_1}^{(1)}, \psi_1^{(2)}, \psi_2^{(2)}, \cdots, \psi_{l_2}^{(2)}, \cdots, \psi_1^{(s)}, \psi_2^{(s)}, \cdots, \psi_{l_s}^{(s)}$$

いまこの固有値に対する前の章の (11.23) 式を書くならば,

$$\mathbf{P}_R \psi_\kappa^{(j)} = \sum_\nu \mathbf{D}^{(j)}(R)_{\nu\kappa} \psi_\nu^{(j)}. \tag{12.14}$$

((12.13) におけるゼロのために, $\mathbf{P}_R \psi_\kappa^{(j)}$ は直ちに同じ上の添字を持つ ψ_ν の1次結合として表わされる.) しかし (12.14) は $\psi_\nu^{(j)}$ が (12.3) を満足することを意味する. 固有関数 $\psi_\kappa^{(j)}$ は表現 $\mathbf{D}^{(j)}$ の κ 番目の行に属し, そのパートナーは $\psi_1^{(j)}, \psi_2^{(j)}, \cdots, \psi_{l_j}^{(j)}$ である.

変換公式 (12.14) の形は, 我々が (12.13) の固有値を s 個の偶然に一致した固有値と考えることを暗示する. 固有関数 $\psi_1^{(1)}, \psi_2^{(1)}, \cdots, \psi_{l_1}^{(1)}$ は第1の固有値に属し; $\psi_1^{(2)}, \psi_2^{(2)}, \cdots, \psi_{l_2}^{(2)}$ が第2に; そして $\psi_1^{(s)}, \psi_2^{(s)}, \cdots, \psi_{l_s}^{(s)}$が最後の固有値に属する. これらの固有値のおのおのに**1つの既約表現**が属する. 結果として, もし全体の固有値スペクトルをこのように見なすならば, 1つの既約表現が各固有値に対応し, 既約表現の1つの行が各固有関数に対応する; 固有関数のパートナーは同じ固有値に属している他の固有関数である, ということができる.

一般には, 非常に多くの固有値がある与えられた表現に対応するであろう. したがって, さらに表現が属するすべての準位に対して表現を同じ形にとることによって, 表現公式を統一することが可能である.

パートナーである幾つかの固有関数が1つの固有値に属するとき, "正常縮退" という. この他に, (12.13) の固有値についてそうであったように, もし幾つかの固有値が一致するならば, **偶然縮退**という. これは非常にまれに起こり, 実際の Schrödinger 方程式では例外的にしか現われないと仮定する.

8. 上に展開した概念に精通するために, いま Rayleigh–Schrödinger の摂動論にこれらを使ってみよう. まず "摂動のない" 問題の固有値 E から始めよう. ここで偶然の縮退はないとする. Schrödinger 方程式の群の対応する表現はそこで既約であり，固有関数 $\psi_{E1}, \psi_{E2}, \cdots, \psi_{El}$ は既約表現の異なる行に属する．我々は，最初のハミルトニアン演算子 $\mathbf{H}$ に“対称な摂動” $\lambda\mathbf{V}$ を加える．これは $\mathbf{H}$ の対称性の群をかき乱さないような性質のものである，すなわち，これはそれ自身，この章の意味での対称演算子である．エネルギーのずれに対して第1近似 ΔE についての永年方程式を定式化するために，我々は行列要素 $(\psi_{E\kappa}, \mathbf{V}\psi_{E\kappa'})$ を計算しなければならない．(12.8a) によって，これは $\kappa\neq\kappa'$ の場合すべてゼロであり，$\kappa=\kappa'$ の場合すべて等しい．これらの共通の値を v_E で表わすと，永年方程式は次のような形を持ち

$$\begin{vmatrix} \lambda v_E-\Delta E & 0 & \cdots & 0 \\ 0 & \lambda v_E-\Delta E & \cdots & 0 \\ \vdots & \vdots & & \vdots \\ 0 & 0 & \cdots & \lambda v_E-\Delta E \end{vmatrix}=0$$

そして l-重根 λv_E を持つ．このように，第1近似で，固有値は分離しない．さらに，これらは任意の高い近似においてさえも分離することはできない，その理由は，たとえば，l_1 個および l_2 個の固有関数を持つ $(l_1+l_2=l)$ 2つの固有値 E_1 および E_2 へ分離したとしよう．E_1 についての l_1 個の固有関数は $\mathbf{P}$ に対してそれら自身の間で変換しなければならず，次元数 l_1 の1つの表現が対応しなければならない．また $l_1<l$ であるから，この表現は摂動のない固有値のもとの既約表現を含むことはできない．そこで E_1 のこれらの l_1 個の固有関数は，E のすべての l 個の固有関数と直交するし，かつこれらやこれらの1次結合から連続的な方法で得られない．1個の既約表現を持つ1つの固有値は，“対称な摂動”のもとでその表現を保持し，分離することはできない．

9.　いまある1つの固有値を考えよう．この固有値の表現 $\mathbf{\Delta}(R)$ は $\mathbf{D}^{(1)}(R)$, $\mathbf{D}^{(2)}(R), \cdots$ を $a_1, a_2, \cdots$ 回含んでいるとしよう．第7節に詳述したように，我々はまた，表現 $\mathbf{D}^{(1)}(R)$ を持つ a_1 個の固有値，表現 $\mathbf{D}^{(2)}(R)$ を持つ a_2 個の固有値，等，が偶然に一致している，ということができる．いま対称な摂動 $\lambda\mathbf{V}$ を作用させると，起こり得る最も大きな変化は偶然に縮退した固有値の分離である．そして摂動の後では表現 $\mathbf{D}^{(1)}(R)$ を持つ a_1 個の固有値，表現 $\mathbf{D}^{(2)}(R)$

を持つ a_2 個の固有値，等があるであろう．一般に，これら $a_1+a_2+\cdots$ 個の固有値はすべて違った値を持つであろう．表現 $\mathbf{D}^{(1)}(R)$ を持つ正確に a_1 個の固有値が摂動の後に現われなければならないという事実は，表現 $\mathbf{D}^{(1)}(R)$ に属する固有関数の数 $a_1 l_1$ が変わることができないという事実から導かれる．もしこの数が変化すれば，固有関数がそれらの既約表現への対応を変えたということに対応する．しかしいままでに明らかになっているように，このようなことは連続的には起こり得ない．

第8節では1個の既約表現を持つある1つの固有値を考えた．この固有値に属する l 個の固有関数は，対称な摂動によって分離できない．このことは，1つの固有値に l 個の1次的独立な固有関数が属していることを“本来の縮退”と名付けることを正当化している．

上に考えたような，可約表現に対応する固有値は，表現 $\mathbf{D}^{(1)}(R)$ の a_1 個の固有値，表現 $\mathbf{D}^{(2)}(R)$ の a_2 個の固有値，等から成り立っているという．これら $a_1, a_2, \cdots$ 個の固有値の一致を，偶然縮退という．なぜならば摂動がない場合のその存在は問題のハミルトニアンの特別な性質に関係があるからである．これは問題の対称性から導かれるものではない．

10. $\mathbf{H}+\lambda\mathbf{V}$ の固有関数が1つの既約表現の1つの行に属すると仮定することができるという事実は，正確な固有関数についてのみでなく，摂動の計算における逐次近似のすべての次数についてもまた成り立つ．まず，正確な固有関数，すなわち λ についての級数全体について明らかに成り立つ．しかしこれが全体の級数について成り立ち，かつ λ の任意の値について成り立つならば，それはまたあらゆる項について別々に成り立たなければならない．

特に，与えられた固有値 E の固有関数の第1近似に対する“正しい1次結合”として，同じ既約表現の同じ行に属する E の固有関数のみを含む1次結合であるように，選ぶことができる．もし E に対する表現が与えられた既約表現 $\mathbf{D}^{(j')}(R)$ をただ1回含むならば，E は，たとえば，$\mathbf{D}^{(j')}(R)$ の κ 番目の行に属するようなただ1つの固有関数 $\psi_\kappa^{(j')}$ を持ち，$\psi_\kappa^{(j')}$ 自身がすでに“正しい1次結合”である．対応する固有値は

$$(\psi_{\kappa}^{(j')}, (\mathbf{H}+\lambda\mathbf{V})\psi_{\kappa}^{(j')}).$$

もしEに対する表現が既約表現 $\mathbf{D}^{(j)}(R)$ を数回，たとえばa_j回，含むならば，E は a_j 個の固有関数 $\psi_{\kappa1}^{(j)}, \psi_{\kappa2}^{(j)}, \psi_{\kappa3}^{(j)}, \cdots, \psi_{\kappa a_j}^{(j)}$ を含み，これらは $\mathbf{D}^{(j)}(R)$ の同じ（κ 番目の）行に属する．正しい１次結合はこれら a_j 個の固有関数の１次結合である；これらの１次結合は計算なしには完全に決定されない．

すべての場合，始めから既約表現の１つの行に属するEの固有関数の１次結合 $\psi_{\kappa\rho}^{(j)}$ を使う方が都合がよい．そこで（12.8 a）によって，式

$$(\psi_{\kappa\rho}^{(j)}, \mathbf{V}\psi_{\kappa'\rho'}^{(j')})=\mathbf{V}_{j\kappa\rho;j'\kappa'\rho'}=\delta_{jj'}\delta_{\kappa\kappa'}v^{j}_{\rho\rho'}$$

は $j\neq j'$ あるいは $\kappa\neq\kappa'$ の場合ゼロでなければならない．E に対する永年方程式，

$$|\mathbf{V}_{j\kappa\rho;j'\kappa'\rho'}-\Delta E\mathbf{1}|=0,$$

は，ゆえに，本質的に簡単化される．もっとよく調べてみるとわかるように，それは別個の小さな“既約永年方程式”にわかれる．この永年方程式の次元数は数 a_j で，これは固有値Eに属する表現に含まれている同じ既約表現の現われる回数を指定する．

より高い近似においてさえも，固有値の変化および表現$\mathbf{D}^{(j)}(R)$ の固有関数は，この表現の固有値および固有関数だけを使うことによって計算される．この表現の与えられた行に属する固有関数のみを考えることでまさに十分である．(5.22) によって，たとえば，第２近似は

$$F_{k\nu}=E_k+\lambda(\psi_{k\nu}, \mathbf{V}\psi_{k\nu})+\lambda^2\sum_{E_l\neq E_k}\frac{|(\psi_l, \mathbf{V}\psi_{k\nu})|^2}{E_k-E_l}.$$

いまもし ψ_l が $\mathbf{D}^{(j)}(R)$ とは異なる表現あるいは $\psi_{k\nu}$ の行以外の $\mathbf{D}^{(j)}$ の行に属するならば，項 $(\psi_l, \mathbf{V}\psi_{k\nu})$ はゼロとなり，これは簡単に考察から削除できる．

11.　もし $\mathbf{H}$ の摂動 $\lambda\mathbf{V}$ が $\mathbf{P}$ の全体の群に対して不変でなく，部分群につい

てのみ不変ならば，この部分群の既約表現に属する固有関数が導入されなければならない．$\mathbf{H}$ の固有関数および固有値は $\mathbf{P}$ の全体の群の既約表現に対応すると仮定される．そこで部分群の元に対応する行列はこの部分群の表現として解釈されてよい．すべての $\mathbf{P}$ に対して，そして特に部分群の $\mathbf{P}_R$ に対して，次式が成り立つ，

$$\mathbf{P}_R\psi_\kappa{}^{(j)}=\sum_\lambda \mathbf{D}^{(j)}(R)_{\lambda\kappa}\psi_\lambda{}^{(j)}.$$

しかしながら，部分群の R に対して $\mathbf{D}^{(j)}(R)$ は既約である必要はなく，部分群の既約表現に属する関数を得るために，これらは簡約されなければならない．部分群の表現として $\mathbf{D}^{(j)}(R)$ の既約な成分の数や型は固有値の数や型を与え，この固有値に問題となっている固有値が分離できる．

Schrödinger 方程式の固有値を特徴づける際，n 個の元の対称群および3次元回転群の既約表現の知識が本質的であることを我々は知っている．したがってこれらの表現を決定することを次に述べよう．

12.　この章全体では演算子 $\mathbf{P}_R$ について，これらは群を作り，そしてこれらは1次でユニタリである（たとえば，(11.22) 式は用いられて**いない**），ということのみを仮定することが必要であった．この他に，$\mathbf{P}_R$ は $\mathbf{H}$ の与えられた固有値の固有関数を同じ固有値の固有関数に変換することのみが仮定された．実際これらの仮定はすでに変換式 (11.23)（これを我々はそこでの議論において出発点として用いた）および (11.23) に現われている係数が演算子 $\mathbf{P}_R$ の群の表現を作るという事実を意味する．

我々はここで，スピンを持つ固有関数に対して $\mathbf{P}_R$ の役割を演ずる演算子について（これらは $\mathbf{O}_R$ とよばれる），(11.22) 式がもはや成り立たないことに注意する．さらに，配位空間の対称性の群はこれらの演算子の群に同型でなく，単に類型である．(11.23) の係数はそこで演算子 $\mathbf{O}_R$ の群の表現を作るであろうが，配位空間の対称性の群の表現を作らない．この章の他のすべての定理，たとえば，異なる既約表現に属する固有関数の直交性など，はそのまま成り立つ．

第13章　対　称　群

1.　n次対称群の元はn個の対象の置換，あるいは入れ換えである．その位数は $n!$ である．1を α_1，2を $\alpha_2, \cdots$，そして，最後に，nを α_n によって置き換える置換は$\begin{pmatrix} 1 & 2 & \cdots & n \\ \alpha_1 & \alpha_2 & \cdots & \alpha_n \end{pmatrix}$で表わされる．これは$\begin{pmatrix} k_1 & k_2 & \cdots & k_n \\ \alpha_{k_1} & \alpha_{k_2} & \cdots & \alpha_{k_n} \end{pmatrix}$と同じ置換である，なぜならば両方共あらゆる$k$を α_k に変換するからである．ここで $k_1, k_2, \cdots, k_n$ は数1，2，3，nの任意の配列である．2つの置換
$A=\begin{pmatrix} 1 & 2 & \cdots & n \\ \alpha_1 & \alpha_2 & \cdots & \alpha_n \end{pmatrix}$および $B=\begin{pmatrix} 1 & 2 & \cdots & n \\ \beta_1 & \beta_2 & \cdots & \beta_n \end{pmatrix}$ の積に対して，我々はこの2つを続けて適用すると理解する．置換Aはkを α_k に変換し，Bはこれを β_{α_k} に変換する，したがって AB はkを β_{α_k} に変換する．変換（11.E.1）はn次対称群に同型な群を作る；これらの変換は点 $x_1, x_2, \cdots, x_n$ を点 $x_{\alpha_1}, x_{\alpha_2}, \cdots, x_{\alpha_n}$ に変換する；ゆえに，これらは上の置換Aに対応する．

置換に対して別の表記法がある．これでは置換は“循環に分解される”．循環 $(r_1 r_2 \cdots r_\lambda)$ はあらゆる元 r_k をそれに続く元，r_{k+1} によって置き換える置換である．ただし循環の最後の元，r_λ は第1の元 r_1 によって置き換えられる．循環 $(r_1 r_2 \cdots r_\lambda)$ は置換$\begin{pmatrix} r_1 & r_2 & \cdots & r_\lambda \\ r_2 & r_3 & \cdots & r_1 \end{pmatrix}$ と全く同じである．これはまた循環 $(r_2 r_3 \cdots r_\lambda r_1)$ あるいは $(r_3 r_4 \cdots r_\lambda r_1 r_2)$ と等しい．

共通な元を持たない循環は交換する．たとえば，

$$(1\,3\,5)(2\,4\,6\,7)=(2\,4\,6\,7)(1\,3\,5)=\begin{pmatrix} 1\,3\,5\,2\,4\,6\,7 \\ 3\,5\,1\,4\,6\,7\,2 \end{pmatrix}.$$

置換の循環への分解という意味は，置換を交換する循環の積に書き換えることである．個々の循環の順序，および各循環の最初の元は勝手に選んでよい．循環への分解は，たとえば，元1をもって始め，その後に1が変換される元を置き，次にこれが変換される元を置く，等によって達成することができる．最後に，1に変換される元が現われる；これが第1の循環の最後の元である．次

にこの循環にまだ含まれていない他の元を任意に選び，同じ過程を繰り返す．この手続きを全体の置換が無くなるまで続ける．

たとえば，置換$\begin{pmatrix}1&2&3&4&5&6\\3&4&6&2&5&1\end{pmatrix}$は（136)(24)(5）のように循環に分解されて，これは (361)(24)(5) に等しく，また (24)(5)(136) に等しい，これは循環の順序は意味を持たないからである．

循環の数が同じでかつ各循環が同じ長さである2つの置換は同じ類に含まれる．2つの循環

$$R=(r_1r_2\cdots r_{\mu_1})(r_{\mu_1+1}r_{\mu_1+2}\cdots r_{\mu_2})\cdots(r_{\mu_{\rho-1}+1}\cdots r_{\mu_\rho})$$

および

$$S=(s_1s_2\cdots s_{\mu_1})(s_{\mu_1+1}s_{\mu_1+2}\cdots s_{\mu_2})\cdots(s_{\mu_{\rho-1}+1}\cdots s_{\mu_\rho})$$

は次の T によって互いに変換される

$$T=\begin{pmatrix}s_1\ s_2\cdots s_{\mu_1}\ s_{\mu_1+1}\ s_{\mu_1+2}\cdots s_{\mu_2}\cdots s_{\mu_{\rho-1}+1}\cdots s_{\mu_\rho}\\ r_1r_2\cdots r_{\mu_1}r_{\mu_1+1}r_{\mu_1+2}\cdots r_{\mu_2}\cdots r_{\mu_{\rho-1}+1}\cdots r_{\mu_\rho}\end{pmatrix}$$

および

$$T^{-1}=\begin{pmatrix}r_1r_2\cdots r_{\mu_1}r_{\mu_1+1}r_{\mu_1+2}\cdots r_{\mu_2}\cdots r_{\mu_{\rho-1}+1}\cdots r_{\mu_\rho}\\ s_1\ s_2\cdots s_{\mu_1}s_{\mu_1+1}\ s_{\mu_1+2}\cdots s_{\mu_2}\cdots s_{\mu_{\rho-1}+1}\cdots s_{\mu_\rho}\end{pmatrix}.$$

すなわち，$S=TRT^{-1}$ 逆に，R から T によって作られるあらゆる置換の循環の長さは再び $\mu_1, \mu_2-\mu_1, \cdots, \mu_\rho-\mu_{\rho-1}$ となる．

ゆえに，もし2つの置換が同じ類にあるかどうかを決めたい場合には両方で最も長い循環をまず置き，次に2番目に長いものを置く，等，とすればよい．最も短いものが最後の位置になる．すべての循環の長さ $\lambda_1=\mu_1$, $\lambda_2=\mu_2-\mu_1$, $\cdots$, $\lambda_\rho=\mu_\rho-\mu_{\rho-1}(\lambda_1\geqslant\lambda_2\geqslant\cdots\geqslant\lambda_\rho$ で $\lambda_1+\lambda_2+\cdots+\lambda_\rho=\mu_\rho=n)$ が，2つの置換で同じならば，これらは同じ類に属し，さもなければこれらは同じ類に属さない．このように類の数は循環の異なる可能な長さの数，すなわち，条件 $\lambda_1\geqslant\lambda_2\geqslant\cdots\geqslant\lambda_\rho$ および $\lambda_1+\lambda_2+\cdots+\lambda_\rho=n$ を満足するような列 $\lambda_1, \lambda_2, \cdots, \lambda_\rho$ の数に等

しい．この数，すなわち，順序に関係なく[1] n の正の整数を幾つかの整数に分割する仕方の総数を n の“分割の数”(partition number) という．第9章によって異なる既約表現の数は類の数に等しく，したがって n の分割の数に等しい．

たとえば，4次対称群（位数24）は5つの異なる類を持つ．次の元のおのおのが1つの類を代表する：E=(1)(2)(3)(4)；(12)(3)(4)；(12)(34)；(123)(4)；(1234)．したがってこの群は5つの既約表現を持つはずである．3次対称群は3つの類を持つ：E=(1)(2)(3)；(12)(3)；(123)．これらは第9章ですでに議論された3つの既約表現に対応する．

1項循環はしばしば省略される．たとえば，(12)(3)(4) は単に (12) と書かれる．

2．最も簡単な置換——恒等置換を除いて——は単に2つの元の入れ換えである．このような置換は**転置**とよばれる；循環によってそれは (kl) と書かれる．あらゆる置換は若干の転置の積として書かれる．たとえば，1つの循環のみから成り立つ置換は次のように書かれる

$$(\alpha_1\alpha_2\cdots\alpha_\lambda)=(\alpha_1\alpha_2)(\alpha_1\alpha_3)\cdots(\alpha_1\alpha_\lambda).$$

明らかに，同様のことが幾つかの循環の積について成り立ち，したがってあらゆる置換について成り立つ．

偶および奇置換の概念は行列式の理論において重要な役割を演ずる．行列式の値

$$\begin{vmatrix} a_{11} & a_{12} & \cdots & a_{1n} \\ a_{21} & a_{22} & \cdots & a_{2n} \\ \vdots & \vdots & & \vdots \\ a_{n1} & a_{n2} & \cdots & a_{nn} \end{vmatrix}$$

は $n!$ の積の和に等しい，

$$|a_{ik}|=\sum \varepsilon_{(\alpha_1\alpha_2\cdots\alpha_n)}a_{1\alpha_1}a_{2\alpha_2}\cdots a_{n\alpha_n},$$

---

[1] λ の順序を無視しても，あるいはただ1つの順序を考察にとり入れても，λ によって表わされる系の種類の数には変わりはない．

ここで $\alpha_1\alpha_2\cdots\alpha_n$ は数 $1, 2, \cdots, n$ のすべての $n!$ の置換をとり，$\varepsilon_{(\alpha_1\cdots\alpha_n)}$ は $\begin{pmatrix} 1 & 2 & \cdots & n \\ \alpha_1 & \alpha_2 & \cdots & \alpha_n \end{pmatrix}$ が偶置換であるか奇置換であるかによって $+1$ あるいは-1 に等しい；すなわち，置換が偶数個の転置の積としてあるいは奇数個の転置の積として書かれるかによって $+1$ あるいは -1 に等しい．（1つの置換は異なった方法で転置に分解される，しかし指定された置換の分解は常に偶数個の転置となるか，または奇数個の転置となるかのいづれか一方に限る．）

2つの偶置換の積は再び偶置換である，なぜならばそれは明らかに2つの置換が共に含んでいるだけ多くの転置の積として書かれるからである．偶置換は**交代群**という部分群を作る．交代群の指数は2である，なぜならば1対1の対応が偶と奇の置換の間に，たとえば，転置 (12) を掛けることによって，作り上げられるからである．交代群は対称群の不変部分群である；偶置換Pに共軛な元は再び偶置換 $S^{-1}PS$ である，この元は，S を記述する転置の数の2倍とPを記述する転置の数を足しただけの転置の積として書かれるからである．

循環 $(\alpha_1\alpha_2\cdots\alpha_n)=(\alpha_1\alpha_2)(\alpha_1\alpha_3)\cdots(\alpha_1\alpha_\lambda)$ は $\lambda-1$ 個の転置の積として書かれる．次のような循環の長さを持つ置換

$$\lambda_1, \lambda_2, \cdots, \lambda_\rho \quad (\lambda_1+\lambda_2+\cdots+\lambda_\rho=n)$$

は，$\lambda_1-1+\lambda_2-1+\cdots\lambda_\rho-1$ 個の転置の積として書かれる．したがって交代群のすべての元に対して $\lambda_\mu-1$ という数の列の中には，奇数は偶数回現われなければならない．あるいは，$\lambda_1, \lambda_2, \cdots, \lambda_\rho$ の中に偶数は偶数回現われなければならない．すなわち，交代群の置換は偶数の長さの循環（2の循環，4の循環，等）を偶数回含む．

交代群の因子群は位数2である．その2つの既約表現から，全体の対称群の2つの表現が得られる．1つは行列（1）を交代群の元と同時にその剰余類の元に割り当てる．もう1つは交代群の元に行列（1）を割り当て，行列 (-1) をその剰余類に割り当てる．前者の対応は**恒等表現** $\mathbf{D}^{(0)}(R)=(1)$ を与える；後者は**反対称表現** $\overline{\mathbf{D}}^{(0)}(R)=(\varepsilon_R)$ とよばれる表現 $\mathbf{D}(E)=(1)$，$\mathbf{D}(S)=(-1)$ を与える．恒等表現および反対称表現は共に1次元である．

3. 対称群の他のすべて表現は1次元よりも大きい次元を持つ．1次元表現では，転置 (12) は行列 (1) かあるいは (−1) に対応するはずである．この行列の2乗は単位行列 (1) でなければならない．しかしながら，第1の場合で，表現でのあらゆる転置は (1) に対応し，第2の場合ではあらゆる転置は (−1) に対応する，なぜならばすべての転置は同じ類にあり，ゆえにどんな表現においてもすべて同じ指標を持たなければならないからである．しかし，すべての群の元は転置の積として書かれるから，転置に対応する行列は全体の表現を決定する．このように，第1の場合には恒等表現が得られ，第2の場合には反対称表現が得られるはずである．

交代群の **Abel** 因子群は次に述べるように2種の既約表現の間に非常に重要な関係を与える．まず1つの既約表現 $\mathbf{D}^{(k)}(R)$ を考えよう．この表現に対する随伴表現 (associated representation) $\overline{\mathbf{D}}^{(k)}(R)$ は，$\mathbf{D}^{(k)}(R)$ のうち交代群の元に対応するすべての行列をそのままにし，それ以外の行列すべてに −1 を掛けることによって得られる．このようにして得られた行列は群の表現を作る．なぜならば $\overline{\mathbf{D}}^{(k)}(R)$ は $\mathbf{D}^{(k)}(R)$ と反対称表現 $\overline{\mathbf{D}}^{(0)}(R)$ (これは1次元であるからその行列は単なる数である) の直積であるからである：

$$\overline{\mathbf{D}}^{(k)}(R)=\overline{\mathbf{D}}^{(k)}(R)\times\overline{\mathbf{D}}^{(0)}(R)=\varepsilon_R\mathbf{D}^{(k)}(R).$$

随伴表現は既約表現の理論におけると同様に量子力学において重要な役割を演ずる，そして今後我々に興味のある表現を導き出すためにこれらの表現を用いる．

対称群の異なる既約表現の数は n の分割の数に等しい．これはまた定性的に異なる固有値の数である．しかしながら，ある幾つかの表現の固有値のみが原子の実際のエネルギー準位に対応することがわかる．他の表現の固有値は実際に存在する定常状態に対応せず，固有値方程式とは独立な原理，すなわち Pauli の排他原理，によって禁止される．対称群のすべての既約表現を我々の方法によって決定することができるが，ここでは固有値が Pauli の原理によって禁止されない表現の決定だけを実行してみよう．この原理の正確な公式化はここでは与えられないが，問題としている表現を決定する方法は，後で述べる Pauli の原理の応用のさい要求される考察と正確に同じ内容を含んでいる．

4. いま，幾つかの変数の系を考えよう．これらの変数はただ1つの値，たとえば1，と仮定することができるとしよう．このとき変数の変域は1個の点から成り立ち，あらゆる関数は，この点での値が与えられるとき，完全に決定される．この空間では，2つの関数は1次的独立であり得ない；あらゆる関数は“変数の全変域”で定数であり，したがって互いに他の関数の定数倍である．この空間でのあらゆる関数は，座標の値を入れ換えても，不変のままである，なぜならばこれは単に1を1で置き換えることに等しいからである．この空間におけるすべての関数は恒等表現に属する．

もし n 個の変数 $s_1, s_2, \cdots, s_n$ を考え，おのおのの変数は**2つの値**たとえば$+1$と-1，をとると仮定することができる場合，全体の空間は 2^n 個の点から成り立ち，かつ 2^n 個の1次的独立な関数が存在する．たとえば，これらの 2^n 個の点の1つで値1を持ち，その他のすべての点で値ゼロを持つような関数である．この空間での2つの関数，φ および g，のスカラー積は

$$\sum_{s_1=\pm1}\sum_{s_2=\pm1}\cdots\sum_{s_n=\pm1}\varphi(s_1\cdots s_n)^*g(s_1\cdots s_n)=(\varphi, g).$$

1つの s_k の空間においては（この空間はただ2つの点 $s=+1$ と $s=-1$ から成り立っている）2つの関数 $\boldsymbol{\delta}_{s_k,-1}$ および $\boldsymbol{\delta}_{s_k,+1}$ が“完全直交系”を作る；これらの関数の 2^n の積 $\boldsymbol{\delta}_{s_1\sigma_1}\boldsymbol{\delta}_{s_2\sigma_2}\cdots\boldsymbol{\delta}_{s_n\sigma_n}$($\boldsymbol{\sigma}_1=\pm1$, $\boldsymbol{\sigma}_2=\pm1, \cdots, \boldsymbol{\sigma}_n=\pm1$ を持つ）は $s_1, s_2, \cdots, s_n$ の n 次元空間における完全直交系を作る．もし我々が関数 $\boldsymbol{\delta}_{s_k,+1}$, $\boldsymbol{\delta}_{s_k,-1}$ の代わりに，直交する2つの関数1および s_k を使うならば

$$(1,s_k)=\sum_{s_k=\pm1}1\cdot s_k=1\cdot-1+1\cdot1=0$$

となる．1および s_k を用いると後述の式を書くのにより都合がよい．そこで $s_1, s_2, \cdots, s_n$ の空間での関数の完全系は，2^n 個の関数 $s_1^{r_1}s_2^{r_2}s_3^{r_3}\cdots s_n^{r_n}$ から成り立つ（r_k は0あるいは1に等しい）；これらは次のような方法で配列される：

$$\left.\begin{array}{l} 1 \\ s_1, s_2, \cdots, s_n \\ s_1s_2, s_1s_3, \cdots, s_1s_n, s_2s_3, s_2s_4, \cdots, s_2s_n, \cdots, s_{n-1}s_n \\ s_1s_2s_3, \cdots, s_{n-2}s_{n-1}s_n \\ \cdots\cdots\cdots\cdots\cdots\cdots\cdots\cdots\cdots\cdots \\ s_1s_2s_3\cdots s_n. \end{array}\right\} \quad (13.1)$$

これらは[2] $1+\binom{n}{1}+\binom{n}{2}+\binom{n}{3}+\cdots+\binom{n}{n}=2^n$ 個の関数である．もし置換 R に対応している演算子 $\mathbf{P}_R$ をこれらの関数のうちの1つに適用すると，$s_1, s_2, \cdots, s_n$ の新しい1つの関数が作り出され，それはこれら 2^n 個の関数の1次結合として書き表わされる（これらの変数のあらゆる関数はそのようにできる）．このとき，係数は対称群の 2^n 次元表現を与えるであろう．この表現 $\mathbf{\Delta}(R)$，は既約でなく，幾つかの既約な成分を含んでいる．考えられた関数はこのようなせまく制限された領域で定義されているから，$\mathbf{\Delta}(R)$ は対称群のすべての既約表現を含むことはなく，したがって完全に任意な表現よりもより容易に簡約されるであろうと期待できる．それにもかかわらず，その既約成分およびそれらの随伴表現のみが，電子に関係している物理的な問題に対して必要とされている表現である．

もし演算子 $\mathbf{P}_R$ を関数（13.1）のうちの1つ，たとえば $s_a s_b s_c$，に作用させると，ここで R は任意の変換であるが，すなわち，“変数の置換”を行なうと，結果は再び3つの s の積，たとえば $s_{a'} s_{b'} s_{c'}$，であり，したがって $s_a s_b s_c$ と同じく（13.1）の同じ行（第3行目）[3] にある関数である．もし k 番目の行のすべての関数に $\mathbf{P}_R$ を作用させるとき生ずる $\binom{n}{k}$ 個の関数を，（13.1）の関数によって表わそうと思うと，k 番目の行の関数のみが用いられねばならない．ゆえに，これらの関数は次元数 $\binom{n}{k}$ を持つ対称群の表現 $\mathbf{\Delta}^{(k)}(R)$ を与える．k 番目の行の各関数は置換によって k 番目の行のある別の関数に変換されるから $\mathbf{\Delta}^{(k)}(R)$ は各行で1に等しい1つの元を持ち，他のすべての元はゼロに等しい．

---

[2] 記号 $\binom{n}{k}$ は通常の2項係数である：$\binom{n}{k}=\frac{n!}{k!(n-k)!}$．これは一度に n 個の対象から k 個を取り出す組み合わせの数を与える．

[3] 我々は（13.1）の行の名付け方をゼロで始める；最後の行が n 番目である．

ゆえに表現 $\mathbf{\Delta}(R)$ は表現 $\mathbf{\Delta}^{(0)}(R)$, $\mathbf{\Delta}^{(1)}(R),\cdots,\mathbf{\Delta}^{(n)}(R)$ に分解し，これらの表現の行列は前述の性質を持つ．この事実を用いることによって，我々はいま $\mathbf{\Delta}^{(k)}(R)$ の跡を計算する．

行列 $\mathbf{\Delta}^{(k)}(R)$ の跡は，$\mathbf{P}_R$ を作用させたとき (13.1) の k 番目の行にある関数のうち変らない関数の数に等しい．これらの関数に対応している $\mathbf{\Delta}^{(k)}(R)$ の列においては1が主対角線に現われる；それ以外の行では，主対角線はゼロとなり，1はその他の場所に現われる．いまこの数を計算してみよう．

Rを長さ $\lambda_1=\mu_1,\ \lambda_2=\mu_2-\mu_1,\cdots,\lambda_\rho=\mu_\rho-\mu_{\rho-1}\ (\mu_\rho=n)$ の循環を持つ置換，たとえば置換 $(12\cdots\mu_1)(\mu_1+1\cdots\mu_2)\cdots(\mu_{\rho-1}+1,\mu_{\rho-1}+2\cdots\mu_\rho)$ であるとしよう．もしRが関数 $s_1^{\alpha_1}\cdot s_2^{\alpha_2}\cdots s_n^{\alpha_n}$ を不変にすると仮定すると，$s_1,s_2,\cdots,s_{\mu_1}$ の指数はすべて等しく，同様に $s_{\mu_1+1},s_{\mu_1+2},\cdots,s_{\mu_2}$ の指数もすべて等しくなければならない；等々，そして最後に $s_{\mu_{\rho-1}+1},s_{\mu_{\rho-1}+2},\cdots,s_{\mu_\rho}=s_n$ の指数もすべて等しくなければならない．ゆえに，すべての可能な関数のうちで次のような形に書けるもの

$$(s_1s_2\cdots s_{\mu_1})^{\gamma_1}(s_{\mu_1+1}s_{\mu_1+2}\cdots s_{\mu_2})^{\gamma_2}\cdots(s_{\mu_{\rho-1}+1}\cdots s_{\mu_\rho})^{\gamma_\rho} \tag{13.2}$$

は $\mathbf{P}_R$ によって不変のままである．(γ_k はすべて0か1である．)我々は，(13.2) の形を持つ (13.1) の k 番目の行における関係の数を問題としている．これらの関数はk番目の行にあるから，次の関係が成り立つはずである

$$\mu_1\gamma_1+(\mu_2-\mu_1)\gamma_2+\cdots+(\mu_\rho-\mu_{\rho-1})\gamma_\rho=\lambda_1\gamma_1+\lambda_2\gamma_2+\cdots+\lambda_\rho\gamma_\rho=k. \tag{13.3}$$

したがって，未知数 $\gamma_1,\gamma_2,\cdots,\gamma_\rho$ に対して，数0および1のみが許されるような (13.3) の解の数と同数の関数がある．この数が $\mathbf{\Delta}^{(k)}(R)$ でのRの跡であり，また循環の長さ $\lambda_1,\lambda_2,\cdots,\lambda_\rho$ を持つようなあらゆる他の置換の跡である，なぜならばこれらはすべて同じ類にあり，ゆえに，すべて同じ跡を持つからである．与えられたkに対して，(13.3) の解の全部の数は次のような多項式における x^k の係数に等しい．

$$(1+x^{\lambda_1})(1+x^{\lambda_2})\cdots(1+x^{\lambda_\rho})\quad(\lambda_1+\lambda_2+\cdots+\lambda_\rho=n). \tag{13.4}$$

なぜならばこの係数はちょうど個々の因子でxの指数がkを与えるように加え

られる（係数1あるいは0をもって）方法の全部の数だからである．それゆえ，多項式（13.4）においてxのk乗の巾の係数は $\mathbf{\Delta}^{(k)}(R)$ の跡である．

$\mathbf{\Delta}^{(k)}(E)$ の跡は表現の次元数 $\binom{n}{k}$ に等しくなければならない．E に対して，すべての循環の長さは1に等しいから，$\lambda_1=\lambda_2=\cdots=\lambda_\rho=1$ に対して，(13.4) 式は $(1+x)^n$ に等しくしたがって x^k の係数は実際 $\binom{n}{k}$ である．転置 (12)・(3)・(4)…(n) に対応する行列の跡は

$$(1+x^2)(1+x)\cdots(1+x)=(1+x^2)(1+x)^{n-2}$$

における x^k の係数である．計算によってそれは次のようであることがわかる

$$\sum_\kappa \mathbf{\Delta}^{(k)}(R)_{\kappa\kappa}=\binom{n-2}{k}+\binom{n-2}{k-2}.$$

$\mathbf{\Delta}^{(k)}(R)$ が既約表現でないことは明らかである，なぜならば $\mathbf{P}_R$ に対して $\mathbf{\Delta}^{(k-1)}(R)$ にしたがって変換する1次結合は (13.1) のk番目の行の$\binom{n}{k}$個の関数から作ることができる．そしてこのようなことは既約表現では不可能である．

$\mathbf{\Delta}^{(k)}(R)$ の可約性を証明するために，k番目の行の関数の1次結合の特に簡単な例を示そう．この例はk番目の行におけるすべての関数の和である．この和は明らかにどんな置換に対してもそれ自身に変換する；ゆえに，k番目の行の関数の1次結合として$\binom{n}{k}$個の新しい関数を考え，そのうちで第1の関数を上記の和とすると，行列 $\mathbf{\Delta}^{(k)}(R)$ は相似変換をうけることになり，したがってこれらの行列は次のような形となるであろう

$$\begin{pmatrix} 1 & 0 \\ 0 & \mathbf{A} \end{pmatrix}.$$

しかし相似変換によってこの形になるような表現は，定義によって，可約である．

($k-1$) 番目の行の関数 $s_{a_1}s_{a_2}\cdots s_{a_{k-1}}$ のように変換する (13.1) のk番目の行の関数の1次結合は

$$F_{a_1a_2\cdots a_{k-1}}=s_{a_1a_2\cdots a_{k-1}}s_{a_1}s_{a_2}\cdots s_{a_{k-1}}, \tag{13.5}$$

ここで $s_{a_1a_2\cdots a_{k-1}}$ は $s_{a_1}s_{a_2}\cdots s_{a_{k-1}}$ の中に現われ**ない**すべての $n-k+1$ 個の変数の和を表わす．$\mathbf{P}_R$ に対して，関数 s_{a_i} は s_{b_i} に変換する．このようにして $s_{a_1}s_{a_2}\cdots s_{a_{k-1}}$ は $s_{b_1}s_{b_2}\cdots s_{b_{k-1}}$ に変換する．変数 $s_{a_1}, s_{a_2},\cdots, s_{a_{k-1}}$ のうちの1つでは

ない s_c は，s_a が変換するすべての s_b とは異なる s_d に変換する．それゆえ，$s_{a_1}, s_{a_2}, \cdots, s_{a_{k-1}}$ の中に現われないすべての $n-k+1$ 個の変数，s，の和は，変数 s_b の中に現われないすべての $n-k+1$ 個の変数の和に変換する．すなわち，$s_{a_1 a_2 \cdots a_{k-1}}$ は $s_{b_1 b_2 \cdots b_{k-1}}$ に変換する．ゆえに，$F_{a_1 a_2 \cdots a_{k-1}}$ は実際に $(k-1)$ 番目の行の $s_{a_1} s_{a_2} \cdots s_{a_{k-1}}$ と正確に同じように変換する．

この章の付録において，$k \leqslant \frac{1}{2}n$ に対して，$\binom{n}{k-1}$ 個の関数 $F_{a_1 a_2 \cdots a_{k-1}}$ が1次的独立な集合を作ることが証明される．ゆえにこれらの関数の1次結合として，1次的独立であると同時に直交である関数 $F_1, F_2, \cdots, F_{\binom{n}{k-1}}$ を選ぶことができる．$\binom{n}{k}$ 個の関数の全部の集合を完全にするために，我々は $\binom{n}{k}$ 個の関数 $s_{a_1} s_{a_2} \cdots s_{a_k}$ ($k \leqslant \frac{1}{2}n$ のとき) から

$$l_k = \binom{n}{k} - \binom{n}{k-1} \tag{13.6}$$

の1次結合[4)] $g_1, g_2, \cdots, g_{l_k}$ を作ることができ，これは F_κ と共に，完全直交な集合を作る．すべての関数 $s_{a_1} s_{a_2} \cdots s_{a_k}$ はこの集合によって書かれることができ，また逆も成り立つ．表現 $\mathbf{\Delta}^{(k)}(R)$ は，集合 $s_{a_1} s_{a_2} \cdots s_{a_k}$ の代わりにこの完全集合 $F_1, F_2, \cdots, F_{\binom{n}{k-1}}$，$g_1, g_2, \cdots, g_{l_k}$ の導入によって，$\overline{\mathbf{\Delta}}^{(k)}(R)$ という形をとると考えられるであろう；この置き換えは単に $\mathbf{\Delta}^{(k)}(R)$ に相似変換をもたらす．

各 F_κ は $F_{a_1 a_2 \cdots a_{k-1}}$ の1次結合であるから，$\mathbf{P}_R F_\kappa$ は $\mathbf{P}_R F_{a_1 a_2 \cdots a_{k-1}}$ の1次結合である，したがって $F_{a_1 a_2 \cdots a_{k-1}}$ のあるいは F_κ の1次結合である，すなわち

$$\mathbf{P}_R F_\kappa = \sum_{\lambda=1}^{\binom{n}{k-1}} \overline{\mathbf{\Delta}}^{(k-1)}(R)_{\lambda\kappa} F_\lambda. \tag{13.7}$$

ここで係数を $\overline{\mathbf{\Delta}}^{(k-1)}(R)$ と書き表わした．これらの係数は $\mathbf{\Delta}^{(k-1)}(R)$ に同値な表現を作るからである．(13.7) において g_κ のすべての係数はゼロとなる；それゆえ $\mathbf{\Delta}^{(k)}(R)$ は次のような形をとる．

---

4) このような関数の一例は $(s_1-s_2)(s_3-s_4)\cdots(s_{2k-1}-s_{2k})$ である．

$$\overline{\boldsymbol{\Delta}}^{(k)}(R)=\begin{pmatrix}\overline{\boldsymbol{\Delta}}^{(k-1)}(R) & \mathbf{A}(R)\\ \mathbf{0} & \mathbf{D}^{(k)}(R)\end{pmatrix}.$$

さらに，完全集合 $F_1, F_2, \cdots, F_{\binom{n}{k-1}}, g_1, g_2, \cdots, g_{l_k}$ は直交である；ゆえに，$\overline{\boldsymbol{\Delta}}^{(k)}(R)$ はユニタリである．

$$\overline{\boldsymbol{\Delta}}^{(k)}(R)=\overline{\boldsymbol{\Delta}}^{(k)}(R^{-1})^{\dagger}.$$

すなわち

$$\begin{pmatrix}\overline{\boldsymbol{\Delta}}^{(k-1)}(R) & \mathbf{A}(R)\\ \mathbf{0} & \mathbf{D}^{(k)}(R)\end{pmatrix}=\begin{pmatrix}\overline{\boldsymbol{\Delta}}^{(k-1)}(R^{-1}) & \mathbf{A}(R^{-1})\\ \mathbf{0} & \mathbf{D}^{(k)}(R^{-1})\end{pmatrix}^{\dagger}$$

$$=\begin{pmatrix}\overline{\boldsymbol{\Delta}}^{(k-1)}(R^{-1})^{\dagger} & \mathbf{0}\\ \mathbf{A}(R^{-1})^{\dagger} & \mathbf{D}^{(k)}(R^{-1})^{\dagger}\end{pmatrix}.$$

このように，$\mathbf{A}(R)=0$，したがって

$$\overline{\boldsymbol{\Delta}}^{(k)}(R)=\begin{pmatrix}\overline{\boldsymbol{\Delta}}^{(k-1)}(R) & \mathbf{0}\\ \mathbf{0} & \mathbf{D}^{(k)}(R)\end{pmatrix}. \qquad (13.8)$$

したがって，もし $k\leqslant\frac{1}{2}n$ ならば，表現 $\boldsymbol{\Delta}^{(k)}(R)$ は2つの表現，次元数 $\binom{n}{k-1}$ および $l_k=\binom{n}{k}-\binom{n}{k-1}$ を持つ $\overline{\boldsymbol{\Delta}}^{(k-1)}(R)$ および $\mathbf{D}^{(k)}(R)$，に分かれ，そして前者は $\boldsymbol{\Delta}^{(k-1)}(R)$ に同値である．続いて，$\overline{\boldsymbol{\Delta}}^{(k-1)}(R)$ は2つの表現，$\overline{\boldsymbol{\Delta}}^{(k-2)}(R)$ および $\mathbf{D}^{(k-1)}(R)$ に分かれ，そこで $\overline{\boldsymbol{\Delta}}^{(k-2)}(R)$ はさらに分けられる，等である．最後に，$\overline{\boldsymbol{\Delta}}^{(k)}(R)$ は $\mathbf{D}^{(0)}+\mathbf{D}^{(1)}+\cdots+\mathbf{D}^{(k)}$ に分かれる．$\mathbf{D}^{(0)}$ によって変換する (13.1) の k 番目の行の関数は（すなわち，不変であるが）k 番目の行のすべての関数の和として前に示された．

これは $k\leqslant\frac{1}{2}n$ に対して成り立つ．$k>\frac{1}{2}n$ に対しては，1次の巾で $n-k$ 個ゼロ次の巾で k 個の変数が現われるような $\binom{n}{k}=\binom{n}{n-k}$ 個の関数は，上述の関数と正確に同じように変換する（そこでは $n-k$ 個の変数がゼロ次の巾で現われ，k 個の変数が1次の巾で現われる）．s に対する直交系の特別な選び方は全く問題とならない．1，s の代わりに，s，1を用いることも可能である．したがって $\boldsymbol{\Delta}^{(k)}$ は $\boldsymbol{\Delta}^{(n-k)}$ と同値であり，同じ成分に分解される．このよう

に，$\mathbf{\Delta}(R)$ の分解は偶数の n に対して次のような形を持つ（$n=4$ に対して）：

$$\mathbf{\Delta}(R)=\begin{cases}\mathbf{\Delta}^{(0)}(R)= & \mathbf{D}^{(0)} & =\mathbf{D}^{(0)}\\ \mathbf{\Delta}^{(1)}(R)= & \mathbf{\Delta}^{(0)}+\mathbf{D}^{(1)} & =\mathbf{D}^{(0)}+\mathbf{D}^{(1)}\\ \mathbf{\Delta}^{(2)}(R)= & \mathbf{\Delta}^{(1)}+\mathbf{D}^{(2)} & =\mathbf{D}^{(0)}+\mathbf{D}^{(1)}+\mathbf{D}^{(2)}\\ \mathbf{\Delta}^{(3)}(R)\sim & \mathbf{\Delta}^{(1)} & =\mathbf{D}^{(0)}+\mathbf{D}^{(1)}\\ \mathbf{\Delta}^{(4)}(R)\sim & \mathbf{\Delta}^{(0)} & =\mathbf{D}^{(0)}\end{cases}$$

あるいは奇数の n に対して，（たとえば，$n=5$）：

$$\mathbf{\Delta}(R)=\begin{cases}\mathbf{\Delta}^{(0)}(R)= & \mathbf{D}^{(0)} & =\mathbf{D}^{(0)}\\ \mathbf{\Delta}^{(1)}(R)= & \mathbf{\Delta}^{(0)}+\mathbf{D}^{(1)} & =\mathbf{D}^{(0)}+\mathbf{D}^{(1)}\\ \mathbf{\Delta}^{(2)}(R)= & \mathbf{\Delta}^{(1)}+\mathbf{D}^{(2)} & =\mathbf{D}^{(0)}+\mathbf{D}^{(1)}+\mathbf{D}^{(2)}\\ \mathbf{\Delta}^{(3)}(R)\sim & \mathbf{\Delta}^{(2)} & =\mathbf{D}^{(0)}+\mathbf{D}^{(1)}+\mathbf{D}^{(2)}\\ \mathbf{\Delta}^{(4)}(R)\sim & \mathbf{\Delta}^{(1)} & =\mathbf{D}^{(0)}+\mathbf{D}^{(1)}\\ \mathbf{\Delta}^{(5)}(R)\sim & \mathbf{\Delta}^{(0)} & =\mathbf{D}^{(0)}.\end{cases}$$

いま，上に求められた表現，$\mathbf{D}^{(0)}, \mathbf{D}^{(1)}, \cdots, \mathbf{D}^{(\frac{1}{2}n)}$（あるいは $\mathbf{D}^{(\frac{1}{2}n-\frac{1}{2})}$），が既約で異なっていることを示そう．この証明は帰納法によってなされる：まず，$(n-1)$ 次対称群に対して同じ方法で求められた表現，$'\mathbf{D}^{(0)}(R'), \cdots, {}'\mathbf{D}^{(k)}(R')$ $\left(k\leqq\frac{1}{2}(n-1)\right)$ が既約で異なっていると仮定し，またそれらの次元数[5] は $l_k'=\binom{n-1}{k}-\binom{n-1}{k-1}$ と仮定する．証明の主な点は，s_n に影響しないような R' についてのみ考えたとき，$\mathbf{D}^{(k)}$ は $(n-1)$ 次対称群の表現であり，その既約な部分は $'\mathbf{D}^{(k-1)}$ および $'\mathbf{D}^{(k)}$ であるという証明である．これから，$\mathbf{D}^{(k)}$ の既約な性質およびそれらの異なっていることは容易に導かれるであろう．

5. 変数 s_n について1次である関数 $g_1, \cdots, g_{l_k}$ は，s_n についてゼロ次の巾である g'_κ および h'_κ を用いて次のような和に分解される

$$g_\kappa=g'_\kappa s_n+h'_\kappa \tag{13.9}$$

ここで g'_κ および h'_κ は変数 $s_1, s_2, \cdots, s_{n-1}$ だけの関数と考えられる；g_κ' は

[5] プライムをつけた量は，常に $(n-1)$ 次対称群について 述べるか，あるいは $n-1$ 個の要数 $s_1, s_2, \cdots, s_{n-1}$ についての関数について述べる．

$(k-1)$ 次であり h'_κ は k 次である.

s_n に比例する項を含まないような g_κ の1次結合を作ることは多分可能である. もし l'' 個のこのような1次的独立な1次結合があるならば, これらは Schmidt の方法によって直交化することができ, これを $\bar{g}_{0\kappa}$ と書く.

$$\bar{g}_{0\kappa}=h'_{0\kappa} \quad (\kappa=1,2,\cdots,l'' \text{ の場合}). \tag{13.9a}$$

すべてのプライムをつけた関数は s_n に依らない. 当然, l'' はゼロであってもよいが, しかし一般にこのようなことはないということがわかるであろう. そこで残りの g_κ は $\bar{g}_{0\kappa}$ に直交化されそしてこれらの間で次の式を与える

$$\bar{g}_{1\kappa}=\bar{g}'_{1\kappa}s_n+h'_{1\kappa} \quad (\kappa=1,2,\cdots,l_k-l'' \text{ の場合}). \tag{13.9b}$$

この方法で得られた $\bar{g}'_{1\kappa}$ は1次的独立である. そうでない場合には, さらに s_n を含まない関数 $\bar{g}$ を得ることが可能であろう. $\bar{g}$ に適用される対称群の表現は $\mathbf{D}^{(k)}$ と同値となる. これは $\bar{g}$ が g の1次結合であるからである. $\bar{g}$ は直交であるからこの表現はユニタリとなる. 次に, s_n を不変にするような置換 $\mathbf{P}_{R'}$ に対する関数 $\bar{g}_{0\kappa}$, $\bar{g}_{1\kappa}$ の振舞いを調べてみよう. これらの置換は $n-1$ 次対称群に同型な群を作る. 後に示されるように, $\bar{g}_{0\kappa}$ はこの群の表現 $'\mathbf{D}^{(k)}$ に属し, $\bar{g}_{1\kappa}$ は表現 $'\mathbf{D}^{(k-1)}$ に属することがわかるであろう. さらにこれらの2つの表現の次元数の和が l_k に等しいことに注意する

$$\begin{aligned} l'_k+l'_{k-1}&=\binom{n-1}{k}-\binom{n-1}{k-1}+\binom{n-1}{k-1}-\binom{n-1}{k-2} \\ &=\binom{n}{k}-\binom{n}{k-1}=l_k. \end{aligned} \tag{13.10}$$

一度これが確立されると, $\mathbf{D}^{(k)}$ の既約な性質は容易に導かれる.

まず関数 $\bar{g}_{1\kappa}$ を考えよう. 各 $\bar{g}_{1\kappa}$ はすべての関数 $F_{\alpha_1\alpha_2\cdots\alpha_{k-1}}$ に直交し, 特に次のような関数に対して直交する

$$F_{\alpha_1\alpha_2\cdots\alpha_{k-2}n}=s_{\alpha_1}s_{\alpha_2}\cdots s_{\alpha_{k-2}}s_n s_{\alpha_1\alpha_2\cdots\alpha_{k-2}n}.$$

$h'_{1\kappa}$ は s_n をゼロ次の巾で含むから，これはまた $F_{a_1a_2\cdots a_{k-2}n}$ に直交し，したがって $\bar{g}'_{1\kappa}s_n$ もまた直交する．ゆえに，$\bar{g}'_{1\kappa}$ はあらゆる関数 $s_{a_1}s_{a_2}\cdots s_{a_{k-2}}s_{a_1a_2\cdots a_{k-2}n}$ に直交する．しかしこの直交性は $k-1$ 次の $s_1, s_2, \cdots, s_{n-1}$ の l'_{k-1} 個の関数の定義であり，この関数はこれらの置換に対して，仮説によって既約な表現 $'\mathbf{D}^{(k-1)}$ にしたがって変換する．この性質を持つような（あるいは，$s_{a_1}s_{a_2}\cdots s_{a_{k-2}}s_{a_1a_2\cdots a_{k-2}n}$ に直交する）$k-1$ 次の $s_1, s_2, \cdots, s_{n-1}$ の関数は l'_{k-1} だけしかないから，l'_{k-1} 個の関数 $\bar{g}_{1\kappa}$ 以上にはあり得ない．事実，正確に l'_{k-1} 個のこのような関数があり，これらは，s_n を不変にする変換 R' に対して，$'\mathbf{D}^{(k-1)}$ に従って変換する．これを知るために，(13. 9 b) に $\mathbf{P}_{R'}$ を作用させるとこれは s_n に影響しないから，次の式が得られる

$$\mathbf{P}_{R'}\bar{g}_{1\kappa}=s_n\mathbf{P}_{R'}\bar{g}'_{1\kappa}+\mathbf{P}_{R'}\bar{h}'_{1\kappa}. \tag{13. 11}$$

これらの関数が $\bar{g}_{0\kappa}$ および $\bar{g}_{1\kappa}$ の 1 次結合として書き表わされたとき，s_n の係数を比較すると，$\mathbf{P}_{R'}\bar{g}_{1\kappa}$ が $\bar{g}'_{1\kappa}$ 自身の 1 次結合であることがわかる．$\bar{g}'_{1\kappa}$ は既約表現 $'\mathbf{D}^{(k-1)}$ に属するから，これは l'_{k-1} 個の 1 次的独立な $\bar{g}'_{1\kappa}$ があるか，あるいは何もないときにのみ可能である．後者の可能性は，すべての $\bar{g}$，それゆえすべての g が s_n に独立であることを意味するから，これを排除することができる．n は g の選び方についてはすべて他の添字と同じ役割をするから，これは不可能である．ゆえに次式が成り立つ，

$$\mathbf{P}_{R}\bar{g}'_{1\kappa}=\sum_{\lambda=1}^{l'_{k-1}}{}'\mathbf{D}^{(k-1)}(R')_{\lambda\kappa}\bar{g}'_{1\lambda} \quad (\kappa=1, 2, \cdots, l'_{k-1}). \tag{13. 11a}$$

そして $l_k-l''=l'_{k-1}$．もし $l_k=l'_{k-1}$ ならば，(13. 9 a) の型の関数が全くない，すなわち，この場合に (13. 9) においてすべての g'_κ は 1 次的独立である．しかしながら，後で証明されるように，$k=\dfrac{1}{2}n$ のときにのみ $l_k=l'_{k-1}$ である．

もし $l_k>l'_k$ ならば，関数 (13. 9 a) を考えよう．(13. 9 a) の $\bar{g}_{0\kappa}=\overline{h'}_{0\kappa}$ において，最初の $n-1$ 個の変数のどんな置換 R' をしてもまた s_n に独立な関数を与える．それゆえ，もし $\mathbf{P}_{R'}\bar{g}_{0\kappa}$ が $\bar{g}$ によって表わされるならば，$\bar{g}_{1\lambda}$ の係数はゼロとなるであろう．$\bar{g}'_{1\lambda}$ は 1 次的独立であるから，(13. 9 b) の $\bar{g}_{1\lambda}$ の

1次結合はこれらのおのおのの係数がゼロのときにのみ s_n に独立であり得る．それゆえ，$\mathbf{P}_{R'}\bar{g}_{0\kappa}$ は $\bar{g}_{0\kappa}$ のみの1次結合である；これらの関数は s_n を不変にするような置換演算子 $\mathbf{P}_{R'}$ から成り立つ $n-1$ 次対称群の表現に属する．この表現を見出すために，g_κ，したがってまた $\bar{g}_{0\kappa}$ がすべての $F_{a_1a_2\cdots a_{k-1}}$ に直交することに注意する．この場合，添字が n を含まないような F を考えよう．これらは次のような形に書かれる

$$F_{a_1a_2\cdots a_{k-1}}=s_{a_1}s_{a_2}\cdots s_{a_{k-1}}(s_{a_1a_2\cdots}s_{a_{k-1}n}+s_n).$$

$\bar{g}_{0\kappa}$ において，関数 s_n はゼロ次の巾に現われる．ゆえに，これは $s_{a_1}s_{a_2}\cdots s_{a_{k-1}}s_n$ に直交であり，また $s_{a_1}s_{a_2}\cdots s_{a_{k-1}}\,s_{a_1a_2a_{k-1}n}$ に直交しなければならない．これは k 次である．しかしこれはちょうど表現 $'\mathbf{D}^{(k)}$ に属する（この表現は仮説によってまた既約である）ような $s_1, s_2,\cdots, s_{n-1}$ の関数の定義である．ゆえに，$\bar{g}_{0\kappa}$ は演算子 $\mathbf{P}_{R'}$ の群の表現に属し，$\kappa=1, 2,\cdots, l''=l'_k$ の場合次の式が成立つ

$$\mathbf{P}_{R'}\bar{g}_{0\kappa}=\sum_{\lambda=1}^{l'_k}{}'\mathbf{D}^{(k)}(R')_{\lambda\kappa}\bar{g}_{0\lambda}. \tag{13.11b}$$

（13.11b）および（13.11a）を用いると，少なくとも s_n を不変にするような $R=R'$ に対して，表現行列 $\mathbf{D}^{(k)}(R)$ を決めることができる．$\mathbf{D}^{(k)}$ の行および列の名付け方として（13.9a）および（13.9b）の関数 $\bar{g}$ の名付け方をとると，求めようとする式は簡単になる．

$$\mathbf{P}_R\bar{g}_{0\kappa}=\sum_{\lambda=1}^{l'_k}\mathbf{D}^{(k)}(R)_{0\lambda;0\kappa}\bar{g}_{0\lambda}+\sum_{\lambda=1}^{l'_{k-1}}\mathbf{D}^{(k)}(R)_{1\lambda;0\kappa}\bar{g}_{1\lambda} \tag{13.12a}$$

$$\mathbf{P}_R\bar{g}_{1\kappa}=\sum_{\lambda=1}^{l'_k}\mathbf{D}^{k}(R)_{0\lambda;1\kappa}\bar{g}_{0\lambda}+\sum_{\lambda=1}^{l'_{k-1}}\mathbf{D}^{(k)}(R)_{1\lambda;1\kappa}(\bar{g}'_{1\lambda}s_n+\bar{h}'_{1\lambda}). \tag{13.12b}$$

そこで $\mathbf{D}^{(k)}$は次の超行列である

$$\mathbf{D}^{(k)}(R)=\begin{pmatrix}\mathbf{D}_{00}{}^{(k)}(R) & \mathbf{D}_{01}{}^{(k)}(R)\\ \mathbf{D}_{10}{}^{(k)}(R) & \mathbf{D}_{11}{}^{(k)}(R)\end{pmatrix}. \tag{13.12}$$

s_n を不変にするような $R=R'$ に対して，（13.12a）と（13.12b）を比較すると，すべての $\bar{g}$ の1次的独立性によって次の式が与えられる，

$$\mathbf{D}^{(k)}(R')_{0\lambda;0\kappa}={}'\mathbf{D}^{(k)}(R')_{\lambda\kappa};\quad \mathbf{D}^{(k)}(R')_{1\lambda;0\kappa}=0. \tag{13.13a}$$

s_n に影響しない $\mathbf{P}_{R'}$ を (13.11 a) を代入し (13.12 a) と (13.9 b) に作用させて生ずる $\mathbf{P}_{R'}\bar{g}_{1\kappa}$ に, (13.11a) を代入する.

$$\mathbf{P}_{R'}\bar{g}_{1\kappa}=s_n\mathbf{P}_{R'}\bar{g}'_{1\kappa}+\mathbf{P}_{R'}\overline{h}'_{1\kappa}=\sum_{\lambda=1}^{l'_{k-1}}{}'\mathbf{D}^{(k-1)}(R')_{\lambda\kappa}\bar{g}'_{1\lambda}s_n+\mathbf{P}_{R'}\overline{h}'_{1\kappa}.$$

すべての $\bar{g}'_{1\kappa}s_n$ は1次的独立でかつすべての $\bar{g}_{0\lambda}, \bar{h}'_{1\lambda}$ および $\mathbf{P}_{R'}\bar{h}'_{1\kappa}$ に直交するから (これらは s_n をゼロ次の巾で含む), 最後の式と (13.12 b) と比較して, 次の式が成り立つ

$$\mathbf{D}^{(k)}(R')_{1\lambda;1\kappa}={}'\mathbf{D}^{(k-1)}(R')_{\lambda\kappa}. \tag{13.13b}$$

それゆえ, s_n に影響しないような R' に対して

$$\mathbf{D}^{(k)}(R')=\begin{pmatrix}{}'\mathbf{D}^{(k)}(R') & \mathbf{0}\\ \mathbf{B}(R') & {}'\mathbf{D}^{(k-1)}(R')\end{pmatrix},$$

ここで $\mathbf{B}(R')$ は, いままでのところわかっていない. しかし, $\bar{g}$ は直交であるから $\mathbf{D}^{(k)}$ はユニタリであり, したがって $\mathbf{B}(R')$ はゼロでなければならない. 表現 $\mathbf{D}^{(k)}(R)$ を $(n-1)$ 次対称群の表現と考えると, 2つの異なる既約成分に分かれる ($l_k=l'_{k-1}$ でない限り) ことになる. s_n を不変にする置換 R' に対応する行列は次のような形を持つ

$$\mathbf{D}^{(k)}(R')=\begin{pmatrix}{}'\mathbf{D}^{(k)}(R') & \mathbf{0}\\ \mathbf{0} & {}'\mathbf{D}^{(k-1)}(R')\end{pmatrix}. \tag{13.13}$$

ここで $l_k=l'_{k-1}$ の場合を論ずることにしよう. これは $k=\frac{1}{2}n$ のときにのみ起こる. これは最も簡単に次の式にしたがって恒等式 (13. 10) から導かれる

$$l_k-l'_{k-1}=\binom{n-1}{k}-\binom{n-1}{k-1},$$

そしてこれは $k+(k-1)=n-1$ のときにのみゼロとなることができる. この

場合の例外的な性質は予想されていた．すなわち，$'\mathbf{D}^{(k)}$ は $k \leqq \frac{1}{2}(n-1)$ のときにのみ定義されており，$k=\frac{1}{2}n$ の場合には定義されていない．しかしながら，$\mathbf{D}^{(k)}$ の既約な性質はこの場合直ちに導かれる；(13.13) 式の代わりに，$\mathbf{D}^{(k)}(R')='\mathbf{D}^{(k-1)}(R')$ がこの場合成り立つ．このようにして，$\mathbf{D}^{(\frac{1}{2}n)}(R)$ は，s_n を不変にするような部分群に対応する行列はすでに既約であるという事実によって，既約である．

一般的な場合において，すべての $\mathbf{D}^{(k)}(R)$ と交換する次のような行列を考えよう，

$$\begin{pmatrix} \mathbf{M}_1 & \mathbf{M}_2 \\ \mathbf{M}_3 & \mathbf{M}_4 \end{pmatrix} \tag{13.14}$$

(13.13) と (13.14) とで行と列の分割の仕方が同じであるとしよう．ことに，(13.14) はまた (13.13) の $\mathbf{D}^{(k)}(R')$ と交換しなければならない．

$$\begin{pmatrix} '\mathbf{D}^{(k)}(R') & \mathbf{0} \\ \mathbf{0} & '\mathbf{D}^{(k-1)}(R') \end{pmatrix}\begin{pmatrix} \mathbf{M}_1 & \mathbf{M}_2 \\ \mathbf{M}_3 & \mathbf{M}_4 \end{pmatrix}=\begin{pmatrix} \mathbf{M}_1 & \mathbf{M}_2 \\ \mathbf{M}_3 & \mathbf{M}_4 \end{pmatrix}\begin{pmatrix} '\mathbf{D}^{(k)}(R') & \mathbf{0} \\ \mathbf{0} & '\mathbf{D}^{(k-1)}(R') \end{pmatrix}.$$

ゆえに，$s_1,\cdots,s_{n-1}$ の置換に同型な，$(n-1)$ 次対称群の既約表現 $'\mathbf{D}^{(k-1)}(R')$ あるいは $'\mathbf{D}^{(k)}(R')$ のすべての行列に対して，次のことが成り立たなければならない：

$$\begin{aligned}
'\mathbf{D}^{(k)}(R')\mathbf{M}_1 &= \mathbf{M}_1\,'\mathbf{D}^{(k)}(R') \\
'\mathbf{D}^{(k)}(R')\mathbf{M}_2 &= \mathbf{M}_2\,'\mathbf{D}^{(k-1)}(R') \\
'\mathbf{D}^{(k-1)}(R')\mathbf{M}_3 &= \mathbf{M}_3\,'\mathbf{D}^{(k)}(R') \\
'\mathbf{D}^{(k-1)}(R')\mathbf{M}_4 &= \mathbf{M}_4\,'\mathbf{D}^{(k-1)}(R').
\end{aligned}$$

これらの式と，第9章の定理2および3を用いると，$\mathbf{M}_2$ および $\mathbf{M}_3$ はゼロ行列でなければならず，$\mathbf{M}_1$ および $\mathbf{M}_4$ は単位行列の定数倍でなければならないことになる；そこで (13.14) は，(13.13) とのその可換性によって，次のような形を持たねばならない

$$\begin{pmatrix} m_1\mathbf{1} & \mathbf{0} \\ \mathbf{0} & m_4\mathbf{1} \end{pmatrix}. \tag{13.14a}$$

次に，s_n を不変にせず，$\bar{h}'_{0\kappa}$ の中に１次の巾で現われる他の s_i に s_n を変換するような置換Rを考えよう．$\mathbf{P}_R\bar{h}'_{0\kappa}$ の１次表現において，少なくとも１個の $\bar{g}_{1\kappa}$ が用いられなければならない．ゆえに，$\mathbf{D}^{(k)}(R)$ を次の形に書くならば

$$\mathbf{D}^{(k)}(R)=\begin{pmatrix}\mathbf{A} & \mathbf{B}\\ \mathbf{C} & \mathbf{D}\end{pmatrix}, \qquad (13.14\text{b})$$

$\mathbf{C}$はたしかにゼロ行列でない．そこで（13.14 a）は $m_1=m_4$ のときにのみ，（13.14 b）と交換することができ，したがって（13.14 a）は定数行列である．しかしこれは $\mathbf{D}^{(k)}(R)$ の既約性の十分条件であり，ゆえに，この既約性は確立される．

表現 $\mathbf{D}^{(0)}, \mathbf{D}^{(1)},\cdots, \mathbf{D}^{(\frac{1}{2}n)}$（あるいは $\mathbf{D}^{(\frac{1}{2}n-\frac{1}{2})}$）はすべて異なるという事実は (13.13) からわかる；ちょうど $s_1, s_2,\cdots, s_{n-1}$ の置換 R' に対する行列は，これらのすべての表現において異値である．ゆえに表現自身は異値でなければならない．

6.　ここで既約表現 $\mathbf{D}^{(k)}(R)$ の指標 $\chi^{(k)}(R)$ を計算してみよう．$\mathbf{\Delta}^{(k)}(R)$ は次のように変換されるから，

$$\mathbf{\Delta}^{(k)}(R)=\begin{pmatrix}\mathbf{\Delta}^{(k-1)}(R) & \mathbf{0}\\ \mathbf{0} & \mathbf{D}^{k}(R)\end{pmatrix}, \qquad (13.8)$$

$\chi^{(k)}(R)$ は $\mathbf{\Delta}^{(k)}(R)$ と $\mathbf{\Delta}^{(k-1)}(R)$ の指標差に等しい．(13.4) によって，$\mathbf{\Delta}^{(k)}(R)$ の指標は次の多項式における x^k の係数に等しい $(k\leqq\frac{1}{2}n)$.

$$(1+x^{\lambda_1})(1+x^{\lambda_2})\cdots(1+x^{\lambda_\rho}) \quad (\lambda_1+\lambda_2+\cdots+\lambda_\rho=n). \qquad (13.14)$$

$\mathbf{\Delta}^{(k-1)}(R)$ の指標はこの式において x^{k-1} の係数に等しい，あるいは (13.4) とxの積における x^k の係数に等しい；指標 $\chi^{(k)}(R)$ はこれら２つの係数の差によって，すなわち，次の式の x^k の係数によって与えられる

$$(1-x)(1+x^{\lambda_1})(1+x^{\lambda_2})\cdots(1+x^{\lambda_\rho})=\sum_k x^k\chi^k(R), \qquad (13.15)$$

ここで $\lambda_1, \lambda_2,\cdots, \lambda_\rho$ はRの各循環の長さである．

随伴表現 $\overline{\mathbf{D}}^{(k)}(R)$ に対しては，Rが偶あるいは奇置換であるかによって，

すなわち，$\lambda_1-1+\lambda_2-1+\cdots+\lambda_\rho-1=n-\rho$ が偶数であるか奇数であるかによって，同じあるいは反対の符号をつけると，上の式が適用される．すなわち，指標 $\overline{\chi}^{(k)}(R)$ は次の式における x^k の係数である

$$(-1)^{n-\rho}(1-x)(1+x^{\lambda_1})(1+x^{\lambda_2})\cdots(1+x^{\lambda_\rho})=\sum_k x^k\overline{\chi}^{(k)}(R). \qquad (13.15a)$$

$\mathbf{D}^{(0)}(R)$ は恒等表現，また $\overline{\mathbf{D}}^{(0)}(R)$ は反対称表現である．

前に述べたように，以上の取り扱いでは対称群のすべての既約表現が与えられるわけではない．しかし原子分光学において役割を演ずる表現だけは与えられている．既約表現の数学的理論では（A. Young および G. Frobenius はこの理論の創始者であった），個々の表現は個々の添字 k に対応せず，数 n の正の整数への異なった分割に対応し，この分割の仕方の総数がすべての既約表現の数に等しい．表現 $\mathbf{D}^{(k)}(R)$ は，n を２つの数，$(n-k)+k$，へ分割することに対応する（$n-k\geqslant k$ の制限のゆえに，$k\leqslant\frac{1}{2}n$ となる）；表現 $\overline{\mathbf{D}}^{(k)}(R)$ は，n の１の和および２の和への分割，$2+2+\cdot\cdot\cdot+2+1+1+1=n$，に対応する，ここで１が $(n-2k)$ 個あり，２が k 個ある．

自然に現われるすべての固有関数が，電子の座標の置換に対してこれらの表現にしたがって変換するという事実は，外磁場の中にある電子がただ２つの異なる方向をとることができるという事実に関係している．もし３つの方向が可能ならば（たとえば，スピンが１に等しい窒素原子核の場合のように），n の３つの数への分割に対応している表現と共に n を１，２および３の和への分割に対応する随伴表現もまた現われる．逆に，ただ１つの量子化された方向が可能なとき（たとえば，スピンがゼロであるヘリウム原子核の場合），n の１つの数への分割，すなわち $n=n$，に対応している対称な表現，および１の和への分割，すなわち $n=1+1+\cdots+1$，に対応している反対称な表現のみが物理的問題に現われる．

この章の結果を 96頁 および 97頁 の３次対称群の既約表現 (7.E.1)，(9.E.1)，(9.E.3) と較べよう．単に行列（１）による表現は恒等表現 $\mathbf{D}^{(0)}(R)$ である，$(n=3+0)$；その随伴表現は反対称表現 $\overline{\mathbf{D}}^{(0)}(R)$ である，$(n=1+1+1)$．第３の表現は $\mathbf{D}^{(1)}(R)$ である，$(n=2+1)$；その随伴表現は $\overline{\mathbf{D}}^{(1)}(R)$ であり，$(n=2+1)$，これら２つは同値である．

４次対称群に対して，次の式が成り立つ：

$$\mathbf{D}^{(0)}(R),\ (n=4),\ \text{および}\ \overline{\mathbf{D}}^{(0)}(R),\ (n=1+1+1+1),\ \text{次元数は}\ \binom{4}{0}-\binom{4}{-1}=1$$

$\mathbf{D}^{(1)}(R)$, $(n=3+1)$, および $\overline{\mathbf{D}}^{(1)}(R)$, $(n=2+1+1)$, 次元数は $\binom{4}{1}-\binom{4}{0}=3$

$\mathbf{D}^{(2)}(R)$, $(n=2+2)$, $\overline{\mathbf{D}}^{(2)}(R)$ に同値である, $(n=2+2)$, 次元数は $\binom{4}{2}-\binom{4}{1}=2.$

全部で，群の5つの類に対応して5つの異値既約表現が存在する．また，これらの次元数の2乗の和は群の位数に等しい：．$1^2+1^2+3^2+3^2+3^2+2^2=24=4!=h$. この群では，3次対称群におけると同様に，上述の表現がすべての既約表現をつくしている．

$n=5$ の場合，我々はこの方法で6種の既約表現を得る（$\mathbf{D}^{(2)}(R)$ は $\overline{\mathbf{D}}^{(2)}(R)$ に同値でない）が，しかし7種の類があるから，これらはすべての既約表現ではない．より大きな n に対して，既約表現の全体の数に対して $\mathbf{D}^{(k)}(R)$ および $\overline{\mathbf{D}}^{(k)}(R)$ の占める部分は常に減少して行く．それにもかかわらず，我々は，Pauli 原理のゆえに，その他の表現は原子のスペクトル理論においてなんの役割もしないという結論に達する．これらの表現はこの節に述べられたと同じ方法で求められる．その際2つ以上の値を取ることができる n 個の変数の関数を考えなければならない．

第13章の付録. 対称群に関する補題

いま $k\leqq\frac{1}{2}n$ に対して $\binom{n}{k-1}$ 個の関数

$$F_{a_1a_2\cdots a_{k-1}}=s_{a_1}s_{a_2}\cdots s_{a_{k-1}}S_{a_1a_2\cdots a_{k-1}} \tag{13.5}$$

（ここに，$a_1<a_2<\cdots<a_{k-1}$, かつ $S_{a_1a_2\cdots a_{k-1}}$ はその添字が数 $a_1, a_2, \cdots, a_{k-1}$ の中に現われないすべての s の和である）は1次的独立であることが示されなければならない．これが正しいときにのみ，我々は，すべての $F_{a_1a_2\cdots a_{k-1}}$ に直交する積 $s_{a_1}s_{a_2}\cdots s_{a_k}$ の1次結合が$\binom{n}{k}-\binom{n}{k-1}$個以上はない，と結論することができる．$F_{a_1a_2\cdots a_{k-1}}$ は $s_{a_1}s_{a_2}\cdots s_{a_k}$ の1次結合である．

$$F_{a_1a_2\cdots a_{k-1}}=\sum_b m_{a_1\cdots a_{k-1};b_1\cdots b_k}s_{b_1}s_{b_2}\cdots s_{b_k}, \tag{13.16}$$

ここで $b_1<b_2<\cdots<b_k$ と仮定することができる．さらに，

$$m_{a_1\cdots a_{k-1};b_1\cdots b_k}=\begin{cases}1, & a_1, a_2, \cdots, a_{k-1}\text{のすべてが } b_1, b_2, \cdots, b_k \\ & \text{の中に現われるとき} \\ 0, & \text{それ以外の場合.}\end{cases} \tag{13.17}$$

(13.16) での和において，$b_1, b_2, \cdots, b_k$ は数 $1, 2, \cdots, n$ のすべての $\binom{n}{k}$ 個の組み合わせをとる．もし $F_{a_1a_2\cdots a_{k-1}}$ の間に1次関係があるならば，たとえば次式が成り立つならば

$$\sum_a c_{a_1\cdots a_{k-1}}F_{a_1\cdots a_{k-1}}=\sum_{a,b} c_{a_1\cdots a_{k-1}}m_{a_1\cdots a_{k-1};b_1\cdots b_k}s_{b_1}\cdots s_{b_k}=0 \qquad (13.18)$$

(足し算は再び a の $\binom{n}{k-1}$ 個の組み合わせ，および b の $\binom{n}{k}$ 個の組み合わせについてとらねばならない．そこですべての数 $x_{b_1\cdots b_k}$ に対して ($b_1<b_2<\cdots<b_k$ と定義されている)，

$$\sum_{a,b} c_{a_1\cdots a_{k-1}}m_{a_1\cdots a_{k-1};b_1\cdots b_k}x_{b_1\cdots b_k}=0 \qquad (13.19)$$

であることが結論されるであろう．これは (13.18) と $s_{d_1}s_{d_2}s_{d_3}\cdots s_{d_k}$ のスカラー積に $x_{d_1\cdots d_k}$ を掛け，その結果生じた式をすべての可能な d_i の組み合わせについて加えることによって得られる．

いま我々は $x_{b_1b_2\cdots b_k}$ を次のように選ぶ

$$\sum_b m_{a_1\cdots a_{k-1};b_1\cdots b_k}x_{b_1\cdots b_k}=\begin{cases}1, & a_1=1, a_2=2, \cdots, a_{k-1}=k-1\text{の場合；}\\ 0, & \text{その他の場合．}\end{cases} \qquad (13.20)$$

そこで (13.19) は次の式と同等である

$$c_{12\cdots k-1}=0. \qquad (13.21)$$

同じ式 (13.21) はまた他のすべての $c_{a_1\cdots a_{k-1}}$ に対しても成り立たなければならない，なぜならばこれらはすべて同じように入っているからである；すなわち，$x_{b_1\cdots b_k}$ を上と同じような方法で選んでやると c のおのおのがゼロになることを証明することができる．(以下の議論では，すべて $1, 2, \cdots, k-1$ を $\alpha_1, \alpha_2, \cdots, \alpha_{k-1}$ によって置き換えよ．) ゆえに (13.20) 式の選択が実際可能であることだけを示す必要があり，それで $F_{a_1a_2\cdots a_{k-1}}$ が1次的独立であるという証明が完結する．

$x_{b_1\cdots b_k}$ を我々は勝手に選べる．そこで，これら $x_{b_1\cdots b_k}$ をすべて等しいように選ぶ．これらの添字 $b_1, b_2, \cdots, b_k$ の中に数 $1, 2, \cdots, k-1$ のうちの τ 個が現

われる（ここで $0\leqslant\tau\leqslant k-1$）場合，これらの $x_{b_1\cdots b_k}$ を x_τ と書く．次に a_1, $a_2,\cdots,a_{k-1}$ の中に数１，２，…，$k-1$ のうちの $\boldsymbol{\sigma}$ 個が現われるような（13.20）式を考える．$m_{a_1a_2\cdots a_{k-1};b_1b_2\cdots b_k}$ はすべての a_i が b_i の中に現われるときにのみゼロと異なり，これらの項のみが（13.20）における和に寄与する．（13.20）では（b_i の中に）$1,2,\cdots,k-1$ のうちの $\boldsymbol{\sigma}$ 個があり，$k,k+1,\cdots,n$ のうちの $k-1+\boldsymbol{\sigma}$ 個がある．１つの添字 b，その値は指定されないままであるが，は数 $1,2,\cdots,k-1$ のうちの１つかあるいは数 $k,k+1,\cdots,n$ のうちの１つかのいづれかであってよい．前者の場合には，それは $k-1-\boldsymbol{\sigma}$ 個の値を取り得る；後者では，$n-k+1-(k-1-\boldsymbol{\sigma})=n-2k+2+\boldsymbol{\sigma}$ 個の値をとり得る，なぜならば b は $a_1,a_2,\cdots,a_{k-1}$ のうちのどの１つとも等しくなり得ないからである．したがって（13.20）は次のようになる．

$$(k-1-\boldsymbol{\sigma})x_{\sigma+1}+(n-2k+2+\boldsymbol{\sigma})x_\sigma=\begin{cases}1, & \boldsymbol{\sigma}=k-1 \text{ の場合}\\ 0, & \boldsymbol{\sigma}=0,1,\cdots,k-2 \text{ の場合.}\end{cases} \tag{13.22}$$

これは次の式を与える

$$x_{k-1}=\frac{1}{(n-k+1)}$$

および

$$-\frac{x_\sigma}{x_{\sigma+1}}=\frac{k-1-\boldsymbol{\sigma}}{n-2k+2+\boldsymbol{\sigma}}\qquad \boldsymbol{\sigma}=0,1,\cdots,k-2 \text{ の場合.}$$

しかしこれらの式は $n-2k+2>0$，あるいは $k\leqslant\frac{1}{2}n+1$ の場合満足されることができる；したがって，**一層強い理由で，** $k\leqslant\frac{1}{2}n$ の場合に満足される．それゆえ，$x_{b_1b_2\cdots b_k}$ を（13.20）が満たされるように選ぶことができる；このようにして（13.21）が導かれる．同様に，（13.18）におけるすべて他の c はゼロでなければならない；ゆえに，F の１次的独立性が確立される．

第14章　回　　転　　群

1.　すべての実直交な n 次元行列の集合から作られた連続群は **n 次元回転群**と呼ばれる．**純粋回転群**は行列式 $+1$ を持つ直交行列のみを含み，これに対して**回転—鏡像群**はまた行列式 -1 を持つ行列をも含む；後者は，したがって，**すべての**実直交行列を含む．群の掛け算は再び行列の掛け算であり，恒等元は単位行列である．

我々は第3章であらゆる直交行列がユニタリ行列によって対角化され得ることを知った．そこで対角要素はすべて絶対値1を持つ；あるものは $+1$，他は -1 であり，残りは複素数 $e^{i\varphi}$ および $e^{-i\varphi}$ の共軛な対から成り立つ．$+1$ あるいは -1 の固有値に対応する固有ベクトルは実の形に書くことができ，2つの複素共軛な固有値に対応する2つの固有ベクトルは複素共軛として書くことができる．これらの固有ベクトルは，すべての固有ベクトルのように，エルミートの意味で直交であるから，これらは複素直交の意味で自分自身に直交である；すなわち，それらの成分の2乗の和はゼロである．

n 次元直交行列は直交軸の1つの系から他の系への変換，すなわち，座標軸の**回転**を表わす．行列の直交性は，新しい座標系の軸のあらゆる組が直交であり，新しい軸に沿っての長さの単位は古いものに沿っての長さの単位と同じであることを意味する．純粋回転群は1つの“右手座標系”から他の“右手系”への変換のみを含む；回転—鏡像群はまた右手座標系から左手座標系への変換およびその逆をも含む．これらはしばしば転義回転とよばれる．

この一般的な結果を連続群に応用するために，まずパラメタを導入しなければならない．これは非対称な方法においてのみなされることができる，なぜならば空間のある方向（座標軸）はその他から区別されなければならず，また座標軸自身さえも同等に取り扱われることはできないからである．我々は，最初に，定義されるべきパラメタ空間における次元数を決定する．1つの n 次元直交行列を考えよう．第1行は長さ1のn次元ベクトルであるから（新しい系のx軸である），それは一単位長さは条件 $\mathbf{a}_{11}{}^2+\mathbf{a}_{12}{}^2+\cdots+\mathbf{a}_{1n}{}^2=1$ を意味するから一正確に $n-1$ 個のパラメタを含む．第2行（y軸）は第1行に直交でなければならない；これは $\mathbf{a}_{21}, \mathbf{a}_{22}, \cdots, \mathbf{a}_{2n}$ に対して斉1次方程式$\mathbf{a}_{11}\mathbf{a}_{21}+\mathbf{a}_{12}\mathbf{a}_{22}+\cdots+\mathbf{a}_{1n}\mathbf{a}_{2n}=0$ を意味し，また単位長さは $\mathbf{a}_{21}{}^2+\mathbf{a}_{22}{}^2+\cdots+\mathbf{a}_{2n}{}^2=1$ を意味する．したがって，第2行に $n-2$ 個の自由なパラメタがある．k番目の行は，$k-1$ 個の先行する行に直交でなければならない一これは $k-1$ 個の斉1次方程式を意味し，かつ単位長さを持つ．このようにしてそれは $n-k$ 個の自由なパラメタを含む．全体で

$$(n-1)+(n-2)+(n-3)+\cdots+(n-(n-1))+0=\tfrac{1}{2}n(n-1)$$

個の自由なパラメタがある．

2. 今後議論を2次元および3次元の回転群に制限しよう．

2次元純粋回転群の一般的な元は平面における新しい座標系への変換によって得られる[1]

$$\begin{aligned} x' &= x\cos\varphi+y\sin\varphi. \\ y' &= -x\sin\varphi+y\cos\varphi. \end{aligned} \tag{14.1}$$

ここで φ, **回転角**，は $-\pi$ から $+\pi$ まで変わる．この群の一般的な元は，したがって，

$$\begin{pmatrix} \cos\varphi & \sin\varphi \\ -\sin\varphi & \cos\varphi \end{pmatrix}. \tag{14.2}$$

さらに，角度 φ' だけ座標軸を回転し x', y' から x'', y'' へ，第2の変換をすると次の積を与える

$$\begin{aligned} &\begin{pmatrix} \cos\varphi' & \sin\varphi' \\ -\sin\varphi' & \cos\varphi' \end{pmatrix}\cdot\begin{pmatrix} \cos\varphi & \sin\varphi \\ -\sin\varphi & \cos\varphi \end{pmatrix} \\ &=\begin{pmatrix} \cos(\varphi+\varphi') & \sin(\varphi+\varphi') \\ -\sin(\varphi+\varphi') & \cos(\varphi+\varphi') \end{pmatrix}. \end{aligned} \tag{14.3}$$

---

1) 回転は，x 軸がy軸に向って回転するとき，正であると定義する，なぜならばこれは3次元の回転の場合の定義と一致するからである．一般に，どんな軸のまわりの正の回転もその軸に沿って正の方向に進む右ねじによって与えられた回転であるとされている．

(14.3) 式は，積が単に角度 $\varphi+\varphi'$ の回転であることを示している．

2次元純粋回転群のパラメタはただ1つであるから，Abel 群である．もしパラメタ φ を持つ群の元に対して，第10章の表記法 $\{\varphi\}$ を導入するならば，(14.3) は次のように解釈される

$$\{\varphi'\}\cdot\{\varphi\}=\{\varphi+\varphi'\}=\{\varphi\}\cdot\{\varphi'\}. \tag{14.4}$$

もし $\varphi+\varphi'$ が $-\pi$ と $+\pi$ の間になければ，このパラメタが変わることを許されている領域に $\varphi+\varphi'$ がはいるように 2π の整数倍を加えるかあるいは減じなければならない．

行列 (14.2) に対して，角度 φ は固有値 $e^{\pm i\varphi}$ の位相である．(14.2) を対角化するユニタリ行列 $\mathbf{u}$ の列は

$$|\mathbf{u}_{1\alpha}|^2+|\mathbf{u}_{2\alpha}|^2=1;\quad \mathbf{u}_{1\alpha}{}^2+\mathbf{u}_{2\alpha}{}^2=0;\quad \mathbf{u}_{1\alpha}=\pm i\mathbf{u}_{2\alpha}$$

から，絶対値1の因子を除いて（これは勝手に選んでよい），決定される．これらの条件は $\mathbf{u}_{11}=1/\sqrt{2}$, $\mathbf{u}_{21}=-i/\sqrt{2}$, $\mathbf{u}_{12}=1/\sqrt{2}$, $\mathbf{u}_{22}=+i/\sqrt{2}$ を与え，したがって

$$\begin{pmatrix}1/\sqrt{2} & i/\sqrt{2}\\ 1/\sqrt{2} & -i/\sqrt{2}\end{pmatrix}\cdot\begin{pmatrix}\cos\varphi & \sin\varphi\\ -\sin\varphi & \cos\varphi\end{pmatrix}\cdot\begin{pmatrix}1/\sqrt{2} & 1/\sqrt{2}\\ -i/\sqrt{2} & i/\sqrt{2}\end{pmatrix}$$
$$=\begin{pmatrix}e^{-i\varphi} & 0\\ 0 & e^{+i\varphi}\end{pmatrix}. \tag{14.5}$$

このようにして，固有ベクトルはすべての行列 (14.2) に対して同じである．2次元純粋回転群は Abel 群であるから，あらゆる元はそれ自身の類を作る．

3.　行列式 -1 を持つあらゆる2次元行列に，第2行に -1 を掛けると，行列式 $+1$ を持つ行列が得られる．逆に，行列式 -1 の一般的な直交行列は (14.2) の第2行の符号を変えることによって得られる

$$\begin{pmatrix}\cos\varphi & \sin\varphi\\ \sin\varphi & -\cos\varphi\end{pmatrix}. \tag{14.2a}$$

$-\pi\leqslant\varphi\leqslant\pi$ を持つ行列 (14.2) および (14.2 a) は2次元回転―鏡像群を作

る．行列（14.2a）はすべて固有値 $+1$ および -1 を持つ．これらはその固有ベクトル，$\mathbf{u}_{\cdot 1}=(\cos\varphi/2,\ \sin\varphi/2)$，$\mathbf{u}_{\cdot 2}=(-\sin\varphi/2,\ \cos\varphi/2)$，において異なる．これに対して行列（14.2）はすべて同じ固有ベクトルを持つが，異なる固有値を持つ．我々は直接に，これら2つの固有ベクトルから作られた行列が対角行列を（14.2a）に変換することを調べることができる．

$$
\begin{pmatrix}\cos\varphi & \sin\varphi\\ \sin\varphi & -\cos\varphi\end{pmatrix}
=\begin{pmatrix}\cos\varphi/2 & -\sin\varphi/2\\ \sin\varphi/2 & \cos\varphi/2\end{pmatrix}\cdot\begin{pmatrix}1 & 0\\ 0 & -1\end{pmatrix}\cdot\begin{pmatrix}\cos\varphi/2 & \sin\varphi/2\\ -\sin\varphi/2 & \cos\varphi/2\end{pmatrix}. \tag{14.5a}
$$

転義回転（14.2a）の積の形（14.5a）は，あらゆる転義回転（14.2a）を直線についての純粋の鏡像と解釈することができるという事実を述べている；（14.5a）は，（14.2a）がまず $\varphi/2$ だけ回転し，そこで x 軸について鏡像をとり，最後に $-\varphi/2$ だけ回転することによって得られることを示している．あるいは，x 軸と角度 $\varphi/2$ をなすような直線についての鏡像をとっている．

2次元回転一鏡像群は混合連続群である．この群の最も自然なパラメタ化は，連続なパラメタ φ と飛び飛びのパラメタ d を利用することである．後者は行列式，すなわち，± 1 に等しい．そこで次の式が成り立つ．

$$
\{\varphi,d\}=\begin{pmatrix}\cos\varphi & \sin\varphi\\ -d\sin\varphi & d\cos\varphi\end{pmatrix} \tag{14.6}
$$

$$
\{\varphi,\ d\}\cdot\{\varphi',\ d'\}=\{d'\varphi+\varphi',\ dd'\}.
$$

この群はもはや Abel 群ではない；（14.2a）の形の行列は互いに交換せず，またこれらは同じ固有ベクトルを持たない．

群の類への分割もまた変わってくる；（14.5a）は，すべての元（14.2a）が**1つの類に**ある，ことを示している．これらはすべて $\{0,\ -1\}$ に変換されるからである．しかしながら，（14.2）の形をした元はもはやおのおのが1つの類を作るということにはならない；たとえば，

$$
\begin{pmatrix}+1 & 0\\ 0 & -1\end{pmatrix}\begin{pmatrix}\cos\varphi & \sin\varphi\\ -\sin\varphi & \cos\varphi\end{pmatrix}\cdot\begin{pmatrix}+1 & 0\\ 0 & -1\end{pmatrix}=\begin{pmatrix}\cos\varphi & -\sin\varphi\\ \sin\varphi & \cos\varphi\end{pmatrix}. \tag{14.7}
$$

このように，$\{\varphi, 1\}$ と $\{-\varphi, 1\}$ は同じ類に属する．他のすべての元は異なる固有値を持ち，したがってこれらのいづれへも変換されないから，この類に属することはできない．

4. 第10章の Hurwitz 積分の一般的な議論にしたがって，次のような不変積分が2次元純粋回転群の領域に存在する，すなわち，$g(T)$ が (10.9) によって定義されているとき，

$$\int_{-\pi}^{\pi} J(\{\varphi\})g(\{\varphi\})d\varphi=\int_{-\pi}^{\pi} J(R\{\varphi\})g(\{\varphi\})d\varphi \tag{14.8}$$

がすべての群の元Rに対して成り立つ．ここで

$$g(T)=\frac{g(E)}{\dfrac{\partial p(T\cdot\{\alpha\})}{\partial\alpha}} \tag{14.9}$$

は $\alpha=0$ で計算されており，$p(T)$ は元Tのパラメタである．

2次元回転群の場合には，等しい領域は等しい荷重で与えられなければならないことが視察によって直ちにわかる．t をTに対するパラメタであるとしよう；そこで (14.4) によってパラメタ $p(T\cdot\{\alpha\})=t+\alpha$ であり，またこれは α について微分すると1になる，したがって

$$g(T)=g(E) \tag{14.10}$$

したがって不変積分は次のようになる

$$\int_{-\pi}^{\pi} J(\{\varphi\})d\varphi=\int_{-\pi}^{\pi} J(R\cdot\{\varphi\})d\varphi. \tag{14.11}$$

2次元純粋回転群の既約表現はすべて1次元である．実際，これはすべての Abel 群について正しい；連続な Abel 群はちょうど特別な場合である．多次元，たとえば2次元，表現を考えよう．我々は表現のある行列を対角形にすることができる．もし2つの対角要素が等しくなければ，行列は次のような形を持つであろう

$$\begin{pmatrix} a & 0 \\ 0 & b \end{pmatrix}. \tag{14.E.1}$$

したがって (14. E.1) と交換するすべての行列—したがって表現のすべての行列—は，対角要素以外の要素がゼロとなるであろう；このようにして表現は可約である．もしこのようなことがないならば，行列 (14. E.1) の固有値はすべて等しくなければならず，これは定数行列である．そこでこれは変換する前にすでに対角形を持つであろう．しかしこれは表現のあらゆる行列について成り立ち，したがってこれらはすべて恒等行列の定数倍であり，表現は，**一層強い理由で，**可約である．

(14.4) より，もし元 $\{\varphi\}$ が表現において行列 $(f(\varphi))$ に対応するならば，そこで

$$(f(\varphi))\cdot(f(\varphi'))=(f(\varphi'))\cdot(f(\varphi))=f(\varphi+\varphi')$$

したがって

$$f(\varphi)=e^{ik\varphi}$$

となる．$\varphi=-\pi$ に対する行列は $\varphi=+\pi$ に対する行列と等しくなければならないから，$e^{ik\pi}=e^{-ik\pi}$ とならねばならない；ゆえに $e^{2ik\pi}=1$. これは k が実の整数であることを意味する．2次元純粋回転群は無限に多くの既約表現を持ち，またすべてが1次元である．回転角 φ を持つ元 (14. 2) に対応するような m 番目の表現での行列は

$$(e^{im\varphi}).$$

あらゆる正および負の整数，$m=\cdots-4,\ -3,\ -2,\ -1,\ 0,\ +1,\ +2,\ +3\cdots$, に対して純粋2次元回転群の異なる既約表現が1つづつ存在する．

直交関係

$$\int_{-\pi}^{\pi}(e^{im'\varphi})^*(e^{im\varphi})d\varphi=0 \quad m\neq m' \text{ の場合}$$

$$=\int_{-\pi}^{\pi}d\varphi=2\pi \quad m=m' \text{ の場合}$$

は，ちょうど Fourier 級数の直交関係である．表現係数の完全性はまた Fourier 級数の完全性である．

5.　いま２次元回転一鏡像群の既約表現を，この目的にはかなり複雑と思われる方法を用いて，決定しよう．しかしながら，この同じ方法は後に３次元の群に応用されるので，簡単な例で行なってみることは有用である；さらに，この方法は表現と対応する関数の関係について１つの例を与えることにもなっている．

２変数の調和多項式に対する方程式を考えよう，

$$\frac{\partial^2 f(x,\ y)}{\partial x^2}+\frac{\partial^2 f(x,\ y)}{\partial y^2}=0. \tag{14.12}$$

これは明らかにすべての変換（14.6）に対して不変である．また x および y について m 次の斉次な（14.12）の解は $\mathbf{P}_R$ に対して（ここで R は（14.6）の形の変換である）同じ形の多項式に変換する，なぜならば変換 $\mathbf{P}_R$ は x および y について１次であるからである．

$$\mathbf{P}_{\{\varphi,d\}}f(x\cos\varphi+y\sin\varphi,\ -dx\sin\varphi+dy\cos\varphi)=f(x,\ y) \tag{14.13}$$

あるいは，$\{\varphi,\ d\}^{-1}$ は $\{-d\varphi,\ d\}$ に等しいから，

$$\begin{aligned}\mathbf{P}_{\{\varphi,d\}}f(x,y)&=f(x\cos(-d\varphi)+y\sin(-d\varphi),\ -xd\sin(-d\varphi)+yd\cos(-d\varphi))\\&=f(x\cos\varphi-yd\sin\varphi,+x\sin\varphi+yd\cos\varphi).\end{aligned} \tag{14.14}$$

したがって，もし $f(x,y)$ が m 次の斉次式ならば，$\mathbf{P}_R f$ もまたそうである．

（14.12）式はちょうど虚速度 i を持つ１次の波動方程式である．その一般解は

$$f(x,\ y)=f_-(x-iy)+f_+(x+iy). \tag{14.15}$$

もし $f(x,\ y)$ が x および y について m 次の斉次式ならば，f_+ および f_- は（定数因子を除いて）次の式によって与えられなければならない

$$f_-(x-iy)=(x-iy)^m;\qquad f_+(x+iy)=(x+iy)^m. \tag{14.16}$$

これらの関数に属している表現 $\mathfrak{Z}^{(m)}(\{\varphi,\ d\})$ は２次元である．その第１列すなわち（−）列は（11.23）および（14.14）から決定される．

$$\mathbf{P}_{\{\varphi,d\}}f_-(x,y)=f_-(x\cos\varphi-yd\sin\varphi,\ x\sin\varphi+yd\cos\varphi)$$
$$=[(x\cos\varphi-yd\sin\varphi)-i(x\sin\varphi+yd\cos\varphi)]^m$$
$$=[x(\cos\varphi-i\sin\varphi)-iyd(\cos\varphi-i\sin\varphi)]^m$$
$$=(x-iyd)^m e^{-im\varphi}.$$

表現係数を用いて書けば，これは

$$\mathbf{P}_{\{\varphi,d\}}f_-(x,y)=\mathfrak{Z}^{(m)}(\{\varphi,d\})_{--}f_-+\mathfrak{Z}^{(m)}(\{\varphi,d\})_{+-}f_+.$$

それゆえこれらの係数は次の式によって与えられる

$$\begin{matrix}\mathfrak{Z}^{(m)}(\{\varphi,1\})_{--}=e^{-im\varphi} & \mathfrak{Z}^{(m)}(\{\varphi,1\})_{+-}=0\\ \mathfrak{Z}^{(m)}(\{\varphi,-1\})_{--}=0 & \mathfrak{Z}^{(m)}(\{\varphi,-1\})_{+-}=e^{-im\varphi}.\end{matrix} \tag{14.17}$$

他方，(+) 列は同じように f_+ から決定される．この表現において，角度 φ の純粋回転に対応する行列 $\mathfrak{Z}^{(m)}(\{\varphi,1\})$ は次のようになることがわかる

$$\mathfrak{Z}^{(m)}(\{\varphi,1\})=\begin{pmatrix}e^{-im\varphi} & 0\\ 0 & e^{im\varphi}\end{pmatrix}, \tag{14.18}$$

ここで (−) 行（あるいは列）を第1番目に書き，(+) 行（あるいは列）を第2番目に書いている．(14.2 a) に現われている群の元に対応する行列は

$$\mathfrak{Z}^{(m)}(\{\varphi,-1\})=\begin{pmatrix}0 & e^{im\varphi}\\ e^{-im\varphi} & 0\end{pmatrix}. \tag{14.18a}$$

関数 f_- は $\mathfrak{Z}^{(m)}$ の (−) 行（すなわち第1）行に属し；関数 f_+ は (+)（すなわち第2）行に属する．

これらの表現は**既約**で，$m=1, 2, 3, \cdots$ の場合に異なる．対角行列のみが (14.18) と交換するが，しかし定数行列を除いて，どんな対角行列も (14.18 a) と交換しない．行列 (14.6) ももちろんまたそれら自身の群の1つの“表現”である．この表現は (14.18)，(14.18 a) における $m=1$ の特別な表現に同値である．(14.5) で用いられた行列は (14.6) を (14.18)，(14.18 a) の形に変換する．

(14.18) および (14.18 a) はまた $m=0$ の場合にも表現を与えることに注

意しよう．しかしながら，この場合あらゆる行列が (14.18) と交換するから，これは既約でない；ゆえにこの特別の場合の (14.18 a) を対角化し，この表現を２つの既約な成分に分解する

$$\mathfrak{Z}^{(0)}(\{\varphi,1\})=(1);\quad \mathfrak{Z}^{(0)}(\{\varphi,-1\})=(1) \qquad (14.19)$$

および

$$\mathfrak{Z}^{(0')}(\{\varphi,1\})=(1);\quad \mathfrak{Z}^{(0')}(\{\varphi,-1\})=(-1). \qquad (14.20)$$

6.　我々はいま２次元回転一鏡像群のすべての表現を得た．これらは $m=1,2,3,\cdots$ に対して (14.18) および (14.18 a) によって与えられ，２次元である；$m=0$ および $m=0'$ に対してこれらは (14.19) および (14.20) によって与えられ，１次元である．

表現係数 $\mathfrak{Z}^{(m)}(\{\varphi,d\})_{\pm\pm}$ は φ および d の空間において関数の完全系を作る．すなわち，あらゆる関数 $g(\varphi, d)$ (φ は $-\pi$ から $+\pi$ まで変化し，d は $+1$ か -1 かのいずれかである) は，これらの１次結合として書かれる．関数，$\frac{1}{2}(\mathfrak{Z}^{(0)}+\mathfrak{Z}^{(0')})$，$\mathfrak{Z}^{(1)}{}_{--}$, $\mathfrak{Z}^{(1)}{}_{++}$, $\mathfrak{Z}^{(2)}{}_{--}$, $\mathfrak{Z}^{(2)}{}_{++},\cdots$ は $d=1$ の場合数列１，$e^{-i\varphi}$, $e^{i\varphi}$ $e^{-2i\varphi}$, $e^{2i\varphi},\cdots$ によって与えられ，$d=-1$ の場合ゼロとなる；一方では，$\frac{1}{2}(\mathfrak{Z}^{(0)}-\mathfrak{Z}^{(0')})$，$\mathfrak{Z}^{(1)}{}_{+-}$, $\mathfrak{Z}^{(1)}{}_{-+}$, $\mathfrak{Z}^{(2)}{}_{--}$, $\mathfrak{Z}^{(2)}{}_{-+},\cdots$ は $d=1$ の場合ゼロに等しく，$d=-1$ の場合１，$e^{-i\varphi}$, $e^{i\varphi}$, $e^{-2i\varphi}$, $e^{2i\varphi}\cdots$ に等しい．関数 $g(\varphi,1)$ は第１の集合の１次結合として書き表わされ，また $g(\varphi,-1)$ は第２の１次結合として書き表わされる．

パラメタ空間において行列要素が完全系を作るという事実は，(14.18)，(14.18 a)，(14.19) および (14.20) の他に**２次元回転群の**他のどのような**既約表現も存在**しないことを意味する．

7.　さて今度は３次元純粋回転群の研究にもどる．行列式１の実直交行列，$\mathbf{a}$，の固有値は１，$e^{-i\varphi}$, $e^{i\varphi}$ の形を持たねばならない，なぜならばこれらはすべて絶対値１であり，かつ複素数の固有値は共軛な対で現われるからである．複素固有値の位相 φ は**回転角**とよばれる；固有値１を持つ固有ベクトル，[2]

[2] $\mathbf{v}_{\cdot 1}$ は確かに１つのベクトルであるが，それはまたこの議論で行列要素の１つの列の役割を演ずる．ゆえに行列要素に対する規約にしたがってこれを表わす．

$\mathbf{v}_{\cdot 1}$ は**回転軸**とよばれる．その成分 $\mathbf{v}_{11}$, $\mathbf{v}_{21}$, $\mathbf{v}_{31}$ を最も簡単に決定するには，$\mathbf{av}_{\cdot 1}=1\mathbf{v}_{\cdot 1}$ とこれに $\mathbf{a}^{-1}=\mathbf{a}'$ を掛けることによって得られる $\mathbf{v}_{\cdot 1}=\mathbf{a}'\mathbf{v}_{\cdot 1}$ を用いる．これから $(\mathbf{a}-\mathbf{a}')\mathbf{v}_{\cdot 1}=0$, あるいは，もっとくわしく書くと，

$$\begin{aligned} (\mathbf{a}_{12}-\mathbf{a}_{21})\mathbf{v}_{21}+(\mathbf{a}_{13}-\mathbf{a}_{31})\mathbf{v}_{31}&=0 \\ (\mathbf{a}_{21}-\mathbf{a}_{12})\mathbf{v}_{11} \qquad\qquad +(\mathbf{a}_{23}-\mathbf{a}_{32})\mathbf{v}_{31}&=0 \\ (\mathbf{a}_{31}-\mathbf{a}_{13})\mathbf{v}_{11}+(\mathbf{a}_{32}-\mathbf{a}_{23})\mathbf{v}_{21} \qquad\qquad &=0, \end{aligned} \tag{14.21}$$

そしてこれから

$$\mathbf{v}_{11}:\mathbf{v}_{21}:\mathbf{v}_{31}=\mathbf{a}_{23}-\mathbf{a}_{32}:\mathbf{a}_{31}-\mathbf{a}_{13}:\mathbf{a}_{12}-\mathbf{a}_{21}. \tag{14.22}$$

回転角 φ は最も容易に，固有値の和をこの行列の跡に等しくすることによって決定される．

$$1+e^{-i\varphi}+e^{i\varphi}=1+2\cos\varphi=\mathbf{a}_{11}+\mathbf{a}_{22}+\mathbf{a}_{33}, \tag{14.23}$$

ここで φ は0と π の間にある．

$e^{-i\varphi}$ および $e^{i\varphi}$ に対応する固有ベクトル $\mathbf{v}_{\cdot 2}$ および $\mathbf{v}_{\cdot 3}$ は複素共軛 $\mathbf{v}_{\cdot 2}{}^*=\mathbf{v}_{\cdot 3}$ である．一方では $\mathbf{v}_{\cdot 1}$ は実数であると仮定されている；$(\mathbf{v}_{\cdot 1}, \mathbf{v}_{\cdot 1})=((\mathbf{v}_{\cdot 1}, \mathbf{v}_{\cdot 1}))=1$.

列が $\mathbf{a}$ の固有ベクトル $\mathbf{v}_{\cdot 1}, \mathbf{v}_{\cdot 2}, \mathbf{v}_{\cdot 3}$ であるような行列 $\mathbf{v}$ は $\mathbf{a}$ を対角化する．ゆえに，$\mathbf{v}^\dagger\mathbf{av}$ は固有値1，$e^{-i\varphi}$, $e^{+i\varphi}$ を対角要素として持つ対角行列である．いま $\mathbf{V}=\mathbf{vv}_0$ と書こう，ここで[3)]

$$\mathbf{v}_0=\begin{pmatrix}1 & 0 & 0 \\ 0 & -i/\sqrt{2} & 1/\sqrt{2} \\ 0 & +i/\sqrt{2} & 1/\sqrt{2}\end{pmatrix} \tag{14.24}$$

$\mathbf{V}$ の列は $\mathbf{v}_{\cdot 1}, \dfrac{-i}{\sqrt{2}}(\mathbf{v}_{\cdot 2}-\mathbf{v}_{\cdot 2}{}^*)$, および $\dfrac{1}{\sqrt{2}}(\mathbf{v}_{\cdot 2}+\mathbf{v}_{\cdot 2}{}^*)$ によって与えられるから $\mathbf{V}$ は実である．さらに，ユニタリ行列 $\mathbf{v}$ および $\mathbf{v}_0$ の積であるから，$\mathbf{V}$ は

---

3)　ここで $\mathbf{v}_0$ は，$\mathbf{vv}_0$ による変換の後に $\mathbf{a}$ が X 軸のまわりの回転の形をとるように選ばれている．$\mathbf{v}_0$ のもう1つの選択は明らかに，たとえば，Y 軸のまわりの回転を与えるようになされる．

またユニタリであり，したがってそれは実直交行列であり，ゆえに回転群の1つの元である．もしいま $\mathbf{v}^\dagger\mathbf{a}\mathbf{v}=\mathbf{d}$ を $\mathbf{v}_0$ によって変換するならば，次の式が得られる

$$\mathbf{V}^\dagger\mathbf{a}\mathbf{V}=\mathbf{v}_0{}^\dagger\mathbf{v}^\dagger\mathbf{a}\mathbf{v}\mathbf{v}_0=\mathbf{v}_0{}^\dagger\mathbf{d}\mathbf{v}_0=\begin{pmatrix}1 & 0 & 0\\ 0 & \cos\varphi & \sin\varphi\\ 0 & -\sin\varphi & \cos\varphi\end{pmatrix}=\epsilon_\varphi. \qquad (14.25)$$

この式で我々はさらに $\mathbf{V}$ を**純粋**回転であると仮定することができる，なぜならばもしその行列式が -1 ならば，それに -1 を掛ければよく，そうしても（14.25）は影響されないからである．（14.25）から同じ回転角 φ を持つすべての回転は同じ類にあることがわかる，なぜならばこれらはすべて ϵ_φ に変換されるからである．これに反して，回転角が φ と異なる行列はこの同じ類にあることはできない，なぜならばこれらは異なる固有値を持ち，ゆえに ϵ_φ に変換されることはできないからである．

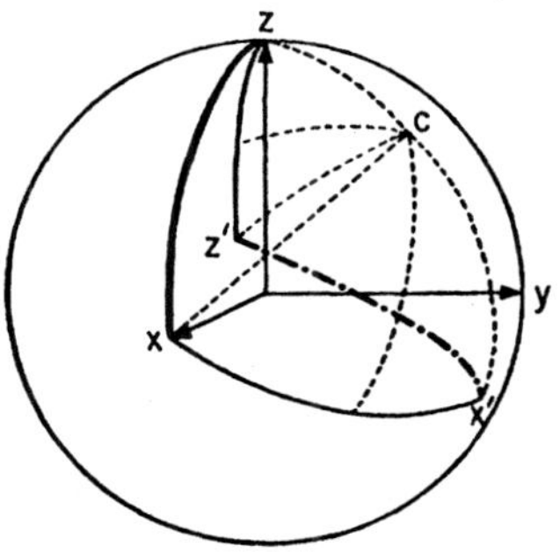

第6図．（14.25）式の幾何学的解釈（本文を見よ）．

この議論の幾何学的解釈は，3次元空間におけるあらゆる直交変換は適当に選ばれた軸 $\mathbf{v}_{\cdot 1}$ のまわりの回転によって置き換えられることができるという，よく知られた定理である．（$\mathbf{a}\mathbf{v}_{\cdot 1}=\mathbf{v}_{\cdot 1}$ のゆえに，回転軸は回転によって変化しない．）変換が第6図における弧 XZ を弧 $X'Z'$ に移すならば，そこで回転軸は ZZ' および XX' の垂直2等分面の上になければならず，したがってこれらの交点 C の上になければならない．実際，C のまわりの回転は，Z を Z' に，X を X' に変換する：2つの三角形 ZCX および $Z'CX'$ の合同から（それらの3辺は等しい）角 ZCX および $Z'CX'$ は等しくなり，ゆえに角 ZCZ' および XCX' もまた等しくそして回転角 φ に等しい．回転角 φ を持つある回転は，同

じ回転角を持つ別の回転に変換される．このとき，第1の回転軸を第2の回転軸に回転$\mathbf{V}$によって一致させ，そこで φ だけ回転し，そして最後に軸を元の位置に $\mathbf{V}^{-1}$ によってもどす．

回転を一義的に特徴づけるために，回転軸に方向の意味を与えなければならない，これはまたベクトル $\mathbf{v}_{\cdot 1}$ の符号に意味を与える．回転は軸の正の方向に沿って眺めたとき時計のまわる方向に起こるものとする．

第10章において議論された3次元純粋回転群のパラメタ化（106頁，第1図）はこれらの特性に基づいている．回転軸 $\mathbf{v}_{\cdot 1}$ のまわりの角度 φ の回転は，$\mathbf{v}_{\cdot 1}$ の方向に原点から距離 φ にある点に対応する．[4] 回転角 φ は常に回転によって一義的に決定される．$\varphi=0$ の回転に対して（これは実際全く回転のないことである），回転軸の方向は決定されない；パラメタ空間における対応する点は，それにもかかわらず，一義的に与えられる；それは球の中心である．

$\varphi=\pi$ のパラメタ空間における球面上で，回転軸の意味は一義的でない；反対方向に向いた2つの軸のまわりの角度 π の回転は全く等しい．ゆえに同じ回転が球面の対蹠点に対応する．それ以外では，パラメタ空間における点への回転の対応は1対1である．与えられた類の元は同心球の上にある．

このパラメタ系では，我々はまたかなり容易に Hurwitz 不変積分を公式化することができる．半径 φ の球面上の点は同じ角度のしかし異なる方向の軸を持つ回転に対応するから，また空間のすべての回転軸は同等であるから，$g(\{\varphi\mathbf{v}_{11}, \varphi\mathbf{v}_{21}, \varphi\mathbf{v}_{31}\})$ は回転角 φ にのみ依存し，$\mathbf{v}_{\cdot 1}$ の方向に依存することはできない．したがって $g(\{\varphi, 0, 0\})$ を決定すれば十分である．この目的のために（(10. 9) 式を見よ）まず非常に小さい e_i に対して $\{\varphi, 0, 0\}\cdot\{e_1, e_2, e_3\}$ のパラメタを計算し，そこで e_i をゼロに近づけてみる．回転 $\{e_1, e_2, e_3\}$ は次のように与えられる

$$\{e_1, e_2, e_3\}=\begin{pmatrix} 1 & e_3 & -e_2 \\ -e_3 & 1 & e_1 \\ e_2 & -e_1 & 1 \end{pmatrix}.$$

これは e_i の1次の巾まで正しい．（(14.22) 式を見よ．）我々は $\{\varphi, 0, 0\}\cdot\{e_1, e_2, e_3\}=\boldsymbol{\epsilon}_\varphi\cdot\{e_1, e_2, e_3\}$ に対して次の式を得る

---

[4] 第10章の第1回の議論に対して，原点からの距離は φ/π と定義され，φ ではない．この図の左側の部分は，この議論では，$\pi:1$ の割合に拡大されたとして考えられるべきである．

$$\begin{pmatrix} 1, & e_3, & -e_2, \\ -e_3\cos\varphi+e_2\sin\varphi, & \cos\varphi-e_1\sin\varphi & e_1\cos\varphi+\sin\varphi \\ e_3\sin\varphi+e_2\cos\varphi, & -\sin\varphi-e_1\cos\varphi, & -e_1\sin\varphi+\cos\varphi \end{pmatrix}.$$

これから (14.23) より回転角 φ' を計算する.

$$1+2\cos\varphi'=1+2\cos\varphi-2e_1\sin\varphi;\quad \varphi'=\varphi+e_1. \tag{14.23a}$$

(14.22) から回転軸の方向を得る.

$$\mathbf{v}'_{11}:\mathbf{v}'_{21}:\mathbf{v}'_{31}=2e_1\cos\varphi+2\sin\varphi:e_3\sin\varphi+e_2(1+\cos\varphi):e_3(1+\cos\varphi)-e_2\sin\varphi. \tag{14.22a}$$

規格化条件 $\mathbf{v}'^2_{11}+\mathbf{v}'^2_{21}+\mathbf{v}'^2_{31}=1$ を使うと，これは次の式を与える（e について1次まで正しい）

$$\mathbf{v}'_{11}=1;\quad \mathbf{v}'_{21}=\frac{e_2(1+\cos\varphi)}{2\sin\varphi}+\frac{e_3}{2};\quad \mathbf{v}'_{31}=\frac{e_3(1+\cos\varphi)}{2\sin\varphi}-\frac{e_2}{2}.$$

このようにして $\{\varphi,0,0\}\cdot\{e_1,e_2,e_3\}$ のパラメタは

$$\varphi+e_1,\ \varphi\left[\frac{e_2(1+\cos\varphi)}{2\sin\varphi}+\frac{e_3}{2}\right],\quad \varphi\left[\frac{e_3(1+\cos\varphi)}{2\sin\varphi}-\frac{e_2}{2}\right].$$

$e_1=e_2=e_3=0$ の場合，ちょうど ϵ_φ のパラメタに一致する，すなわち，φ, 0, 0.

$e_1=e_2=e_3=0$ の場合，問題のヤコービアンは

$$\frac{\partial(p_1(\{\varphi,0,0\}\{e_1,e_2,e_3\}),\cdots,p_3(\{\varphi,0,0\}\{e_1,e_2,e_3\}))}{\partial(e_1,e_2,e_3)}$$

$$=\begin{vmatrix} 1 & 0 & 0 \\ 0 & \varphi\dfrac{1+\cos\varphi}{2\sin\varphi} & -\dfrac{\varphi}{2} \\ 0 & +\dfrac{\varphi}{2} & \varphi\dfrac{1+\cos\varphi}{2\sin\varphi} \end{vmatrix}=\frac{\varphi^2}{4}\,\frac{(1+\cos\varphi)^2+\sin^2\varphi}{\sin^2\varphi}=\frac{\varphi^2}{2(1-\cos\varphi)}.$$

したがって荷重関数 g （(10.9) 式）は次の式で与えられる

$$g(\{\varphi,0,0\})=g(\{\mathbf{v}_{11}\varphi,\ \mathbf{v}_{21}\varphi,\ \mathbf{v}_{31}\varphi\})=\frac{2g_0(1-\cos\varphi)}{\varphi^2}. \tag{14.26}$$

1つの類のすべての元に対して同じ値を持つ関数 $J(R)=J(\varphi)$ （たとえば，表現の指標のような）の不変積分の計算は全く簡単である．パラメタ空間における積分はまず1つの球面について（$\varphi=$ 一定）なされる，すなわち，1つの類のすべての元についてなされ，これは $4\pi\varphi^2$ を与える．次に φ について，すなわち，すべての異なる類についての積分がなされる．このようにして Hurwitz 積分に対して次の式が与えられる

$$g_0\int_0^\pi J(\varphi)8\pi(1-\cos\varphi)d\varphi. \tag{14.27}$$

もう1つの非常によく使われるパラメタ化は，107頁の第2図に示した Euler 角を使うことである．Euler 角 α, β, γ による回転は3つの回転の積である：Z 軸のまわりに γ の回転，Y 軸のまわりに β の回転，そして Z 軸のまわりに α の回転である．次の章では，$\{\alpha, \beta, \gamma\}$ は常に Euler 角 α, β および γ による回転を表わす．この表現では α および γ は一般に0から 2π までそして β は0から π まで変化する．しかし $\beta=0$ ならば，α と γ は一義的には決まらない；回転 $\{\alpha, 0, \gamma\}$ は Z 軸のまわりの角度 $\alpha+\gamma$ のすべての回転である．

第15章　3次元純粋回転群

球　関　数

1.　3次元回転群の既約表現は，2次元の場合と同じように，Laplace の方程式を用い，それを満足するような l 次の斉次多項式を考えることによって導かれる．

$$\frac{\partial^2 f(x, y, z)}{\partial x^2}+\frac{\partial^2 f(x, y, z)}{\partial y^2}+\frac{\partial^2 f(x, y, z)}{\partial z^2}=0. \qquad (15.1)$$

このような多項式の直交変換Rは別の l 次の多項式を生じ，これもまた(15.1)の解であり，ゆえに変換される前の多項式の1次結合として表わされる．係数は $\mathfrak{D}^{(l)}(R)$ によって表わされる 1つの表現を作る．我々は3次元回転群の既約表現をもう1つの方法によって決定しようと思うので，Laplace の方程式を用いる方法についてはほんのあらましを紹介する．

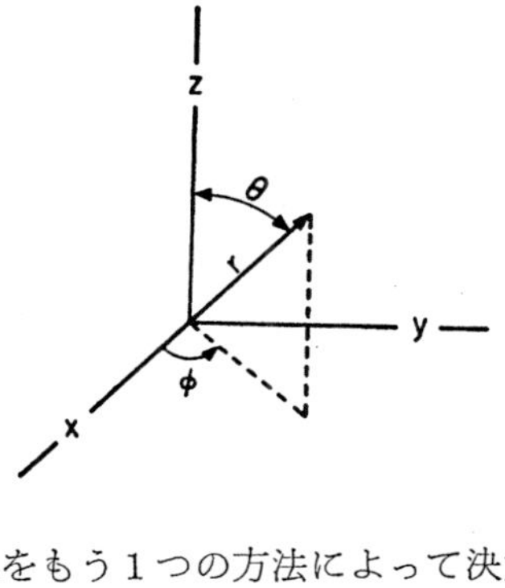

第7図　極座標 r, ϑ, および φ.

(15.1) を解くために，普通は x, y, およびzの代わりに極座標 r, ϑ, および φ を導入する（第7図を見よ）；そこでは l 次の多項式は，$r^l Y_{lm}(\vartheta, \varphi)$ の形をしている．この形を（極座標で書かれた）(15. 1) に代入すると，rは落

ちそして変数 ϑ および φ（さらに l を含んでいる）についての微分方程式が生ずる．この方程式の（$2l+1$）個の1次的独立な解[1)]

$$Y_{l,-l}(\vartheta,\ \varphi),\ Y_{l,-l+1}(\vartheta,\ \varphi),\cdots,Y_{l,l-1}(\vartheta,\ \varphi),\ Y_{l,l}(\vartheta,\ \varphi) \tag{15.2}$$

は l 次の球関数[2)]として知られる．これらは次のような形を持つ

$$Y_{lm}(\vartheta,\ \varphi)=\Phi_m(\varphi)\Theta_{lm}(\vartheta), \tag{15.3}$$

ここで

$$\Phi_m(\varphi)=\frac{1}{\sqrt{2\pi}}e^{im\varphi}$$

$$\Theta_{lm}(\vartheta)=(-1)^m\left[\frac{2l+1}{2}\frac{(l-m)!}{(l+m)!}\right]^{1/2}\sin^m\vartheta\frac{d^m}{d(\cos\vartheta)^m}P_l(\cos\vartheta)\ (m\geqq 0)$$

$$\Theta_{l,-m}(\vartheta)=\left[\frac{2l+1}{2}\cdot\frac{(l-m)!}{(l+m)!}\right]^{1/2}\sin^m\vartheta\frac{d^m}{d(\cos\vartheta)^m}P_l(\cos\vartheta). \tag{15.3a}$$

$P_l(\cos\vartheta)$ は次のように定義された Legendre の多項式である

$$P_l(\cos\vartheta)=\frac{1}{2^l l!}\frac{d^l}{d(\cos\vartheta)^l}(\cos^2\vartheta-1)^l. \tag{15.3b}$$

$\vartheta=0$ に対して，Y_{l0} を除いて，すべての Y_{lm} はゼロとなる．$\vartheta=0$ の場合方位角 φ は決定されないからこのようになるはずである；したがってこの点で $Y_{lm}(\vartheta,\ \varphi)\sim e^{im\varphi}P_l{}^m(\cos\vartheta)$ の値は φ に依存してはならない．[3)]

(15.3) の最も重要な特徴は φ 依存性である．もし演算子 $\mathbf{P}_R$ を $r^l Y_{lm}(\vartheta,\varphi)$ に適用するならば，ここで R は角度 α だけの Z 軸のまわりの回転であるが，動径および極角 ϑ は不変で φ は $\varphi+\alpha$ になる．ゆえに，Euler 角 α,β,γ による回転を $\{\alpha,\ \beta,\ \gamma\}$ によって表わすならば，

---

1) たとえば，D. Hilbert and R. Courant, "Methoden der Mathematischen Physik," pp. 420, 66, 265, Springer, Berlin, 1924 あるいはその英語訳（Interscience, New York, 1953），第1巻，p. 510を見よ．

2) この訳では，全体を通じて固有関数の位相を E. U. Condon and G. H. Shortley, "The Theory of Atomic Spectra," Cambridge Univ. Press, London and New York, 1953 の規約に一致するように選んでいる．

3) (15.3a) の関数 $\Theta_{lm}(m\geqq 0)$ で平方根の係数を除いた部分は Legendre 陪関数であり，しばしば $P_l{}^m(\cos\vartheta)$ によって表わされる．

$$\mathbf{P}_{\{\alpha 00\}} r^l Y_{lm}(\vartheta, \varphi) = r^l \frac{e^{im(\varphi+\alpha)}}{\sqrt{2\pi}} \Theta_{lm}(\vartheta) = e^{im\alpha} r^l Y_{lm}(\vartheta, \varphi). \qquad (15.4)$$

l 次の球関数に属している $(2l+1)$ 次元表現の行および列は対応する球関数の第2の添字によって$-l$から$+l$まで名付けられる．そこで

$$\mathbf{P}_{\{\alpha\beta\gamma\}} r^l Y_{lm}(\vartheta, \varphi) = \sum_{m'=-l}^{l} \mathfrak{D}^{(l)}(\{\alpha, \beta, \gamma\})_{m'm}\ r^l Y_{lm'}(\vartheta, \varphi). \qquad (15.5)$$

通常の方法で係数を等しくすることによって我々は次の式を得る

$$\mathfrak{D}^{(l)}(\{\alpha, 0, 0\})_{m'm} = e^{im\alpha}\delta_{mm'}.$$

このようにして，表現 $\mathfrak{D}^{(l)}$ では，Z 軸のまわりの回転に対応する行列は対角行列である．角度 α だけの回転に対して，次のような表現行列が成り立つ，

$$\mathfrak{D}^{(l)}(\{\alpha 00\}) = \begin{pmatrix} e^{-il\alpha} & 0 & \cdots & 0 & 0 \\ 0 & e^{-i(l-1)\alpha} & \cdots & 0 & 0 \\ 0 & \cdot & \cdots & \cdot & \cdot \\ \cdot & \cdot & \cdots & \cdot & \cdot \\ \cdot & \cdot & \cdots & \cdot & \cdot \\ 0 & 0 & \cdots & e^{i(l-1)\alpha} & 0 \\ 0 & 0 & \cdots & 0 & e^{il\alpha} \end{pmatrix}. \qquad (15.6)$$

いま，α, β, γ のすべての値に対して $\mathfrak{D}^{(l)}(\{\alpha, \beta, \gamma\})$ と交換する行列は必然的に定数行列でなければならないということを示すことによって，表現 $\mathfrak{D}^{(l)}$ が既約であることを証明する．まず，対角行列のみがすべての行列 (15.6) と交換する．ゆえに，すべての $\mathfrak{D}^{(l)}(\{\alpha, \beta, \gamma\})$ と交換する行列は確かに対角行列である．さらに，一般に（すなわち，β のある飛び飛びの値を除いて）$\mathfrak{D}^{(l)}(\{0, \beta, 0\})$ の 0-行に **ゼロ** は現われ **ない** ということが以下に示されるであろう．そこですべての対角要素が等しい対角行列（すなわち，定数行列）のみがこれらの行列と交換する．これを知るために，要素 $\mathbf{d}_k$ を持つ対角行列が $\mathfrak{D}^{(l)}(\{0, \beta, 0\})$ と交換すると仮定する；積の 0-行における要素は

$$\mathbf{d}_0 \mathfrak{D}^{(l)}(\{0, \beta, 0\})_{0k} = \mathfrak{D}^{(l)}(\{0, \beta, 0\})_{0k} \mathbf{d}_k, \qquad (15.\mathrm{E}.1)$$

そしてこれは $\mathbf{d}_0=\mathbf{d}_k$ を意味する．

$\mathfrak{D}^{(l)}(\{0, \beta, 0\})$ が一般に0-行にゼロを含まないという事実は次のようにしてわかる：もしRがY軸のまわりの角度βの回転ならば，$\mathbf{P}_R$ は点 $r, \vartheta, 0$ を点 $r, \vartheta+\beta, 0$ で置き換える．ゆえに，$r^l Y_{lm}(\vartheta+\beta, 0)$ は係数 $\mathfrak{D}^{(l)}(\{0, \beta, 0\})_{m'm}$ を持ち $r^l Y_{lm'}(\vartheta, 0)$ の1次結合である．もし我々が点 $\vartheta=0$ を考えるならば，一般に $Y_{lm}(\beta, 0)$ はゼロでない，これに対して $Y_{lm'}(0, 0)$ は $Y_{l,0}(0, 0)$ を除いてすべてゼロである．いまもしこの項の係数，$\mathfrak{D}^{(l)}(\{0, \beta, 0\})_{0m}$，がゼロとすると，方程式の右辺のすべての項はゼロとなるであろう，これに対して左辺はゼロでない；ゆえに $\mathfrak{D}^{(l)}(\{0, \beta, 0\})_{0m}$ はゼロとなることはできない．

2. このように表現 $\mathfrak{D}^{(l)}(\{\alpha, \beta, \gamma\})$ はすべての $l=0, 1, 2, \cdots$ に対して既約である．これらの指標を決定するために，同じ類に属する行列の跡が等しいことを思い出そう．この場合類はその回転角 φ によって特徴づけられるから，指標 $\chi^{(l)}(\varphi)$ は回転角のみの関数であり，回転角 φ を持つ元に対応するある1つの行列の跡の計算によって決定される．我々はすでに，$\alpha=\varphi$ のとき，(15.6) においてこのような行列を知っている．したがって次の式が与えられる

$$\chi^{(l)}(\varphi)=\sum_{m=-l}^{+l} e^{im\varphi}=1+2\cos\varphi+2\cos 2\varphi+\cdots+2\cos l\varphi. \qquad (15.7)$$

(14.27) 式で決定された荷重関数を用いて直交関係は

$$8\pi g(E)\int_0^\pi \chi^{(l')}(\varphi)^*\chi^{(l)}(\varphi)(1-\cos\ \varphi)d\varphi=8\pi^2 g(E)\delta_{l'l}.$$

これは簡単な積分によって容易に証明される．また $\mathfrak{D}^{(l)}$ の他にどのような既約表現も存在しないことがわかる：もしそのような表現があるとすると，その指標に $(1-\cos\varphi)$ を掛けたものはすべての $\chi^{(l)}$ と直交でなければならず，したがって $\varphi=0$ から $\varphi=\pi$ の領域ですべての $\chi^{(l+1)}-\chi^{(l)}$，すなわち，関数 1, $2\cos\varphi$, $2\cos 2\varphi$, $2\cos 3\varphi, \cdots$ に直交でなければならない；ゆえに，これらは，Fourier の定理によって，ゼロでなければならない．

$\mathfrak{D}^{(0)}, \mathfrak{D}^{(1)}, \mathfrak{D}^{(2)}, \cdots$ は3次元純粋回転群のすべての異値既約表現を含むことになる．回転群は無限個の類を持つから，無限個の異値既約表現がある．

恒等表現は $\mathfrak{D}^{(0)}$ である；3次元の直交行列は，それら自身の群の表現として，次元数からあるいは指標の等しいことから直ちにわかるように，$\mathfrak{D}^{(1)}$ に同値である．

3次元回転群のあらゆる表現は $\mathfrak{D}^{(0)}, \mathfrak{D}^{(1)}, \mathfrak{D}^{(2)}, \cdots$ の結合であり，相似変換を除いて，おのおの $\mathfrak{D}^{(0)}, \mathfrak{D}^{(1)}, \cdots$ がその中に現われる回数によって指定される．しかしこれらの数 $A_0, A_1, A_2, \cdots$ は，部分群（2次元回転群，たとえば，Z 軸のまわりの回転）に対応する行列から決定される．もし2次元回転群の表現 $(\exp im\varphi)$ が a_m 回現われるならば，そこで（$m \geqslant 0$ に対して）$a_m = A_m + A_{m+1} + \cdots$ で，$\mathfrak{D}^{(l)}$ は全体の表現に $A_l = a_l - a_{l+1}$ 回含まれている．この結論は，前もってある方法で，実際にある表現を取り扱っているということを知っているときにのみ，適用されることに注意せねばならない；この基準はどんな行列の系にも適用されるというものではない．

(15.6) 式から $\mathfrak{D}^{(l)}(\{\alpha, 0, 0\}) = \mathfrak{D}^{(l)}(\{0, 0, \gamma\})$ ということがわかる．もし Y 軸のまわりの回転に対応している行列がわかっていれば，すべての行列 $\mathfrak{D}^{(l)}(\{\alpha, \beta, \gamma\})$ がわかるであろう．$\mathfrak{D}^{(l)}(\{0, \beta, 0\})_{\kappa\lambda}$ は $\boldsymbol{d}^{(l)}(\beta)_{\kappa\lambda}$ と表わされる．回転 $\{\alpha, \beta, \gamma\}$ は3つの回転，$\{\alpha, 0, 0\}$, $\{0, \beta, 0\}$, および $\{0, 0, \gamma\}$ の積である．ゆえにこれに対応する行列は

$$\mathfrak{D}^{(l)}(\{\alpha, \beta, \gamma\}) = \mathfrak{D}^{(l)}(\{\alpha, 0, 0\})\mathfrak{D}^{(l)}(\{0, \beta, 0\})\mathfrak{D}^{(l)}(\{0, 0, \gamma\}).$$

ゆえに，1般的な回転行列は Y 軸のまわりの回転に対する行列によって書かれる：

$$\mathfrak{D}^{(l)}(\{\alpha, \beta, \gamma\})_{m'm} = e^{im'\alpha}\boldsymbol{d}^{(l)}(\beta)_{m'm}e^{im\gamma}. \qquad (15.8)$$

2次元ユニタリ群の回転群への類型

3.　3次元純粋回転群の既約表現を H. Weyl によって提案されたもう1つの方法によって導き出してみよう．Laplace の方程式を使った方法についての議論は少ししかしなかったが，我々は Weyl の方法を述べたい．Weyl の方法

は固有表現と共にいわゆる“2価表現”を導くことができるからである．この2価表現は以後の（スピンの理論についての）議論において，固有な表現と同様に重要な役割を演ずるであろう．

対称群においては個々の表現の次元数と指標を決定すれば満足してよかった；これに対して，指標のみでなく，すべての表現行列の要素もまた回転群においては重要である．この事実は，後にわかるように，物理的に意味のある量にはすべての同一粒子が同じ方法ではいっているということに原因している．しかし力学的問題においてのみでなく興味のある物理量においてもまた，空間での異なる方向は，すべての方向が同等であるときにのみ，物理的に同等である．たとえば，2重極能率の特別の成分を問題にする場合，ある1つの方向はすでに区別されている．

まず始めに，本質的に行列の初等理論に属する3つの簡単な補題を述べる．

（a） あらゆる実ベクトルを1つの実ベクトルに変換する行列はそれ自身実である，すなわち，すべての行列要素は実数である．この行列をk番目の単位ベクトル（k番目の成分が1，その他の成分はすべてゼロ）に適用すると，結果として生ずるベクトルの成分は行列のk列に等しい．したがってこの列は実でなければならない．しかしこの議論はすべてのkに対して成り立つから，この行列のすべての列は実でなければならない．

（b） もし行列が2つの任意のベクトルの単純スカラー積を不変にするならば，すなわち，$((\mathfrak{a}, \mathfrak{b}))=((\mathbf{O}\mathfrak{a}, \mathbf{O}\mathfrak{b}))$ ならば，行列 $\mathbf{O}$ は複素直交であることを我々は第3章（31頁）で学んだ．これと同等な条件を1つの任意ベクトルに関して述べることができる．もし任意のベクトル $\mathfrak{v}$ の長さが$\mathbf{O}$による変換に対して不変であれば，行列$\mathbf{O}$は複素直交である．

2つの任意ベクトル $\mathfrak{a}$ と $\mathfrak{b}$ を考え $\mathfrak{v}=\mathfrak{a}+\mathfrak{b}$ と書く．そこで$\mathbf{O}$の複素直交性に対する新しい条件は

$$((\mathfrak{v}, \mathfrak{v}))=((\mathbf{O}\mathfrak{v}, \mathbf{O}\mathfrak{v})).$$

$((\mathfrak{a}, \mathfrak{b}))=((\mathfrak{b}, \mathfrak{a}))$ という事実を用いて，これは次のようになる

$$((\mathfrak{a}+\mathfrak{b},\ \mathfrak{a}+\mathfrak{b}))=((\mathfrak{a},\ \mathfrak{a}))+((\mathfrak{b},\ \mathfrak{b}))+2((\mathfrak{a},\ \mathfrak{b}))$$
$$=((\mathbf{O}\mathfrak{a},\ \mathbf{O}\mathfrak{a}))+((\mathbf{O}\mathfrak{b},\ \mathbf{O}\mathfrak{b}))+2((\mathbf{O}\mathfrak{a},\ \mathbf{O}\mathfrak{b})).$$

しかしながら，この条件はまた $((\mathfrak{a},\ \mathfrak{a}))=((\mathbf{O}\mathfrak{a},\ \mathbf{O}\mathfrak{a}))$ および $((\mathfrak{b},\ \mathfrak{b}))=((\mathbf{O}\mathfrak{b},\ \mathbf{O}\mathfrak{b}))$ を意味する．そこで次のようになる

$$((\mathfrak{a},\ \mathfrak{b}))=((\mathbf{O}\mathfrak{a},\ \mathbf{O}\mathfrak{b})).$$

したがって $\mathbf{O}$ は複素直交となる．同様な方法で，あらゆるベクトルに対して $(\mathfrak{v},\ \mathfrak{v})=(\mathbf{U}\mathfrak{v},\ \mathbf{U}\mathfrak{v})$ が成り立つことだけから $\mathbf{U}$ はユニタリであることが証明される．

あらゆる実ベクトルを実にし，またあらゆるベクトルの長さを不変にする行列は**回転**である．この定理に対する幾何学的な基礎は次のような単純な事実である，すなわち，始めの図および変換された図ですべての長さが等しいとき，角度もまた等しくなければならない；それゆえ変換は単に回転である．

（c）　いま行列式 $+1$ を持つ２次元ユニタリ行列

$$\mathbf{u}=\begin{pmatrix} a & b \\ c & d \end{pmatrix}$$

の一般形を，積 $\mathbf{u}\mathbf{u}^{\dagger}=\mathbf{1}$ の要素を考えることによって決めよう．

$a^*c+b^*d=0$ より $c=-b^*d/a^*$ が導かれる；

これを $ad-bc=1$ へ代入すると $(aa^*+bb^*)d/a^*=1$ となる．さらに，$aa^*+bb^*=1$ であるから，$d=a^*$ および $c=-b^*$ となる．したがって行列式 $+1$ を持つ一般の２次元ユニタリ行列は

$$\mathbf{u}=\begin{pmatrix} a & b \\ -b^* & a^* \end{pmatrix}, \qquad (15.9)$$

と書ける．ここで $|a|^2+|b|^2=1$ でなければならない．

4.　いまいわゆる“Pauli 行列”を考えよう

$$\mathbf{s}_x=\begin{pmatrix} 0 & 1 \\ 1 & 0 \end{pmatrix},\qquad \mathbf{s}_y=\begin{pmatrix} 0 & i \\ -i & 0 \end{pmatrix},\qquad \mathbf{s}_z=\begin{pmatrix} -1 & 0 \\ 0 & 1 \end{pmatrix}. \qquad (15.10)$$

ゼロ の跡を持つ あらゆる２次元行列 $\mathbf{h}$ は，上記の 行列の１次結合と 解釈される：$\mathbf{h}=x\mathbf{s}_x+y\mathbf{s}_y+z\mathbf{s}_z=[\mathfrak{r},\ \mathbf{S}]$；陽に書けば

$$\mathbf{h}=[\mathfrak{r},\ \mathbf{S}]=\begin{pmatrix}-z & x+iy\\ x-iy & +z\end{pmatrix}. \tag{15.10a}$$

ここに $2x=\mathbf{h}_{12}+\mathbf{h}_{21}$；$2iy=\mathbf{h}_{12}-\mathbf{h}_{21}$；および $z=-\mathbf{h}_{11}=+\mathbf{h}_{22}$ と書いた．特に $x,\ y$ および z が実数ならば，$\mathbf{h}$ はエルミート行列である．

もし $\mathbf{h}$ を行列式１を持つ任意のユニタリ行列 $\mathbf{u}$ によって変換するならば，再びゼロの跡を持つ行列，$\bar{\mathbf{h}}=\mathbf{u}\mathbf{h}\mathbf{u}^\dagger$，が得られる；ゆえに $\bar{\mathbf{h}}$ もまた $\mathbf{s}_x,\ \mathbf{s}_y,\ \mathbf{s}_z$ の１次結合として書かれる．

$$\bar{\mathbf{h}}=\mathbf{u}\mathbf{h}\mathbf{u}^\dagger=\mathbf{u}[\mathfrak{r},\ \mathbf{S}]\mathbf{u}^\dagger=x'\mathbf{s}_x+y'\mathbf{s}_y+z'\mathbf{s}_z=[\mathfrak{r}',\ \mathbf{S}] \tag{15.11}$$

$$\begin{pmatrix}a & b\\ -b^* & a^*\end{pmatrix}\begin{pmatrix}-z & x+iy\\ x-iy & z\end{pmatrix}\begin{pmatrix}a^* & -b\\ b^* & a\end{pmatrix}=\begin{pmatrix}-z' & x'+iy'\\ x'-iy' & z'\end{pmatrix}. \tag{15.11a}$$

ここで $x',\ y',\ z'$ は $x,\ y,\ z$ の１次関数である．$\mathfrak{r}=(x\ y\ z)$ を $\mathbf{R_u}\mathfrak{r}=\mathfrak{r}'=(x'\ y'\ z')$ にもたらす変換 $\mathbf{R_u}$ は（15.11 a）によって計算される．

$$\left.\begin{aligned}x'&=\tfrac{1}{2}(a^2+a^{*2}-b^2-b^{*2})x+\tfrac{1}{2}i(a^2-a^{*2}+b^2-b^{*2})y\\&\qquad+(a^*b^*+ab)z\\y'&=\tfrac{1}{2}i(a^{*2}-a^2+b^2-b^{*2})x+\tfrac{1}{2}(a^2+a^{*2}+b^2+b^{*2})y\\&\qquad+i(a^*b^*-ab)z\\z'&=-(a^*b+ab^*)x+i(a^*b-ab^*)y+(aa^*-bb^*)z.\end{aligned}\right\} \tag{15.12}$$

行列 $\mathbf{R_u}$ のこの特別の形はここで特に重要ではない；[4]重要なことは $\bar{\mathbf{h}}$ および $\mathbf{h}$ の行列式が等しいので

$$x'^2+y'^2+z'^2=x^2+y^2+z^2 \tag{15.13}$$

が成り立つことである.（b）によって，この事実は，変換 $\mathbf{R_u}$ が複素直交でなければならないことを意味する． これはまた直接に公式（15. 12）からわかる．

[4] (15.12) で回転を特徴づける複素数 a と b は Cayley-Klein パラメタとよばれる；$|a|^2+|b|^2=1$. 簡単さのために，行列式１の２次元ユニタリ行列の群は，今後単にユニタリ群とよばれる．

さらに，$\mathbf{h}$ がエルミート行列ならば $\bar{\mathbf{h}}$ はエルミート行列である．換言すれば，$\mathfrak{r}=(x\ y\ z)$ が実数ならば $\mathfrak{r}'=(x'\ y'\ z')$ は実数である．これは，（a）によって，あるいは (15.12) から直接わかるように，$\mathbf{R_u}$ が純粋に実であることを意味する．したがって $\mathbf{R_u}$ は回転である：行列式1のあらゆる2次元ユニタリ行列は3次元回転 $\mathbf{R_u}$ に対応する；この対応は (15.11) あるいは (15.12) によって与えられる．

$\mathbf{u}$ が連続的に単位行列に変わるにしたがって $\mathbf{R_u}$ は連続的に3次元単位行列になるから，$\mathbf{R_u}$ の行列式は $+1$ である．もしその行列式がこの過程の始めで -1 とすると，それは $+1$ へ飛躍しなければならないであろう．これは不可能であるから，$\mathbf{R_u}$ はすべての $\mathbf{u}$ に対して純粋回転である．

対応は次のようである，すなわち，2つのユニタリ行列 $\mathbf{q}$ および $\mathbf{u}$ の積 $\mathbf{qu}$ は対応する回転の積 $\mathbf{R_{qu}}=\mathbf{R_q}\cdot\mathbf{R_u}$ に対応する．(15.11) にしたがって，$\mathbf{u}$ の代わりに $\mathbf{q}$ を適用して

$$\mathbf{q}[\mathfrak{r}, \mathbf{S}]\mathbf{q}^{\dagger}=[\mathbf{R_q}\mathfrak{r}, \mathbf{S}], \tag{15.12a}$$

そして $\mathbf{u}$ による変換のさいに再び (15.11) を用い，$\mathfrak{r}$ を $\mathbf{R_q}\mathfrak{r}$ で，そして $\mathbf{u}$ を $\mathbf{uq}$ で置き換えると，これは次の式を与える

$$\mathbf{uq}[\mathfrak{r}, \mathbf{S}]\mathbf{q}^{\dagger}\mathbf{u}^{\dagger}=\mathbf{u}[\mathbf{R_q}\mathfrak{r}, \mathbf{S}]\mathbf{u}^{\dagger}=[\mathbf{R_u}\mathbf{R_q}\mathfrak{r}, \mathbf{S}]=[\mathbf{R_{uq}}\mathfrak{r}, \mathbf{S}].$$

このようにして，行列式 $+1$ の2次元ユニタリ行列の群（“ユニタリ群”）と3次元回転の間に類型が存在する；対応は (15.11) あるいは (15.12) によって与えられる．しかしながら，我々は，いままで2次元ユニタリ群と全体の回転群との間に類型が存在することを示していないということに注意する．“類型が存在する”ということは，$\mathbf{u}$ が全体のユニタリ群をおおうとき，$\mathbf{R_u}$ がすべての回転について変化するということを意味する．これはすぐ後で証明されるであろう．また，1つ以上のユニタリ行列が同じ回転に対応すること，類型と同型とは異なることに注意せねばならない．これもまた後でもっと詳しくわかるであろう．

まず $\mathbf{u}$ が対角行列 $\mathbf{u}_1(\alpha)$ であると仮定しよう（すなわち，$b=0$ と置き，そ

して，後に明らかになる理由で， $a=e^{-\frac{1}{2}i\alpha}$ と置く)．そこで $|a|^2=1$ で α は実数である．

$$\mathbf{u}_1(\alpha)=\begin{pmatrix} e^{-\frac{1}{2}i\alpha} & 0 \\ 0 & e^{+\frac{1}{2}i\alpha} \end{pmatrix}. \tag{15.14a}$$

(15.12) から，対応する回転

$$\mathbf{R}_{\mathbf{u}_1}=\begin{pmatrix} \cos\alpha & \sin\alpha & 0 \\ -\sin\alpha & \cos\alpha & 0 \\ 0 & 0 & 1 \end{pmatrix} \tag{15.14a$'$}$$

は，Z 軸のまわりの角度 α の回転であることがわかる．次に $\mathbf{u}$ が実であると仮定する

$$\mathbf{u}_2(\beta)=\begin{pmatrix} \cos\frac{1}{2}\beta & -\sin\frac{1}{2}\beta \\ +\sin\frac{1}{2}\beta & \cos\frac{1}{2}\beta \end{pmatrix}. \tag{15.14b}$$

(15.12) から，対応する回転は

$$\mathbf{R}_{\mathbf{u}_2}=\begin{pmatrix} \cos\beta & 0 & -\sin\beta \\ 0 & 1 & 0 \\ +\sin\beta & 0 & \cos\beta \end{pmatrix}, \tag{15.14b$'$}$$

Y 軸のまわりの角度 β の回転である．3 つのユニタリ行列の積 $\mathbf{u}_1(\alpha)\mathbf{u}_2(\beta)\mathbf{u}_1(\gamma)$ は Z 軸のまわりの角度 γ の回転，Y 軸のまわりの角度 β の回転，および Z 軸のまわりの角度 α の回転の積に対応する，すなわち，Euler 角 α, β, γ を持つ回転に対応する．このことから (15.11) で定義された対応はあらゆる 2 次元ユニタリ行列に対して 3 次元回転を指定しただけでなく，またあらゆる純粋回転に対して少なくとも 1 つのユニタリ行列を指定したということになる．特に，行列

$$\left.\begin{aligned} &\begin{pmatrix} e^{-\frac{1}{2}i\alpha} & 0 \\ 0 & e^{\frac{1}{2}i\alpha} \end{pmatrix}\begin{pmatrix} \cos\frac{1}{2}\beta & -\sin\frac{1}{2}\beta \\ \sin\frac{1}{2}\beta & \cos\frac{1}{2}\beta \end{pmatrix}\begin{pmatrix} e^{-\frac{1}{2}i\gamma} & 0 \\ 0 & e^{\frac{1}{2}i\gamma} \end{pmatrix} \\ &=\begin{pmatrix} e^{-\frac{1}{2}i\alpha}\cos\frac{1}{2}\beta\cdot e^{-\frac{1}{2}i\gamma} & -e^{-\frac{1}{2}i\alpha}\sin\frac{1}{2}\beta\cdot e^{\frac{1}{2}i\gamma} \\ e^{\frac{1}{2}i\alpha}\sin\frac{1}{2}\beta\cdot e^{-\frac{1}{2}i\gamma} & e^{\frac{1}{2}i\alpha}\cos\frac{1}{2}\beta\cdot e^{\frac{1}{2}i\gamma} \end{pmatrix} \end{aligned}\right\} \tag{15.15}$$

は回転 $\{\alpha\beta\gamma\}$ に対応する．このように類型は事実上ユニタリ群の3次元回転群全体への類型である．

まだ類型の多重性についての疑問，すなわち，いかに多くのユニタリ行列 $\mathbf{u}$ が同じ回転に対応するかという疑問がある．これはいかに多くのユニタリ行列 $\mathbf{u}_0$ が回転群の恒等元に対応するか，すなわち，変換 $x'=x$, $y'=y$, $z'=z$ に対応するかを確かめることで十分である．これらの特別な $\mathbf{u}_0$ に対して恒等変換 (identity) $\mathbf{u}_0\mathbf{h}\mathbf{u}_0^\dagger=\mathbf{h}$ がすべての $\mathbf{h}$ に対して成り立たなければならない；これは $\mathbf{u}_0$ が定数行列で，$\mathbf{u}_0=(\pm\mathbf{1})$ のときにのみ可能である ($b=0$ で $a=a^*$，実数であり，$|a|^2+|b|^2=1$ であるから)．したがって，2つのユニタリ行列 $(+\mathbf{1})$ および $(-\mathbf{1})$，そしてこれらだけ，が回転群の恒等元に対応する．これら2つの元はユニタリ群の不変部分群を作り，この不変部分群の同じ剰余類にある元，すなわち，$\mathbf{u}$ および $-\mathbf{u}$ が実際に同じ回転に対応することは直接に (15.11) あるいは (15.12) からわかる．

言葉を換えていえば，(15.11) における3角関数に半分の Euler 角のみが現われていることに注意するだけでよい．Euler 角は，2π の倍数を除いて，回転によって決定される；したがって半分の角は，π の倍数を除いて，決定される．そこで (15.15) における3角関数は，符号を除いて，決定される．

したがって我々が得た非常に重要な結果を述べると，行列式1を持つ2次元ユニタリ行列の群の3次元純粋回転への2対1の類型が存在する．ユニタリ行列 $\mathbf{u}$ と $-\mathbf{u}$ の対と回転 $\mathbf{R}_\mathbf{u}$ の間に，$\mathbf{uq}=\mathbf{t}$ から $\mathbf{R}_\mathbf{u}\mathbf{R}_\mathbf{q}=\mathbf{R}_\mathbf{t}$ への；逆に $\mathbf{R}_\mathbf{u}\mathbf{R}_\mathbf{q}=\mathbf{R}_\mathbf{t}$ から $\mathbf{uq}=\pm\mathbf{t}$ への，1対1の対応が存在する．もしユニタリ行列 $\mathbf{u}$ が知られているならば，対応する回転 $\mathbf{R}_\mathbf{u}$ は (15.12) から最もよくわかる；逆に，回転 $\{\alpha\beta\gamma\}$ に対するユニタリ行列は (15.15) から最もよく見出される．

ユニタリ群の表現

5.　ちょうどいま得られた類型は2つの群の表現の間に密接な関係を与える．より小さな群―いまの場合回転群であるが―のあらゆる表現 $\mathbf{D}(R)$ から，すでに独立に第9章で述べたように，ユニタリ群の1つの表現 $\mathfrak{U}(\mathbf{u})$ が得られる．第1の群の同じ元 $\mathbf{R_u}$ に類型で対応するような第2の群のすべての元（$\mathbf{u}$ および $-\mathbf{u}$）を表わすのに，行列 $\mathfrak{U}(\mathbf{u})=\mathbf{D}(\mathbf{R_u})$ を用いることによって表現が求められる．特に，恒等行列 $\mathbf{D}(E)$ は2つのユニタリ行列 $\mathbf{1}$ および $-\mathbf{1}$ に対応する．逆に，もしユニタリ群のすべての表現が知られているならば，そこで同じ表現行列 $\mathfrak{U}(\mathbf{u})=\mathfrak{U}(-\mathbf{u})$ が両方の行列 $\mathbf{u}$ および $-\mathbf{u}$ に対応するような表現を選んでみよう．これらの表現のおのおのは，行列 $\mathbf{D}(\mathbf{R_u})=\mathfrak{U}(\mathbf{u})=\mathfrak{U}(-\mathbf{u})$ を回転 $\mathbf{R_u}$ に対応させることによって，回転群の1つの表現を作ることができる．回転群のすべての表現はこのようにして求められる．

特に，ユニタリ群の表現 $\mathfrak{U}(\mathbf{u})$ が既約であるとしよう．元 $\mathbf{u}=-\mathbf{1}$ は群のすべての元と交換する；したがって $\mathfrak{U}(-\mathbf{1})$ はすべての $\mathfrak{U}(\mathbf{u})$ と交換しなければならない．ゆえに，既約表現についての一般の定理によって，それは定数行列である．$(-\mathbf{1})^2=\mathbf{1}$ であるから，この群の元の2乗は単位行列[5] $\mathfrak{U}(\mathbf{1})$ によって表わされなければならない．ゆえに，

$$\mathfrak{U}(-\mathbf{1})=+\mathfrak{U}(\mathbf{1}) \quad \text{あるいは} \quad \mathfrak{U}(-\mathbf{1})=-\mathfrak{U}(\mathbf{1})$$

かのいずれかである．

$\mathfrak{U}(-1)=+\mathfrak{U}(\mathbf{1})$ であるような表現は偶表現とよばれる．偶表現においては，$\mathfrak{U}(-\mathbf{u})=\mathfrak{U}(-\mathbf{1})\cdot\mathfrak{U}(\mathbf{u})=\mathfrak{U}(\mathbf{1})\cdot\mathfrak{U}(\mathbf{u})=\mathfrak{U}(\mathbf{u})$，すなわち，同じ行列が常に2つの元 $\mathbf{u}$ および $-\mathbf{u}$ に対応する．ゆえに，偶表現は回転群の正則表現（regular representation）を与え，このすべては1節から暗黙のうちに知られている．

$\mathfrak{U}(-\mathbf{1})=-\mathfrak{U}(\mathbf{1})$ であるような表現は奇表現とよばれる．奇表現においては $\mathfrak{U}(-\mathbf{u})=\mathfrak{U}(-\mathbf{1})\mathfrak{U}(\mathbf{u})=-\mathfrak{U}(\mathbf{u})$；逆符号の行列は符号の異なる元に対応する．ユニタリ群の奇表現は回転群の正則表現を与えず，“2価”あるいは“半奇数”の表現を与える．この表現では各回転 $\mathbf{R_u}=\mathbf{R_{-u}}$ に1つの行列でなく，2つの行列 $\mathfrak{U}(\mathbf{u})$ および $\mathfrak{U}(-\mathbf{u})=-\mathfrak{U}(\mathbf{u})$ が対応する．これらの行列はすべての行列要素の符号が異なる．

5）群の恒等元に対応する行列 $\mathfrak{U}(\mathbf{1})$ はその表現の次元数を持つ単位行列である．我々は，常に2次元であるようなユニタリ群の恒等元 $\mathbf{1}$ との混乱を防ぐために，より簡単な記号 $\mathbf{1}$ の代わりに記号 $\mathfrak{U}(\mathbf{1})$ を用いる．

ユニタリ群の奇表現の1つは群それ自身によって作られる：$\mathfrak{U}(\mathbf{u})=\mathbf{u}$.

回転群の対応する"2価"表現 $\mathfrak{D}^{(\frac{1}{2})}$ において，回転 $\{\alpha\,\beta\,\gamma\}$ は行列 $\mathbf{u}=\mathfrak{U}(\mathbf{u})$ に対応し，この行列はRに類型に対応する．(15.15) にしたがって，

$$\mathfrak{D}^{(\frac{1}{2})}(\{\alpha\beta\gamma\})=\pm\begin{pmatrix} e^{-\frac{1}{2}i\alpha}\cos\frac{1}{2}\beta\cdot e^{-\frac{1}{2}i\gamma} & -e^{-\frac{1}{2}i\alpha}\sin\frac{1}{2}\beta\cdot e^{\frac{1}{2}i\gamma} \\ e^{\frac{1}{2}i\alpha}\sin\frac{1}{2}\beta\cdot e^{-\frac{1}{2}i\gamma} & e^{\frac{1}{2}i\alpha}\cos\frac{1}{2}\beta\cdot e^{\frac{1}{2}i\gamma} \end{pmatrix}. \qquad (15.16)$$

第1行あるいは列は通常 $-\frac{1}{2}$ 行あるいは列とよばれる； 第2行あるいは列は $+\frac{1}{2}$行あるいは列とよばれる．(15.16) は回転群の最初の2価表現である．

2価表現に対して，$\mathfrak{D}(R)\cdot\mathfrak{D}(S)=\mathfrak{D}(RS)$ は必ずしも正しくない；$\mathfrak{D}(R)\mathfrak{D}(S)=\pm\mathfrak{D}(RS)$ だけが保証されている，なぜならば表現行列は符号を除いて決定されるからである．さらに，すべての行列の符号を，1価表現についての厳密な掛け算の法則が成り立つようなやり方で，定義することは不可能である．このようにして2価表現は，本来の（1価の）表現で単に符号を決定しないままにしているという場合の構造とは異なっている．これは，たとえば，(15.16) からわかる：Z軸のまわりの角度 π の回転に対して行列 $\pm i\mathbf{s}_z$ が対応する；この行列の2乗，$-\mathbf{1}=-\mathbf{s}_z^2$, は$Z$軸のまわりの角度 2π の回転に対応する．しかしこのような回転は当然のことだが全く回転しないことである．なぜならばそれはすべてを不変にするからである；それはちょうど群の恒等元である．ゆえに，単位行列もまたこれに対応しなければ**ならない**．したがって，(15.16) で符号の選択によって表現を1価にすることは不可能である．

6.　いま2次元ユニタリ群の既約表現を決定しよう．

まず $\boldsymbol{\varepsilon}$ および $\boldsymbol{\zeta}$ についてn次の斉次多項式を考えよう．これらの変数にユニタリ変換を行なうと

$$\left.\begin{aligned}\boldsymbol{\varepsilon}'&=a\boldsymbol{\varepsilon}+b\boldsymbol{\zeta},\\ \boldsymbol{\zeta}'&=-b^*\boldsymbol{\varepsilon}+a^*\boldsymbol{\zeta},\end{aligned}\right\} \qquad (15.17)$$

再びn次の斉次多項式となる．(これは任意の1次変換について正しいが，我々はユニタリ変換の場合に限る．) ゆえに，$n+1$ 個の多項式 $\boldsymbol{\varepsilon}^n$, $\boldsymbol{\varepsilon}^{n-1}\boldsymbol{\zeta}$, $\boldsymbol{\varepsilon}^{n-2}\boldsymbol{\zeta}^2,\cdots,$ $\boldsymbol{\varepsilon}\boldsymbol{\zeta}^{n-1}$, $\boldsymbol{\zeta}^n$ はユニタリ群の $(n+1)$ 次元表現に属する．回転群に通常使用される記号を直ちに得るためには，$n=2j$ と書く；表現の次元数はそこで $2j+1$ に等

しく，j は整数あるいは半奇数[6] である．多項式を次のようなものであるとしよう

$$f_{\mu}(\varepsilon, \zeta)=\frac{\varepsilon^{j+\mu}\zeta^{j-\mu}}{\sqrt{(j+\mu)!(j-\mu)!}}. \tag{15.18}$$

ここで μ は $2j+1$ 個の値 $-j, -j+1, -j+2, \cdots, j-2, j-1, j$ をとることができる；これらは整数 j に対して整数であり，半奇数 j に対して半奇数である．定数因子 $[(j+\mu)!(j-\mu)!]^{-1/2}$ が $\varepsilon^{j+\mu}\zeta^{j-\mu}$ に付加されている．これは後で示されるように，$2j+1$ 個の関数 (15.18) に対する表現をユニタリにする．

いま[7] (11.19) 式によって，$\mathbf{P_u}f_{\mu}(\varepsilon,\zeta)$ を作ってみよう．

$$\left.\begin{aligned}\mathbf{P_u}f_{\mu}(\varepsilon, \zeta)&=f_{\mu}(a^*\varepsilon-b\zeta, b^*\varepsilon+a\zeta)\\&=\frac{(a^*\varepsilon-b\zeta)^{j+\mu}(b^*\varepsilon+a\zeta)^{j-\mu}}{\sqrt{(j+\mu)!(j-\mu)!}}\end{aligned}\right\}. \tag{15.19}$$

右辺を f_{μ} の1次結合として表わすために，それを2項定理を用いて展開すると，次のようになる．

$$\sum_{\kappa=0}^{j+\mu}\sum_{\kappa'=0}^{j-\mu}(-1)^{\kappa}\frac{\sqrt{(j+\mu)!(j-\mu)!}}{\kappa!\kappa'!(j+\mu-\kappa)!(j-\mu-\kappa')!}\times a^{\kappa'}a^{*j+\mu-\kappa}b^{\kappa}b^{*j-\mu-\kappa'}\varepsilon^{2j-\kappa-\kappa'}\zeta^{\kappa+\kappa'}. \tag{15.19a}$$

ここで足し算の極限は取り除いて，すべての整数について足してよい．なぜならば足し算の領域の外側にある κ, κ' について2項係数がゼロとなるからである．もし $j-\kappa-\kappa'=\mu'$ と置くならば，そこで μ' は整数 j に対してすべての整数をとり，半奇数 j に対してすべての半奇数をとらねばならない．(15.19a) における ε および ζ のすべての関数を f_{μ} によって表わすと，(15.18) によ

6) 整数から1/2だけ異なる数．

7) ここで $\mathbf{u}$ は (15.17) のユニタリ変換である．第11章で $\mathbf{P_R}$ は実直交行列 $\mathbf{R}$ についてのみ定義された．$\mathbf{u}$ がユニタリの場合は，(11.18b) の代わりに (11.18a) から次の式が導かれる．

$$x_i=\sum_j \mathbf{R}_{ji}{}^*x'_j$$

すなわち，$\mathbf{R}_{ji}$ の代わりに $\mathbf{R}_{ji}{}^*$ となる．

って次の式が得られる

$$\mathbf{P_u} f_\mu(\varepsilon, \zeta) = \sum_{\mu'} \sum_{\kappa} (-1)^\kappa \frac{\sqrt{(j+\mu)!(j-\mu)!(j+\mu')!(j-\mu')!}}{\kappa!(j-\mu'-\kappa)!(j+\mu-\kappa)!(\kappa+\mu'-\mu)!} \times a^{j-\mu'-\kappa} a^{*j+\mu-\kappa} b^\kappa b^{*\kappa+\mu'-\mu} f_{\mu'}(\varepsilon, \zeta). \tag{15.20}$$

右辺の $f_{\mu'}$ の係数は $\mathfrak{U}^{(j)}(\mathbf{u})_{\mu'\mu}$ である：

$$\mathfrak{U}^{(j)}(\mathbf{u})_{\mu'\mu} = \sum_{\kappa} (-1)^\kappa \frac{\sqrt{(j+\mu)!(j-\mu)!(j+\mu')!(j-\mu')!}}{(j-\mu'-\kappa)!(j+\mu-\kappa)!\kappa!(\kappa+\mu'-\mu)!} \times a^{j-\kappa\mu'-} a^{*j+\mu-\kappa} b^\kappa b^{*\kappa+\mu'-\mu}. \tag{15.21}$$

$\mu'=j$ に対する式，すなわち，表現行列の最後の行，はいくらか簡単になる，これは階乗の結果 $\kappa=0$ の項を除いて全部ゼロとなるからである．

$$\mathfrak{U}^{(j)}(\mathbf{u})_{j\mu} = \sqrt{\frac{(2j)!}{(j+\mu)!(j-\mu)!}}\, a^{*j+\mu} b^{*j-\mu}. \tag{15.21a}$$

我々はいま $j=0, \frac{1}{2}, 1, \frac{3}{2}, \cdots$ 等のすべての可能な値に対する表現 $\mathfrak{U}^{(j)}$ の係数を得た．そこで（15. 21）の表現がユニタリで既約であることおよび2次元ユニタリ群はこれら以外にどんな表現も持たないことを証明しなければならない．

7.　まず，表現（15.21）のユニタリ性を証明しよう．この証明は，（15.18）における多項式 f_μ が次のようになるように選ばれているという事実に基礎をおいている

$$\sum_{\mu=-j}^{j} f_\mu f_\mu^* = \sum_\mu \frac{1}{(j+\mu)!(j-\mu)!} |\varepsilon^2|^{j+\mu} |\zeta^2|^{j-\mu} = \frac{(|\varepsilon^2|+|\zeta^2|)^{2j}}{(2j)!}. \tag{15.22}$$

同様に，$\mathbf{P_u} f_\mu$ の定義（15.19）より

$$\begin{aligned} \sum_\mu |\mathbf{P_u} f_\mu(\varepsilon, \zeta)|^2 &= \sum_\mu \frac{|a^*\varepsilon - b\zeta|^{2(j+\mu)} \cdot |b^*\varepsilon + a\zeta|^{2(j-\mu)}}{(j+\mu)!(j-\mu)!} \\ &= \frac{1}{(2j)!}(|a^*\varepsilon - b\zeta|^2 + |b^*\varepsilon + a\zeta|^2)^{2j} = \frac{1}{(2j)!}(|\varepsilon|^2 + |\zeta|^2)^{2j}. \end{aligned} \tag{15.22a}$$

最後の部分は直接の計算によって，あるいは $\mathbf{u}$ のユニタリ性から導かれる．

(15. 22) と比較すると，$\sum_\mu f_\mu f_\mu^*$ が演算 $\mathbf{P_u}$ に対して不変であることがわかる．したがって

$$\sum_\mu |\mathbf{P_u} f_\mu|^2 = \sum_\mu |f_\mu|^2. \tag{15.23}$$

これは表現 $\mathfrak{U}^{(j)}$ のユニタリ性を保証する．実際に，この表現を用いて f_μ を $\mathbf{P}_u f_\mu$ に対する式へ代入してみると次の式が求められる

$$\sum_\mu \sum_{\mu'} \mathfrak{U}_{\mu'\mu}{}^{(j)} f_{\mu'} \sum_{\mu''} \mathfrak{U}_{\mu''\mu}{}^{(j)*} f_{\mu''}{}^* = \sum_\mu f_\mu f_\mu^*. \tag{15.23a}$$

もし $(2j+1)^2$ 個の関数 $f_{\mu'} f_{\mu''}$ が1次的独立と仮定されるならば，(15. 23) および (15. 23 a) は直接次の式を与える

$$\sum_\mu \mathfrak{U}^{(j)}(\mathbf{u})_{\mu'\mu} \mathfrak{U}^{(j)}(\mathbf{u})_{\mu''\mu}{}^* = \delta_{\mu'\mu''}, \tag{15.24}$$

これは $\mathfrak{U}^{(j)}$ がユニタリであるという条件である．

したがって $f_{\mu'} f_{\mu''}^*$ の間に1次関係が存在しない，すなわち，方程式

$$\sum_{\mu'\mu''} c_{\mu'\mu''} \boldsymbol{\varepsilon}^{j+\mu'} \boldsymbol{\zeta}^{j-\mu'} \boldsymbol{\varepsilon}^{*j+\mu''} \boldsymbol{\zeta}^{*j-\mu''} = 0 \tag{15.E.2}$$

が必然的に $c_{\mu'\mu''}=0$ を意味することが証明されると，すぐに $\mathfrak{U}^{(j)}$ のユニタリ性が確かめられる．(15. 23) および (15. 23a) はすべての複素数の $\boldsymbol{\varepsilon}$ および $\boldsymbol{\zeta}$ について成り立つから，(15. E. 2) 式は変数 $\boldsymbol{\varepsilon}$ および $\boldsymbol{\zeta}$ のすべての値について成り立たなければならない．ここで特に $\boldsymbol{\varepsilon}$ が実数であると仮定する；そこで $\lambda = 2j+\mu'+\mu''$ に対し $\boldsymbol{\varepsilon}^\lambda$ の係数がゼロになるという要求から，$\boldsymbol{\zeta}^j \boldsymbol{\zeta}^{*3j-\lambda}$ による割算の後に，次の式を与える

$$\sum_{\mu'} c_{\mu', \lambda-2j-\mu'} (\boldsymbol{\zeta}^*/\boldsymbol{\zeta})^{\mu'} = 0.$$

しかしこれは $c_{\mu', \lambda-2j-\mu'}=0$ を意味する．$f_{\mu'} f_{\mu''}^*$ の1次的独立性もまた導かれる，なぜならば $(\boldsymbol{\zeta}^*/\boldsymbol{\zeta})$ は複素単位円上を自由に変化できる1つの変数だからである．それは $\exp i\tau$ と書かれる，ここで τ はすべての実数値をとることができる．しかし τ のすべての実数値に対して

$$\sum_{\mu'} c_{\mu', \lambda-2j-\mu'} e^{i\mu'\tau} = 0$$

を満たすためには，すべての c はゼロとならなければならない．

8.　行列系 $\mathfrak{U}^{(j)}$ の既約性は，第1節で回転群の表現 $\mathfrak{D}^{(l)}$ の既約性を証明したのとちょうど同じように証明される，すなわち，すべての $\mathbf{u}$ について（$|a|^2+|b|^2=1$ の条件を満足している a および b のすべての値について）$\mathfrak{U}^{(j)}(\mathbf{u})$ と交換するどのような行列$\mathbf{M}$も必然的に定数行列でなければならないことを示すことによって，証明される．まず（15.14 a）の $\mathbf{u}_1(\alpha)$ の形の$\mathbf{u}$を考えよう；すなわち，$b=0$, $a=\exp(-\frac{1}{2}i\alpha)$ と置く．このとき（15.21）において $\kappa=0$ の項のみが残り，かつ $\mu=\mu'$ のときにのみゼロでない；したがって

$$\mathfrak{U}^{(j)}(\mathbf{u}_1(\alpha))_{\mu'\mu} = \delta_{\mu'\mu} e^{i\mu\alpha}. \tag{15.25}$$

$\mathbf{u}_1(\alpha)$ の形のユニタリ変換に対応する表現 $\mathfrak{U}^{(j)}$ におけるこれらの行列はしたがって，（15. 6）での l と違って j が整数または半奇数であってよいことを除けば，（15. 6）と同じ形を持っている．しかし対角行列のみがこれらの行列と交換するから，$\mathbf{M}$ は対角行列でなければならない．次に（15.21 a）式によって，$\mathfrak{U}^{(j)}$ の最後の行における要素は，どれも恒等的にゼロにならないことがわかる．そこでちょうど（15.E.1）でなされたように，$\mathfrak{U}^{(j)}\mathbf{M}$ および $\mathbf{M}\mathfrak{U}^{(j)}$ の j- 行の要素を等しくすることによって次のように結論できる

$$\mathfrak{U}_{jk}{}^{(j)}\mathbf{M}_{kk} = \mathbf{M}_{jj}\mathfrak{U}_{jk}{}^{(j)}; \quad \mathbf{M}_{kk} = \mathbf{M}_{jj}.$$

したがって $\mathbf{M}$ は定数行列である．ゆえに，表現 $\mathfrak{U}^{(j)}$ は既約である．

9.　次に，$\mathfrak{U}^{(j)}$ の他にユニタリ群のどのような表現も存在しないこともまた，回転群の表現について第2節で用いたと同じ方法を用いることによって証明できる．最初に“ユニタリ群”の類を決定する．あらゆるユニタリ行列はあるユニタリ行列による変換によって対角化されるから，我々の行列はこの変換の後にすべて $\mathbf{u}_1(\alpha)$ の形を持ち，α は0から 2π まで変化することにする．ここで $\mathbf{u}_1(-\alpha)$ は $\mathbf{u}_1(\alpha)$ に同等である．同じ $\mathbf{u}_1(\alpha)$ に変換されるようなすべての $\mathbf{u}$ は同じ類にある．（群の元のみ―行列式1を持つユニタリ行列のみ―が現

われるという仮定に心配する必要はない，なぜならばあらゆるユニタリ行列は行列式１を持つユニタリ行列と定数行列の積として書かれ，そして定数行列による変換は省いてよいからである.）

$\mathfrak{U}^{(j)}$ の指標を決定するためには各類の１つの元の跡を計算することで十分である. $\mathbf{u}_1(\alpha)$ の類の元として $\mathbf{u}_1(\alpha)$ 自身をとる；対応する行列は (15.25) で与えられる. その跡は

$$\xi_j(\alpha)=\sum_{\mu=-j}^{j} e^{i\mu\alpha}, \tag{15.26}$$

ここで足し算は下限から１つずつ増加して上限に到る.

ユニタリ群の表現は $j=0,\ \frac{1}{2},\ 1,\ \frac{3}{2},\ \cdots$ を持つ $\mathfrak{U}^{(j)}$ 以外にどのような既約表現も存在しないことは明らかである. というのはこのような表現の指標は荷重関数を掛けたとき，すべての $\xi_j(\alpha)$ と直交しなければならない，したがって $\xi_0(\alpha),\ \xi_{1/2}(\alpha),\ \xi_1(\alpha)-\xi_0(\alpha),\ \xi_{3/2}(\alpha)-\xi_{1/2}(\alpha),\cdots$ と直交しなければならない. しかし０から 2π の領域で $1,\ 2\cos\frac{1}{2}\alpha,\ 2\cos\alpha,\ 2\cos(\frac{3}{2}\alpha),\cdots$ に直交な関数は，Fourier の定理によって，ゼロでなければならない.

３次元純粋回転群の表現

10. ユニタリ群のあらゆる表現 $\mathfrak{U}^{(j)}$ は同時に回転群の一１価あるいは２価の一表現である. $\mathbf{u}$ が $\{\alpha\beta\gamma\}$ に類型に対応しているユニタリ変換であるとき，行列 $\mathfrak{U}^{(j)}(\mathbf{u})$ は回転 $\{\alpha\beta\gamma\}$ に対応する. $\mathbf{u}$ の係数，a と b，は (15.15) によって次のように与えられる

$$a=e^{-\frac{1}{2}i\alpha}\cos\tfrac{1}{2}\beta\cdot e^{-\frac{1}{2}i\gamma},\quad b=-e^{-\frac{1}{2}i\alpha}\sin\tfrac{1}{2}\beta\cdot e^{\frac{1}{2}i\gamma}. \tag{15.15a}$$

$\{\alpha\beta\gamma\}$ に対応する表現行列の要素を得るために，(15.15 a) が (15.21) に代入されなければならない. (15.16) と一致するためには，この代入の結果生じた表現をさらに対角行列 $\mathbf{M}_{\kappa\lambda}=\delta_{\kappa\lambda}(i)^{-2\kappa}$ によって変換しなければならない；すなわちμ'-行に $i^{-2\mu'}$ を掛けて μ-列に $i^{2\mu}$ を掛け，したがって μ-行 μ'-列目の要素に $(i)^{2(\mu-\mu')}=(-1)^{\mu-\mu'}$ を掛ける.

このようにして $\mathfrak{U}^{(j)}$ から得られた表現を $\mathfrak{D}^{(j)}(\{\alpha\beta\gamma\})$ によって表わす；その行列要素は

$$\mathfrak{D}^{(j)}(\{\alpha\beta\gamma\})_{\mu'\mu}=\sum_{\kappa}(-1)^{\kappa}\frac{\sqrt{(j+\mu)!(j-\mu)!(j+\mu')!(j-\mu')!}}{(j-\mu'-\kappa)!(j+\mu-\kappa)!\kappa!(\kappa+\mu'-\mu)!}$$
$$\times e^{i\mu'\alpha}\cos^{2j+\mu-\mu'-2\kappa}\tfrac{1}{2}\beta\cdot\sin^{2\kappa+\mu'-\mu}\tfrac{1}{2}\beta\cdot e^{i\mu\gamma}. \tag{15.27}$$

表現 $\mathfrak{D}^{(j)}$ は $(2j+1)$ 次元である，ここで j は整数あるいは半奇数のいづれかである．$\mathfrak{D}^{(j)}$ の行および列は整数あるいは半奇数 $-j, -j+1, \cdots, j-1, j$ によって名付けられる．(15.27) における κ についての足し算はすべての整数についてなされてよい，結局は分母の階乗に無限大が現われるので 0 と $\mu-\mu'$ のうちの大きな数より $j-\mu'$ と $j+\mu$ のうちの小さな数までの領域に κ が限定されるからである．$\mu'=j$ および $\mu'=-j$ の場合の公式は特別に簡単となる；第1の場合 $\kappa=0$ の項のみが現われ，第2の場合は，$\kappa=j+\mu$ の項のみが現われる：

$$\mathfrak{D}^{(j)}(\{\alpha\beta\gamma\})_{j\mu}=\sqrt{\binom{2j}{j-\mu}}e^{ij\alpha}\cos^{j+\mu}\tfrac{1}{2}\beta\cdot\sin^{j-\mu}\tfrac{1}{2}\beta\cdot e^{i\gamma}, \tag{15.27a}$$

$$\mathfrak{D}^{(j)}(\{\alpha\beta\gamma\})_{-j\mu}=(-1)^{j+\mu}\sqrt{\binom{2j}{j-\mu}}e^{-ij\alpha}\cos^{j-\mu}\tfrac{1}{2}\beta\cdot\sin^{j+\mu}\tfrac{1}{2}\beta\cdot e^{i\mu\gamma}. \tag{15.27b}$$

Z 軸のまわりの回転に対するすべての表現係数もまた特に簡単な形をしている．ユニタリ変換 $\mathbf{u}_1(\alpha)$ は Z 軸のまわりの角度 α の回転に類型に対応する；対応する表現行列の係数は (15.25) に与えられている．ゆえに，回転 $\{\alpha, 0, 0\}$ に対応する $\mathfrak{D}^{(j)}$ の行列は対角要素，$\exp(-ij\alpha), \exp(-i(j-1)\alpha), \cdots, \exp(+i(j-1)\alpha), \exp(+ij\alpha)$，を持つ対角行列である．同じ結果が直接に (15.27) から $\beta=\gamma=0$ とすることによって得られる．行列 $\mathfrak{D}^{(j)}(\{\alpha, 0, 0\})$ はすでに明白に (15.6) に与えられており，この式はいま整数 l のみでなく半奇数 j についてもまた成り立つ．同じ事が (15.8) についてもまた成り立つ．

$\mathfrak{D}^{(j)}$ の指標 $\chi^{(j)}(\varphi)$ は回転角 φ を持つ回転の指標である．

$$\left.\begin{aligned}\chi^{(j)}(\varphi)&=\sum_{\mu=-j}^{j}e^{i\mu\varphi}\\&=\begin{cases}1+2\cos\varphi+\cdots+2\cos j\varphi & (j\text{が整数のとき})\\2\cos\frac{1}{2}\varphi+2\cos\frac{3}{2}\varphi+\cdots+2\cos j\varphi & (j\text{が半奇数のとき})\end{cases}\end{aligned}\right\}\quad(15.28)$$

正則表現は $\mathfrak{U}^{(j)}(-\mathbf{1})=\mathfrak{U}^{(j)}(\mathbf{u}_z(2\pi))$ が正の単位行列となる j のみを含む．(15.25) から μ が整数のとき，すなわち，j が整数のときこのようになることがわかる．そこで $\mathfrak{D}^{(j)}$ は第1節で導かれた $\mathfrak{D}^{(l)}$ と全く等しい；これはまた指標の等しいことによっても示される．

半奇数の j の場合，表現 $\mathfrak{D}^{(j)}$ は2価である；回転 $\{\alpha\beta\gamma\}$ は $\pm\mathfrak{D}^{(j)}(\{\alpha\beta\gamma\})$ に対応する．これは $\mathfrak{D}^{(j)}$ の要素の符号が個々に変えられてよいことを意味しない；行列全体の符号のみを変えてよい，すなわち，すべての要素の符号を同時に変えてよい．回転 $\mathbf{R_u}$ はユニタリ行列 $\mathbf{u}$ および $-\mathbf{u}$ に対応し，これらのおのおのに1つの行列 $\mathfrak{U}^{(j)}(\mathbf{u})$ および $\mathfrak{U}^{(j)}(-\mathbf{u})$ が対応する；半奇数の j の場合，これらの行列の第2のものは $-\mathfrak{U}^{(j)}(\mathbf{u})$ に等しい．これら2つの行列が $\mathfrak{D}^{(j)}$ において回転 $\mathbf{R_u}$ に対応し，これら以外のものは回転 $\mathbf{R_u}$ に対応しない．実際，2価の表現は**全く表現ではない**．しかしながら，これらは Pauli のスピン理論の議論に必要となる．

回転群の表現論は J. Schur による．2価の表現は最初 H. Weyl によって得られた．

11．いま初めの幾つかの表現を具体的な形に書いてみよう．$\mathfrak{D}^{(0)}(R)=(1)$，そして $\mathfrak{D}^{(1/2)}(R)$ は (15.16) に与えられている．次の表現は $\mathfrak{D}^{(1)}(R)$ である：

$$\mathfrak{D}^{(1)}(\{\alpha\beta\gamma\})=\begin{pmatrix}e^{-i\alpha}\dfrac{1+\cos\beta}{2}e^{-i\gamma} & -e^{-i\alpha}\dfrac{\sin\beta}{\sqrt{2}} & e^{-i\alpha}\dfrac{1-\cos\beta}{2}e^{i\gamma}\\ \dfrac{1}{\sqrt{2}}\sin\beta\, e^{-i\gamma} & \cos\beta & -\dfrac{1}{\sqrt{2}}\sin\beta\, e^{i\gamma}\\ e^{i\alpha}\dfrac{1-\cos\beta}{2}e^{-i\gamma} & e^{i\alpha}\dfrac{\sin\beta}{\sqrt{2}} & e^{i\alpha}\dfrac{1+\cos\beta}{2}e^{i\gamma}\end{pmatrix}.\quad(15.29)$$

この式で半分の角度の3角関数は角度自体の関数に書き変えられている．

回転群の表現一少なくとも1価のもの一は物理学者には周知のものである．これらはベクトル，テンソル，等の変換公式である．新しい座標系への変換の後では，新しいベクトルあるいはテンソルの成分は古い座標系での成分の1次結合である．もし我々が古い系での成分を T_σ によって表わすならば（σ は幾つかの添字の集合を意味してよい），そこで新しい座標系での成分 T'_σ は

$$T'_\rho=\sum_\sigma \mathbf{D}(R)_{\rho\sigma}T_\sigma, \tag{15.30}$$

ここで古い座標系に対する新しい座標系の向き R に関する変換係数の依存性ははっきりと示されている．もしさらに再び，たとえば回転 S によって，新しい座標系に変換するならば，そこでは

$$T''_\tau=\sum_\rho \mathbf{D}(S)_{\tau\rho}T'_\rho=\sum_{\rho\sigma}\mathbf{D}(S)_{\tau\rho}\mathbf{D}(R)_{\rho\sigma}T_\sigma. \tag{15.31}$$

いま T'' は SR によって回転された座標系でのテンソル成分でありしたがって次の式が得られる

$$T''_\tau=\sum_\sigma \mathbf{D}(SR)_{\tau\sigma}T_\sigma. \tag{15.32}$$

(15.31) および (15.32) はテンソル成分 T_σ の任意の値に対して成り立つから，

$$\mathbf{D}(SR)_{\tau\sigma}=\sum_\rho \mathbf{D}(S)_{\tau\rho}\mathbf{D}(S)_{\rho\sigma};\quad \mathbf{D}(SR)=\mathbf{D}(S)\mathbf{D}(R). \tag{15.33}$$

このようにして，ベクトルあるいはテンソルの成分の変換行列は1つの回転群の表現を作る．

したがって，たとえば，ベクトルに対する変換行列は回転行列 $\mathbf{R}$ 自身であり，これらは自分自身の群の表現を作る．この表現は $\mathfrak{D}^{(1)}$ に同値である．スカラーに対する“変換行列”は $\mathfrak{D}^{(0)}$ である．

しかしながら，最もしばしば現われるテンソルに属している表現は既約でない，なぜならばちょうど自分自身の間で変換するようなテンソル成分の1次結合を作ることができるからである．元の成分からこれらの1次結合を作るような行列によって，可約な表現は既約化されるであろう．

たとえば，成分 T_{xx}, T_{xy}, T_{xz}, T_{yx}, T_{yy}, T_{yz}, T_{zx}, T_{zy}, T_{zz} を持つ2階のテンソルを考えよう．このテンソルは対称テンソルと反対称テンソルの和として書かれる．前者の6つの成分は T_{xx}, T_{yy}, T_{zz}, $T_{xy}+T_{yx}$, $T_{zx}+T_{xz}$, $T_{yz}+T_{zy}$；後者の3つの成分は，$T_{xy}-T_{yx}$, $T_{yz}-T_{zy}$, $T_{zx}-T_{xz}$ である．反対称テンソルに対する表現は $\mathfrak{D}^{(1)}$ に同値で既約であるが，しかし対称テンソルに対する表現は既約でない．その成分の1次結合 $T=T_{xx}+T_{yy}+T_{zz}$ は不変である．残りの5つの1次結合 $T_{xx}-\frac{1}{3}T$, $T_{yy}-\frac{1}{3}T$, $T_{xy}+T_{yx}$, $T_{yz}+T_{zy}$, $T_{zx}+T_{xz}$ はゼロの跡を持つ対称テンソルの互いに独立な成分である．これらは $\mathfrak{D}^{(2)}$ に同値な既約表現に属する．

最後にまた，既約表現の行と列を，これらが属するものとするテンソル成分の通常の記号にしたがって名付けることがいかに当を得ていないかに注意しよう．この名付け方は余

りに多くの自由を許す．たとえば，上に与えられたゼロの跡を持つ対称テンソルで，成分 $T_{xx}-\frac{1}{3}T$ を除き，代わり に $T_{zz}-\frac{1}{3}T$ を使ってもよい．

$\mathfrak{D}^{(1)}$ における 3 つの行はベクトルの x, y および z 成分に属しない．もしこれらが属するとすると $\mathfrak{D}^{(1)}$ は実となるであろう．表現 $\mathfrak{D}^{(1)}$ はむしろ下式のベクトル T_i の変換を指定する，そのベクトルの成分は

$$\begin{aligned} T_{-1}&=\frac{1}{\sqrt{2}}(X+iY)\\ T_0&=Z\\ T_{+1}&=\frac{-1}{\sqrt{2}}(X-iY). \end{aligned} \tag{15.34}$$

$\mathfrak{D}^{(1)}$ は，(15.34) に現われる行列によって，ベクトルの x, y および z 成分に成り立つ表現に，すなわち，回転 **R** 自身に対する行列に変換される．(15.29) から $\mathfrak{D}^{(1)}(\{\alpha 00\})$ と $\mathfrak{D}^{(1)}(\{0\beta 0\})$ を作り，これらに右から (15. 34) における変換を掛け，左からその転置共軛を掛けることによって理解される．前者に対して行列 (15.14 a′) が得られ，後者に対して (15.14 b′) が得られる．

第16章　直 積 の 表 現

1.　大部分の物理の問題では，1つでなく，幾つかの種類の対称性が併存する．たとえば，水の分子の場合次のような微分方程式が成り立つ

$$\left(-\frac{\hbar^2}{2M}\sum_{k=1}^{6}\frac{\partial^2}{\partial X_k{}^2}-\frac{\hbar^2}{2m}\sum_{k=1}^{30}\frac{\partial^2}{\partial x_k{}^2}\right)\psi+V\psi=E\psi. \qquad (16.\mathrm{E}.1)$$

ここで M は水素原子核のおのおのの質量であり；$X_1, \cdots, X_6$ はそれらのデカルト座標；m は電子の質量；$x_1, \cdots, x_{30}$ は電子のデカルト座標である．その大きな質量のゆえに，酸素原子は重心に静止していると考えられる；これから生ずる位置エネルギーは V に含まれる．問題（16. E. 1）は幾つかの型の対称性を持っている：第1に，水素原子核の座標を入れ換えることができる；第2に，電子の座標を入れ換える；第3に，全体の系を回転することができる．回転としては，純粋回転のみでなく全体の回転一鏡像群が考えられなければならない．このようにしてどうすれば対称性の効果を一番よく取り入れることができるかという疑問が生ずる．

2.　上述の演算の3つの型は，1つの型の演算子が他の型の演算子と**交換する**という性質を持つ．明らかに，粒子の座標をまず入れ換え次に回転されたか，あるいは回転がまず適用されその後で置換がなされたかに違いはない．ゆえにあらゆる演算子群の元はそれと共に考えられるべき他の演算子群のすべての元と交換する．

まず，（16. E. 1）が2つの群に対してのみ不変である場合を考えよう．2つの群の元を $E', A_2, A_3, \cdots, A_n$ および $E'', B_2, B_3, \cdots, B_m$ とする．そこで（16. E. 1）は演算子 $\mathbf{P}_{E'}=\mathbf{1}$, $\mathbf{P}_{A_2}, \cdots, \mathbf{P}_{A_n}$ および $\mathbf{P}_{E''}=\mathbf{1}$, $\mathbf{P}_{B_2}, \cdots, \mathbf{P}_{B_m}$ に対して不変であるばかりでなく，これらの演算子のすべての nm 個の積 $\mathbf{P}_{A_\kappa}\mathbf{P}_{B_\lambda}$ に対して不変である（上述の可換性から $\mathbf{P}_{A_\kappa}\cdot\mathbf{P}_{B_\lambda}=\mathbf{P}_{B_\lambda}\cdot\mathbf{P}_{A_\kappa}$）．$\mathbf{P}_{A_\kappa}\mathbf{P}_{B_\lambda}$ は演算子の掛け算につ

いての法則にしたがって１つの群を作る，すなわち，２つの元の積は再び元となる．

$$\mathbf{P}_{A_\kappa}\mathbf{P}_{B_\lambda}\cdot\mathbf{P}_{A_{\kappa'}}\mathbf{P}_{B_{\lambda'}}=\mathbf{P}_{A_\kappa}\mathbf{P}_{A_{\kappa'}}\mathbf{P}_{B_\lambda}\mathbf{P}_{B_{\lambda'}}=\mathbf{P}_{A_\kappa A_{\kappa'}}\mathbf{P}_{B_\lambda B_{\lambda'}}. \tag{16.1}$$

この群の恒等元は恒等演算子 $\mathbf{P}_{E'}\cdot\mathbf{P}_{E''}=\mathbf{1}$ である．この群は $\mathbf{P}_A$ の群と $\mathbf{P}_B$ の群との直積として知られる；それは (16. E.1) の対称性の群の全体を構成する．

一般に２つの群 $E', A_2,\cdots, A_n$ と $E'', B_2,\cdots, B_m$ の直積は，２つの“因子”，すなわち直積を構成する群から元を１個づつとりだした対 $A_\kappa B_\lambda$ を元として持つ．群の掛け算に対する法則は

$$A_\kappa B_\lambda\cdot A_{\kappa'}B_{\lambda'}=A_\kappa A_{\kappa'}\cdot B_\lambda B_{\lambda'}=A_{\kappa''}B_{\lambda''}, \tag{16.1a}$$

ここで $A_{\kappa''}=A_\kappa A_{\kappa'}$, $B_{\lambda''}=B_\lambda B_{\lambda'}$ である．$A_\kappa\cdot E''$ は A_κ, $E'\cdot B_\lambda$ は B_λ と簡単に書く．(16.1) および (16.1a) 式は $A_\kappa\cdot B_\lambda$ の群が $\mathbf{P}_{A_\kappa}\cdot\mathbf{P}_{B_\lambda}$ の群に同型であることを示す；そして $\mathbf{P}_{A_\kappa}\mathbf{P}_{B_\lambda}=\mathbf{P}_{A_\kappa B_\lambda}$ と書く．また群 $\mathbf{P}_{A_\kappa}\mathbf{P}_{B_\lambda}$ の表現の代わりに $A_\kappa\cdot B_\lambda$ の群の表現を調べることができる．

3.　２つの群の直積の表現を求めるために，行列 $\mathbf{a}(A_\kappa)$ と $\mathbf{b}(B_\lambda)$ の直積を考えよう．これらの行列は，個々の因子のある表現において，おのおの元 A_κ と B_λ に対応し，そして直積を元 $A_\kappa B_\lambda$ に対応させよう．行列 $\mathbf{a}(A_\kappa)\times\mathbf{b}(B_\lambda)=\mathbf{d}(A_\kappa B_\lambda)$ は実際直積の表現を作る，なぜならば (2.7) 式によって

$$\left.\begin{aligned}\mathbf{a}(A_\kappa)\times\mathbf{b}(B_\lambda)\cdot\mathbf{a}(A_{\kappa'})\times\mathbf{b}(B_{\lambda'})&=\mathbf{a}(A_\kappa)\cdot\mathbf{a}(A_{\kappa'})\times\mathbf{b}(B_\lambda)\cdot\mathbf{b}(B_{\lambda'})\\&=\mathbf{a}(A_\kappa A_{\kappa'})\times\mathbf{b}(B_\lambda B_{\lambda'}).\end{aligned}\right\} \tag{16.2}$$

すなわち，元 $A_\kappa B_\lambda$ と $A_{\kappa'}B_{\lambda'}$ に対応する行列 $\mathbf{a}(A_\kappa)\times\mathbf{b}(B_\lambda)$ と $\mathbf{a}(A_{\kappa'})\times\mathbf{b}(B_{\lambda'})$ の積は元 $A_\kappa B_\lambda A_{\kappa'}B_{\lambda'}=A_\kappa A_{\kappa'}B_\lambda B_{\lambda'}$ に対応する行列である．

行列 $\mathbf{d}(A_\kappa B_\lambda)=\mathbf{a}(A_\kappa)\times\mathbf{b}(B_\lambda)$ の行列要素は

$$\mathbf{d}(A_\kappa B_\lambda)_{\rho'\sigma';\rho\sigma}=\mathbf{a}(A_\kappa)_{\rho'\rho}\mathbf{b}(B_\lambda)_{\sigma'\sigma}. \tag{16.2a}$$

もし $\mathbf{a}(A_\kappa)$ と $\mathbf{b}(B_\lambda)$ が既約ならば，表現 $\mathbf{d}(A_\kappa B_\lambda)$ もまた既約である．もし行列 $(\mathbf{M}_{\rho'\sigma';\rho\sigma})$ がすべての $\mathbf{d}(A_\kappa B_\lambda)$ と交換するならば，すべての $\boldsymbol{\kappa}$ と $\boldsymbol{\lambda}$ について次のように書くことができる

$$\sum_{\rho\sigma} \mathbf{M}_{\rho'\sigma';\rho\sigma}\mathbf{a}(A_\kappa)_{\rho\rho''}\mathbf{b}(B_\lambda)_{\sigma\sigma''}=\sum_{\rho\sigma} \mathbf{a}(A_\kappa)_{\rho'\rho}\mathbf{b}(B_\lambda)_{\sigma'\sigma}\mathbf{M}_{\rho\sigma;\rho''\sigma''}. \quad (16.3)$$

特に，$A=E'$ あるいは $B=E''$ と置くと $\mathbf{a}(E')$ あるいは $\mathbf{b}(E'')$ は単位行列であり，(16.3) は次のようになる

$$\sum_{\sigma} \mathbf{M}_{\rho'\sigma';\rho''\sigma}\mathbf{b}(B_\lambda)_{\sigma\sigma''}=\sum_{\sigma} \mathbf{b}(B_\lambda)_{\sigma'\sigma}\mathbf{M}_{\rho'\sigma;\rho''\sigma''}, \quad (16.13a)$$

あるいは

$$\sum_{\rho} \mathbf{M}_{\rho'\sigma';\rho\sigma''}\mathbf{a}(A_\kappa)_{\rho\rho''}=\sum_{\rho} \mathbf{a}(A_\kappa)_{\rho'\rho}\mathbf{M}_{\rho\sigma';\rho''\sigma''}. \quad (16.3b)$$

すべての ρ と ρ'' に対して

$$\begin{pmatrix} \mathbf{M}_{\rho'1;\rho''1} & \mathbf{M}_{\rho'1;\rho''2} & \cdots \\ \mathbf{M}_{\rho'2;\rho''1} & \mathbf{M}_{\rho'2;\rho''2} & \cdots \\ \cdot & \cdot & \cdots \\ \cdot & \cdot & \cdots \\ \cdot & \cdot & \cdots \end{pmatrix} \quad (16.\mathrm{E}.2)$$

における部分行列はすべての $\mathbf{b}(B_\lambda)$ と交換する．同様に，(16.3b) から

$$\begin{pmatrix} \mathbf{M}_{1\sigma';1\sigma''} & \mathbf{M}_{1\sigma';2\sigma''} & \cdots \\ \mathbf{M}_{2\sigma';1\sigma''} & \mathbf{M}_{2\sigma';2\sigma''} & \cdots \\ \cdot & \cdot & \cdots \\ \cdot & \cdot & \cdots \\ \cdot & \cdot & \cdots \end{pmatrix} \quad (16.\mathrm{E}.3)$$

における部分行列はすべての σ と σ'' に対してすべての $\mathbf{a}(A_\kappa)$ と交換する．ゆえに，(16. E.2) と (16. E.3) の両方での部分行列は定数行列である．したがって次式が導かれる

$$\mathbf{M}_{\rho'\sigma';\rho''\sigma''}=\delta_{\sigma'\sigma''}\mathbf{M}_{\rho'1;\rho''1} \quad (16.4a)$$

$$\mathbf{M}_{\rho'\sigma';\rho''\sigma''}=\delta_{\rho'\rho''}\mathbf{M}_{1\sigma';1\sigma''}, \quad (16.4b)$$

これから次式が導かれる

$$\mathbf{M}_{\rho'\sigma';\rho''\sigma''}=\delta_{\sigma'\sigma''}\mathbf{M}_{\rho'1;\rho''1}=\delta_{\sigma'\sigma''}\delta_{\rho'\rho''}\mathbf{M}_{11;11}. \quad (16.4)$$

このように行列 $\mathbf{M}$ はそれ自身定数行列でなければならない；ゆえに $\mathbf{d}(A_\kappa B_\lambda)$ は既約である．

4. 我々はいま，“因子”である 2 つの群の既約表現が知られていると仮定して，2 つの群の直積としての 1 つの群の既約表現を求める方法を知った．しかし直積のすべての既約表現がこの方法で得られるかという疑問がまだ存在する．

群 A の既約表現の次元数が $g_1, g_2, g_3, \cdots$ によって表わされるとし，表現 B の次元数が $h_1, h_2, \cdots$ によって表わされるとしよう．もし第 1 の群のあらゆる表現を第 2 の群のあらゆる表現と組み合わせると，次元数 $g_1h_1, g_1h_2, \cdots, g_2h_1, g_2h_2, \cdots$ を持つ直積の既約表現が得られる．もし我々が，第 9 章（98頁）で議論した定理によって，群のすべての既約表現の次元数の 2 乗の和が群の位数に等しいと仮定するならば，

$$g_1{}^2+g_2{}^2+\cdots=n \quad \text{および} \quad h_1{}^2+h_2{}^2+\cdots=m,$$

ここで n と m はおのおの群 A と B の位数である．それゆえ，上で求められた直積の表現の次元数の 2 乗の和は直積群の位数 nm に等しい．

$$(g_1h_1)^2+(g_1h_2)^2+\cdots+(g_2h_1)^2+(g_2h_2)^2+\cdots+\cdots$$
$$=g_1{}^2m+g_2{}^2m+\cdots=nm.$$

与えられた方法は，実際，すべての既約表現[1] を与えることになる．

これらの考察はまた他の方法で示すこともでき，その方法はまた連続群にも成り立つ．A の関数[2] として考えられた第 1 の表現の $g_1{}^2+g_2{}^2+g_3{}^2+\cdots$ 個の係数は A の関数に対して関数の完全な集合を作る．同様に，B の関数として考えられた，$h_1{}^2+h_2{}^2+h_3{}^2+\cdots$ 個の表現係数は B の関数の完全な集合を作る．ゆえに，2 つの関数系のすべての積は 2 つの変数の関数に対して完全な集合を作る．

5. 微分方程式（16. E. 1）の固有値は定性的に異なる類に分けられる；（16. E. 1）の対称性の群（(16. E. 1) を不変にする演算子の群）の 1 つの表現

---

[1] 本質的に異なる 2 つの直積がここで一度に議論されている： 2 つの群の直積と 2 つの行列の直積である．群の直積の元は $A_\kappa B_\lambda$ である．$\mathbf{a}(A_\kappa)$ と $\mathbf{b}(B_\lambda)$ の直積である表現 $\mathbf{a}(A_\kappa)\times\mathbf{b}(B_\lambda)$ は $A_\kappa B_\lambda$ に対応する．

[2] A の関数とは数 $J(A_\kappa)$ を群の元 A_κ へ対応させることである．

が各固有値に属している．この群（前に述べられた３つの群の直積）の既約表現は，この表現を構成している３つの既約表現を特徴づける３つの記号を用いて，最もよく特徴づけることができる．したがって，(16. E.1) の１つの固有値は水素原子核の入れ換えに対して対称な表現に属し，電子の置換に対して反対称な表現に，そして回転群の７次元表現に属するということができる．この記述は，“因子”の指定された表現から構成された３つの群の直積の表現に固有値が属していることを意味する，と理解される．

３つの表現の直積の行に対応する，このような固有値の固有関数は，第１の群，第２の群，第３の群の各表現のどの行に属しているかを指定する３つの添字を持っている．これら３つの添字の１つあるいはそれ以上が異なる固有関数は互いに直交である；そして任意の対称演算子がこれらに適用されたときにもこのことは成り立つ．直交性は，第１に，これらが直積の表現の異なる行に属するという事実から，そして第２に—もし，たとえば，それらの第２の添字が異なるとき—それらは第２の群の表現の異なる行に属しているという事実から導かれる．

２つの群の直積の表現 $\mathbf{a}(A)\times\mathbf{b}(B)$ の $\rho\sigma$- 行に属する１つの関数に第１の群の演算子 $\mathbf{P}_A=\mathbf{P}_A\mathbf{P}_{E''}$ を適用したとき得られる関数は，表現 $\mathbf{a}(A)\times\mathbf{b}(B)$ の 1σ, 2σ, 3σ,…行に属する関数によって書くことができる．実際，係数は，あたかも第２の群が全くそこにない場合と同じに書ける．

$$\begin{aligned}\mathbf{P}_A\mathbf{P}_{E''}\psi_{\rho\sigma}&=\sum_{\rho'\sigma'}\mathbf{a}(A)_{\rho'\rho}\mathbf{b}(E'')_{\sigma'\sigma}\psi_{\rho'\sigma'}\\&=\sum_{\rho'\sigma'}\mathbf{a}(A)_{\rho'\rho}\delta_{\sigma'\sigma}\psi_{\rho'\sigma'}=\sum_{\rho'}\mathbf{a}(A)_{\rho'\rho}\psi_{\rho'\sigma}.\end{aligned}\tag{16.5}$$

このように表現 $\mathbf{a}(A)\times\mathbf{b}(B)$ の $\rho\sigma$-行に属する関数は $\mathbf{a}(A)$ の ρ-行と $\mathbf{b}(B)$ の σ-行に属する；この関数はこれら２つの関数のすべての性質を持つ．

6.　**摂動論**で使用する場合の“正しい１次結合”の構成において，１次結合は関数のおのおのの１族内で作られなければならず，この１族とはいま問題にしている対称性の群の直積の表現 $\mathbf{a}(A)\times\mathbf{b}(B)$ の１つの行 $\rho\sigma$ に属している１つの集合である．これをなしとげるために，$\mathbf{a}(A)$ の ρ-行に属する１次結合 $f_1, f_2,\cdots$

を作ることより始める；そこで $\mathbf{a}(A)\times\mathbf{b}(B)$ の $\rho\sigma$-行に属するあらゆる関数 $\psi_{\rho\sigma}$ は $f_1, f_2, \cdots$ の1次結合でなければならない．$\psi_{\rho\sigma}$ がまた表現 $\mathbf{a}(A)$ に，あるいはその ρ-行に属しないような関数 $f'_1, f'_2, \cdots$ を含んでおり，したがって次の式が成り立つと想定しよう，

$$\psi_{\rho\sigma}=c_1f_1+c_2f_2+\cdots+c'_1f'_1+c'_2f'_2+\cdots. \tag{16.6}$$

そうすると確かに $c'_1f'_1+c'_2f'_2+c'_3f'_3+\cdots=0$ でなければいけない．というのはもし (16.6) で $c_1f_1+c_2f_2+\cdots$ を左辺に移項すると，左辺全体は $\mathbf{a}(A)$ の ρ-行に属する；ゆえに左辺は右辺のすべての項に直交であり，したがって両辺はゼロでなければならない．

7.　3次元回転-鏡像群の既約表現を決定するには直積の表現についての定理を用いる．回転-鏡像群は行列式 ±1 を持つ実直交3次元行列の群である．それは純粋回転群と，恒等元 E と反転 I から成り立っている鏡像群に同型な群との直積である．ここで

$$E=\begin{pmatrix}1&0&0\\0&1&0\\0&0&1\end{pmatrix};\qquad I=\begin{pmatrix}-1&0&0\\0&-1&0\\0&0&-1\end{pmatrix}.$$

あらゆる実直交行列が E あるいは I を掛けることによって純粋回転から得られることは容易に理解できる．その行列式はすでに $+1$ であればそれはすでに純粋回転であるが，あるいはもしその行列式が -1 ならば，それは I との掛け算によって純粋回転から生じたかのいずれかである．E と I が純粋回転群のすべての行列と（実際，すべての行列と）交換することは明らかである．

鏡像群は2つの既約表現を持つ：恒等表現（また正表現として知られる），と負表現であり，負表現では行列（1）が恒等元に対応し，行列（-1）が反転 I に対応する．それゆえ，回転-鏡像群の2つの表現は，純粋回転群のあらゆる表現 $\mathfrak{D}^{(l)}(R)$ から，$\mathfrak{D}^{(l)}(R)$ と鏡像群の正および負表現とを組み合わせることによって得られる．

3次元回転-鏡像群はおのおの奇次元数 $1, 3, 5, \cdots$ の2種の（1価の）既約表

現を持つ．これらは $l=0_+,\ 0_-,\ 1_+,\ 1_-,\ 2_+,\cdots$ によって表わされる．表現 l_+ と l_- の両方共 $2l+1$ 次元である；両者共純粋回転群の $2l+1$ 次元表現におけると同じ行列が純粋回転に対応する．l_+ では，R に対応すると同じ行列 $\mathfrak{D}^{(l)}(R)$ が回転-鏡像 IR に対応する；l_- では，これに対して，行列 $-\mathfrak{D}^{(l)}(R)$ が IR に対応する．

第17章　原子スペクトルの特性

固有値と量子数

1.　我々はいま群論の結果を原子スペクトル[1]の最も重要な特性を説明するために用いよう．この章は読者に方針を示すのが目的なので，内容について詳しい説明はしない．数学的記述は簡単にしたが，実験によって明らかにされたスペクトルの規則性についての概念を理解してほしい．

Schrödinger 方程式の実際の解に進む前に，まず重心座標の分離を議論しよう．その元の形（4.5 a 式）では，Schrödinger 方程式はただ1つの連続スペクトルを持ち，これは原子全体として，励起エネルギーに加えて，任意にかつ連続的に変わる運動エネルギーをとることができるという事実に対応している．もし励起エネルギーのみを考えたい場合一それは実際常にそうであるように一，原子は静止していると仮定されなければならない．電子の質量は原子核の質量に比べて無視され得るから，原子核の座標は通常重心の座標と同一と認められ，そして波動関数は原子核の座標に依存しないと仮定される．そこで原子核は全く Schrödinger 方程式に現われない；原子核はむしろ電子が運動する場の固定した中心であると考えられる．これは，もちろん，ただ一つの原子核があるような原子においてのみ可能である．

後に行なう一般的考察においては，外場での準位の分裂の問題を除き，"原子核の運動"が無視できるという仮定に依存しない．この仮定を避ける方法は，波動関数が変数としてすべての座標を含んでいるが，しかし重心の座標には依存しないと考えることである．このように，波動関数は，原子全体としての空間における併進を除いて，同一粒子の配位をつなぐ線に沿って，定数であると仮定される．[2]　これは1つの付加条件と見なされる．2

---

[1]　原子スペクトルの実験的に観測された性質のすぐれた詳細な紹介は F. Hund の小冊子，"Line Spectra and Periodic System," Springer, Berlin, 1927, およびまた L. C. Pauling and S. Goudsmit, "The Structure of Line Spectra," McGraw-Hill, New York, 1930 を見よ．

[2]　このことが，なぜこの問題における対称性の群として併進群を導入しないかという理由である．すべての波動関数は併進に対して不変であり，したがって併進群の恒等表現に属する．

つの波動関数のスカラー積が有限であるという要請によって，原理的には，配位の無限の変位に対して定数である波動関数を仮定することさえも不可能である．しかしながら，波動函数は任意に大きい変位に対して定数であると仮定されるから，これは導かれるべき結果の正確さを損うことはない．確かに，このことはより厳密な考察であるが，簡単さのため通常波動関数は原子核の座標を変数として含まないと考える．

水素原子は，原子核の運動を無視すれば，一定のポテンシャルの場の中を運動する1個の電子から成り立ち，最も簡単なスペクトルを持っている．Schrödinger 方程式は

$$\left[-\frac{\hbar^2}{2m}\left(\frac{\partial^2}{\partial x^2}+\frac{\partial^2}{\partial y^2}+\frac{\partial^2}{\partial z^2}\right)-\frac{e^2}{\sqrt{x^2+y^2+z^2}}\right]\psi(x,y,z)=E\psi(x,y,z) \tag{17.1}$$

であり，正確に解くことができる．このようにして水素原子の可能なエネルギー準位(分光学で項と呼ぶこともある)のスペクトルと固有関数(すなわち，定常状態）が得られる．スペクトルはエネルギー値 $E=-2\pi R\hbar c/1^2$, $-2\pi R\hbar c/2^2$, $-2\pi R\hbar c/3^2$, …を持つ飛び飛びの部分を持つ，ここで R は Rydberg 定数である，

$$E_N=-\frac{me^4}{2\hbar^2N^2}=-\frac{2\pi R\hbar c}{N^2}=-\frac{2.18\times10^{-11}}{N^2}\mathrm{erg}=-\frac{13.60\,\mathrm{ev}}{N^2}. \tag{17.2}$$

エネルギーは，電子が原子核の近くで著しく負のポテンシャルを持つという事実に対応して，負である．電子をポテンシャルがゼロであるような無限遠に引き離すために仕事が費されなければならないからである．個々の準位の間隔は，主量子数Nの増加につれて段々と減少する；エネルギーは無限に大きい量子数の場合ついにゼロに収斂する．物理的には，電子が原子核の作用領域からその影響を振り切って前進することに対応する；全く自由になるとき，電子はゼロエネルギーを持つ．

離散スペクトル (17.2) はゼロエネルギーで連続スペクトルと接続し，後者は正エネルギー領域全体をおおう．連続状態では水素原子は電離されている．正のエネルギーは電子が無限遠に離れた後の電子の運動エネルギーである．連続スペクトルでは本来の意味で定常状態はない；電子は十分に長い時間の後に

原子核から任意に遠く離れている．また，定常状態は数学的に規格化された波動関数に対応するが，しかし連続スペクトルの固有関数は規格化されることはできない．

一般的な形か（17.2）で与えられた級数のように，ある有限な極限に収斂し，そこから電離状態の連続スペクトルが始まる級数の出現は，すべての原子スペクトルの特性である．

固有値（I7.2）は縮退している，すなわち，1つだけでなく，幾つかの1次的独立な固有数が各固有値に属している．添字（"主量子数"）Nを持つ固有値は N^2 重に縮退している．

読者の便宜のために規格化された波動関数がここで与えられるであろう．これらは極座標 r, θ, φ で書かれるのが最も都合よい（183頁，第7図を見よ)，$\eta=2r/Nr_0$ とし，ここで $r_0=\hbar^2/me^2$ は "第1 Bohr 軌道の半径" である．固有関数は[3)]

$$\begin{aligned}\psi_{l\mu}{}^{N}&=R_{Nl}(\eta)Y_{l\mu}(\vartheta,\ \varphi)\\ R_{Nl}(\eta)&=\left\{\left(\frac{2}{Nr_0}\right)^3\frac{(N-l-1)!}{2N[(N+l)!]^3}\right\}^{1/2}e^{-\frac{1}{2}\eta}\eta^l L_{N+l}{}^{2l+1}(\eta)\\ Y_{l\mu}(\vartheta,\ \varphi)&=\left[\frac{1}{\sqrt{2\pi}}\right]e^{i\mu\varphi}\cdot\left[\frac{2l+1}{2}\cdot\frac{(l-\mu)!}{(l+\mu)!}\right]^{1/2}\frac{(-\sin\vartheta)^{\mu}}{2^l\cdot l!}\left(\frac{d}{d\cos\vartheta}\right)^{l+\mu}(\cos^2\vartheta-1)^l.\end{aligned}\tag{17.3}$$

したがって，

$$Y_{l,-\mu}(\vartheta,\ \varphi)=(-1)^{\mu}Y^{*}_{l,\mu}.$$

ここで固有値 E_N に属している N^2 個の固有関数を区別するために，添字 l（"軌道量子数"）と μ（"磁気量子数"）を導入した．固定された N に対して，l は 0, 1, 2, … $N-1$ の値を取ることができ，そして μ は $-l$ から $+l$ まで変化する（Nに独立である)．したがってEに属している固有関数の全体の数は $\sum_{l=0}^{N-1}(2l+1)=N^2$．(15.3a）式は規格化された球関数,[4)] $Y_{l\mu}$ を定義する．$(N+l)$ 次の Laguerre の多項式 L_{N+l} の $(2l+1)$ 次

---

3) 動径固有関数 $R_{Nl}(\eta)$ は $\int|R_{Nl}|^2r^2dr=1$ となるように規格化されている．球関数 $Y_{l\mu}$ は 184頁 に与えられたものと同じものである．Condon と Shortley（脚註4を見よ）は $\eta=\frac{2r}{Nr_0}$ 倍された動径固有関数を表わすのに R_{Nl} と書いていることに注意せよ．

4) 前に注意したように，球関数の位相は E. U. Condon と G. H. Shortley, "The Theory of Atomic Spectra," Cambridge Univ. Press, London and New York, 1953 の定義と一致するように選ばれている．この訳で採用されている規約は M. E. Rose, "Multipole Fields," Wiley, New York, 1955 のものと一致する．これらの規約は付録Aに定義され，議論される．

の導関数は $L_{N+l}^{2l+1}(\eta)$ によって表わされる，ここで

$$L_\nu(\eta)=(-1)^\nu\left[\eta^\nu-\frac{\nu^2}{1!}\eta^{\nu-1}+\frac{\nu^2(\nu-1)^2}{2!}\eta^{\nu-2}-\cdots+(-1)^\nu\nu!\right]$$

である．

波動関数に対する (17.3) 式とその $Y_{l,\mu}$ との関係は軌道あるいは方位量子数 l が回転群の $(2l+1)$ 次元表現と関係していることを示している．

ヘリウムイオン，2重に電離したリシウム原子，あるいはまた1つの電子と1つの原子核だけから成り立っているすべての系のスペクトルは水素原子のスペクトルと密接に関係している．Schrödinger 方程式での位置エネルギーを $-Ze^2/r$（Zは原子核の電荷である）で置き換え，エネルギー準位を

$$E_N^{(Z)}=-\frac{mZ^2e^4}{2\hbar^2}\cdot\frac{1}{N^2} \tag{17.2a}$$

で，そして (17.3) における η を

$$\eta^{(Z)}=\frac{2me^2Z}{\hbar^2N}r=\frac{2Zr}{Nr_0} \tag{17.3a}$$

で置き換えることだけでよい．また正しい規格化を保持するために，ψ に $Z^{3/2}$ を掛けねばならない．

2.　幾つかの，たとえば n 個の，電子を持つ原子スペクトルは正確に計算されることはできない．これは，位置エネルギーが比較的複雑な形をしていることに起因する

$$V=\sum_i^n\frac{-e^2Z}{\sqrt{x_i^2+y_i^2+z_i^2}}+\frac{1}{2}\sum_{i\neq j}\frac{e^2}{\sqrt{(x_i-x_j)^2+(y_i-y_j)^2+(z_i-z_j)^2}}. \tag{17.4}$$

もし電子の互いの反発作用を含んでいる (17.4) での第2項が存在しなければ，電子は原子核の一定の場の影響のもとで運動するであろう．Schrödinger 方程式

$$(\mathbf{H}_1+\mathbf{H}_2+\cdots+\mathbf{H}_n)\psi(x_1,y_1,z_1,x_2,y_2,z_2,\cdots,x_n,y_n,z_n)=E\psi, \tag{17.5}$$

ここで

$$\mathbf{H}_k=-\frac{\hbar^2}{2m}\left(\frac{\partial^2}{\partial x_k{}^2}+\frac{\partial^2}{\partial y_k{}^2}+\frac{\partial^2}{\partial z_k{}^2}\right)-\frac{Ze^2}{\sqrt{x_k{}^2+y_k{}^2+z_k{}^2}} \tag{17.5a}$$

を，解くことができるであろう．固有値は（17.5ａ）の固有値の和であり，固有関数は（17.5a）の固有関数の積であり，（17.2a），（17.3），（17.3a）によって表わされるであろう：

$$\psi(x_1, y_1, z_1, \cdots, x_n, y_n, z_n,)=\psi_{l_1\mu_1}{}^{N_1}(x_1, y_1, z_1)\cdots\psi_{l_n\mu_n}{}^{N_n}(x_n, y_n, z_n) \tag{17.6}$$

$$E=E_{N_1}+E_{N_2}+\cdots+E_{N_n}. \tag{17.6a}$$

これを知るために，（17.6）を（17.5）に代入し，$\mathbf{H}_k\psi(x_1, \cdots, z_n)$ を作ってみると $E_{N_k}\psi(x_1, \cdots, z_n)$ を与える，なぜならば

$$\mathbf{H}_k\cdot\psi_{l_k\mu_k}{}^{N_k}(x_k, y_k, z_k)=E_{N_k}\psi_{l_k\mu_k}{}^{N_k}(x_k, y_k, z_k),$$

であり，$\psi(x_1, \cdots, z_n)$ の他の因子は $\mathbf{H}_k$ を作用させると定数のように振舞うからである．

当然，（17. 5）は実際の Schrödinger 方程式に対する非常に悪い近似を表わしている．この代わりに，通常我々は，少なくとも概念的に，この近似あるいは似たような近似から始めて，電子の相互の影響を“摂動”として取り扱っている．

一般に，非常に多くの固有関数が（17.6ａ）の固有値のおのおのに属している．このことは（17.6）で量子数 l_k, μ_k は幾つかの値をとることができ，そしてエネルギーの値に影響しないからである．さらに，主量子数 N_k の与えられた組に対して，エネルギー固有値を変えることなく，個々の電子は勝手に入れ換えられる．しかしながら，もし電子の相互の影響が摂動として導入されるならば，縮退は部分的に除かれ，準位は分裂するであろう．結果として生じた準位について，その大部分はまだ縮退しているが，それらの対称性を除いて，なに物も純粋に理論的基礎に基づいて知られていない（それらの位置の粗い概算は別として）．これらは電子の置換，純粋回転，および反転[5)]（鏡像）に対して

---

5) すべての座標 $x_1, \cdots, z_n$ の符号を変えることを反転とよぶ．

対応する固有関数の変換性によって明らかにされる．したがって，各準位は3つの表現—対称群の1つ，回転群の1つ，そして鏡像群の1つの表現—に対応する．（後の2つは通常回転—鏡像群の表現として組み合わされる．）対応する量子数（表現の特性）は[6]

多重系　S

軌道角運動量量子数　L

偶奇性（パリティ）　w

3.　軌道量子数は異なる準位に対して $L=0$, 1, 2, 3, …をとることができる．対応する固有値は回転群の表現 $\mathfrak{D}^{(0)}(R)$, $\mathfrak{D}^{(1)}(R)$, … に属する．[7] これらはおのおの $S, P, D, F,$…準位として知られる．ただ1つの固有関数が S 準位に，3つが P 準位に，5つが D 準位に属している，等である．軌道量子数 L を持つ1つの項に属する $2L+1$ 個の固有関数は，その磁気量子数 m によって区別され，m はまた整数値をとり $-L$ から $+L$ まで変わる（第8図を見よ）対応す

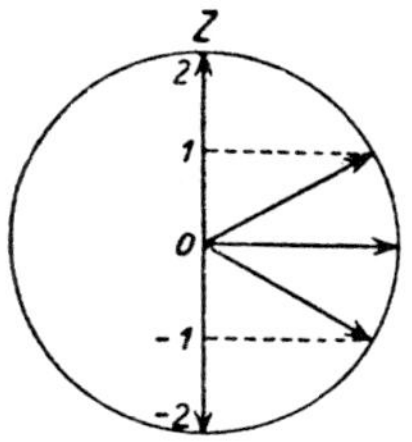

第8図. もし全角運動量が2ならば，角運動量の Z 成分は2, 1, 0, −1, −2（単位はすべて $\hbar$）の値をとることができる．

る固有関数は既約表現 $\mathfrak{D}^{(L)}$ の m 番目の行に属する．

物理的に，軌道量子数は全角運動量である．[8] これに対して，磁気量子数は Z 軸に沿った角運動量の成分に対応する．m を決めることは空間で1つの特別な方向を区別する；したがって表現の1つの行に属する関数を定義するためには，表現を完全に（相似変換の任意性なしに）決めなければならない．これは，

---

6)　通常，原子全体の量子数に対して大文字を用い，個々の電子の量子数に対して小文字を用いる．軌道角運動量（あるいは単に“軌道”）量子数はしばしば方位量子数と呼ばれる．

7)　256頁の（19.9b）式は，これがまた $l=0, 1, 2,$… を持つ $\psi_{l\mu}{}^{N}$ についても正しいことを示すであろう．

8)　スピンの存在はいま無視されている．

Z 軸のまわりの回転が対角行列（(15.6)式）に対応することを仮定することによって，なされる．これに反して，D–準位のすべての固有関数が表現 $\mathfrak{D}^{(2)}(R)$ に属するという記述は，空間で特定の方向が存在することを必要としない．

鏡像群の恒等（正の）表現に属する準位は**偶のパリティ**（あるいはもっと簡単に，**偶**である）を持つという；その他は**奇のパリティ**を持つ，あるいは**奇**の準位であるという．パリティの概念，これはスペクトルの理解に非常に重要であるが，は軌道量子数と角運動量の間の対応に匹敵する古典論における対応を持たない．準位の鏡像の特性あるいはパリティは，準位 S_+, S_-, P_+, P_-, $\cdots$ のように記号の添字として書き添えられる．3 次元回転一鏡像群の対応する表現は 0_+, 0_-, 1_+, 1_-,$\cdots$である．最も普通の準位は S_+, P_-, D_+, F_-,$\cdots$等である．

多重系 S の概念もまた古典論と相容れない．n 個の電子のあらゆる準位に対して n 次の対称群の表現が対応する．すべての表現が現われるわけではない；むしろ第13章で $\mathbf{D}^{(0)}$, $\mathbf{D}^{(1)}$,$\cdots$, $\mathbf{D}^{(\frac{1}{2}n)}$（偶数個の電子の場合）あるいは $\mathbf{D}^{(\frac{1}{2}n-1)}$（奇数個の電子の場合）によって表わされた表現の**随伴**表現のみが自然界に現われる．その理由は電子のスピンと Pauli の原理の議論なしでは説明することができない．偶数個の電子の場合 $S=0$ を持つ準位は表現 $\overline{\mathbf{D}}^{(\frac{1}{2}n)}$ に属する；$S=1$ の準位は表現 $\overline{\mathbf{D}}^{(\frac{1}{2}n-1)}$ に属する；$S=\frac{1}{2}n$ に属する表現は $\overline{\mathbf{D}}^{(0)}$ である．表現から S 値を直接よむことができ，また回転群の表現との混同を避けるために我々は今後次のように書く

$$\overline{\mathbf{D}}^{(k)}=\overline{\mathbf{A}}^{(S)}, \quad ここで \quad S=\tfrac{1}{2}n-k. \tag{17.7}$$

量 S は偶数 n 個の電子を持つ原子に対して 0, 1, 2, $\cdots$, $\frac{1}{2}n$ の値をとることができる；奇数個の電子の場合にもまた (17.7) は成り立ち，S の可能な値は $\frac{1}{2}$, $\frac{3}{2}$, $\frac{5}{2}$,$\cdots$,$\frac{1}{2}n$ である．水素原子ではただ 1 つの可能な値，$S=\frac{1}{2}$，があり，1 次の対称群は実際ただ一つの表現を持つ．準位の S 値はその“多重度”，$2S+1$，を決定する．偶数個の電子の場合，我々は 1 重，3 重，5 重，等，の準位を持つ，なぜならば $2S+1$ は 1, 3, 5, $\cdots$ の値を取ることができるからである；奇数個の電子の場合，2 重，4 重，6 重，等，の準位が現われる．1 個の電子の問

題の準位はすべて2重項である．多重度，すなわち，$2S+1$ の値，は準位に対する記号への上の添字として前に置かれる．$^1S_+$ は偶の1重-S 準位；$^2P_-$ は奇の2重-P準位，等，を表わす．反対称表現 $\overline{\mathbf{D}}^{(0)}=\overline{A}^{(\frac{1}{2}n)}$ に属している準位は最も高い多重度 $n+1$ を持ち，一方1重準位では $S=0$ で，表現は $\overline{\mathbf{D}}^{(\frac{1}{2}n)}=\overline{A}^{(0)}$ である．

エネルギー準位は定性的な特徴を記述する3つの量 S, L, w を持っている．これらの準位が対称群と回転一鏡像群の直積の異なる表現 $\mathbf{A}^{(S)}\times\mathfrak{D}^{(L,w)}$ に属するからである．しかし同じスペクトルの幾つかの準位が同じ表現に属するから，これらを区別するために数Nを導入しなければならない．したがって1つの準位 $E_{SLw}{}^N$ は4つの添字 N, S, L と w を持つことになる．この準位に $(2L+1)g_s$ 個の固有関数が属している，ここで g_s は表現 $\mathbf{A}^{(S)}$ の次元数である．これらを区別するために，表現 $\mathbf{A}^{(S)}$ のどの行 κ にこれらが属するか，そしてどのような値mを磁気量子数が取るかを述べなければならない．このようにして1つの固有関数 $\psi_{\kappa m}{}^{NSLw}$ は全体で6個の添字を持っているが，この内たかだか1つは省略することができる（すなわち κ，これは物理的意味を持たない）．異なる S, L および w を持つ準位の実験的性質はよく知られている：最も重要なことは，かなり強い光学的遷移はその軌道量子数が等しいかあるいは1だけ異なる準位の間でのみ起こるという事実である．さらに，準位は**異なる鏡像の特性**（異なるパリティ）を持ち，**同じ多重系**を持たなければならない．これらの相互の結合の法則は量子力学から導かれなければならない；これを次の章に述べる．

4.　電子のスピンと磁気能率の導入によって Schrödinger 方程式は根本的に修正されるであろう（第20章参照）．スピンの効果は**スペクトル線の微細構造**において最も明らかに現われる．簡単な Schrödinger 方程式の軌道量子数Lと多重系Sを持つ1つの準位に対応するエネルギーの場合，実際には“多重項”，すなわち，幾つかの隣接した準位が観測される．多重項には $2L+1$ あるいは $2S+1$ 個の準位があり，この2つの数のより小さな数の方が現われる；$S(L=0)$ 準位は常に1重である；P 準位 $(L=1)$ は1重系 $(S=0)$ でのみ1重であり，2重系では2重である；3重系あるいはすべてのより高い系では P 準位は3重である；等．十分に大きい軌道量子数，$L \geqslant S$, では，多重度は $2S+1$ である．

多重項の微細構造を区別するために，これらに異なる**全量子数** J を書き添える，

$$J=|L-S|,\ |L-S|+1, \cdots, L+S-1,\ L+S.$$

L が S より小さいかまたは大きいかによって $2L+1$ あるいは $2S+1$ 個の J の値がある．全量子数は，電子のスピンによる角運動量を含む全角運動量の役割をする．

L, S, および w に対する選択則は多重項のすべての $2L+1$ あるいは $2S+1$ 個の準位に対して成り立つであろう．[9] その上 L に対すると同様の J に対する選択則を持つ；光学的遷移では J は ± 1 あるいは0だけ変化する；$J=0$ を持つ2つの準位の間の遷移は禁止される．

5. 今度は，第2節の終りで中断した議論にもどろう．第2節では，簡単な Schrödinger 方程式 (17.5) を示した．その解 (17.6), (17.6a) は直接に書きおろされた．一般に，固有値は非常に高度に縮退していたが，しかしたとえば，Rayleigh-Schrödinger の手続きの使用によって，正しいポテンシャル(17.4) で与えられるような電子の相互間の拆力まで含めると，固有値 (17.6a) は分裂し，上に議論した記号によって特徴づけられる準位が現われることが示された．与えられた準位 ((17.6a)式) から生ずる準位の数と種類の決定は，**構成原理**[10] とよばれる．

構成原理の導き出しにおいて，Schrödinger 方程式はまた Pauli の原理によって排除され，したがって実際に存在しない状態に対しても準位を与えるという事実を見落してはならない．しかしながら，我々は実際に存在する準位の数

---

9) 実際には，L および S に対する法則はスピンによる力が小さい場合に限り成り立つ．

10) この言葉 (building-up principle) は G. Herzberg, "Atomic Spectra and Atomic Structure," Prentice-Hall, 1937 によって，ドイツ語の "Aufbauprinzip" に対して提案された．普通に使用されていないが，現在の訳では採用されている．

のみを決定するであろう.

もしスピンを無視するならば，これらはちょうど $\overline{\mathbf{D}}^{(k)}=\overline{\mathbf{A}}^{(\frac{1}{2}n-k)}$ の表現を持つ準位である；もしスピンを導入するならば，すべての実際の固有値は反対称な固有関数を持つ（第22章を見よ）. 構成原理は Slater による方法で導かれるであろう.

ベクトルの加え算の模型

6.　ここで構成原理の簡単な，非常に図式化された場合を考えよう. この場合電子の同等性を考慮せず，ただ回転群だけが Schrödinger 方程式の対称性の群の全体を構成すると考える.[11]

2つの系を考え，そのおのおのは最も簡単な場合で1個の電子から成り立っているとしよう；両方の電子は同じ原子核のまわりをまわっていると考える. 第1の系のエネルギーが E で，軌道量子数 l の状態にある. この固有値に対する $2l+1$ 個の固有関数が $\psi_{-l}, \psi_{-l+1}, \cdots, \psi_l$ であるとしよう. そこで

$$\mathbf{P}_R\psi_\mu=\sum_{\mu'}\mathfrak{D}^{(l)}(R)_{\mu'\mu}\psi_{\mu'}, \tag{17.8}$$

ここで $\mathbf{P}_R$ は第1の系の座標の回転である. 第2の系のエネルギーを $\bar{E}$, 軌道量子数を $\bar{l}$, そして固有関数を $\overline{\psi}_{-\bar{l}}, \overline{\psi}_{-\bar{l}+1}, \cdots, \overline{\psi}_{\bar{l}}$ としよう. そこで

$$\bar{\mathbf{P}}_R\overline{\psi}_\nu=\sum_{\nu'}\mathfrak{D}^{(\bar{l})}(R)_{\nu'\nu}\overline{\psi}_{\nu'}. \tag{17.8a}$$

$\mathbf{P}_R$ は ψ_μ の変数を回転し，一方では $\bar{\mathbf{P}}_R$ は $\overline{\psi}_\nu$ の変数を回転し，そして変数の2つの組は異なるから，2つの演算子 $\bar{\mathbf{P}}_R$ と $\mathbf{P}_R$ は異なる. それゆえ，すべての $\mathbf{P}_R$ はすべての $\bar{\mathbf{P}}_R$ と交換する，そして $\mathbf{P}_R\overline{\psi}_\nu=\overline{\psi}_\nu$ で $\bar{\mathbf{P}}_R\psi_\mu=\psi_\mu$ である. なぜならば $\mathbf{P}_R$ は $\overline{\psi}_\nu$ の変数に全く影響せず，また $\bar{\mathbf{P}}_R$ は ψ_μ の変数に影響しないからである.

いま2つの系をただ1つの系と考えるならば，そこで (17.6) および (17.6

---

[11] E. Fues, *Z. Physik* **51**, 817 (1928) を見よ.

a）によって，固有値および固有関数は個々の系に対する対応する量のおのおの和および積である．$(2l+1)\cdot(2\bar{l}+1)$ 個の固有関数

$$\left.\begin{array}{l} \psi_{-l}\bar{\psi}_{-\bar{l}},\ \psi_{-l}\bar{\psi}_{-\bar{l}+1},\ \cdots,\ \psi_{-l}\bar{\psi}_{\bar{l}-1},\ \psi_{-1}\bar{\psi}_{\bar{l}},\\ \quad\cdot\quad,\qquad\cdot\quad,\cdots,\qquad\cdot\quad,\quad\cdot\quad,\\ \psi_{l}\bar{\psi}_{-\bar{l}},\quad \psi_{l}\bar{\psi}_{-\bar{l}+1},\ \cdots,\ \psi_{l}\bar{\psi}_{\bar{l}-1},\ \psi_{l}\bar{\psi}_{\bar{l}}, \end{array}\right\} \tag{17.9}$$

は固有値 $E+\bar{E}$ に属する．我々はいま，2 つの系の相互作用が考慮されたときどのような演算子から合成系の群が構成されているかを調べなければならない．明らかに，2 つの演算子群 $\mathbf{P}_R$ と $\bar{\mathbf{P}}_{\bar{R}}$ の直積の全体ではない．この直積の元 $\mathbf{P}_R\bar{\mathbf{P}}_{\bar{R}}$ は ψ および $\bar{\psi}$ の変数の座標系の，同時の，しかし異なる，回転に対応するであろう．我々が考えなければならない群はむしろ 2 つの系の軸が同じ回転を受けることである；それはすべての演算子 $\mathbf{P}_R\bar{\mathbf{P}}_{\bar{R}}$ から成り立っておらず，$\mathbf{P}_R\bar{\mathbf{P}}_R$ からのみ成り立っている．$\mathbf{P}_R\bar{\mathbf{P}}_R$ の群は単純回転群に同型である．$RQ=T$ から次のようになる

$$\mathbf{P}_R\bar{\mathbf{P}}_R\cdot\mathbf{P}_Q\bar{\mathbf{P}}_Q=\mathbf{P}_R\mathbf{P}_Q\cdot\bar{\mathbf{P}}_R\bar{\mathbf{P}}_Q=\mathbf{P}_T\bar{\mathbf{P}}_T.$$

演算子 $\mathbf{P}_R\bar{\mathbf{P}}_R$ を関数 (17.9) に適用すると，その結果生じた関数は元の関数の 1 次結合として書かれる．

(17.8) および (17.8 a) によって

$$\mathbf{P}_R\bar{\mathbf{P}}_R\psi_\mu\bar{\psi}_\nu=\mathbf{P}_R\psi_\mu\cdot\bar{\mathbf{P}}_R\bar{\psi}_\nu=\sum_{\mu'}\mathfrak{D}^{(\bar{l})}(R)_{\mu'\mu}\psi_{\mu'}\sum_{\nu'}\mathfrak{D}^{(l)}(R)_{\nu'\nu}\bar{\psi}_{\nu'}$$
$$=\sum_{\mu'\nu'}\Delta(R)_{\mu'\nu';\mu\nu}\psi_{\mu'}\bar{\psi}_{\nu'}. \tag{17.10}$$

合成した系の $(2l+1)(2\bar{l}+1)$ 個の関数 (17.9) に属している表現 $\Delta(R)$ は個々の系の 2 つの表現 $\mathfrak{D}^{(l)}$ と $\mathfrak{D}^{(\bar{l})}$ の直積[12]である．

$$\Delta(R)_{\mu'\nu'\mu\nu}=\mathfrak{D}^{(l)}(R)_{\mu'\mu}\mathfrak{D}^{(\bar{l})}(R)_{\nu'\nu};\quad \Delta(R)=\mathfrak{D}^{(l)}(R)\times\mathfrak{D}^{(\bar{l})}(R). \tag{17.11}$$

---

[12] 我々はここで前節とは異なる種類の直積を扱っている．前節では 2 つの対称性（回転 R と鏡像 I）を合成し，群を拡大した．ここでは等しい対称性を持つ 2 つの系を合成している；したがって合成された系は同じ対称性を持つ．

いま $\boldsymbol{\Delta}(R)$ の既約成分を決定しよう．これは，最も簡単に，その指標を既約表現の指標に分解することによってなされる．$\boldsymbol{\Delta}(R)$ の指標，ここで R は角度 φ の回転に対応するが，は次の式に等しい

$$\sum_{\mu\nu} \boldsymbol{\Delta}(R)_{\mu\nu;\mu\nu} = \sum_{\mu} \mathfrak{D}^{(l)}(R)_{\mu\mu} \sum_{\nu} \mathfrak{D}^{(\bar{l})}(R)_{\nu\nu}$$
$$= \chi^{(l)}(\varphi)\chi^{(\bar{l})}(\varphi) = \sum_{\mu=-l}^{+l} \exp(i\mu\varphi) \sum_{\nu=-\bar{l}}^{+\bar{l}} \exp(i\nu\varphi). \tag{17.12}$$

この式を既約な指標に分解するために，(17.12) を記号的に表にする：各指数関数 $\exp(i\kappa\varphi)$ に対して1つの列を作り（ここで，$\kappa=-l-\bar{l}$, …, -2, -1, 0, 1, 2, …, $+l+\bar{l}$）そして (17.12) に $\exp(i\kappa\varphi)$ が現われるたびごとにこの列にプラスの符号をつける．現われる最も小さな κ は $-\bar{l}-l$; 最も大きい κ は $l+\bar{l}$ である；したがって全体で $2l+2\bar{l}+1$ 列が必要である．この表の行は $\kappa=\nu+\mu$

第 I 表

ν	指標の中の $\exp(i\kappa\varphi)$ の存在										
	$\kappa=-l-\bar{l}$	·	·	·	$-l+\bar{l}$	·	$l-\bar{l}$	·	·	·	$l+\bar{l}$
$-\bar{l}$	+	+	+	+	+	+	+				
·		+	+	+	+	+	+	+			
0 →			+	+	+	+	+	+	+		
·				+	+	+	+	+	+	+	
$\bar{l}$					+	+	+	+	+	+	+

における ν の値によって表わされる；したがって $2l+1$ 個の項，$\exp[i(\nu-l)\varphi]$, $\exp[i(\nu-l+1)\varphi]$, …, $\exp[i(\nu+l)\varphi]$ から生ずるプラスの符号を ν 行に書く．もし $l>\bar{l}$ と仮定するならば，表Iが得られる．

いま，列の中でプラスの符号をずらし，各行が既約な指標を表わすように整理する．（こうしても和の中に $\exp(i\kappa\varphi)$ が現われる回数は確かに変わらない．）たとえば，点線の左側にある表の部分を，⟶によって示された行（$\nu=0$ の行）のまわりに回転させると，結果は224頁に示された第II表となる．

ν-行の最初の符号はいま $-\nu-l$ 列にある；第II表で ν-行に対応する指数は

$$\exp[-i(\nu+l)\varphi]+\exp[-i(\nu+l-1)\varphi]+\cdots+\exp[+i(\nu+l-1)\varphi]$$
$$+\exp[i(\nu+l)\varphi]=\chi^{(l+\nu)}(\varphi). \qquad (17.13)$$

同時にこれらは ちょうど $L=l+\nu$ を持つ既約表現の指標を与える．そこで全体の表は次のLを持つ既約表現を表わす

$$L=l-\bar{l},\ l-\bar{l}+1,\cdots,l+\bar{l}-1,\ l+\bar{l}. \qquad (17.E.1)$$

第 II 表

ν	行列 $\mathbf{\Delta}(R)$ に現われる既約な指標										
	$\kappa=-l-\bar{l}$	·	·	·	$-l+\bar{l}$	·	$l-\bar{l}$	·	·	·	$l+\bar{l}$
$-\bar{l}$					+	+	+				
·				+	+	+	+	+			
0	↓		+	+	+	+	+	+	+		
·		+	+	+	+	+	+	+	+	+	
$\bar{l}$	+	+	+	+	+	+	+	+	+	+	+

したがって，$\bar{l}\leqslant l$ の場合，準位 $E+\bar{E}$ は相互作用のもとで軌道量子数(17.E.1) を持つ $2\bar{l}+1$ 個の準位に分裂する．この場合 $\mathfrak{D}^{(l)}(R)\times\mathfrak{D}^{(\bar{l})}(R)$ の既約成分は，(17.E.1) のLを持つ $\mathfrak{D}^{(L)}$ であり，各Lの値は正確に1回現われる．もし $l\leqslant\bar{l}$ ならば，l と $\bar{l}$ の役割が入れ換えられる；したがって，一般に，Lの値は

$$L=|l-\bar{l}|,\ |l-\bar{l}|+1,\cdots,l+\bar{l}-1,\ l+\bar{l}. \qquad (17.14)$$

この“ベクトルの加え算の模型”（第9図）は分光学のすべてに対して非常に一般に成り立ち，かつ基本的に重要である．合成される2つの系は簡単に1個

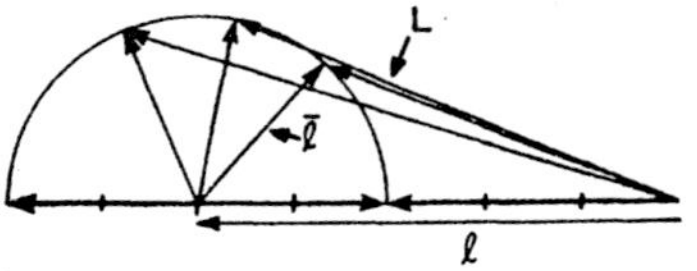

第9図． 2つの角運動量，$l=5$ と $\bar{l}=2$，の合成はLの可能な値として 3, 4, 5, 6 および 7 を与える．

の電子から成り立っている必要はなく,[13] それら自身合成された系であってよい. ベクトルの加え算の模型は, 後でわかるように, スピン量子数と軌道量子数の合成に対して（結果として生じるLは“全量子数”といわれる), あるいは全量子数と原子核のスピンの合成, 等に対しても成り立つ.

7.　我々はいま表現 $\mathfrak{D}^{(l)}\times\mathfrak{D}^{(\bar{l})}$ が簡単に $\mathbf{M}(R)$ によって表わされるような次の表現

$$\begin{pmatrix} \mathfrak{D}^{(|l-\bar{l}|)} & \mathbf{0} & \cdots & \mathbf{0} & \mathbf{0} \\ \mathbf{0} & \mathfrak{D}^{(|l-\bar{l}|+1)} & \cdots & \mathbf{0} & \mathbf{0} \\ \cdot & \cdot & \cdots & \cdot & \cdot \\ \cdot & \cdot & \cdots & \cdot & \cdot \\ \cdot & \cdot & \cdots & \cdot & \cdot \\ \mathbf{0} & \mathbf{0} & \cdots & \mathfrak{D}^{(l+\bar{l}-1)} & \mathbf{0} \\ \mathbf{0} & \mathbf{0} & \cdots & \mathbf{0} & \mathfrak{D}^{(l+\bar{l})} \end{pmatrix} = \mathbf{M}(R) \qquad (17.15)$$

に同値であることを知っている. ゆえにこれらを相互に変換する１つの行列$\mathbf{S}$が存在するはずである

$$\mathfrak{D}^{(l)}(R)\times\mathfrak{D}^{(\bar{l})}(R) = \mathbf{S}^{-1}\mathbf{M}(R)\mathbf{S}. \qquad (17.16)$$

$\mathbf{M}(R)$ とまた $\mathfrak{D}^{(l)}\times\mathfrak{D}^{(\bar{l})}$ もユニタリであるから, $\mathbf{S}$ はユニタリである, すなわち, $\mathbf{S}^{-1}=\mathbf{S}^{\dagger}$ と仮定される（92頁, 第９章の定理1ａ).

行列$\mathbf{S}$は, 第２章で議論されたような, 広義の正方行列である. $\mathfrak{D}^{(l)}\times\mathfrak{D}^{(\bar{l})}$ の行と列は２つの添字 μ と ν によって名付けられ, したがって$\mathbf{S}$の列もまたそうでなければならない. $\mathbf{M}(R)$ の行と列は共に２つの添字を持っているがしかしこれらは違った種類である：第１の添字Lはどの表現 $\mathfrak{D}^{(L)}$ がこの行に現われるかを述べ, 第２の添字 m はこの表現のどの行が関係しているかを述べる. $\mathbf{M}(R)$ の行列要素は

$$\mathbf{M}(R)_{L'm';Lm} = \delta_{LL'}\mathfrak{D}^{(L)}(R)_{m'm}. \qquad (17.17)$$

---

[13]　ここで与えられた簡単な形で, この模型は２つの電子の場合についての詳細を与えることはできない, なぜならばそれは粒子が全く等しいという事実を考慮しないからである.

$\mathbf{S}$の行はゆえに添字 L, m によって名付けられなければならない，ここでLは $|l-\bar{l}|$ から $l+\bar{l}$ まで変化し，m は $-L$ からLまで変化する．詳しく書けば，(17.16) は

$$\mathfrak{D}^{(l)}(R)_{\mu'\mu}\mathfrak{D}^{(\bar{l})}(R)_{\nu'\nu}=\sum_{m'm}\sum_{L}\mathbf{S}_{Lm';\mu'\nu'}{}^{*}\mathfrak{D}^{(L)}(R)_{m'm}\mathbf{S}_{Lm;\mu\nu}. \tag{17.16a}$$

行列$\mathbf{S}$の意味は次のような積 $\psi_\mu\overline{\psi}_\nu$ の1次結合を定義することである，

$$\Psi_m{}^L=\sum_{\mu\nu}\mathbf{S}_{Lm;\mu\nu}{}^{*}\psi_\mu\overline{\psi}_\nu, \tag{17.18}$$

これは，系（角運動量 l と $\bar{l}$ の間の相互作用を含む）を不変にするような演算 $\mathbf{P}_R\bar{\mathbf{P}}_R$ に対して既約表現にしたがって変化する．$\Psi_m{}^L$ は次のように変換する：

$$\left.\begin{aligned}\mathbf{P}_R\bar{\mathbf{P}}_R\Psi_m{}^L&=\sum\mathbf{S}_{Lm;\mu\nu}{}^{*}\mathbf{P}_R\psi_\mu\cdot\bar{\mathbf{P}}_R\overline{\psi}_\nu\\&=\sum_{\mu\nu}\sum_{\mu'\nu'}\mathbf{S}_{Lm;\mu\nu}{}^{*}\mathfrak{D}^{(l)}(R)_{\mu'\mu}\mathfrak{D}^{(\bar{l})}(R)_{\nu'\nu}\psi_{\mu'}\overline{\psi}_{\nu'}\\&=\sum_{\mu\mu'}\sum_{\nu\nu'}\sum_{L'm'}\mathbf{S}_{Lm;\mu\nu}{}^{*}\mathfrak{D}^{(l)}(R)_{\mu'\mu}\mathfrak{D}^{(\bar{l})}(R)_{\nu'\nu}\mathbf{S}_{L'm';\mu'\nu'}\Psi_{m'}{}^{L'}\\&=\sum_{L'm'}[\mathbf{S}\cdot\mathfrak{D}^{(l)}(R)\times\mathfrak{D}^{(\bar{l})}(R)\cdot\mathbf{S}^{-1}]_{L'm';Lm}\Psi_{m'}{}^{L'}\\&=\sum_{L'm'}\mathbf{M}(R)_{L'm';Lm}\Psi_{m'}{}^{L'}=\sum_{m'}\mathfrak{D}^{(L)}(R)_{m'm}\Psi_{m'}{}^{L}.\end{aligned}\right\}\tag{17.19}$$

ゆえにこれらは摂動のある合成された系に対して第1近似の場合の固有関数（第5章の“正しい1次結合”である）を作る．

係数 $\mathbf{S}_{Lm;\mu\nu}{}^{*}$ を決めるために，まず演算子 $\mathbf{P}_R\bar{\mathbf{P}}_R$ を (17.18) に適用する，ここでRはZ軸のまわりの角度$\boldsymbol{\alpha}$の回転である．これによって左辺は $\exp(im\boldsymbol{\alpha})$ 倍され，そしてこれはまた右辺にも成り立たなければならない．

$$\begin{aligned}\sum_{\mu\nu}\mathbf{S}_{Lm;\mu\nu}{}^{*}e^{im\alpha}\psi_\mu\overline{\psi}_\nu&=\sum_{\mu\nu}\mathbf{S}_{Lm;\mu\nu}{}^{*}\mathbf{P}_R\psi_\mu\bar{\mathbf{P}}_R\overline{\psi}_\nu\\&=\sum_{\mu\nu}\mathbf{S}_{Lm;\mu\nu}{}^{*}e^{i\mu\alpha}e^{i\nu\alpha}\psi_\mu\overline{\psi}_\nu.\end{aligned}\tag{17.20}$$

ゆえに，$\psi_\mu\overline{\psi}_\nu$ の1次的独立性のために，

$$\mathbf{S}_{Lm;\mu\nu}=0 \qquad m\neq\mu+\nu \text{ の場合}. \tag{17.20 a}$$

もし表現係数の α と γ への依存性を（15.8）式によって陽に書き，α と γ への同じ依存性を持つ項を等しく置くと，(17.16 a) から同じ結果が得られる．もし次のように書くならば[14)]

$$\mathbf{S}_{L,\mu+\nu;\mu\nu}=s_{L\mu\nu}, \tag{17.20b}$$

そこで（17.16 a）は次のようになる

$$\mathfrak{D}^{(l)}(R)_{\mu'\mu}\mathfrak{D}^{(\bar{l})}(R)_{\nu'\nu}=\sum_{L=|l-\bar{l}|}^{l+\bar{l}} s_{L\mu'\nu'}{}^{*}\mathfrak{D}^{(L)}(R)_{\mu'+\nu';\mu+\nu}s_{L\mu\nu}. \tag{17.16b}$$

行列 $\mathbf{S}$ は一義的に（17.16）によって決定されない．これは $\mathbf{M}(R)$ が次のような対角行列と交換するからである．

$$\mathbf{u}=\begin{pmatrix} \omega_{|l-\bar{l}|}\mathbf{1} & \mathbf{0} & \cdot & \cdot & \cdot & \mathbf{0} & \mathbf{0} \\ \mathbf{0} & \omega_{|l-\bar{l}|+1}\mathbf{1} & \cdot & \cdot & \cdot & \mathbf{0} & \mathbf{0} \\ \cdot & \cdot & \cdot & \cdot & \cdot & \cdot & \cdot \\ \cdot & \cdot & \cdot & \cdot & \cdot & \cdot & \cdot \\ \cdot & \cdot & \cdot & \cdot & \cdot & \cdot & \cdot \\ \mathbf{0} & \mathbf{0} & \cdot & \cdot & \cdot & \omega_{l+\bar{l}-1}\mathbf{1} & \mathbf{0} \\ \mathbf{0} & \mathbf{0} & \cdot & \cdot & \cdot & \mathbf{0} & \omega_{l+\bar{l}}\mathbf{1} \end{pmatrix}$$

$$\mathbf{u}_{L'm';Lm}=\omega_L\delta_{L'L}\delta_{m'm}.$$

$\mathbf{S}$ を $\mathbf{uS}$ によって置き換えても（17. 16）の右辺は変わらない．$\mathbf{uS}$ はユニタリであるので，$\mathbf{u}$ はユニタリでなければならず，これは ω の絶対値がすべて 1 であるとき満足される．$\mathbf{S}$ にとって代わる $\mathbf{uS}$ の要素は

$$(\mathbf{uS})_{Lm;\mu\nu}=\omega_L\mathbf{S}_{Lm;\mu\nu}.$$

ω を適当に選択することによって常に

$$\mathbf{S}_{L,l-\bar{l};l,-\bar{l}}=s_{L,l,-\bar{l}}=|s_{L,l,-\bar{l}}| \tag{17.21}$$

---

14) $\mathfrak{D}^{(L)}$ にしたがって変換する積 $\psi^{(l)}\psi^{(\bar{l})}$ の一次結合を与える行列 $\mathbf{S}$ の要素，すなわち $\mathbf{S}_{L,\mu+\nu;\mu\nu}=s_{L\mu\nu}{}^{(l\bar{l})}$ は，ベクトル結合係数として知られている．これらの量に対する Condon と Shortley の記号は $s_{L\mu\nu}{}^{(l\bar{l})}=(l\bar{l}\mu\nu|l\bar{l}Lm)$ である．(E. U. Condon and G. H. Shortley, "The Theory of Atomic Spectra," Cambridge Univ. Press, London and New York, 1935).

が実数で正であるととり決めることができる．この選択は今後なされていると仮定される.[15] いま（17.16 b）に $\mathfrak{D}^{(L')}(R)_{\mu'+\nu';\mu+\nu}{}^*$ を掛けて全体の群について積分する．表現係数の直交関係のゆえに，右辺でただ一つの項が残る；もし $L'=L$ と置けば（そして $h=\int dR$ と書く），次の式が得られる

$$\int \mathfrak{D}^{(l)}(R)_{\mu'\mu}\mathfrak{D}^{(\bar{l})}(R)_{\nu'\nu}\mathfrak{D}^{(L)}(R)_{\mu'+\nu';\mu+\nu}{}^* dR = h\frac{s_{L\mu'\nu'}{}^* s_{L\mu\nu}}{2L+1}. \tag{17.22}$$

$s_{L\mu\nu}$ を決定するために，L, μ', ν', μ および ν のすべての可能な値に対して (17.22) での積分の値を求める必要はない；μ', ν' の1組とすべての L, μ, ν（および $l, \bar{l}$）に対して積分が知られているならば十分である．公式をできるだけ簡単にするために，$\mu'=l$ および $\nu'=-\bar{l}$ と置き，したがって（15.27 a）と（15.27 b）によって次の式を得る

$$\sqrt{\binom{2l}{l-\mu}\binom{2\bar{l}}{\bar{l}-\nu}}\sum_{\kappa}(-1)^{\kappa+\bar{l}+\nu}$$
$$\times\frac{\sqrt{(L+\mu+\nu)!(L-\mu-\nu)!(L+l-\bar{l})!(L-l+\bar{l})!}}{(L-l+\bar{l}-\kappa)!(L+\mu+\nu-\kappa)!\kappa!(\kappa+l-\bar{l}-\mu-\nu)!}$$
$$\times\int\cos^{2L+2\bar{l}+2\mu-2\kappa}\tfrac{1}{2}\beta\cdot\sin^{2l-2\mu+2\kappa}\tfrac{1}{2}\beta dR = h\frac{s_{L,l,-\bar{l}}{}^* s_{L\mu\nu}}{2L+1}. \tag{17.23}$$

予期したように，α と γ は消失する．

我々がいま必要なものは次のような形の積分である

$$\int\cos^{2a}\tfrac{1}{2}\beta\sin^{2b}\tfrac{1}{2}\beta\, dR.$$

これと同じ形の積分は表現係数に対する直交条件から求められる，すなわち

$$\frac{h}{2j+1}=\int|\mathfrak{D}^{(j)}(R)_{j\mu}|^2 dR=\binom{2j}{j-\mu}\int\cos^{2j+2\mu}\tfrac{1}{2}\beta\sin^{2j-2\mu}\tfrac{1}{2}\beta\, dR.$$

そこでもし $j+\mu=a,\ j-\mu=b$ と書くならば，

---

15) この選択は G. Racah, *Phys. Rev.* **62**, 438 (1942) および *Phys. Rev.* **63**, 367 (1943) によって用いられた．また，E. U. Condon と G. H. Shortley および M. E. Rose（付録Aの議論を見よ）のものと同じベクトル結合係数に導く．以下でわかるように，結果として生じた係数はすべて実数であり，したがって **S** と **S*** を区別する必要はない．

$$\int \cos^{2a}\tfrac{1}{2}\beta \sin^{2b}\tfrac{1}{2}\beta\, dR = g\frac{b!a!}{(a+b+1)!}. \tag{17.24}$$

これを（17.23）に代入すると，

$$\sum_{\kappa}(-1)^{\kappa+\bar{l}+\nu}\frac{\sqrt{(2l)!(2\bar{l})!(L+\mu+\nu)!(L-\mu-\nu)!(L+l-\bar{l})!(L-l+\bar{l})!}}{(L+l+\bar{l}+1)!\sqrt{(l-\mu)!(l+\mu)!(\bar{l}-\nu)!(\bar{l}+\nu)!}}$$
$$\times\frac{(L+\bar{l}+\mu-\kappa)!(l-\mu+\kappa)!(2L+1)}{(L-l+\bar{l}-\kappa)!(L+\mu+\nu-\kappa)!\kappa!(\kappa+l-\bar{l}-\mu-\nu)!}=s_{L,l,-\bar{l}}{}^{*}s_{L\mu\nu}. \tag{17.25}$$

$s_{L,l,-\bar{l}}$ を決定するために，$\mu=l$, $\nu=-\bar{l}$ と置く；そこで

$$\frac{2L+1}{(L+l+\bar{l}+1)!}\sum_{\kappa}\frac{(-1)^{\kappa}(L+l-\bar{l})!(L-l+\bar{l})!(L+\bar{l}+l-\kappa)!}{(L-l+\bar{l}-\kappa)!(L+l-\bar{l}-\kappa)!\kappa!}$$
$$=|s_{L,l,-\bar{l}}|^{2}=(s_{L,l,-\bar{l}})^{2}, \tag{17.25a}$$

ここで（17.21）が（17.25 a）式の後の部分を得るために用いられている．さらに，この章の付録に次のことが示されるであろう

$$\sum_{\kappa}(-1)^{\kappa}\binom{L-l+\bar{l}}{\kappa}\frac{(L+\bar{l}+l-\kappa)!}{(L+l-\bar{l}-\kappa)!}=(2\bar{l})!\binom{2l}{L+l-\bar{l}}. \tag{17.26}$$

これを（17.25 a）に用いると，最後に次の式が得られる

$$s_{L,l,-\bar{l}}=\sqrt{\frac{(2L+1)(2l)!(2\bar{l})!}{(L+l+\bar{l}+1)!(l+\bar{l}-L)!}}. \tag{17.27a}$$

そして，（17.25）を用いて

$$s_{L\mu\nu}{}^{(l\bar{l})}=\frac{\sqrt{(L+l-\bar{l})!(L-l+\bar{l})!(l+\bar{l}-L)!(L+\mu+\nu)!(L-\mu-\nu)!}}{\sqrt{(L+l+\bar{l}+1)!(l-\mu)!(l+\mu)!(\bar{l}-\nu)!(\bar{l}+\nu)!}}$$
$$\times\sum_{\kappa}\frac{(-1)^{\kappa+\bar{l}+\nu}\sqrt{(2L+1)}(L+\bar{l}+\mu-\kappa)!(l-\mu+\kappa)!}{(L-l+\bar{l}-\kappa)!(L+\mu+\nu-\kappa)!\kappa!(\kappa+l-\bar{l}-\mu-\nu)!}. \tag{17.27}$$

この式は（17.21）で採用された規約が全く**すべての** $s_{L\mu\nu}$ を実数にすることを示す：$s_{L\mu\nu}{}^{*}=s_{L\mu\nu}$.

この式で κ についての足し算は，ちょうど（15.27）のように，すべての整

数について行なってよい；分母の階乗が無限大となるので，κ は2つの数，すなわち0と $\bar{l}-l+\mu+\nu$ のうち大きな数と $L+\mu+\nu$ と $L-l+\bar{l}$ のうち小さな数との間に制限される．量 s はそれらの添字 L, μ, ν の他にまだ2つの数 l と $\bar{l}$ に依存する；l と $\bar{l}$ はどの直積 $\mathfrak{D}^{(l)}\times\mathfrak{D}^{(\bar{l})}$ がこれによって簡約されたかを表わすのに役立つ．さらに，l と $\bar{l}$ および同時に μ と ν が入れ換えられるとき，s は本質的に不変のままである；[16] κ についての足し算が閉じた形で得られないから，これを (17.27) から直ちに知ることはできない．しかしながら，$\mu+\nu=L$ の場合にはすべての和のうちただ1つの項 $(\kappa=L-l+\bar{l})$ がゼロでなく，したがって次の式が得られる

$$s_{L,\mu,L-\mu}{}^{(l\bar{l})}$$
$$=(-1)^{l-\mu}\sqrt{\frac{(2L+1)!(l+\bar{l}-L)!(l+\mu)!(L+\bar{l}-\mu)!}{(L+l+\bar{l}+1)!(L+l-\bar{l})!(L-l+\bar{l})!(l-\mu)!(\bar{l}-L+\mu)!}}. \tag{17.27b}$$

また，$\mathbf{S}$ のユニタリ性から導かれる s に対する式を陽に書いてみよう（(17.27) 式は $\mathbf{S}$ が実であることを示す）：

$$\sum_{\mu} s_{L,\mu,m-\mu}{}^{(l\bar{l})} s_{L',\mu,m-\mu}{}^{(l\bar{l})}=\delta_{LL'};\quad \sum_{L} s_{L,\mu,m-\mu}{}^{(l\bar{l})} s_{L,\mu',m-\mu'}{}^{(l\bar{l})}=\delta_{\mu\mu'}. \tag{17.28}$$

8.　以上で (17.16b) および (17.18) に現われているすべての係数が求められた．

$$\Psi_m{}^L=\sum_{\mu} s_{L,\mu,m-\mu}{}^{(l\bar{l})}\psi_{\mu}\bar{\psi}_{m-\mu}. \tag{17.18a}$$

(17.18a) において我々は1つの実例を持つ―そして，全く，最も重要なものの1つであるが―この例では摂動の手続きの第1近似に対して“正しい1次結合”が一般的な考察だけから決定され得るということを注意したい；(17.18a) 式は空間的な方向を区別しないすべての摂動に対して全く一般的に成り立つ．

---

16)　l と $\bar{l}$ は (17.21) に正確に同じようには入っていない，それゆえ

$$s_{L\mu\nu}{}^{(l\bar{l})}=(-1)^{l+\bar{l}-L}s_{L\mu\nu}{}^{(\bar{l}l)}.$$

これは，我々が始めから，正しい1次結合すべてが“既約表現の1つの行に属し”，もしLが$|l-\bar{l}\,|$と$l+\bar{l}$の間にあるならば関数（17.9）から$\mathfrak{D}^{(L)}$のm行に属するものとしてただ1つの1次結合が作られるということを知っているという事実に起因する．一方では，（17.9）の他に別の固有関数が摂動のない問題で同じ固有値に属するならば，所要の性質を持った幾つかの1次結合が存在することが可能であり，“正しい”ものはこれらの1次結合の1次結合であり，その他のものであってはならない．

公式（17.16b）は多くの応用ができる．まず，それは本来の1価表現に対して（整数のlの場合）のみでなく，また第15章の2価表現に対しても成り立つ．それは，なかんずく，多重線および Zeeman 成分（第23章）に対する強度公式を含む．

$\mathfrak{D}^{(l)}(R)_{\mu'\mu}\mathfrak{D}^{(\bar{l})}(R)_{\nu'\nu}$が表現係数によって表わされ得ることは明らかである，なぜならばこれらは関数の完全集合を作るからである．ある表現に現われる（$\mu'+\nu'$）行と（$\mu+\nu$）列の係数のみが（17.16b）に現われるということもまた明らかである．これらのみが正しい$\boldsymbol{\alpha}$と$\boldsymbol{\gamma}$への依存性を持っているからである．さらに，（17.16b）はまたLが$|l-\bar{l}|$と$l+\bar{l}$の間で変化しなければならないことを示している．もしlと$\bar{l}$が共に整数あるいは共に半奇数ならば，そこで（17.16b）におけるLはすべて整数である；これに反して，1つが整数で他が半奇数ならば，Lはすべて半奇数である．足し算は常に1づつ増えて下限から上限まで行なう．

$\bar{l}=0$の場合，（17.16b）は自明である；$\bar{l}=\frac{1}{2}$および1の場合$s_{L\mu\nu}{}^{(l\bar{l})}$を表にして与える．[17]

---

17) $s_{L\mu\nu}{}^{(l\bar{l})}$は$|\mu|>l$あるいは$|\mu+\nu|>L$ならばこれらがゼロとなる，すなわち，（17.22）における表現係数のうち1つが意味がないときはいつでもゼロとなることを心にとめることによって，容易に記憶される．

第Ⅲ表　ベクトル結合係数 $s_{L\mu\nu}^{(l\frac{1}{2})}$

L	$\nu=-\frac{1}{2}$	$\nu=+\frac{1}{2}$
$l-\frac{1}{2}$	$\frac{\sqrt{l+\mu}}{\sqrt{2l+1}}$	$-\frac{\sqrt{l-\mu}}{\sqrt{2l+1}}$
$l+\frac{1}{2}$	$\frac{\sqrt{l-\mu+1}}{\sqrt{2l+1}}$	$\frac{\sqrt{l+\mu+1}}{\sqrt{2l+1}}$

第Ⅳ表　ベクトル結合係数 $s_{L\mu\nu}^{(l1)}$

L	$\nu=-1$	0	$+1$
$l-1$	$\sqrt{\frac{(l+\mu)(l+\mu-1)}{2l(2l+1)}}$	$-\sqrt{\frac{(l-\mu)(l+\mu)}{l(2l+1)}}$	$\sqrt{\frac{(l-\mu-1)(l-\mu)}{2l(2l+1)}}$
l	$\sqrt{\frac{(l-\mu+1)(l+\mu)}{2l(l+1)}}$	$\frac{\mu}{\sqrt{l(l+1)}}$	$-\sqrt{\frac{(l+\mu+1)(l-\mu)}{2l(l+1)}}$
$l+1$	$\sqrt{\frac{(l-\mu+1)(l-\mu+2)}{(2l+1)(2l+2)}}$	$\sqrt{\frac{(l-\mu+1)(l+\mu+1)}{(2l+1)(l+1)}}$	$\sqrt{\frac{(l+\mu+1)(l+\mu+2)}{(2l+1)(2l+2)}}$

第17章の付録．2 項係数の間の 1 つの関係

(17.26) を証明するために次の恒等式から出発する

$$\sum_{\kappa}\binom{a}{\kappa}\binom{b}{c-\kappa}=\binom{a+b}{c}. \tag{17.29}$$

左辺は $(1+x)^a$ における x^κ の係数に $(1+x)^b$ での $x^{c-\kappa}$ の係数を掛けてすべての κ について和を取ったもの，すなわち，$(1+x)^a(1+x)^b=(1+x)^{a+b}$ における x^c の係数である．右辺についても同じことがいえる．a は正の整数であり，b は負でも正でもよい．また $u<0$ に対して次のことに注意せよ．

$$\begin{aligned}\binom{u}{v}&=\frac{u(u-1)\cdots(u-v+2)(u-v+1)}{1\cdot 2\cdots(v-1)\cdot v}\\&=(-1)^v\frac{(v-u-1)(v-u-2)\cdots(1-u)(-u)}{1\cdot 2\cdots(v-1)\cdot v}\\&=(-1)^v\binom{v-u-1}{v}.\end{aligned} \tag{17.30}$$

(17.26) において $(L+l-\bar{l}-\kappa)$ を v と同一のものとし，(17.30) を用いて，我々は次の式を得る

$$\sum_{\kappa}(-1)^{\kappa}\binom{L-l+\bar{l}}{\kappa}\binom{L+\bar{l}+l-\kappa}{L+l-\bar{l}-\kappa}(2\bar{l})!$$

$$=\sum_{\kappa}(-1)^{L+l-\bar{l}}(2\bar{l})!\binom{L-l+\bar{l}}{\kappa}\binom{-2\bar{l}-1}{L+l-\bar{l}-\kappa}$$

$$=(-1)^{L+l-\bar{l}}(2\bar{l})!\binom{L-l-\bar{l}-1}{L+l-\bar{l}}=(2\bar{l})!\binom{2l}{L+l-\bar{l}}.$$

これを用いると (17.26) が証明される．(17.29) 式は最後の行の第一の等式を求めるのに用いられ，(17.30)式はそれを最後の形に変えるのに用いられた．

第18章　選択則とスペクトル線の分裂

1.　第6章において我々は，時間を含む形での Schrödinger 方程式を使い，X 方向に偏極した，強度 J の光線の影響によって生じた定常状態 ψ_F の励起の確率 $|a_F(t)|^2=|b(t)|^2$ における増加を計算した（単位振動数当りのエネルギー密度，$d\omega=2\pi d\nu$）．原子が始めに全く定常状態にあるならば，この励起確率は次のようになるであろう（(6.17) および (6.6) 式）

$$|a_F(t)|^2=B_{EF}Jt=\frac{e^2}{\hbar^2}|\mathbf{X}_{FE}|^2Jt, \tag{18.1}$$

ここで**行列要素**，$\mathbf{X}_{FE}$,

$$\mathbf{X}_{FE}=(\psi_F, (x_1+x_2+\cdots+x_n)\psi_E), \tag{18.2a}$$

は遷移 $E\rightarrow F$ に対する“2重極能率の X 成分”であるという結果を得た．もし光が Y あるいは Z 方向に偏極しているならば，

$$\mathbf{Y}_{FE}=(\psi_F, (y_1+y_2+\cdots+y_n)\psi_E) \tag{18.2b}$$

$$\mathbf{Z}_{FE}=(\psi_F, (z_1+z_2+\cdots+z_n)\psi_E) \tag{18.2c}$$

が $\mathbf{X}_{FE}$ の代わりに (18.1) に現われるであろう；もし光が方向余弦 α_1, α_2, α_3 を持つ方向に偏極しているならば，対応する式は次のようになるであろう

$$\alpha_1\mathbf{X}_{FE}+\alpha_2\mathbf{Y}_{FE}+\alpha_3\mathbf{Z}_{FE}. \tag{18.2}$$

Einstein[1] のよく知られた考察にしたがって，励起状態 ψ_F にある1つの原子が非常に短い時間 dt の間に輻射の自然放射によって状態 ψ_E に遷移を行な

---

[1] A. Einstein, *Verhandl. deut. physik. Ges.* p. 318 (1916)；*Physik. Z.* **18** p. 121 (1917).

う確率 $A_{FE}dt$ は，これらの行列要素から計算される．この量は実際に“遷移確率”とよばれ，次の式で与えられる

$$A_{FE}=\frac{4e^2\omega^3}{3\hbar c^3}(|\mathbf{X}_{FE}|^2+|\mathbf{Y}_{FE}|^2+|\mathbf{Z}_{FE}|^2). \tag{18.1a}$$

状態 ψ_F にある原子の存在がその他のスペクトル線が現われることによって確認されているけれども，振動数 $(F-E)/\hbar$ を持つスペクトル線がスペクトルの中に現われないならば，式 (18.2 a)，(18.2 b)，(18.2 c) はゼロとなると結論される．非常に大多数の場合，これらの選択則は関係する固有関数の変換の性質から導かれる．3 種類の選択則が対称群，3 次元回転群，および鏡像群に関する固有関数の変換性に対応する．

しかしながら，スペクトル線 $F\to E$ の完全に存在しないことは必ずしも (18. 2) がゼロとなる場合だけではないということを注意したい．(18. 1) を導き出すときに，原子の大きさが光の波長に比べて無視できるという重要なしかし厳密には正しくない仮定がなされた；したがってあたかも光による摂動ポテンシャルが光線の方向において一定であるかのように計算がなされた，なぜならばそれは波長の大きさの程度以上の距離でのみ著しく変化するからである．もしポテンシャルが実際に光線の方向でサイン型に変化するという事実を考えるならば，遷移確率に対して（したがって寿命に対して）いくらか異なる式が得られ，(18.1) における B_{EF} に補正項 B' が加えられる．

(18.1) あるいは (18.1 a) で計算された遷移確率は 2 重極輻射に起因する；補正 B' は 4 重極あるいはより高い能率に限られる．したがってそれは 2 重極輻射による B_{EF} よりも大体 10^7 倍小さく ((原子の大きさ/波長)^2)，そしてそれは (18.2) がゼロとならない限り B_{EF} に比べて無視できる．(18. 2) がゼロであるような遷移は完全には禁止されず，2 重極輻射よりも非常に弱いだけである．4 重極輻射自身の強度を決定するための重要な量は 4 重極行列要素である

$$\frac{\omega}{c}(\psi_F,(x_1y_1+x_2y_2+\cdots+x_ny_n)\psi_E). \tag{18.3}$$

4 重極遷移確率[2] を求めるためには，上式を (18.1) における $\mathbf{X}_{FE}$ に代入しなければならない．

A．2 重極遷移は異なる多重度を持つ準位の間では起こらない．異なる多重

[2] 4 重極輻射を最初に徹底的に量子力学的研究を行なったのは A. Rubinowicz である．たとえば，*Z. Physik.* **61**, 338 (1930)；**65**, 662 (1930) を見よ．

度 $2S+1$ の準位は対称群の異なる表現に属する．$(x_1+x_2+\cdots+x_n)$ の掛け算は電子の置き換えのもとで対称な演算であるから，スカラー積 (18.2) は第12章に述べたように ゼロとならなければならない．4重極およびより高次の能率の輻射もまた同じ理由でゼロとなる．

このいわゆる相互結合の禁止則は，低い原子番号を持つ元素についてのみよく成り立っているということが経験的に知られている．より重い元素では，異なる多重度を持った準位の間の遷移として比較的強い線が現われる．これらの遷移は，電子の磁気能率による Schrödinger 方程式における補助の 項 に 起 因し，電子の数の増加につれて急速に起こりやすくなる．

B．$(x_1+x_2+\cdots+x_n)$ の掛け算は回転のもとで対称な演算ではないから，方位量子数 L に対する選択則は S に対するものと異なるであろう．もし ψ_E の軌道量子数が L ならば，積 $(x_1+x_2+\cdots+x_n)\psi_E$ における第2の因子は $\mathfrak{D}^{(L)}$ に属する；第1の因子はベクトル成分であり $\mathfrak{D}^{(1)}$ に属する．

第1の関数 $f_{\bar{\kappa}}^{(\bar{L})}$ が $\mathfrak{D}^{(\bar{L})}$ の $\bar{\kappa}$ 行に属し，第2の関数 $\psi_{\kappa}^{(L)}$ が $\mathfrak{D}^{(L)}$ κ の κ 行に属するような関数のあらゆる組み合わせとしての $(2\bar{L}+1)(2L+1)$ 個の積は $\mathfrak{D}^{(\bar{L})}\times\mathfrak{D}^{(L)}$ にしたがって変換する．（第17章で似たような展開をした．）

$$\mathbf{P}_R f_{\bar{\kappa}}^{(\bar{L})}\psi_{\kappa}^{(L)}=\mathbf{P}_R f_{\bar{\kappa}}^{(\bar{L})}\cdot\mathbf{P}_R\psi_{\kappa}^{(L)}=\sum_{\bar{\lambda}\lambda}\mathfrak{D}^{(\bar{L})}(R)_{\bar{\lambda}\bar{\kappa}}\mathfrak{D}^{(L)}(R)_{\lambda\kappa}f_{\bar{\lambda}}^{(\bar{L})}\psi_{\lambda}^{(L)}.$$

$\mathfrak{D}^{(\bar{L})}\times\mathfrak{D}^{(L)}$ を簡約する行列 $\mathbf{S}$ によって，$f_{\bar{\kappa}}^{(\bar{L})}\psi_{\kappa}^{(L)}$ の1次結合 $F_{\mu}^{(k)}$ が作られ，これは $\mathfrak{D}^{(\bar{L})}\times\mathfrak{D}^{(L)}$ の既約成分 $\mathfrak{D}^{(k)}$ に属する．逆に，関数 $f_{\bar{\kappa}}^{(\bar{L})}\psi_{\kappa}^{(L)}$ は逆行列 $\mathbf{S}^{-1}$ によって $F_{\mu}^{(k)}$ を用いて表わされる．

我々の場合 $\bar{L}=1$ で，$L\neq0$ に対する $\mathfrak{D}^{(1)}\times\mathfrak{D}^{(L)}$ の既約成分は

$$\mathfrak{D}^{(L-1)},\ \mathfrak{D}^{(L)},\ \mathfrak{D}^{(L+1)}. \qquad (18.\mathrm{E}.1)$$

ゆえに，積 $(x_1+x_2+\cdots+x_n)\psi_E$ は3つの関数の和として書かれ，その1つずつは表現 (18.E.1) のおのおのに属する．もし ψ_F の方位量子数 L' が $L-1$，L，あるいは $L+1$ に等しくないならば，スカラー積 (18.2) の3つの部分はすべてゼロとなる．自然放射の2重極遷移では軌道量子数 L は ±1 あるいはゼ

ロだけ変化することができる．

もし $L=0$ ならば，この場合 $\mathfrak{D}^{(1)}\times\mathfrak{D}^{(0)}$ は $\mathfrak{D}^{(1)}$ に全く等しいから，そこで $(x_1+x_2+\cdots+x_n)\psi_E$ は表現 $\mathfrak{D}^{(1)}$ に属する．もし $L'\neq 1$ ならば，(18.2) 式はゼロとなる；S 準位は P 準位 ($L'=1$) とのみ結合する；また遷移 $S\to S$ は禁止される．

これらの法則はまた軽い元素に対してのみ正確である．重い元素においてこれらの法則の破れは，電子の磁気能率を含む摂動によって起こる．これらの法則に違反して現われるスペクトル線は，相互結合の禁止にしたがわないようなスペクトル線ほど明らかではない，なぜならばこれらの摂動にもかかわらず成り立つ他の選択則が存在し，その選択則自身が L に対する選択則によって禁止される遷移の多くを取り除くからである．

4重極およびより高い能率は同じ条件でゼロとなる必要はない．実際，2重極遷移が禁止されたことを示すためには，$(x_1+x_2+\cdots+x_n)$ は表現 $\mathfrak{D}^{(1)}$ に属するという事実をはっきりと用いた．4重極輻射の場合，対応する式 $(x_1y_1+\cdots+x_ny_n)$ は $\mathfrak{D}^{(1)}$ でなく $\mathfrak{D}^{(2)}$ に属する；その結果，軌道量子数は4重極遷移で± 2, ± 1，あるいは0だけ変化できる．さらに，4重極輻射では $S\to S$ と同様に $S\to P$ も禁止される．

C．2重極輻射では鏡像対称性は必ず変わる；偶の準位は奇の準位とのみ，そして奇の準位は偶の準位とのみ結合する．というのはもし ψ_E が x, y, z の代わりに $-x$, $-y$, $-z$ を代入しても不変であるならば，$(x_1+x_2+\cdots+x_n)\psi_E$はその符号を変えるからである；逆に，$\psi_E$ が符号を変えるとき，式 $(x_1+x_2+\cdots+x_n)\psi_E$ は反転のもとで不変である．スカラー積 (18.2) がゼロにならないためには，ψ_F はまた ψ_E と逆のパリティを持たなければならない．

許容遷移においてパリティが変化するという法則は複雑なスペクトルの分析から Laporte によっておよび Russell によって最初に発見された．その実際の導き出しによって，それは2重極輻射についてのみあてはまる；[3] これに対してこの法則は電子の磁気能率が考えられた時また成り立ち，そして軽い元素と同様に重い元素にもあてはまる．非常に沢山なデータがあるにもかかわらず，

[3] 4重極遷移の場合，反対の法則が成り立つ：パリティはこれらの遷移では変化しない．

これに矛盾する光学的遷移はほとんど知られていない．最もよく知られた場合は“ネブリウムスペクトル”に現われる，ここでは初期状態は準定常である．これは極端に長い崩壊の時間が可能となり，したがって遷移確率が小さくなる．特に稀薄になった星のまわりのガス体の中に存在するような状況のもとでこのような事情が生じる．

3つの選択則は実際上ほとんどの遷移を禁止する：多重系は変化できず，L は ± 1 あるいは0だけ変化することが許され（ただし0から0は禁止される），そしてパリティは変化しなければならない．したがって，たとえば，${}^3S_+$ 準位は ${}^3P_-$ 準位とのみ結合することができ，[4] ${}^4D_-$ 準位は ${}^4P_+, {}^4D_+$, および ${}^4F_+$ 準位とのみ結合できる，[5] 等である．

ここで，いままで電子の磁気能率が全く考えられておらず，スペクトル線の微細構造が説明されていないということを再び強調したい．上の法則はスペクトル線のすべての微細構造成分についても成り立っている．最初の2つの法則は磁気能率の影響が小さい時にのみ成り立つであろう，しかし最後の法則は，後で明らかになる理由で，正確に成り立つ．

2.　外場が存在し，空間の厳密な回転対称が破られているときの事情はまだ考え残されている．よく知られているように，外場はスペクトル線を幾つかの成分へ分裂する．磁場に対してこれは Zeeman 効果として知られ，実験的に非常に精密に研究されている；電場における類似した現象，Stark 効果，はたいていの場合それほど容易に観測しやすくはない．いま述べている暫定的な観点では，その詳細について十分議論しない；そして電子が磁気能率を持たない場合の Zeeman および Stark 効果についてだけ述べることにする．

Z 軸に沿った磁場は配位空間の対称性の群を減少させる．すべての可能な回転のうちで，Z 軸のまわりの回転のみが対称演算のままである．加うるに，XY 平面が尚対称の平面であることを保証する磁場のベクトルの軸性のため，2つの方向 Z と $-Z$ は同等であろう．しかしながら，同じ理由で，たとえば YZ

---

4)　4重極輻射では ${}^3D_+$ 準位とのみ結合する．

5)　4重極輻射では ${}^4S_-, {}^4P_-, {}^4D_-, {}^4F_-, {}^4G_-$ 準位と結合する．

平面は対称の平面では**ない**，これは回転の向きが決められているからである．これは最も明らかに磁場および原子核の場における電子の古典的な路を考えることによってわかる．原子核を通る場に垂直な平面での路の鏡像によって，古典的に可能な路は得られる；一方では場に平行な YZ 平面における鏡像は可能な路を与えない（第10 a 図を見よ）．

第10 a 図． Z 方向の磁場．
XY 平面での粒子の路の鏡像は再び可能な路を与えるが，しかし XZ 平面での鏡像はそれを与えない．

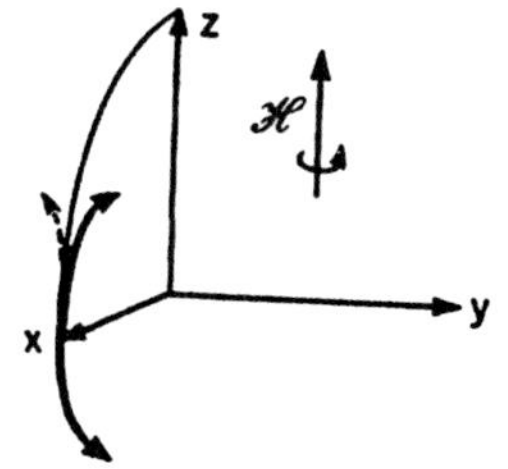

第10 b 図． Z 方向の電場．
Z 軸を通る平面での粒子の路の鏡像は可能な路を与える，しかし XY 平面での鏡像はそれを与えない（第4節を見よ）．

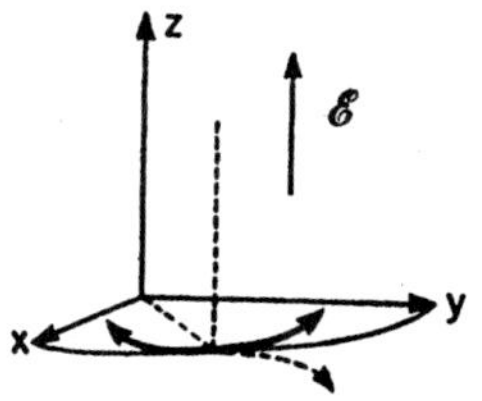

このことから問題の反転対称は磁場によって撹乱されないことになる：反転（$x'_k=-x_k,\ y'_k=-y_k,\ z'_k=-z_k$）は Z 軸のまわりの角度 π の回転（$x'_k=-x_k,\ y'_k=-y_k,\ z'_k=z_k$）と XY 平面での鏡像（$x'_k=+x_k,\ y'_k=+y_k,\ z'_k=-z_k$）との積であり，ゆえに系の対称性の群の 1 つの元である．全体にわたる対称性は Z 軸のまわりの純粋回転，鏡像群（これは反転と恒等元のみを含む）および置換群の直積である．最初の 2 つの群，したがってまたその直積は Abel 群である．

問題の完全な回転対称が外場によってこわされるときでさえも，磁場が弱い限りでは，固有値および固有関数はまだ近似的に磁場がない場合と同じ値および性質を持つ—そして実験的に達成される場はこの意味で常に弱い．特に軌道量子数 L は明確に定義されており，通常の L についての選択則はまだ成り立つ．

さらに，外場が任意に強いときでさえも，各準位は3種の対称性の群のある既約表現に属し，したがっておのおのはちょうど外場がゼロの系の準位の多重系Sと鏡像特性を持っている．置換群および鏡像群の表現に対する固有関数の関係から導かれる選択則AおよびCは，したがって厳格に保持される．1つの新しい量子数が現われる：磁気量子数 μ である；それは準位が属する2次元純粋回転群の表現 $(\exp(+i\mu\varphi))$ を与える．新しい選択則がμに対して得られ，これは異なる方向に偏極した光に対して異なる形をとる．したがって多くの遷移が場の方向に偏極した光（π 成分）だけによってひき起こされ，あるいは場の方向に垂直に偏極した光（σ 成分）だけによって引き起こされる．空間で異なる方向はもはや同等でないから，これは不思議でない．

Z方向に偏極した光による遷移に対して

$$\mathbf{Z}_{FE}=(\psi_F, (z_1+z_2+\cdots+z_n)\psi_E) \tag{18.2c}$$

が決められるべき式である．$(z_1+z_2+\cdots+z_n)$ の掛け算はZ軸のまわりの回転のもとで対称な演算であるから，(18.2c) がゼロとならない場合は，状態ψ_Fとψ_E は同じ表現 $(\exp(+i\mu\varphi))$ に属さなければならないし，同じ磁気量子数を持たなければならない．光が場の方向に平行に偏極しているならば，磁気量子数は変化しない．

光が場の方向に垂直に偏極しているような（σ 成分）遷移に対しては，$\mathbf{X}_{FE}$と$\mathbf{Y}_{FE}$が決定されなければならない量である．いま $(x_1+x_2+\cdots+x_n)-i(y_1+y_2+\cdots+y_n)$ は表現 $(\exp(-i\varphi))$ に属するから，$[(x_1+x_2+\cdots+x_n)-i(y_1+y_2+\cdots+y_n)]\cdot\psi_E$ は表現 $(\exp[+i(\mu-1)\varphi])$ に属する．このようにしてもし

$$\mathbf{X}_{FE}-i\mathbf{Y}_{FE}=(\psi_F, [(x_1+\cdots+x_n)-i(y_1+\cdots+y_n)]\psi_E)$$

がゼロにならないためには，ψ_F もまた表現 $(\exp[+i(\mu-1)\varphi])$ に属さなければならない．同様に，もし

$$\mathbf{X}_{FE}+i\mathbf{Y}_{FE}=(\psi_F, [(x_1+\cdots+x_n)+i(y_1+\cdots+y_n)]\psi_E)$$

がゼロと異なるためには，ψ_F は $(\exp[+i(\mu+1)\varphi]$ に属さなければならない．

$\mathbf{X}_{FE}$ と $\mathbf{Y}_{FE}$ は ψ_F と ψ_E の磁気量子数が1だけ違うときにのみ有限であり得るということになる．$\Delta\mu=\pm1$ を持つ遷移のみが，場の方向に垂直に偏極した光によって引き起こされる．

たとえば，あるベクトルの第1成分を $\mu=1$ を持つ波動関数に変えるために，その**共軛複素**（(15.34) に与えられたように）とあるスカラー量を掛けなければならないことに注意せよ．この点はもっと系統的に第21章で取り扱われるであろう．

放射の過程については，これは場の方向に垂直な方向に放射された光は，$\Delta\mu=0$ の遷移では場の方向に平行に偏極しており，また $\Delta\mu=\pm1$ の遷移では場の方向に垂直に偏極している（横効果）．偏極の方向は輻射の方向に垂直でなければならないから，これは偏極の方向を一義的に定める．

一方，磁場の方向に放射された光（縦効果）は場の方向に垂直に偏極していなければならない；したがってそれは π 成分を含まず，σ 成分のみを含む．しかしながら，σ 成分の偏極の状態は"場の方向に垂直"という指定によって決定されない．我々は実験的にそれが一部分右円偏光と一部分左円偏光から成っていることを知っている．逆に，これは遷移のあるものは左円偏光によって励起されないし，その他の遷移が右円偏光によって励起されないということを意味する．[6] 第6章の場合と全く同じような計算で，行列要素 $(1/\sqrt{2})(\mathbf{X}_{FE}+i\mathbf{Y}_{FE})$ あるいは $(1/\sqrt{2})(\mathbf{X}_{FE}-i\mathbf{Y}_{FE})$――電気ベクトルの回転の方向が X 軸から Y 軸に向っているかあるいは逆かによって――が，XY 平面で円偏光した光によって励起された遷移に対して，$\mathbf{X}_{FE}$ の代わりに (18.1) に現われる．したがって，もし場に沿って眺めたとき（すなわち，Z 軸を上向きに正ととるとき下から眺めて），光が右円偏光であるならば，μ を1だけ増加させる

[6] 遷移において放射された輻射の偏光の状態を決定するために，逆の過程において光が吸収されないような状態のみを知ることが必要である．たとえば，Z 軸に平行に偏極した光を放射する遷移はまた Z 軸に関して傾いた方向に偏極した光によって（より弱くではあるが）励起されるであろう．このような遷移は，Z に垂直に偏極した光によって励起されることはできないということが重要である．同様に，右円偏光を放射する遷移は，左円偏光によって励起されることはできず，また逆も成り立つ．

放射された光の偏光を，吸収の逆過程というまわり道をして決定する必要性は，用いられた Schrödinger 方程式の形に起因する．この方程式は放射については全く説明することができない．

遷移を引き起こす．もし左円偏光の場合には，μ を1だけ減少させる遷移を引き起こす．逆に，自然放射において μ が1だけ減少するならば，そこで放射された光（同じ方向で眺めて）は右円偏光であり；もし μ が増加するならば，左円偏光である．

3. 我々はいま場がゼロの系での一つの準位を考え，磁場を適用したときにそれがいかに振舞うかを調べる．場がゼロの系の準位 E_{SLw} は磁場の中で分裂し，幾つかの新しい準位が元の準位から生ずる．しかしながら，多重系 S とパリティ w は影響されないであろう；場がないときの同じ準位から生じた準位は元の S と w を保っている．これは，各固有関数が場の強さが増加するにつれて連続的に変化するという事実から導かれる．あらゆる段階で各固有関数は対称群の1つの表現および鏡像群の1つの表現に属するから，これらの表現は全く変化することができない．もしこれらの表現が変化したと仮定すると，不連続的に変化することになってしまう．

E_{SLw} から生ずる準位はどのような μ の値を持つかという疑問がまだ存在する．R が Z 軸のまわりの角度 φ の回転であるとしょう．そこで（15.6）式にしたがって表現行列 $\mathfrak{D}^{(L)}(R)$ は次の形を持つ

$$\begin{pmatrix} e^{-iL\varphi} & 0 & \cdots & 0 & 0 \\ 0 & e^{-i(L-1)\varphi} & \cdots & 0 & 0 \\ \cdot & \cdot & & \cdot & \cdot \\ \cdot & \cdot & & \cdot & \cdot \\ \cdot & \cdot & & \cdot & \cdot \\ 0 & 0 & \cdots & e^{i(L-1)\varphi} & 0 \\ 0 & 0 & \cdots & 0 & e^{iL\varphi} \end{pmatrix}. \tag{18.E.2}$$

そしてもし $\psi_{\kappa\mu}$ が E_{SLw} の固有関数であり，$\bar{\mathbf{A}}^{(S)}$ の κ 行および $\mathfrak{D}^{(L)}$ の μ 行に属するならば

$$\mathbf{P}_R\psi_{\kappa\mu}=\sum_{\mu'}\mathfrak{D}^{(L)}(\{\varphi,0,0\})_{\mu'\mu}\psi_{\kappa\mu'}=e^{i\mu\varphi}\psi_{\kappa\mu}, \tag{18.4}$$

すなわち，$\psi_{\kappa\mu}$ は Z 軸のまわりの回転群の表現（$\exp(+i\mu\varphi)$）に属する．さらに，この事は場の強さが増大しても成り立つ．そして μ は表現 $\mathfrak{D}^{(L)}$ で $-L$ か

ら $+L$ まで変化するから，軌道量子数 L を持つ１つの準位は **磁気量子数** $\mu=-L,\ -L+1,\ \cdots,\ L-1,\ L$ **を持つ** $2L+1$ 個の準位 $E_{SLw,\mu}$ に分裂する．第１近似において，$E_{SLw,\mu}$ に属している固有関数は $\psi_{\kappa\mu}$ 自身である，なぜならばこれらは $\bar{\mathbf{A}}^{(S)}$ の１つの行と表現 $(\exp(+i\mu\varphi))$ に属していなければならず，その他のどのような $\psi_{\kappa\mu}$ の１次結合もこの性質を持たないからである．すなわち，第１近似の“正しい１次結合”はこの場合もまた群論的考察によって決定される．

この場合，“正しい１次結合”の決定がこのように簡単であることは，$\mathfrak{D}^{(L)}$ においてZ軸のまわりの回転に対応し，Z軸のまわりの回転群の１つの表現として行列がすでに簡約された形 (18. E.2) にあるという事実に起因する．もし仮に磁場を，たとえば，Y方向にかけたとすると，Y軸のまわりの回転に対応する行列 $\boldsymbol{d}^{(L)}(\varphi)$ を簡約しなければならない，すなわち，$\boldsymbol{d}^{(L)}(\varphi)$ を (18. E.2) の形にしなければならない．この場合簡約に用いられる行列 $(\mathbf{T}_{\mu'\mu})$ は，そこでまた正しい１次結合を与えるであろう

$$\psi'_{\kappa\mu'}=\sum_{\mu}\mathbf{T}_{\mu'\mu}\psi_{\kappa\mu}.$$

もし磁場 $\mathcal{H}_z$ によるこの系に対する**ハミルトニアン**演算子における変化が知られている場合には，固有値 $E_{SLw,\mu}$ に対する第１近似は，第１近似の固有関数から計算される．古典論では，磁場が考慮されたときゼロ場のハミルトニアン関数に項 $\dfrac{e}{c}(\mathfrak{A},\mathfrak{v})=\dfrac{e}{mc}(\mathfrak{A}_x p_x+\mathfrak{A}_y p_y+\mathfrak{A}_z p_z)$ が加えられた（場の強さの高次の巾を無視して）．ここで $\mathfrak{A}$ はベクトルポテンシャルであり，この回転(curl) が場の強さを与える．量子力学では $p_x=-i\hbar\partial/\partial x$ を代入し，同じ近似で磁場により追加されるポテンシャルは

$$\mathbf{V}=\frac{-ie\hbar}{mc}(\mathfrak{A}_x\partial/\partial x+\mathfrak{A}_y\partial/\partial y+\mathfrak{A}_z\partial/\partial z), \tag{18.5}$$

となる．数個の電子がある場合にはこのような項の和となる．[7] Z軸に沿った強度 $\mathcal{H}_z$ の一定の磁場に対して，

$$\mathfrak{A}_x=-\tfrac{1}{2}\mathcal{H}_z y;\quad \mathfrak{A}_y=\tfrac{1}{2}\mathcal{H}_z x;\quad \mathfrak{A}_z=0.$$

---

[7] よりよい近似では付加項 $(\mathfrak{A}_x{}^2+\mathfrak{A}_y{}^2+\mathfrak{A}_z{}^2)\dfrac{e^2}{2mc^2}$ が (18.5) に加えられるべきである；この項は，特に，反磁性を説明する．

追加された磁気エネルギーに対する第1近似は，(5.22) 式によって計算される．

$$E_{SLw,\mu}-E_{SLw}=(\psi_{\kappa\mu},\ \mathbf{V}\psi_{\kappa\mu})=\frac{e\mathcal{H}_z}{2mc}(\psi_{\kappa\mu},\ \mathbf{L}_z\psi_{\kappa\mu}), \tag{18.6}$$

ここで

$$\mathbf{L}_z=-i\hbar(x_1\partial/\partial y_1+\cdots+x_n\partial/\partial y_n-y_1\partial/\partial x_1-\cdots-y_n\partial/\partial x_n). \tag{18.6a}$$

(18.6) に現われているスカラー積は正確に値を求められる．あらゆる関数 f について次式が成り立つことが証明される．

$$\mathbf{L}_z f=-i\hbar\frac{\partial}{\partial\varphi}(\mathbf{P}_{\{\varphi00\}}f)\Big|_{\varphi=0}, \tag{18.7}$$

そしてこれは“回転した状態”での f と元の状態での f の値との差を回転角で割ったものに等しいことが証明されるであろう．

$$\{\varphi,0,0\}=\begin{pmatrix}\cos\varphi & \sin\varphi & 0\\ -\sin\varphi & \cos\varphi & 0\\ 0 & 0 & 1\end{pmatrix}$$

であるから次式が成り立つ

$$\mathbf{P}_{\{\varphi00\}}f(\cdots x_ky_kz_k\cdots)=f(\cdots,x_k\cos\varphi-y_k\sin\varphi,x_k\sin\varphi+y_k\cos\varphi,z_k\cdots).$$

これを φ について微分し，$\varphi=0$ と置くと

$$-i\hbar\frac{\partial}{\partial\varphi}(\mathbf{P}_{\{\varphi00\}}f)\Big|_{\varphi=0}=\sum_k -i\hbar\left(x_k\frac{\partial f}{\partial y_k}-y_k\frac{\partial f}{\partial x_k}\right), \tag{18.7a}$$

これは (18.7) に等しい．さらに，(18.4) を使い μ で表わすと，

$$-i\hbar\frac{\partial}{\partial\varphi}(\mathbf{P}_{\{\varphi00\}}\psi_{\kappa\mu})=-i\hbar\frac{\partial}{\partial\varphi}(e^{i\mu\varphi}\psi_{\kappa\mu})=\mu\hbar(e^{i\mu\varphi}\psi_{\kappa\mu}). \tag{18.7b}$$

規格化の条件は $(\psi_{\kappa\mu},\ \psi_{\kappa\mu})=1$ であるから，(18.6) は次のようになる

$$E_{SLw,\mu}-E_{SLw}=\frac{e\hbar\mathcal{H}_z\mu}{2mc}\quad(\mu=-L,\ -L+1,\cdots,L-1,\ L). \tag{18.8}$$

(18.8) にしたがって，軌道量子数Lを持つ準位は，この第1近似で（すなわち，もし $\mathcal{H}_z$ の1次の巾に比例する項に限るならば）$2L+1$ 個の等間隔に置かれた準位に分裂する．もちろん，中央の準位（$\mu=0$）は元の準位と同じエネルギーを持つ；また与えられた場の強さに対して，準位の間の間隔はこのように分裂したどのような準位に対しても同じである．これは普遍定数のみが，(18.8) に現われているからである．

いま遷移 $F\rightarrow E$ に対応するスペクトル線の Zeeman 効果を考えよう．準位FはEとちょうど同じ程度に分離するので，スペクトル線のうち μ の変化が同じものはすべて一致するということがわかる．しかし光学的遷移において μ は ±1 あるいは0だけ変化できるから，全体として3本の線が期待され，そして2つのずれた成分が中心にある成分から同じ距離だけ分離している．このことはすべての線について成り立つ．この分裂の模様は**正常 Zeeman 効果**といわれる．

この模様は**一重**の場合にのみ実験と一致する．対応する状態において電子の磁気能率（スピン），これは通常"正常な"模様からのずれを生ずるのであるが，はそれらの効果がゼロとなるような方法で結合する．これはまた，なぜ1重項が微細構造を持たないかという理由である．その他のすべての項では，分裂は上に計算されたよりもいくらか大きくまたはいくらか小さくて，通常準位ごとに変化する．ゆえに，μ の変化が同じスペクトル線は一致せず，**異常 Zeeman 効果**の模様が生ずる；それは非常に複雑である．個々の Zeeman 成分の相対強度の計算は後まで保留しよう．[8)]

準位の磁場による分裂は，可能な外場の強さに応じて大きくなるということを注意したい．まだ残っている縮退はすべて置換群によるものであり，電子の同等性はどんな外場によっても破壊されることがない．

4.　Z軸に沿った一定の電場では，対称性は磁場の場合と同じではない，なぜならば電場は極性ベクトルの特性を持つからである．この場合もはや反転の

[8)] これは第23章でなされるであろう．考えている3本の線の強度は Zeeman 効果の古典論によって予言されたと同じものである．この古典論は実際正常 Zeeman 効果を正確に記述する．

中心はなく，原子核を通る場に**平行な**平面が対称平面となる．したがってこの状態は磁場の場合と逆である（239頁の第10 b図を見よ）．対称性の群は2次元回転—鏡像群であり（そして Abel 群でない！），一方磁場ではそれは2次元純粋回転群と3次元鏡像群の直積である．多重系Sの他に，各準位は，その準位が2次元回転—鏡像群のどの表現 $\mathfrak{Z}^{(m)}$ に属するかを指定する電気量子数 $m=0,\ 0',\ 1,\ 2,\cdots$ を持つ．

2次元回転—鏡像群の既約表現は第14章で求められている．$\mathfrak{Z}^{(0)}$, $\mathfrak{Z}^{(0')}$, $\mathfrak{Z}^{(1)}$, $\mathfrak{Z}^{(2)}$, …において行列

$$(1),\ (1),\begin{pmatrix} e^{-i\varphi} & 0 \\ 0 & e^{i\varphi} \end{pmatrix},\ \begin{pmatrix} e^{-2i\varphi} & 0 \\ 0 & e^{2i\varphi} \end{pmatrix},\cdots,$$

が角度 φ の回転に対応し，一方では行列

$$(1),(-1),\begin{pmatrix} 0 & 1 \\ 1 & 0 \end{pmatrix},\begin{pmatrix} 0 & 1 \\ 1 & 0 \end{pmatrix},\cdots$$

がX軸についての鏡像に対応する．

軌道量子数Lを持つ準位が分裂して生じる準位のmの値を決めるために，我々は第1に $\mathfrak{D}^{(L)}(R)$ にどの $\mathfrak{Z}^{(m)}$ が現われるか，そしておのおのが何回現われるかを求めなければならない．ここでRはZ軸のまわりの回転—鏡像に対応する．(18. E. 2) で与えられた $\mathfrak{D}^{(L)}(R)$ の形から直接に，R が Z 軸のまわりの純粋回転の場合，$\mathfrak{Z}^{(1)}$, $\mathfrak{Z}^{(2)}$,…, $\mathfrak{Z}^{(L)}$ はおのおの $\mathfrak{D}^{(L)}$ に1回含まれるということが知れる；$\mathfrak{Z}^{(m)}$ の第1あるいは第2行に属している固有関数は $\mathfrak{D}^{(L)}$ の $-m$ 行あるいは $+m$ 行に属する．これに対して，$\mathfrak{D}^{(L)}$ のゼロ行に属する固有関数は $\mathfrak{Z}^{(0)}$ あるいは $\mathfrak{Z}^{(0')}$ のいずれかに属することができる．実際どちらになるかを決定するためには，またある回転—鏡像，たとえば，$y'=-y$, を考えなければならない．（表現 $\mathfrak{Z}^{(0)}$ と $\mathfrak{Z}^{(0')}$ は純粋回転に対しては全く等しい．）

この変換に対応する $\mathfrak{D}^{(L)}$ における行列の跡を決定するために，それが反転とY軸のまわりの角度 π の回転との積であるということに注意しよう；ゆえにその跡は

$$\begin{aligned} &w(1+2\cos\pi+2\cos 2\pi+\cdots+2\cos L\pi) \\ &\quad =w(1-2+2-\cdots+2(-1)^L)=w(-1)^L, \end{aligned} \tag{18.9}$$

ここで w は偶の準位に対して $+1$ で奇の準位に対して -1 である．成分 $\mathfrak{Z}^{(1)}$, $\mathfrak{Z}^{(2)}, \cdots, \mathfrak{Z}^{(L)}$ は鏡像の跡に寄与しないから，残りの準位は $w(-1)^L=+1$ ならば 0-準位，$w(-1)^L=-1$ ならば 0′-準位である．

電場による準位の分裂は磁場による分裂ほど完全でない；軌道量子数 L を持つ準位は $L+1$ 個の準位に分裂するだけである．

強い電場の場合に成り立つ選択則は磁場の場合に成り立つものと似ている．Z 軸に沿って偏極した光を含む遷移の場合，電気量子数 m は変化しない．これは $z_1+z_2+\cdots+z_n$ の掛け算は，Z 軸のまわりの回転の 2 次元回転—鏡像群のもとで対称な演算だからである．したがって 0-準位と 0′-準位の間の遷移はすべて禁止される．一方，放射された光が場の方向に垂直に極極している遷移では m は ± 1 だけ変化する．

強い電場の場合，軌道量子数に対する選択則は破れてしまう．完全な回転対称性はもはや存在せず，したがって固有関数はもはや 3 次元回転群の表現に属しないからである．Laporte の法則もまたその適用性を失う（この法則は磁場には影響をうけなかった）；0-準位から 0′-準位への遷移の禁止の正当性だけが残っている．

電場による固有値の摂動は，また Rayleigh-Schrödinger の手続きによって形式的に計算される．その結果は限られた意味においてのみ正しい，なぜならばこの手続きは下記の摂動項[9]の形のゆえに発散するはずである，

$$\mathbf{V}=e\mathcal{E}_z(z_1+z_2+\cdots+z_n). \tag{18.10}$$

たとえば H-原子で，ポテンシャルを原子核からの距離の関数として図を書くと，原子核の近傍で深いポテンシャルの極小値が存在し，一方電子は場の方向に無限遠に逃げ去るために十分なエネルギーを常に持っていることがわかる．

これは，厳密にいえば，電場では離散スペクトルが全く存在せず，そして厳密な定常状態がないことを暗示する．これにもかかわらず，Schrödinger の手続きによって計算された第 1 あるいは第 2 近似は全く意味がないわけではな

9) J. R. Oppenheimer, *Phys. Rev.* **31**, 66, (1928) を見よ．

い．これらは，たとえ実際に定常状態でないにしても，非常に長い時間定常状態のように振舞うような状態を与える．これは，原子核の近くの電子は原子核のまわりを長い間走りまわった後，始めてポテンシャルの井戸を抜け出て原子核から逃れ去るからである．

電場によるエネルギーの摂動の第1近似では，固有値は全く分裂しない．永年方程式 (5.18) の係数

$$\mathbf{v}_{\kappa'\mu';\kappa\mu}=e\mathcal{E}_z(\psi_{\kappa'\mu'},(z_1+z_2+\cdots+z_n)\psi_{\kappa\mu})=0 \tag{18.11}$$

はすべてゼロである，なぜならば $\psi_{\kappa'\mu'}$ と $(z_1+z_2+\cdots+z_n)\psi_{\kappa\mu}$ は異なるパリティを持つからである．もし偶然縮退が存在しないならば，同じ固有値に属するすべての固有関数は同じパリティを持つ；したがって $\psi_{\kappa'\mu'}$ と $(z_1+z_2+\cdots+z_n)\psi_{\kappa\mu}$ は異なるパリティを持つであろう．我々はすでに，236—237頁 および (18.11) での遷移演算子に関係したこの振舞いが定数因子を除いて (18.2c) と全く等しいということを知っている．$(\mathbf{v}_{\kappa'\mu';\kappa\mu})=\mathbf{0}$ の固有値はすべて0である．第1近似ではすべての準位は摂動のない準位と一致する；場の強さの巾でエネルギー摂動の展開によって，1次の巾の係数はゼロである；したがって準位の分離は場の強さが小さい場合2乗でゼロに近付く．偶然縮退によって異なるパリティの準位が一致するような水素原子においてのみ，準位の分裂が1次で現われる．

磁気能率から生ずる複雑さは，Zeeman 効果の場合と同様に，Stark 効果について上に導かれた法則の実験的証明に対する主な障害である．一般的に成り立つただ1つの結果は，場の強さの1次の巾に比例する準位の分離がないことである．これは鏡像特性だけの考察から導かれるからである．

5.　自由な原子に対しては，一定の磁場あるいは電場は確かに最も重要な外からの摂動である．結晶の中の原子については他の種類の摂動がより重要である．この場合まわりの原子によって生じる“外”場の対称性[10]，は結晶の対称

[10] この記述は，まわりの原子が議論される系から除かれ，“外場”はこれらの原子が問題の原子への主な影響を表わすものと考えるという仮定を意味する．明らかに，これは完全に正確ではないから，この仮定に基いた取り扱いは完全なものではない．このような取り扱いでは，特に，“交換力”が落ちている．

性によって与えられ，そして興味ある分裂の様式をもたらす．H. A. Bethe はほとんどすべての種類の対称性について徹底的に研究した．彼の例題から，比較的簡単な場合として斜方晶異極儀対称性，すなわち，斜方形ピラミッド[11]の対称性を選んでみよう．

斜方形ピラミッドには3つの対称元がある．Z軸のまわりの角度 π の回転，ZX および ZY 平面での鏡像である．斜方形ピラミッドの結晶群 V_d は単位元とこの3つの元から成り立っている．これらの元のすべては位数2であるから，4群 (four group)（74頁を見よ）に同型である．これは Abel 群であるから，4種の既約な1次元表現を持ち，その行列は第V表に与えられる．

第V表　斜方形ピラミッドの群の表現

表現	E	Zのまわりに π だけ回転	ZX 平面での鏡像	ZY 平面での鏡像
I	(1)	(1)	(1)	(1)
II	(1)	(−1)	(−1)	(1)
III	(1)	(−1)	(1)	(−1)
IV	(1)	(1)	(−1)	(−1)

第1の表現は恒等表現であり，第2と第3の表現は相似である．これらはX軸とY軸の役割の入れ換えによってのみ異なるからである．それに反して，第4の表現は特別な役割を演ずる．

もし1つの原子を結晶の中のこの原子が占めるべき位置に置くと，その原子は完全な空間対称を取り除く力を受け，したがってただ斜方晶異極儀対称性のみが残る．この群の既約表現はすべて1次であるから，軌道量子数Lを持つ準位は $2L+1$ 個の準位に分裂する．

いま解かねばならぬ問題は，ある結晶において方位量子数Lとパリティwを持つ1つの準位から表現の性質I，II，III，およびIVを持つ準位が何項ずつ現われるかということである．この問題は一般論によって解決される．すなわち，回転−鏡像群の表現 $\mathfrak{D}^{(L,w)}$ が斜方晶異極儀部分群の1つの表現と見

11) 斜方形ピラミッドはその底面が等辺の平行四辺形のものである．

なされる場合，回転一鏡像群の表現 $\mathfrak{D}^{(L,w)}$ の中に含まれている表現Ⅰ，Ⅱ，Ⅲ，およびⅣの回数を決定することによって答えられる．これらの数 α_{I}, α_{II}, α_{III}, および α_{IV} は，最も簡単には V_d の演算に対する $\mathfrak{D}^{(L,w)}$ の指標を求めることによって解答される．単位元に対して

$$2L+1=\alpha_{\mathrm{I}}+\alpha_{\mathrm{II}}+\alpha_{\mathrm{III}}+\alpha_{\mathrm{IV}}. \tag{18.12a}$$

一方，Zのまわりの角度 π の回転に対して，および ZX あるいは ZY 平面での鏡像に対しては，(18.9) によって

$$(-1)^L=\alpha_{\mathrm{I}}-\alpha_{\mathrm{II}}-\alpha_{\mathrm{III}}+\alpha_{\mathrm{IV}} \tag{18.12b}$$

$$w(-1)^L=\alpha_{\mathrm{I}}-\alpha_{\mathrm{II}}+\alpha_{\mathrm{III}}-\alpha_{\mathrm{IV}}=\alpha_{\mathrm{I}}+\alpha_{\mathrm{II}}-\alpha_{\mathrm{III}}-\alpha_{\mathrm{IV}}. \tag{18.12c}$$

(18.12c) から $\alpha_{\mathrm{II}}=\alpha_{\mathrm{III}}$ および $w(-1)^L=\alpha_{\mathrm{I}}-\alpha_{\mathrm{IV}}$ となる．(18.12a) と (18.12b) から，$(2L+1)+(-1)^L=2\alpha_{\mathrm{I}}+2\alpha_{\mathrm{IV}}$ となる．このようにして，数，α についての値が求められる．これを第Ⅵ表に示す．

第VI表　回転群のいろいろな表現における斜方形ピラミッドの群の表現の多重度

準　位	α_{I}	$\alpha_{\mathrm{II}}, \alpha_{\mathrm{III}}$	α_{IV}
S_+	1	0	0
S_-	0	0	1
P_+	0	1	1
P_-	1	1	0
D_+	2	1	1
etc.			

H. A. Bethe は上記の研究において，結晶の中に現われる対称性のほとんどすべて，すなわち，32種類の場合について準位の分裂を求めた，また彼はこれらからこれ以上の結論を引き出している．たとえば，Ⅰ，Ⅱ，Ⅲ，およびⅣの型の準位に対する選択則が非常に簡単に得られる．一例を挙げると，Z軸に沿って偏極した輻射に対して，$(z_1+z_2+\cdots+z_n)$ の掛け算は斜方晶異極儀群のもとで対称な演算でありしたがって，同じ表現の準位の間の遷移のみが許される．

第19章　変換性による固有関数の部分的決定

1.　前章で議論した固有関数の変換性は，群の変換によって相互に変換される自変数に対する固有関数の値の間の関係から生ずる．たとえば，群が恒等元と変換 $x'=-x$ から成り立っているとき，恒等変換に属する関数に対して（偶関数である），

$$g(-x)=g(x), \tag{19.1}$$

これに反して負表現に属する関数に対して（奇関数である），

$$f(-x)=-f(x). \tag{19.1a}$$

一般に，(11.26 a）式によって

$$\mathbf{P}_R\psi_\kappa(x_1, x_2, \cdots, x_n)=\sum_\lambda \mathbf{D}(R)_{\lambda\kappa}\psi_\lambda(x_1, x_2, \cdots, x_n), \tag{19.2}$$

から

$$\psi_\kappa(x'_1, x'_2, \cdots, x'_n)=\sum_\lambda \mathbf{D}(R)_{\kappa\lambda}{}^*\psi_\lambda(x_1, x_2, \cdots, x_n), \tag{19.3}$$

となる．ここで $x'_1, \cdots, x'_n$ は変換Rによって $x_1, x_2, \cdots, x_n$ より導かれる．もし波動関数の自変数の全領域（すなわち，全配位空間）が部分に分けられ，各部分はある部分 **—基本的領域—** から群の変換によって生ずるならば，ψ_κ は，これらが基本的領域で知られていさえすれば，(19. 3) によっていたる所で計算される．(19. 3) 式は自変数 $x_1, \cdots, x_n$ の変化する領域における縮小を表わし，縮小の程度は固有値問題が不変である群の大きさに依存している；それはまた ψ_κ の変換性を陽にあらわした形で提示する．ゆえに，ψ_κ の不変性から求められるすべての結果は (19.3) から導かれなければならない．

たとえば，奇関数と偶関数のスカラー積を考えよう，

$$\int_{-\infty}^{\infty} g(x)^* f(x) dx. \qquad (19.4)$$

積分領域を２つの部分，$-\infty$から０まで，と０から$+\infty$まで，に分けることによって次の式を得る

$$\int_{-\infty}^{\infty} g(x)^* f(x) dx = \int_{-\infty}^{0} g(x)^* f(x) dx + \int_{0}^{\infty} g(x)^* f(x) dx.$$

いま第１の積分において$-x$をyと置き換え，そして$g(-y)$と$f(-y)$を(19.1)と(19.1a)を用いて表わせば，これは次のようになり

$$-\int_{0}^{\infty} g(y)^* f(y) dy + \int_{0}^{\infty} g(x)^* f(x) dx = 0 \qquad (19.5)$$

そして積分(19.4)の２つの部分は相殺する．

fとgが異なる既約表現に属するので，それらのスカラー積はゼロにならなければならないと議論する方が，上に行なった計算よりもより簡単である．それに対し，(19.3)から出発することは，そのより大きな具像化性と共に，回転群のもとで不変な簡単な問題の場合固有関数の部分的計算がかなり効果的になしとげられるという長所を持つ．

2.　(19.3)式を用いると，位置$P=(x_1, y_1, z_1, x_2, y_2, z_2, \cdots, x_n, y_n, z_n)$から群の変換によって生ずるすべての位置での波動関数ψ_κを，点Pでのψ_κのパートナー関数ψ_λの値で表わすことができる．回転群の場合，これらは，粒子の相対的位置，すなわち**原子の幾何学的な形**，が同じものであるような配位空間のすべての点である．配位空間における点は，３次元空間の中心に位置するn個の脚によって表わされる．３次元空間における各脚の端は，対応する電子が関与する配位を示す．配位空間におけるすべての点について波動関数を知ることは，考え得るすべてのn個の脚についての波動関数を知ることである．

212頁に述べられた“重心の分離”の議論にしたがえば，波動関数はまた原子核の座標を変数として含むであろう．したがって波動関数はちょうど３次元空間の中心にn個の脚があるような位置に対してのみに定義されているのではない；むしろn個の脚の中点が原

子核の位置を表わし，そしてこの中点は空間においてあらゆる位置を占めることができる．しかしながら，波動関数の値は，平行移動によって相互に生ずる n 個の脚のすべての位置に対して同じであろうから，中心に存在するすべての n 個の脚の波動関数の値を与えることで十分である．波動関数は，すべての x 座標（原子核の座標も含んでいる），あるいはすべての y 座標，またはすべての z 座標が同じ大きさだけ増加または減少したとき，変わらない．

回転によって相互に生ずる位置は，n 個の脚が同じ形をして異なる方向に向いていることに対応する．我々は基本的領域を，（第１の電子に対応している）第１の脚が Z 軸上にあり，第２が ZX 平面にあるような位置として選ぶ．この領域は $x_1=y_1=y_2=0$ であるような配位空間の点に対応する．もし基本的領域において表現 $\mathfrak{D}^{(L)}(\{\alpha\beta\gamma\})$ に属している $2L+1$ 個の波動関数 $\psi_{-L}, \psi_{-L+1}, \cdots, \psi_L$ の値が $G_{-L}, G_{-L+1}, \cdots, G_{L-1}, G_L$ ならば（すなわち，$G_\lambda=\psi_\lambda(0, 0, z_1, x_2, 0, z_2, \cdots, x_n, y_n, z_n)$，$G_\lambda$ は粒子の配位の幾何学的形にのみ依存する），そこで $0, 0, z_1, x_2, 0, z_2, \cdots, x_n, y_n, z_n$ から回転[1] $\{\pi-\alpha, \beta, -\pi-\gamma\}$ によって生ずる各位置 $x'_1, y'_1, z'_1, \cdots, x'_n, y'_n, z'_n$ での波動関数の値は，(19.3) によって

$$\begin{aligned}\psi_\mu(x'_1, y'_1, z'_1, \cdots, x'_n, y'_n, z'_n) &= \sum_{\lambda=-L}^{+L} \mathfrak{D}^{(L)}(\{\pi-\alpha, \beta, -\pi-\gamma\})_{\mu\lambda}{}^* G_\lambda(g)\\ &= \sum_{\lambda=-L}^{L} (-1)^{\mu-\lambda} \mathfrak{D}^{(L)}(\{\alpha, \beta, \gamma\})_{\mu\lambda} G_\lambda(g).\end{aligned} \tag{19.6}$$

この式で[2] α と β は，定義によって，第１の電子の方位および極角であり，γ は Z 軸と第１の電子を通る平面と，原点と最初の２つの電子を通る平面との為す角度である．G_λ は n 個の脚の幾何学的な形，g，のみに依存する．

---

1) 次の関係

$$\mathfrak{D}^{(l)}(\{\pi-\alpha, +\beta, -\pi-\gamma\})_{\mu\lambda}{}^* = (-1)^{\mu-\lambda}\mathfrak{D}^{(l)}(\{\alpha, \beta, \gamma\})_{\mu\lambda}$$

は直接 (15.8) 式，

$$\mathfrak{D}^{(l)}(\{\alpha, \beta, \gamma\})_{\mu\lambda} = e^{i\mu\alpha} \boldsymbol{d}^{(l)}(\beta)_{\mu\lambda} e^{i\lambda\gamma},$$

および $\boldsymbol{d}^{(l)}(\beta)_{\mu\lambda}$ が実数であるという事実から導かれる．

2) 回転は，第１の電子の極角および方位角を α と β によってあらわすことができるように選ばれている．これらの角度の逆符号ではない．この本の終りにある付録A，第２節にある議論を見よ．

$L=0$（S準位）に対して，(19.6) は

$$\psi(x'_1, y'_1, z'_1, \cdots, x'_n, y'_n, z'_n) = G_0(g). \qquad (19.7)$$

この場合波動関数は n 個の脚の形に**のみ**依存し，空間での方向に全く依存しない；S–状態は球対称[3] である．S–状態には唯一つの固有関数が属し，そしてそれは方向を指定することはできないから，これは全くもっともなことである．より高い方位量子数に対しては，すべての方向は固有関数の全体の集合に対して同等であるが，ある方向を区別することなく１つの固有関数を選ぶことはできないから，個々の固有関数はもはや球対称ではない．

(19.6) からLに対する選択則を導くことは可能である．しかしながら，我々は主としてここでどの程度はっきりと**固有関数**をこの方程式から決めることができるかということを調べたい．

3. 剛体の場合，幾何学的形 g は定められているから，G_λ は単に定数である．この場合に，固有関数は単に α, β, γ にのみ依存し，これらは (19.6) によって完全に決定される．最も簡単な剛体はその中点のまわりに回転が自由な細い棒である（剛体回転子）．

剛体回転子に対する Schrödinger 方程式は

$$-\frac{\hbar^2}{2\mathcal{J}}\left[\frac{1}{\sin\vartheta}\frac{\partial}{\partial\vartheta}\sin\vartheta\frac{\partial\psi_\mu{}^{NL}(\vartheta,\varphi)}{\partial\vartheta}+\frac{1}{\sin^2\vartheta}\frac{\partial^2\psi_\mu{}^{NL}(\vartheta,\varphi)}{\partial\varphi^2}\right]$$
$$=E_L{}^N\psi_\mu{}^{NL}(\vartheta,\varphi), \qquad (19.8)$$

ここで $\mathcal{J}$ は慣性能率で ϑ と φ は回転子の極角および方位角である．ここで基本的領域は１個の点，$\vartheta=0$，回転子の“正常な位置”である．この点での固有関数の値を $G_\lambda{}^{NL}$ で表わすと，(15.8) 式および (19.6) 式によって，次式が得られる[4]

$$\psi_\mu{}^{NL}(\vartheta,\varphi)=\sum_\lambda(-1)^{\mu-\lambda}\mathfrak{D}^{(L)}(\{\alpha,\beta,\gamma\})_{\mu\lambda}G_\lambda{}^{NL}. \qquad (19.8a)$$

---

3) A. Unsöld, *Ann. Physik* [4] **82**, 355 (1927).

4) 本章の脚注（２），および付録Aを見よ．

しかし ψ_μ^{NL} は γ に独立でなければならない，なぜならば回転子はこの変数のすべての値について同じ位置を持つからである．したがって，$\lambda\neq 0$ に対して $G_\lambda^{NL}=0$ となり，(19.8a) は次のようになる[4)]

$$\psi_\mu^{NL}(\vartheta,\varphi)=(-1)^\mu e^{i\mu\varphi}\boldsymbol{d}^{(L)}(\vartheta)_{\mu 0}G_0^{NL}=(-1)^\mu\mathfrak{D}^{(L)}(\{\varphi,\vartheta,0\})_{\mu 0}G_0^{NL}. \tag{19.8b}$$

この方程式は，固有関数を完全に表現係数によって表わす．(19.8b) 式はまた，同じLと μ で異なるNに対する固有関数がたかだか定数因子だけ異なるということを示す．このことは異なる固有値の固有関数に対して不可能であるから，ただ一つの固有値が各Lに属する．ゆえに添字Nは (19.8)，(19.8a) および (19.8b) から省かれる．

(19.8) の解はL次の球関数として知られている；(19.8b) は，$\mathfrak{D}^{(l)}(\{\varphi,\vartheta,\gamma\})_{m0}$ が，規格化と因子 $(-1)^m$ を除いて，球関数 $Y_{lm}(\vartheta,\varphi)$ に全く等しいことを示す．

(19.8) を計算なしで完全に解くことができることは非常に驚くべきことではない．実際，表現の決定に対する１つの方法は（第15章，第１節）本質的に (19.8) と同等な Laplace の方程式を解くことに基づいていた．我々はいまこの解を再び (19.8) に代入したといってよい．

(19.8) 式が**すべての**球対称な問題に成り立つことを証明するために，次の式で記述される水素原子の場合に言及しよう，

$$-\frac{\hbar^2}{2m}\left(\frac{\partial^2}{\partial x^2}+\frac{\partial^2}{\partial y^2}+\frac{\partial^2}{\partial z^2}\right)\psi_\mu^{Nl}-\frac{e^2}{r}\psi_\mu^{Nl}=E_{Nl}\psi_\mu^{Nl}. \tag{19.9}$$

(19.6) 式より上式の解が次の形であることがわかる

$$\psi_\mu^{Nl}=\sum_\lambda(-1)^{\mu-\lambda}\mathfrak{D}^{(l)}(\{\alpha,\beta,\gamma\})_{\mu\lambda}G_\lambda^{Nl}(r). \tag{19.9a}$$

G_λ^{Nl} はrだけの関数である．このときn個の脚は１つの脚に縮退し，その幾何学的な形は脚の長さ（原子核から電子への距離）rによって完全に指定される．この場合 α と β は電子の方位および極角であり，一方 γ は意味を持たない；この理由で (19.9a) は γ に独立でなければならない．このことから，

ちょうど (19.8 b) のように，$G_\lambda{}^{Nl}$ は $\lambda \neq 0$ に対してゼロでなければならないことになる．

$$\psi_\mu{}^{Nl}(r, \vartheta, \varphi) = (-1)^\mu \mathfrak{D}^{(l)}(\{\varphi, \vartheta, 0\})_{\mu 0} G_0{}^{Nl}(r) \propto Y_{l\mu}(\vartheta, \varphi) G_0{}^{Nl}(r). \tag{19.9b}$$

(17.3) 式によれば，水素原子に対する波動関数は実際にこの形を持つ．また磁気量子数 μ と軌道量子数 l を持つ固有関数は $\mathfrak{D}^{(l)}$ の μ 行に属さなければならないのであるが，実際 $\psi_\mu{}^{Nl}$ が $\mathfrak{D}^{(l)}$ の μ 行に属していることがわかる．

この方法の効力を十分に示すことができる最も簡単な問題は，量子力学的剛体（こま）の問題である．最初に非対称なこまを考えよう．こまの位置は回転の3つの Euler 角 α, β, γ によって特徴づけられ，この回転がこまをその正常な位置（ここで最も大きな慣性能率はZ軸と一致し，次に大きなものがY軸そして最も小さなものがX軸と一致する）から問題となる点に持ってくる．波動関数はこれら3つの角度にのみ依存するであろう；実際，(19.6) によって，それは

$$\begin{aligned}\psi_\mu{}^{Nl}(\alpha, \beta, \gamma) &= \sum_\lambda (-1)^{\mu-\lambda} \mathfrak{D}^{(l)}(\{\alpha, \beta, \gamma\})_{\mu\lambda} G_\lambda{}^{Nl} \\ &= \sum_\lambda (-1)^{\mu-\lambda} e^{i\mu\alpha} \boldsymbol{d}^{(l)}(\beta)_{\mu\lambda} e^{i\lambda\gamma} G_\lambda{}^{Nl}.\end{aligned} \tag{19.10}$$

剛体では幾何学的な形は決まっているので，$G_\lambda{}^{Nl}$ は再び定数である．これらは，固有値 E_{Nl} と同様に，(19.10) を Schrödinger 方程式に代入することによって求められる．$G_{-l}{}^{Nl}, \cdots, G_{+l}{}^{Nl}$ に対して $2l+1$ 個の斉1次方程式を得る．連立方程式の行列式をゼロと置く要求は，エネルギー E^{Nl} に対して $(2l+1)$ 次の代数方程式を与えるから，$2l+1$ 個の固有値は軌道量子数 l を持つ．

いま慣性能率のうち小さい方の2つが等しい場合のこまを考えよう．Z軸のまわりの回転はまだ任意のままであるから，こまの“正常な位置”は一義的に決定されない．このことから γ を $\gamma+\gamma_0$ で置き換えても，1つの固有関数は固有関数のままであるという結論が得られる．

さらに，このような関数の1次結合

$$\int_0^{2\pi}\psi_\mu{}^{Nl}(\alpha,\beta,\gamma+\gamma_0)e^{-i\nu\gamma_0}d\gamma_0$$
$$=\sum_\lambda(-1)^{\mu-\lambda}G_\lambda{}^{Nl}e^{+i\mu\alpha}\boldsymbol{d}^{(l)}(\beta)_{\mu\lambda}e^{+i\lambda\gamma}\int e^{i\gamma_0(\lambda-\nu)}d\gamma_0 \qquad (19.11)$$
$$=(\text{constant})\cdot(-1)^{\mu-\nu}G_\nu{}^{Nl}\mathfrak{D}^{(l)}(\{\alpha,\beta,\gamma\})_{\mu\nu}$$

もまた固有関数である．しかしもし $G_\nu{}^{Nl}$ がゼロでなければ，(19.11) は，比例定数を除いて，固有関数が次のように書かれる[5]ということを示す

$$\psi_\mu{}^{\nu l}(\alpha,\beta,\gamma)=(-1)^{\mu-\nu}\mathfrak{D}^{(l)}(\{\alpha,\beta,\gamma\})_{\mu\nu} \quad (\nu=-l,\ -l+1,\cdots,l-1,l). \qquad (19.11a)$$

後に鏡像対称性を考えるときわかるように，次の固有値の対は等しい： $E_{\nu l}=E_{-\nu l}$，したがって全部で $l+1$ 個の異なる固有値が同じ軌道量子数を持つ．

3つのすべての慣性能率が等しい場合は，正常な位置は全く決まらない．そして固有関数 (19.11 a) は $\{\alpha,\beta,\gamma\}$ を $\{\alpha,\beta,\nu\}\cdot R$ と置き換えても固有関数のままである．ここでRは任意の回転である．したがって

$$(-1)^{\mu-\nu}\mathfrak{D}^{(l)}(\{\alpha,\beta,\gamma\}R)_{\mu\nu}=\sum_\kappa(-1)^{\mu-\nu}\mathfrak{D}^{(l)}(\{\alpha,\beta,\gamma\})_{\mu\kappa}\mathfrak{D}^{(l)}(R)_{\kappa\nu}$$

は $(-1)^{\mu-\nu}\mathfrak{D}^{(l)}(\{\alpha,\beta,\gamma\})_{\mu\nu}$ と同じ固有値に属する．したがってまた次のようになる

$$\int\sum_\kappa(-1)^{\mu-\nu}\mathfrak{D}^{(l)}(\{\alpha,\beta,\gamma\})_{\mu\kappa}\mathfrak{D}^{(l)}(R)_{\kappa\nu}\mathfrak{D}^{(l)}(R)_{\kappa\nu}{}^*dR$$
$$=(\text{constant})\cdot(-1)^{\mu-\lambda}\mathfrak{D}^l(\{\alpha,\beta,\gamma\})_{\mu\lambda}. \qquad (19.12)$$

ゆえに，この場合，すべての固有値 $E_{-l,l}, E_{-l+1,l},\cdots,E_{l,l}$ は一致し，そしてただ1つの固有値が各軌道量子数に属する；この固有値は $(2l+1)^2$ 重に縮退している．

このようにして，少なくとも2つの慣性能率が等しいならば，固有関数ははっきりと (19.11 a) によって与えられる．対応する固有値は，各固有値に対する固有関数（たとえば，$\mathfrak{D}^{(l)}(\{\alpha\beta\gamma\})_{\nu\nu}$）を Schrödinger 方程式に代入し，

---

[5] 状態は量子数 l，μ および同じ l と μ の値を持つ異なる状態を区別するような変化する量子数 N によって指定される．手近な例では，この変化する量子数 N は簡単に ν によって与えられる．

$\psi_\mu^{\nu l}(\alpha\beta\gamma)$ がゼロとならないような α, β, γ の値を指定し（たとえば，$\alpha=\beta=\gamma=0$），そして $\psi_\mu^{\nu l}(\alpha\beta\gamma)$ で割ることによって，計算される．

対称なこま[6] に対する Schrödinger 方程式はまた直接に超幾何関数[7] によって解かれる．表現係数と超幾何関数（$\mu\geqq\nu$ の場合）との間の関係は：

$$d^{(l)}(\beta)_{\mu\nu}=\sqrt{\frac{(l-\nu)!(l+\mu)!}{(l+\nu)!(l-\mu)!}}\frac{\cos^{2l+\nu-\mu}\frac{1}{2}\beta\sin^{\mu-\nu}\frac{1}{2}\beta}{(\mu-\nu)!}$$
$$\times F(\mu-l,\ -\nu-l,\ \mu-\nu+1,\ -\tan^2\tfrac{1}{2}\beta). \qquad (19.13)$$

4.　パリティについての議論に進む前に，もう１つ次の関係を導く：

$$d^{(l)}(\pi-\beta)_{\mu\nu}=(-1)^{l-\mu}d^{(l)}(\beta)_{\mu,-\nu}. \qquad (19.14)$$

第15章で表現係数は完全に決定された；(15.27) 式から $d^{(l)}(\beta)_{\mu\nu}$ は

$$d^{(l)}(\beta)_{\mu\nu}=\sum_\kappa(-1)^\kappa\frac{\sqrt{(l+\mu)!(l-\mu)!(l+\nu)!(l-\nu)!}}{(l-\mu-\kappa)!(l+\nu-\kappa)!\kappa!(\kappa+\mu-\nu)!}$$
$$\times\cos^{2l-\mu+\nu-2\kappa}\tfrac{1}{2}\beta\sin^{2\kappa+\mu-\nu}\tfrac{1}{2}\beta. \qquad (19.15)$$

この式で β を $\pi-\beta$ で置き換えると，(19.15) での cos は sin になり，sin は cos になる（$\cos(\frac{1}{2}\pi-x)=\sin x$ であるから）．同時に $\kappa'=l-\mu-\kappa$ を κ の代わりに足し算の添字として導入すると，(19.15) は次のようになる

$$d^{(l)}(\pi-\beta)_{\mu\nu}=\sum_{\kappa'}(-1)^{l-\mu-\kappa'}\frac{\sqrt{(l+\mu)!(l-\mu)!(l+\nu)!(l-\nu)!}}{\kappa'!(\mu+\nu+\kappa')!(l-\mu-\kappa')!(l-\nu-\kappa')!}$$
$$\times\sin^{2\kappa'+\mu+\nu}\tfrac{1}{2}\beta\cos^{2l-\mu-\nu-2\kappa'}\tfrac{1}{2}\beta. \qquad (19.16)$$

κ' は整数であるから，$(-1)^{\kappa'}=(-1)^{-\kappa'}$ であり，したがって (19.16) の右辺

---

[6] 対称なこまの量子力学は次の人々によって取り扱われている．H. Radenmacher and R. Reiche, *Z. Physik* **39**, 444 (1926); **41** 453 (1927). R. de L. Kronig and I. I. Rabi, *PR* **29**, 262 (1927). C. Maneback, *Zeitschr. f. Phys.* **28**, 76 (1927). J. H. van Vleck, *PR* **33**, 476 (1929).

非対称なこまの量子力学は次に取り扱われている．E. E. Witmer, *Proc. Nat. Acad.* **13**, 60 (1927). S. C. Wang, *PR* **34**, 243 (1929). H. A. Kramers and G. P. Ittmann, *Zeitschr. f. Phys.* **53**, 553 (1929); **58**, 217 (1929); **60**, 663 (1930). O. Klein, *Zeitschr. f. Phys.* **58**, 730 (1929). H. Casimir, *Zeitschr. f. Phys.* **59**, 623 (1930).

[7] たとえば P. M. Morse and H. Feshbach, "Methods of Theoretical Physics," 第 I 部，388頁および542頁，McGraw-Hill, New York, 1953 を見よ．

はちょうど $(-1)^{l-\mu}\boldsymbol{d}(\beta)_{\mu,-\nu}$ であり（19.14）が証明される．

1体問題では波動関数のパリティはその角度依存性によって決定される．1つの脚の場合，反転 $\mathbf{P}_I$ は単に φ に対して $\varphi\pm\pi$, ϑ に対して $\pi-\vartheta$ の置き換えを意味する；脚の長さ r は不変である．この置き換えに対して（19.9 b）は次の式に変換する

$$\mathbf{P}_I\psi_\mu^{Nl}(r,\vartheta,\varphi)=(-1)^\mu e^{+i\mu(\varphi\pm\pi)}\boldsymbol{d}^{(l)}(\pi-\vartheta)_{\mu 0}G^{Nl}(r)$$
$$=e^{+i\mu\varphi}(-1)^{l-\mu}\boldsymbol{d}^{(l)}(\vartheta)_{\mu 0}G^{Nl}(r)=(-1)^l\psi_\mu^{Nl}(r,\vartheta,\varphi). \tag{19.17}$$

偶数の l を持つ準位は偶のパリティを持ち；奇数の l を持つ準位は奇のパリティを持つ．[8)]

ヘリウム原子の場合のように，2つの独立な粒子に対して，（19. 6）から次の式が導かれる

$$\psi_\mu^L=\sum_\lambda(-1)^{\mu-\lambda}\mathfrak{D}^{(L)}(\{\alpha,\beta,\gamma\})_{\mu\lambda}G_\lambda(r_1,r_2,\varepsilon). \tag{19.18}$$

なぜならば配位は2つの脚の幾何学的な形（長さ r_1, r_2 と 角度 ε）によって指定されるからである．鏡像に対して2つの脚の位置のみが変化し，その幾何学的な形は変わらない．

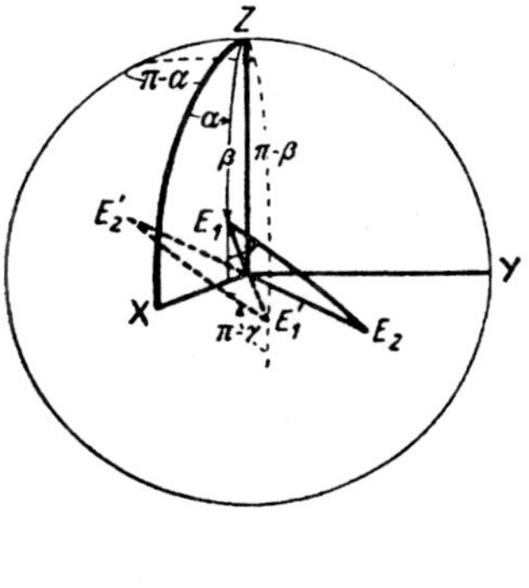

第11図． 鏡像に対する2つの脚の振舞い．

8) したがって，$\Delta l=0$ の光学的遷移は1電子系においては禁止される，これはパリティ変化なしの遷移となるからである．

反転を実行すると，α, β および γ は $\alpha\pm\pi$, $\pi-\beta$ および $\pi-\gamma$ となる（第11図を見よ）.[9] ゆえに

$$\mathbf{P}_I\psi_\mu{}^L=\sum_\lambda (-1)^{\mu-\lambda}\mathfrak{D}^{(L)}(\{\alpha\pm\pi,\ \pi-\beta,\ \pi-\gamma\})_{\mu\lambda}G_\lambda$$
$$=\sum_\lambda (-1)^{\mu-\lambda}\mathfrak{D}^{(L)}(\{\alpha,\beta,\gamma\})_{\mu,-\lambda}(-1)^{L+\lambda}G_\lambda, \tag{19.18a}$$

なぜならば (19.14) によって

$$\mathfrak{D}^{(L)}(\{\alpha\pm\pi,\ \pi-\beta,\ \pi-\gamma\})_{\mu\lambda}=e^{i\mu(\alpha\pm\pi)}(-1)^{L-\mu}\boldsymbol{d}^{(L)}(\beta)_{\mu,-\lambda}e^{i\lambda(\pi-\gamma)}$$
$$=(-1)^{L+\lambda}\mathfrak{D}^{(L)}(\{\alpha\beta\gamma\})_{\mu,-\lambda}. \tag{19.14a}$$

したがって，偶の準位 $\mathbf{P}_I\psi_\mu=\psi_\mu$ は次のことを意味する

$$G_{-\lambda}(r_1,r_2,\varepsilon)=(-1)^{L+\lambda}G_\lambda(r_1,r_2,\varepsilon), \tag{19.19}$$

また $\mathbf{P}_I\psi_\mu=-\psi_\mu$ であるような奇の準位[10] に対しては,

$$G_{-\lambda}(r_1,r_2,\varepsilon)=-(-1)^{L+\lambda}G_\lambda(r_1,r_2,\varepsilon). \tag{19.19a}$$

関数 G_0 は $w=(-1)^L$ (S_+, P_-, D_+, 等）のときのみゼロと異なる．ヘリウムは S_- 準位を持たないことになる：S 準位に対して波動関数は，2 つの脚のすべての位置について同じ値を持つから，S 準位は必然的に正のパリティを持つ.

(19.6) を Schrödinger 方程式に代入し，α, β, γ の同じ関数の係数を等しくすることは，一般に，n 個の脚の形を記述する変数の $2L+1$ 個の関数 G_{-L}, $G_{-L+1},\cdots,G_{L-1}$, G_L に対する $2L+1$ 個の方程式を与える．ヘリウムの場合独立な関数の数は (19.19), (19.19a) によって大巾に減らされ，S_+ および P_+ 準位の場合ただ 1 個，P_- および D_- 準位の場合は 2 個，D_+ および F_+ 準位の場合 3 個，等の未知の関数が残る.[11]

---

9) 第11図で，簡単さのために $r_1=r_2=1$ と仮定した．点 E_1 と E_2 は反転の前の 2 つの電子の位置であり，E'_1 と E'_2 は反転の後の位置である.

10) 非対称なこまの場合に，軌道量子数 l を持つ固有値のうち $l+1$ 個に対して，$G_{-\lambda}=G_\lambda$, その他の l 個の固有値に対して $G_{-\lambda}=-G_\lambda$ であることもまた正しい．したがって，$(2l+1)$ 次の永年方程式は $(l+1)$ 次と l 次の 2 つの方程式に分かれる．(19.14a) によって，対称なこまに対して $\psi_\mu{}^{-\nu l}$ と $\psi_\mu{}^{\nu l}$（(19.11a) 式）は反転のもとで相互に変換するから，これらは同じ固有値に属することになる.

11) G. Breit, *Phys. Rev.* **35**, 369 (1930) を見よ.

数個の電子の場合，n 個の脚の反転を純粋回転で置き換えることは不可能である．反転は n 個の脚を“光学的異性体”あるいは鏡像に変換する．$n \geqq 3$ の場合，鏡像は元のものと異なる幾何学的な形を持つ．$n=2$ の場合，この現象は起こらない；2つの脚の幾何学的な形は常に異性体の形，または鏡像の形と全く等しい．

もし g と互いに異性体である n 個の脚の形を記述する座標を $\bar{g}$ によって表わすならば，(19.6)，第11図および（19.14 a）によって，

$$
\begin{aligned}
\mathbf{P}_I \psi_\mu{}^L &= \sum_\lambda (-1)^{\mu-\lambda} \mathfrak{D}^{(L)}(\{\alpha \pm \pi, \pi-\beta, \pi-\gamma\})_{\mu\lambda} G_\lambda(\bar{g}) \\
&= \sum_\lambda (-1)^{\mu-\lambda} \mathfrak{D}^{(L)}(\{\alpha, \beta, \gamma\})_{\mu,-\lambda} (-1)^{L+\lambda} G_\lambda(\bar{g}).
\end{aligned}
$$

一方では，

$$
\mathbf{P}_I \psi_\mu{}^L = w \psi_\mu = \sum_\lambda w(-1)^{\mu-\lambda} \mathfrak{D}^{(L)}(\{\alpha, \beta, \gamma\})_{\mu\lambda} G_\lambda(g).
$$

ここで偶の準位に対して $w=+1$，奇の準位に対して $w=-1$ である．これから次のようになる

$$
(-1)^{L+\lambda} G_\lambda(\bar{g}) = w G_{-\lambda}(g). \qquad (19.20)
$$

(19.20) 式は固有関数の具体的な計算には用いられないが，しかしそれは鏡像群に対する固有関数の対称性を用いて，固有関数の形について，(19.6) 式以上の知識がどのようにして得られるかを示す．しかしながら，鏡像群の考察によって余り多くの情報は期待されないであろう．反転は配位空間においてたった2つの点での波動関数を比較する．これに対して回転群は3つの連続パラメタで結ばれる点の一族について1点と他の点での波動関数の値を相互に関係づける可能性を有している．したがって，3つの変数は回転群によって消去されてよいが，その代わり未知関数（$G_{-L}, \cdots, G_L$）の数の増加を受け入れられなければならない．多分この数，$2L+1$，は再び鏡像群によってごくわずか減少されるであろうが，これは本質的な簡単化とはならないであろう．

未知関数の数をさらに減少させるために，電子の置換に対する対称性を用い

ようと試みることは自然である．これはある程度可能である．しかしながらこのような手続きに含まれる考察は，第１と第２の電子が他と異なる役割を演ずる（$\boldsymbol{\alpha}$ と $\boldsymbol{\beta}$ は第１の電子の方位および極角である）といういままでの議論ほど，簡単でない．かなり複雑な電子の入れ換えに対する考察から，公式を作ることができるが，これらにはここでは触れない．

第20章　電子のスピン

Pauli の理論の物理的基礎

1.　前の章で，電子のスピンを導入しないで取り扱うことができる原子スペクトルの最も重要な性質が議論された．しかしながら，多くの特性の詳細（この中で微細構造は最も重要なものであるが）は記述され得なかった．なぜならば，これらは電子のもう１つの性質，その磁気能率，に密接に関係しているからである．

電子が磁気能率および角運動量，簡単に“スピン”，を持つという仮説は **Goudsmit** と **Uhlenbeck** によって提案された．彼等は，量子力学の発見の前にすでに，磁気能率と力学的能率が電子に負わされるのでない限りスペクトルの完全な記述は可能でない一点電荷としての電子の概念は不十分であるということに注目した．よく知られているように，古典電気力学では磁石は磁気能率の軸のまわりに回転している点電荷と同等である．磁気能率のベクトル $\mathfrak{M}$ は角運動量ベクトル $\mathfrak{L}$ から次の式によって計算される，

$$\mathfrak{M}=\frac{e\mathfrak{L}}{2mc}=\eta\mathfrak{L} \qquad (20.\mathrm{E}.1)$$

ここで e は回転している粒子の電荷で，m はその質量である．しかしながら，Goudsmit と Uhlenbeck によって，(20. E.1) 式は，もし通常の電子の電荷と質量を用いるならば，スピンから生ずる磁気能率にあてはまらない．むしろ角運動量は次のような量であり

$$|\mathfrak{S}|=\tfrac{1}{2}\cdot\hbar, \qquad (20.1)$$

それに反して磁気能率は 1 Bohr 磁子であると仮定しなければならない

$$|\mathfrak{M}|=e\hbar/2mc=(e/mc)|\mathfrak{S}|=2\eta|\mathfrak{S}|. \qquad (20.1\mathrm{a})$$

電子のスピンの量子力学はこれらの記事が文字通りに受け取られてはならないことを示す．Pauli の理論でも力学的能率あるいは磁気能率の方向(したがって，たとえば，方向余弦)の決定を許すような実験はなされ得ないことを要求している．ある方向とその逆方向とを区別することだけが可能である．したがってスピンの異なる空間方向に対する確率についての質問は意味を持たない，すなわち，実験によって答えられ得ないであろう．そしてある方向でのスピンの成分のみが測定可能である．Stern–Gerlach の実験の場合がその例であるが，このような実験はただ２つの答を与えることができる：スピンは問題の方向にあるかまたはその逆方向にあるかのいずれかである．問題の方向における角運動量の成分についての可能な実験的結果は $+\frac{\hbar}{2}$ あるいは $-\frac{\hbar}{2}$ である．Z 方向でのスピンの成分の測定の際に前者の結果が得られた場合，その後直ちに行なわれる Z 成分の第２回目の測定は**確実に** $+Z$ を与えるであろうし，また確実に $-Z$ を与え**ない**．これに反して，Y 成分の測定は同じ確率で２つの可能な結果 $+Y$ と $-Y$ を与える．ゆえに，スピンのすべての方向に独立な確率を負わせることが重要である；スピンが確かに Z 方向にある（すなわち，もし角運動量の Z 成分が確実に $+\hbar/2$ である）場合でさえも，$+Y$ 方向に対する確率は $1/2$ であり，$-Z$ 方向を除いてすべての方向に対して確率はゼロと異なる．

特に N. Bohr によって強調されたように，Dirac の相対論的電子論において，スピンはより一層象徴的性質を持っている．この理論によれば（この理論をここで議論しないのであるが）磁気能率の存在は空間と時間が全く同等に取り扱われるとき自動的に現われる相対論的効果の１つである．

2. Pauli の理論では，磁気能率は波動関数の中で１つの新しい座標 s によって記述される，そこで波動関数は $\Phi(x, y, z, s)$ の形を持つ．x, y, z の領域は $-\infty$ から $+\infty$ におよぶが，座標 s は２つの値 -1 と $+1$ をとることができるだけである．ゆえに１つの電子に対する波動関数は実際に x, y, z の２つの関数，$\Phi(x, y, z, -1)$ と $\Phi(x, y, z, 1)$，から成り立つ．x, y, z と違って変数 s がただ２つの値だけを取ることができるという事実は，たとえば，Z 方向におけるスピンの成分がただ２つの値（$+\hbar/2$ と $-\hbar/2$）を持つことができ，

一方位置座標は $-\infty$ から $+\infty$ のすべての値をとることができるという事実を反映する．

x, y, z および s の2つの関数のスカラー積は，我々がすでに知っているスカラー積を直接一般化して定義される．2つの関数 $\varphi(x, y, z)$ と $g(x, y, z)$ のスカラー積は次の和の極限をとることによって得られる

$$\sum_{x,y,z} \varphi(x,y,z)^* g(x,y,z),$$

ここで足し算は $-\infty$ から $+\infty$ の全領域におよぼされなければならない．同様に $\Phi(x, y, z, s)$ と $G(x, y, z, s)$ のスカラー積は

$$\sum_{s=\pm 1} \sum_{x,y,z} \Phi(x,y,z,s)^* G(x, y,z,s), \tag{20.2}$$

ここで足し算は再びすべての変数の全領域にわたってなされる．極限をとって次の式が得られる

$$\begin{aligned}(\Phi, G) &= \sum_{s=\pm 1} \iiint_{-\infty}^{\infty} \Phi(x,y,z,s)^* G(x,y,z,s)\,dx\;dy\;dz \\ &= \iiint_{-\infty}^{\infty} [\Phi(x,y,z,-1)^* G(x,y,z,-1) \\ &\quad + \Phi(x,y,z,1)^* G(x,y,z,1)]\,dx\;dy\;dz.\end{aligned} \tag{20.3}$$

3.　デカルト座標のみを含むような量は，物理量の中で1つの重要な特別の集合を作っている．X座標，あるいは速度のような量はまたスピンを全く考えない理論において1つの意味を持っている．これらの量を測定する実験は，“スピンに関係しない”実験とよばれる．これらの量自身は Pauli の理論でデカルト座標 x, y, z のみに作用する演算子に対応するから，スピン座標 s はパラメタとして取り扱われる．

ある座標にだけ作用する演算子という概念をもう少し正確に議論しよう．ただ1つの変数 ξ の関数 $f(\xi)$ に適用されるあらゆる演算子 $\mathbf{X}$（たとえば，ξ についての微分）は，また2つの変数の関数に適用されることができる，なぜならば2つの変数のどんな関数 $F(\xi, \sigma)$ も変数 ξ だけの関数の一族と解釈されるからである；σ のおのおのの特別の値に対して，関数 $F(\xi, \sigma)$ は ξ だけの

関数である.[1]もし演算子 $\mathbf{X}$ がこれらの ξ の関数すべてに適用されるならば，ξの関数の他の一族を得る，すなわち，各 σ の値に対して１つの関数を得る．そこでこの一族は関数 $\mathbf{X}F(\xi,\sigma)$ を作る．このように ξ だけに作用するという記述は，ξ, σ での $\mathbf{X}F$ の値が $\sigma'=\sigma$ での $F(\xi', \sigma')$ の値にだけ依存することを意味する．

いま $\Psi_k(x, y, z, s)$ が x, y, z のみに作用する演算子 $\mathbf{H}$ の固有関数であるとしよう．もし λ_k が対応する固有値ならば，そこで x, y, z, s の関数

$$\mathbf{H}\Psi_k(x,y,z,s)-\lambda_k\Psi_k(x,y,z,s)=0 \tag{20.4}$$

はゼロとならなければならない；すなわち，この一族の両方の関数（$s=+1$ と $s=-1$）はゼロとならなければならない

$$\mathbf{H}\Psi_k(x,y,z,-1)-\lambda_k\Psi_k(x,y,z,-1)=0,$$
$$\mathbf{H}\Psi_k(x,y,z,+1)-\lambda_k\Psi_k(x,y,z,+1)=0.$$

もし，与えられた λ_k に対して，方程式

$$\mathbf{H}\psi_k(x,y,z)=\lambda_k\psi_k(x,y,z)$$

がただ１つの解を持つならば，そこで $\Psi_k(x,y,z,+1)$ と $\Psi_k(x,y,z,-1)$ は共に $\psi_k(x,y,z)$ の定数倍でなければならない．[2]

$$\Psi_k(x,y,z,-1)=u_{-1}\psi_k(x,y,z)\,;\ \Psi_k(x,y,z,1)=u_1\psi_k(x,y,z)\,;$$
$$\Psi_k(x,y,z,s)=u_s\psi_k(x,y,z). \tag{20.5}$$

どのように u_{-1} と u_1 が選ばれても，$u_s\psi_k(x,y,z)$ は固有値 λ_k に属している $\mathbf{H}$ の固有関数のままである．これはスピン座標 s の導入が固有値 λ_k を２重の固有値にし，それに２つの１次的独立で互いに直交な固有関数が属していることを示す

---

[1] 我々はここで ξ が座標の３つ組 x, y, z. を表わすものと考え，そして σ がスピン座標 s を表わすと考える．

[2] 方程式の左辺で s は変数として現われそして右辺では添字として現われているので，最初はちょっとまごつくかもしれない．しかしこの式はただ x, y, z, s についてのあらゆる関数は，x, y, z の１つの関数と s のおのおのの値との対応として解釈されることができる，ということを再び強調しているに過ぎない．

$$\Psi_{k-}=\delta_{s,-1k}\psi(x,y,z) \tag{20.5a}$$

$$\Psi_{k+}=\delta_{s,1}\psi_k(x,y,z). \tag{20.5b}$$

Ψ_{k-} と Ψ_{k+} のスカラー積は実際にゼロとなる，なぜならば（20.3）の被積分関数の各項で１つの因子がゼロであるからである．

固有関数

$$\delta_{s,-1}\psi_1;\ \delta_{s,1}\psi_1;\ \delta_{s,-1}\psi_2;\ \delta_{s,1}\psi_2;\ \delta_{s-1}\psi_3;\cdots$$

は同時に実行された次の２つの測定の可能な結果に対応する：（a）演算子 **H** に対応する量の測定と（b）スピンの Z 成分の測定である．Ψ_{k-} に対して，第１の量の値は確かに λ_k であり，そしてスピンは確かに $-Z$ 方向にある．しかるに Ψ_{k+} に対しては第１の量はまだ確かに λ_k であるがしかしスピンは $+Z$ 方向にある，すなわち，その $-Z$ 方向に現われる確率はゼロである．一般に，もし波動関数が次のようであるならば

$$\Phi=a_1\Psi_{1-}+a_2\Psi_{2-}+a_3\Psi_{3-}+\cdots+b_1\Psi_{1+}+b_2\Psi_{2+}+b_3\Psi_{3+}+\cdots, \tag{20.6}$$

H が値 λ_k を持ちそしてスピンが同時に $-Z$ 方向にある確率は $|a_k|^2$ に等しい；**H** に対して値 λ_k でスピン $+Z$ の確率は $|b_k|^2$ である．

空間回転に対する記述の不変性

4.　s に依存する波動関数による電子の記述において，すべての方向に優先し，あるいはさらに他の２つの座標軸に対してさえも優先し，Z 軸が選ばれている．したがって，空間の等方性がこの記述においていかに保持されているか，すなわち，第１の観測者の座標系に対して回転された座標系を用いるということを除けば，第２の観測者が第１の観測者が行なうと正確に同じ物理系とすべての量を記述するとき，彼がどの波動関数 $\mathbf{O}_R\Phi$ を状態 Φ に負わせるかをここで調べることが必要となってくる．２つの座標系の位置は次のようである，すなわち，第２の座標系における点 $x,\ y,\ z$ の座標は

$$\mathbf{R}_{xx}x+\mathbf{R}_{xy}y+\mathbf{R}_{xz}z=x',$$
$$\mathbf{R}_{yx}x+\mathbf{R}_{yy}y+\mathbf{R}_{yz}z=y',$$
$$\mathbf{R}_{zx}x+\mathbf{R}_{zy}y+\mathbf{R}_{zz}z=z'.$$

（$\mathbf{R}$ は行列式 1 を持つ実，直交，3 次元行列である．）$\mathbf{O}_R\Phi$ は第 2 の観測者によって観測された状態 Φ の波動関数として，あるいは R によって回転され，そして元の観測者によって観測された元の状態の波動関数としてのいづれかで定義される．

波動関数が粒子のデカルト座標にのみ依存するとき，演算子 $\mathbf{O}_R$ は単に点変換（第11章参照）である：

$$\mathbf{P}_R\varphi(x',y',z')=\varphi(x,y,z). \tag{20.7}$$

(20.7) 式は単に，点 x', y', z' での第 2 の観測者の波動関数が点 x, y, z での第 1 の観測者の波動関数と同じ値をとるという記述である．

デカルト座標と同時にスピン座標を含めて考えるとき，変換は簡単な点変換ではあり得ない，なぜならば s は点変換に従うことはできないからである．この理由で $\mathbf{O}_R$ は $\mathbf{P}_R$ よりもより一般的な演算子となる．我々は演算子 $\mathbf{O}_R$ の系の存在を仮定し（各回転 R に 1 つの演算子 $\mathbf{O}_R$ が属する）そこで異なる座標軸で働いている観測者は同等であるという要請を加えた Pauli の理論の基本的な仮定から，その系を決めることを試みる．本質的にこれらの条件を満足する演算子のただ 1 つの系が存在するということが示される．この系の決定によってスピンを持っている電子の性質について重要な結論が引き出されるであろう．

5. 状態 Φ の波動関数として $\mathbf{O}_R\Phi$ と書く第 2 の観測者の記述は元の記述と完全に同等でなければならない．ことに 2 つの任意の状態 Ψ と Φ の間の**遷移確率**が第 1 の観測者が与えるものと同じでなければならない

$$|(\Psi,\Phi)|^2=|(\mathbf{O}_R\Psi,\mathbf{O}_R\Phi)|^2. \tag{20.8}$$

ここで，回転された座標系を持つ観測者に対して状態 $\mathbf{O}_R\Phi$ として現われる

状態 Φ は，その波動関数を述べることによって完全に与えられるとはいえ，この状態に対する第2の観測者の波動関数は一義的に決定されないことに注意することが重要である．波動関数は絶対値1の任意の定数 c 倍されてよい，なぜならば波動関数 $\mathbf{O}_R\Phi$ と $c\mathbf{O}_R\Phi$ は同じ物理的状態を記述するからである．これは演算子 $\mathbf{O}_R$ が多価（many-valued）である — あらゆる関数 Φ に対してまだ $\mathbf{O}_R$ に自由な因子があることを意味する．$\mathbf{O}_R$ におけるこの自由度は，すべての Ψ とすべての Φ に対して

$$\left.\begin{aligned}&(\Psi,\Phi)=(\mathbf{O}_R\Psi,\mathbf{O}_R\Phi)\\ \text{および}\quad &\mathbf{O}_R(a\Psi+b\Phi)=a\mathbf{O}_R\Psi+b\mathbf{O}_R\Phi\end{aligned}\right\}\qquad(20.8\text{a})$$

（a と b は定数である）となるように定められることによって取り除かれることが証明される（この章の終わりの付録を見よ）；すなわち，$\mathbf{O}_R$ は1次のユニタリ演算子となるように定める．そこで2つの記述の方法—元の系での観測者に対する記述と回転された座標系での観測者に対する記述—は正準変換だけ異なり，この変換はこれら2つの方法が物理的に完全に同等であることを保証する．第2の観測者は波動関数 Φ を持つ状態を $\mathbf{O}_R\Phi$ として観測する；第1の観測者が演算子 $\mathbf{H}$ に対応させる量は，第2の観測者が $\mathbf{O}_R\mathbf{H}\mathbf{O}_R^{-1}$ に対応させる．

逆に，$\mathbf{O}_R$ が1次のユニタリ演算子であるという要求（20.8）は，すべての波動関数に対して定数 c_Φ を，1つを除いて，一義的に決定する．もし $c\mathbf{O}_R\Phi$ が波動関数 $\mathbf{O}_R\Phi$ に代入されるならば，そこで（20.8a）を保持するために，すべての波動関数は同時にそれら自身 c 倍だけ置き換えられなければならない．これを知るためには，（20.8a）で $\mathbf{O}_R\Phi$ を $c\mathbf{O}_R\Phi$ で置き換えるが，たとえば，$\mathbf{O}_R\Psi$ を不変のままにすると仮定しよう；そこでもし（20.8a）がこの新しい系にもあてはまるべきであるとすると，次のようになる

$$(\Psi,\Phi)=(\mathbf{O}_R\Psi,c\mathbf{O}_R\Phi)=c(\mathbf{O}_R\Psi,\mathbf{O}_R\Phi).$$

これは，（20.8a）と共に $c=1$ を意味する．今後我々は常に（20.8a）が成り立つように $\mathbf{O}_R\Phi$ を決める；したがってすべての $\mathbf{O}_R\Phi$ の中で（ここで R は

与えられた回転である), **ただ1つの定数**が自由である. しかしながら, この定数はRに依存するかもしれない.

6. いま2つの状態 $\Psi_-=\psi(x,y,z)\delta_{s,-1}$ と $\Psi_+=\psi(x,y,z)\delta_{s,+1}$ を考えよう. スピンに関係しない実験では, これら2つの状態は両方共あたかもそれらの波動関数が $\psi(x,y,z)$ であるかのように振舞う. 回転された座標系での観測者に対して, スピンに関係しない実験に関する限り, これらは波動関数 $\mathbf{P}_R\psi(x,y,z)$ を持つ状態のように現われる. ゆえに, (20.5) によって, 波動関数 $\mathbf{O}_R\Psi_-$ と $\mathbf{O}_R\Psi_+$ は次のような形を持たなければならない

$$\left.\begin{aligned}\mathbf{O}_R\delta_{s,-1}\psi(x,y,z)&=\mathbf{u}_{s,-1}\mathbf{P}_R\psi(x,y,z)\\ \mathbf{O}_R\delta_{s,1}\psi(x,y,z)&=\mathbf{u}_{s,1}\mathbf{P}_R\psi(x,y,z),\end{aligned}\right\}\tag{20.9}$$

ここで $\mathbf{u}_{s,-1}$ と $\mathbf{u}_{s,1}$ は x, y, z に依らないが, いままでの議論では異なる ψ に対して異なってよい. しかしながら, もし φ が ψ と異なる状態で, これに対して次の式

$$\mathbf{O}_R\delta_{s,-1}\varphi(x,y,z)=\bar{\mathbf{u}}_{s,-1}\mathbf{P}_R\varphi(x,y,z)$$

が成り立つならば, $\mathbf{O}_R$ の1次性から次のようになる

$$\begin{aligned}\mathbf{O}_R\delta_{s,-1}(\varphi+\psi)&=\bar{\bar{\mathbf{u}}}_{s,-1}\mathbf{P}_R(\varphi+\psi)=\bar{\bar{\mathbf{u}}}_{s,-1}\mathbf{P}_R\varphi+\bar{\bar{\mathbf{u}}}_{s,-1}\mathbf{P}_R\psi\\ &=\mathbf{O}_R\delta_{s,-1}\varphi+\mathbf{O}_R\delta_{s,-1}\psi=\bar{\mathbf{u}}_{s,-1}\mathbf{P}_R\varphi+\mathbf{u}_{s,-1}\mathbf{P}_R\psi.\end{aligned}$$

$\mathbf{P}_R\varphi$ と $\mathbf{P}_R\psi$ の1次的独立性のゆえに, これは次のことを意味する

$$\bar{\mathbf{u}}_{s,-1}=\bar{\bar{\mathbf{u}}}_{s,-1}=\mathbf{u}_{s,-1}.$$

同様に,

$$\bar{\mathbf{u}}_{s,1}=\mathbf{u}_{s,1}.$$

このようにして, $\mathbf{u}_{st}$ はすべての波動関数に対して同じであり, そして行列 $\mathbf{u}=\mathbf{u}(R)$ はただ回転Rにのみ依存することができる. もし $\Phi(x,y,z,s)$ が任意の波動関数ならば,

$$\Phi(x,y,z,s)=\delta_{s,-1}\Phi(x,y,z,-1)+\delta_{s,1}\Phi(x,y,z,1).\tag{20.10}$$

再び $\mathbf{O}_R$ の1次性と (20.9) から次のようになる

$$\mathbf{O}_R\Phi(x,y,z,s)=\mathbf{O}_R\delta_{s,-1}\Phi(x,y,z,-1)+\mathbf{O}_R\delta_{s,1}\Phi(x,y,z,1)$$
$$=\mathbf{u}_{s,-1}\mathbf{P}_R\Phi(x,y,z,-1)+\mathbf{u}_{s,1}\mathbf{P}_R\Phi(x,y,z,1) \quad (20.11)$$
$$\mathbf{O}_R\Phi(x,y,z,s)=\sum_{t=\pm1}\mathbf{u}_{st}\mathbf{P}_R\Phi(x,y,z,t).$$

したがって演算子 $\mathbf{O}_R$ は2つの因子に分離される

$$\mathbf{O}_R=\mathbf{Q}_R\mathbf{P}_R. \quad (20.12)$$

演算子 $\mathbf{P}_R$ は (20.7) で定義された周知の演算子であり，波動関数の位置座標にのみ作用する；$\mathbf{Q}_R$ は次のように定義され

$$\mathbf{Q}_R\Phi(x,y,z,s)=\sum_{t=\pm1}\mathbf{u}(R)_{st}\Phi(x,y,z,t) \quad (20.12a)$$

スピン座標 s にのみ作用する．s の変化し得る領域はただ2つの点 $+1$ と -1 から成り立つから，(20.12 a) によって $\mathbf{Q}_R$ は次の2次元行列となる：

$$\mathbf{u}(R)=\begin{pmatrix}\mathbf{u}(R)_{-1,-1} & \mathbf{u}(R)_{-1,1}\\ \mathbf{u}(R)_{1,-1} & \mathbf{u}(R)_{1,1}\end{pmatrix}. \quad (20.13)$$

演算子 $\mathbf{P}$ と $\mathbf{Q}$ は交換する；ゆえに，任意の2つの回転 R と S に対して

そしてことに，
$$\left.\begin{aligned}\mathbf{P}_S\mathbf{Q}_R&=\mathbf{Q}_R\mathbf{P}_S\\ \mathbf{P}_R\mathbf{Q}_R&=\mathbf{Q}_R\mathbf{P}_R.\end{aligned}\right\} \quad (20.14)$$

$\mathbf{O}_R$ を2つの因子 $\mathbf{P}_R$ と $\mathbf{Q}_R$ に分解する可能性は，x,y,z のみに依存する波動関数によって記述されるような“スピンに関係しない実験”が存在するという仮定に本質的に基づいている．この仮定は Dirac の相対論では捨てられる．そして彼の理論では，R を運動座標系への変換とすると $\mathbf{O}_R$ を (20.14) を満足する2つの因子に分解することはできない．

表現論との関係

7.　$\mathbf{O}_R$ と $\mathbf{P}_R$ のユニタリ性から（したがって同様に $\mathbf{P}_R^{-1}$ のユニタリ性から）

$\mathbf{Q}_R=\mathbf{O}_R\mathbf{P}_R^{-1}$ はユニタリでなければならないことになる．ゆえに，すべての関数 Φ と Ψ に対して

$$(\mathbf{Q}_R\Phi,\ \mathbf{Q}_R\Psi)=(\Phi,\ \Psi). \tag{20.15}$$

行列 $\mathbf{u}(R)$ もまたユニタリでなければならないことになる．もし $\Phi=\delta_{s\sigma}\psi$, $\Psi=\delta_{s\tau}\psi$ と置くならば，(20. 3) によって（ψ が規格化されているならば），$(\Phi,\ \Psi)=\delta_{\sigma\tau}$．ゆえに，(20.15) および (20.12 a) によって，次の式が導かれる

$$\delta_{\sigma\tau}=(\mathbf{Q}_R\delta_{s\sigma}\psi,\ \mathbf{Q}_R\delta_{s\tau}\psi)=(\mathbf{u}_{s\sigma}\psi,\ \mathbf{u}_{s\tau}\psi)$$
$$=\sum_{s=\pm1}\iiint_{-\infty}^{+\infty}\mathbf{u}_{s\sigma}{}^*\psi^*\mathbf{u}_{s\tau}\psi\ dx\ dy\ dz=\sum_{s=\pm1}\mathbf{u}_{s\sigma}{}^*\mathbf{u}_{s\tau}.$$

しかしこれはちょうど $\mathbf{u}$ がユニタリであるという条件である．

さらに，$\mathbf{O}_R$ が物理的事実と (20. 8) によって，R に依存する絶対値１の定数を除いて，決まってしまうので，理論の物理的内容を変えることなくあるいは (20.8 a) を修正することなく，$\mathbf{O}_R$ を $c_R\mathbf{O}_R$（ここで $|c_R|=1$）で置き換えることができる．我々は因子 c_R を $\mathbf{Q}_R$ に，したがって，$\mathbf{u}(R)$ に付けることができ，これによって $\mathbf{u}(R)$ の行列式が $+1$ に等しいととり決める．

最後に，行列 $\mathbf{u}(R)$ を完全に決定するために，$\mathbf{O}_R\Phi$ が R によって回転された状態 Φ に対する波動関数であり，したがって $\mathbf{O}_S\cdot\mathbf{O}_R\cdot\Phi$ は最初 R によって次に S によって回転された，あるいは全部で SR によって回転された状態の波動関数であるという事実を考える．このように演算子 $\mathbf{O}_S\mathbf{O}_R$ は，完全に物理的に演算子 $\mathbf{O}_{SR}$ に同等である．それはまた (20.8a) を満足するから—２つの１次ユニタリ演算子の積はそれ自身また１次でユニタリである—それは $\mathbf{O}_{SR}$ と定数因子だけ異なってよい，

$$\mathbf{O}_{SR}=c_{S,R}\mathbf{O}_S\mathbf{O}_R. \tag{20.16}$$

いま $\mathbf{P}_{SR}=\mathbf{P}_S\cdot\mathbf{P}_R$ および (20.14) のゆえに，(20.12) は次のことを意味する

$$\mathbf{Q}_{SR}\mathbf{P}_{SR}=c_{S,R}\mathbf{Q}_S\mathbf{P}_S\mathbf{Q}_R\mathbf{P}_R;\quad \mathbf{Q}_{SR}=c_{S,R}\mathbf{Q}_S\mathbf{Q}_R,$$

あるいは (20.12 a) を用いると,

$$\sum_{t=\pm 1}\mathbf{u}(SR)_{st}\Phi(x,y,z,t)=c_{S,R}\sum_{r=\pm 1}\sum_{t=\pm 1}\mathbf{u}(R)_{sr}\mathbf{u}(R)_{rt}\Phi(x,y,z,t),$$

$$\mathbf{u}(SR)=c_{S,R}\mathbf{1}\cdot\mathbf{u}(S)\cdot\mathbf{u}(R). \tag{20.17}$$

我々はすべて $\mathbf{u}$ の行列式を1に規格化しているから, (20.17) からまた行列式 $|c_{S,R}\mathbf{1}|=1$, そして $c_{S,R}=\pm 1$ となる. したがって, 符号を除いて, 行列 $\mathbf{u}(R)$ は3次元回転群の表現を作る

$$\mathbf{u}(SR)=\pm\mathbf{u}(S)\mathbf{u}(R). \tag{20.17a}$$

これは $\mathbf{u}(R)$ が第15章で議論された行列

$$\mathbf{u}(\{\alpha\beta\gamma\})=\mathfrak{D}^{(1/2)}(\{\alpha\beta\gamma\})=\begin{pmatrix} e^{-\frac{1}{2}i\alpha}\cos\frac{1}{2}\beta e^{-\frac{1}{2}i\gamma} & -e^{-\frac{1}{2}i\alpha}\sin\frac{1}{2}\beta e^{\frac{1}{2}i\gamma} \\ e^{\frac{1}{2}i\alpha}\sin\frac{1}{2}\beta e^{-\frac{1}{2}i\gamma} & e^{\frac{1}{2}i\alpha}\cos\frac{1}{2}\beta e^{\frac{1}{2}i\gamma}\end{pmatrix}, \tag{20.18}$$

と全く等しいか, あるいは, 少なくとも, これらから相似変換によって生じたかのいづれかであることを暗示する. これは実際正しく, そして我々は次の章で (20.17 a) を満足する2次元行列のあらゆる系は単位行列から成り立つか, あるいは $\mathfrak{D}^{(1/2)}$ から相似変換によって得られるかのいづれかであることを証明する. 第1の可能性は, たとえば, スピンが確かに Z 方向にあるような状態が任意の回転の後にもまだその性質を持つことを意味するので, これはここでは除外する.

行列 $\mathbf{u}$ は $\beta=0$ (これは Z 軸を変えない) を持つ回転に対してのみ対角行列であることが許される; そのような回転に対して対角行列でなければならない. というのはもし第1の座標系でスピンが $-Z$ 方向にありしたがって $\Phi(x, y, z, 1)=0$ ならば, 第2の座標系でもまたこのようにならなければならないからである. しかしもしこれが正しいならば, (20.11) 式は $\mathbf{u}_{1,-1}=0$ を意味する; 同様に $\mathbf{u}_{-1,1}=0$; ; そして $\mathbf{u}(\{\alpha, 0, 0\})$ は対角行列である. これは $\mathfrak{D}^{(1/2)}(\{\alpha 0 0\})$ に同値であるからそれは

$$\mathbf{u}(\{\alpha 0 0\})=\begin{pmatrix} e^{-\frac{1}{2}i\alpha} & 0 \\ 0 & e^{\frac{1}{2}i\alpha} \end{pmatrix} \text{であるかあるいは} \begin{pmatrix} e^{\frac{1}{2}i\alpha} & 0 \\ 0 & e^{-\frac{1}{2}i\alpha} \end{pmatrix}, \qquad (20.\mathrm{E}.2)$$

のいづれかである．しかし第2の場合は $\psi\delta_{s,-1}$ の状態にある電子の角運動量が $+Z$ 方向にあり，そして $\psi\delta_{s,1}$ の状態での角運動量が $-Z$ 方向にあることを意味するであろう．この選択は，我々が波動関数 $\Phi(x,y,z,s)$ によって記述しようと思う物理状態に，波動関数 $\Phi(x,y,z,-s)$ を対応させるので，我々はこの選択を除外する．

したがって，$\mathbf{u}(\{\alpha 0 0\})=\mathfrak{D}^{(1/2)}(\{\alpha 0 0\})$，そして $\mathfrak{D}^{(1/2)}$ を $\mathbf{u}$ に変換するユニタリ行列 $\mathbf{S}$ は $\mathfrak{D}^{(1/2)}(\{\alpha 0 0\})$ と交換しなければならない；ゆえにそれは対角行列でなければならない．その2つの対角要素を a および a' としよう ($|a|=|a'|=1$)．そこで我々は表記法を変えることができ，そして以前にその波動関数が $\Phi(x,y,z,s)$ であった状態を波動関数 $\mathbf{S}\Phi(x,y,z,s)$ と書く，ここで

$$\mathbf{S}\Phi(x,y,z,-1)=a\Phi(x,y,z,-1)$$
$$\mathbf{S}\Phi(x,y,z,1)=a'\Phi(x,y,z,1).$$

これは差し支えない，なぜならばいままで比 $\Phi(x,y,z,-1)/\Phi(x,y,z,1)$ の複素位相に何の意味も負わせなかったからである．この方法によって元の記述から生ずるかつ完全にそれに同値な記述において，常に次式が成り立つ

$$\mathbf{u}(\{\alpha,\beta,\gamma\})=\mathfrak{D}^{(1/2)}(\{\alpha,\beta,\gamma\}). \qquad (20.18\mathrm{a})$$

そして第1，2，3節で議論した考えに基づいたスピンのあらゆる記述は，R によって回転された状態 Φ に対して波動関数が $\mathbf{O}_R\Phi$ によって与えられる[3] という記述法と物理的に完全に同等である．ここで $\mathbf{O}_R=\mathbf{P}_R\mathbf{Q}_R$ は次のように定義された演算子である

$$\begin{aligned}\mathbf{O}_R\Phi(x,y,z,s)&=\sum_{t=\pm1}\mathfrak{D}^{(1/2)}(R)_{\frac{1}{2}s,\frac{1}{2}t}\mathbf{P}_R\Phi(x,y,z,t)\\&=\sum_{t=\pm1}\mathfrak{D}^{(1/2)}(R)_{\frac{1}{2}s,\frac{1}{2}t}\Phi(x'',y'',z'',t),\end{aligned} \qquad (20.19)$$

[3] ここで R は常に純粋回転である．

ここで x'', y'', z'' は x, y, z から回転 R^{-1} によって生ずる．$\mathfrak{D}^{(1/2)}$ で添字 $\frac{1}{2}s$, $\frac{1}{2}t$ が現われる．これは $\mathbf{u}$ における -1 と $+1$ の代わりに，$\mathfrak{D}^{(1/2)}$ の行と列は $-\frac{1}{2}$ と $+\frac{1}{2}$ によって表わされるからである．

たとえば，$\Phi(x,y,z,s)$ が次のようであるとしよう，

$$\Phi(x,y,z,s)=(x+iy)\exp(-r/2r_0) \quad s=\pm 1 \text{ の場合.} \tag{20.E.3}$$

関数 $(x+iy)\exp(-r/2r_0)$ は，規格化を除いて，$N=2$, $l=1$ および $\mu=+1$ を持つ水素原子の固有関数である．(17.3) 式を見よ．Y 軸がもとの Y 軸で，Z 軸がもとの X 軸となるような座標系において状態 (20.E.3) を考えよう．そこで回転 R は $\{0, \pi/2, 0\}$ であり，

$$x'=-z,\ y'=y,\ z'=x$$

そして逆回転は

$$x''=z,\ y''=y,\ z''=-x.$$

行列 $\mathfrak{D}^{(1/2)}(\{0, \frac{1}{2}\pi, 0\})$ は

$$\begin{pmatrix} 1/\sqrt{2} & -1/\sqrt{2} \\ 1/\sqrt{2} & 1/\sqrt{2} \end{pmatrix}.$$

新しい座標系に対する状態 (20.E.3) の波動関数は，(20.19) によって，次のようになる

$$\mathbf{O}_R\Phi(x,y,z,s)=\begin{cases} \dfrac{1}{\sqrt{2}}(z+iy)e^{-r/2r_0}-\dfrac{1}{\sqrt{2}}(z+iy)e^{-r/2r_0} & s=-1 \text{ の場合} \\ \dfrac{1}{\sqrt{2}}(z+iy)e^{-r/2r_0}+\dfrac{1}{\sqrt{2}}(z+iy)e^{-r/2r_0} & s=+1 \text{ の場合} \end{cases}$$
$$=\delta_{s1}\sqrt{2}(z+iy)e^{-r/2r_0}.$$

新しい座標系ではスピンはこのようにして確かに $+Z$ 方向にあり，それゆえそれは古い座標系では $+X$ 方向にあった．

8.　いま変換公式 (20.19) からあらゆる物理的意味を導き出そう．(20.19) によって答えられる非常に重要な疑問は次のことである：スピンの Z 成分が値 $+\hbar/2$ を持つことが知られているとき，スピンの Z' 成分が $+\hbar/2$ および $-\hbar/2$ を与えるような測定に対する確率は何か？　換言すれば：角度 β をなす２つの異なる方向 Z' および Z に対するスピン成分の間の確率の関係は何か？もしスピンが Z 方向にあるならば，波動関数は $\Phi(x,y,z,s)=\delta_{s1}\varphi(x,y,z)$ の

形を持つ；$\{0, \beta, 0\}$ だけ回転された座標系においてこの状態を考える場合，$\mathbf{P}_{\{0\beta0\}}\Phi(x,y,z,s)=\delta_{s1}\mathbf{P}_{\{0,\beta,0\}}\varphi(x,y,z)$ のゆえに，次式が成り立つ（$\Phi(x,y,z,-1)=0$ である．また (15.16) 式と $\mathfrak{D}^{(1/2)}(\{0,\beta,0\})_{st}$ を用いる）

$$\mathbf{O}_{\{0\beta0\}}\Phi(x,y,z,-1)=\cos\tfrac{1}{2}\beta\mathbf{P}_{\{0\beta0\}}\Phi(x,y,z,-1)-\sin\tfrac{1}{2}\beta\mathbf{P}_{\{0\beta0\}}\Phi(x,y,z,1)$$
$$=-\sin\tfrac{1}{2}\beta\cdot\mathbf{P}_{\{0\beta0\}}\varphi(x,y,z), \tag{20.20}$$
$$\mathbf{O}_{\{0\beta0\}}\Phi(x,y,z,1)=\sin\tfrac{1}{2}\beta\mathbf{P}_{\{0\beta0\}}\Phi(x,y,z,-1)+\cos\tfrac{1}{2}\beta\mathbf{P}_{\{0\beta0\}}\Phi(x,y,z,1)$$
$$=\cos\tfrac{1}{2}\beta\cdot\mathbf{P}_{\{0\beta0\}}\varphi(x,y,z).$$

いま第2の観測者は波動関数 $\mathbf{O}_{\{0\beta0\}}\Phi$ から直接に，元のZ方向と角度 β をなす Z' 軸方向に沿ったスピンに対して，与えられた結果の確率を計算することができる．(20.20) 式は $+Z'$ 方向における結果の確率に対して $|\cos\frac{1}{2}\beta|^2$ を与え，そして $-Z'$ 方向の確率に対して $|\sin\frac{1}{2}\beta|^2$ を与える．もしスピンのある方向に対する確率が1ならば，これに対して角度 β をなしている方向に対しては確率は $|\cos\frac{1}{2}\beta|^2$ に等しい．$\beta=0$ の場合これは1である．2つの方向が一致するとき当然そうでなければならない；$\beta=\frac{1}{2}\pi$ の場合，すなわち2つの方向が互いに垂直であるとき，確率は$\frac{1}{2}$に等しい；$\beta=\pi$ の場合，すなわち2つの方向が反対のとき，確率はゼロである．

今度は，スピンが向いて**いない**ような方向が存在する条件とは何か，を求めよう．この方向を，たとえば，Z' 方向であるとしよう．したがってZ軸が Z' である1つの座標系での波動関数 $\mathbf{O}_{\{\alpha,\beta,\gamma\}}\Phi$ は次の形を持つ

$$\mathbf{O}_{\{\alpha,\beta,\gamma\}}\Phi(x,y,z,s)=\delta_{s,-1}\varphi(x,y,z).$$

波動関数 Φ 自身は（略して $R=\{\alpha,\beta,\gamma\}$ と書く）

$$\Phi(x,y,z,s)=\mathbf{O}_{R^{-1}}\mathbf{O}_R\Phi=\mathbf{O}_{R^{-1}}\delta_{s,-1}\varphi(x,y,z)$$
$$=\mathfrak{D}^{(1/2)}(R^{-1})_{\frac{1}{2}s,-\frac{1}{2}}\mathbf{P}_{R^{-1}}\varphi(x,y,z).$$

それゆえ，このような方向は $\Phi(x,y,z,-1)$ と $\Phi(x,y,z,1)$ がただ x, y, z に独立な定数因子だけ異なる場合にのみ存在するであろう：

$$\Phi(x,y,z,-1)/\Phi(x,y,z,1)=\mathfrak{D}^{(1/2)}(R)_{-\frac{1}{2}-\frac{1}{2}}/\mathfrak{D}^{(1/2)}(R)_{\frac{1}{2}-\frac{1}{2}}=e^{-i\alpha}\cot\tfrac{1}{2}\beta. \tag{20.E.4}$$

この因子の絶対値および複素位相は，(20.E.4) が示すように，全く任意であってよい．$\Phi(x,y,z,-1)$ と $\Phi(x,y,z,1)$ がただある因子だけ異なるという事実は，スピンのZ成分とスピンに関係しない量との同時測定において後者の確率は，第3節によって，スピンの方向に**統計的に独立**であるということを示す．この場合スピンがその方向に確かにないような方向が常に存在する—その方位 α と極角 β は (20.E.4) に与えられている—；さもなければこのような方向は存在しない．

9. 回っている電子の振舞いについての深遠な具体的な記述が単に，あるかなり定性的な要請と共に，不変性の要求と量子力学の一般原理に基づいて得られたという事実に注意を促す価値がある．たったいま導かれた2つの結果，特に異なるスピンの方向の確率の間の関係についての結果は，少なくとも原理的には，実験的に証明可能である．

演算子 $\mathbf{O}_R$ の決定は，異なる座標系が物理的に同等であるという仮説のもとになされている．空間の等方性を破壊するような外場は，また演算子 $\mathbf{O}_R$ の修正を含む．外場が弱い限り，回転された座標系への遷移をもたらす演算子はまだ近似的に (20.19) によって与えられることは当然であろう．しかしながら，(20.19) の正当性は今後強い場においてもまた仮定されるであろう．

最後に，(20.19) の導き出しにおいてかなり決定的に重要な1点に注意を促そう．多分この点は数学的公式化の中に埋没されてしまっている．これは，2つの座標系の同等性はまた同じ様に回転された座標系への変換を生ずる演算子 $\mathbf{O}_R$ の同等性を意味する，という事実である．

算子 $\mathbf{O}_R$ は1次でユニタリであるが，しかし $\mathbf{P}_R$ のように点変換ではない．この理由 (11.22) はこの場合に成り立たない．すなわち，

$$\mathbf{O}_R\Phi\Psi\neq\mathbf{O}_R\Phi\cdot\mathbf{O}_R\Psi.$$

さらに，回転Rは1つでなく，2つの演算子 $\mathbf{O}_R$ と $-\mathbf{O}_R$ に対応することに注

意すべきである，なぜならば (20.19) に現われる $\mathfrak{D}^{(1/2)}(\{\alpha,\beta,\gamma\})$ は符号を除いて回転によって決定されるからである．また $\mathbf{O}_{SR}=\mathbf{O}_S\mathbf{O}_R$ は成り立たず，ただ次の式のみが成り立つ

$$\mathbf{O}_{SR}=\pm\mathbf{O}_S\mathbf{O}_R. \qquad (20.16\,\mathrm{a})$$

(20.16a) が残りの演算子についてちょうど上の符号をもって成り立つように演算子のうちの1つ，$+\mathbf{O}_R$ あるいは $-\mathbf{O}_R$ を勝手に除くことはまた不可能である．

10.　スピンの Z 成分はちょうど位置あるいは角運動量のように“物理量”である．したがって，量子力学の統計的解釈にしたがって，それは1次エルミート演算子に対応しなければならない；この演算子は $\mathbf{S}_z=\frac{\hbar}{2}\mathbf{s}_z$ によって表わされるであろう．$\mathbf{s}_z$ の固有値は，スピンの Z 成分に対して可能な値 $-\frac{\hbar}{2}$ と $+\frac{\hbar}{2}$ に対応して，-1 および $+1$ である．第1の固有値に対する固有関数はすべての関数，$\Psi_-(x,y,z,s)=\delta_{s,-1}\psi(x,y,z)$ である；これらは $s=-1$ の場合だけゼロと異なる．第2の固有値に対する固有関数はすべての関数 $\Psi_+(x,y,z,s)=\delta_{s,1}\psi'(x,y,z)$ であり，これらは $s=+1$ の場合だけゼロと異なる．このようにして，

$$\begin{aligned}\mathbf{s}_z\delta_{s,-1}\psi(x,y,z)&=-\delta_{s,-1}\psi(x,y,z)\\ \mathbf{s}_z\delta_{s,1}\psi'(x,y,z)&=+\delta_{s,1}\psi'(x,y,z),\end{aligned}$$

そして勝手な $\Phi(x,y,z,s)$ に対して

$$\Phi(x,y,z,s)=\delta_{s,-1}\Phi(x,y,z,-1)+\delta_{s,1}\Phi(x,y,z,1),$$

$\mathbf{s}_z$ の1次性のゆえに次の式が成り立つ

$$\begin{aligned}\mathbf{s}_z\Phi(x,y,z,s)&=\mathbf{s}_z(\delta_{s,-1}\Phi(x,y,z,-1)+\delta_{s,1}\Phi(x,y,z,1))\\ &=-\delta_{s,-1}\Phi(x,y,z,-1)+\delta_{s,1}\Phi(x,y,z,1) \qquad (20.21)\\ \mathbf{s}_z\Phi(x,y,z,s)&=\sum_{t=\pm1}t\delta_{st}\Phi(x,y,z,t)=s\Phi(x,y,z,s).\end{aligned}$$

$\mathbf{s}_z$ はスピン座標にのみ作用するから，それは，$\mathbf{Q}_R$ のように，行列形を持つ，

$$\mathbf{s}_z=\begin{pmatrix}-1 & 0\\ 0 & 1\end{pmatrix}. \qquad (20.21\mathrm{a})$$

我々はいま，スピンの Z' 成分に対応する演算子 $\mathbf{h}$ を決定する．その Z 軸が Z' であるような座標系での観測者に対して，この演算子は単に $\mathbf{s}_z$ である，なぜならばこの観測者に対して，定義によって，すべての演算子は第1の観測者に対するものと正確に同じよ

うに書かれるからである．このときこれらの演算子は観測者自身の座標系に属している．一方では，演算子は $\mathbf{O}_R$ による変換によって $\mathbf{h}$ から生ずる．したがって

$$\mathbf{s}_z=\mathbf{O}_R\mathbf{h}\mathbf{O}_R{}^{-1};\quad \mathbf{h}=\mathbf{O}_R{}^{-1}\mathbf{s}_z\mathbf{O}_R.$$

そこで (20.12) によって（そして $\mathbf{P}_R$ は $\mathbf{s}_z$ と交換するから），次のようになる

$$\mathbf{h}=\mathbf{Q}_R{}^{-1}\mathbf{P}_R{}^{-1}\mathbf{s}_z\mathbf{P}_R\mathbf{Q}_R=\mathbf{Q}_R{}^{-1}\mathbf{s}_z\mathbf{Q}_R. \tag{20.22}$$

もし (20. 22) に現われているすべての演算子に対して行列形を用いると（これらは s にのみ作用する），次式が得られる

$$\mathbf{h}=\mathbf{u}(R)^\dagger\mathbf{s}_z\mathbf{u}(R).$$

いま (15.11) 式から，もし $\bar{\mathbf{h}}=\mathbf{s}_z$(すなわち，$x'=y'=0$；$z'=1$) と置くならば，$\mathbf{h}$ はそこで用いられた行列と全く等しいことになる．(15.11) 式で $\mathfrak{r}=(x,y,z)$ はその成分が変換 R^{-1} によって $\mathfrak{r}'$ ($x'=y'=0$; $z'=1$ として）から生ずるベクトルであり，したがって Z' 方向における単位ベクトルである．ゆえに，$\mathbf{h}$ を定義している (15.10 a）式は

$$\mathbf{h}=\alpha_1\mathbf{s}_x+\alpha_2\mathbf{s}_y+\alpha_3\mathbf{s}_z, \tag{20.22}$$

ここで $\alpha_1,\alpha_2,\alpha_3$ は Z' の方向余弦である．(20.22 a）からスピンの Z' 成分に対する演算子は (15.10) 式に与えられた X,Y,Z 成分に対する演算子から成ることがわかる，

$$\mathbf{s}_x=\begin{pmatrix}0&1\\1&0\end{pmatrix},\quad \mathbf{s}_y=\begin{pmatrix}0&i\\-i&0\end{pmatrix},\quad \mathbf{s}_z=\begin{pmatrix}-1&0\\0&1\end{pmatrix}.$$

これは座標の Z' 成分に対する演算子（$\alpha_1x+\alpha_2y+\alpha_3z$ の掛け算）が X,Y,Z 座標に対する演算子から作られているのと同じである．この型の演算子は“ベクトル演算子”とよばれる．

(15.11) 式は，スピンの $\mathbf{R}\mathfrak{r}$ 成分に対する演算子 $[\mathbf{R}\mathfrak{r},\mathbf{s}]=[\mathfrak{r}',\mathbf{s}]$ が $\mathbf{u}(R)^{-1}$ による（すなわち，$\mathbf{Q}_{R^{-1}}$ による）変換によってスピンの $\mathfrak{r}$ 成分に対する演算子 $[\mathfrak{r},\mathbf{s}]$ から得られることを述べている．

スピンの理論では多くの場合直接 (20.22 a）から始め，そして全体の理論をこの方程式に基礎づけることが習慣である．

第20章の付録．回転演算子の1次性とユニタリ性

第1の観測者が Φ によって記述する状態を第2の観測者は波動関数 $\overline{\Phi}$ で書くとしよう．そして他のすべての状態に対しても同じ表記法を用いる．そこ

で，(20.8) によって，すべての関数 Ψ および Φ に対して次式が成り立つ，

$$|(\Psi, \Phi)| = |(\overline{\Psi}, \overline{\Phi})|. \qquad (20.8)$$

実際に，Ψ と Φ が物理状態に対応しているときのみ，したがって規格化されているときにのみ (20.8) は成り立つ．さもなければ，我々は状態 Φ の"第2の記述"を全く議論することができない，なぜならば規格化された Φ のみが状態を表わすからである．しかしながら，規格化されていない Φ' に対してさえも $\overline{\Phi}'$ を定義することは適当である．特別に，もし，$\Phi' = a\Phi$，そして Φ が規格化されているとき，我々は $\overline{\Phi}' = a\overline{\Phi}$ とする．そこで (20. 8) はすべての関数に対して成り立つ．

さらに，Ψ と Φ が絶対値1の定数倍されたとき，(20. 8) は変化しない．次の式だけでなく

$$|(\mathbf{O}_R\Psi, \mathbf{O}_R\Phi)| = |(\Psi, \Phi)| \qquad (20.8)$$

また，

$$\begin{aligned}(\mathbf{O}_R\Psi, \mathbf{O}_R\Phi) &= (\Psi, \Phi), \\ \mathbf{O}_R(a\Psi + b\Phi) &= a\mathbf{O}_R\Psi + b\mathbf{O}_R\Phi\end{aligned} \qquad (20.8a)$$

もすべての $c_\Psi\overline{\Psi} = \mathbf{O}_R\Psi$ および $c_\Phi\overline{\Phi} = \mathbf{O}_R\Phi$ に対して成り立つようにこれらの定数 c_Ψ, c_Φ を選ぶことができるということをいま証明する，ここで a と b は任意の定数である．(20.8) から (20.8a) へ移る際の困難は，(20.8) が ($\mathbf{O}_R\Psi$, $\mathbf{O}_R\Phi$) と (Ψ, Φ) の絶対値の等しいことのみを要求しているのに反して，(20.8a) は複素位相もまた，すべての関数に対して同時に等しいことを要求しているという事実にある．

もし関数 $\Psi_1, \Psi_2, \cdots$ が完全直交系を作るならば，そこで $\overline{\Psi}_1, \overline{\Psi}_2, \cdots$ もまたそうである．$(\Psi_i, \Psi_k) = \delta_{ik}$ と (20.8) から $(\overline{\Psi}_i, \overline{\Psi}_k) = \delta_{ik}$ となり，そしてもしすべての Ψ_i に直交であるような関数が存在しなければ，すべての $\overline{\Psi}_i$ に直交な関数もまた存在しない．

いま，$\kappa = 1, 2, 3, 4, \cdots$ に対して $F_\kappa = \Psi_1 + \Psi_\kappa$ に対応する関数 $\overline{F}_\kappa$ を考えてみ

よう．$\overline{F_\kappa}$ を完全直交系 $\overline{\Psi_1}, \overline{\Psi_2},\cdots$ に展開するならば，そこですべての展開係数 $(\overline{\Psi_\kappa}, \overline{F_\kappa})$ は $\overline{\Psi_1}$ と $\overline{\Psi_\kappa}$ のそれを除いてゼロであり，そしてこれらは絶対値 1 である，なぜならば (Ψ_λ, F_κ) は $\lambda=1$ および $\lambda=\kappa$ の場合のみゼロとならず，そして λ のこれらの値に対してそれは絶対値 1 を持つ．したがって

$$\overline{F_\kappa}=y_\kappa(\overline{\Psi_1}+x_\kappa\overline{\Psi_\kappa});\ |y_\kappa|=|x_\kappa|=1 \quad (\kappa=2,3,\cdots). \tag{20.23}$$

我々はいま定数のうちの1つ，$c_{\Psi_1}=1$，と選び，$c_{\Psi_\kappa}=x_\kappa$ および $c_{F_\kappa}=1/y_\kappa$ と書く．そこで

$$\left.\begin{aligned}\mathbf{O}_R\Psi_1=\overline{\Psi_1};\ \mathbf{O}_R\Psi_\kappa=c_{\Psi_\kappa}=\overline{\Psi_\kappa}=x_\kappa\overline{\Psi_\kappa},\\ \mathbf{O}_R(\Psi_1+\Psi_\kappa)=\mathbf{O}_RF_\kappa=c_{F_\kappa}\overline{F_\kappa}=\overline{F_\kappa}/y_\kappa=\mathbf{O}_R\Psi_1+\mathbf{O}_R\Psi_\kappa.\end{aligned}\right\} \tag{20.24}$$

いま Φ を任意の関数であるとし，これを Ψ_κ によって展開する

$$\Phi=a_1\Psi_1+a_2\Psi_2+a_3\Psi_3+\cdots. \tag{20.25}$$

次に $\overline{\Phi}$ を $\mathbf{O}_R\Psi_1, \mathbf{O}_R\Psi_2,\cdots$ の完全直交系で展開する

$$\overline{\Phi}=\bar{a}_1\mathbf{O}_R\Psi_1+\bar{a}_2\mathbf{O}_R\Psi_2+\bar{a}_3\mathbf{O}_R\Psi_3+\cdots.$$

したがって

$$|\bar{a}_\kappa|=|(\mathbf{O}_R\Psi_\kappa, \overline{\Phi})|=|(x_\kappa\overline{\Psi_\kappa}, \overline{\Phi})|=|(\Psi_\kappa,\Phi)|=|a_\kappa|, \tag{20.26}$$

特に，$|\bar{a}_1|=|a_1|$．ゆえに我々は $c_\Phi=a_1/\bar{a}_1$ と選び，したがって

$$\mathbf{O}_R\Phi=c_\Phi\overline{\Phi}=a_1\mathbf{O}_R\Psi_1+a'_2\mathbf{O}_R\Psi_2+a'_3\mathbf{O}_R\Psi_3+\cdots \tag{20.27}$$

その上，$|a'_\kappa|=|a_\kappa|$．実際 $a'_\kappa=a_\kappa$ であることがわかるであろう．これを証明するために，(20.8) を $F_\kappa=\Psi_1+\Psi_\kappa$ および Φ の1組の関数に応用しよう．我々は第1に次の式を持つ，

$$|(F_\kappa, \Phi)|=|(\Psi_1+\Psi_\kappa, \Phi)|=|a_1+a_\kappa|.$$

同様に，$\overline{F_\kappa}$ と $\overline{\Phi}$ は絶対値1の位相だけ $\mathbf{O}_RF_\kappa$ および $\mathbf{O}_R\Phi$ と異なるから，

$$|(\overline{F}_\kappa, \overline{\Phi})| = |(\mathbf{O}_R F_\kappa, \mathbf{O}_R \Phi)|$$
$$= |(\mathbf{O}_R \Psi_1 + \mathbf{O}_R \Psi_\kappa, a_1 \mathbf{O}_R \Psi_1 + a'_2 \mathbf{O}_R \Psi_2 + \cdots)| = |a_1 + a'_\kappa|.$$

それゆえ $|a_1 + a_\kappa|^2 = |a_1 + a'_\kappa|^2$，あるいは

$$|a_1|^2 + a_1^* a'_\kappa + a_1 a'^*_\kappa + |a'_\kappa|^2 = |a_1|^2 + a_1^* a_\kappa + a_1 a_\kappa^* + |a_\kappa|^2.$$

a'^*_κ は $a'_\kappa a'^*_\kappa = a_\kappa a_\kappa^*$ を用いることによってこの方程式から除かれて，a'_κ について2次の方程式を得る：

$$a_1^* a'^2_\kappa - (a_1^* a_\kappa + a_1 a_\kappa^*) a'_\kappa + a_1 |a_\kappa|^2 = 0. \qquad (20.28)$$

(20.28) より次のようになる

$$a'_\kappa = a_\kappa \text{ または } a'_\kappa = a_\kappa^* a_1 / a_1^*. \qquad (20.29)$$

第1の場合，あらゆる $\Phi = \sum_\kappa a_\kappa \Psi_\kappa$ および $\Psi = \sum_\kappa b_\kappa \Psi_\kappa$ に対して，

$$\mathbf{O}_R \Phi = \sum_\kappa a_\kappa \mathbf{O}_R \Psi_\kappa; \quad \mathbf{O}_R \Psi = \sum_\kappa b_\kappa \mathbf{O}_R \Psi_\kappa, \qquad (20.30)$$

そしてまた

$$\mathbf{O}_R (a\Phi + b\Psi) = \mathbf{O}_R \sum_\kappa (a a_\kappa + b b_\kappa) \Psi_\kappa = \sum_\kappa (a a_\kappa + b b_\kappa) \mathbf{O}_R \Psi_\kappa$$
$$= a \mathbf{O}_R \Phi + b \mathbf{O}_R \Psi,$$

したがって $\mathbf{O}_R$ は実際に**1次**である．さらに，

$$(\mathbf{O}_R \Psi, \mathbf{O}_R \Phi) = (\sum_\kappa b_\kappa \mathbf{O}_R \Psi_\kappa, \sum_\lambda a_\lambda \mathbf{O}_R \Psi_\lambda)$$
$$= \sum_{\kappa\lambda} b_\kappa^* a_\lambda \delta_{\kappa\lambda} = \sum_\kappa b_\kappa^* a_\kappa,$$

そしてまた

$$(\Psi, \Phi) = (\sum_\kappa b_\kappa \Psi_\kappa, \sum_\lambda a_\lambda \Psi_\lambda) = \sum_{\kappa\lambda} b_\kappa^* a_\lambda \delta_{\kappa\lambda} = \sum_\kappa b_\kappa^* a_\kappa.$$

演算子 $\mathbf{O}_R$ はまた**ユニタリ**であり，これは (20.8a) を証明する．

我々はまだ，(20.29) での第2の場合が起こり得ないことを示さなければならない．この目的のために，

$$\mathbf{O}_R \Phi = \mathbf{O}_R \sum_\kappa a_\kappa \Psi_\kappa = \frac{a_1}{a_1^*} \sum_\kappa a_\kappa^* \mathbf{O}_R \Psi_\kappa,$$

を

$$\mathbf{O}_R\Phi=\mathbf{O}_R\sum_\kappa a_\kappa\Psi_\kappa=\sum_\kappa a_\kappa{}^*\mathbf{O}_R\Psi_\kappa \tag{20.31}$$

で置き換える，すなわち，$\mathbf{O}_R\Phi$ に $a_1{}^*/a_1$ を掛ける．これは確かに記述の内容を変えない．

いまハミルトニアン演算子の２つの固有関数を考えよう；すなわち，**異なる**エネルギーEおよび E' を持つ２つの定常状態 $\chi=\sum_\kappa u_\kappa\Psi_\kappa$ および $\chi'=\sum_\kappa u'_\kappa\Psi_\kappa$ を考える．そこで

$$\chi e^{-i(E/\hbar)t}+\chi' e^{-i(E'/\hbar)t}=\sum_\kappa (u_\kappa e^{-i(E/\hbar)t}+u'_\kappa e^{-i(E'/\hbar)t})\Psi_\kappa \tag{20.32}$$

は時間を含んだ形の Schrödinger 方程式の１つの解である．(20.29) の第２の場合，(20.31) によって，

$$\mathbf{O}_R\chi=\sum_\kappa u_\kappa{}^*\mathbf{O}_R\Psi_\kappa$$

は状態 χ に対応し，また

$$\mathbf{O}_R\chi'=\sum_\kappa u'_\kappa{}^*\mathbf{O}_R\Psi_\kappa$$

は状態 χ' に対応する．またエネルギーは第２の記述でもEおよび E' である．ゆえに

$$e^{-i(E/\hbar)t}\mathbf{O}_R\chi+e^{-i(E'/\hbar)t}\mathbf{O}_R\chi'=\sum_\kappa (u_\kappa{}^*e^{-i(E/\hbar)t}+u'_\kappa{}^*e^{-i(E'/\hbar)t})\mathbf{O}_R\Psi_\kappa \tag{20.33}$$

はまた Schrödinger 方程式に対する１つの解であり，$t=0$ で (20.32) と同じ状態を表わす．その結果その後いつでも同じ状態を表わすであろう．しかしこれは不可能である，なぜならば (20.31) によって

$$\sum_\kappa (u_\kappa e^{-i(E/\hbar)t}+u'_\kappa e^{-i(E'/\hbar)t})^*\mathbf{O}_R\Psi_\kappa$$

は，状態 (20.32) に対応し，これは $E=E'$ のときにのみ $t\neq 0$ で (20.33) と全く等しい．このように (20.29) の第２の場合矛盾を生じるから (20.24) および (20.27) で用いられた c の選択としては，(20.29) における第１の場合しかあり得ない．そしてそれから $\mathbf{O}_R$ の**１次ユニタリ性**が導かれる．

以上をもって，2つの物理的に同等な記述法は一波動関数の自由な定数を適当に変えた後に一**正準変換**によって相互に変換されるという重要な結論を得る．しかしながら，(20.29) の第2の場合，“反ユニタリ”(20.31) を除くために，また波動関数の時間依存を考えることが必要であったということに注意すべきである．より正確にいうと，もし状態 Φ が時間間隔 t の間に状態 Φ' になるならば，そこで状態 $\overline{\Phi}$ は同じ時間間隔の間に $\overline{\Phi}'$ になることが自明のこととして仮定された．これは立証され，そして事実，現在の議論の経緯において必要な仮定であるが，しかし第26章で“時間反転”の演算が考えられるときにはもはや成り立たない．

第21章　全角運動量量子数

1.　前章の変換公式，(20.19) 式，において

$$\begin{aligned}\mathbf{O}_R\Phi(x,y,z,s) &= \sum_{t=\pm1}\mathfrak{D}^{(1/2)}(R)_{\frac{1}{2}s,\frac{1}{2}t}\mathbf{P}_R\Phi(x,y,z,t)\\ &= \sum_{t=\pm1}\mathfrak{D}^{(1/2)}(R)_{\frac{1}{2}s,\frac{1}{2}t}\Phi(x'',y'',z'',t),\end{aligned} \tag{21.1}$$

Rは純粋回転である．もし転義回転をもとの座標系に行なって得られる座標系で波動関数を書こうとするならば，我々はまず座標系の反転を行ない

$$x'=-x,\ y'=-y,\ z'=-z \tag{21.2}$$

次いで回転を行なう．ゆえに問題点は，元の系に対して**反対**方向に向いた座標軸を持つ観測者に対して，状態 Φ の波動関数 $\mathbf{O}_I\Phi$ がどのように現われるかということである．

まず状態 $u_s\psi(x,y,z)$ を考えてみよう．スピンに関係しない実験では，第1の観測者に対してその波動関数があたかも ψ であるかのごとく振舞い，したがって反転された座標系での観測者に対して，その波動関数は $\mathbf{P}_I\psi$ であるかのごとく振舞う，ここで

$$\mathbf{P}_I\psi(x,y,z)=\psi(-x,-y,-z). \tag{21.2}$$

ゆえに $\mathbf{O}_I u_s\psi(x,y,z)=u'_s\cdot\mathbf{P}_I\psi(x,y,z)$．磁気能率は $u_s\psi(x,y,z)$ に対して与えられた方向を持つ．座標の反転に対し，この方向は逆の方向に変換する，なぜならば磁気能率は**軸性**ベクトルだからである．しかしこの逆方向は，新しい座標系で，もとの方向が古い座標系で名付けられていたと正確に同じ名前を持っている．第2の観測者に対してスピンの方向は，第1の観測者に対すると同じものであり，$\mathbf{O}_I u_s\psi(x,y,z)$ において $\mathbf{P}_I\psi$ の前の因子 u'_s は u_s に等しい．

我々は，磁気2重極は常に円形電流によって置き換えられ得るということを知っている．もしこの円形電流が，たとえば，XY平面内にありそしてXからYに向って流れているならば，それはまた $X'Y'$ 平面内にあり X' から Y' に向って流れる．

その結果，すべての u_s およびすべての $\psi(x, y, z)$ に対して次式が成り立つ

$$\mathbf{O}_I u_s \psi(x, y, z) = u_s \mathbf{P}_I \psi(x, y, z) = \mathbf{P}_I u_s \psi(x, y, z), \tag{21.3}$$

ここでまだuおよび ψ に依存するかもしれない定数だけの任意性がある．しかし，$\mathbf{O}_I$ の1次性を要求すると，この定数はすべてのuとすべての ψ に対して同じ大きさでなければならないということが，(20.8a) の後で行なったと正確に同じ方法で示される．$\mathbf{O}_I$ における因子はすでに全く任意であるから，我々はこの定数を省略することができる．さらにあらゆる関数 $\Phi(x, y, z, s)$ は $u_s\psi(x, y, z)$ の形の関数の1次結合として書かれるから，(21.3) および $\mathbf{O}_I$ と $\mathbf{P}_I$ の1次性より $\mathbf{O}_I \equiv \mathbf{P}_I$ となる

$$\mathbf{O}_I \Phi(x, y, z, s) = \mathbf{P}_I \Phi(x, y, z, s) = \Phi(-x, -y, -z, s). \tag{21.4}$$

座標系の反転 (21.2) に対する演算子 $\mathbf{O}_I$ は，スピン座標に全く作用しない；それは (21.4) によって与えられる．そして $\mathbf{O}_I{}^2 = \mathbf{1}$ あるいは $\mathbf{O}_I\mathbf{O}_I\Phi = \Phi$ である；このように恒等演算子と演算子 $\mathbf{O}_I$ は鏡像群に同型な群を作る．

(21.1) および (21.4) は座標軸の任意の変化に対する波動関数の変換公式を表わす．さらに，公式 (21.1) および (21.4) は電子に対してだけでなく，陽子に対してもまた成り立つ．しかしながら，陽子の磁気能率は電子のそれよりも非常に小さく（陽子の質量は約1840倍大きい），ゆえに電子のスピンによるものほど容易に観測にかからない．今後，我々は“原子核のスピン”を考えないことにする．

(21.1) および (21.4) 式はまた本質的な変化なしに[1] Dirac の相対論的電子論においても成り立つ．Dirac によれば波動関数は位置の2個の関数 $\Phi(x, y, z, -1)$ と $\Phi(x, y, z, 1)$ から成り立つのでなく，4個の関数から成り立つ．s

---

[1] J. A. Gaunt, *Proc. Roy. Soc.* A **124**, 163 (1929).

の他に第5の座標 s' を導入してよい，この座標もただ2つの値をとることができる．そこで純粋回転の場合，(21.1) 式は変らない；s' は変換に全く関係しない；これに反して，反転のもとで，2つの s' の値は入れ換わる．

2.　公式 (21.1) および (21.4) は，ただ1個の電子より成り立つ系についてあてはまる．数個の電子の場合には，波動関数 $\Phi(x_1, y_1, z_1, s_1, \cdots, x_n, y_n, z_n, s_n)$ はすべての粒子のデカルト座標と同時にそれらのスピン座標を含む．2つの波動関数 Φ と G のスカラー積は

$$(\Phi, G) = \sum_{s_1=\pm 1} \sum_{s_2=\pm 1} \cdots \sum_{s_n=\pm 1} \iint_{-\infty}^{\infty} \cdots \int \Phi(x_1, \cdots, s_n)^* G(x_1, \cdots, s_n) dx_1 \cdots dz_n. \tag{21.5}$$

簡単なスピンに関係しない理論では演算子 $\mathbf{P}_R$ はすべての座標の3つ組に作用し，すべてに同じ方法で作用した．同様に，Pauli の理論で他の座標系に変換する演算子 $\mathbf{O}_R$ はいま，(21.1) あるいは (21.4) において x, y, z および s に作用すると同じ方法で，すべての座標 x_k, y_k, z_k および s_k に作用する．したがって

$$\begin{aligned} &\mathbf{O}_R \Phi(x_1, y_1, z_1, s_1, \cdots, x_n, y_n, z_n, s_n) \\ &\quad = \sum_{t_1 \cdots t_n} \mathfrak{D}^{(1/2)}(R)_{\frac{1}{2}s_1, \frac{1}{2}t_1} \cdots \mathfrak{D}^{(1/2)}(R)_{\frac{1}{2}s_n, \frac{1}{2}t_n} \mathbf{P}_R \Phi(x_1, y_1, z_1, t_1, \\ &\qquad \cdots, x_n, y_n, z_n, t_n) \end{aligned} \tag{21.6}$$

および

$$\begin{aligned} &\mathbf{O}_I \Phi(x_1, y_1, z_1, s_1, \cdots, x_n, y_n, z_n, s_n) \\ &\quad = \mathbf{P}_I \Phi(x_1, y_1, z_1, s_1, \cdots, x_n, y_n, z_n, s_n) \\ &\quad = \Phi(-x_1, -y_1, -z_1, s_1, \cdots, -x_n, -y_n, -z_n, s_n). \end{aligned} \tag{21.7}$$

演算子 $\mathbf{O}_R$ は2つの演算子 $\mathbf{P}_R$ と $\mathbf{Q}_R$ の積であり，第1の演算子はデカルト座標にのみ作用する．

$$\mathbf{P}_R \Phi(x'_1, y'_1, z'_1, s_1, \cdots, x'_n, y'_n, z'_n, s_n) = \Phi(x_1, y_1, z_1, s_1, \cdots, x_n, y_n, z_n, s_n). \tag{21.6a}$$

ここで x'_k, y'_k, z'_k は x_k, y_k, z_k から回転Rによって生ずる．第2の演算子はス

ピン座標にのみ作用する．

$$\mathbf{Q}_R\Phi(x_1, y_1, z_1, s_1, \cdots, x_n, y_n, z_n, s_n)$$
$$= \sum_{t_1=\pm1}\cdots\sum_{t_n=\pm1}\mathfrak{D}^{(1/2)}(R)_{\frac{1}{2}s_1,\frac{1}{2}t_1}\cdots\mathfrak{D}^{(1/2)}(R)_{\frac{1}{2}s_n,\frac{1}{2}t_n}\Phi(x_1, y_1, z_1, t_1, \cdots, x_n, y_n, z_n, t_n). \qquad (21.6\text{b})$$

スピン座標の系は 2^n 個の異なる値の組を取ることができるから，$\mathbf{Q}_R$ は 2^n 次元行列と同等である；その行と列は $\boldsymbol{n}$ 個の添字によって数えられそして各添字はスピン座標の可能な値に対応して ±1 の値を持つことができる．$\mathbf{Q}_R$ の行列は

$$\mathbf{Q}_R = \mathfrak{D}^{(1/2)}(R)\times\mathfrak{D}^{(1/2)}(R)\times\cdots\times\mathfrak{D}^{(1/2)}(R)$$
$$(\mathbf{Q}_R)_{s_1s_2\cdots s_n;t_1t_2\cdots t_n} = \mathfrak{D}^{(1/2)}(R)_{\frac{1}{2}s_1,\frac{1}{2}t_1}\cdots\mathfrak{D}^{(1/2)}(R)_{\frac{1}{2}s_n,\frac{1}{2}t_n}. \qquad (21.6\text{c})$$

演算子 $\mathbf{P}$ はすべて演算子 $\mathbf{Q}_R$ と交換する．

そして特に，
$$\left.\begin{aligned}\mathbf{P}_S\mathbf{Q}_R &= \mathbf{Q}_R\mathbf{P}_S\\ \mathbf{O}_R = \mathbf{P}_R\mathbf{Q}_R &= \mathbf{Q}_R\mathbf{P}_R.\end{aligned}\right\} \qquad (21.8)$$

また，演算子 $\mathbf{O}_I=\mathbf{P}_I$ はすべての $\mathbf{P}_R$ と交換し，ゆえに (21.8) によってすべての $\mathbf{O}_R$ と交換する；ここで R は純粋回転である．

$\mathbf{Q}_R$ は符号を除いて回転によって決定される，なぜならば $\mathfrak{D}^{(1/2)}(R)$ において符号は勝手だからである．偶数個の電子の場合このあいまいさは，(21.6) および (21.6 c) の中のすべての $\mathfrak{D}^{(1/2)}(R)$ は**同じ符号**にとると約束すれば，取り除かれる．奇数個の電子の場合は $\mathbf{Q}_R$ を1価にすることは不可能である．

3.　もし最初に R によって回転された座標系に変換し，次にこれについて S だけ回転された座標系に変換するならば，波動関数はまず $\mathbf{O}_R\Phi$ に変換しそこで $\mathbf{O}_S\mathbf{O}_R\Phi$ に変換する．しかし同じ座標系が1つの回転 SR によって得られる．この場合 $\mathbf{O}_{SR}\Phi$ が波動関数に対して得られ，これは $\mathbf{O}_S\mathbf{O}_R\Phi$ と定数だけ異なってよい．さらに，$\mathbf{O}_S\mathbf{O}_R$ と $\mathbf{O}_{SR}$ は1次ユニタリであるから，この定数はすべての波動関数について同じで，回転 S と R にのみ依存する，

$$\mathbf{O}_{SR} = c_{S,R}\mathbf{O}_S\mathbf{O}_R. \qquad (21.9)$$

他の座標系への変換は常に1次ユニタリ演算子によって行なわれるから，(21.9) 式はまだ Pauli の理論の特別の仮定を何も含んでおらず，空間回転のもとでの方程式の系の不変性の必然的な結果である．我々はこの方程式をさらに本章の終わりに当って調べ，そしてあらゆる量子力学的理論で成り立たなければならないいくつかの結論を導き出そう．

(21.9) 式は，もちろん，計算によって証明される．まず第1に，(21.8) 式によって

$$\mathbf{O}_S\mathbf{O}_R=\mathbf{P}_S\mathbf{Q}_S\mathbf{P}_R\mathbf{Q}_R=\mathbf{P}_S\mathbf{P}_R\mathbf{Q}_S\mathbf{Q}_R=\mathbf{P}_{SR}\mathbf{Q}_S\mathbf{Q}_R.$$

偶数個の電子の場合 $\mathbf{Q}$ の行列形である行列 (21.6c) は回転群の **1 価の表現**を作り，したがって $\mathbf{Q}_S\mathbf{Q}_R=\mathbf{Q}_{SR}$ であるから，次式が成り立つ

$$\mathbf{O}_S\mathbf{O}_R=\mathbf{P}_{SR}\mathbf{Q}_S\mathbf{Q}_R=\mathbf{P}_{SR}\mathbf{Q}_{SR}=\mathbf{O}_{SR}. \tag{21.10a}$$

この場合 (21.9) の中の $c_{S,R}=1$ であり，そして演算子 $\mathbf{O}_R$ は純粋回転群に同型な群を作る．ゆえに，この場合関数は，演算子 $\mathbf{O}_R$ に関して，既約表現の1つの行に属する，あるいは簡単に回転群の1つの既約表現に属すると定義される．

奇数個の電子の場合行列 (21.6c) は純粋回転群の2価表現を作る；
$\mathbf{Q}_S\mathbf{Q}_R=\pm\mathbf{Q}_{SR}$ であるから，

$$\mathbf{O}_S\mathbf{O}_R=\mathbf{P}_{SR}\mathbf{Q}_S\mathbf{Q}_R=\pm\mathbf{P}_{SR}\mathbf{Q}_{SR}=\pm\mathbf{O}_{SR}. \tag{21.10b}$$

(21.9) における定数 $c_{S,R}=\pm1$ であり，そして演算子 $\mathbf{O}_R$ はもはや回転群に同型でない．$\mathbf{Q}_R$ は2価であるため，2つの演算子 $+\mathbf{O}_R$ と $-\mathbf{O}_R$ が各回転に対応する．

ユニタリ群[2] の回転群への類型において，2つのユニタリ行列 $\mathbf{u}=\mathfrak{D}^{(1/2)}(R)$ と $\mathbf{u}=-\mathfrak{D}^{(1/2)}(R)$ が各回転に対応するから，$\mathbf{O}$ と $\mathbf{u}$ の間の1対1の対応を確立することを試みたい．このため，$\mathbf{O}_\mathbf{u}=\mathbf{Q}_\mathbf{u}\cdot\mathbf{P}_{R_\mathbf{u}}$ を $\mathbf{u}$ に対応させ，そして，$\mathbf{Q}_\mathbf{u}$ は (21.6c) の形の行列 $\mathbf{u}\times\mathbf{u}\times\cdots\times\mathbf{u}$ とする．しかし $R_\mathbf{u}$ は類型に $\mathbf{u}$ に対応

---

[2] もっと正確には，行列式1を持つ2次元ユニタリ行列の群である．

している回転であると考えるとよい．そこで各 $\mathbf{Q}_{\mathbf{u}}$ は１つの $\mathbf{u}$ に一義的に対応する．$R_{\mathbf{u}}$ はまた $\mathbf{u}$ に一義的に対応するから，演算子 $\mathbf{P}_R$ もまたそうである．さらに，

$$(\mathbf{u}\times\mathbf{u}\times\cdots\times\mathbf{u})\cdot(\mathbf{v}\times\mathbf{v}\times\cdots\times\mathbf{v})=\mathbf{uv}\times\mathbf{uv}\times\cdots\times\mathbf{uv}$$

および $R_{\mathbf{u}}R_{\mathbf{v}}=R_{\mathbf{uv}}$ から $\mathbf{P}_{R_{\mathbf{u}}}\mathbf{P}_{R_{\mathbf{v}}}=\mathbf{P}_{R_{\mathbf{uv}}}$ となり，ゆえに

$$\mathbf{O}_{\mathbf{u}}\mathbf{O}_{\mathbf{v}}=\mathbf{O}_{\mathbf{uv}}.$$

このように奇数個の電子の場合

$$\mathbf{O}_{\mathbf{u}}f_\mu^{(j)}=\sum_{\mu'=-j}^{j}\mathfrak{U}^{(j)}(\mathbf{u})_{\mu'\mu}f_{\mu'}^{(j)} \tag{21.11}$$

が成り立つような関数 $f_{-j}, f_{-j+1}, \cdots, f_{j-1}, f_j$ はユニタリ群の表現 $\mathfrak{U}^{(j)}$ の異なる行に属する．ゆえにこれらは，**どのような**群の既約表現に属する関数に対しても成り立ち，第12章で導かれた関係を満足する．

今後，次式

$$\mathbf{O}_R f_\mu^{(j)}=\pm\sum_{\mu'=-j}^{j}\mathfrak{D}^{(j)}(R)_{\mu'\mu}f_{\mu'}^{(j)} \tag{21.11a}$$

を，(21.11) の代わりにいつも使うことになる．(21.11a) 式は，±の符号を除いて，(21.11 a) を意味すると思われる．

$$\mathbf{O}_{\mathbf{u}}f_\mu^{(j)}=\pm\sum_{\mu'}\mathfrak{U}^{(j)}(\mathbf{u})_{\mu'\mu}f_{\mu'}^{(j)}. \tag{21.11b}$$

実際に，導かれるのは常に (21.11) である．さらに，(21.11 a) は実はちょうど (21.11 b) よりむしろ (21.11) 自身を意味している．(21.11 b) で下の符号が成り立たないということを証明するために，まず正しいと仮定してみよう．次に $\mathbf{u}$ を連続的に単位行列に近づけてみる．この過程で (21.11b) の両辺は連続的に変化するから，下の符号は終始保持されなければならない．しかし $\mathbf{u}=\mathbf{1}$ の場合，下の符号を持つ (21.11 b) 式は

$$\mathbf{O}_1 f_\mu^{(j)}=-\sum_{\mu'}\delta_{\mu'\mu}f_{\mu'}^{(j)}=-f_\mu^{(j)},$$

これは確かに正しくない，なぜならばは $\mathbf{O}_1$ 恒等演算子であり，あらゆる関数を不変にしなければならないからである．したがって（21.11b）において，上の符号のみが成り立つ．すなわち（21.11 a）は実際に(21.11）と全く等しい；しかし，（21.11 a）は，空間回転としての演算 $\mathbf{O}$ の意味を強調しているので，この式を今後使うことにする．

次に（21.11）で $\mathbf{u}=-\mathbf{1}$ と置こう．そこで $\mathbf{P}=\mathbf{P}_E$ は正の恒等演算子であり，そして（21.6 c）で $-\mathbf{1}\times-\mathbf{1}\times\cdots\times-\mathbf{1}$ は負の恒等演算子であるから，$\mathbf{O}_{-1}$ は恒等演算子の符号を変えたものである．（いま奇数個の電子を取り扱っている．）そこで（21.11）から $\mathfrak{U}^{(j)}(-\mathbf{1})=-\mathbf{1}$ となりそしてこれから，第15章によって，j は半奇数でなければならないことになる．奇数個の電子の場合波動関数はユニタリ群あるいは $\mathbf{O}_\mathbf{u}$ の群の**奇表現**に属し，したがって回転群の**2価の表現**に属する．当然ながら，偶数個の電子の場合は回転群の正則表現のみが許される（あるいはユニタリ群の偶表現である）．

2価の表現による複雑さは，（21.9）での $c_{S,R}$ が1または -1 が許さるという事実から生ずる；空間回転のもとでの記述の不変性を表わす演算子 $\mathbf{O}$ は，回転群に同型な群を作らず，ユニタリ群に同型な群を作る．

4.　スピンが考慮されるとき，エネルギー E に対する Schrödinger 方程式 $\mathbf{H}\Psi=E\Psi$ のハミルトニアン演算子 $\mathbf{H}$ はもはや，以前の考察の基礎を作った，デカルト座標のみに作用する簡単な演算子ではない．電子の磁気能率から生ずる力のため付加項が必要となり，これらの意味については後で議論する．これらの項の正確な形はまだよく決められていないが，外磁場あるいは電場が存在しない限り空間の特定の方向を指定する必要はないということは確かでなければならない；Ψ_μ が定常状態ならば，回転された状態 $\mathbf{O}_R\Psi_\mu$ あるいは $\mathbf{O}_\mathbf{u}\Psi_\mu$ もまた定常状態で，両方共同じエネルギーを持つ．このことから $\mathbf{O}_R\Psi_\mu$ あるいは $\mathbf{O}_\mathbf{u}\Psi_\mu$ は同じ固有値に属する他の固有関数の1次結合として書き表わされる．

$$\mathbf{O}_R\Psi_\mu=\sum_\nu \mathbf{D}(R)_{\nu\mu}\Psi_\nu \quad \text{あるいは} \quad \mathbf{O}_\mathbf{u}\Psi_\mu=\sum_\nu \mathbf{D}(\mathbf{u})_{\nu\mu}\Psi_\nu. \qquad (21.12)$$

$\mathbf{O}_S\mathbf{O}_R=\mathbf{O}_{SR}$ あるいは，奇数個の電子の場合 $\mathbf{O}_S\mathbf{O}_R=\pm\mathbf{O}_{SR}$（あるいは $\mathbf{O}_\mathbf{u}\mathbf{O}_\mathbf{v}=\mathbf{O}_{\mathbf{uv}}$）

から，よく知られた方法で次のように結論することができる

$$\mathbf{D}(S)\mathbf{D}(R)=\mathbf{D}(SR). \tag{21.13a}$$

あるいは，奇数個の電子の場合，

$$\mathbf{D}(S)\mathbf{D}(R)=\pm\mathbf{D}(SR) \text{ あるいは } \mathbf{D}(\mathbf{u})\mathbf{D}(\mathbf{v})=\mathbf{D}(\mathbf{uv}). \tag{21.13b}$$

行列 $\mathbf{D}(R)$ は偶数個の電子の場合回転群の1価の表現を作り，奇数個の電子の場合回転群の2価の表現（あるいはユニタリ群の1価の表現）を作る．

ちょうど第12章と同じように，これらの表現は既約[3]であると仮定してよいことがまた結論される．偶数個の電子の場合，$\mathbf{D}(R)$ は $\mathfrak{D}^{(0)}$, $\mathfrak{D}^{(1)}$, $\mathfrak{D}^{(2)}$, … である；奇数個の電子の場合，$\mathbf{D}(R)$ は表現 $\mathfrak{D}^{(1/2)}$, $\mathfrak{D}^{(3/2)}$, $\mathfrak{D}^{(5/2)}$,…のうちの1つである（そして $\mathbf{D}(\mathbf{u})$ は $\mathfrak{U}^{(1/2)}$, $\mathfrak{U}^{(3/2)}$, $\mathfrak{U}^{(5/2)}$,… に等しい）

$$\mathbf{O}_R\Psi_\mu{}^{(j)}=\sum_{\mu'}\mathfrak{D}^{(j)}(R)_{\mu'\mu}\Psi_{\mu'}{}^{(j)}. \tag{21.12a}$$

これらの表現の上の添字は全角運動量量子数とよばれ，j あるいは J の文字によって表わされる；それは偶数個の電子の場合整数であり，奇数個の電子の場合半奇数である（多重度の交代）．固有関数が属している行 μ はここでまた磁気量子数とよばれる；μ もまた偶数個の電子の場合整数で，奇数個の場合半奇数である．

5. $\mathbf{S}$ を $\mathbf{O}_R$ のもとで対称な演算子，すなわち，座標軸の変化によって影響されない**スカラー演算子**であるとしよう．そこで異なる表現 $\mathfrak{D}^{(j)}$ および $\mathfrak{D}^{(j')}$ に属する，あるいは同じ表現の異なる行に属する2個の固有関数に対する行列要素

$$\mathbf{S}_{Nj\mu;N'j'\mu'}=(\Psi_\mu{}^{Nj}, \mathbf{S}\Psi_{\mu'}{}^{N'j'})=\delta_{jj'}\delta_{\mu\mu'}S_{Nj;N'j} \tag{21.14}$$

は，**ゼロ**とならなければならないということがわかる．一方では，(21.14) で $j=j'$ および $\mu=\mu'$ ならば，(21.14) はすべての μ に対して同じである，すなわちそれは磁気量子数に依存しない．

---

[3] 1つの固有値を幾つかの偶然に一致している固有値と見なすことによって．

ベクトルおよびテンソル演算子に対して同様な公式を求めることは自然である．スカラー演算子は座標系に依存しないという要求によって定義されている；たとえば，エネルギーはこのような量である．これに対して2重極能率のX成分はそうではない．スカラー量はすべての観測者に対して同じ演算子に対応する．他方では，第2の観測者が演算子 $\mathbf{S}$ に対応させる物理量を，第1の観測者は演算子 $\mathbf{O}_R^{-1}\mathbf{S}\mathbf{O}_R$ に対応させるから，次のことが成り立たなければならない

$$\mathbf{O}_R^{-1}\mathbf{S}\mathbf{O}_R=\mathbf{S};\quad \mathbf{S}\mathbf{O}_R=\mathbf{O}_R\mathbf{S}. \tag{21.15}$$

このように対称な演算子はべての変換と交換する．

これに対して，もし $\mathbf{V}_x, \mathbf{V}_y, \mathbf{V}_z$ がベクトル演算子の X', Y', Z' 成分であるならば，この演算子の X, Y, Z 成分は[4)]

$$\begin{aligned}
\mathbf{O}_R^{-1}\mathbf{V}_x\mathbf{O}_R&=\mathbf{R}_{xx}\mathbf{V}_x+\mathbf{R}_{xy}\mathbf{V}_y+\mathbf{R}_{xz}\mathbf{V}_z,\\
\mathbf{O}_R^{-1}\mathbf{V}_y\mathbf{O}_R&=\mathbf{R}_{yx}\mathbf{V}_x+\mathbf{R}_{yy}\mathbf{V}_y+\mathbf{R}_{yz}\mathbf{V}_z,\\
\mathbf{O}_R^{-1}\mathbf{V}_z\mathbf{O}_R&=\mathbf{R}_{zx}\mathbf{V}_x+\mathbf{R}_{zy}\mathbf{V}_y+\mathbf{R}_{zz}\mathbf{V}_z.
\end{aligned} \tag{21.16}$$

$\mathbf{V}_x, \mathbf{V}_y, \mathbf{V}_z$ は，$\mathbf{S}$ のように $\mathfrak{D}^{(0)}$ にしたがって変換しない；すなわち，新しい座標系への変換の際にこれらは不変のままではなく，回転行列$\mathbf{R}$によって変換される．いま回転群の表現としての $\mathfrak{D}^{(1)}$ は行列 $\mathbf{R}$ による表現と同値である；今後の計算のため X, Y, Z 成分の代わりに次のような成分

$$\begin{aligned}
\mathbf{V}^{(-1)}&=\frac{1}{\sqrt{2}}\mathbf{V}_x+\frac{i}{\sqrt{2}}\mathbf{V}_y,\\
\mathbf{V}^{(0)}&=\mathbf{V}_z,\\
\mathbf{V}^{(1)}&=\frac{-1}{\sqrt{2}}\mathbf{V}_x+\frac{i}{\sqrt{2}}\mathbf{V}_y
\end{aligned} \tag{21.17}$$

---

4)　(11.18a) と (21.16) はよく似ているようだが，実は全く異なる関係を表わす．前者は第2の座標系でのベクトル成分 x' を第1の系での成分xによって与える．3つの方程式 (21.16) は，X', Y', Z' 軸に沿ったベクトルを X, Y, Z 方向でのベクトルによって表わす．2つの方程式での係数は全く等しい，なぜならばこれらは実直交行列を作るからである．さもなければ，一方は他方の逆の転置行列であろう．

を使うことが好都合である．これらに対して (15.34) により，(21.16) の代わりに次式が成り立つ

$$\mathbf{O}_R^{-1}\mathbf{V}^{(\rho)}\mathbf{O}_R=\sum_{\sigma=-1}^{1}\mathfrak{D}^{(1)}(R)_{\rho\sigma}\mathbf{V}^{(\sigma)}. \tag{21.16a}$$

もっと一般的に ω 階の既約テンソル演算子を考えることができる．これはその $2\omega+1$ 個の成分 $\mathbf{T}^{(\rho)}$ が座標軸の回転に対し次のように変換するという条件によって定義される：

$$\mathbf{O}_R^{-1}\mathbf{T}^{(\rho)}\mathbf{O}_R=\sum_{\sigma=-\omega}^{\omega}\mathfrak{D}^{(\omega)}(R)_{\rho\sigma}\mathbf{T}^{(\sigma)}. \tag{21.16b}$$

もし (21.16) で R を R^{-1} で置き換えるならば，$\mathbf{O}_{R^{-1}}=\mathbf{O}_R^{-1}$ で $\mathfrak{D}^{(\omega)}(R^{-1})_{\rho\sigma}=\mathfrak{D}^{(\omega)}(R)_{\rho\sigma}{}^*$ であるから，次式が得られる

$$\mathbf{O}_R\mathbf{T}^{(\rho)}\mathbf{O}_R^{-1}=\sum_{\sigma=-\omega}^{\omega}\mathfrak{D}^{(\omega)}(R)_{\sigma\rho}{}^*\,\mathbf{T}^{(\sigma)}. \tag{21.16c}$$

これらの式からいまベクトルおよびテンソル演算子に対して (21.14) に類似した式を導くであろう．(21.16 c) を導入するために，次のスカラー積の 2 つの部分にユニタリ演算子 $\mathbf{O}_R$ を適用する

$$\mathbf{T}^{(\rho)}{}_{Nj\mu;N'j'\mu'}=(\Psi_\mu{}^{Nj},\mathbf{T}^{(\rho)}\Psi_{\mu'}{}^{N'j'}), \tag{21.18}$$

そして次の式を得る

$$\begin{aligned}\mathbf{T}^{(\rho)}{}_{Nj\mu;N'j'\mu'}&=(\mathbf{O}_R\Psi_\mu{}^{Nj},\mathbf{O}_R\mathbf{T}^{(\rho)}\mathbf{O}_R^{-1}\mathbf{O}_R\Psi_{\mu'}{}^{N'j'})\\&=\sum_\nu\sum_\sigma\sum_{\nu'}\mathfrak{D}^{(j)}(R)_{\nu\mu}{}^*\mathfrak{D}^{(\omega)}(R)_{\sigma\rho}{}^*\mathfrak{D}^{(j')}(R)_{\nu'\mu'}\mathbf{T}^{(\sigma)}{}_{Nj\nu;N'j'\nu'}.\end{aligned} \tag{21.18a}$$

もしスカラー演算子についての類似の公式を，すべての回転について積分すれば，直交関係は直接に (21.14) を与えるであろう．(21.18a) に必要な 3 つの回転係数の積についての 積分の値を 求めるために，まず 最初の 2 つの積を (17.16b) 式によって書く．

$$\mathfrak{D}^{(j)}(R)_{\nu\mu}{}^*\mathfrak{D}^{(\omega)}(R)_{\sigma\rho}{}^*=\sum_{L=|j-\omega|}^{j+\omega}s_{L\nu\sigma}{}^{(j\omega)}\mathfrak{D}^{(L)}(R)_{\nu+\sigma,\mu+\rho}{}^*s_{L\mu\rho}{}^{(j\omega)}.$$

これを (21.18) に代入し，すべての回転についての積分に対して直交関係 (10.12) を用いると次の式を得る

$$\mathbf{T}^{(\rho)}{}_{Nj\mu;\,N'j'\mu'}=\sum_{L=|j-\omega|}^{j+\omega}s_{L\mu\rho}{}^{(j\,\omega)}\sum_{\nu\sigma\nu'}s_{L\nu\sigma}{}^{(j\,\omega)}\frac{\delta_{Lj'}\delta_{\nu+\sigma,\nu'}\delta_{\mu+\rho,\mu'}}{2j'+1}\cdot\mathbf{T}^{(\sigma)}{}_{Nj\nu;N'j'\nu'}$$

ここで両辺は $\int dR$ で割ってある．この式は j' が $|j-\omega|$ と $j+\omega$ の間にないときゼロとなる；$|j-\omega|\leqslant j'\leqslant j+\omega$ の場合この式は次に等しい

$$\mathbf{T}^{(\rho)}{}_{Nj\mu;\,N'j'\mu'}=s_{j'\mu\rho}{}^{(j\,\omega)}\delta_{\mu+\rho,\mu'}\,T_{Nj;N'j'},\tag{21.19}$$

ここで $T_{Nj;N'j'}$ はもはや μ,μ' および ρ に依存しない．[5]

この公式は非常に一般的なものである．[6] それは，数値的に，“行列要素”の比 $\mathbf{T}^{(\rho)}{}_{Nj\mu;N'j'\mu'}/\mathbf{T}^{(\sigma)}{}_{Nj\mu;N'j'\mu'}$ を与える，すなわち，スカラー積 (21.18) の比を与える．(21.18) 第1の因子 $\Psi_\mu{}^{Nj}$ は同じ固有値の異なる固有関数であり，演算子は同じ既約テンソルの異なる成分であり，そして第2の因子 $\Psi_{\mu'}{}^{N'j'}$ はもう1つの固有値の異なる固有関数である（この固有値は $\Psi_\mu{}^{Nj}$ の固有値と異なってよい)．

(21.19) で $\omega=1$ と置くと**ベクトル**演算子の場合となる．232頁のベクトル結合係数の表を用いると (21.14) によく似たベクトル演算子の場合の公式が得られる：

$$\begin{aligned}\mathbf{V}^{(-1)}{}_{Nj\mu;\,N'j-1\mu-1}&=\sqrt{j+\mu}\,\sqrt{j+\mu-1}\;\;V'_{Nj;N'j-1},\\ \mathbf{V}^{(0)}{}_{Nj\mu;\,N'j-1\mu}&=-\sqrt{j+\mu}\,\sqrt{j-\mu}\,\sqrt{2}\;V'_{Nj;N'j-1},\\ \mathbf{V}^{(1)}{}_{Nj\mu;N'j-1\mu+1}&=\sqrt{j-\mu-1}\,\sqrt{j-\mu}\;\;V'_{Nj;N'j-1}.\end{aligned}\tag{21.19a}$$

$$\begin{aligned}\mathbf{V}^{(-1)}{}_{Nj\mu;\,N'j\mu-1}&=\sqrt{j-\mu+1}\,\sqrt{j+\mu}\;\;V'_{Nj;\,N'j},\\ \mathbf{V}^{(0)}{}_{Nj\mu;N'j\mu}&=\mu\sqrt{2}\,V'_{Nj;\,N'j},\\ \mathbf{V}^{(1)}{}_{Nj\mu;\,N'j\mu+1}&=-\sqrt{j+\mu+1}\,\sqrt{j-\mu}\;\;V'_{Nj;\,N'j}.\end{aligned}\tag{21.19b}$$

---

5) $T_{Nj;N'j'}$ はときどき簡約されたあるいは“2重棒”付きの行列要素として引用されそして $(Nj\|\,T\|N'j')$ と書かれる．

6) この一般性を含んだ公式は C. Eckart, *Revs. Modern Phys.* **2**, 305 (1930), がはじめて導いた．

$$\mathbf{V}^{(-1)}{}_{Nj\mu;\,N'j+1\mu-1}=\sqrt{j-\mu+1}\ \sqrt{j-\mu+2}\ \ V'_{Nj;\,N'j+1},$$
$$\mathbf{V}^{(0)}{}_{Nj\mu;\,N'j+1\mu}=\sqrt{j-\mu+1}\ \sqrt{j+\mu+1}\ \sqrt{2}\,V'_{Nj;\,N'j+1},$$
$$\mathbf{V}^{(1)}{}_{Nj\mu;\,N'j+1\mu+1}=\sqrt{j+\mu+1}\ \sqrt{j+\mu+2}\ \ V'_{Nj;\,N'j+1}. \tag{21.19c}$$

ここに列挙されていないベクトル演算子のすべての行列要素はゼロとなる；$j=j'=0$ に対する要素もまたゼロである．もちろん $V'_{Nj;\,N'j'}$ は一般的考察からだけでは決定されない．スカラー演算子の行列要素は，行と列の全量子数あるいは磁気量子数のいずれか一方が（すなわち j と j' あるいは μ と μ' のいずれか），全く異なるならばゼロであるのに反し，これらの量子数はベクトル演算子の場合 1 までは異なってよい．

(21.19) の導く際に，演算子 $\mathbf{O}_R$ の形について特別などのような仮定もしなかった；(21.19) 式はゆえに，$\mathbf{O}_R$ を $\mathbf{P}_R$ で置き換え，全量子数 j を方位量子数 l で置き換えたとき，スピンを考慮しない理論でもまた成り立たなければならない．実際に，我々はすでにかなりしばしばベクトル演算子の行列要素のゼロとなることについて述べた．たとえば，

$$x_1+x_2+\cdots+x_n,\ y_1+y_2+\cdots+y_n,\ z_1+z_2+\cdots+z_n$$

の掛け算はベクトル演算子の 3 個の成分であり，

$$(\psi_F,(x_1+x_2+\cdots+x_n)\psi_E),\quad 等,$$

によって決定される状態 ψ_F から状態 ψ_E への輻射遷移に対する遷移確率は，ψ_F と ψ_E の方位量子数の差が 0 あるいは ±1 でないとき，ゼロとなることを我々は見出した．さらに，光が Z 方向に偏極しているとき（$\rho=0$）磁気量子数は不変であり，光が X あるいは Y 方向に偏極しているとき ±1 だけ変化することを知った．

Z 方向の磁場 $\mathscr{H}_z$ による Schrödinger 方程式における付加項，

$$\mathbf{V}_z=\mathbf{V}^{(0)}=\frac{-ie\hbar\mathscr{H}_z}{2mc}\Big[x_1\partial/\partial y_1+x_2\partial/\partial y_2+\cdots+x_n\partial/\partial y_n$$
$$-y_1\partial/\partial x_1-y_2\partial/\partial x_2-\cdots-y_n\partial/\partial x_n\Big],$$

は，ベクトル演算子の Z 成分を作る．この場合我々は実際に行列要素 $\mathbf{V}_{Nl\mu;\,Nl\mu}$ を計算した．(21.19b) の真中の式からこれらは磁気量子数 μ に比例しなければならないことがわかる．比例定数が N と l に独立で $e\hbar\,\mathscr{H}_z/2\,mc$ に等しいということも計算された．

ある意味で，(21.19) は (19.6) において固有関数の配位―n 個の脚の方向

への依存性がはっきりと決められた場合に相当する．後者は，少なくともスピンに関係しない理論に対して，系の回転対称が**波動関数**について与えるすべての情報を１つの方程式に収めている．初等理論およびスピンを持つ理論の両方に対して，(21.19) は回転対称が**行列要素**について与えるすべての情報を，どのような近似も用いることなく，収めている．

6.　全量子数の存在およびまた (21.19) はすでに非常に一般的な (21.9) から導かれるということに注意することは大事である.[7]　もちろん (21.9) では j が整数であるかあるいは半奇数であるかは全く決まらない．これは，電子の個数が (21.9) に現われていないからである．

もし (21.9) 式を $\mathbf{D}$ についての掛け算の性質 (21.13) を導くのに用いるならば，(21.13) の代わりに，(21.12) で定義された行列 $\mathbf{D}(R)$,

$$\mathbf{D}(SR)=c_{S,R}\mathbf{D}(S)\mathbf{D}(R), \tag{21.20a}$$

は１つの因子を除いて回転群の表現を作るという結果が得られるだけである．しかしながら，恒等元 E はまだ単位行列によって表わされる．(21.20 a) を満足する各行列 $\mathbf{D}(R)$ に適当に選んだ数 c_R を掛けることによって，行列の系 $\bar{\bar{\mathbf{D}}}(R)=c_R\mathbf{D}(R)$ を作ると，これはユニタリ群の表現を作る，すなわち，これに対して

$$\bar{\bar{\mathbf{D}}}(S)\bar{\bar{\mathbf{D}}}(R)=\pm\bar{\bar{\mathbf{D}}}(SR) \tag{21.20}$$

となることがいま示されるであろう．

ゆえに，第15章に依って，この行列の系を相似変換によって表現 $\mathfrak{D}^{(0)}, \mathfrak{D}^{(1/2)}, \mathfrak{D}^{(1)}, \cdots$ に分解することができる．これは，(21.9) が最初に導く行列の集合は本質的に第15章の１価および２価の表現であることを意味する．

ことに，(20.17) を満足する２次元行列の集合は，ちょうど定数行列を含む ($\mathfrak{D}^{(0)}$ を２回含む場合) かあるいは $\mathfrak{D}^{(1/2)}$ に同値かのいずれかである．このことは前章で結論した．

我々はまず $\mathbf{D}(R)$ から $\overline{\mathbf{D}}(R)=c_R\mathbf{D}(R)$ を作りそして c_R を $\mathbf{D}(R)$ の行列式の $(-1/\lambda)$ 次の巾に等しいと置く．ここで λ は $\mathbf{D}(R)$ の次元数である．こ

7)　本章の残りの部分は後の章を読むために必要ではない．

れは行列式を $|\overline{\mathbf{D}}(R)|=1$ にする：

$$|\overline{\mathbf{D}}(R)|=|c_R\mathbf{1}\cdot\mathbf{D}(R)|=|c_R\cdot\mathbf{1}|\cdot|\mathbf{D}(R)|=c_R{}^\lambda\cdot|\mathbf{D}(R)|=1. \tag{21.21}$$

c_R の値および $\overline{\mathbf{D}}(R)$ の要素はまだ一義的に決定されないが，しかし λ 個の値を持つ1の λ 乗根を除いてのみ決定される．このように λ 個の行列が群の元 R に対応する，すなわち，その行列式が1となるような $\mathbf{D}(R)$ の定数倍の行列すべてが R に対応する．

$\overline{\mathbf{D}}(S)$ に $\overline{\mathbf{D}}(R)$ を掛けると，1つの $\overline{\mathbf{D}}(SR)$ が得られる．(21.20a) によって，この積はあらゆる $\overline{\mathbf{D}}(SR)$ の定数倍に等しい；その行列式は，$\overline{\mathbf{D}}(S)$ の行列式と $\overline{\mathbf{D}}(R)$ の行列式の積であり，1である．

1つの因子が決まっていない表現 $\mathbf{D}(R)$ から，多価の，実際には λ 価の，表現を得た；$\mathbf{D}(S)$ の1つと $\overline{\mathbf{D}}(R)$ の1つとの積は1つの $\overline{\mathbf{D}}(SR)$ を与える．

我々は単に λ 個の行列 $\overline{\mathbf{D}}(R)$ のうちの1つを選んで保持しそしてその他を捨てることによってこの表現の多重度を減らすことを試みることができる．当然，これは勝手になされることはできず，保持された行列 $\overline{\mathbf{D}}(S)$ のどれか1つに保持された $\overline{\mathbf{D}}(R)$ のどれか1つを掛けたとき，保持されている行列 $\overline{\mathbf{D}}(SR)$ を再び与えるような方法でのみなされる．H. Weyl[8] の方法にしたがい，表現の連続性に基づいて，この選択を行なう．

もし S と S' が2つの隣接した群の元 $S\sim S'$ ならば，そこで $\mathbf{D}(R)$ の元の形に対して

$$\mathbf{D}(S)\sim\mathbf{D}(S') \quad \text{および} \quad |\mathbf{D}(S)|\sim|\mathbf{D}(S')|.$$

後の式から c_S の λ 個の値と $c_{S'}$ の λ 個の値は2つずつ対になって隣接しているということになる．また λ 個の行列 $\mathbf{D}(S)$ は λ 個の行列 $\mathbf{D}(S')$ に2つずつ対になって隣接している．そして $\overline{\mathbf{D}}(S)$ が1つそしてただ1つの $\overline{\mathbf{D}}(S')$ に隣り合っているというような方法で隣接している，しかるに他の $\lambda-1$ 個は

[8] H. Weyl, *Math. Z.* **23**, 271; **24**, 328, 377, 789 (1925); V. Schreier, *Abhandl. Math. Seminar Hamburg* **4**, 14 (1926); **5**, 233 (1927).

本質的に異なっている．これらは，1と本質的に異なる数（1の λ 乗根）の掛け算によってこれから生じたものだからである．

恒等元 $E=S(0)$ を元 $S=S(1)$ とパラメタ空間での連続的な線 $S(t)$ によってつなぐとき，行列 $\mathbf{D}(S(t))$ が連続的に変化すると要求することができる．そこで，$\bar{\mathbf{D}}(S(0))=\bar{\mathbf{D}}(E)=\mathbf{1}$ から出発して与えられた路 $S(t)$ に沿って進むと，λ 個の行列 $\bar{\mathbf{D}}(S)$ のうちただ1つが得られるであろう．これを $\bar{\mathbf{D}}(S)_{S(t)}$ と表わす．もし路 $S(t)$ が連続的に変形され，一方終点が固定されたままならば，$\bar{\mathbf{D}}(S)_{S(t)}$ は全く変化しない，なぜならばそれは路が連続的な変形する際にただ連続に変化することができるだけであり，これに反して他の $\bar{\mathbf{D}}(S)$ への遷移は必然的に飛躍を意味するからである．

積 $\bar{\mathbf{D}}(S)_{S(t)}\cdot\bar{\mathbf{D}}(R)_{R(t)}$ は行列 $\bar{\mathbf{D}}(SR)$ のうちの1つであり，これもまた $\bar{\mathbf{D}}(E)=\mathbf{1}$ から連続的に生ずる．対応する路はまずEから $S(t)$ に沿って S に進む一この間 $\bar{\mathbf{D}}(E)=\mathbf{1}$ は連続的に $\bar{\mathbf{D}}(S)_{S(t)}$ に変わる一そこで路は点 $S\cdot R(t)$ を越えて SR に進む一この間に $\bar{\mathbf{D}}(S)_{S(t)}=\bar{\mathbf{D}}(S)_{S(t)}\cdot\mathbf{1}$ は行列 $\bar{\mathbf{D}}(S)_{S(t)}\cdot\bar{\mathbf{D}}(R(t))$ を経て連続的に $\bar{\mathbf{D}}(S)_{S(t)}\bar{\mathbf{D}}(R)_{R(t)}$ に変換する：

$$\bar{\mathbf{D}}(S)_{S(t)}\bar{\mathbf{D}}(R)_{R(t)}=\bar{\mathbf{D}}(SR)_{S(t),\,S\cdot R(t)}. \qquad (21.22)$$

もし E から S へのすべての路が相互に連続的に変形されるならば，パラメタ空間は単連結でただ1つの単純な $\bar{\bar{\mathbf{D}}}(S)=\bar{\mathbf{D}}(S)_{S(t)}$ が存在し，これは $\bar{\mathbf{D}}(E)=\mathbf{1}=\bar{\bar{\mathbf{D}}}(E)$ から連続的に得られる．これらの $\bar{\bar{\mathbf{D}}}(S)$ はゆえに**群の1価の表現**を作る．

もしパラメタ空間が多重連結ならば，相互に連続的に変形されない2つあるいはそれ以上の路 $S_1(t), S_2(t), \cdots$ がある；対応する行列 $\bar{\mathbf{D}}(S)_{S1(t)}, \bar{\mathbf{D}}(S)_{S2(t)}, \cdots$ もまた相互に異なってよい．表現はこのようにして相互に変形されない E から S への路の数と同じ数だけの多価であってよい．

7.　(21.22) 式は，元の群の代わりに，元の群の各元 S に対して相互に変形されない E から S への路 $S_1(t)$，$S_2(t), \cdots$ があると同じだけ多くの元 $S_{S_1(t)}$, $S_{S_2(t)}, \cdots$ を持つような[9] "被覆群" (covering group) を考えることを暗示する．

9) 問題のこの群はまた Poincaré の群ともよばれる．

この被覆群に対する掛け算の法則は

$$S_{S_i(t)}R_{R_k(t)}=SR_{S_i(t),S\cdot R_k(t)}. \tag{21.22a}$$

(21.22) にしたがって行列 $\overline{\mathbf{D}}(S)_{S_i(t)}$ は被覆群の正則な1価の表現を作る．1つの因子だけ決まっていない連続群の表現を，適当に選ばれた数の掛け算によって，被覆群の正則表現に変換することができる．もし被覆群のすべての表現が知られているならば，そこで元の群の（1つの因子を除いて）すべての表現がまた知られる．

3次元純粋回転群のパラメタ空間（106頁の第1図）は2重連結である．ある任意の点はEから直接に（第12図を見よ）（I），あるいは対蹠点への飛躍（II）によって到達でき，これら2つの路は相互に変形されない．（対蹠点は同じ回転に対応するから，対蹠点への飛躍はパラメタ空間での線の上における不連続と考えるべきでない．）これに対して，対蹠点への飛躍が2回起こる路は，2回の飛躍が全く飛躍なしに合体するように変形を選ぶことによって，飛躍なしの路に変換される（第13図）．

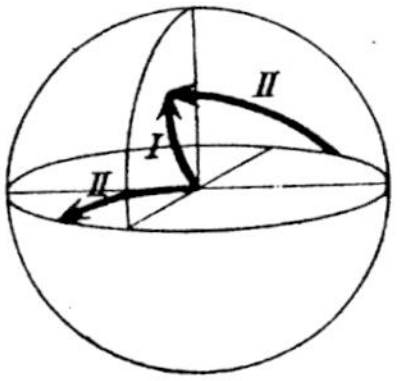

第12図． 回転群のどのような元も，飛躍なしの連続な路（I）によって，あるいはある点からその対蹠点への飛躍を含む連続な路（II）によってのいずれかで，恒等元から到達できる．これら2種類の路は相互に変形されない．

したがって被覆群は，回転群の2倍だけ多くの元を持つ；その結果それは $\mathfrak{D}^{(1/2)}(R)$ の群に同型である．回転群の2価の表現として，$\mathfrak{D}^{(1/2)}(R)$ は確かに被覆群の正則表現であり，そして実際忠実な表現である，なぜならばそれは各回転に2つの行列 $\pm\mathfrak{D}^{(1/2)}(R)$ を対応させるからである．ここに $\pm\mathfrak{D}^{(1/2)}(R)$ は互いに異なり，かつまた他のすべての $\mathfrak{D}^{(1/2)}(S)$ とも異なっている．

$\mathfrak{D}^{(1/2)}(R)$ はユニタリ群を構成する；これはしたがって3次元回転群の被覆群である．その表現は $\mathfrak{U}^{(0)}, \mathfrak{U}^{(1/2)}, \cdots$ に分解され，これに対して $\bar{\bar{\mathbf{D}}}(R)=c_R\mathbf{D}(R)$ は $\pm\mathfrak{D}^{(0)}, \pm\mathfrak{D}^{(1/2)}, \pm\mathfrak{D}^{(1)}, \cdots$ に分解される．もし $\mathbf{D}(R)$ が簡約された形にあるならば（これは単に1次的独立な関数の新しい系への変換を意味する），我々はこれらの関数に対して次の式を得る

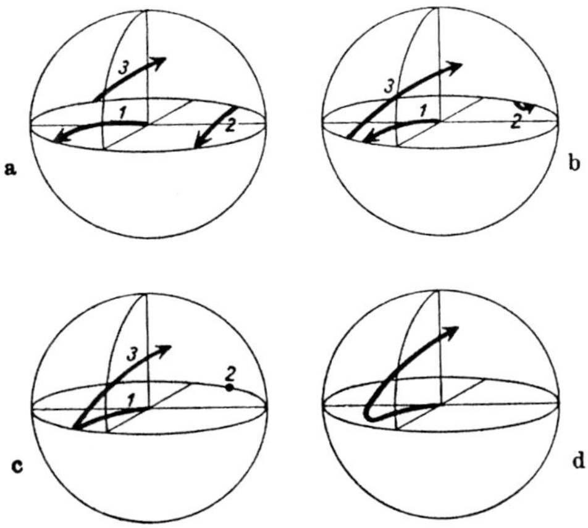

第13図. 対蹠点への飛躍を2回含む路は，上に示したように2つの飛躍を合体させることによって，このような飛躍を含まない路に連続的に変形することができる．

$$\mathbf{O}_R \Psi_{\mu}{}^{(j)} = \frac{1}{c_R} \sum_{\mu'} \mathfrak{D}^{(j)}(R)_{\mu'\mu} \Psi_{\mu'}{}^{(j)}, \qquad (21.12\,\mathrm{b})$$

そして j は固有関数 $\Psi_{-j}{}^{(j)}$, $\Psi_{-j+1}{}^{(j)}, \cdots,$ $\Psi_{j-1}{}^{(j)}$, $\Psi_{j}{}^{(j)}$ の全量子数と考えてよい．

(21.12 b) は (21.12 a) と全く同等ではないが，(21.12 b) は全量子数 j に関する大部分の法則を導き出すには十分である．

第22章　スペクトル線の微細構造

1.　第18章では，スピンを無視する理論において成り立つ軌道量子数，パリティおよび多重系に対する選択則を導き出した．もし電子のスピン磁気能率から生ずる力が考慮されるならば，これらの法則はもはや厳密には正しくない，なぜならばこれらは $\mathbf{P}_R\Psi$ が Ψ と同じ固有値を持つ エネルギー演算子の固有関数であるという仮定に基づくからである．（$\mathbf{P}_R\Psi$ は，回転を除いて，状態 Ψ と全く等しいと仮定された．）

我々はいま，スピンが考慮される場合には，$\mathbf{P}_R$ でなく $\mathbf{O}_R$ が状態の回転を生ずるということを知っている；$\mathbf{P}_R$ は系の位置座標のみを回転させる．これに対して，$\mathbf{H}$ が“スピンに関係しない”量である場合にのみ $\mathbf{P}_R\Psi$ は $\mathbf{H}$ の固有関数である．実際には，スピンから生ずる項がまた $\mathbf{H}$ の中に現われ，$\mathbf{P}_R\Psi$ は Ψ の固有値に対する $\mathbf{H}$ の固有関数ではない．したがってこの固有値に属している固有関数の1次結合として書かれない．それゆえ，スピンが考慮されたとき，固有関数は $\mathbf{P}_R$ に関して回転群のどのような表現にも属さず，そして軌道量子数の概念は厳密な意味で成り立たない．スピンから生ずる項が小さくて，これらを無視しても実際の Schrödinger 方程式の解へのよい近似を得ることができる場合にのみ―これは通常成り立つ仮定であるが―軌道量子数（そして多重系）の概念は意味を持ち，そしてこのときにのみ第18章の選択則が成り立つ．これを今後もっと正確に発展させてみよう．

第18章において，演算子 $\mathbf{P}$ によって行なった計算を，$\mathbf{P}$ の代わりに $\mathbf{O}$ で置き換えて行なってみよう．演算子 $\mathbf{O}$ のもとでのハミルトニアンの不変性はハミルトニアンの**すべて**の項に成り立つから，このようにして得られた結果は厳密である．回転に対応する演算子 $\mathbf{O}_R$ は反転の演算子 $\mathbf{O}_I$ と交換し，両方共演算子 $\mathbf{O}_P$ と交換する，$\mathbf{O}_P$ は2つあるいはより多くの電子の**4つの**座標すべてを置き換える，

$$\mathbf{O}_P\Psi(x_{\alpha_1}, y_{\alpha_1}, z_{\alpha_1}, s_{\alpha_1}, \cdots, x_{\alpha_n}, y_{\alpha_n}, z_{\alpha_n}, s_{\alpha_n})=\Psi(x_1, y_1, z_1, s_1, \cdots, x_n, y_n, z_n, s_n). \tag{22.1}$$

[Pは置換$\begin{pmatrix}1 & 2 & \cdots & n\\ \alpha_1 & \alpha_2 & \cdots & \alpha_n\end{pmatrix}$である．] すべての対称性の群は，回転を記述する $\mathbf{O}_R$ の群と反転および置換群との直積である．この直積の表現，それゆえに Schrödinger 方程式の固有値は3つの量子数，あるいは3つの記号によって特徴づけられる．これらは3つの群の表現を指定し，それらの直積はすべての対称性の群の表現を与え，この表現に問題としている固有値の固有関数が属する．回転演算子の群の表現 $\mathfrak{D}^{(J)}$ は前の章で議論された；それは全角運動量量子数,[1] J を与える．鏡像群 $\mathbf{O}_E=\mathbf{1}$, $\mathbf{O}_I=\mathbf{P}_I$ の表現はパリティを与える．いま置換演算子 $\mathbf{O}_P$ についてのより詳細な議論を行なおう．この議論は Pauli の等価原理を導き，そして厳密に成り立つ対称性の議論で完結するであろう．この章の残りにおいて，これらの量と第18章の近似的概念との関係，特に軌道量子数Lおよび多重系Sとの関係の議論に専心したい．

すべての4つの座標の置換（22.1）を2つの因子に分解することは有用である，これらの因子は $\mathbf{O}_R$ を作り上げる2つの因子 $\mathbf{P}_R$ と $\mathbf{Q}_R$ に対応している．ゆえに

$$\mathbf{O}_P=\mathbf{P}_P\mathbf{Q}_P=\mathbf{Q}_P\mathbf{P}_P, \tag{22.2}$$

ここで $\mathbf{Q}_P$ はスピン座標にのみ作用し

$$\mathbf{Q}_P\Psi(x_1, y_1, z_1, s_{\alpha_1}, \cdots, x_n, y_n, z_n, s_{\alpha_n})=\Psi(x_1, y_1, z_1, s_1, \cdots, x_n, y_n, z_n, s_n), \tag{22.2a}$$

そして $\mathbf{P}_P$ はデカルト座標にのみ作用する

$$\mathbf{P}_P\Phi(x_{\alpha_1}, y_{\alpha_1}, z_{\alpha_1}, \boldsymbol{\sigma}_1, \cdots, x_{\alpha_n}, y_{\alpha_n}, z_{\alpha_n}, \boldsymbol{\sigma}_n)$$
$$=\Phi(x_1, y_1, z_1, \boldsymbol{\sigma}_1, \cdots, x_n, y_n, z_n, \boldsymbol{\sigma}_n). \tag{22.2b}$$

（22.2b）での Φ に $\mathbf{Q}_P\Psi$ を代入すると，次式が得られる

$$\mathbf{P}_P\mathbf{Q}_P\Psi(\cdots, x_{\alpha_k}, y_{\alpha_k}, z_{\alpha_k}, \boldsymbol{\sigma}_k, \cdots)=\mathbf{Q}_P\Psi(\cdots x_k, y_k, z_k, \boldsymbol{\sigma}_k\cdots),$$

---

[1] この本の残りの部分では，この量子数に対して文字Jを用いる．

そしてさらに $\sigma_k = s_{\alpha_k}$ をこの式へ代入すると，(22.2 a) と (22.1) によって直接に (22.2) を与える．

2. すべての**物理**状態の固有関数が $\mathbf{O}_P$ に関して反対称表現に属するということによって今後の議論は本質的に簡単化される：

$$\mathbf{O}_P\Phi = \varepsilon_P\Phi;\ (\mathbf{O}_P - \varepsilon_P)\Phi = 0, \tag{22.3}$$

ここで ε_P は P が偶置換か奇置換かによって $+1$ あるいは -1 となる．(22.3) を満足する固有関数を**反対称関数**という；すべての波動関数は反対称であるという記述が **Pauli の原理**[2] の内容である．

Pauli の原理は，いままでに導入された量子力学の原理の結果ではない；運動方程式の役割を演ずる時間を含んだ形の Schrödinger 方程式に対して，この原理はあらゆる系で満足されるべき1つの初期条件の役割を果している．もし (22.3) がある時間で満足されるならば，我々がいま示すように，それは常に満足される．$\mathbf{H}$ は $\mathbf{O}_P$ のもとで対称な演算子であり，したがってそれらと交換するから，

$$i\hbar\frac{\partial\Phi}{\partial t} = \mathbf{H}\Phi,$$

より次のようになる

$$i\hbar\frac{\partial}{\partial t}(\mathbf{O}_P - \varepsilon_P)\Phi = (\mathbf{O}_P - \varepsilon_P)\, i\hbar\frac{\partial\Phi}{\partial t} = \mathbf{H}(\mathbf{O}_P - \varepsilon_P)\Phi. \tag{22.3 a}$$

しかしこの式より，もし $(\mathbf{O}_P - \varepsilon_P)\Phi$ がある時間でゼロであったならば，$(\mathbf{O}_P - \varepsilon_P)\Phi$ は常にゼロとなることになる．(22.3 a) よりスカラー積

$$((\mathbf{O}_P - \varepsilon_P)\Phi,\ (\mathbf{O}_P - \varepsilon_P)\Phi) \tag{22.E.1}$$

は時間について定数であると結論する；ゆえにもしそれが一度ゼロであったならば，常にゼロのままである．しかしながら，(22.E.1) がゼロとなることは $(\mathbf{O}_P - \varepsilon_P)\Phi$ のゼロとなることを意味する．すなわち Pauli の原理が少なくとも量子力学的運動方程式と**矛盾しない**ことがわかる．

---

[2] W. Heisenberg, *Z. Physik*. **38**, 411 (1926) および P. A. M. Dirac, *Proc. Roy. Soc*. **112**, 661 (1926).

すべての波動関数が反対称表現に属するという事実からの１つの重要な結果は，系を幾つかの部分へ分割する場合に現われる．たとえば，ある時間相互作用をし，その後に相互に分離している２つのヘリウム原子の系を考えよう．分離する前に波動関数が属していた４次対称群の既約表現は $\mathbf{D}(P)$ で表わされる．そこで我々は次の疑問を提出することができる：分離後の１つのヘリウム原子の状態は２次対称群のどの表現に属することができるか？ もし $\mathbf{D}(P)$ が反対称表現ならば，両方のヘリウム原子の状態は確かにまた分離後も反対称である．ある系の１つの部分が指定された表現に属するという事実は，全体の系が反対称表現に属するという事実によって一義的に与えられる．$\mathbf{D}(P)$ が対称（恒等）表現のときも同じことが成り立つが，その他のどのような表現でも成り立たない．

すべての波動関数が反対称である理由は，一般的考察に基づいて与えられることはできないが，実験的事実[3]として見なされなければならない．

3.　以下で我々はハミルトニアン演算子が２つの部分に分割された場合を考える：

$$\mathbf{H}=\mathbf{H}_0+\mathbf{H}_1. \tag{22.4}$$

第１の部分は通常の Schrödinger 演算子であり，これは電荷の相互作用と運動エネルギーを含む：

$$\mathbf{H}_0=-\hbar^2\sum_k\frac{1}{2m_k}\left(\frac{\partial^2}{\partial x_k{}^2}+\frac{\partial^2}{\partial y_k{}^2}+\frac{\partial^2}{\partial z_k{}^2}\right)+V(x_1,\cdots,z_n). \tag{22.4a}$$

これはスピンに関係しない演算子である．第２の部分，$\mathbf{H}_1$，は電子の磁気能率を含む；それはこの議論では $\mathbf{H}_0$ に比べて小さいと考えられ，“摂動”として取り扱われるであろう．この摂動が微細構造の原因である．それは簡単な Schrödinger 方程式（22.4a）の固有値（すなわち，“粗大構造の準位”）を幾つかの微細構造成分へ分離する．

摂動論の適用（第５章）において最初に問題になるのは“正しい１次結合”を決めることである．摂動のない問題の，すなわち，$\mathbf{H}_0$ のすべての固有値は縮退しているから，これは必要である．これを本章の主要な問題とする．正しい１次結合は，$\mathbf{O}_P$ に関して対称群の既約表現に属すると仮定することができ

---

[3] W. Pauli は，もし粒子が Pauli の原理にしたがうならば，半奇数のスピンを持つ粒子に対して相対論的場の理論が容易に公式化されることを示した［英訳で加えられた注］．

る；Pauli の原理のゆえに，我々は反対称表現のみを用いる．もし空間の等方性が乱されないならば，さらに，“正しい1次結合”は $\mathbf{O}_R$ に関して回転群の既約表現 $\mathfrak{D}^{(J)}$ の1つの行に属すると仮定することができる．現在の場合ただ1つの反対称な1次結合を表現 $\mathfrak{D}^{(J)}$ のある行に属する $\mathbf{H}_0$ の固有値の固有関数から作ることができ，したがって摂動の手続きに必要な1次結合はこの要求だけに基づいて決定してよい．

Eを $\mathbf{H}_0$ の1つの固有値とし，$\psi(x_1, y_1, z_1, \cdots, x_n, y_n, z_n)$ をそれに属する1つの固有関数で，デカルト座標のみの関数であるとしよう．固有値Eに対する $\mathbf{H}_0$ の固有関数は，スピン座標の任意の関数 $f(s_1, \cdots, s_n)$ を ψ に掛けることによって得られ，すべての座標 $x_1, y_1, z_1, s_1, \cdots, x_n, y_n, z_n, s_n$ の関数である．$\mathbf{H}_0$ はスピンに関係しない演算子であるから，$f(s_1, \cdots, s_n)$ は定数因子のように取り扱ってよい．

$$\mathbf{H}_0\psi f = f\mathbf{H}_0\psi = fE\psi = E\psi f. \tag{22.5}$$

全体で 2^n 個の $s_1, s_2, \cdots, s_n$ の1次的独立な関数が存在する，

$$f_{\sigma_1\sigma_2\cdots\sigma_n} = \delta_{s_1\sigma_1}\delta_{s_2\sigma_2}\cdots\delta_{s_n\sigma_n} \quad (\sigma_1 = \pm 1,\ \sigma_2 = \pm 1, \cdots, \sigma_n = \pm 1), \tag{22.6}$$

すでに第13章で対称群の既約表現を決定した際に述べたように，$s_1, s_2, \cdots, s_n$ のすべての関数は，上の関数の1次結合として表わされる．ゆえに，もし

$$f_1, f_2, \cdots, f_{2^n} \tag{22.6 a}$$

がSの関数の完全直交系ならば（これらは関数（22.6）であってもよい），ψ から次の $\mathbf{H}_0$ の 2^n 個の固有関数を作ることができる：

$$\psi f_1, \psi f_2, \cdots, \psi f_{2^n}. \tag{22.7}$$

$x_1, y_1, z_1, \cdots, x_n, y_n, z_n$ の幾つかの関数が $\mathbf{H}_0$ の固有値Eに属する固有関数として存在する場合，そのおのおのから（22.7）によって，変数としてスピン座標を含んでいる 2^n 個の1次的独立な固有関数が作られる．スピン座標を導入することによって，スピンに関係しない演算子の固有値の多重度は 2^n 倍増加する．これは，$\mathbf{H}_0\psi = E\psi$ がデカルト座標の運動のみを指定するという事情に対応する；n 個のスピンのおのおのについて，$+Z$方向か$-Z$方向をとる自由度

が残っている．

4.　まず，電子の同等性以外に対称性を示さない系，すなわち，空間対称が外場によって除かれているような系を考えよう．$x_1, y_1, z_1, \cdots, x_n, y_n, z_n$ の関数 $\psi_1, \psi_2, \cdots$ は n 次対称群の既約表現に属し，$\mathbf{H}_0$ の与えられた固有値の固有関数であると仮定する，

$$\mathbf{P}_P\psi_\kappa = \sum_{\kappa'} \mathbf{D}(P)_{\kappa'\kappa}\psi_{\kappa'}. \tag{22.8}$$

スピン座標の関数は演算子 $\mathbf{P}_P$ に関して定数因子と考えられるから，ψ_κ を $\psi_\kappa f_\lambda$ で置き換えたときにもまたこれらの式は成り立つ．

$\mathbf{H}_0$ の固有関数 $\psi_\kappa f_\lambda$ はまた $\mathbf{O}_P$ の群の表現に属する，なぜならばスピンが考慮されたとき電子はまた同等だからである．電子が $\psi_\kappa f_\lambda$ に関してそれらの役割を入れ換えられただけの状態 $\mathbf{O}_P\psi_\kappa f_\lambda$ もまた $\psi_\kappa f_\lambda$ と同じ固有値を持つ $\mathbf{H}_0$ の固有関数でなければならず，ゆえに $\psi_{\kappa'}f_{\lambda'}$ の1次結合として書き表わされる．$\mathbf{P}_P\psi_\kappa$ に対する式（22.8）を次に導入する

$$\mathbf{O}_P\psi_\kappa f_\lambda = \mathbf{P}_P\mathbf{Q}_P\psi_\kappa f_\lambda = \mathbf{P}_P\psi_\kappa\cdot\mathbf{Q}_P f_\lambda \tag{22.9}$$

そして $\mathbf{Q}_P f_\lambda$ を $f_{\lambda'}$ によって書き表わすことができる，なぜならば s の**あらゆる**関数は $f_{\lambda'}$ によって書き表わされるからである．しかしながら，できるだけ簡単な係数の系を持つために，我々は演算子 $\mathbf{Q}_P$ に関して，対称群の既約表現にその関数が属するような直交系（22.6）から始めるのが当然である．

5.　我々は s に対するこのような直交系を第13章で決定した．そこでは（22.6）よりむしろ直交系

$$s_1^{\gamma_1}s_2^{\gamma_2}\cdots s_n^{\gamma_n}\ (\gamma_1, \gamma_2, \cdots, \gamma_n = 0\ \text{または}\ 1) \tag{22.6 b}$$

を用いた．k 行目のすべての関数が k 次（$\gamma_1+\gamma_2+\cdots+\gamma_n=k$）であるようにこれらの関数を配列した；$\binom{n}{k}$ 個のこのような関数があった．そこで $k\leqslant\frac{n}{2}$ の場合，k 次の関数の1次結合は，次のような表現のうちの1つのある行に属する関数のおのおのから作られるということが示された

$$\mathbf{D}^{(0)}, \mathbf{D}^{(1)}, \mathbf{D}^{(2)}, \cdots, \mathbf{D}^{(k)}. \tag{22.E.2}$$

$\mathbf{D}^{(i)}$ の次元数は

$$l_i=\binom{n}{i}-\binom{n}{i-1} \tag{22.10}$$

であるから，これらの関数の数は実際に $l_0+l_1+l_2+\cdots+l_k=\binom{n}{k}$ となる．$k\geqq\frac{1}{2}n$ の場合，表現

$$\mathbf{D}^{(0)}, \mathbf{D}^{(1)}, \mathbf{D}^{(2)}, \cdots, \mathbf{D}^{(n-k)} \tag{22.E.3}$$

が表現（22.E.2）の代わりに現われる（158頁の表を見よ）．

もし $\mathbf{D}^{(i)}$ の λ 行に属している k 次の関数を $g_{\lambda k}{}^{(i)}$ によって表わすならば，そこで

$$\mathbf{Q}_P g_{\lambda k}{}^{(i)}=\sum_{\lambda'=1}^{l_i}\mathbf{D}^{(i)}(P)_{\lambda'\lambda}g_{\lambda' k}{}^{(i)} (i=0,1,2,\cdots,k \text{ あるいは } n-k). \tag{22.11}$$

我々は関数（22.6）よりむしろ関数（22.6 b）を用いた，なぜならばこれらを用いて $\gamma_\rho=0$ を持つ因子 $s_\rho{}^{\gamma_\rho}$ は簡単に削除され，この結果公式が簡単化されるからである．いま，しかしながら $s_\rho{}^0=1$ に $\delta_{s_\rho,-1}$ を，$s_\rho{}^1=s_\rho$ に $\delta_{s_\rho,1}$ を代入して，すなわち，常に $s_\rho{}^\gamma$ に $\delta_{s_\rho,2\gamma-1}$ を代入すると，関数（22.6）にもどる．このようにして，関数

$$\mathbf{U}F(s_1s_2\cdots s_n)=\sum_{\gamma_\rho=0,1}c_{\gamma_1\gamma_2\cdots\gamma_n}\delta_{s_1,2\gamma_1-1}\delta_{s_2,2\gamma_2-1}\cdots\delta_{s_n,2\gamma_n-1}, \tag{22.12 a}$$

が関数

$$F(s_1s_2\cdots s_n)=\sum_{\gamma_\rho=0,1}c_{\gamma_1\gamma_2\cdots\gamma_n}s_1{}^{\gamma_1}s_2{}^{\gamma_2}\cdots s_n{}^{\gamma_n} \tag{22.12}$$

の代わりにすべての地点で置き換えられる．これは変換性を変えない．それは（22.12）を（22.12a）で置き換えることは，明らかに変数の置換と交換するからである．ゆえに，もし次のように書くならば

$$\mathbf{U}g_{\lambda k}{}^{(i)}=f_{\lambda,\,k-\frac{1}{2}n}{}^{(\frac{1}{2}n-i)};\ \mathbf{U}g_{\lambda,\,\frac{1}{2}n+m}{}^{(\frac{1}{2}n-S)}=f_{\lambda m}{}^{(S)} \tag{22.13}$$

および[4]

---

[4] 実際に，$\mathbf{D}^{(i)}(P)$ は実であるから，（22.13 a）での複素共軛は意味を持たない．$\mathbf{D}^{(i)}$ が実であることを特に用いなくても今後の計算が簡単にできるように，複素共軛を導入してある．

$$\mathbf{D}^{(i)}(P)=\mathbf{A}^{(\frac{1}{2}n-i)}(P)^*;\ \mathbf{D}^{(\frac{1}{2}n-S)}(P)=\mathbf{A}^{(S)}(P)^*, \tag{22.13 a}$$

我々は，(22.11) によって，次の式を得るであろう

$$\mathbf{Q}_P f_{\lambda m}{}^{(S)}=\sum_{\lambda'}\mathbf{A}^{(S)}(P)_{\lambda'\lambda}{}^* f_{\lambda' m}{}^{(S)}. \tag{22.11 a}$$

偶数の n の場合，S と m は共に整数である；奇数の n の場合，両方共半奇数である．

関数 $g_{\lambda,\ \frac{1}{2}n+m}{}^{(\frac{1}{2}n-S)}$ は $\frac{1}{2}n+m$ 次である，すなわち，もし (22.12) の形に書くとすると，$\frac{1}{2}n+m$ 個の因子 $s_\rho{}^1$（そして $\frac{1}{2}n-m$ 個の因子 $s_\rho{}^0$）を含む項のみがその中に現われる．ゆえに，$\mathbf{U}g_{\lambda,\ \frac{1}{2}n+m}{}^{(\frac{1}{2}n-S)}=f_{\lambda m}{}^{(S)}$ では，$\frac{1}{2}n+m$ 個の因子，$\boldsymbol{\delta}_{s_\rho,1}$（および $\frac{1}{2}n-m$ 個の因子，$\boldsymbol{\delta}_{s_\rho,-1}$）を含む項のみが現われる；関数 $f_{\lambda m}{}^{(S)}$ は s のうち正確に $\frac{1}{2}n+m$ 個が $+1$ に等しく（そして $\frac{1}{2}n-m$ 個が -1 に等しい)，したがって s_ρ の和が $\frac{1}{2}n+m-(\frac{1}{2}n-m)=2m$ であるような s_ρ の値の組に対してだけ，ゼロと異なる．

$$f_{\lambda m}{}^{(S)}(s_1s_2\cdots s_n)=0 \quad s_1+s_2+\cdots+s_n\neq 2m \text{ の場合}. \tag{22.14}$$

もし関数

$$f_{\lambda m}{}^{(S)}\left\{\begin{aligned}&\lambda=1,2,\cdots,\binom{n}{\frac{1}{2}n-S}-\binom{n}{\frac{1}{2}n-S-1}\\&m=-S,-S+1,\cdots,S-1,S\\&S=\tfrac{1}{2}n,\tfrac{1}{2}n-1,\tfrac{1}{2}n-2,\cdots,\tfrac{1}{2}\text{ または }0,\end{aligned}\right\} \tag{22.E.4}$$

が S の関数の完全直交系としてとられるならば，(22.8) および (22.11 a) を用い，(22.9) に対して次式が成り立つ

$$\mathbf{O}_P\psi_\kappa f_{\lambda m}{}^{(S)}=\sum_{\kappa'}\sum_{\lambda'}\mathbf{D}(P)_{\kappa'\kappa}\mathbf{A}^{(S)}(P)_{\lambda'\lambda}{}^*\psi_{\kappa'}f_{\lambda' m}{}^{(S)}. \tag{22.9 a}$$

このように $\psi_\kappa f_{\lambda m}{}^{(S)}$ はそれ自身の間で次の直積にしたがって変換する

$$\mathbf{D}(P)\times\mathbf{A}^{(S)}(P)^*.$$

6.　スピン力を導入するために役立つ摂動の手続きに対して，第1近似の固有関数，すなわち正しい1次結合，

$$\sum_{\substack{\kappa S'\\\lambda m}}a_{\kappa S'\lambda m}\psi_\kappa f_{\lambda m}{}^{(S')}, \tag{22.15}$$

は，$\mathbf{O}_P$ の群の既約表現に属すると仮定することができる．Pauli の原理は，その表現が反対称である固有関数のみを使用することを要求するから，反対称な1次結合（22.15）を決定することで十分である；Pauli の原理を満足するような固有関数への第1近似はこれらの1次結合でなければならない．

したがって（22.15）が反対称であると仮定する．そこで（22.9 a）および $\psi_\kappa f_{\lambda' m}{}^{(S')}$ の1次的独立性から次のようになる

$$\sum_{\kappa\lambda} a_{\kappa S'\lambda m} \mathbf{D}(P)_{\kappa'\kappa} \mathbf{A}^{(S')}(P)_{\lambda'\lambda}{}^* = \varepsilon_P a_{\kappa' S'\lambda' m}. \tag{22.16}$$

もし我々が $\mathbf{A}^{(S')}(P)$ の**随伴**表現を次の式によって表わし

$$\overline{\mathbf{A}}^{(S')}('P) = \varepsilon_P \mathbf{A}^{(S')}(P) \tag{22.17}$$

そして（22.16）に ε_P を掛けると，$\varepsilon_P{}^2=1$ であるから，次のようになる

$$\sum_{\kappa\lambda} a_{\kappa S'\lambda m} \mathbf{D}(P)_{\kappa'\kappa}\ \overline{\mathbf{A}}^{(S')}(P)_{\lambda'\lambda}{}^* = a_{\kappa' S'\lambda' m}. \tag{22.18}$$

これをすべての置換 P について足すとき，直交関係からもし $\mathbf{D}(P)$ と $\overline{\mathbf{A}}^{(S')}(P)$ が同値でなければ左辺はゼロになると結論することができる．もし $\mathbf{D}(P)$ が表現 $\overline{\mathbf{A}}^{(S')}(P)$ のどれにも同値でなければ，すべての $a_{\kappa' S'\lambda' m}$ はゼロとなり，$\psi_\kappa f_m{}^{(S')}$ から反対称な1次結合は全く作られない．$\mathbf{P}_P$ の既約表現が表現 $\overline{\mathbf{A}}^{(\frac{1}{2}n)}$，$\overline{\mathbf{A}}^{(\frac{1}{2}n-1)}$，$\overline{\mathbf{A}}^{(\frac{1}{2}n-2)}$，… のうちの1つに同値であるときにのみ，反対称な固有関数が s の関数と $\mathbf{P}_P$ の既約表現に属する $\mathbf{H}_0$ の固有関数から作られる．他の表現に属する $\mathbf{H}_0$ の固有関数および固有値は，ゆえに，Pauli の原理によって排除される．

したがって $\mathbf{D}(P)$ が $\overline{\mathbf{A}}^{(S')}(P)$ のうちの1つ，たとえば，$\overline{\mathbf{A}}^{(S)}(P)$ に同値であると仮定しよう；実際に $\mathbf{D}(P)$ の相似変換は1次的独立な固有関数 ψ_κ の特定の選択を意味するだけであるから，一歩進めて $\mathbf{D}(P)$ は $\overline{\mathbf{A}}^{(S)}(P)$ と全く等しいと仮定しよう．S を表現 $\overline{\mathbf{A}}^{(S)}$ に属する固有関数 ψ_κ の多重系とよぶ．

$$\mathbf{D}(P) = \overline{\mathbf{A}}^{(S)}(P) \tag{22.19}$$

を（22.18）に代入し，すべての置換について足すと，次式が得られる（さし当り，$\overline{\mathbf{A}}^{(S)}(P)$ の次元数を g_S とする）

$$\sum_{\kappa\lambda} a_{\kappa S'\lambda m}\frac{n!}{g_S}\delta_{SS'}\delta_{\kappa'\lambda'}\delta_{\kappa\lambda}=n!\,a_{\kappa' S'\lambda' m},$$

$$a_{\kappa' S'\lambda' m}=\delta_{SS'}\delta_{\kappa'\lambda'}\sum_{\kappa}\frac{a_{\kappa S\kappa m}}{g_S}=\delta_{SS'}\delta_{\kappa'\lambda'}b_m, \tag{22.20}$$

ここで b_m は S', κ' および λ' によらない．$\psi_\kappa f_{\lambda m}{}^{(S)}$ の反対称な 1 次結合，(22.15) 式，はゆえに次の形である：

$$\sum_{\substack{\kappa S'\\ \lambda m}}\delta_{SS'}\,\delta_{\kappa\lambda}b_m\psi_\kappa f_{\lambda m}{}^{(S')}=\sum_m b_m\sum_\kappa \psi_\kappa f_{\kappa m}{}^{(S)}. \tag{22.20 a}$$

m の $2S+1$ 個の値に対応して，$2S+1$ 個の 1 次的独立な反対称関数

$$\Xi_m{}^S=\sum_\kappa \psi_\kappa f_{\kappa m}{}^{(S)} \tag{22.20 b}$$

がある．

$\mathbf{H}_0$ の固有値の固有関数 $\psi_1, \psi_2, \psi_3, \cdots$ から反対称な関数を作るには，$\overline{\mathbf{A}}^{(S)}$ のκ行に属するψ_κ と**随伴**表現 $\mathbf{A}^{(S)*}$ の κ 行に属する，s の関数 $f_{\kappa m}{}^{(S)}$ とを掛け，そしてすべての κ（すべてのパートナー関数）についてこれらの積を加えなければならない．これらに直交な他の $g_S\cdot(2^n-2S-1)$ 個の $\psi_\kappa f_{\lambda m}{}^{(S)}$ の 1 次結合は反対称表現以外の $\mathbf{O}_P$ の表現に属する．

7.　もしスピンの項 $\mathbf{H}_1$ が摂動として $\mathbf{H}_0$ に加えられるならば，$\mathbf{H}$ はもはやスピンに関係しない演算子ではなく，固有値Eは，一般に対称演算子 $\mathbf{O}_P$ の群の既約表現に属するような，幾つかの固有値に分離する．すべての物理的に実現できる状態の波動関数は反対称であるから，反対称表現に属する準位のみが可能なエネルギー準位である．もし固有値 E を持つ $\mathbf{H}_0$ の固有関数，それは $x_1, y_1, z_1, \cdots, x_n, y_n, z_n$ の関数であるが，が表現 $\overline{\mathbf{A}}^{(S)}(P)$ に属するならば，そこで $2S+1$ 個の近接した準位がエネルギーEの近くにあるであろう．これらの準位のおのおのに，第 1 近似で，(22.20 b) の Ξ_m の 1 つの 1 次結合が属する．実際の正しい 1 次結合（すなわち，(22.20 a) における b_m の値）は次のような行列

$$(\mathbf{H}_1)_{m'm}=(\Xi_{m'},\ \mathbf{H}_1\Xi_m) \tag{22.20 c}$$

に対する $(2S+1)$ 次元の永年方程式を解くことなしに決定されることはでき

ない，なぜならばいま仮定したような外場の場合には，補助の対称性がないからである．

8. いま，電子の同等性の他に，完全な回転対称が存在するような系を考えよう．そこで $\mathbf{H}_0$ の固有関数である $x_1, y_1, z_1, \cdots, x_n, y_n, z_n$ の関数を多重系 S の他に軌道量子数 L を持ち，さらに次の式を満足するように選ぶことができる

$$\mathbf{P}_P\psi_{\kappa\mu}=\sum_{\kappa'}\overline{\mathbf{A}}^{(S)}(P)_{\kappa'\kappa}\psi_{\kappa'\mu};\quad \mathbf{P}_R\psi_{\kappa\mu}=\sum_{\mu'}\mathfrak{D}^{(L)}(R)_{\mu'\mu}\psi_{\kappa\mu'} \tag{22.21}$$

（ここで P は置換，R は回転である）．空間座標の関数 $\psi_{\kappa\mu}$ からすべての座標の関数 $\psi_{\kappa\mu}f_{\lambda m}{}^{(S)}$ を作ることができ，これはまた $\mathbf{H}_0$ の固有関数である．$\psi_{\kappa\mu}$ と同様に $\psi_{\kappa\mu}f_{\lambda m}{}^{(S)}$ も (22.21) を満足する；P はスピン座標に作用しないから，スピン関数 $f_{\lambda m}{}^{(S)}$ を (22.21) 式で定数因子として取り扱ってよい．

$\psi_{\kappa\mu}f_{\lambda m}{}^{(S)}$ は $\mathbf{O}_R$ のもとで回転群の 1 つの表現に属さなければならない．これは，スピン座標を単に導入しただけでは空間方向の同等性に影響しないからである．事実（類似の (22.9) 式を見よ）

$$\mathbf{O}_R\psi_{\kappa\mu}f_{\lambda m}{}^{(S)}=\mathbf{P}_R\psi_{\kappa\mu}\cdot\mathbf{Q}_Rf_{\lambda m}{}^{(S)}, \tag{22.22}$$

そしてこの式において $\mathbf{P}_R\psi_{\kappa\mu}$ は元の $\psi_{\kappa\mu}$ によって (22.21) を用いて表わされる；また $\mathbf{Q}_Rf_{\lambda m}{}^{(S)}$ は $f_{\lambda m}{}^{(S)}$ によって書き表わされる— s のあらゆる関数はそのようにできる．いまその係数を決めよう．

もし $\mathbf{Q}_Rf_{\lambda m}{}^{(S)}$ を $f_{\lambda' m'}{}^{(S)}$ によって表わすならば，また $\mathbf{A}^{(S)}$ の λ 番目の行に属する $f_{\lambda m'}{}^{(S)}$ のみが用いられる必要がある，なぜならば $\mathbf{Q}_R$ は s の置換のもとで対称な演算子であり，($\mathbf{Q}_P$ と著しく異なって) $f_{\lambda m'}{}^{(S)}$ の変換性を変えないからである．ゆえに次式が成り立たなければならない，

$$\mathbf{Q}_Rf_{\lambda m}{}^{(S)}=\sum_{m'=-S}^{S}\mathfrak{D}^{(S)}(R)_{m'm}f_{\lambda m'}{}^{(S)}\quad (m=-S, -S+1, \cdots, S-1, S). \tag{22.23}$$

さらに，$\mathbf{Q}_R\mathbf{Q}_{R'}=\pm\mathbf{Q}_{RR'}$ のゆえに，行列 $\mathfrak{D}^{(S)}(R)$ は回転群の（1価あるいは2価の）($2S+1$) 次元表現を作る．この表現は，直ちに証明されるように，

既約表現 $\mathfrak{D}^{(S)}(R)$ である.

R を Z 軸のまわりの角度 α の回転であるとすると,

$$\begin{aligned}\mathbf{Q}_R f_{\lambda m}{}^{(S)}(s_1,\cdots,s_n) &= \sum_{t_\rho=\pm1}\cdots\mathfrak{D}^{(\frac{1}{2})}(R)_{\frac{1}{2}s_\rho,\frac{1}{2}t_\rho}\cdots f_{\lambda m}{}^{(S)}(t_1,\cdots,t_n)\\ &= \sum_{t_\rho=\pm1}\delta_{s_1t_1}e^{i\frac{1}{2}s_1\alpha}\cdots\delta_{s_nt_n}e^{i\frac{1}{2}s_n\alpha}f_{\lambda m}{}^{(S)}(t_1,\cdots,t_n)\\ &= e^{i\frac{1}{2}(s_1+\cdots+s_n)\alpha}f_{\lambda m}{}^{(S)}(s_1,\cdots,s_n),\end{aligned} \tag{22.24}$$

$$\mathbf{Q}_R f_{\lambda m}{}^{(S)}(s_1,\cdots,s_n) = e^{+im\alpha}f_{\lambda m}{}^{(S)}(s_1,\cdots,s_n).$$

ここで $m=\frac{1}{2}(s_1+s_2+\cdots+s_n)$ と置き換える, なぜならば (22.14) によって, 関数 $f_{\lambda m}{}^{(S)}$ は他の s の値の組に対して必ずゼロとなるからである. $R=\{\alpha,0,0\}$ に対して, (22.23) における表現は対角要素 $\exp(-iS\alpha)$, $\exp(-i(S-1)\alpha)$, $\cdots$, $\exp(+i(S-1)\alpha)$, $\exp(+iS\alpha)$ を持つ対角行列であり, これは既約表現 $\mathfrak{D}^{(S)}(R)$ とそれが同値であることを確立する. 加うるに, (22.24) は, $f_{\lambda m}{}^{(S)}$ が $\mathfrak{D}^{(S)}(R)$ の m 番目の行に属し, したがって $\mathfrak{D}^{(S)}(R)$ は (22.23) に正しく現われていることを示す. 変数の置換に関して表現 $\mathbf{A}^{(S)*}=\mathbf{D}^{(\frac{1}{2}n-S)}$ に属するような, $s_1,s_2,\cdots,s_n$ の関数は, 回転 $\mathbf{Q}_R$ に関して, 回転群の表現 $\mathfrak{D}^{(S)}$ に属する. この関数は実際に2つの群の直積の表現 $\mathbf{A}^{(S)*}\times\mathfrak{D}^{(S)}$ に属する. このことは (22.23) に $\mathbf{Q}_P$ を作用させ, (22.11 a) を用いることから導かれる.

$$\begin{aligned}\mathbf{Q}_P\mathbf{Q}_R f_{\lambda m}{}^{(S)} &= \sum_{m'}\mathfrak{D}^{(S)}(R)_{m'm}\mathbf{Q}_P f_{\lambda m'}{}^{(S)}\\ &= \sum_{m'}\sum_{\lambda'}\mathfrak{D}^{(S)}(R)_{m'm}\mathbf{A}^{(S)}(P)_{\lambda'\lambda}{}^{*}f_{\lambda'm'}{}^{(S)},\end{aligned} \tag{22.24 a}$$

すなわち, $f_{\lambda m}{}^{(S)}$ は $\mathbf{A}^{(S)}(P)^*\times\mathfrak{D}^{(S)}(R)$ の (λ, m) 番目の行に属する.

この議論の結果は 158頁 にある並べ方によってうまく説明される. $\mathbf{D}^{(i)}$ の代わりに, この $\mathbf{D}^{(i)}$ に属する関数で置き換えられると考えてみよう. そこで i 番目の列は変数の置換に関して $\mathbf{D}^{(i)}=\mathbf{A}^{(\frac{1}{2}n-i)}$ に属するような関数を含むであろう. k 番目の行の $\mathbf{D}^{(i)}$ は $g_{1k}{}^{(i)}$, $g_{2k}{}^{(i)}$, $\cdots$ によって置き換えられる. さらに, $g_{\lambda k}{}^{(i)}$ を (22.13) 式の $f_{\lambda,k-\frac{1}{2}n}{}^{(\frac{1}{2}n-i)}$ で置き換えると, $k=(\frac{1}{2}n+m)$ 番目の行は Z 軸のまわりの回転に関して $\exp(im\varphi)$ に属する関数を含むであろう. 各 $\mathbf{D}^{(i)}=\mathbf{A}^{(\frac{1}{2}n-i)}$ はたかだか1回各行に現われるという事実から, $\mathbf{A}^{(\frac{1}{2}n-i)}$ の与えられた行に属し, そして Z 軸のまわりの回転に関して $\exp(im\varphi)$ に属する s の関数が, たかだか1つ存在するということがわかる. $\mathbf{A}^{(\frac{1}{2}n-i)}$ は行 i, $i+1$,

$\cdots, n-i-1, n-i$ に現われるから，式 $m=k-\frac{1}{2}n$ は i 番目の列において値 $-\frac{1}{2}n+i$, $-\frac{1}{2}n+i+1, \cdots, \frac{1}{2}n-i-1, \frac{1}{2}n-i$ をとるであろう．i 番目の列の異なる行に現われる関数は，3次元回転に関して，$\mathfrak{D}^{(\frac{1}{2}n-i)}$ の異なる行に属し，そして互いにパートナー関数である．

$f=\mathbf{U}g$ の代わりに直接に第13章の関数 g を用いるときは，上述の“Z軸のまわりの回転”の代わりに“X軸のまわりの回転”と置き換えるだけでよい．その他の部分は全く変わらない．

デカルト座標だけの置換 $\mathbf{P}_P$ に対し表現 $\overline{\mathbf{A}}^{(S)}$ によって変換し，多重系 S に属する $x_1, y_1, z_1, s_1, \cdots, x_n, y_n, z_n, s_n$ の反対称関数は，スピン座標の置換 $\mathbf{Q}_P$ に対し，表現 $\mathbf{A}^{(S)*}$ によって変換し（(22.21) および (22.21 a)）そしてスピン座標の回転のもとで $\mathfrak{D}^{(S)}$ にしたがって変換しなければならない（(22.24 a) 式）．ゆえに多重系は単に変数（デカルト座標あるいはスピン座標のいずれか一方）の置換に関しての対称性であるだけでない．むしろ，s の関数の特別な構造のゆえに，それはまたスピン座標の回転に関しての対称性である．これはちょうど軌道量子数がデカルト座標の回転に関する対称性を表示したのと全く同様である．軌道量子数と多重系の間の1つの重要な違いは，$\mathbf{H}_0$ のような最も重要な量が，外場によって空間の等方性が除かれた場合ですら，すべての $\mathbf{Q}$ に対して不変であるようなスピンに関係しない量であるという事実から生ずる．

対称群の既約表現 $\mathbf{A}^{(S)}$ に属する関数，$f_{\lambda m}{}^{(S)}$，がまた回転群の既約表現 $\mathfrak{D}^{(S)}$ に属し，その逆も成り立つという事実は，ただ2つの値だけを取り得るような変数の関数の性質である．もし s が幾つかの値を取り得るならば，そこで対称群のある表現に属する関数は，また回転群の種々の表現に属することができ，回転群の与えられた表現に属する関数はまた対称群の種々の表現に属することができるであろう．2つの値を持つ変数によってのみ，回転と置換のもとでの変換性は上述のように関連づけられる．

9. いま (22.20b) にしたがって $\psi_{\kappa\mu}f_{\lambda m}{}^{(S)}$ を作るならば，$(2S+1)(2L+1)$ 個の関数ができる，なぜならば (22.20 b) 式はあらゆる μ について作られるからである：

$$\Xi_{m\mu}{}^{SL}=\sum_{\kappa}\psi_{\kappa\mu}{}^{SL}f_{\kappa m}{}^{(S)} \quad (\mu=-L,\cdots,L;\ m=-S,\cdots,S). \tag{22.25}$$

状態 $\Xi_{m\mu}{}^{SL}$ に回転を作用させると，

$$\begin{aligned}\mathbf{O}_R\Xi_{m\mu}{}^{SL}&=\sum_{\kappa}\mathbf{P}_R\psi_{\kappa\mu}{}^{SL}\cdot\mathbf{Q}_R f_{\kappa m}{}^{(S)}\\&=\sum_{\kappa}\sum_{\mu'm'}\mathfrak{D}^{(L)}(R)_{\mu'\mu}\psi_{\kappa\mu'}{}^{SL}\mathfrak{D}^{(S)}(R)_{m'm}f_{\kappa m'}{}^{(S)}\\&=\sum_{\mu'm'}\mathfrak{D}^{(L)}(R)_{\mu'\mu}\ \mathfrak{D}^{(S)}(R)_{m'm}\Xi_{m'\mu'}{}^{SL},\end{aligned}$$

これらは直積 $\mathfrak{D}^{(L)}\times\mathfrak{D}^{(S)}$ にしたがって変換する．結果として生ずる反対称な

固有値の全量子数 J はゆえに $\mathfrak{D}^{(L)}\times\mathfrak{D}^{(S)}$ の分解によって得られる．この分解はすでに第17章でなし遂げられている．既約成分は次のような上つき添字を持つ

$$J=|L-S|,\ |L-S|+1,\ \cdots,\ L+S-1,\ L+S. \qquad (22.26)$$

一方，$\Xi_{m\mu}{}^{SL}$ の対応する1次結合は，230頁の（17.18 a）によって，次のようになる

$$\Psi_m{}^J=\sum_{\mu} s_{J\mu,\,m-\mu}{}^{(LS)}\,\Xi_{m-\mu\mu}{}^{SL}. \qquad (22.27)$$

係数 $s_{J\mu,\,m-\mu}{}^{(LS)}$ は第17章，（17.27），（17.27 b）式で計算されている．

軌道量子数 L，多重系 S を持つ準位は，スピンの導入によって $2L+1$ あるいは $2S+1$ 個の（どちらかより小さい方をとる），全量子数（22.26）を持つ“微細構造成分”に分裂する．第一近似において，対応する固有関数は（22.27）によって与えられる．

完全な空間対称のもとで，1つの固有値に属する固有関数の数は完全な対称性が存在しないときよりもずっと多いにもかかわらず，摂動の手続きに対する正しい1次結合はまだ完全な対称性がある場合の方が，ないときより容易に決めることができる．完全な空間対称性が存在するとき，正しい1次結合の係数は単に，第17章で明白に与えられた，ベクトルの加え算の模型の係数である．完全な空間対称性は，それによって導入される複雑さより以上の利益をもたらす．

（22.26）式は，スピンの導入によって軌道量子数 L と多重系 S を持つ1つの準位から生ずる準位の全量子数 J が**ベクトルの加え算の模型**によって与えられることを示す．この模型では2つのベクトル L と S は，第9図にしたがって合成ベクトル[5)] J を得るように合成される．ベクトル L は軌道運動の角運動量，S は電子のスピンによる角運動量と解釈される；J は全角運動量である．

10.　最後に，関数（22.27）のパリティを決定しよう．関数 $\psi_{\kappa\mu}$ のパリティが w とすると（それはすべての $\psi_{\kappa\mu}$ に対して同じである），

$$\mathbf{P}_I\psi_{\kappa\mu}=w\psi_{\kappa\mu}.$$

5)　この場合，第9図（224頁）で，l を L，$\bar{l}$ を S，L を J で置き換える．

これはまた関数 (22.27) についても成り立つ，なぜならば デカルト座標の関数と考えたとき，これらはちょうど $\psi_{\kappa\mu}$ の1次結合で，$\mathbf{O}_I = \mathbf{P}_I$ だからである．このように，パリティはスピン座標の導入によって変化せず，準位のすべての微細構造成分に対して，スピンの導入の前に対応する粗大構造の準位についてのパリティと同じである．

11. “多重項の分裂”，すなわち 微細構造成分のエネルギー準位相互間の分離の値，を求めよう．古典的には，分裂はスピンの磁気2重極と原子核をまわっている電子から生ずる電流との相互作用のエネルギーによる．円形電流によって生ずる場の強さは $\sim ev/r^2c$，ここで e は電子の電荷，v は電子の速度，r は原子核からの距離である．r を我々は第1 Bohr 軌道の半径 $\hbar^2/me^2$ で置き換えてよい．量子力学において，第1 Bohr 軌道の半径は内部の電子の原子核からの平均の距離であり，v は $mvr \sim \hbar$ から求められる．これは磁場の強さについて次の式を与える

$$\sim \frac{m^2e^7}{\hbar^5 c}.$$

そしてこの場における磁気2重極 $e\hbar/2mc$ のエネルギーは $me^8/2\hbar^4c^2$. (Dirac の相対論による正確な計算は，水素原子において $N=2,\ l=1,\ j=1/2$ と $j=3/2$ を持つ2つの準位の間のエネルギー差に対して，値 $me^8/32\hbar^4c^2$ を与える．) このように微細構造の分離の 大きさは粗大構造のおおよそ α^2 倍となる，

$$\sim\left(\frac{e^2}{\hbar c}\right)^2 = \alpha^2 = \left(\frac{1}{137}\right)^2$$

あるいは異なる主量子数を持つ 水素原子の 準位の間の差 ($\sim me^4/\hbar^2$) の大体 $\left(\frac{1}{137}\right)^2$ 倍である．この定数 α を **Sommerfeld の微細構造定数**という．

我々は種々の物理的効果の大きさの桁数を，エネルギーを微細構造定数の巾に展開することによって，評価することができる．実際に，計算におけるおのおのの巾は新しい物理効果をもたらしている．ゼロ次の巾は，電子の静止エネルギー mc^2 を含む．1次の巾は係数がゼロとなる．2次の巾は普通の Schrödinger 理論によって与えられたエネルギーである；それは $mc^2\alpha^2=me^4/\hbar^2$ に比例し，そして光速が現われない唯一の項である．3次の巾の係数は再びゼロとなる．4次の巾の項については，いまわかったように，摂動の手続きの第1近似において回転している電子の磁気能率の エネルギーを与える．5次の巾は2重極輻射によるエネルギー 準位の拡がり[6]を含む．6次の項はスピンの効果に対する第 2近似であり，そして7次は 4重極輻射による 準位の拡がりである．8次の項はスピンエネルギーの計算における第3近似であり，9次の巾は相互結合の禁止によって排除されるスペクトル線による準位の拡がりである，等である．

当然，微細構造定数のより高次の巾を含むような展開での項は，もしその係数が十分大きいならば，より低次の巾を持つ項より大きくなり得る．しかしながら，概して，α のより高次の巾を持つ項はより小さい．ある 項 の 係 数 は（たとえば，微細構造の分裂）原子の電荷の増加 に つれて増加する，しかし他の 項 では（たとえば，輻射による準位の拡がり），このようなことはない，したがって微細構造の分裂に対する第2近似は一最初の少数の元素を除いて一輻射による拡がりよりも事実上大きい．相互結合の禁止によって排除されたスペクトル線はほとんど常に4重極のスペクトル線より強いから，αの巾に展開することは1つの分類上の約束以上の意味を持つものではない．もし級数の中で始めに現われる項が後で現われるものよりも大きいならば，結合は**正常**であるという．

12.　もし $\mathbf{H}$ の固有関数が正確に（22.27）によって与えられるならば，これらは $\mathbf{P}_P$ および $\mathbf{P}_R$ の群の既約表現 $\mathbf{A}^{(S)}(P)$ および $\mathfrak{D}^{(L)}(R)$ におのおの属

---

[6]　2つの準位の拡がりの和は，これらの間の遷移に対する スペクトル線の 自然巾を与える．準位の巾は，この準位から可能なすべての 遷移に対する遷移確率の和の $\hbar$ 倍である．(18.1a) 式において，$\hbar\omega$ として $mc^2\alpha^2\sim\hbar\omega$ を代入し，x の行列要素に第1 Bohr 軌道の半径を代入すると，遷移確率は次のようになる，

$$\sim\frac{4}{3}\frac{e^2m^3c^6\alpha^6}{\hbar c^3\hbar^3}\cdot\frac{\hbar^4}{m^2e^4}=\frac{1}{\hbar}\frac{4\,mc^3\hbar\alpha^6}{3\,e^2}\sim\frac{mc^2}{\hbar}\alpha^5.$$

これは微細構造定数の5次の巾に比例する．

し，そして多重系および軌道量子数に対する選択則が正確に成り立つであろうに．現実には，(22,27) はただ固有関数の第1近似であるに過ぎない．もし第2近似

$$\Phi_m{}^{NJ}=\Psi_m{}^{NJ}+\sum_{N'\neq N}\sum_{J'm'}\left(\frac{\Psi_{m'}{}^{N'J'},\ \mathbf{H}_1\Psi_m{}^{NJ}}{E_N-E_{N'}}\right)\Psi_{m'}{}^{N'J'} \qquad (22.28)$$

が本質的に第1近似と同じならば，第1近似はほとんど正しい[7] と仮定してよい．この場合，S と L に対する選択の禁止によって排除された遷移は，著しい強度をもって起こることはない．

(22.28) では N' についての和をとることで十分である；$\mathbf{H}_1$ は $\mathbf{O}_R$ のもとで対称であるから，$(\Psi_{m'}{}^{N'J'},\ \mathbf{H}_1\Psi_m{}^{NJ})$ は $J\neq J'$ あるいは $m\neq m'$ の場合確かにゼロとなる．さらに，$(\Psi_m{}^{N'J},\ \mathbf{H}_1\Psi_m{}^{NJ})$ の大きさは，スピンによるエネルギー摂動に対する第1近似を与えるような $(\Psi_m{}^{NJ},\ \mathbf{H}_1\Psi_m{}^{NJ})$ と，同じ程度の大きさである．これに対して $E_N-E_{N'}$ は，全量子数 J の固有値を持つた最も近い粗大構造の準位間の距離である．もし最初の量が第2の量よりも十分に小さいならば，近似 (22.27) はよい近似である；さもなければ，それはよい近似ではない．このように近似の正当性は，同じ J と異なる S と L を持つ準位の偶然の接近にきわどく依存する．(もし $\Psi_m{}^{N'J}$ の S と L が $\Psi_m{}^{NJ}$ の S と L に等しいならば，(22.28) で対応する項は $\mathbf{P}$ に関する $\Psi_m{}^{NJ}$ の変換性に影響を及ぼさない．)

---

[7] $E_{N'}$ は簡単な Schrödinger 方程式のすべての固有値について変化する；多重系と軌道量子数を与える添字 S と L は N' に含まれている．

第23章　スピンがある場合の選択則および強度則

スピンを含む理論に対する選択則，強度則および間隔則は２つの種類に分けられる．第１の種類に属する法則（以下の第１節から第４節まで）は，スピン力の大きさについてどのような仮定もせずに，対称性の考察から結論される．これらの法則は，それらの基礎付けにおけると同様にそれらの内容においても，回転および鏡像のもとでエネルギー演算子の不変性からまた導かれた単純な理論（第18章）の法則と非常に似ている．空間の等方性だけでは，第２の種類に属する法則（以下の第５節から第７節まで）を導くのに十分でない；これらを導くために，スピン力は簡単な理論の静電力に比べて小さく，したがって簡単な理論の固有関数および固有値はハミルトニアンにスピンを含むことによって本質的に変化しないことがまた仮定されなければならない．

1.　全量子数に対する選択則は，簡単な理論での軌道量子数に対する選択則と同じである．２重極輻射を含む遷移において，Jは ±1，あるいは0だけ変わる．付加条件として２つの $J=0$ を持つ準位の間の遷移は禁止される．ベクトル演算子（$x_1+x_2+\cdots+x_n$，等との掛け算）の行列要素は２重極輻射の特性であり，上述の条件が満足されないとき，これらはゼロとなる．

またパリティに対する選択則（Laporte の法則）は保持される，なぜならば演算子 $\mathbf{O}_I$ は簡単な Schrödinger 理論の演算子 $\mathbf{P}_I$ と全く等しいからである．どのような**極性**ベクトルのすべての行列要素

$$(\Psi_F, \mathbf{V}_x\Psi_E),\ (\Psi_F, \mathbf{V}_y\Psi_E),\ (\Psi_F, \mathbf{V}_z\Psi_E) \tag{23.1}$$

も ψ_F と ψ_E のパリティ w_F と w_E が逆でない限り，ゼロとなる．もし軸の反転を実行するならば，極性ベクトルはその方向を保持するから，その成分は符号を変える，すなわち，

$$\mathbf{O}_I \mathbf{V}_x \mathbf{O}_I^{-1} = -\mathbf{V}_x.$$

$\mathbf{O}_I \Psi_F = w_F \Psi_F$ および $\mathbf{O}_I \Psi_E = w_E \Psi_E$ であるから，$\mathbf{O}_I$ のユニタリ性は次のことを意味する

$$(\Psi_F, \mathbf{V}_x \Psi_E) = (\mathbf{O}_I \Psi_F, \mathbf{O}_I \mathbf{V}_x \mathbf{O}_I^{-1} \cdot \mathbf{O}_I \Psi_E) = -w_F w_E (\Psi_F, \mathbf{V}_x \Psi_E).$$

このように，Ψ_F と Ψ_E が同じパリティを持つならば，(23.1) はゼロとならなければならない．(同様な方法で，**軸性**ベクトルの行列要素は，Ψ_F と Ψ_E が異なるパリティを持つとき，ゼロであることが証明される．)

粗大構造の準位のパリティはすべてその微細構造成分において保持されるから，Laporte の法則は粗大構造の準位のすべての微細構造成分に同じように成り立つ．

もしスペクトルが，たとえば，あらゆる水素原子的スペクトルにおけるように，パリティ $w=(-1)^L$ を持つ2重の準位だけから成り立っているならば，j と w に対する選択則はまた L に対する選択則の正当性を意味する．Laporte の法則のために，L はただ奇数だけ変化できる；1の変化は許されるが，3あるいはそれ以上の変化は許されない，なぜならばこれは $j(=L\pm\frac{1}{2})$ が2あるいはそれ以上だけ変わることを要求するであろうし，これは不可能だからである．

電子の置換のもとで変換性が変らないという法則はすでに，すべてが反対称であるような波動関数が**勝手な**置換にもかかわらず（輻射の影響のもとでだけでなく）反対称のままであるという記述に含まれている．

2. Z 軸に平行な磁場の中で，全量子数 j を持つ準位は $2j+1$ 個の Zeeman 成分に分裂する．付加の磁気エネルギーを摂動として取り扱うための"正しい1次結合"は，ちょうど簡単な理論におけるように，Ψ_μ^j それ自身である．演算子 $\mathbf{O}_R$ を Ψ_μ^j に作用させると，ここで R は Z 軸のまわりの角度 α の回転であるが，波動関数 Ψ_μ^j は単に $e^{i\mu\alpha}$ 倍される．磁場は縮退を完全に除く；磁場の中では，ただ1つの固有関数が各固有値に属する．

磁場を含んでいる補助演算子 $\mathbf{H}_2$ が場の強さの成分 $\mathcal{H}_x$, $\mathcal{H}_y$, $\mathcal{H}_z$ の級数に展開されるとしよう．

$$\mathbf{H}_2 = (\mathcal{H}_x \mathbf{V}_x + \mathcal{H}_y \mathbf{V}_y + \mathcal{H}_z \mathbf{V}_z) + (\mathcal{H}_x^2 \mathbf{V}_{xx} + \cdots) + \cdots. \tag{23.2}$$

そこで1次の巾の係数 $\mathbf{V}_x, \mathbf{V}_y, \mathbf{V}_z$ は軸性ベクトル演算子を作らなければならない，なぜならば $\mathcal{H}$ それ自身が軸性ベクトルでありそして $\mathbf{H}_2$ は全体としてスカラーでなければならないからである．Z 方向における磁場によるエネルギー摂動に対する第1近似

$$\mathcal{H}_z(\Psi_\mu{}^j, \mathbf{V}_z\Psi_\mu{}^j)$$

は，ベクトル演算子の行列要素に対する公式にしたがって，μ に比例する（(21.19 b) 式の真中の公式を見よ)．ゆえに磁場の中での分裂は，弱い場の場合場の強さの1次の巾に比例し，元の準位は $2j+1$ 個の等間隔の成分に分かれる．しかしながら，簡単な理論での分裂と異なり，それはすべての準位について等しい大きさではなく，一般には計算できない．“正常結合”の場合においてのみ，すなわち，もし (22.27) 式が固有関数に対してよい近似であるならば，それは数値的に与えられる．

Zeeman 成分に対する強度の関係に関する限り，事情は異なる．高い準位の μ 成分と低い準位の μ' 成分とを結ぶスペクトル線の強さは，定数の普遍因子を除いて，次の量の絶対値の2乗である

$$(\Psi_\mu{}^{Nj}, \sum_k z_k\Psi_{\mu'}{}^{N'j'}), \qquad \frac{1}{\sqrt{2}}(\Psi_\mu{}^{Nj}, \sum_k (x_k+iy_k)\Psi_{\mu'}{}^{N'j'}),$$

$$\frac{1}{\sqrt{2}}(\Psi_\mu{}^{Nj}, -\sum_k (x_k-iy_k)\Psi_{\mu'}{}^{N'j'}),$$

上記の3項は，光が Z 方向に偏極しているか，あるいは Z 軸のまわりに右あるいは左円偏光しているかに対応する．これらはベクトル演算子の3つの異なる成分（0，-1，$+1$）の行列要素である．異なる μ, μ' および偏光に対するこれらの比は (21.19) 式から直接に求められる．これらの公式はまた，磁気量子数 μ が0（π 成分）あるいは ± 1（σ 成分）だけ変わることができるということを示す．たとえば，$j\rightarrow j-1$ 遷移における相対強度は

$$\begin{aligned} A_{\mu\to\mu-1} &= (j+\mu)(j+\mu-1) \\ A_{\mu\to\mu} &= 2(j+\mu)(j-\mu) \\ A_{\mu\to\mu+1} &= (j-\mu-1)(j-\mu). \end{aligned} \tag{23.3}$$

(23.3) で3つの式の和，磁気量子数 μ を持つ高い状態から低い準位のすべての Zeeman 準位への遷移確率，は上の準位のすべての Zeeman 成分について同じである，すなわち，それは μ に依らない．低い準位の同じ Zeeman 成分へ遷移するすべてのスペクトル線の遷移確率の和に対しても同じことが成り立つ．

遷移確率に対するこの**和則** (sum rule) は簡単な物理的基礎付けを持っている．(23.3) で3つの式の和は，状態 Ψ_μ^{Nj} から，そのエネルギーが低い準位に対応するすべての状態への遷移に対する全確率である．しかし異なる μ を持つ状態 Ψ_μ^{Nj} は，座標軸の回転によって相互の1次結合に変換し，したがって回転だけ異なるから，そして全確率は回転に独立でなければならないから，それは μ に依存できない．

数学的には，和則は (21.18 a) 式から，次の式を作ることによって最も簡単に導かれる

$$|\mathbf{T}^{(\rho)}{}_{Nj\mu;N'j'\mu'}|^2=\sum_{\nu\sigma\nu'}\sum_{\lambda\tau\lambda'}\mathfrak{D}^{(j)}(R)_{\nu\mu}{}^*\mathfrak{D}^{(j)}(R)_{\lambda\mu}\mathfrak{D}^{(\omega)}(R)_{\sigma\rho}{}^*\mathfrak{D}^{(\omega)}(R)_{\tau\rho}$$
$$\cdot\mathfrak{D}^{(j')}(R)_{\nu'\mu'}\mathfrak{D}^{(j')}(R)_{\lambda'\mu'}{}^*\mathbf{T}^{(\sigma)}{}_{Nj\nu;N'j'\nu'}\mathbf{T}^{(\tau)}{}_{Nj\lambda;N'j'\lambda'}{}^*.$$

ここで μ と ρ について足すと，$\mathfrak{D}^{(j)}$ と $\mathfrak{D}^{(\omega)}$ のユニタリ性のゆえに，右辺の最初の4つの因子は $\delta_{\nu\lambda}\cdot\delta_{\sigma\tau}$ となる．

次にすべての回転について積分すると，直交関係のゆえに，次式を得られる

$$\sum_{\mu\rho}|\mathbf{T}^{(\rho)}{}_{Nj\mu;N'j'\mu'}|^2=\frac{1}{2j'+1}\sum_{\nu\sigma\nu'}|\mathbf{T}^{(\sigma)}{}_{Nj\nu;N'j'\nu'}|^2. \qquad (23.\mathrm{E}.1)$$

上式は直接に，和 (23. E.1) が μ' に独立であることを証明した．

3. 偶数個の電子の場合，Z 軸に平行な電場は全量子数 j を持つ準位を $j+1$ 個の成分に分裂させる一これは第18章で議論した簡単な理論の場合と同じである．これらは2次元回転一鏡像群の表現

$$\mathfrak{Z}^{(j)}, \mathfrak{Z}^{(j-1)}, \cdots, \mathfrak{Z}^{(2)}, \mathfrak{Z}^{(1)}, \mathfrak{Z}^{(0)} \text{ あるいは } \mathfrak{Z}^{(0')}$$

に属する．最後の準位は，$w(-1)^j$ が $+1$ に等しいかあるいは -1 に等しいかによって，$\mathfrak{Z}^{(0)}$ あるいは $\mathfrak{Z}^{(0')}$ に属する．第18章の選択則はまた，L を j で置き換えることを除いて，そこでなされたと正確に同じように導かれる．

奇数個の電子の場合の Stark 効果をもう少しくわしく調べてみよう．実際

には，結果それ自身は容易に求められるであろう．しかし原理的な問題について議論をしてみよう．

困難は，奇数個の電子の場合2つの行列，$\pm\mathfrak{D}^{(\mathfrak{z})}(R)$，が各回転$R$に対応するという事実から生ずる．同じことが転義回転についても成り立つ：

$$\mathfrak{D}^{(\mathfrak{z},w)}(RI)=\pm w\mathfrak{D}^{(\mathfrak{z})}(R).$$

反転だけの場合には，一個の行列，$+w\mathbf{1}$，が対応する．しかし，電場によって反転対称性は取り除かれる．そして転義回転は存在するが，対応する行列は2価性のために，$w=+1$ であろうが $w=-1$ であろうが同じになる．これは，本質的な何かが2価性によって失われていることを暗示している．実際ある種の対称性に対して，そうなっている．電場における対称性の群の場合には，後述のより詳細な分析によっても，今まで明らかにされたこと以上の結果は導かれない．

1価の表現を求めるために，奇数個の電子の場合回転対称性が，2次元ユニタリ群に同型な群を作るような演算子 $\mathbf{O}_\mathbf{u}$ によって表わされるということをもう一度考えてみよう．転義回転のもとでの不変性を表わすために，我々は演算子 $\mathbf{O}_I\mathbf{O}_\mathbf{u}$ を用いる．演算子の集合 $\mathbf{O}_\mathbf{u}=\mathbf{1}\mathbf{O}_\mathbf{u}$, $\mathbf{O}_I\mathbf{O}_\mathbf{u}$ は鏡像群（$\mathbf{O}_E=\mathbf{1}$, $\mathbf{O}_I$）と $\mathbf{O}_\mathbf{u}$ の群との直積である．鏡像群とユニタリ群[1]の直積の群の一般の元を $\mathfrak{z}$ によって表わすと，全体の回転一鏡像対称は，$\mathfrak{z}$ の群に同型な群を作る $\mathbf{O}_\mathfrak{z}$ によって表わされる．$\mathfrak{z}$ と $\mathbf{O}_\mathfrak{z}$ は純粋回転（この場合 $\mathfrak{z}$ は $E\mathbf{u}$ の形を持つ），あるいは転義回転（この場合 $\mathfrak{z}$ は $I\mathbf{u}$ の形を持つ）のいずれか一方に対応する．しかしながら本義であろうと転義であろうと，各回転に2つの $\mathfrak{z}$ あるいは $\mathbf{O}_\mathfrak{z}$ が対応する．

もし外場がかけられると，ただこれらの $\mathfrak{z}$ のみが依然として対称演算であり，[2] これが外場が存在する場合の系の対称性の群に属している本義あるいは転義回転に対応する．これらに対応する行列 $\mathfrak{D}(\mathfrak{z})$

---

[1] このように $\mathfrak{z}$ は抽象群の元であり，行列ではなく一対の元 $J\mathbf{u}$ である，ここで J は E あるいは I のいずれか一方で $\mathbf{u}$ はユニタリ群の元である．掛け算の法則は第16章を見よ．$J\mathbf{u}\cdot J_1\mathbf{u}_1=JJ_1\mathbf{u}\mathbf{u}_1$.

[2] すなわち，これらのみが与えられた固有値の固有関数を同じ固有値の固有関数に変換する．

$$\mathbf{O}_{\mathfrak{z}}\Psi_{\mu}=\sum_{\mu'}\mathbf{D}(\mathfrak{z})_{\mu'\mu}\Psi_{\mu'} \tag{23.4}$$

は，対応している $\mathfrak{z}$ の群の１つの（１価の）表現を形成し，場の中で系の異なる準位はこの群の異なる表現に属する．この系の対称性の群は，この群に同型でなく，（２重に）類型である，なぜならば２個の $\mathfrak{z}$ が同じ回転あるいは転義回転に対応するからである．

Z 軸に平行な一様な電場の場合，Z 軸のまわりの回転および Z 軸を通る平面についての鏡像は対称性の群に属する．Z 軸のまわりに角度 α の回転に次の行列が対応する

$$\mathfrak{z}_{\alpha}=E\begin{pmatrix}e^{-\frac{1}{2}i\alpha} & 0\\ 0 & e^{\frac{1}{2}i\alpha}\end{pmatrix};\ \mathfrak{z}'_{\alpha}=E\begin{pmatrix}-e^{\frac{1}{2}i\alpha} & 0\\ 0 & -e^{+\frac{1}{2}i\alpha}\end{pmatrix}\ (-\pi<\alpha\leqslant\pi). \tag{23.5}$$

((15.16) 式を見よ.) ZX 平面についての鏡像は反転と Y 軸のまわりに π だけの回転との積である．ゆえに対応する $\mathfrak{z}$ は

$$\mathfrak{z}_{v}=I\begin{pmatrix}0 & -1\\ 1 & 0\end{pmatrix};\ \mathfrak{z}'_{v}=I\begin{pmatrix}0 & 1\\ -1 & 0\end{pmatrix}. \tag{23.5 a}$$

(23.5) と (23.5 a) の積は他の平面についての鏡像に対応する．鏡像群とユニタリ群との直積の表現，それはパリティ w と全量子数 j を持つ準位に属するが，において群の元(23.5)に対応するような行列は

$$\mathbf{D}(\mathfrak{z}_{\alpha})=\begin{pmatrix}e^{-ij\alpha} & \cdots & 0\\ \vdots & \ddots & \vdots\\ 0 & \cdots & e^{ij\alpha}\end{pmatrix};\ \mathbf{D}(\mathfrak{z}'_{\alpha})=-\begin{pmatrix}e^{-ij\alpha} & \cdots & 0\\ \vdots & \ddots & \vdots\\ 0 & \cdots & e^{ij\alpha}\end{pmatrix}. \tag{23.6}$$

同様に，群の元 (23.5 a) に対応するような行列は（$\mathfrak{z}_{v}$ に対して (15.21 a) に $a=0,\ b=-1$，$\mathfrak{z}'_{v}$ に対して $a=0,\ b=+1$ を代入し，w を掛けよ）：

$$\mathbf{D}(\mathfrak{z}_{v})=\begin{pmatrix}0 & 0\cdots 0 & -w\\ 0 & 0\cdots w & 0\\ \vdots & \vdots\quad\ \vdots & \vdots\\ 0 & -w\cdots 0 & 0\\ w & 0\cdots 0 & 0\end{pmatrix}=-\mathbf{D}(\mathfrak{z}'_{v}). \tag{23.6 a}$$

行列 (23.6) と (23.6 a) およびそれらの積は，電場が存在するときにも存続するような系の対称な元に対応する，鏡像群とユニタリ群の直積の部分群の表

現を作る．この表現は行と列を入れ換えることによって簡約され，したがってそれらの順序は $-j,-j+1,\cdots,j-1,j$ の代りに $-j,j,-j+1,j-1,\cdots,-\frac{1}{2},\frac{1}{2}$ となる．そこで表現は2つの行の既約表現の集合に分解する

$$\mathbf{Z}^{(m)}(\mathfrak{z}_\alpha)=\begin{pmatrix}e^{-im\alpha} & 0\\ 0 & e^{im\alpha}\end{pmatrix};\ \mathbf{Z}^{(m)}(\mathfrak{z}'_\alpha)=\begin{pmatrix}-e^{-im\alpha} & 0\\ 0 & -e^{im\alpha}\end{pmatrix} \tag{23.7}$$

および

$$\mathbf{Z}^{(m)}(\mathfrak{z}_v)=(-1)^{j-m}\begin{pmatrix}0 & -w\\ w & 0\end{pmatrix};\ \mathbf{Z}^{(m)}(\mathfrak{z}'_v)=(-1)^{j-m}\begin{pmatrix}0 & w\\ -w & 0\end{pmatrix}, \tag{23.7 a}$$

この中で m は次の値をとる

$$m=j,\ j-1,\ j-2,\cdots,\frac{3}{2},\frac{1}{2}. \tag{23.8}$$

したがって全量子数 j を持つ準位は $j+\frac{1}{2}$ 個の Stark 効果成分に分裂し，その電気量子数は (23.8) で与えられる．

この場合 $w=+1$ と $w=-1$ に対する表現 $\mathbf{Z}^{(m)}$ は同値である，なぜならばこれらは次のような行列によって相互に変換されるからである

$$\begin{pmatrix}-1 & 0\\ 0 & 1\end{pmatrix}.$$

このように，偶および奇の準位から生ずる同じ電気量子数を持つ準位は同じ変換性を持つ；それらの選択則は同じであろう．この結果は，Laporte の法則が偶数個の電子の場合もまた電場が存在するときには成り立たず，そして偶と奇の準位の相違は 0 と 0′ の準位が現われるだけだという事実から，予想されるであろう．奇数個の電子の場合，パリティのこの特性もまたなくなってしまう．すなわち，0 あるいは 0′ 準位は現われない．

4.　もし電場に対する摂動の演算子が (23.2) のような級数に展開されるならば，電場ベクトルの極性から，係数 $\mathbf{V}_x, \mathbf{V}_y, \mathbf{V}_z$ は極性ベクトルの成分でなければならない．ゆえに，場の強さの1次の巾に比例する効果を与える行列要素

$$(\Psi_\mu^{Nj},\ \mathbf{V}_z\Psi_\mu^{Nj}),$$

は，Ψ_μ^{Nj} と $\Psi_{\mu'}^{Nj}$ が同じパリティを持つから，ゼロとなる.

分裂は $\mathcal{E}^2$ に比例するような第2近似で起こる；この近似では変位と μ^2 に比例する分裂とが起こることが示される.

5. いままで導かれた法則の大部分は，これらが等方の場合を考えている限り，(21.19) 式の特別の場合である，

$$\mathbf{T}^{(\rho)}{}_{Nj\mu;N'j'\mu'} = s_{j'\mu\rho}{}^{(j\omega)}\delta_{\mu+\rho,\mu'}T_{Nj;N'j'}. \tag{23.9}$$

この方程式から次の行列要素の比を決めることができる，

$$\frac{\mathbf{T}^{(\rho)}{}_{Nj\mu;N'j'\mu'}}{\mathbf{T}^{(\sigma)}{}_{Nj\nu;N'j'\nu'}} = \frac{(\Psi_\mu{}^{Nj}, \mathbf{T}^{(\rho)}\Psi_{\mu'}{}^{N'j'})}{(\Psi_\nu{}^{Nj}, \mathbf{T}^{(\sigma)}\Psi_{\nu'}{}^{N'j'})}. \tag{23.9 a}$$

もし対応する固有関数 $\Psi_\mu{}^{Nj}$ と $\Psi_\nu{}^{Nj}$，および $\Psi_{\mu'}{}^{N'j'}$ と $\Psi_{\nu'}{}^{N'j'}$ が同じ固有値 $E_j{}^N$ と $E_{j'}{}^{N'}$ に属し（すなわち，もしこれらがパートナー関数ならば），そしてもし演算子 $\mathbf{T}^{(\rho)}$ と $\mathbf{T}^{(\sigma)}$ が同じ**既約テンソル演算子**の成分であるならば

$$\mathbf{O}_R{}^{-1}\mathbf{T}^{(\rho)}\mathbf{O}_R = \sum_\sigma \mathfrak{D}^{(\omega)}(R)_{\rho\sigma}\mathbf{T}^{(\sigma)}. \tag{23.9 b}$$

表現 $\mathfrak{D}^{(0)}$ に対応するスカラー，$\mathfrak{D}^{(1)}$ に対応しているベクトル，等，は既約テンソルである．(23.9) における $T_{Nj;N'j'}$ は数であり，一般的方法によって決定することはできない．これらは演算子 $\mathbf{T}$ の集合に依存し，そして用いられた特別のハミルトニアン演算子に依存する.

いままで (23.9) の形に書かれることのできない公式がただ1つあった．それは正常 Zeeman 効果に対する公式，(18.8) である．これを導き出す際に，問題のベクトル演算子，$\mathbf{L}_z$，を (18.7) によって与え

$$\mathbf{L}_z = -i\hbar\frac{\partial}{\partial\varphi}\mathbf{P}_{\{\varphi00\}} \tag{23.10}$$

$\varphi=0$ での値を求めているということに注意しなければならない．さもなければ，(23.9)の意味する以上の法則を導き出すにはさらに別の仮定あるいは近似に基づいて始めて可能となる.

この種の最も重要な仮定は，スピンと軌道角運動量の間の“正常”あるいは Russell–Saunders 結合の仮定である．これはまた前の章で仮定された；それ

は，粗大構造の隣接した準位の間の分離に比べて小さいような微細構造分裂によって，特徴づけられる．この場合全量子数を定義できるだけでなく，多重系および軌道量子数の概念もまた意味がある．同じ全量子数Jを持つ準位を区別するための整数Nを3重の記号 NSL で置き換えることによって，この事情を明白にすることができる，ここでSは多重系を表わし，Lは軌道量子数，そしてNは等しいS，LおよびJ[3] を持つ準位を区別する量子数である．この章の残りは“正常結合”の仮定に基づいて述べられる．

固有関数は，(22.27) 式によって，次の形を持つ

$$\Psi_m^{NSLJ} = \sum_\mu s_{J\mu,\, m-\mu}{}^{(LS)} \Xi_{m-\mu,\,\mu}{}^{NSL}. \qquad (23.11)$$

$\Xi_{-S,\mu}{}^{NSL}, \Xi_{-S+1,\,\mu}{}^{NSL}, \cdots, \Xi_{S,\mu}{}^{NSL}$ は $\mathbf{Q}_R$ のもとでパートナー関数であり，$\mathfrak{D}^{(S)}$ の異なる行に属する；$\mathbf{P}_R$ および $\mathfrak{D}^{(L)}$ を考えると集合 $\Xi_{\nu,\,-L}{}^{NSL}, \Xi_{\nu,\,-L+1}{}^{NSL}, \cdots$‘ $\Xi_{\nu,L}{}^{NSL}$ に対して同じことが成り立つ．もし (23.11) が成り立つならば，異なる $J, J', m, m', \sigma, \rho$ を持ち，かつ全く等しい NSL および $N'S'L'$ を持つ行列要素

$$(\Psi_m^{NSLJ}, \mathbf{T}^{(\sigma\rho)}\Psi_{m'}{}^{N'S'L'J'}) = \mathbf{T}^{(\sigma\rho)}{}_{NSLJm;N'S'L'J'm'}, \qquad (23.12)$$

の比は計算できる．ここに $\mathbf{T}^{(\sigma\rho)}$ は $\mathbf{Q}_R$ に関して q 次であり，$\mathbf{P}_R$ に関して p 次であり，そして両方に関して既約であるようなテンソルの成分である：

$$\mathbf{Q}_R^{-1}\mathbf{T}^{(\sigma\rho)}\mathbf{Q}_R = \sum_{\sigma'} \mathfrak{D}^{(q)}(R)_{\sigma\sigma'}\mathbf{T}^{(\sigma'\rho)}, \qquad (23.13\,\text{a})$$

$$\mathbf{P}_R^{-1}\mathbf{T}^{(\sigma\rho)}\mathbf{P}_R = \sum_{\rho'} \mathfrak{D}^{(p)}(R)_{\rho\rho'}\mathbf{T}^{(\sigma\rho')}. \qquad (23.13\,\text{b})$$

実際の対称演算子 $\mathbf{O}_R$ に関して，テンソル $\mathbf{T}$ は一般に既約でない；それは2つの既約表現の直積に属する

$$\begin{aligned}\mathbf{O}_R^{-1}\mathbf{T}^{(\sigma\rho)}\mathbf{O}_R &= \mathbf{Q}_R^{-1}\mathbf{P}_R^{-1}\mathbf{T}^{(\sigma\rho)}\mathbf{P}_R\mathbf{Q}_R \\ &= \sum_{\rho'} \mathbf{Q}_R^{-1}\mathfrak{D}^{(p)}(R)_{\rho\rho'}\mathbf{T}^{(\sigma\rho')}\mathbf{Q}_R = \sum_{\sigma'\rho'} \mathfrak{D}^{(q)}(R)_{\sigma\sigma'}\mathfrak{D}^{(p)}(R)_{\rho\rho'}\mathbf{T}^{(\sigma'\rho')}.\end{aligned}$$

演算 $\mathbf{Q}_R$ のもとで，$\nu=-S,\cdots,S$ に対する $\Xi_{\nu\mu}{}^{NSL}$ は $\mathfrak{D}^{(S)}$ に属し，パート

[3] 正常結合の場合と同じく，全量子数に対して再び記号 J を用いる．

ナー関数である．(23.13a) によって，(23.9) に相当する方程式は次のようになる

$$(\Xi_{\nu\mu}{}^{NSL}, \mathbf{T}^{(\sigma\rho)}\Xi_{\nu'\mu'}{}^{N'S'L'}) = \delta_{\nu+\sigma,\nu'} s_{S'\nu\sigma}{}^{(Sq)} t^{(\rho)}{}_{NSL\mu;N'S'L'\mu'}. \tag{23.14 a}$$

同様に，次の式が成り立つ

$$(\Xi_{\nu\mu}{}^{NSL}, \mathbf{T}^{(\sigma\rho)}\Xi_{\nu'\mu'}{}^{N'S'L'}) = \delta_{\mu+\rho,\mu'} s_{L'\mu\rho}{}^{(Lp)} \bar{t}^{(\sigma)}{}_{NSL\nu;N'S'L'\nu'}. \tag{23.14 b}$$

これは (23.13 b) が成り立ち，かつ $\mu=-L, \cdots, L$ に対する $\Xi_{\nu\mu}{}^{NSL}$ が演算 $\mathbf{P}_R$ のもとで $\mathfrak{D}^{(L)}$ にしたがって変換するからである．

(23.14 a) と (23.14 b) を組み合わせると

$$(\Xi_{\nu\mu}{}^{NSL}, \mathbf{T}^{(\sigma\rho)}\Xi_{\nu'\mu'}{}^{N'S'L'}) = \delta_{\nu+\sigma,\nu'}\delta_{\mu+\rho,\mu'} s_{S'\nu\sigma}{}^{(Sq)} s_{L'\mu\rho}{}^{(Lp)} t_{NSL;N'S'L'}, \tag{23.14}$$

したがって，(23.11) を使うと

$$\begin{aligned}
&(\Psi_m{}^{NSLJ}, \mathbf{T}^{(\sigma\rho)}\Psi_{m'}{}^{N'S'L'J'}) \\
&= \sum_{\mu\mu'} s_{J,\mu,m-\mu}{}^{(LS)} s_{J',\mu',m'-\mu'}{}^{(L'S')} \delta_{m-\mu+\sigma,m'-\mu'} \delta_{\mu+\rho,\mu'} s_{S',m-\mu,\sigma}{}^{(Sq)} s_{L'\mu\rho}{}^{(Lp)} t_{NSL;N'S'L'} \\
&= \sum_{\mu} s_{J,\mu,m-\mu}{}^{(LS)} s_{J',\mu+\rho,m-\mu+\sigma}{}^{(L'S')} \delta_{m+\sigma+\rho,m'} s_{S',m-\mu,\sigma}{}^{(Sq)} s_{L'\mu\rho}{}^{(Lp)} t_{NSL;N'S'L'}.
\end{aligned} \tag{23.15}$$

これらの公式から同じ NSL および $N'S'L'$ を持つすべての行列要素(23.12)の比が求まる．

(23.9) と同様に，(23.15) において，最初の下の添字が 2 つの上の添字の和よりも大きいか，あるいはそれらの差の絶対値よりも小さい（$J>L+S$ あるいは $J<|L-S|$）ようなすべての $s_{J\mu\nu}{}^{(LS)}$ は，ゼロと置かれなければならない．同様なことが $|\mu|>L$, $|\nu|>S$, あるいは $|\mu+\nu|>J$ の場合に成り立つ．

6.　(23.13 a) および (23.13 b) によって定義された演算子の集合は，かなり人為的なものであるかのようにみえるかもしれない．しかしながら，ほとんどすべての重要な演算子はこの種のテンソル成分かあるいはその和である．特に，スピンに関係しない演算子は $\mathbf{Q}_R$ に関してすべて対称（すなわち，スカラー）であるから，(23.13 a) はこれらの演算子で $q=0$ とおいて成り立つ．

ゆえにこれらの演算子は $\mathbf{P}_R$ のもとで $\mathbf{O}_R$ のもとでと同じように変換し，そしてこれらが実際にスカラー，ベクトル，等であるとき，前者のもとでスカラー，ベクトル，等である．

(23.15) を2，3の簡単な場合に証明しよう．スピンに関係しない演算子および $q=0$ のすべての演算子に対して，$S'\neq S$ ならばスカラー積 (23.15) はゼロとなることがわかる．これは異なる多重度に属する状態の間の行列要素がゼロとなるという，以前の法則（235頁の法則A）に対応する．もしその上 $p=0$ ならば（すなわち，もし演算子が $\mathbf{P}_R$ のもとでスカラーであり，ゆえに $\mathbf{O}_R$ のもとでスカラーであるならば)，$L'=L$ がまた成り立たなければならない．$\rho=\sigma=0$（スカラーはただ 0 成分だけを持つ），したがって (23.15) における和は，ベクトル結合係数（(17.28) 式）に対する直交関係

$$\sum_{\mu} s_{J,\mu,m-\mu}{}^{(LS)} s_{J',\mu,m-\mu}{}^{(LS)} = \delta_{JJ'}, \tag{23.16}$$

および $s_{L\mu 0}{}^{(L0)} = s_{S,m-\mu,0}{}^{(S0)}=1$ という事実を用いることによって，値が求まる．両方に関してスカラー ($p=0,\ q=0$) であるような演算子に対して，行列要素

$$(\Psi_m{}^{NSLJ}, \mathbf{T}\Psi_{m'}{}^{N'S'L'J'}) = \delta_{SS'}\delta_{LL'}\delta_{JJ'}\delta_{mm'}\cdot t_{NSL;N'S'L'} \tag{23.17}$$

は，(a) $J\neq J'$ あるいは $m'\neq m$ に対してゼロとなり，$J=J'$ および $m=m'$ の場合 m によらない一これはちょうど $\mathbf{O}_R$ のもとで対称である演算子に対する法則である一また (b) 粗大構造の準位のすべての微細構造成分に対して同じであり，J によらないという結果が得られる．このためには，$\mathbf{T}$ が $\mathbf{O}_R=\mathbf{P}_R\mathbf{Q}_R$ のもとでスカラーであるだけでは十分でない；$\mathbf{T}$ は $\mathbf{P}_R$ と $\mathbf{Q}_R$ のもとでおのおのスカラーでなければならず，結合は“正常”でなければならない．

両方に関してスカラーであるような演算子は，たとえば，簡単な Schrödinger 理論のハミルトニアン演算子 $\mathbf{H}_0$ である．この場合

$$(\Psi_m{}^{NSLJ}, \mathbf{H}_0\Psi_{m'}{}^{N'S'L'J'}) = E^{NSL}\delta_{NN'}\delta_{SS'}\delta_{LL'}\delta_{mm'},$$

ここで E^{NSL} は簡単な Schrödinger 方程式の固有値である；この理論では微細構造の分裂は起こらないので，E^{NSL} はすべての微細構造成分に対して同じである．

Hönl–Kronig の強度公式

もし $\mathbf{T}^{(\sigma\rho)}=\mathbf{V}^{(\rho)}$ が $\mathbf{Q}_R$ のもとでスカラーであり，$\mathbf{P}_R$ のもとでベクトルであるならば（たとえば，次式の掛け算に対する演算子

$$\frac{1}{\sqrt{2}}\sum_k (x_k+iy_k), \qquad \sum_k z_k, \qquad -\frac{1}{\sqrt{2}}\sum_k (x_k-iy_k),$$

これは 2 重極遷移確率を決定する），$p=1$, $q=0$ と置く．(23.15) は

$$\mathbf{V}^{(\rho)}{}_{NSLJm;N'S'L'J'm'}=\delta_{SS'}\delta_{m+\rho,m'}\sum_{\mu} s_{J,\mu,m-\mu}{}^{(LS)}s_{J',\mu+\rho,m-\mu}{}^{(L'S)}s_{L',\mu,\rho}{}^{(L1)}v_{NSL;N'SL'} \tag{23.15 a}$$

と書くことができる．行列要素 (23.15a) は，$S'=S$ および $L'=L$ あるいは $L'=L\pm1$（そして $J'=J$ あるいは $J'=J\pm1$）でない限りゼロとなるであろう．我々はすでに異なる m, m' および ρ に対する行列要素の比（(23.9) 式）

$$\mathbf{V}^{(\rho)}{}_{NSLJm;N'SL'J'm'}=s_{J'm\rho}{}^{(J1)}\delta_{m+\rho,m'}V_{NSLJ;N'SL'J'} \tag{23.18}$$

を知っているから，我々はこれらを特別な値で置き換え，これらの値に対して異なる J と J' に対する比を計算することができる．s に対する公式は $m=J$, $m'=J'$ および $\rho=m'-m=J'-J$ の場合，最も簡単である．そこで，たとえば，230頁の (17.27 b) 式および第IV表より $L'=L-1$, $J'=J+1$ に対して次の関係式が得られる：

$$\begin{aligned}
&s_{J,\mu,J-\mu}{}^{(LS)}s_{L-1,\mu,1}{}^{(L1)}\\
&=\frac{(-1)^{L-\mu}\sqrt{(L+S-J)!\,(2J+1)!}}{\sqrt{(J+L+S+1)!\,(J+S-L)!\,(J-S+L)!}}\\
&\times\sqrt{\frac{(L+\mu)!\,(S+J-\mu)!}{(L-\mu)!\,(S-J+\mu)!}}\,\frac{\sqrt{(L-\mu-1)\,(L-\mu)}}{\sqrt{2L(2L+1)}}\\
&=\frac{(-1)^{L-1-(\mu+1)}\sqrt{(L-1+S-J-1)!\,(2J+3)!}}{\sqrt{(J+1+L-1+S+1)!\,(J+1+S-L+1)!\,(J+1-S+L-1)}}\\
&\times\sqrt{\frac{(L+\mu)!\,(S+J-\mu)!}{(L-\mu-2)!\,(S-J+\mu)!}}\\
&\times\sqrt{\frac{(L+S-J-1)\,(L+S-J)\,(J+S-L+1)\,(J+S-L+2)}{(2J+2)\,(2J+3)\,2L(2L+1)}}
\end{aligned}$$

$$=s_{J+1,\,\mu+1,\,J-\mu}{}^{(L-1,\,S)}$$
$$\times\sqrt{\frac{(L+S-J-1)(L+S-J)(J+S-L+1)(J+S-L+2)}{(2J+2)(2J+3)2L(2L+1)}}$$

(23.16) と上の等式によって，(23.15a) の和は

$$\mathbf{V}^{(1)}{}_{NSLJJ;\,N'SL-1J+1J+1}$$
$$=\sum_{\mu} s_{J,\,\mu,\,J-\mu}{}^{(LS)} s_{L-1,\,\mu,\,1}{}^{(L1)} s_{J+1,\,\mu+1,\,J-\mu}{}^{(L-1,\,S)} v_{N'SL;\,NSL-1}$$
$$=\sqrt{\frac{(L+S-J-1)(L+S-J)(J+S-L+1)(J+S-L+2)}{(2J+2)(2J+3)2L(2L+1)}}\,v_{NSL;\,N'SL-1}$$

となる．さらに，$s_{J+1,\,J,\,1}{}^{(J1)}=1$ であるから，(23.18) の中の $V_{NSLJ;N'S'L'J'}$ に対する式は次のようになる．

$$V_{NSLJ;\,N'SL-1J+1}$$
$$=\sqrt{\frac{(L+S-J-1)(L+S-J)(J+S-L+1)(J+S-L+2)}{(2J+2)(2J+3)(2L)(2L+1)}}\,v_{NSL;N'SL-1}. \tag{23.19 a}$$

同様に次の公式

$$V_{NSLJ;\,N'SL-1J}$$
$$=\sqrt{\frac{(L+S-J)(J+S-L+1)(J-S+L)(J+L+S+1)}{2J(2J+2)(L)(2L+1)}}\,v_{NSL;\,N'SL-1} \tag{23.19 b}$$

$$V_{NSLJ;\,N'SL-1J-1}$$
$$=\sqrt{\frac{(J-S+L-1)(J-S+L)(J+S+L)(J+L+S+1)}{2J(2J-1)(2L)(2L+1)}}\,v_{NSL;\,N'SL-1} \tag{23.19 c}$$

が同じ方法で導かれる．これらの公式と (23.18) を用いると，2 つの多重項の波動関数の間の 2 重極遷移演算子のすべての行列要素を，同じ量，$v_{NSL,\,N'SL-1}$ によって表わすことができる．2 つの多重項の軌道量子数は L と $L'=L-1$ で

ある．同様な計算は $L'=L$ に対して次のような結果を与える

$$V_{NSLJ;\,N'SLJ+1}$$
$$=\sqrt{\frac{(L+S-J)(J-S+L+1)(J+S-L+1)(J+L+S+2)}{(2J+2)(2J+3)(2L)(L+1)}}\,v_{NSL;\,N'SL} \tag{23.19 d}$$

$$V_{NSLJ;N'SLJ-1}$$
$$=-\sqrt{\frac{(L+S-J+1)(J-S+L)(J+S-L)(J+L+S+1)}{2J(2J-1)(2L)(L+1)}}\,v_{NSL;\,N'SL}. \tag{23.19 e}$$

この場合 $s_{L\mu J'-J}{}^{(L1)}$ は，一部分を (23.15 a) の第1の因子に他の部分を第2の因子と組み合せた．$L'=L$ および $J'=J$ の場合の公式を導く際には特別の取り扱いが必要である：係数 $s_{L\mu 0}{}^{(L1)}$ は2つの部分に分解されなければならない

$$s_{L\mu 0}{}^{(L1)}=\frac{\mu}{\sqrt{L(L+1)}}=\frac{L}{\sqrt{L(L+1)}}-\frac{\sqrt{L-\mu}\sqrt{L-\mu}}{\sqrt{L(L+1)}}.$$

(23.15 a) で第1の項についての足し算は直交関係 (23.16) を用いて直接になしとげられる；μ についての和は次の式を与える

$$v_{NSL;N'SL}L/\sqrt{L(L+1)}.$$

第2項についての足し算は，次式

$$s_{J,\,\mu,\,J-\mu}{}^{(LS)}\sqrt{L-\mu}=\frac{(-1)^{L-\mu}\sqrt{(L+S-J)!(2J+1)!}}{\sqrt{(J+S+L+1)!(J+S-L)!(J-S+L)!}}$$
$$\times\sqrt{\frac{(L+\mu)!(J+S-\mu)!}{(L-\mu-1)!(S-J+\mu)!}}$$
$$=-s_{J+\frac{1}{2},\,\mu+\frac{1}{2},\,J-\mu}{}^{(L-\frac{1}{2},\,S)}\sqrt{\frac{(L+S-J)(J+S-L+1)}{2J+2}}$$

および直交関係 (23.16) を用いることによってなされる．これらを用いると (23.15 a) に対して次の式を得る

$$\sum_{\mu}(s_{J,\,\mu,\,J-\mu}{}^{(LS)})^2 s_{L\mu 0}{}^{(L1)}=\frac{L}{\sqrt{L(L+1)}}-\frac{(L+S-J)(J+S-L+1)}{(2J+2)\sqrt{L(L+1)}}$$
$$=\frac{J(J+1)+L(L+1)-S(S+1)}{2(J+1)\sqrt{L(L+1)}}$$

そして，この式を用いると最終的な結果が得られる

$$V_{NSLJ;\,N'SLJ}=\frac{J(J+1)+L(L+1)-S(S+1)}{2\sqrt{J(J+1)}\sqrt{L(L+1)}}v_{NSL;\,N'SL}. \qquad (23.19\,\mathrm{f})$$

$L'=L+1$ の場合の行列要素の比は同様にして直接計算によって得られるであろう；あるいは，$\mathbf{V}^{(0)}$ のエルミート性とは次のことを意味することに注意する，

$$\mathbf{V}^{(0)}{}_{N'SL-1J'm';\,NSLJm}=\mathbf{V}^{(0)}{}_{NSLJm;N'SL-1J'm'}{}^{*}.$$

それゆえこの場合の比は (23.19 a) より (23.19 c) までを使って計算される．

公式 (23.19 a) より (23.19 f) まではスペクトル線の微細構造成分の強度の比に対する Hönl-Kronig の強度公式を包括している．微細構造成分 $NSLJ\rightarrow N'S'L'J'$ の全強度を求めるためには，個々の Zeeman 成分の強度 $|\mathbf{V}^{(\rho)}{}_{NSLJm;N'S'L'J'm'}|^2$ をすべての m, m' および ρ について足さなければならない：

$$\sum_{m'm}\sum_{\rho}|\mathbf{V}^{(\rho)}{}_{NSLJm;N'SL'J'm'}|^2=\sum_{mm'}|V_{NSLJ;N'SL'J'}s_{J'm,m'-m}{}^{(J1)}|^2$$
$$=|V_{NSLJ;\,N'SL'J'}|^2\sum_{m'}1=(2J'+1)|V_{NSLJ;\,N'SL'J'}|^2.$$

ゆえに，スペクトル線 $J\rightarrow J'$ の全強度は本質的に $V_{NSLJ;N'S'L'J'}$ によって決定される．

Landé の g-公式

7. 公式 (23.19 f) の 2 番目の応用として Zeeman 効果を考えてみよう．原子と磁場の相互作用によってハミルトニアン演算子に 2 つの付加項が現われる．第 1 項は $\mathbf{V}=\eta\mathcal{H}\mathbf{L}_z$, ここで $\eta=e/2m_0c$, m_0 は電子の質量である．この項は磁場と電子の運動によって生じた電流との相互作用を記述する；それは

簡単な理論でも同じ形をしていた（(18.6) および (18.7) 式）．演算子 $\mathbf{L}_z$ の効果は単に波動関数に角運動量の Z 成分を掛けることである：

$$\mathbf{L}_z\psi_{\kappa\mu}{}^{NSL}=\mu\hbar\psi_{\kappa\mu}{}^{NSL}. \tag{23.20}$$

ゆえに，(22.25) 式によって，

$$\mathbf{L}_z\Xi_{\nu\mu}{}^{NSL}=\sum_{\kappa}\mathbf{L}_z\psi_{\kappa\mu}{}^{NSL}f_{\kappa\nu}{}^{(S)}=\hbar\sum_{\kappa}\mu\psi_{\kappa\mu}{}^{NSL}f_{\kappa\nu}{}^{(S)}=\mu\hbar\Xi_{\nu\mu}{}^{NSL}.$$

したがって (23.14) と比較してみると，$v_{NSL;N'S'L'}$ はこの場合次のようになる

$$(\Xi_{\nu\mu}{}^{NSL},\ \mathbf{L}_z\Xi_{\nu\mu}{}^{NSL})\ =\ \mu\hbar=v_{NSL;\,NSL}\frac{\mu}{\sqrt{L(L+1)}},$$

この式と，(23.19 f) を用いると，次の式をが求められる

$$V_{NSLJ;\,NSLJ}=\hbar\,\frac{J(J+1)+L(L+1)-S(S+1)}{2\sqrt{J(J+1)}}. \tag{23.20a}$$

さらに (23.18) 式を用いると，$\mathbf{L}_z$ の行列要素は次の式で与えられる

$$(\Psi_m{}^{NSLJ},\ \mathbf{L}_z\Psi_m{}^{NSLJ})=m\hbar\frac{J(J+1)+L(L+1)-S(S+1)}{2J(J+1)}. \tag{23.21}$$

ハミルトニアンの中の磁場の演算子の第 2 項，$\overline{\mathbf{V}}$，は磁場と電子のスピン磁気能率との相互作用を記述する；これは磁気能率と場の強さとのスカラー積に等しい，すなわち ($\eta=e/2m_0c$)，

$$2\eta(\mathbf{s}_x\mathcal{H}_x+\mathbf{s}_y\mathcal{H}_y+\mathbf{s}_z\mathcal{H}_z), \tag{23.22}$$

あるいは，数個の電子の場合，(23.22) の形の項の和である．もし磁場が Z 方向を向いていると $\overline{\mathbf{V}}=2\eta\mathcal{H}\mathbf{S}_z$，ここで $\mathbf{S}_z$ は 全スピンの Z 成分である．$\mathbf{s}_z$ は，(20.21) 式によって，s の掛け算であるから，対応する演算子は

$$\tfrac{1}{2}\hbar(s_1+s_2+\cdots+s_n)=\mathbf{S}_z \tag{23.22 a}$$

の掛け算である．次のことを証明しよう，

$$\mathbf{S}_z\Psi=-i\hbar\frac{\partial}{\partial\alpha}\mathbf{Q}_{\{\alpha,\,0,\,0\}}\Psi|_{\alpha=0}. \tag{23.23 a}$$

これは (18.7) と対応する式である

$$\mathbf{L}_z\Psi = -i\hbar\frac{\partial}{\partial\alpha}\mathbf{P}_{\{\alpha,\ 00\}}\Psi|_{\alpha=0}. \tag{23.23 b}$$

(23.22a) における因子 $\frac{1}{2}$ は，スピンがただ $\hbar/2$ の角運動量を持つという事実に依る．$\mathfrak{D}^{(1/2)}(\alpha,\ 0,\ 0)_{\frac{1}{2}s,\frac{1}{2}t} = \delta_{st}\,e^{\frac{1}{2}is\alpha}$ であるから，$\mathbf{Q}_R$ を定義している方程式（(21.6b) 式）は次の形をとる，

$$\begin{aligned}\mathbf{Q}_{\{\alpha00\}}\Psi(\cdots, x_k,\ y_k,\ z_k,\ s_k, \cdots)\\ &= \sum_{t_1\cdots t_n=\pm1} \cdots\mathfrak{D}^{(1/2)}(\{\alpha00\})_{\frac{1}{2}s_k,\frac{1}{2}t_k}\cdots\Psi(\cdots, x_k, y_k, z_k, t_k, \cdots)\\ &= \sum_{t_1\cdots t_n}\cdots\delta_{s_kt_k}e^{\frac{1}{2}is_k\alpha}\cdots\Psi(\cdots, x_k, y_k, z_k, t_k, \cdots) = e^{\frac{1}{2}i(s_1+\cdots+s_n)\alpha}\Psi,\end{aligned}$$

そしてこれから，(23.23 a) 式は直接に導かれる．

したがって，また次式が成り立つ

$$(\Xi_{\nu\mu}{}^{NSL},\ \mathbf{S}_z\Xi_{\nu\mu}{}^{NSL}) = \nu\hbar. \tag{23.22 b}$$

いま $\mathbf{S}_z$ は $\mathbf{P}_R$ に対してスカラーであり $\mathbf{Q}_R$ に対してベクトルである，一方 $\mathbf{L}_z$ は $\mathbf{P}_R$ に対してベクトルであり $\mathbf{Q}_R$ に対してスカラーである．(23.22b) より $(\Psi_m{}^{NSLJ},\ \mathbf{S}_z\Psi_m{}^{NSLJ})$ の計算をする際，L と S の役割を入れ換えなければならない，そして (23.21) の代わりに，次の式が得られる

$$(\Psi_m{}^{NSLJ},\ \mathbf{S}_z\Psi_m{}^{NSLJ}) = m\hbar\frac{J(J+1)+S(S+1)-L(L+1)}{2J(J+1)}. \tag{23.24}$$

磁場との相互作用に対する全体の演算子，$\mathbf{V}+\bar{\mathbf{V}} = \eta\mathscr{H}\mathbf{L}_z + 2\eta\mathscr{H}\mathbf{S}_z$，の行列要素は (23.21) と (23.24) の 2 倍とを加えることによって計算される．磁気量子数 m を持つ Zeeman 成分の変位は次のようになる

$$\Delta E_m = \frac{e\hbar\mathscr{H}}{2m_0c}m\frac{3J(J+1)+S(S+1)-L(L+1)}{2J(J+1)}. \tag{23.25}$$

これは周知の Landé の g–公式である．これは，電子のスピンに関連した異常磁気能率（古典の値の 2 倍）のため，異なる準位は磁場の中で異なって分裂するということを述べている．正常 Zeeman 効果の分裂 $\eta\mathscr{H}m$ に次のような係数を掛けると実際の分裂が得られる

$$g=1+\frac{J(J+1)+S(S+1)-L(L+1)}{2J(J+1)}. \tag{23.25 a}$$

公式 (23.19) および他の同様な公式の導き出し方は，行列要素の計算された比が，(23.15) によって，特定の力学的問題や演算子 $\mathbf{T}^{(\rho\sigma)}$ の特別の形に依存するのではなく，ただ演算子の変換性にのみ依存するということに注意すると，ずっと簡単にできる．実際，計算されるべき比は単に係数 $s_{J\mu\nu}{}^{(LS)}$ の積の和である．そして係数 s はすべて (17.27) 式によって与えられた純粋な数であるから，これらの比は同じ変換性を持つすべての演算子に対して同じである．このように，これらの比は (23.13a) および (23.13b) によって与えられた変換性を持つどのようなテンソルに対しても計算され，そして結果は同じ p と q を持つすべてのテンソルについて成り立つ．

エネルギー間隔に対する法則

8. この一例として，Landé のエネルギー間隔に対する法則，すなわち，同じ粗大構造の準位の異なる微細構造成分に対する準位のずれ

$$(\Psi_m{}^{NSLJ},\ \mathbf{H}_1\Psi_m{}^{NSLJ})=\Delta E_J{}^{NSL}$$

の比を導こう．演算子 $\mathbf{H}_1$ は簡単な Schrödinger エネルギー演算子に対する付加項であり，電子の磁気能率を記述する．

演算子 $\mathbf{H}_1$ は 2 つの部分から成り立つ．第 1 の部分は電子の磁気能率と電子の運動によって生じた電流との相互作用，第 2 の部分は磁気能率相互間の相互作用を与える．

第 1 の部分（この部分が通常大きい）は n 個の項の和から成り立つ，$\mathbf{B}=\mathbf{B}_1+\mathbf{B}_2+\cdots+\mathbf{B}_n$，ここで $\mathbf{B}_k$ は k 番目の電子の磁気能率と電流との相互作用を記述する．デカルト座標を除いて，$\mathbf{B}_k$ は k 番目の電子のスピン座標にのみ作用するから[4)]

$$\mathbf{B}_k=\mathbf{s}_{kx}\mathbf{V}_{kx}+\mathbf{s}_{ky}\mathbf{V}_{ky}+\mathbf{s}_{kz}\mathbf{V}_{kz}, \tag{23.26}$$

ここで $\mathbf{V}_{kx}$, $\mathbf{V}_{ky}$, $\mathbf{V}_{kz}$ はスピンに関係しない演算子である．$\mathbf{B}_k$ は $\mathbf{O}_R$ に対してスカラーでなければならないから，そして $\mathbf{s}_{kx}$, $\mathbf{s}_{ky}$, $\mathbf{s}_{kz}$ はベクトル演算子の成

分であるから，演算子 $\mathbf{V}_{kx}$, $\mathbf{V}_{ky}$, $\mathbf{V}_{kz}$ もまたベクトル演算子の成分でなければならない．

いま計算しようと思う $\mathbf{B}$ のすべての行列要素の比

$$(\Psi_m^{NSLJ},\ \mathbf{B}\Psi_m^{NSLJ}):(\Psi_m^{NSLJ'},\ \mathbf{B}\Psi_m^{NSLJ'}),$$

の代わりに，ある1つの $\mathbf{B}_k$ に対してこの比を計算してみよう―これらの比はすべての k に対して同じである．さらに $\mathbf{s}_{kx}\mathbf{V}_{kx}$, $\mathbf{s}_{ky}\mathbf{V}_{ky}$, $\mathbf{s}_{kz}\mathbf{V}_{kz}$ は，(23.13 a) および (23.13b) を満足し，その両方に関してベクトル（$p=q=1$）的な性質をもっているテンソル の xx, yy および zz 成分である．したがって，次の式のどの2つの比を考えても

$$(\Psi_m^{NSLJ},\ \mathbf{s}_{kx}\mathbf{V}_{kx}\Psi_m^{NSLJ});\ (\Psi_m^{NSLJ},\ \mathbf{s}_{ky}\mathbf{V}_{ky}\Psi_m^{NSLJ});$$
$$(\Psi_m^{NSLJ},\ \mathbf{s}_{kz}\mathbf{V}_{kz}\Psi_m^{NSLJ}) \qquad (23.27)$$

すべての同様のテンソルについて同じである．さらに上式の J の代わりに J' が現われた場合の比についても同様のことが成り立つ．

同様のことが (23.27) における3つの式の和についても成り立つから，異なる J に対して次のような行列要素の比を計算することで十分である，

$$(\Psi_m^{NSLJ},\ (\mathbf{T}^{(xx)}+\mathbf{T}^{(yy)}+\mathbf{T}^{(zz)})\Psi_m^{NSLJ}) \qquad (23.28)$$

ここで $\mathbf{T}$ は両方に関して任意のベクトル演算子である．これらの演算子を，(23.28) の計算ができるだけ簡単になるように選び，次の場合を考えてみよう．

$$\mathbf{T}^{(xx)}=\mathbf{L}_x\mathbf{S}_x;\ \mathbf{T}^{(xy)}=\mathbf{L}_x\mathbf{S}_y;\ \mathbf{T}^{(xz)}=\mathbf{L}_x\mathbf{S}_z;\quad \cdots. \qquad (23.29)$$

そこでまず

$$\frac{\partial}{\partial\alpha}\mathbf{O}_{\{\alpha 00\}}=\mathbf{Q}_{\{\alpha 00\}}\frac{\partial}{\partial\alpha}\mathbf{P}_{\{\alpha 00\}}+\mathbf{P}_{\{\alpha 00\}}\frac{\partial}{\partial\alpha}\mathbf{Q}_{\{\alpha 00\}}. \qquad (23.30)$$

---

[4] k 番目のスピン座標にのみ作用する各演算子は $\mathbf{S}_0+\mathbf{s}_{kx}\mathbf{V}_{kx}+\mathbf{s}_{ky}\mathbf{V}_{ky}+\mathbf{s}_{kz}\mathbf{V}_{kz}$ の形に書かれる，ここで $\mathbf{S}_0$,$\mathbf{V}_{kx}$, $\mathbf{V}_{ky}$ および $\mathbf{V}_{kz}$ はスピンに関係しない演算子である．(23.26) で $\mathbf{S}_0$ の項は現われていない．しかしながら，たとえ $\mathbf{S}_0$ が現われたとしても，それは $\mathbf{Q}_R$ に関しても $\mathbf{P}_R$ に関してもスカラーでなければならないことになる．それは(23.13a) および (23.13 b) で $p=q=0$ の場合に対応し，(23.17) によって，分裂を変えることなく，すべての微細構造成分に対して同じ変位を生ずるであろう．

$\alpha=0$ の場合，これは，(23.23 a) および (23.23 b) によって，次の式を与える

$$\mathbf{L}_z+\mathbf{S}_z=-i\hbar\frac{\partial}{\partial\alpha}\mathbf{O}_{\{\alpha 00\}}|_{\alpha=0}. \tag{23.30 a}$$

$\mathbf{O}_{\{\alpha 00\}}\Psi=\exp(im\alpha)\Psi$ であるから，この式は次のようになる

$$(\mathbf{L}_z+\mathbf{S}_z)\Psi_m=m\hbar\Psi_m \tag{23.31}$$

および

$$(\mathbf{L}_z+\mathbf{S}_z)^2\Psi_m=m^2\hbar^2\Psi_m. \tag{23.31 a}$$

したがって次の式が求められる

$$\sum_{m=-J}^{J}(\Psi_m{}^{NSLJ},\ (\mathbf{L}_z+\mathbf{S}_z)^2\Psi_m{}^{NSLJ})=\sum_{m=-J}^{J}m^2\hbar^2=\frac{\hbar^2J(J+1)(2J+1)}{3}. \tag{23.32}$$

この式で z は x あるいは y で置き換えてもよい，なぜならば m についての足し算の後では軸の区別はないからである．この点を証明するために，$\mathbf{O}_R$ が Z を X に変換するような回転であると仮定する．そこで (23.32) は次のようになる

$$\begin{aligned}
&\sum_m(\mathbf{O}_R{}^{-1}\Psi_m{}^{NSLJ},\ \mathbf{O}_R{}^{-1}(\mathbf{L}_z+\mathbf{S}_z)^2\mathbf{O}_R\cdot\mathbf{O}_R{}^{-1}\Psi_m{}^{NSLJ})\\
&=\sum_m\sum_{m'm''}\mathfrak{D}^{(J)}(R^{-1})_{m'm}{}^*\mathfrak{D}^{(J)}(R^{-1})_{m''m}(\Psi_{m'}{}^{NSLJ},\ (\mathbf{L}_x+\mathbf{S}_x)^2\Psi_{m''}{}^{NSLJ})\\
&=\sum_{m'm''}\delta_{m'm''}(\Psi_{m'}{}^{NSLJ},\ (\mathbf{L}_x+\mathbf{S}_x)^2\Psi_{m''}{}^{NSLJ})\\
&=\sum_m(\Psi_m{}^{NSLJ},\ (\mathbf{L}_x+\mathbf{S}_x)^2\Psi_m{}^{NSLJ}).
\end{aligned}$$

ゆえに

$$\sum_m(\Psi_m{}^{NSLJ},\ [(\mathbf{L}_x+\mathbf{S}_x)^2+(\mathbf{L}_y+\mathbf{S}_y)^2+(\mathbf{L}_z+\mathbf{S}_z)^2]\Psi_m{}^{NSLJ})$$
$$=\hbar^2J(J+1)(2J+1). \tag{23.33}$$

しかし $(\mathbf{L}_x+\mathbf{S}_x)^2+(\mathbf{L}_y+\mathbf{S}_y)^2+(\mathbf{L}_z+\mathbf{S}_z)^2$ はスカラー，すなわち，$\mathbf{O}_R$ に対して対称な演算子であるから，(23.33) での左辺の $2J+1$ 個の項はすべて同じものである，すなわち，

$$(\Psi_m{}^{NSLJ},\ [(\mathbf{L}_x+\mathbf{S}_x)^2+(\mathbf{L}_y+\mathbf{S}_y)^2+(\mathbf{L}_z+\mathbf{S}_z)^2]\Psi_m{}^{NSLJ})=\hbar^2J(J+1). \quad (23.33\,\mathrm{a})$$

軌道量子数に対して同じように

$$\mathbf{L}_z\Xi_{\nu\mu}{}^{NSL}=\mu\hbar\Xi_{\nu\mu}{}^{NSL} \quad (23.34)$$

から次のことを結論できる

$$(\Xi_{\nu\mu}{}^{NSL},\ (\mathbf{L}_x{}^2+\mathbf{L}_y{}^2+\mathbf{L}_z{}^2)\Xi_{\nu\mu}{}^{NSL})=\hbar^2L(L+1). \quad (23.35)$$

そこで (23.11) および直交関係 (17.28) を用いると次のようになる

$$(\Psi_m{}^{NSLJ},\ (\mathbf{L}_x{}^2+\mathbf{L}_y{}^2+\mathbf{L}_z{}^2)\Psi_m{}^{NSLJ})=\hbar^2L(L+1), \quad (23.35\,\mathrm{a})$$

なぜならば $\mathbf{L}_x{}^2+\mathbf{L}_y{}^2+\mathbf{L}_z{}^2$ は両方に関してスカラーであるからである．同様に，スピンに対して

$$\mathbf{S}_z\Xi_{\nu\mu}{}^{NSL}=-i\hbar\frac{\partial}{\partial\alpha}\mathbf{Q}_{\{\alpha 00\}}\Xi_{\nu\mu}{}^{NSL}=\nu\hbar\Xi_{\nu\mu}{}^{NSL}\quad(\alpha=0) \quad (23.36)$$

は次のことを意味する

$$(\Psi_m{}^{NSLJ},\ (\mathbf{S}_x{}^2+\mathbf{S}_y{}^2+\mathbf{S}_z{}^2)\Psi_m{}^{NSLJ})=\hbar^2S(S+1). \quad (23.36\,\mathrm{a})$$

(23.33 a) より (23.35 a) および (23.36 a) をさし引くと，次の式が導かれる

$$(\Psi_m{}^{NSLJ},\ (\mathbf{L}_x\mathbf{S}_x+\mathbf{L}_y\mathbf{S}_y+\mathbf{L}_z\mathbf{S}_z)\Psi_m{}^{NSLJ})$$
$$=\tfrac{1}{2}\hbar^2[J(J+1)-L(L+1)-S(S+1)]. \quad (23.37)$$

前の議論に依って，同じ粗大構造の準位の微細構造成分のずれの割合は (23.37) によって与えられる：

$$\Delta E_J{}^{NSL}=\varepsilon_{NSL}[J(J+1)-L(L+1)-S(S+1)]. \quad (23.37\,\mathrm{a})$$

2つの隣り合っている微細構造準位の変位の差

$$\Delta E_{J+1}{}^{NSL}-\Delta E_J{}^{NSL}=2\varepsilon_{NSL}(J+1) \quad (23.37\,\mathrm{b})$$

は，ゆえに2つの全量子数のうちの大きな方に比例する．これが **Landé のエネルギー間隔に対する法則**である．

Landé のエネルギー間隔に対する法則は正常結合の場合にのみ，すなわち，微細構造分裂が粗大構造の準位の分離に比べて小さいときにのみ成り立

つ．さらに，それはスピン―磁気能率間の相互作用を無視することができると仮定している．この仮定は非常に軽い元素，特に Heisenberg が示したように，[5] ヘリウムに対して成り立たない．ゆえにエネルギー間隔に対する法則は中位の原子番号を持つ元素について最もよく成り立つ．

スピン―磁気能率のそれら自身の間の相互作用は2つの部分から成る．第1の部分は，両方に関してスカラーでありゆえに微細構造に全く影響しない．第2の部分は両方に関して $\mathfrak{D}^{(2)}$ に属する．全体で，準位の変位[6]は，(23.37a) の形の項および J に独立な項を除いて，$[J(J+1)-L(L+1)-S(S+1)]^2$ に比例する．この項の比例定数の ε_{NSL} に対する比は一般的考察からは決定されないから，エネルギー間隔に対する公式は，スピン―スピン相互作用が含まれているとき，**2つの未定の**定数を含んでいる．

[5] W. Heisenberg, *Z. Physik.* **39**, 499 (1926) を見よ．

[6] 証明は読者にまかせたい．また G. Araki, *Progr. Theoret. Phys.* (*Kyoto*), **3**, 152 (1948) を見よ．

第24章　Racah 係数

前の章で述べた Hönl-Kronig の強度公式および Landé のエネルギー間隔に対する法則の導き出し方は，すべての座標の回転に関する場合だけでなく，またスピン座標および空間座標別々の回転のもとで定まった変換性を持つ既約テンソル演算子の行列要素の値を求める方法の特別の場合にあたる．この種の演算子 $\mathbf{T}^{(\sigma\rho)}$ は (23.13 a) と (23.13 b) で定義された．[1] スピンと位置座標の両方を同時回転するとき既約であるような演算子はこれらから1次結合によって得られる

$$\mathbf{T}_{\omega}{}^{(\tau)}=\sum_{\rho} s_{\omega\rho\tau-\rho}{}^{(qp)}\mathbf{T}_{qp}{}^{(\rho,\tau-\rho)}. \qquad (24.1)$$

(23.13 a), (23.13 b), (17.16 b) および s に対する直交関係 (17.28) によって，次のことを証明するのは容易である

$$\mathbf{O}_R{}^{-1}\mathbf{T}_{\omega}{}^{(\tau)}\mathbf{O}_R=\mathbf{D}^{(\omega)}(R)_{\tau\tau'}\mathbf{T}_{\omega}{}^{(\tau')}. \qquad (24.1\,\mathrm{a})$$

実際に，この性質の演算子はすでに Landé のエネルギー間隔に対する法則が導かれたとき考えられている．スピン—軌道相互作用に対する演算子は，スピンの回転に関する限り（$q=1$）または位置座標の回転に関する限り（$p=1$）ベクトルの特性を持っている演算子から作られたスカラー（$\omega=0$）である．

同様に，行列要素の中に現われる波動関数 $\Psi_m{}^{NSLJ}$ と $\Psi_{m'}{}^{N'S'L'J'}$ はすべての座標の回転に関して（量子数 J によって指定された）定まった変換性を持つ．これらの波動関数はまたスピン座標および位置座標別々の回転に関して定まった変換性を持つ．2つの対応する量子数は S と L である．結果として，

---

[1] 読者は，$\mathbf{T}^{(\sigma\rho)}$ がスピンの回転 $\mathbf{Q}_R$ に関して q 次で位置の回転に関して p 次のテンソルの $\sigma\rho$-成分であることを思い出すであろう．(24.1) における演算子 $\mathbf{T}_{\omega}{}^{(\tau)}$ は合成されたスピンと位置の回転 $\mathbf{O}_R=\mathbf{Q}_R\mathbf{P}_R$ に関して ω 次のテンソルの τ 番目の成分である．

$$(\Psi_{m'}^{N'S'L'J'}, \mathbf{T}_{\omega}^{(\tau)}\Psi_{m}^{NSLJ}) \qquad (24.\mathrm{E}.1)$$

の形の行列要素を，J, J', ω, m, m', τ のすべての許される値に対して1個の定数によって表わすことができる．許される値とは，それらの値に対して Ψ および $\mathbf{T}_{\omega}$ が存在することを意味する．ベクトルの加え算の関係 $|S-L|\leqslant J\leqslant S+L$ が J についての制限である；mについての制限は $-J\leqslant m\leqslant J$, 等である．計算をなしとげるとき我々が出合った困難は，波動関数およびすべての座標の回転に関する演算子の特性 J, J', ω を用いることによって得られた式が，スピンと位置座標の回転別々についての変換性が用いられたときの式と一致しないということであった．前の種類の式は (23.18) であり，後の種類の式は (23.15 a) である．(23.18) にしたがう計算は，(23.15 a) を (23.18) の形に変換する．この変換の可能性は，ベクトル結合係数 s の間にいままで明らかにされなかった重要な関係があるということを示している．本章の残りでは，表現 $\mathfrak{D}^{(J)}$ の性質（特にそれらが実であることの条件），ベクトル結合係数の対称性（(17.27) の後ですでに言及されている），そして最後に，たとえば，(23.15 a) を (23.18) の形に変換することを可能にするような関係の一般的な形を，より詳細に研究してみよう．

異なる J, J', ω, m, m', τ を持つ (24.E.1) の形の行列要素を比較する場合，具体的に表わされた一般的な公式が重要であることは，Condon と Shortley の本[2] の中に明確に書いてある．このような比較のための一般的な具体的に書かれた公式は最初 Racah[3] によって与えられた．後に，多くの単行本がこの問題[4] について出版されたが，これは本章よりももっと念入りにこの問題を取り扱っている．

---

[2] E. U. Condon and G. H. Shortley, "The Theory of Atomic Spectra," Cambridge University Press, 1935.

[3] G. Racah, *Phys. Rev.* **62**, 438 (1942); **63**, 367 (1943); また U. Fano and G. Racah, "Irreducible Tensorial Sets," Academic Press, New York, 1959.

[4] M. E. Rose, "Angular Momentum," John Wiley and Sons, New York, 1957. A. R. Edmonds, "Angular Momentum in Quantum Mechanics," Princeton University Press, 1957. 我々の $s_{J\mu\nu}^{(LS)}$ は後者では $(L\mu S\nu|LSJ\mu+\nu)$ と書いてある．

共軛複素表現

既約表現が実であることの条件は今後の解析に重要な役割を演ずる．得られるべき結果は表現論の創設者の2人によって最初に導かれた.[5] これらはまた第26章で用いられるであろう．

与えられた1つの表現から，あるいは1対の表現から新しい表現を得る幾つかの方法が前の章で記述された．これらにつけ加えてさらに，新しいがしかしかなり明白な1つの方法を述べてみよう：共軛複素への遷移である．もし $\mathbf{D}(R)$ が群の表現を作るならば，同じことが $(\mathbf{D}(R))^*$ について成り立つ，すなわち，その行列要素が $\mathbf{D}(R)$ の行列要素の複素共軛である行列について成り立つ．明らかに，$\mathbf{D}(R)^*\mathbf{D}(S)^*=\mathbf{D}(RS)^*$ が $\mathbf{D}(R)\mathbf{D}(S)=\mathbf{D}(RS)$ から導かれる．さらに，$\mathbf{D}(R)$ が既約であるならば，同じことが共軛複素表現 $\mathbf{D}(R)^*$ について成り立つ．$\mathbf{S}$ による変換がすべての $\mathbf{D}(R)$ を100頁に示された簡約された形にするなら，$\mathbf{S}^*$ は $\mathbf{D}(R)^*$ を同様な形にする．

複素共軛の操作は既約表現の間にある重要な区別を導く：表現 $\mathbf{D}(R)^*$ は $D(R)$ に同値かあるいは同値でないかのいずれかである．$\mathbf{D}(R)^*$ の指標は $\mathbf{D}(R)$ の指標 $\chi(R)$ の共軛複素であるから，そしてもし2つの表現の指標が全く等しいならばそれらは同値であるから（102頁を見よ），$\mathbf{D}(R)$ は，もしその指標が実数であるならば，すなわち，すべての数 $\chi(R)$ が実数ならば，共軛複素 $\mathbf{D}(R)^*$ に同値となる．さもなければ，$\mathbf{D}(R)$ と $\mathbf{D}(R)^*$ は異値となる．

公式 (15.26) と (15.28) は，3次元回転群のすべての既約表現，および行列式1の2次元特殊ユニタリ群のすべての既約表現は実の指標を持つことを示す．あらゆる元がその逆元と同じ類にあるようなすべての群についても同じことが成り立つ．これはユニタリ形で表現を考えることによって最も容易にわかる．

$$\mathbf{D}(R^{-1})=\mathbf{D}(R)^{\dagger} \tag{24.2}$$

から R と R^{-1} の指標は共軛複素であることになる．もし R と R^{-1} が同じ類にあるならば，R と R^{-1} の指標はまた等しい．それゆえ，これらは実数である．これは3次元回転群，2

[5] G. Frobenius and I. Schur, *Berl. Ber*. 1906, p. 186.

次元特殊ユニタリ群，そしてまた**すべて**の 2 次元実直交行列の群に対してそうなっている．このことは 2 次元本義回転の群については正しくなく，実際この群には実数の指標を持つ表現と同時に複素数の指標を持つ表現がある（第14章）．

もし $\mathbf{D}(R)$ がユニタリでかつ実数の指標を持つならば，$\mathbf{D}(R)^*$ を $\mathbf{D}(R)$ に変換するようなユニタリ行列 $\mathbf{C}$ がある．そこで

$$\mathbf{CD}(R)=\mathbf{D}(R)^*\mathbf{C}. \tag{24.3}$$

もし $\mathbf{D}(R)$ が既約ならば，(24.3) における $\mathbf{C}$ は定数因子を除いて一義的に決定される．さらに，$\mathbf{C}$ は対称かあるいは反対称かのいずれかである．この定理を証明するために，(24.3) の共軛複素を取りそしてこれに左から $\mathbf{C}$ を掛ける．これは次の式を与える

$$\mathbf{CC}^*\mathbf{D}(R)^*=\mathbf{CD}(R)\mathbf{C}^*=\mathbf{D}(R)^*\mathbf{CC}^*. \tag{24.3a}$$

最後の式は (24.3) を再び用いることによって得られる．もし $\mathbf{D}(R)^*$ が既約ならば，それと交換する行列 $\mathbf{CC}^*$ は単位行列の定数倍でなければならない：$\mathbf{CC}^*=c\mathbf{1}$. さらに，$\mathbf{C}$ はユニタリであるから，$\mathbf{C}'\mathbf{C}^*=\mathbf{1}$. そこで $\mathbf{C}=c\mathbf{C}'$ となる．この式の転置は $\mathbf{C}'=c\mathbf{C}$ であるから $\mathbf{C}=c^2\mathbf{C}$; $c=\pm1$. これは次の式を与える

$$\mathbf{C}=\pm\mathbf{C}'. \tag{24.3 b}$$

さらに，もし $\mathbf{C}$ が 1 つの表現 $\mathbf{D}(R)$ に対して対称であるならば，それはあらゆる同値な表現 $\mathbf{S}^{-1}\mathbf{D}(R)\mathbf{S}$ に対してまた対称となるということを容易に理解できる．$\mathbf{C}$ が反対称であるとき同様な記述が成り立つ．したがって (24.3 b) は実数の指標を持つ既約表現を，$\mathbf{C}=\mathbf{C}'$ に対する表現と $\mathbf{C}=-\mathbf{C}'$ に対する表現とに分類する．

前の結果は次のように総括される．もし $\mathbf{D}(R)$ がユニタリ，既約表現ならば，同じことが $\mathbf{D}(R)^*$ について成り立つ．ある R に対して $\chi(R)$ が複素数ならば，表現 $\mathbf{D}(R)$ と $\mathbf{D}(R)^*$ は異値である．この性質を持った既約表現は複素表現とよばれる．もし $\chi(R)$ が実数ならば，$\mathbf{D}(R)$ と $\mathbf{D}(R)^*$ は同値である．これらを相互に変換するユニタリ行列 $\mathbf{C}$ は対称か反対称かのいずれかである．前者の場合表現は**潜在的に実**（Potentially real）とよばれ，第 2 の場合

に**疑実**（Pseudoreal）とよばれる．

この用語の理由は，もし（24.3）の $\mathbf{C}$ が対称ならば $\mathbf{D}(R)$ が実際に実の形にできるということである．これは次の補題[6]から導かれる：もし $\mathbf{C}$ が対称でかつユニタリならば，その固有ベクトルは実であると仮定されてよい；

$$\mathbf{C}\mathfrak{v}=\omega\mathfrak{v} \tag{24.4}$$

に左から $\mathbf{C}^{-1}=\mathbf{C}^{\dagger}=\mathbf{C}^{*}$ を掛けることによって，$\mathfrak{v}=\omega\mathbf{C}^{*}\mathfrak{v}$ となる．ユニタリ行列の固有値の法は1であるから，この式の共軛複素は

$$\mathbf{C}\mathfrak{v}^{*}=\omega\mathfrak{v}^{*}. \tag{24.4 a}$$

したがって $\mathfrak{v}$ と $\mathfrak{v}^{*}$ が異なる場合は，それらの実数部分と虚数部分で置き換えた式を考えることができる．$\mathfrak{v}$ と $\mathfrak{v}^{*}$ が定数因子だけ異なる場合は，それらの実数**あるいは**虚数部分で置き換えた式を考えることができる．即ち，対称なユニタリ行列 $\mathbf{C}$ は次のように書かれることがわかる

$$\mathbf{C}=\mathbf{r}^{-1}\boldsymbol{\omega}\mathbf{r}, \tag{24.4 b}$$

ここで $\mathbf{r}$ は実直交行列，$\mathbf{r}'\mathbf{r}=\mathbf{1}$ であり，$\boldsymbol{\omega}$ は対角行列である．さらに，$\boldsymbol{\omega}$ を他の対角行列 $\boldsymbol{\omega}_1$ の2乗として書く；$\boldsymbol{\omega}_1$ の対角要素の法は1であり，そして $\boldsymbol{\omega}_1{}^{-1}=\boldsymbol{\omega}_1{}^{*}$．それゆえ，(24.3) は次の形をとる

$$\mathbf{r}^{-1}\boldsymbol{\omega}_1{}^2\mathbf{r}\mathbf{D}(R)=\mathbf{D}(R)^{*}\mathbf{r}^{-1}\boldsymbol{\omega}_1{}^2\mathbf{r},$$

あるいは，もし左からこれに $\boldsymbol{\omega}_1{}^{-1}\mathbf{r}=\boldsymbol{\omega}_1{}^{*}\mathbf{r}$ を掛け，右から $\mathbf{r}^{-1}\boldsymbol{\omega}_1{}^{-1}=\mathbf{r}^{-1}\boldsymbol{\omega}_1{}^{*}$ を右から掛けるならば，

$$\boldsymbol{\omega}_1\mathbf{r}\mathbf{D}(R)\mathbf{r}^{-1}\boldsymbol{\omega}_1{}^{*}=\boldsymbol{\omega}_1{}^{*}\mathbf{r}\,\mathbf{D}(R)^{*}\mathbf{r}^{-1}\boldsymbol{\omega}_1. \tag{24.4 c}$$

左辺と右辺は共軛複素である，それゆえ両辺は実である．$\mathbf{D}(R)$ を $\mathbf{r}^{-1}\boldsymbol{\omega}_1{}^{*}=(\boldsymbol{\omega}_1\mathbf{r})^{-1}$ によって変換すると，実になるということができる．逆に，もし $\mathbf{D}(R)$ を実表現に変換することができるならば，$\mathbf{C}$ は対称でなければならない．$\mathbf{D}(R)$ がすでに実であるならば，$\mathbf{C}$ は明らかに対称である（すなわち定数行列である）．それゆえ，$\mathbf{C}$ はこの表現の他のどのような形に対しても対称であ

[6] この補題は衝突行列の理論において重要な役割を演ずる．

る．さらに，(24.3) における$\mathbf{C}$が反対称ならば，$\mathbf{D}(R)$ は相似変換によって実になることはできない．

最後に，3次元回転群の既約表現 $\mathfrak{D}^{(j)}$ を共軛複素 $\mathfrak{D}^{(j)*}$ に変換する行列 $\mathbf{C}^{(j)}$ を決定しよう．行列 $\mathbf{C}^{(j)}$ はまた量子場の理論において重要な役割を演ずる．(24.3) はあらゆる回転について成り立たなければならないから，我々はまずそれを Z 軸のまわりの角度 α の回転に応用する．この場合，$\mathfrak{D}^{(j)}$ は対角行列で (24.3) の左辺と右辺の nm 要素は

$$\mathbf{C}^{(j)}{}_{nm}e^{im\alpha}=e^{-in\alpha}\mathbf{C}^{(j)}{}_{nm}. \tag{24.5}$$

これはあらゆる α について成り立たなければならないから，$\mathbf{C}_{nm}{}^{(j)}$ は $n+m=0$ でない限りゼロとなる

$$\mathbf{C}^{(j)}{}_{nm}=c^{(j)}{}_{m}\delta_{n,-m}. \tag{24.5 a}$$

次に，我々は (24.3) を任意の群の元に応用し，しかし (24.3) の $-j$, μ 要素のみを詳しく書く．対応する $\mathfrak{D}^{(j)}$ は特別に簡単である．

$$c^{(j)}{}_{j}\mathfrak{D}^{(j)}(\{\alpha\beta\gamma\})_{j\mu}=\mathfrak{D}^{(j)}(\{\alpha\beta\gamma\})^{*}{}_{-j-\mu}c^{(j)}{}_{\mu}, \tag{24.5 b}$$

あるいは，(15.27 a)，(15.27 b) によって

$$c^{(j)}{}_{j}\sqrt{\binom{2j}{j-\mu}}\,e^{ij\alpha}\cos^{j+\mu}\tfrac{1}{2}\beta\sin^{j-\mu}\tfrac{1}{2}\beta e^{i\mu\gamma}$$

$$=(-1)^{j-\mu}\sqrt{\binom{2j}{j+\mu}}\,e^{ij\alpha}\cos^{j+\mu}\tfrac{1}{2}\beta\sin^{j-\mu}\tfrac{1}{2}\beta e^{i\mu\gamma}c^{(j)}{}_{\mu},$$

ゆえに

$$c^{(j)}{}_{\mu}=c^{(j)}{}_{j}(-1)^{j-\mu}, \tag{24.5 c}$$

ここで $j-\mu$ は常に整数である．[7] $\mathbf{C}$は (24.3) によって，1つの因子を除いて決定されるから，我々は $c^{(j)}{}_{j}=1$ と選びそして (24.5 a) から次の式を得る

$$\mathbf{C}^{(j)}{}_{nm}=(-1)^{j-m}\delta_{n,-m}=(-1)^{j+n}\delta_{n,-m}. \tag{24.6}$$

$\mathbf{C}^{(j)}$ のすべての要素は逆対角線上を除いてゼロである．これらの要素は交互に

---

[7] この本において (−1) の指数はすべて整数である．

+1および −1であり，右側上の隅で +1で始まり，j が整数のときは左側下の隅で +1で終り，jが半奇数のときは −1で終る：

$$\mathbf{C}^{(j)}=\begin{pmatrix} 0 & \cdots & 0 & 0 & 1 \\ 0 & \cdots & 0 & -1 & 0 \\ 0 & \cdots & 1 & 0 & 0 \\ \cdot & & \cdot & \cdot & \cdot \\ \cdot & & \cdot & \cdot & \cdot \\ \cdot & \cdots\cdot & \cdot & \cdot & \cdot \end{pmatrix}. \tag{24.6 a}$$

それゆえ，$\mathbf{C}$ は整数の j の場合対称であり，半奇数の j の場合反対称である；前の表現は潜勢的に実，後の表現は疑実である．我々はまた，2 つの潜勢的に実な表現の積あるいは 2 つの疑実な表現の積は潜在的に実な既約表現のみを含むということに注意する．潜勢的に実な表現と疑実な表現との直積の既約部分はすべて疑実である．[8] 整数の j を持つ $\mathfrak{D}^{(j)}$ が実の形に変換されることができるという事実は，我々が (15.5)において球関数の実の 1 次結合 $Y_m{}^l+Y_{-m}{}^l$ および $i(Y_m{}^l-Y_{-m}{}^l)$ を用いることができたという事実から推論されるであろう．これと対応する $\mathfrak{D}^{(l)}$ の形は実になる．$\mathbf{C}$を陽にあらわした形を代入すると (24.3) 式は次のようになる

$$\mathfrak{D}^{(j)}(R)_{m'm}{}^*=(-1)^{m-m'}\mathfrak{D}^{(j)}(R)_{-m'-m}. \tag{24.7}$$

これはまた直接に証明される．当然 $\mathbf{C}^{(j)}$ の形は仮定された $\mathfrak{D}^{(j)}$ の形に依存するが，しかしその対称あるいは反対称性は仮定された $\mathfrak{D}^{(j)}$ の形に依らない．

ベクトル結合係数の対称形

始めにベクトル結合係数は (17.16) において，2 つの表現の直積を簡約された形 (17.15) に変換する行列$\mathbf{S}$の要素として定義された．これらはまた (17.18) において―そしてこれがそれらの最も重要な機能である―おのおの，既約表現 $\mathfrak{D}^{(l)}$ の μ 行および $\mathfrak{D}^{(\bar{l})}$ の ν 行に属する関数 ψ_μ と $\bar{\psi}_\nu$ の積から，1 つの既約表現の 1 つの行mに属している関数を作り出す係数として認識された．

---

[8] これらの関係および既約表現の他の特性についてのこれ以上の議論は E. P. Wigner, *Am. Jour. Math.* **63**, 57 (1941) を見よ；また S. W. Mackey, *ibid.* **73**, 576 (1951) を見よ．

これらは (22.27) で同じ役割をする，そこでは $\mathbf{Q}_R$ および $\mathbf{P}_R$ のもとで $\mathfrak{D}^{(S)}$ および $\mathfrak{D}^{(L)}$ にしたがって変換し，これらの表現のおのおの $m-\mu$ と μ 行に属する波動関数 Ξ から，量子数 J,m を持つ波動関数は

$$\Psi_m{}^J=\sum_{\mu} s_{J\mu m-\mu}{}^{(LS)}\Xi_{m-\mu\mu}{}^{SL} \tag{24.8}$$

として求められた．これらの場合のどちらでも3つの表現 $\mathfrak{D}^{(L)}$, $\mathfrak{D}^{(l)}$, $\mathfrak{D}^{(\bar{l})}$; あるいは $\mathfrak{D}^{(J)}$, $\mathfrak{D}^{(S)}$, $\mathfrak{D}^{(L)}$ は対称にはいってはいない．公式 (17.22)

$$\int \mathfrak{D}^{(l)}(R)_{\mu'\mu}\mathfrak{D}^{(\bar{l})}(R)_{\nu'\nu}\mathfrak{D}^{(L)}(R)_{\mu'+\nu';\mu+\nu}{}^{*}dR=\frac{hs_{L\mu'\nu'}{}^{(l\bar{l})}s_{L\mu\nu}{}^{(l\bar{l})}}{2L+1} \tag{24.8 a}$$

がこれに最も近く，そしてこれを我々は出発点とする；$h=\int dR$ は群の体積である．(24.8 a) のいくらかより対称な形は

$$\int \mathfrak{D}^{(l)}(R)_{\mu'\mu}\mathfrak{D}^{(\bar{l})}(R)_{\nu'\nu}\mathfrak{D}^{(L)}(R)_{m'm}{}^{*}dR=\frac{h\mathbf{S}_{Lm';\mu'\nu'}\mathbf{S}_{Lm;\mu\nu}}{2L+1}, \tag{24.8 b}$$

ここで $\mathbf{S}$ は $\mathfrak{D}^{(l)}\times\mathfrak{D}^{(\bar{l})}$ を簡約された形に変換する行列のもとの形である．(17.20 a) と (17.20 b) によって

$$\mathbf{S}_{Lm;\mu\nu}=\delta_{m,\ \mu+\nu}\,s_{L\mu\nu}{}^{(l\bar{l})}. \tag{24.8 c}$$

積分 (24.8 b) は $m'=\mu'+\nu'$ および $m=\mu+\nu$ でない限りゼロとなり，係数 $\mathbf{S}$ もまたそうなる．$\mathbf{C}^{\dagger}\mathfrak{D}^{*}\mathbf{C}=\mathbf{C}'\mathfrak{D}^{*}\mathbf{C}=\mathfrak{D}$ であるから，(24.8 b) の左辺は，もしそれに $\mathbf{C}_{m'\lambda'}\mathbf{C}_{m\lambda}$ を掛けそして m' および m について足すならば，$l,\bar{l},L$ について対称となる．右辺では $\mathbf{C}$ の値は (24.6) から導入される；

$$\int \mathfrak{D}^{(l)}(R)_{\mu'\mu}\mathfrak{D}^{(\bar{l})}(R)_{\nu'\nu}\mathfrak{D}^{(L)}(R)_{\lambda'\lambda}dR=\frac{h(-)^{L-\lambda'}\mathbf{S}_{L,-\lambda';\mu'\nu'}(-)^{L-\lambda}\mathbf{S}_{L,-\lambda;\mu\nu}}{2L+1}. \tag{24.8 d}$$

それゆえ，もし次のように置くならば

$$\frac{(-)^{L-\lambda}\mathbf{S}_{L,-\lambda;\mu\nu}}{\sqrt{2L+1}}\sim\begin{pmatrix} l & \bar{l} & L \\ \mu & \nu & \lambda \end{pmatrix},$$

$l,\bar{l}$ と L は対称にはいるであろう．あとに明らかになるであろう理由で，我々は次のように置く

$$\begin{pmatrix} l & \bar{l} & L \\ \mu & \nu & \lambda \end{pmatrix} = (-)^{l-\bar{l}-L} \frac{(-)^{L-\lambda}\mathbf{S}_{L,-\lambda;\mu\nu}}{\sqrt{2L+1}}. \qquad (24.9)$$

因子 $(-)^{l-\bar{l}-L}$ は，これが (24.8 b) に導入されたとき，消える，なぜならばそれは両方の行列係数 **S** の中に現われ，$l-\bar{l}-L$ は必ず整数だからである；$l+\bar{l}$，すなわち $l+\bar{l}-2\bar{l}=l-\bar{l}$，が整数か半奇数かに依ってLは整数あるいは半奇数である．(24.9) における表式を 3-j 記号という．s を用いそしてより対称な表示法を用いて定義すると

$$\begin{pmatrix} j_1 & j_2 & j_3 \\ m_1 & m_2 & m_3 \end{pmatrix} = \frac{(-)^{j_1-j_2-m_3}}{\sqrt{2j_3+1}} s_{j_3 m_1 m_2}{}^{(j_1 j_2)} \delta_{m_1+m_2+m_3,0}. \qquad (24.9\,\mathrm{a})$$

j_1, j_2 と j_3 がベクトルの三角形を作るときのみ，すなわち，それらの和が整数で $|j_1-j_2| \leqslant j_3 \leqslant j_1+j_2$ のとき（あるいは同じことだが，どの j も他の 2 つの和よりも大きくないとき)，s は定義されているから，3-j 記号もまたこれらの条件のもとでのみ定義される．j がベクトルの三角形を作らないとき 3-j 記号の値はゼロとなるということをいま規定するならば，それは後の計算を簡単化する．同様に，ある m の絶対値が対応する j よりも大きい場合 3-j 記号の値はゼロと規定するならば，足し算についての極限を与える必要はない．したがって，これらの約束を採用しよう．

(24.9a) によって定義された 3-j 記号は完全に対称ではない．完全な対称性は達せられることができない，なぜならば，もし，たとえば，j のうちの 2 つが等しいならば s は行の添字 m の対称な関数ではないからである．しかしながら，3-j 記号は次の関係を満足する：

$$(-)^{j_1+j_2+j_3}\begin{pmatrix} j_1 & j_2 & j_3 \\ m_1 & m_2 & m_3 \end{pmatrix} = \begin{pmatrix} j_1 & j_3 & j_2 \\ m_1 & m_3 & m_2 \end{pmatrix} = \begin{pmatrix} j_3 & j_2 & j_1 \\ m_3 & m_2 & m_1 \end{pmatrix} = \begin{pmatrix} j_2 & j_1 & j_3 \\ m_2 & m_1 & m_3 \end{pmatrix}, \qquad (24.10)$$

すなわち，もし j のうち 2 つを対応する m と共に入れ換えるならば（2 つの列を入れ換える)，$j_1+j_2+j_3$ が偶数のとき，3-j 記号の値は不変である；
もし $j_1+j_2+j_3$ が奇数ならば，その符号が変わる．このことから，もし j に対応する m と共に，サイクリックに置換を行なうと，3-j 記号の値は不変であ

るということを導くことができる

$$\begin{pmatrix} j_1 & j_2 & j_3 \\ m_1 & m_2 & m_3 \end{pmatrix}=\begin{pmatrix} j_2 & j_3 & j_1 \\ m_2 & m_3 & m_1 \end{pmatrix}=\begin{pmatrix} j_3 & j_1 & j_2 \\ m_3 & m_1 & m_2 \end{pmatrix}. \tag{24.10 a}$$

最後に，すべての行の添字をそれらの負の値で置き換えると，次の式を得る

$$\begin{pmatrix} j_1 & j_2 & j_3 \\ -m_1 & -m_2 & -m_3 \end{pmatrix}=(-1)^{j_1+j_2+j_3}\begin{pmatrix} j_1 & j_2 & j_3 \\ m_1 & m_2 & m_3 \end{pmatrix}. \tag{24.10 b}$$

このように，一般に（すなわち，すべての3つのjが異なりそして少なくとも1つのmがゼロでないとき）1個の記号の値から他の11個の記号の値が導かれる．もしjのあるものが等しいならば，あるいはもしすべてのmがゼロならば，記号の値は前の章の結果のようにゼロとなる場合があるであろう．

(24.10)，(24.10 a) および (24.10 b) は次のように証明される．(24.8 d) に 3-j 記号を導入すると次の式を与える

$$\int \mathfrak{D}^{(j_1)}(R)_{n_1m_1}\mathfrak{D}^{(j_2)}(R)_{n_2m_2}\mathfrak{D}^{(j_3)}(R)_{n_3m_3}dR=h\begin{pmatrix} j_1 & j_2 & j_3 \\ n_1 & n_2 & n_3 \end{pmatrix}\begin{pmatrix} j_1 & j_2 & j_3 \\ m_1 & m_2 & m_3 \end{pmatrix}. \tag{24.11}$$

jのどれかを他のjと入れかえ，同時にそれらと一しょにある添字 n，m を入れ換えたとき，左辺は不変のままである．これはまた右辺についても正しくなければならず，そしてそれはnのどのような値に対しても正しくなければならない．もしすべてのnを対応するmに等しいと置くと，右辺は 3-j 記号の2乗となりそして任意の2つの j を，対応する添字mと共に入れ換えたとき，それは不変でなければならない．符号を除いて，同じことが 3-j記号それら自身について成り立つ．符号の間の関係を決定するために，$n_1=-j_1$, $n_2=j_1-j_2$, $n_3=j_3$ と置く．この場合に 3-j 記号の値を非常に容易に求めることができる，なぜならば対応する s に対する全体の和 (17.27) のうちただ一つの項，$\kappa=0$ の項，がゼロと異なるからである．実際には，次の 3-j 記号の符号のみが必要である

$$\begin{pmatrix} j_1 & j_2 & j_3 \\ -j_1 & j_1-j_3 & j_3 \end{pmatrix}. \tag{24.E.2}$$

そして (24.9 a) より $(-)^{j_1-j_2-j_3}$, (17.27) より $(-)^{j_2+j_1-j_3}$ の符号が出るので，(24.E.2) の符号は $(-)^{2j_1-2j_3}$ となる．同様に，次の 3-j 記号の符号

$$\begin{pmatrix} j_2 & j_1 & j_3 \\ j_1-j_3 & -j_1 & j_3 \end{pmatrix} \text{ および } \begin{pmatrix} j_1 & j_3 & j_2 \\ -j_1 & j_3 & j_1-j_3 \end{pmatrix} \tag{24.E.3}$$

は $(-)^{j_2-j_1-j_3}$ および $(-)^{-j_3-j_1+j_2}$ であると決定される．それゆえ (24.E.2) の最初の2つの列の入れ換えはこの記号を因子 $(-)^{j_2-j_1-j_3}/(-)^{2j_1-2j_3}=(-)^{j_1+j_2+j_3}$ だけ変える．(24.11) で2つの記号の積はこのような入れ換えに対して不変のままでなければならないから，第2の記号もまたはじめの2つの列が入れ換えられたとき，同じ因子だけ変わらな

ければならない．同様に，最後の 2 つの列の入れ換えは因子 $(-)^{-j_3-j_1+j_2}/(-)^{2j_1-2j_3}=(-)^{-3j_1+j_2+j_3}=(-)^{j_1+j_2+j_3}$ を与える，ここで $(-)^{4j_1}=1$ である．これは，最初の 2 つの列の入れ換えがまた 3-j 記号を因子 $(-)^{j_1+j_2+j_3}$ だけ変えるということを示す．これは (24.10) の第 1, 第 2 と最後の項の同等性を証明する．(24.10), (24, 10 a) の残りはこれらから導かれる．因子 $(-)^{j_1-j_2-m_3}$ の目的はちょうど (24.10), (24.10 a) の関係が成り立つようにすることであった．

(24.10 b) を証明するために，我々は (24.11) の右辺が実数であることに注意する．それゆえ，左辺はその複素共軛によって置き換えられることができ，そして $\mathfrak{D}^*$ は再び (24.7) により $\mathfrak{D}$ によって表わされる．これは因子 $(-)^{n_1+n_2+n_3-m_1-m_2-m_3}$ を与えるが，しかしながら，この因子は削除されてよい，なぜならば両辺は $n_1+n_2+n_3=0$ および $m_1+m_2+m_3=0$ でない限りゼロとなるからである．それゆえ

$$\begin{pmatrix} j_1 & j_2 & j_3 \\ -n_1 & -n_2 & -n_3 \end{pmatrix}\begin{pmatrix} j_1 & j_2 & j_3 \\ -m_1 & -m_2 & -m_3 \end{pmatrix}=\begin{pmatrix} j_1 & j_2 & j_3 \\ n_1 & n_2 & n_3 \end{pmatrix}\begin{pmatrix} j_1 & j_2 & j_3 \\ m_1 & m_2 & m_3 \end{pmatrix}. \quad (24.12)$$

もし再び $n_1=-j_1,\ n_2=j_1-j_3,\ n_3=j_3$ と置くならば，右辺の第 1 の記号の符号は $(-)^{2j_1-2j_3}$ となる．もし最初と最後の行を入れ換えるならば，左辺の記号もまた (24. E. 2) の形になる．それゆえ，その符号は $(-)^{j_1+j_2+j_3}(-)^{2j_3-2j_1}=(-)^{-j_1+j_2-j_3}$ である．ゆえに，最初の因子の比は符号 $(-)^{j_1+j_2+j_3}$ を持つ．これが (24.10 b) における符号を証明する；n を対応する m と置き換えると，(24.10 b) の両辺の絶対値がまた等しいことがわかる．これらの関係のより抽象的な導き出し方は参考文献 8 に記述されている．

共変および反変ベクトル結合係数

(24.8) に与えられた軌道およびスピン角運動量の全角運動量への結合は 3-j 記号によって書き直される：

$$\Psi_m{}^J=(-1)^{L+\mu+(m-\mu-S)}\sqrt{2J+1}\sum_{\mu}\begin{pmatrix} L & S & J \\ \mu & m-\mu & -m \end{pmatrix}\Xi_{m-\mu\,\mu}{}^{SL}. \quad (24.13)$$

-1 の指数は指示されたような方法で書かれている，なぜならば $L+\mu$ と $m-\mu-S$ の両方共整数であるからである．μ についての足し算の極限は，もし行の添字の絶対値が対応する表現添字を越えるようなすべての 3-j 記号はゼロであるという約束を用いるならば，書かなくてよい．3-j 記号の最初と最後の列は (24.10) の助けによって入れ換えられる．もし，同時に，すべての行の添字の符号が変えられるならば，これはどのような変化も含まない．さらに，$m-\mu$ は ν で置き換えられ，足し算はまた ν について行なわれる．3-j

記号は $\mu+\nu-m$ がゼロでなければいずれにせよゼロとなるであろう．このようにして，(24.13) は次のようになる

$$\Psi_m{}^J=\sum_{\nu\mu}(-)^{L+\mu+(\nu-S)}\sqrt{2J+1}\begin{pmatrix}J & S & L\\ m & -\nu & -\mu\end{pmatrix}\Xi_{\nu\mu}{}^{SL}. \qquad (24.13\text{ a})$$

最後に，$\Psi_m{}^J$ を $(-)^{2L}\Psi_m{}^J$ によって置き換えそして指数をその負の値で置き換えるならば（指数は整数であるからこれは許される）次の式を見出す

$$\Psi_m{}^J=\sum_{\nu\mu}(-)^{L-\mu}(-)^{S-\nu}\sqrt{2J+1}\begin{pmatrix}J & S & L\\ m & -\nu & -\mu\end{pmatrix}\Xi_{\nu\mu}{}^{SL}. \qquad (24.13\text{ b})$$

表記法についての もう 1 つの改良は，波動関数および 3-j 記号の共変と反変成分の概念を導入することである．[9] これについて自然に採用されるような共変計量テンソルは (24.3) で定義された $\mathbf{C}^{(J)}{}_{nm}$ であり，(24.6) で陽に与えられる．このような計量テンソルはあるベクトルの反変成分 $f_J{}^{m'}$ からその共変成分 $f_m{}^J$ を得るために，あるベクトルの添字を下げることに用いられる：

$$f_m{}^J=\sum_{m'}\mathbf{C}^{(J)}{}_{mm'}f_J{}^{m'}. \qquad (24.14)$$

$\mathbf{C}^J{}_{mm'}=(-)^{J+m}\delta_{m',-m}$ は整数の J についてのみ対称であるから，2 つの添字 m, m' は入れ換えられてはならないということに注意すべきである．同様に，共変から反変成分への遷移は次の式を通して行なわれる

$$f_J{}^n=\sum_{n'}\mathbf{C}_J{}^{nn'}f_{n'}{}^J \qquad (24.14\text{ a})$$

ここに[10]

$$\mathbf{C}_J{}^{nn'}=(-)^{J-n}\delta_{n,-n'}=(-)^{J+n'}\delta_{n,-n'}. \qquad (24.14\text{ b})$$

我々は波動関数に対しては共変成分のみを，しかし 3-j 記号に対しては共変および反変成分の両方を用いることにしよう．たとえば，最後の添字について反変であるような 3-j 記号の成分は

---

9) これは，はじめ C. Herring によって提案された．

10) (24.14 b) における符号を記憶するための法則は，反変計量テンソルでの最初の添字 (n) が指数の中で負の符号をもって現われるということである．

$$\begin{pmatrix} j_1 & j_2 & m \\ m_1 & m_2 & j \end{pmatrix} = \sum_{m'} \mathbf{C}_j{}^{mm'} \begin{pmatrix} j_1 & j_2 & j \\ m_1 & m_2 & m' \end{pmatrix} = (-)^{j-m} \begin{pmatrix} j_1 & j_2 & j \\ m_1 & m_2 & -m \end{pmatrix} \tag{24.15}$$

明らかに，(24.13 b) はこの表記法によって次のように書かれる

$$\Psi_m{}^J = \sqrt{2J+1} \begin{pmatrix} J & \nu & \mu \\ m & S & L \end{pmatrix} \Xi_{\nu\mu}{}^{SL} \tag{24.15 a}$$

あるいは，より簡単に

$$\Psi_m{}^J = \sqrt{2J+1}\,(J_m S^\nu L^\mu)\,\Xi_{\nu\mu}{}^{SL}. \tag{24.15 b}$$

(24.15 a) および (24.15 b) で相対論の 通常の足し算の約束が行の添字（すなわち，表現の行を指定する添字 ν, μ, 等）に関して含まれている；行の添字が繰り返し現われたときはそれについて足さなければならない．各足し算の組において常に 1 つの添字は共変（下）であり，他は反変（上）である．また，自由な行の添字，すなわち，それについて足さないような行の添字は方程式の両辺で共変であるか，あるいは両辺で反変である．共変な添字は同じ計量テンソルを用いて両辺で上げられるから，自由な共変添字はどのような式の両辺でも自由な反変添字によって置き換えられることができ，また逆も成り立つ．結果として自由な添字は実際に両辺で削除されてよい．“相対論的な形”を持つような (24.15 a) あるいは (24.15 b) のような方程式は，表現が第15章で与えられた形に仮定されずただそれらの表現に同値である場合においてもまた，正しく成り立つ．第17章の s は本質的に混合 3-j 記号であることに注意する価値があるであろう

$$\begin{aligned} s_{L\mu\nu}{}^{(l\bar{l})} &= \sqrt{2L+1}\,(-)^{l-\bar{l}+L} \begin{pmatrix} l & \bar{l} & \mu+\nu \\ \mu & \nu & L \end{pmatrix} \\ &= \sqrt{2L+1}\,(-)^{l-\bar{l}-L} \begin{pmatrix} L & \mu & \nu \\ \mu+\nu & l & \bar{l} \end{pmatrix}. \end{aligned} \tag{24.16}$$

相対論で用いられる表記法とこの表記法との間には相似点があるにもかかわらず，大きな概念の差がある．相対論の ベクトル と テンソル の添字はすべて同じ値 (0, 1, 2, 3) となる；これらは同じ空間での軸を指定する．添字

m, n, μ, 等，はすべて表現と結合しており，それらは１つの既約表現に属するいろいろなパートナーを指定する．各添字はそれが結合している表現が行と列を持つと同じだけ多くの値を取ることができる．足し算（縮約）は常に同じ表現と結合している添字に関して起こる；方程式の両辺での自由な添字（たとえば(24.15 b) での m ）は同じ表現を指定する（この場合 $\mathfrak{D}^{(J)}$ である）．上述の系として，１つの計量テンソルがあるのではなく，各表現がそれ自身の計量テンソルを持っている．異なる表現と結合している添字の間の差は，またテンソルの対称あるいは反対称性の中にも現われる；(24.10) および (24.10 a) で与えられたこれらの関係は，入れ換えられた添字が同じ表現に属する場合にのみ，表現の形に依存しない．そして

$$\begin{pmatrix} J & j & j \\ m & \nu & \mu \end{pmatrix} = (-)^{J+2j} \begin{pmatrix} J & j & j \\ m & \mu & \nu \end{pmatrix} \tag{24.17}$$

は，用いられた表現の形に依らず正しい．我々が採用した 3-j 記号に対する符号の約束を提案した事情はこのことに基づく．

(24.17) の関係から興味あるそして直接の１つの結果が導かれる：もし同じ表現に対するパートナーである（同等の軌道の）波動関数を持つ２個の粒子を，角運動量 J を持つ１つの状態を作るように結合させるならば，

$$\Psi_m{}^J(1,2) = (J_m,\ j^\nu, j^\mu)\psi_\nu{}^j(1)\psi_\mu{}^j(2), \tag{24.17 a}$$

（１と２は２個の粒子の変数を意味する），結果として生ずる状態は $J+2j$ が偶数ならば２個の粒子の入れ換えに対して対称であり，$J+2j$ が奇数ならば反対称であろう．したがって，２個の $2p$ 電子は対称な S と D 状態および反対称な P 状態を与える．これは $j=1$ （この場合 l とよばれる）の場合に対応し，そして J （この場合 L とよばれる）は対称の場合０あるいは２に等しく，反対称の場合１に等しい．同様に，２個の電子のスピンは対称な $S=1$ の状態および反対称な $S=0$ の状態を与えるように結合する．

最後に，3-j 記号の完全に反変な形を計算しよう．

$$\begin{aligned}(J^m, S^\nu, L^\mu) &= \mathbf{C}_J{}^{mm'}\mathbf{C}_S{}^{\nu\nu'}\mathbf{C}_L{}^{\mu\mu'}(J_{m'}, S_{\nu'}, L_{\mu'}) \\ &= (-)^{J-m+S-\nu+L-\mu}(J_{-m}, S_{-\nu}, L_{-\mu}).\end{aligned} \tag{24.18}$$

因子 $(-)^{-m-\nu-\mu}$ は省いてよい，なぜならば 3−j 記号は $m+\nu+\mu=0$ でない限りゼロとなるからである．それゆえ，(24.10 b) は次の式を与える

$$(J^m, S^\nu, L^\mu)=(J_m, S_\nu, L_\mu), \tag{24.18 a}$$

完全に共変および完全に反変な 3-j 記号は等しい．この定理は第15章で採用された表現の形に依存する．しかしながら，それは (24.11) を共変な形に書き直すことを可能にする．この目的のために，我々はまず表現係数の添字が下の添字として書かれてはいるが，第1の添字は現実には反変な添字であることに注意する．これはすでに次の基本的公式から明らかである

$$\mathbf{O}_R\psi_m{}^j=\sum_{m'}\mathfrak{D}^{(j)}(R)_{m'm}\psi_{m'}{}^j.$$

m' についての足し算はこれが上の添字であるべきであることを示している．それゆえ，(24.11) の代わりに，次のように書くことが自然であろう

$$\int\mathfrak{D}^{(j_1)}(R)_{n_1m_1}\mathfrak{D}^{(j_2)}(R)_{n_2m_2}\mathfrak{D}^{(j_3)}(R)_{n_3m_3}dR=h\begin{pmatrix}n_1 & n_2 & n_3\\ j_1 & j_2 & j_3\end{pmatrix}\begin{pmatrix}j_1 & j_2 & j_3\\ m_1 & m_2 & m_3\end{pmatrix}. \tag{24.18 b}$$

$\mathfrak{D}^{(j)}(R)_{nm}$ の共変−反変成分を計算しよう

$$\mathbf{C}^j{}_{nn'}\mathbf{C}_j{}^{mm'}\mathfrak{D}^{(j)}(R)_{n'm'}=(\mathbf{C}\mathfrak{D}^{(j)}\mathbf{C}'^{-1})_n{}^m \tag{24.18 c}$$

ここで反変計量テンソルは共変計量テンソルの逆であることを用いた．$\mathbf{C}'=(-)^{2j}\mathbf{C}$，そして $\mathbf{C}^{-1}$ は $\mathfrak{D}$ を $\mathfrak{D}^*$ に変換するから，$\mathfrak{D}^{(j)}(R)$ の共変−反変 n-m 成分は $\mathfrak{D}^{(j)}(R)$ の反変−共変 n-m 成分（これが通常の $\mathfrak{D}^{(j)}(R)_{nm}$ である）の複素共軛の$(-)^{2j}$倍であることがわかる．これは3つの表現係数についての積分のもとの形に対して次の式を与える

$$\int\mathfrak{D}^{(j_1)}(R)_{n_1m_1}\mathfrak{D}^{(j_2)}(R)_{n_2m_2}\mathfrak{D}^{(j)}(R)^*{}_{nm}dR=(-)^{2j}h\begin{pmatrix}n_1 & n_2 & j\\ j_1 & j_2 & n\end{pmatrix}\begin{pmatrix}j_1 & j_2 & m\\ m_1 & m_2 & j\end{pmatrix}. \tag{24.18 d}$$

当然，(24.18 d) はまた直接に導くことができる．

3-j 記号の完全に共変および完全に反変な成分が等しいという定理を用いると，直交関係 (17.28) を不変な形に書ける

$$\begin{pmatrix} j_1 & j_2 & j \\ m_1 & m_2 & m \end{pmatrix}\begin{pmatrix} m_1 & m_2 & m' \\ j_1 & j_2 & j' \end{pmatrix}=\frac{\delta_{jj'}\delta_{mm'}}{2j+1}. \tag{24.19}$$

$m=m'$ の場合，これは (17.28) の最初の式と同等である；$m\neq m'$ の場合和のあらゆる項はゼロとなる，なぜならば m_1+m_2 は $-m$ と $-m'$ の両方に等しくなり得ないからである．もう1つの直交関係は，表現の形に依存しないような形で書くと

$$\sum_j (2j+1)\begin{pmatrix} j_1 & j_2 & j \\ m_1 & m_2 & m \end{pmatrix}\begin{pmatrix} m_1' & m_2' & m \\ j_1 & j_2 & j \end{pmatrix}=\delta_{m_1m_1'}\delta_{m_2m_2'}. \tag{24.19 a}$$

m についての足し算は 足し算の約束によって含まれている．共変 な表記法は単に有用であるだけでない，なぜならば，この表記法は，表現が相似変換を受けるとき，変化しないような方程式を与えるからである．その主な機能は方程式を記憶することを容易にすることであるかもしれない．この表記法はまた次節で導入される非常に簡約された表記法を示唆している．

Racah 係数

前述の計算によってベクトル結合係数のより対称な形が与えられる；それらは，第23章の公式をたやすくそして最小の計算で導くような関係式を与えない．第1節ですでに述べたように，もし完全に明らかにされた場合 Hönl–Kronig の公式，Landé のエネルギー 間隔に対する法則，および他の同様の式の計算を極めてわかりやすくする，ベクトル結合係数の間のある一般的な関係があるはずである．問題の公式を導くには沢山の方法がある；すぐ前の章の計算はすでに公式のあるものを含んでいる．

球対称な場の中を運動している3個の粒子を考えてみると，最も自然な方法で前述の関係が導かれる．[11] 第1の粒子は，$\kappa=-j_1, -j_1+1,\cdots, j_1-1, j_1$ を持つ波動関数 ψ_κ が対応するようなエネルギー値を持つ；ψ_κ はパートナー関数で，表現 $\mathfrak{D}^{(j_1)}$ に属する．第2の粒子のエネルギーに対応する波動関数は φ_λ で

---

[11] G. Racah, *loc. cit.* L. C. Biedenharn, J. M. Blatt and M. E. Rose, *Rev. Mod. Phys.* **24**, 249 (1952), A. R. Edmonds, *op. cit.* 第6章

ある；これらは表現 $\mathfrak{D}^{(j_2)}$ に属する．第３の粒子の対応する量は χ_μ および $\mathfrak{D}^{(j_3)}$ である．全体の系の状態は次のような関数の１次結合である

$$\psi_\kappa(1)\varphi_\lambda(2)\chi_\mu(3) \tag{24.E.4}$$

ここで 1，2，および３は３個の粒子の座標を意味する．ψ の変数は常に第１の粒子であるから，（1）は今後削除されるであろう．同様に，$\varphi_\lambda(2)$ と $\chi_\mu(3)$ の代わりに φ_λ，χ_μ と書こう．考えられた状態は非常に図式的なもので，実際の物理系を記述していない．しかしながら，その考察は我々が探している関係を得るために有用である．

３個のすべての粒子の座標が回転を受けるとき，既約表現 J によって変換するような波動関数（24.E.4）の１次結合を作ろう．我々はこのような波動関数を３つの異なる方法で得ることができる．第１に，我々は，（24.15 a）にしたがって，はじめの２個の粒子の角運動量を合成角運動量 j に結合させることができる．

$$X_m{}^j(1,2) = \sqrt{2j+1}\begin{pmatrix} j & \kappa & \lambda \\ m & j_1 & j_2 \end{pmatrix}\psi_\kappa\varphi_\lambda, \tag{24.20}$$

そこで全角運動量 J を作るように第３の粒子を合成角運動量 j に結合させる，

$$\begin{aligned} X_M{}^{jJ}(1,2,3) &= \sqrt{2J+1}\begin{pmatrix} J & \mu & m \\ M & j_3 & j \end{pmatrix}\chi_\mu X_m{}^j(1,2) \\ &= \sqrt{2J+1}\,\sqrt{2j+1}\begin{pmatrix} J & \mu & m \\ M & j_3 & j \end{pmatrix}\begin{pmatrix} j & \kappa & \lambda \\ m & j_1 & j_2 \end{pmatrix}\psi_\kappa\varphi_\lambda\chi_\mu. \end{aligned} \tag{24.21}$$

添字 j は粒子１と２の全角運動量を示し，これから状態 $X_M{}^{jJ}$ が求められた．波動関数（24.21）は，１と２の粒子の間の相互作用が粒子３といずれかの粒子との相互作用よりも強いと考える場合に，自然な方法である．

別の方法として，角運動量 J の状態ははじめの２個の粒子２と３を結合させ，そして合成された状態を粒子１に結合させることによって得ることができる，あるいは粒子１と３を結合させ，そしてこの方法で得られた波動関数を粒

子2に結合させることによって，最終の波動関数を得る．これらの方法は，相互作用がおのおの粒子2，3の間で最強，および粒子1，3の間で最強であることに対応するが，しかし我々はこのような動機については関与しないことにする．求められた波動関数は

$$\Psi_M{}^{jJ}(1,2,3)=\sqrt{2J+1}\,\sqrt{2j+1}\begin{pmatrix}J & \kappa & m\\ M & j_1 & j\end{pmatrix}\begin{pmatrix}j & \lambda & \mu\\ m & j_2 & j_3\end{pmatrix}\psi_{\kappa}\varphi_{\lambda}\chi_{\mu} \tag{24.21 a}$$

および

$$\Phi_M{}^{jJ}(1,2,3)=\sqrt{2J+1}\,\sqrt{2j+1}\begin{pmatrix}J & \lambda & m\\ M & j_2 & j\end{pmatrix}\begin{pmatrix}j & \kappa & \mu\\ m & j_1 & j_3\end{pmatrix}\psi_{\kappa}\varphi_{\lambda}\chi_{\mu}. \tag{24.21 b}$$

(24.21 a) での添字 j は粒子2と3の合成角運動量を示す．同様に，(24.21 b) での j は粒子1と3の合成角運動量を与える．

3つの状態 $\Psi_M{}^{jJ}$, $\Phi_M{}^{jJ}$ および $X_M{}^{jJ}$ は，それらのおのおのに対して全角運動量およびその Z 成分が $J\hbar$ と $M\hbar$ であるにもかかわらず，全く等しいわけではない．しかしながら，あらゆる状態 (24. E.4) はすべての $\Phi_{M'}{}^{j'J'}$ によって1次的に表わされるから，これは $\Psi_M{}^{jJ}$ あるいは $X_M{}^{jJ}$ についてもまた成り立つ．さらに，たとえば，

$$X_M{}^{jJ}=\sum_{j'}\sum_{J'M'}c(\,jJM;\ j'J'M')\Phi_{M'}{}^{j'J'} \tag{24.22}$$

のように $X_M{}^{jJ}$ を Φ によって表わすならば，$J'\neq J$ あるいは $M'\neq M$ を持つ $\Phi_{M'}{}^{j'J'}$ の係数はゼロとなるであろう，なぜならば Φ は $X_M{}^{jJ}$ の表現 $\mathfrak{D}^{(J)}$ と異なる表現に属するかあるいはその表現 $\mathfrak{D}^{(J)}$ の異なる行に属するかのいずれかであるからである．それゆえ，J', M' についての足し算は (24.22) で除かれ，これらの添字は J と M によって置き換えられる．さらに，係数 $c(\,jJM;\ j'JM)$ は M に依存しない，なぜならば $X_M{}^{jJ}$ と $\Phi_M{}^{j'J}$ は両方とも同じ表現 $\mathfrak{D}^{(J)}$ に属するようなパートナー関数だからである．スカラー積($X_M{}^{jJ}$, $\Phi_M{}^{j'J}$) は M に依存しない．ゆえに，係数 c は M に依存しない．それゆえ，(24.22) は次の形の関係を与える（$\sqrt{2J+1}$ をすべて除いて）

$$\sqrt{2j+1}\begin{pmatrix} J & \mu & m \\ M & j_3 & j \end{pmatrix}\begin{pmatrix} j & \kappa & \lambda \\ m & j_1 & j_2 \end{pmatrix}\psi_\kappa\varphi_\lambda\chi_\mu$$
$$=\sum_{j'} c^J(j;j')\sqrt{2j'+1}\begin{pmatrix} J & \lambda & m \\ M & j_2 & j' \end{pmatrix}\begin{pmatrix} j' & \kappa & \mu \\ m & j_1 & j_3 \end{pmatrix}\psi_\kappa\varphi_\lambda\chi_\mu. \tag{24.22 a}$$

両辺は m, κ, λ, μ についての足し算を含む．しかしながら，$\psi_\kappa\varphi_\lambda\chi_\mu$ の1次的独立性のゆえに，各 $\psi_\kappa\varphi_\lambda\chi_\mu$ の係数は両辺で等しい．

$$\begin{pmatrix} J & \mu & m \\ M & j_3 & j \end{pmatrix}\begin{pmatrix} j & \kappa & \lambda \\ m & j_1 & j_2 \end{pmatrix}$$
$$=\sum_{j'}(-)^{2j_1}(2j'+1)\begin{Bmatrix} J & j_2 & j' \\ j_1 & j_3 & j \end{Bmatrix}\begin{pmatrix} J & \lambda & m \\ M & j_2 & j' \end{pmatrix}\begin{pmatrix} j' & \kappa & \mu \\ m & j_1 & j_3 \end{pmatrix}, \tag{24.23}$$

ここで

$$\begin{Bmatrix} J & j_2 & j' \\ j_1 & j_3 & j \end{Bmatrix}=\frac{(-)^{2j_1}c^J(j;j')}{\sqrt{2j+1}\sqrt{2j'+1}}. \tag{24.23 a}$$

これらは 6-j 記号あるいは Racah 係数[12]あるいは再結合係数と呼ばれる．最後の名前は波動関数Xから波動関数Φへの変換を考えた今の導き出し方を意味している．粒子1と2が前者において強く結合しており，後者では粒子1と3が強く結合している．この導き出しから，6-j 記号は κ, λ, μ（これらは（24.22 a）から（24.23）への移行の際にだけはいっている）に独立であり，そしてまた指摘されたようにMに独立である．これはもう一度後で証明されるであろう．それゆえ，(24.23) は κ, λ, μ について恒等式であり，そして 6-j 記号はその中に現われている6個の j の普遍関数である；この記号はこれら6個の数によって完全に（数値的に）決定される．(24.23) の両辺にはmについて の足し算が含まれていることに注意しよう．実際に，(24.23) で最後の 3-j 記号は $m=\kappa+\mu$ でない限りゼロとなるから，あらゆる j' に対してただ1つ

---

12) 実際には，Racah の W は正確に 6-j 記号に等しくない：むしろ，
$$W(j_1\,j_2\,l_2\,l_1;\,j_3\,l_3)=(-)^{j_1+j_2+l_1+l_2}\begin{Bmatrix} j_1 & j_2 & j_3 \\ l_1 & l_2 & l_3 \end{Bmatrix}.$$

の項がゼロと異なり，そして右辺は，実際上，j' についての足し算のみを含む．さらに，右辺の 3-j 記号のゆえに，$M=\lambda+m=\kappa+\lambda+\mu$ でない限り，$m=\kappa+\mu$ の項さえもゼロとなる．左辺はただ1つの項（$m=\kappa+\lambda$ の項）を含みそして $M=\mu+m=\kappa+\lambda+\mu$ でない限りゼロとなる．このように，(24.23) は $M=\kappa+\lambda+\mu$ でない限り自明である．このことは驚くべきことではない．その理由は，X_M^{jJ} と $\Phi_M^{j'J}$ の両方共 $\kappa+\lambda+\mu=M$ を持つただ1つの $\psi_\kappa\varphi_\lambda\chi_\mu$ を含むだけで他の $\psi_\kappa\varphi_\lambda\chi_\mu$ の係数を比較してもどんな情報も得られないからである．

(24.23) 式は我々が探していた関係を含んでいる．これをいまいろいろな形であらわし，そしてまたより対称的に書いてみよう．この目的のためにまず両辺で反変添字 κ, λ, μ を共変添字によって置き換え，そして両辺で第2番目の 3-j 記号の中でサイクリックな置換を実行する．そしてまたいろいろな j を他の記号によって置き換えると次の式を得る

$$\begin{pmatrix} j_1 & l_2 & \lambda \\ \mu_1 & \lambda_2 & l \end{pmatrix}\begin{pmatrix} l_1 & j_2 & l \\ \lambda_1 & \mu_2 & \lambda \end{pmatrix}$$
$$=\sum_j (-)^{2l_1}(2j+1)\begin{Bmatrix} j_1 & j_2 & j \\ l_1 & l_2 & l \end{Bmatrix}\begin{pmatrix} j_1 & j_2 & \mu \\ \mu_1 & \mu_2 & j \end{pmatrix}\begin{pmatrix} l_1 & l_2 & j \\ \lambda_1 & \lambda_2 & \mu \end{pmatrix}. \tag{24.24}$$

この方程式の中に4個の 3-j 記号があり，対応して，ベクトルの三角形を作らなければならない j と l の4個の3つ組がある．各3つ組の3個の文字（たとえば $l_1 j_2\, l$）は 6-j 記号の異なる列に現われ，そして3個が全部上の行にあるかあるいは2個が下の行で1個が上の行にあるかのいずれかである．逆に，6-j 記号は，これら4個の3つ組（すなわち $j_1 j_2 j$; $j_1 l_2 l$; $l_1 j_2 l$; $l_1 l_2 j$）がベクトルの三角形を作るときにのみ，定義されている．それ以外のすべての 6-j 記号をゼロに等しいと置く．(24.24) で 6-j 記号の中の各 j と l の位置を記憶することはかなりむずかしいであろう．しかし同じ6個の j から成り立ちそして同じ3つ組が1つのベクトルの三角形を作るようなすべての 6-j 記号は等しいことが，このあとすぐ証明される．結果として(符号を除いて)，(24.24) は記憶するのにかなり容易で，明らかに j_1 と j_2 の合成（そして l_1 と l_2 の合成）から j_1 と l_2 および l_1 と j_2 の合成への変換をあらわしている．

これら4個の文字として，整数あるいは半奇数が許される．

我々はいま前節の終りで述べた簡約された表記法を導入する．それは，本質的に，すべての行の添字を除くことから成る．**自由な**行の添字は両辺で同じものでありそしてどのような値も持つことができる—これらは詳しく書かれる必要はない．さらに，これらの添字は両辺で同じ特性を持つことを記憶する限りは，これらが共変か反変かを指示する必要はない．**縮約された**添字もまた詳しく書かれる必要はない，なぜならばそれらはいずれにしても足されるからである．しかしながら，この場合どれが共変でどれが反変添字であるかを指示する必要があり，これは下あるいは上の点によって区別される．もし足し算しなければならない添字について2つの j の2つの点を入れ換えるならば，これは $(-)^{2j}$ の因子をがふえる，なぜならば

$$f_{\mu}{}^{j}g_{j}{}^{\mu}=\mathbf{C}^{j}{}_{\mu\nu}f_{j}{}^{\nu}\mathbf{C}_{j}{}^{\mu\lambda}g_{\lambda}{}^{j}=(-)^{j+\mu}f_{j}{}^{-\mu}(-)^{j-\mu}g_{-\mu}{}^{j}=(-)^{2j}f_{j}{}^{\mu}g_{\mu}{}^{j}.$$

それゆえ，(24.24) は次のような簡約された形で書かれる

$$(j_1 l_2 l^{\bullet})(l_1 j_2 l_{\bullet})=(-)^{2l_1}\sum_{j}(2j+1)\begin{Bmatrix} j_1 & j_2 & j \\ l_1 & l_2 & l \end{Bmatrix}(j_1 j_2 j^{\bullet})(l_1 l_2 j_{\bullet}). \tag{24.24 a}$$

もし左辺で点の位置を変えるならば， 因子 $(-)^{2l}=(-)^{2l_1+2j_2}$ がはいる；もし右辺で点の位置を変えるならば，因子$(-)^{2j}=(-)^{2j_1+2j_2}$ がはいる．

簡約された表記法で直交関係 (24.19) は

$$(j_{1\bullet} j_{2\bullet} j)(j_1{}^{\bullet} j_2{}^{\bullet} j')=(2j+1)^{-1}\delta(j_{\bullet}, j'^{\bullet}), \tag{24.25}$$

ここで $j\neq j'$ のときあるいは対応する添字が等しくないとき，$\delta(j_{\bullet}, j'^{\bullet})$ はゼロである；$j=j'$ で対応する添字が等しくそして点が右辺で指示するような位置を左辺で持つならば，それは1である．それゆえ

$$\delta(j_{\bullet}, j'^{\bullet})=(-)^{2j}\delta(j^{\bullet}, j'_{\bullet}). \tag{24.25a}$$

当然，簡約された表記法を常に用いるというわけにはいかない．特に，方程式の同じ辺の中に同じ j が2回現われるがしかしその添字について足し算が行なわれないとき，用いることはできない．この場合，同じ j がまた方程式の

他辺で2回現われそしてどの添字がどちらの j の添字となっているかを区別することにあいまいさが残っている．簡約された表記法が相対論的計算で有用でないのはこの理由のためである；そこではすべての添字は同じ空間に属する．我々の場合は，簡約された表記法を使用することによって，計算の多くがより明瞭となる．

右辺で j についての足し算のゆえに，(24.24) は 6-j 記号に対するはっきりした式を与えない．このような式は (24.24 a) に $(l_1 l_2 j_3)$ を掛け，l_1 と l_2 の添字について縮約することによって得られる．

$$
\begin{aligned}
&(j_1 l_{2\bullet} l^{\bullet})(l_{1\bullet} j_2 l_{\bullet})(l_1^{\bullet} l_2^{\bullet} j_3) \\
&\qquad = (-)^{2l_1} \sum_j (2j+1) \begin{Bmatrix} j_1 & j_2 & j \\ l_1 & l_2 & l \end{Bmatrix} (j_1 j_2 j^{\bullet})(l_{1\bullet} l_{2\bullet} j_{\bullet})(l_1^{\bullet} l_2^{\bullet} j_3).
\end{aligned}
$$

左辺で l_1 についての点は入れ換えることができる；これはちょうど右辺の $(-)^{2l_1}$ と相殺する．右辺の最後の2つの因子に (24.25) を用いると $2j+1$ と足し算がなくなる；j は j_3 によって置き換えられなければならない，そしてその添字は（それは自由な添字であるが）j_3 の添字と同じ位置を持つことになる．それゆえ，

$$
(j_1 l_{2\bullet} l_3^{\bullet})(l_1^{\bullet} j_2 l_{3\bullet})(l_{1\bullet} l_2^{\bullet} j_3) = \begin{Bmatrix} j_1 & j_2 & j_3 \\ l_1 & l_2 & l_3 \end{Bmatrix} (j_1 j_2 j_3). \tag{24.24 b}
$$

これは多分 Racah 係数を含む最も重要な関係式である；そして既約テンソル演算子の行列要素を計算するために次の節で用いられるであろう．3-j 記号のサイクリックな対称性のゆえに，この式は，6-j 記号の列はサイクリックに入れ換えられてよいということを示している．同様に，(24.24) で j_1 と j_2 および l_1 と l_2 を入れ換えると左辺に $(-)^{j_1+j_2+l_1+l_2}$ が掛かり，右辺に $(-)^{2l_2-2l_1+j_1+j_2+l_1+l_2+2j}$ が掛かる．両辺で 3-j 記号の比は $(-)^{2l_2-2l_1+2j}$ だけ残り，これは1である，なぜならばベクトル l_1, l_2, j はベクトルの三角形を作らねばならないからである．これら2つの結果を組み合わせてみると，6-j 記号の列を勝手に入れ換えてもその値は変わらないことになる．最後に，j_1 と l_1 およ

び j_2 と l_2 の入れ換えは，共変と反変の λ の入れ換えのゆえに，(24.24) の左辺を $(-)^{2l}$ だけ変え，そしし右辺を $(-)^{2j_1-2l_1+2j}$ だけ変える．これらの因子の比もまた1である，なぜならば両方の組 j_1j と l_1l も j_2 と共にベクトルの三角形を作るからである．それゆえ，6-j 記号は，最初の2つの列が上下逆にされたとき，不変である．このことと前の結果とを組み合わせてみると，6-j 記号は任意の2つの列が上下逆にされたときも不変であることを示す．結局，6-j 記号を不変にする j の24個の置換がある；これらは勝手な方法でベクトルの三角形の4個の3つ組を入れ換えるような置換のすべてである．[13] 6-j 記号の間に多くのこれ以上の関係がある．特に，対称関係は，(24.24 b) に完全に共変な $j_1j_2j_3$ の 3-j 記号を掛けて，これらに属しているすべての添字について縮約することによって，よりはっきりと示される．

6-j 記号を計算する際最も簡単で一般的な公式は (24.24 b) の中に包含されている．その値を求めるために，μ_1, μ_2, μ_3 に対して特別の値を用いてみよう；$\mu_1=-j_1$, $\mu_2=j_1-j_3$, $\mu_3=j_3$ の場合は一般に 3-j 記号はできるだけ簡単な式となる．μ について同様に選ぶことは，Hönl-Kronig の公式を導き出す際に実行された 6-j 記号を暗に含んだ計算の基礎をなしている．いくらか異なった式が Racah によって彼の論文に与えられている．[14] それにもかかわらず，計算は長たらしく面倒である．しかしながら，6-j 記号あるいは同等の量に対して広汎な数表がある．Sharp, Kennedy, Sears, および Hoyle の表[15]は，多分，最も手に入れやすい．ここでは3つのかなり自明な場合についてくだけ述べよう：$j_2=0$ ならば，l_1, j_2, l_3 は $l_3=l_1$ のときにのみベクトルの三角形を作るであろう．同様に，$j_1=j_3$ が三角形 j_1, j_2, j_3 から導かれる．それゆえ，

---

[13] これ以上の詳細については，A. R. Edmonds, *op. cit.*, および L. C. Biedenharn, J. M. Blatt and M. E. Rose, *loc. cit.* 参照．

[14] G. Racah, *loc. cit.*

[15] Tables of Coefficients for Angular Distribution Analysis, CRT-556, Atomic Energy of Canada, Ltd., 1954. また，Simon, Van der Sluis, and Biedenharn, Oak Ridge National Laboratory Report 1679 (1954); Obi, Ishidzu, Horie, Yanagawa, Tanabe and Sato, *Ann. Tokyo Astron. Obs.*, 1953—55; および Rotenberg, Bivins, Metropolis, and Wooten, The 3-j and 6-j Symbols, Technology Press, Cambridge, Mass. (1959.) K. M. Howell, Tables of 6-j Symbols, University of Southampton.

$j_2=0$ のとき，ゼロでない 6-j 記号はすべて次の形を持つ

$$\begin{Bmatrix} j_1 & 0 & j_1 \\ j_2 & j & j_2 \end{Bmatrix} = \frac{(-)^{j+j_1+j_2}}{\sqrt{2j_1+1}\sqrt{2j_2+1}}. \tag{24.26}$$

6-j 記号の対称性から，0の位置をどこに移動させることもできる．$j_2=\frac{1}{2}$ の場合，2つの型がある．

$$\begin{Bmatrix} j_1-\frac{1}{2} & \frac{1}{2} & j_1 \\ j_2 & j & j_2-\frac{1}{2} \end{Bmatrix} = (-)^J \left[\frac{(J+1)(J-2j)}{2j_1(2j_1+1)2j_2(2j_2+1)}\right]^{1/2} \tag{24.26 a}$$

$$\begin{Bmatrix} j_1-\frac{1}{2} & \frac{1}{2} & j_1 \\ j_2-\frac{1}{2} & j & j_2 \end{Bmatrix} = (-)^{J-\frac{1}{2}} \left[\frac{(J-2j_1+\frac{1}{2})(J-2j_2+\frac{1}{2})}{2j_1(2j_1+1)2j_2(2j_2+1)}\right]^{1/2} \tag{24.26 b}$$

ここで $J=j_1+j_2+j$.

最後に，$j_2=1$ の場合，4つの型がある

$$\begin{Bmatrix} j_1-1 & 1 & j_1 \\ j_2 & j & j_2-1 \end{Bmatrix} = (-)^J \left[\frac{J(J+1)(J-2j-1)(J-2j)}{(2j_1-1)2j_1(2j_1+1)(2j_2-1)2j_2(2j_2+1)}\right]^{1/2} \tag{24.26 c}$$

$$\begin{Bmatrix} j_1-1 & 1 & j_1 \\ j_2-1 & j & j_2 \end{Bmatrix} = (-)^{J-1} \left[\frac{(J-2j_1)(J-2j_1+1)(J-2j_2)(J-2j_2+1)}{(2j_1-1)2j_1(2j_1+1)(2j_2-1)2j_2(2j_2+1)}\right]^{1/2} \tag{24.26 d}$$

$$\begin{Bmatrix} j_1 & 1 & j_1 \\ j_2-1 & j & j_2 \end{Bmatrix} = (-)^J \left[\frac{2(J+1)(J-2j)(J-2j_1)(J-2j_2+1)}{2j_1(2j_1+1)(2j_1+2)(2j_2-1)2j_2(2j_2+1)}\right]^{1/2} \tag{24.26 e}$$

$$\begin{Bmatrix} j_1 & 1 & j_1 \\ j_2 & j & j_2 \end{Bmatrix} = (-)^J \frac{j(j+1)-j_1(j_1+1)-j_2(j_2+1)}{[j_1(2j_1+1)(2j_1+2)j_2(2j_2+1)(2j_2+2)]^{1/2}}. \tag{24.26 f}$$

$j_1=L$, $j_2=S$, $j=J$ とおくと，最後の公式は Landé のエネルギー間隔に対する法則と同等になる．

6-j 記号は，既約表現の形には依存しないから，表現の指標によってそれらを計算することが可能であるはずである．このことはしかし正しくはない，というのは若干の符号についての約束をこれらの記号を定義するのに用いているからである．しかしながら，6-j 記号の2乗のような，これらの符号の約束に依存しないような，6-j 記号の式がある．

実際このような式が群についての3重積分によって与えられる

$$\begin{Bmatrix} j_1 & j_2 & j_3 \\ l_1 & l_2 & l_3 \end{Bmatrix}^2 = h^{-3}\iiint \chi_1(R_1)\chi_2(R_2)\chi_3(R_3)\chi_1'(R_2R_3^{-1})\chi_2'(R_3R_1^{-1})\chi_3'(R_1R_2^{-1})dR_1dR_2dR_3$$

ここで χ_i は表現 $\mathfrak{D}^{(j_i)}$ の指標であり，χ_i' は $\mathfrak{D}^{(l_i)}$ の指標である．この公式の導き出しについて詳しくは述べない．

上述の式に加うるに，6-j 記号は多くの他の関係を満足する．ことに，行列

$$\mathbf{R}_{lj} = \sqrt{2l+1}\,\sqrt{2j+1}\begin{Bmatrix} j_1 & j_2 & j \\ l_1 & l_2 & l \end{Bmatrix}$$

は直交であることを示すことができる．6-j 記号の列の入れ換え可能性を考えると，おのおのの 6-j 記号は $(2l+1)^{1/2}(2j+1)^{1/2}$ に類似な因子を除いて，3つの実直交行列の1つの要素と見なすことができる．

6-j 記号まかなり多くの種類の群について定義できる．このことは，これらの値が群を決定するかどうかという数学的な問題を提起する．この疑問は現在まで解かれていない．

スピンに関係しないテンソル演算子の行列要素

テンソル演算子の行列要素に対する公式 (21.19) は 3-j 記号によって書き変えられるであろうが，しかしそれは公式をもう一度導き出すのとちょうど同じ程度に簡単である．考えている演算子はスピン座標の回転に関してスカラーであるから，すべての座標の回転に関するその階数 ω は位置座標の回転に関するその階数 p に等しい．我々は現在本質的でないすべての量子数 N, N', 等を削除して次のように書く

$$(\Psi_m{}^J, \mathbf{T}^\sigma\Psi_{m'}{}^{J'}) = (\mathbf{O}_R\Psi_m{}^J, \mathbf{O}_R\mathbf{T}^\sigma\mathbf{O}_R{}^{-1}\mathbf{O}_R\Psi_{m'}{}^{J'}). \qquad (24.27)$$

$\mathbf{O}_R$ はユニタリであるから式の両辺は等しい．$\Psi_M{}^{J'}$ と $\Psi_M{}^J$ は表現 $\mathfrak{D}^{(J')}$ と $\mathfrak{D}^{(J)}$ に属するから，そして $\mathbf{T}^\sigma$ は位数 p のテンソル演算子であるから，((21.16 b) 参照)

$$(\Psi_m{}^J, \mathbf{T}^\sigma\Psi_{m'}{}^{J'}) = \sum_\tau\sum_{\mu\mu'}\mathfrak{D}^{(J)}(R)_{\mu m}{}^*\mathfrak{D}^{(p)}(R^{-1})_{\sigma\tau}\mathfrak{D}^{(J')}(R)_{\mu'm'}(\Psi_\mu{}^J, \mathbf{T}^\tau\Psi_{\mu'}{}^{J'}).$$

表現のユニタリ性のゆえに，$\mathfrak{D}^{(p)}(R^{-1})_{\sigma\tau} = \mathfrak{D}^{(p)}(R)_{\tau\sigma}{}^*$．群の全体についての積分は左辺に $\int dR = h$ を与える．それは2階反変，1階共変の 3-j 記号と1階反変，2階共変の 3-j 記号を右辺に与える．ゆえに，

$$(\Psi_m{}^J, \mathbf{T}^\sigma\Psi_{m'}{}^{J'}) = (J^m, p^\sigma, J'_{m'})\,T_{JJ'} \qquad (24.27\text{ a})$$

ここで

$$T_{JJ'}=\sum_{\tau}\sum_{\mu\mu'}(-)^{2J+2p}(J_{\mu},\,p_{\tau},\,J'^{\mu'})(\Psi_{\mu}{}^{J},\,\mathbf{T}^{\tau}\Psi_{\mu'}{}^{J'})$$

は m, m' および σ によらない．この公式は，J と J' がよい量子数で，$\mathbf{T}$ がすべての座標の回転に関して $\omega=p$ 階の既約テンソル演算子であることだけを仮定している．(24.27 a) の $T_{JJ'}$ は (21.19) における対応する量の $(-)^{J-p-J'}\sqrt{2J'+1}$ 倍である，それ以外は2つの式は全く同等である．スカラー積の中の第1の因子としての共変成分は反変成分の役割を演じていることに注意せよ．この理由は，スカラー積を計算するとき，第1の因子の共軛複素をとらなければならないからである．

いま Russell-Saunders 結合が成り立ちそして $\Psi_{m}{}^{J}$ と $\Psi_{m'}{}^{J'}$ は (24.15 b) によって $\Xi_{\nu\mu}{}^{SL}$ と $\Xi_{\nu'\mu'}{}^{S'L'}$ により表わされ，Ξ は固有のスピンと軌道運動量を持つと仮定しよう．$\mathbf{T}^{\sigma}$はスピンに関係しない演算子，あるいは，少なくとも，スピン座標の回転に対してスカラーであるから，行列要素 (24.27) は $S=S'$ でない限りゼロとなるであろう．それゆえ，$S=S'$ と置きそして (24.15 b) によって次の式を得る

$$(\Psi_{m}{}^{J},\,\mathbf{T}^{\sigma}\Psi_{m'}{}^{J'})$$
$$=\sqrt{2J+1}\sqrt{2J'+1}\,(J_{m},\,S^{\nu},\,L^{\mu})(J'_{m'},\,S^{\nu'},\,L'^{\mu'})(\Xi_{\nu\mu}{}^{SL},\,\mathbf{T}^{\sigma}\Xi_{\nu'}{}_{\mu'}{}^{SL'}).\tag{24.28}$$

右辺のスカラー積は J と J' に独立であるから，この式は特別の J と J' の状態の間の行列要素だけでなくまた2つの多重項のすべての状態の間の行列要素を比べることを可能にするであろう．問題としている状態は磁気量子数 m と m' においてのみでなくまた全角運動量の値において異なる；J は $|S-L|$ から$S+L$ までのすべての値を取ることができ，そして J' は $|S-L'|$ から $S+L'$ までのすべての値を取ることができる．

(24.28) で最初の 3-j 記号はスカラー積の第1の因子から生ずる．方程式を“相対論的な形”に保つために，共変添字を反変添字に変えたり，その逆を行なったりする．(24.18 a) に導いたと同様な計算により

$$(J_m, S^\nu, L^\mu) = (-)^{2J}(J^m, S_\nu, L_\mu). \tag{24.28 a}$$

（$(-)^{2J}$ の代わりに $(-)^{2S+2L}$ と書くことができる一共変**あるいは**反変ベクトルのいずれか一方が指数に現われる.）$\mathbf{T}^\sigma$ はまた位置座標の回転に対して p 階の既約テンソルであるから，(24.27 a) は同様に成り立つ．我々はこれを次の形に書く，

$$(\Xi_{\nu\mu}{}^{SL}, \mathbf{T}^\sigma \Xi_{\nu'\mu'}{}^{SL'}) = \delta_{\nu\nu'}(L^\mu, p^\sigma, L'_{\mu'})\, T_{SL,SL'}. \tag{24.29}$$

$T_{SL,SL'}$ は前のように μ, σ, μ' に独立であるだけでなく，また ν に独立である，なぜならば $\mathbf{T}^\sigma$ はスピン変数に関する限りスカラーだからである．(24.27 a) および (24.29) を (24.28) と組み合わせると次の式を与える

$$\begin{aligned}&(J^m, p^\sigma, J'_{m'})\, T_{JJ'}\\&= (-)^{2J}\sqrt{2J+1}\sqrt{2J'+1}\,(J^m, S_\nu, L_\mu)(J'_{m'}, S^\nu, L'^{\mu'})(L^\mu, p^\sigma, L'_{\mu'})\, T_{SL,SL'}.\end{aligned} \tag{24.29 a}$$

これは m, m', σ について恒等式でなければならない．ここに含まれた恒等式は (24.24 b) であり，そして符号を少し調節すると，次の式が簡単に導かれ

$$T_{JJ'} = (-)^{2J-L+S+J'+p}\begin{Bmatrix} J & p & J' \\ L' & S & L \end{Bmatrix}\sqrt{2J+1}\sqrt{2J'+1}\, T_{SL,SL'}. \tag{24.30}$$

これが Russell–Saunders 結合の場合に応用できる一般的な公式である．これは，位置座標の回転に関する限り p 階の既約テンソルであるが，しかしスピンの回転のもとで不変であるような演算子に対して，2つの多重項のすべての状態の間の行列要素の比を与える．この式は，$p=1$ の場合，Hönl–Kronig の公式を含む．同様な式が，S と L の役割を入れ換えて，位置座標の回転に対して不変であるが，スピン座標の回転のもとで q 階の既約テンソルのように変換する演算子に対して成り立つ．スピンと外磁場の間の相互作用はこのような ($q=1$ の) 演算子であり，そして Landé の公式 (23.24) の因子は本質的に Racah 係数あるいは 6–j 記号である．この問題はこれ以上追求されないであろう，なぜならば最も重要な結果はすでに前の章で，直接の計算によって得ら

れたからである．

一般の 2 重テンソル演算子

6-j 記号の性質は概念的にも非常に興味深い．我々はこの記号を用いて，数多くの問題の詳細を簡単することができ，取り扱いを容易にすることによってこの 記号の 有効性を 知ることができる．6-j 記号の表を 作ることは多くの数表の場合よりも確実に厄介である，6-j 記号は 6 個の変数に依存するからである．したがって，本質的にただ 5 個の変数に依存するベクトル結合係数よりもなおさら厄介である．本節の問題には，しばしば 9-j 記号とよばれる係数があらわれる．これは 9 個の変数に依存するので数表を作ることは一層むづかしいが，理論形式はより簡単となる．[16)]

いま 2 重テンソル演算子 $\mathbf{T}_{qp}{}^{\rho\sigma}$ あるいは，むしろ，すでに（24.1）で指示されたように，1 つの既約テンソル[17)]を考えてみよう

$$\mathbf{T}_{\omega}{}^{\tau}=(\omega^{\tau}, q_{\rho}, p_{\sigma})\mathbf{T}_{qp}{}^{\rho\sigma}. \qquad (24.31)$$

これはスピンと位置座標の両方の回転に対して（24.1 a）によって変換する．Russell-Saunders 結合を仮定すると，再び $\Psi_{m}{}^{J}$ と $\Psi_{m'}{}^{J'}$ を，（24.15 b）を用い対応する Ξ によって表わしそして，簡約された表記法を用いて，次の式を得る

$$(\Psi_{m}{}^{J}, \mathbf{T}_{\omega}{}^{\tau}\Psi_{m'}{}^{J'})$$
$$=\sqrt{2J+1}\sqrt{2J'+1}\,(J_{m}S^{\cdot}L^{\cdot})(\omega^{\tau}q_{\cdot}p_{\cdot})(J'_{m'}S'^{\cdot}L'^{\cdot})(\Xi_{\cdot\cdot}{}^{SL}, \mathbf{T}_{qp}{}^{\cdot\cdot}\Xi_{\cdot\cdot}{}^{S'L'}). \qquad (24.32)$$

我々は波動関数の反変成分を定義していないから，それらの添字はすべて下つきである．最後の行列要素は次のように書かれる

$$(\Xi_{\nu\mu}{}^{SL}, \mathbf{T}_{qp}{}^{\rho\sigma}\Xi_{\nu'\mu'}{}^{S'L'})=(S, q^{\rho}, S^{\nu'}{}_{\nu'})(L^{\mu}, p^{\sigma}, L'_{\mu'})\,T_{SL,S'L'}. \qquad (24.32\,\mathrm{a})$$

---

16)　しかしながら，K. Smith and J. W. Stevenson, Argonne National Laboratory Report 5776 参照.

17)　(24.31) の演算子は演算子（24.1）より，（24.16）に現われているような因子，$(-)^{q-p-\omega}\sqrt{2\omega+1}$ だけ異なることに注意せよ.

これは (24.27 a) あるいは (24.29) に対応する式である．これはまた次のように書かれる

$$(\Psi_m{}^J, \mathbf{T}_\omega{}^\tau \Psi_{m'}{}^{J'}) = (J^m, \omega^\tau, J'_{m'})\, T_{JJ'}. \tag{24.32 b}$$

この式は J と J' のよい量子数としての正当性に依存するだけだから，それは引き続き正しい．ここで再び $T_{JJ'}$ を $T_{SL,S'L'}$ によって計算してみよう，そしてまた (24.32) と (24.32 b) の右辺が m, m' および τ に同じように依存するということを証明してみよう．(24.32) と (24.32 b) を同一のものとして扱うような"相対論的な"形の式を得るためには，(24.32) の最初の 3-j 記号のすべての添字の位置が変えられなければならない．この操作は，スカラー積の第1の因子から生ずる記号に関して，常に必要である；それはいまの場合 $(-)^{2J}$ の因子を導入する．したがって次の式を得る

$$(J, \omega, J')\, T_{JJ'} = (-)^{2J} \sqrt{2J+1}\sqrt{2J'+1}\ (JS.L.)(\omega q.p.)$$
$$\times (J'S'^{\boldsymbol{\cdot}}L'^{\boldsymbol{\cdot}})(S^{\boldsymbol{\cdot}}q^{\boldsymbol{\cdot}}S'.)(L^{\boldsymbol{\cdot}}p^{\boldsymbol{\cdot}}L'.)\, T_{SL,S'L'}. \tag{24.33}$$

右辺の5個の 3-j 記号の積の和と左辺の 3-j 記号の比は本質的に 9-j記号となる

$$\begin{Bmatrix} J & S & L \\ \omega & q & p \\ J' & S' & L' \end{Bmatrix}. \tag{24.E.5}$$

9-j 記号は，各行および各列の3個のベクトルがベクトルの三角形を作らない限り，ゼロとなる．9-j 記号の定義と性質は詳細に議論されないであろう．むしろ，(24.33) の右辺の式がいかに 6-j 記号によって1つの 3-j 記号に簡約されるかが示されるであろう．同じ手続きを，1個の 3-j 記号を含んだ不変な方程式を与えるようなすべての式に，応用することができる．

(24.33) の右辺で最初の 3-j 記号と最後の 3-j 記号との積は，(24.10 a) によって書きなおすことができる．そして j のサイクリック置換を除いて，(24.24 a) に含まれた積の形を持っている．したがって

$$(pL'L^{\boldsymbol{\cdot}})(JSL.) = (-)^{2J} \sum_j (2j+1) \begin{Bmatrix} p & S & j \\ J & L' & L \end{Bmatrix} (pSj^{\boldsymbol{\cdot}})(JL'j.). \tag{24.34}$$

(24.33) の右辺で第2の 3-j 記号は p を含み，第4番目は S を含み，そしてそれらは共に q を含むことに注意しよう．それゆえ，p と S は再結合係数を用いて同じ 3-j 記号の中にうつされる：

$$(S'Sq^{\cdot})(p\omega q_{\cdot})=(-)^{2p}\sum_j(2j+1)\begin{Bmatrix}S' & \omega & j\\ p & S & q\end{Bmatrix}(S'\omega j^{\cdot})(pSj_{\cdot}). \tag{24.34 a}$$

前の2つの式の積を，p と S の添字について正しく足すと，直交関係(24.25)によって縮約することができる：

$$(p^{\cdot}L'L^{\cdot})(JS^{\cdot}L_{\cdot})(S'S_{\cdot}q^{\cdot})(p_{\cdot}\omega q_{\cdot})$$
$$=(-)^{2J+2p}\sum_j(2j+1)\begin{Bmatrix}p & S & j\\ J & L' & L\end{Bmatrix}\begin{Bmatrix}S' & \omega & j\\ p & S & q\end{Bmatrix}(JL'j_{\cdot})(S'\omega j^{\cdot}). \tag{24.35}$$

これを (24.33) の右辺と等置する場合，S についての添字の位置を変えなければならない．これは単に因子 $(-)^{2S}$ を導入する．その後，$(J'S'L')=(S'L'J')$ との掛け算と S' と L' の添字について正しく縮約すると，(24.33) の中の5個の 3-j 記号の積に対して次の式を与える

$$(-)^{2J+2p+2S}\sum_j(2j+1)\begin{Bmatrix}p & S & j\\ J & L' & L\end{Bmatrix}\begin{Bmatrix}S' & \omega & j\\ p & S & q\end{Bmatrix}(JL'_{\cdot}j_{\cdot})(S'_{\cdot}\omega j^{\cdot})(S'^{\cdot}L'^{\cdot}J').$$

これはいま (24.24 b) の形を持ち，次の式に等しい

$$(-)^{2J+2\omega}\sum(-)^{2j}(2j+1)\begin{Bmatrix}p & S & j\\ J & L' & L\end{Bmatrix}\begin{Bmatrix}S' & \omega & j\\ p & S & q\end{Bmatrix}\begin{Bmatrix}J & \omega & J'\\ S' & L' & j\end{Bmatrix}(J\omega J').$$

j と S' の添字の位置はずらされなければならず，そしてこれが $(-)^{2j+2S'}$ の因子を導入した．しかしながら，指数はベクトルの三角形を作るための量子数に対する種々の条件によって簡単化されるであろう．最後に次の式が得られる

$$T_{JJ'}=(-)^{2\omega}\sqrt{2J+1}\sqrt{2J'+1}$$
$$\times\sum_j(-)^{2j}(2j+1)\begin{Bmatrix}p & S & j\\ J & L' & L\end{Bmatrix}\begin{Bmatrix}S' & \omega & j\\ p & S & q\end{Bmatrix}\begin{Bmatrix}J & \omega & J'\\ S' & L' & j\end{Bmatrix}T_{SL,S'L'}. \tag{24.36}$$

(24.33) の右辺の因子を組み合わせる 3つの本質的に異なる方法があり，そして，対応して，3個の 6-j 記号の積の和として 9-j 記号を表わすのに3つの異なる方法があることに注意せねばならない．現在の組み合わせがここで選ばれた理由は，それが後の計算を簡単化するからである．

もし $\omega=0$ ならば，すなわち，もし演算子 **T** がスピンと位置座標の同時回転に関して不変ならば，興味ある特別な場合となる．たとえば，スピンと軌道運動の間の相互作用のエネルギーに対して，このようになる．$\omega=0$ ならば，$p=q$ で $J=J'$ でなければならない．さらに，第2の 6-j 記号は S', ω と j がベクトルの三角形を作るのでない限り，ゼロとなるから，ただ $j=S'$ の項のみが和に寄与する．第2および第3の 6-j 記号に対し (24.26) 式を用いて，かつ 6-j 記号を配列し直した後に，次の式を得る

$$T_{JJ'}=(-)^{J+L'+S+p}\frac{\sqrt{2J+1}}{\sqrt{2p+1}}\begin{Bmatrix}L & J & S\\ S' & p & L'\end{Bmatrix}T_{SL,S'L'}, \quad (24.36\text{ a})$$

再び，本質的に1個の 6-j 記号となった．$p=1$ の場合，これは Landé のエネルギー間隔に対する法則を与え，$p=2$ の場合はスピン-スピン相互作用に対応する．6-j 記号はまた，複合スペクトルでの波動関数の決定のような，分光学の他の部分にも現われる．この記号は原子核理論，β-崩壊，連続して放射された粒子あるいは量子の間の角相関，そして，順序は最後に書くが重要性は最小でないものとして原子核の波動関数の決定において重要な役割を演ずる．より包括的な説明については本章で前に述べた．

第25章　構成原理

1.　構成[1]原理は原子のエネルギー準位の位置を判定することを可能にする．選択則，外場の中での分裂等，を観測することによって，軌道角運動量の量子数などの個々の準位の特性が，原則として，決定される．しかしながら，問題としているある与えられた型の準位が存在するスペクトルの領域に関する何らかの指示があれば最も有用である．構成原理はこの要求を満たしている．

しかしながら，構成原理の本質的な重要さは複雑なスペクトルの分析へのその応用性にあるのではなく，エネルギー準位の位置が原子の最も重要な物理的および化学的性質を決定するという事実にある．このように，たとえば，アルカリ原子の強い陽電気の性質は比較的少ないエネルギーの吸収によって１個の電子を放出する能力に基づいている．すなわち，基底状態は最も低いイオン化された状態よりそう深くない位置にある．逆に，稀ガスの化学反応における不活性さは，励起状態およびイオン化された状態が基底状態よりずっと高い位置にあることによって説明される．原子物理学の非常に多くを支配するこの考え方の出発点は，N. Bohr による元素の周期系の最も重要な特徴の説明であった．構成原理の発見における最も重要な段階は，多分，Landé–Sommerfeld のベクトル模型，Russell–Saunders による正常結合の場合の公式化，そして同一軌道における Pauli の排他原理であった．構成原理の決定的な定式化は F. Hund の研究の結果であった．

エネルギー準位の位置，すなわち Schrödinger 方程式

$$\sum_k \left\{-\frac{\hbar^2}{2m_k}\left(\frac{\partial^2}{\partial x_k{}^2}+\frac{\partial^2}{\partial y_k{}^2}+\frac{\partial^2}{\partial z_k{}^2}\right)-\frac{Ze^2}{r_k}\right\}\psi+\frac{1}{2}\sum_{i\neq k}\frac{e^2}{r_{ik}}\psi=E\psi, \tag{25.1}$$

---

[1] 220頁の脚注 10 を見よ．

の固有値を求めるために，簡単化された方程式

$$\left.\begin{aligned}\mathbf{H}_0\psi&=(\mathbf{H}_1+\mathbf{H}_2+\cdots+\mathbf{H}_n)\psi=E\psi\\ \mathbf{H}_k&=-\frac{\hbar^2}{2m_k}\left(\frac{\partial^2}{\partial x_k{}^2}+\frac{\partial^2}{\partial y_k{}^2}+\frac{\partial^2}{\partial z_k{}^2}\right)-\frac{Ze^2}{r_k}\end{aligned}\right\}\qquad(25.1\,\mathrm{a})$$

から出発し，（Z は原子核の電荷）この中で電子の相互作用のエネルギー，

$$\mathbf{W}=\sum_{k=2}^{n}\sum_{i=1}^{k-1}\frac{e^2}{r_{ik}},\qquad(25.1\,\mathrm{b})$$

は最初無視される.[2] そのあとでこの効果を摂動の手続きによって取り入れることを試みる（第17章を見よ）.

この手続きは，原子核の位置エネルギーが相互作用のエネルギー $\mathbf{W}$ に比べて大きいときにだけ成り立つ．原子核の電荷の数 Z が大きくそして電子の数が少ないとき，すなわち，強くイオン化された原子の場合，この条件は最もよく満たされる．これから用いる近似手続きは第22および23章で用いた近似手続きと根本的に異なる：それは微細構造定数

$$\alpha=\frac{e^2}{\hbar c}=\frac{1}{137.0}$$

が小さいということとは無関係である．この数は以前になされた近似の正当性に対しての基準となっていた．基本定数 e, $\hbar$, および m が（25.1）の固有値に現われる．そしてすべての近似の固有値に，次元数の考察から直ちにわかるように，

$$\frac{me^4}{\hbar^2}\qquad(25.\mathrm{E}.1)$$

の組み合わせで現われる：それは m, e, と $\hbar$ から得られるエネルギーの次元数を持つただ１つの式である（光速は単純な Schrödinger 方程式の中に現われない）．ここで考えられるべき近似は，ゆえに，エネルギーの微細構造定数あるいは何か他の小さな自然定数の巾で展開することではない．ただし強くイオン化された原子の場合には $1/Z$ による展開を考える可能性をがある．

---

[2] あとで指摘されるように，これはあまり単純化しすぎている．

本章の理論を用い我々が解くことを目指している，単純な Schrödinger 方程式 (25.1) の問題は，前の章の考察に対する出発点である；それは，それらの“摂動のない問題”あるいは粗大構造を作る．この観点において，(25.1 a) が (25.1) に対するよい近似を与えると期待され得るような条件は，前の章で記述された (25.1) の修正に関する計算に対して要求される条件とちょうど逆である．(25.1 a) の解は，(25.1 b) の摂動 **W** が小さいならば，(25.1) の解を得ることに対してよい基礎を作るであろう．このような場合には，(25.1 a) の固有値が分裂するような (25.1) の固有値は相互に接近しているであろう．一方では，分裂の微細構造の計算は，(25.1) の固有値が相互に遠く離れているとき，最も正確になる．

前の幾つかの章とこの章の近似の間の関係についてのこれらの記述はある傾向を示すだけで，そしてどちらの近似も有用でなくまた成り立たないような多くの場合と，両方の近似が有用で成り立つような多くの場合があるはずである．

構成原理の助けによる準位の計算に対して非常に有利な 1 つの事情は，電子の相互作用のエネルギーの多くの部分が原子核のポテンシアルを修正することによって考慮されることができるという事実である．たとえば，Li 原子で 2 個のいわゆる K-電子 ($N=1$) とより高く励起された電子が考えられるが，後者は原子核のポテンシアル e/r の影響のもとで運動するのとほとんど同じであろう，これは実際の原子核のポテンシアル $3e/r$ は，ほとんど確かに原子核の近くにある 2 個の K-電子によって遮蔽されるからである．このように (25.1 a) におけるクーロンポテンシアル Ze^2/r の代わりに修正されたポテンシアルを用いることは 1 つの改良である．もしこの置き換えが (25.1 a) でなされるならば，当然 (25.1 b) 式はまた対応して変えられなければならないから，(25.1 a) と組み合わせると再び (25.1) を与える．遮蔽の理論は最初に **Hartree** によって量子力学に適用された．それはエネルギーの準位や他の原子の性質について驚くほどよい値を与える．[3]

---

[3] D. R. Hatree, *Proc. Cambridge Phil. Soc.* **24**, 89 (1928)；また J. C. Slater, *Phys. Rev.* **35**, 210 (1930)；V. Fock, *Z. Physik.* **61**, 126 (1930)；および D. R. Hartree, “The Calculation of Atomic Structures,” Wiley, New York, 1957 を見よ．

いまから述べる構成原理の導き出し方は Slater[4] によるものである．摂動のない問題（25.1 a）も摂動（25.1 b）のいずれもどんな方法でもスピン座標を含まないにもかかわらず，Slater は全く初めからスピン座標を導入する．この見かけ上の複雑さは，実際には考察を非常に簡単化することになる，なぜならば最初から反対称な固有関数に制限されるからである．この方法では固有関数としてスピンに関係しない固有関数 $\psi_{\kappa\mu}{}^{SL}$（これは電子のデカルト座標の置換のもとで対称群の表現 $\overline{\mathbf{A}}^{(S)}$ のある行に属する）でなく，第22章で導かれた $\Xi_{\nu\mu}{}^{SL}$ であり，これはまたスピン座標を含みそして電子のすべての座標の置換のもとで反対称である．$\Xi_{\nu\mu}{}^{SL}$ の多重系はスピン座標の回転 $\mathbf{Q}_R$ で明らかにされる：$\Xi_{\nu\mu}{}^{SL}$ は $\mathbf{Q}_R$ のもとで $\mathfrak{D}^{(S)}$ の ν 行目に属する．

2. 演算子 $\mathbf{H}_k$（第17章，第2節を見よ）の固有関数が1つの添字 b によって名づけられるとしよう；

$$\mathbf{H}_k\psi_b(x_k, y_k, z_k) = E_b\psi_b(x_k, y_k, z_k). \tag{25.2}$$

“軌道” b は主量子数 N，軌道角運動量 l と磁気量子数 μ の組み合わせを意味する．偶然縮退，同じ N であるが異なる l を持つ固有値の一致，は水素原子の場合純粋なクーロン中心場において現われるが，これは遮蔽効果によって除かれると仮定される．したがって異なる l を持つ準位は同じ N であっても分離する；詳細な理論と実験の両方共，同じ N を持つ準位は l が大きいほど高いレベルにあり小さな l ほど下のレベルにあることを示す．$\mathbf{H}_1, \mathbf{H}_2, \cdots, \mathbf{H}_n$ は異なる変数に作用するということを除けば同じであるから，すべての $\mathbf{H}_k$ の固有値は数値的には同じである；それらの固有関数は，異なる変数を含むことを除いて，また同じである．

スピン座標 s が導入されると，2つの固有関数

$$\psi_{b\sigma}(x_k, y_k, z_k, s_k) = \psi_b(x_k, y_k, z_k)\delta_{s_k\sigma} \qquad (\sigma = \pm 1) \tag{25.3}$$

が各固有関数 $\psi_b(x_k, y_k, z_k)$ から生ずる．それゆえ，すべての座標 $x_1, y_1, z_1, s_1, \cdots, x_n, y_n, z_n, s_n$ の関数として，$\mathbf{H}_0$ の固有関数は $\mathbf{H}_k$ の固有関数の積である，

---

[4] J. C. Slater, *Phys. Rev.* **34**, 1293 (1929).

$$\psi_{b_1\sigma_1 b_2\sigma_2\cdots b_n\sigma_n}=\psi_{b_1\sigma_1}(x_1,y_1,z_1,s_1)\psi_{b_2\sigma_2}(x_2,y_2,z_2,s_2)\cdots\psi_{b_n\sigma_n}(x_n,y_n,z_n,s_n). \tag{25.4}$$

任意の固有関数 $\psi_{b_1\sigma_1}\ldots{}_{b_n\sigma_n}$ と $\psi_{b_1'\sigma_1'}\ldots{}_{b_n'\sigma_n'}$ の対は，それらが異なるならば直交である；$b_i\neq b_i'$ ならばスカラー積は x_i, y_i, z_i についての積分の後にゼロとなり，そして $\boldsymbol{\sigma}_i\neq\boldsymbol{\sigma}_i'$ ならばそれはゼロとなる，なぜならば s_i についての足し算はゼロとなるからである．$\boldsymbol{\sigma}_1$, $\boldsymbol{\sigma}_2$, $\cdots$, $\boldsymbol{\sigma}_n$ のすべての 2^n 個の値に対応する固有関数（25.4）は次の固有値に属する

$$E=E_{b_1}+E_{b_2}+\cdots+E_{b_n}. \tag{25.4 a}$$

さらに，ハミルトニアン演算子は電子の置換 $\mathbf{O}_P$ のもとで不変であるから，演算子 $\mathbf{O}_P$ を適用することによって $\psi_{b_1\sigma_1}\ldots{}_{b_n\sigma_n}$ から得られるすべての固有関数は，まだ固有値（25.4 a）に属している

$$\mathbf{O}_P\psi_{b_1\sigma_1\cdots b_n\sigma_n}(1',2',\cdots,n')=\psi_{b_1\sigma_1}(1)\cdots\psi_{b_n\sigma_n}(n), \tag{25.5}$$

ここで P は置換$\begin{pmatrix}1 & 2\cdots n\\ 1' & 2'\cdots n'\end{pmatrix}$であり，$k$ は変数 x_k, y_k, z_k, s_k を意味する．因子を整理し直すと（25.5）の右辺は $\psi_{b_1'\sigma_1'}(1')\cdots\ \psi_{b_n'\sigma_n'}(n')$ に変換する．したがって，$1', 2', \cdots, n'$ を $1\cdot 2\cdots$, n で再び置き換えると，次の式が得られる

$$\mathbf{O}_P\psi_{b_1\sigma_1\cdots b_n\sigma_n}(1,2\cdots,n)=\psi_{b_1'\sigma_1'\cdots b_n'\sigma_n'}(1,2,\cdots,n). \tag{25.5 a}$$

（25.5 a）の固有値，

$$E_{b_1'}+E_{b_2'}+\cdots+E_{b_n'}$$

が（25.4 a）の固有値と全く等しいことは明らかである．

電子の置換によって相互から生ずるような，固有値（25.4 a）のすべての固有関数，

$$\psi_{b_1\sigma_1\cdots b_n\sigma_n},\quad \mathbf{O}_{P_1}\psi_{b_1\sigma_1\cdots b_n\sigma_n},\quad \mathbf{O}_{P_2}\psi_{b_1\sigma_1\cdots b_n\sigma_n},\quad \cdots, \tag{25.6}$$

を１つの組に集めることができる；この組を**配位**という．このように，配位は n 個の記号 $(b_k\boldsymbol{\sigma}_k)$ によって特徴づけられる，

$$(b_1\boldsymbol{\sigma}_1,)(b_2\boldsymbol{\sigma}_2)\cdots(b_n\boldsymbol{\sigma}_n)=(N_1l_1\mu_1\boldsymbol{\sigma}_1)(N_2l_2\mu_2\boldsymbol{\sigma}_2)\cdots(N_nl_n\mu_n\boldsymbol{\sigma}_n), \tag{25.E.2}$$

それらの順序には依らない. 置換がすでに適用されている任意の固有関数(25.5a)から, $\psi_{b_1\sigma_1\cdots b_n\sigma_n}$ から得られると正確に同じ固有関数が, 変数の置換によって得られることは明らかである. ゆえに, 配位に対する記号(25. E. 2)において, b の順序を次の処法によって記述することが可能である,

$$\begin{aligned}&N_i \leqslant N_{i+1},\\ &N_i = N_{i+1} \text{ の場合は } l_i \leqslant l_{i+1},\\ &N_i = N_{i+1},\ l_i = l_{i+1} \text{ の場合は } \mu_i \leqslant \mu_{i+1},\end{aligned} \tag{25.7}$$

および

$$N_i = N_{i+1},\ l_i = l_{i+1},\ \mu_i = \mu_{i+1} \text{ の場合は } \boldsymbol{\sigma}_i \leqslant \boldsymbol{\sigma}_{i+1}. \tag{25.7 a}$$

あらゆる固有関数は1つのそしてただ1つの配位に属し, そして異なる配位の固有関数は直交である, なぜならば(25.4)の形のすべての違った関数は直交であるからである.

もし演算子 $\mathbf{O}_P$ が与えられた配位の関数に適用されるならば, 結果として生ずる関数は配位のもとの関数の1次結合として表わされる; 事実, それらはそれら自身の配位の関数である. ゆえに, $\mathbf{O}_P$ の群, n 次対称群, の表現は関数(25.6)に属する. この表現を簡約にするような行列によって, $\mathbf{O}_P$ の群の既約表現に属する関数(25.6)の1次結合が作られる. 逆に, 関数(25.6)はこれらの"既約な"関数の1次結合によって書かれる. Pauli の原理のゆえに, 我々はこれらの既約な1次結合の中でただ**反対称な**もの, すなわち, $\mathbf{O}_{P\kappa}\psi_{b_1\sigma_1\cdots b_n\sigma_n}$ の反対称な成分, が必要である; これらは(12.6)によって次のように与えられる,

$$\sum_P \varepsilon_P \mathbf{O}_P \mathbf{O}_{P\kappa} \psi_{b_1\sigma_1\cdots b_n\sigma_n} = \sum_P \varepsilon_P \mathbf{O}_{PP\kappa} \psi_{b_1\sigma_1\cdots b_n\sigma_n}, \tag{25.8}$$

ここで $\boldsymbol{\varepsilon}_P$ は偶置換に対して $+1$ で奇置換に対して -1 である; それは反対称表現に対する(12.6)の $\mathbf{D}(R)_{\kappa\kappa}{}^*$ である. 同じ配位のすべての関数の反対称な成分(25.8)は符号を除いて全く等しい; $P_\kappa = E$ の場合, 関数(25.8)は, 実際, ちょうど次のような行列式である[5](脚注は次頁)

$$\sqrt{n!}\cdot\chi_{b_1\sigma_1\cdots b_n\sigma_n}=\begin{vmatrix}\psi_{b_1\sigma_1}(1) & \psi_{b_1\sigma_1}(2)\cdots\psi_{b_1\sigma_1}(n)\\ \psi_{b_2\sigma_2}(1) & \psi_{b_2\sigma_2}(2)\cdots\psi_{b_2\sigma_2}(n)\\ \vdots & \vdots \qquad \vdots\\ \psi_{b_n\sigma_n}(1) & \psi_{b_n\sigma_n}(2)\cdots\psi_{b_n\sigma_n}(n)\end{vmatrix}. \quad (25.8\,\mathrm{a})$$

関数 $\mathbf{O}_P\psi_{b_1\sigma_1\cdots b_n\sigma_n}$ は $\psi_{b_1\sigma_1\cdots b_n\sigma_n}$ と変数が入れ換えられているということにおいてのみ異なるから，対応する反対称な1次結合は (25.8 a) と変数 x_k, y_k, z_k, s_k の関数が k 番目以外のある列に現われるということにおいてのみ異なる．我々はゆえに単に列を配列しなおすことによって元の関数にもどすことができ，これはたかだか符号の変化をもたらす．

逆に，反対称な1次結合 (25.8 a) は関数 (25.6) から作られることのできるただ1つの関数であることになる．もしFが反対称ならば，方程式

$$F=\sum_P c_P\mathbf{O}_P\psi_{b_1\sigma_1\cdots b_n\sigma_n},$$

の両辺での反対称な成分を等しくすることによって右辺でのあらゆる項の反対称成分が $\chi_{b_1\sigma_1\cdots b_n\sigma_n}$ であるから，Fは1つの定数を除いて，$\chi_{b_1\sigma_1\cdots b_n\sigma_n}$ に等しいことになる．

このようにして，たかだか1つの反対称な1次結合が与えられた配位から作られ，そしてもし，(25. E.2) の組で，$b_i=b_k$ (すなわち，$N_i=N_k$, $l_i=l_k$, $\mu_i=\mu_k$) であるようなある組 i, k に対して $\boldsymbol{\sigma}_i=\boldsymbol{\sigma}_k$ ならば，ただ1つの関数 (反対称な1次結合) さえも作ることはできない．この場合，行列式 (25.8 a) の2つの行は等しく，そしてゼロとなる．

このように，$b_i=b_k$ と $\boldsymbol{\sigma}_i=\boldsymbol{\sigma}_k$ が同時に成り立つような i, k の対が無いあらゆる配位は，Pauli 原理によって許される1つの状態を与える；ある i, k の対に対して $b_i=b_k$, $\boldsymbol{\sigma}_i=\boldsymbol{\sigma}_k$ となるような配位は Pauli 原理によって排除される．これは Pauli の等価原理の元来の公式化であり，これは“摂動のない問題” (25.1 a) に対してのみ，すなわち，電子の相互作用を無視しかつ各電子

5) 因子$\sqrt{n!}$ は $\chi_{b_1\sigma_1\cdots b_n\sigma_n}$ の規格化を保持するためにつけ加えられる．(25.8 a) の形の式はしばしば Slater の行列式として引用される．

に1つつづの軌道を対応させるようなハミルトニアンに対して，量子力学よりも前に公式化できるべきものであった．量子力学においては，もとの形でのPauli の原理は，電子の**すべての**系について成り立つべき波動関数に対する反対称の一般的要請の特別の場合として考えらる.[6]

Pauli の原理のもとの形では特に，3つの軌道 $b_i=b_j=b_k$ が全く等しいような組み合わせ $b_1, b_2, \cdots, b_n$ は，“許された”配位を記述することはできないということを意味している．許された配位では，$\boldsymbol{\sigma}_i \neq \boldsymbol{\sigma}_k$ で $\boldsymbol{\sigma}_j \neq \boldsymbol{\sigma}_k$ でなければならないが，これは可能でない，なぜならば $\boldsymbol{\sigma}$ は2つの値，-1 と $+1$，だけをとり得るからである．1つの軌道はたかだか2個の電子によって占められることができる．

3. 電子間の相互作用がゼロである場合，エネルギーが (25.4a) で表わされる許された状態の数を求めてみよう．もし (x_k, y_k, z_k のみの関数として考えた) $\mathbf{H}_k$ の固有値 E_k がすべて単純ならば，我々は $\boldsymbol{\sigma}$ に対する値の異なる組によって与えられる 2^n 個の配位の中の許された配位のみを数えなければならないであろう．もし幾つかの関数が1つの固有値 E_k に属するならば，エネルギー $E_{b_1}+E_{b_2}+E_{b_3}+\cdots+E_{b_n}=E$ を持つ b のあらゆる可能な組み合わせを取り入れなければならない.[7]

我々はただ単に，電子の間の相互作用のためにエネルギー (25.4a) を持った状態から生ずる状態の数を議論するだけでなく，またそれらの特性，すなわち，それらの多重系と軌道量子数を議論しよう．系が回転対称性を持つ場合，これは我々が主として問題にしている原子ではそうであるが，軌道量子数が意味を持ってくる．

以下の考察では，スピン座標とデカルト座標の回転 $\mathbf{Q}_R$ と $\mathbf{P}_R$ に対する対称

---

[6] このことに注意した最初の人は W. Heisenberg と P. A. M. Dirac である；彼等の発見が，分光学理論の群論的取り扱いに対する出発点となった．

[7]
$$E_{b_1}+E_{b_2}+\cdots+E_{b_n}=E_{c_1}+E_{c_2}+\cdots+E_{c_n} \tag{25.E.3}$$
この中で**個々のエネルギー**が左辺と右辺で，すでに対ごとに等しい b の組み合わせが同じエネルギーを与える，ということが通常仮定される．

性だけを用いる；電子の置換に対する対称性は考える必要がない．デカルト座標の回転は球対称な場合においてのみ対称演算である，しかしスピン座標の回転は常に対称演算である．なぜならば初期問題（25.1 a）も摂動（25.1 b）もいずれもスピン座標を含まないからである．ゆえに，全体の問題はスピン座標にのみ作用するようなすべての演算子のもとで不変である．我々は回転 $\mathbf{Q}_R$ に限ることができる，なぜならばこれらはすでに個々の摂動のある準位の多重系を決定するのに十分だからである．考えられなければならない対称性の全体とは $\mathbf{O}_P$ と $\mathbf{Q}_R$ の直積であり，そして，等方な場合には，その上 $\mathbf{P}_R$ との直積まで考える．

4. 我々は第1に非等方的な場合を考える．もし演算子 $\mathbf{Q}_R$ を摂動のない準位の反対称な1次結合 $\chi_{b_1\sigma_1\cdots b_n\sigma_n}$ に適用するならば，再び同じ固有値を持つ反対称な1次結合が得られる；ゆえに，これらは元の固有関数の1次結合として表わされる．この係数は回転群の表現を作る．もし $\mathbf{Q}_R$ の群の既約表現 $\mathfrak{D}^{(S)}$ がこの表現に A_S 回含まれるならば，A_S はまた，摂動が $E=E_{b_1}+E_{b_2}+\cdots+E_{b_n}$ での準位から作り出す多重系 S の反対称な準位の数である．回転群の表現の既約成分はちょうど Z 軸のまわりの回転に対する行列から決定される．もし2次元回転群の表現（$\exp(im\phi)$）がこれらの行列の中に a_m 回現われるならば，そこで既約表現 $\mathfrak{D}^{(S)}$ は全体の表現の中に $A_S=a_S-a_{S+1}$ 回含まれる（第15章の第1節を見よ）．

もし R が Z 軸のまわりの角度 φ の回転ならば，演算子 $\mathbf{Q}_R$ は単に配位（25.6）の波動関数に $\exp[\frac{1}{2}i(\boldsymbol{\sigma}_1+\cdots+\boldsymbol{\sigma}_n)\varphi]$ を掛けるだけである．同じことが反対称な1次結合 $\chi_{b_1\sigma_1\cdots b_n\sigma_n}$ に対してもまた成り立つから，これは磁気量子数 $m=\frac{1}{2}(\boldsymbol{\sigma}_1+\boldsymbol{\sigma}_2+\cdots+\boldsymbol{\sigma}_n)$ を持つ Z 軸のまわりの回転の表現に属する．もし固有値 E が $\boldsymbol{\sigma}_1+\boldsymbol{\sigma}_2+\cdots+\boldsymbol{\sigma}_n=2m$ を持つ全体で a_m 個の許された配位を含むならば，この固有値は摂動によってスピン座標の回転のもとで $\mathfrak{D}^{(S)}$ に属している a_S-a_{S+1} 個の準位に分裂する．

上述のように我々は非等方的な場合を取り扱うから，$\mathbf{H}_k$ の固有値 E_k がすべて単純であるような一例を考えよう．4個の電子の場合，2個つまっている軌道が1つ，1個ずつつ

まっている軌道が2つあるとき,

$$b_1=b_2\neq b_3\neq b_4;\ b_1\neq b_4,$$

次のような $\boldsymbol{\sigma}$ の組み合わせはおのおの1つの反対称な固有関数を与える.

第VII表*

4個の電子の反対称な結合の例

σ_1	σ_2	σ_3	σ_4	$\frac{1}{2}(\sigma_1+\sigma_2+\sigma_3+\sigma_4)$
−1	+1	−1	−1	−1
−1	+1	−1	+1	0
−1	+1	+1	−1	0
−1	+1	+1	+1	+1

* $b_1=b_2$ であるから, 配位を数える際に $\boldsymbol{\sigma}_1\leqslant\boldsymbol{\sigma}_2$ と仮定することができる;((25.7 a) を見よ.) しかし $\boldsymbol{\sigma}_1=\boldsymbol{\sigma}_2$ は Pauli 原理によって禁止されるから, $\boldsymbol{\sigma}_1<\boldsymbol{\sigma}_2$ のみが起こり得る. このようにして

$$a_0=2;\ a_1=1;\ a_2=a_3=\cdots=0$$

そして表現 $\mathfrak{D}^{(1)}$ を持つ $a_1=1$ 個の準位があり, 表現 $\mathfrak{D}^{(0)}$ を持つ $a_0-a_1=1$ 個の準位がある.

$\mathbf{Q}_R$ のもとで $\mathfrak{D}^{(S)}$ に属している $2S+1$ 個の反対称な固有関数を持つ1つの準位は多重系 S に属する. というのはもし我々がスピン相互作用を導入するならば, それらは一般に (非等方的な場合に!) $2S+1$ 個の微細構造成分に分裂するからである. 多重系のこの定義は以前に用いられたものと全く等しいことが容易に証明される. 第22章によって, $\mathbf{Q}_R$ のもとで $\mathfrak{D}^{(S)}$ に属する s のあらゆる関数は $\mathbf{Q}_P$ のもとで $\mathbf{A}^{(S)*}$ に属する. さらに, $\mathbf{Q}_P$ のもとで $\mathbf{A}^{(S)*}$ に属するあらゆる反対称な関数 F に対して((12.10) 式参照),

$$\sum_P\sum_\kappa \mathbf{A}^{(S)}(P)_{\kappa\kappa}\mathbf{Q}_PF=\frac{n!}{g_S}F, \tag{25.9}$$

は $\mathbf{P}_P$ のもとで $\overline{\mathbf{A}}^{(S)}$ に属し, そしてこれはちょうど多重系の定義である. 前の記述は (25.9) より F の反対称性 (すなわち, $\mathbf{O}_PF=\varepsilon_PF$), 恒等式 $\mathbf{Q}_P=\mathbf{P}_{P^{-1}}\mathbf{O}_P$, および (22.17) 式によって導かれる. このようにして

$$\begin{aligned}\sum_P\sum_\kappa \mathbf{A}^{(S)}(P)_{\kappa\kappa}\mathbf{P}_{P^{-1}}\mathbf{O}_PF&=\sum_P\sum_\kappa \mathbf{A}^{(S)}(P^{-1})_{\kappa\kappa}{}^*\mathbf{P}_{P^{-1}}\varepsilon_PF\\&=\sum_P\sum_\kappa \overline{\mathbf{A}}^{(S)}(P^{-1})_{\kappa\kappa}{}^*\mathbf{P}_{P^{-1}}F,\end{aligned} \tag{25.9 a}$$

なぜならば，$\varepsilon_P=\varepsilon_{P^{-1}}$ かつ $\mathbf{A}^{(S)}$ はユニタリであるからである．

摂動 $\mathbf{W}$ の影響のもとで，$\chi_{b_1\sigma_1\cdots b_n\sigma_n}$ の正しい 1 次結合は単に第22章の関数 $\Xi_m{}^S$ になり，これは Schrödinger 方程式 (25.1) のスピンに関係しない普通の固有関数から作られている．

Slater の方法の重要な性質は，それがデカルト座標だけの置換に対する Schrödinger 方程式 (25.1) の対称性の考察を，その代わりにスピン座標の回転 $\mathbf{Q}_R$ に対する不変性を考えることによって，全く除くことを可能にするということである．たとえば，光学遷移において準位の多重系に関する選択則を考えよ（相互結合の禁止である）. この法則は，異なる多重系の固有関数が $\mathbf{Q}_R$ のもとで異なる表現に属するという事実および $(x_1+x_2+x_3+\cdots+x_n)$ の掛け算は，それがスピン座標に全く作用しないから，$\mathbf{Q}_R$ のもとで対称であるという事実から導かれる．（我々は以前に，相互結合の禁止を，異なる多重系の固有関数がデカルト座標の置換 $\mathbf{P}_P$ の群の異なる表現に属するという事実から，導き出した.）我々はすべての対称性と可能な場合にはそれらをすべて用いることに興味があるから，上述の Slater の方法を極端な形では用いていない．

$\mathbf{Q}_R$ だけによるよりも，デカルト座標の置換 $\mathbf{P}_P$ を考えることによってより広汎な結論が得られるような場合が存在するはずであるとはいえ，$\mathbf{P}_P$ の群に対する不変性からより直接に導かれる結果を，$\mathbf{Q}_R$ の群を使ってどの程度まで導き出せるかということを知るのは非常に興味深い．

Slater の方法の応用性に対する重要な前提は，考えられた粒子の内部座標がただ 2 つの値を取ることができるということである．もし 3 つの可能な方向を持つ（スピン角運動量は，$\frac{1}{2}\hbar$ の代わりに，$\hbar$ に等しい，たとえば窒素原子核の場合にそうである）ような粒子を取り扱うならば，$\mathfrak{D}^{(1/2)}$ の代わりに $\mathfrak{D}^{(1)}$ が演算子 $\mathbf{Q}_R$ に対する定義式((21.6b) 式）に現われるであろう．これは本章の考察にほとんど効果を及ぼさないであろう．しかしながら，回転不変性（$\mathbf{Q}_R$ に関する不変性）からこのような理論で導かれるような結論は $\mathbf{P}_P$ に関する不変性の結論よりもより制限されるであろう．実際，この場合，Schrödinger 方程式の幾つかの準位は一致し，この一致は $\mathbf{Q}_R$ のみの考察によって説明することはできない．そこでこれ以上の演算子を導入し，これによって理論の単純性を失うか，あるいは構成原理の最初の導き出しでなされたように演算子 $\mathbf{P}_P$ のもとでの対称性を用いるかのいずれかが必要であろう.[8] これがなぜ粒子のデカルト座標の置換と対称群の表現は本書で議論され，そしてなぜ電子に対する $\mathbf{Q}_R$ の $\mathbf{P}_P$ との同等性ははっきりと証明されたかという理由である．

---

[8] E. Wigner, *Z. Physik*. **43**, 624 (1927); §21 から §25までを見よ．M. Delbrück, *ibid*. **51**, 181 (1928). 実際，1 つの配位から生ずる準位は本書で記述された方法よりも，これらの論文の方法によってより早く決定される．ここで述べる Slater による方法は，しかしながら，具体化し記憶するのにより容易である．

5. **球対称な場合**と非対称な場合の間の主な違いは，球対称な場合では x_k, y_k, z_k の関数として考えられた $\mathbf{H}_k$ の固有値 $E_{l_k}{}^{N_k}$ は単純でなく，$(2l_k+1)$-重[9] であり，そして多重系のみでなくまた全体のハミルトニアンの準位の軌道量子数を決定しなければならないということである．摂動のない準位は軌道の主および軌道量子数を述べることによって指定される

$$N_1l_1, N_2l_2, \cdots, N_nl_n. \qquad (25.\mathrm{E}.4)$$

摂動のない準位（25. E. 4）のすべての配位を得るために，我々は配位

$$(N_1l_1\mu_1\boldsymbol{\sigma}_1)(N_2l_2\mu_2\boldsymbol{\sigma}_2)\cdots(N_nl_n\mu_n\boldsymbol{\sigma}_n)=(b_1\boldsymbol{\sigma}_1)(b_2\boldsymbol{\sigma}_2)\cdots(b_n\boldsymbol{\sigma}_n) \qquad (25.\mathrm{E}.2)$$

に対する記号の中で μ と $\boldsymbol{\sigma}$ にすべての可能な値（$|\mu_k|\leqslant l_k$; $\boldsymbol{\sigma}_k=\pm1$）をとることを許さねばならない．（25. E. 2）において，N_k, l_k, および μ_k を（25.7 によって制限することができ，そして許された配位についてだけ計算したいのであるから，（25.7 a）は次の式によって置き換えられる

$$\boldsymbol{\sigma}_i<\boldsymbol{\sigma}_{i+1} \quad N_i=N_{i+1}, l_i=l_{i+1}, \mu_i=\mu_{i+1} \text{ の場合.} \qquad (25.7\,\mathrm{b})$$

許された各配位に対して1つの反対称な固有関数（25.8）が存在する．

演算子 $\mathbf{Q}_R\mathbf{P}_{R'}$ を固有関数（25. E. 4）の反対称な1次結合に適用し，結果として生ずる関数を元の関数によって表わすと

$$\mathbf{Q}_R\mathbf{P}_{R'}\chi_{N_1l_1\mu_1\sigma_1\cdots N_nl_n\mu_n\sigma_n}=\sum_{\mu'\sigma'}=\mathbf{\Delta}(R,R')_{\mu_1'\sigma_1'\cdots\mu_n'\sigma_n';\mu_1\sigma_1\cdots\mu_n\sigma_n}\chi_{N_1l_1\mu_1'\sigma_1'\cdots N_nl_n\mu_n'\sigma_n'}. \qquad (25.10)$$

行列 $\mathbf{\Delta}(R,R')$ は $\mathbf{Q}_R$ と $\mathbf{P}_{R'}$ の群の直積の表現を作るであろう．既約表現 $\mathfrak{D}^{(S)}(R)\times\mathfrak{D}^{(L)}(R')$ が A_{SL} 回 $\mathbf{\Delta}(R,R')$ に含まれるならば，A_{SL} はまた摂動 $\mathbf{W}$ が準位（25. E. 4）から作り出す多重系 S と軌道量子数 L を持つ準位の数である．対応する χ の1次結合は，再び第22章で $\Xi_{\nu\mu}{}^{SL}$ と書かれた関数の計算に対する第1近似となる．

---

9) もし $\mathbf{H}_k$ が実際（25.1）で与えられた形を持つならば，同じ N_k を持つすべての固有値 $E(N_k, l_k)$（$l_k=0,1,2,\cdots,N_k-1$）は一致するであろう．しかしながら，クーロン場は遮蔽によって十分に修正されるから，固有値はすべて分離される．

後で示されるように数 A_{SL} を決定するためには，R と R' が Z 軸のまわりの回転である場合の行列 $\mathbf{\Delta}(R, R')$ を決定することで十分である．R が Z 軸のまわりの角度 α の回転とすると，次の式が成り立つ，

$$\mathbf{Q}_{\{\alpha 00\}}\chi_{N_1 l_1 \mu_1 \sigma_1 \cdots N_n l_n \mu_n \sigma_n} = e^{\frac{1}{2}i(\sigma_1+\cdots+\sigma_n)\alpha}\chi_{N_1 l_1 \mu_1 \sigma_1 \cdots N_n l_n \mu_n \sigma_n}. \tag{25.11}$$

$\mathbf{P}_{\{\alpha' 00\}}\psi_{\mu_1\sigma_1}{}^{N_1 l_1}, \cdots, \psi_{\mu_n\sigma_n}{}^{N_n l_n}$ の計算の際，$\mathbf{P}_{\{\alpha' 00\}}$ は個々の因子に別々に適用される；この過程で磁気量子数 μ_k を持つ因子は $\exp(i\mu_k\alpha')$ の因子を除いて再生される．ゆえに次の式が得られる

$$\mathbf{P}_{\{\alpha' 00\}}\chi_{N_1 l_1 \mu_1 \sigma_1 \cdots N_n l_n \mu_n \sigma_n} = e^{i(\mu_1+\cdots+\mu_n)\alpha'}\chi_{N_1 l_1 \mu_1 \sigma_1 \cdots N_n l_n \mu_n \sigma_n}. \tag{25.11 a}$$

これは配位

$$(N_1 l_1 \mu_1 \sigma_1)(N_2 l_2 \mu_2 \sigma_2)\cdots(N_n l_n \mu_n \sigma_n)$$

のすべての固有関数に対して成り立つから，またそれらのすべての1次結合に対して成り立つ．(25.11 a) 式は，個々の電子の角運動量の Z 成分に対して単に加法が成り立つという事実を表わす．(25.11) と (25.11 a) から次のようになる

$$\mathbf{Q}_{\{\alpha 00\}}\mathbf{P}_{\{\alpha' 00\}}\chi_{N_1 l_1 \mu_1 \sigma_1 \cdots N_n l_n \mu_n \sigma_n}$$
$$= e^{\frac{1}{2}i(\sigma_1+\sigma_2+\cdots+\sigma_n)\alpha}e^{i(\mu_1+\mu_2+\cdots+\mu_n)\alpha'}\chi_{N_1 l_1 \mu_1 \sigma_1 \cdots N_n l_n \mu_n \sigma_n}. \tag{25.12}$$

Z 軸のまわりの角度 α のスピン座標の回転とデカルト座標の角度 α' の回転に対応する行列 $\mathbf{\Delta}(R, R')$ は対角行列である；固有関数 $\chi_{N_1 l_1 \mu_1 \sigma_1 \cdots N_n l_n \mu_n \sigma_n}$ に対応する対角要素は $\exp[i(\nu\alpha+\mu\alpha')]$，ここで

$$\nu = \tfrac{1}{2}(\sigma_1+\sigma_2+\cdots+\sigma_n) \quad および \quad \mu = (\mu_1+\mu_2+\cdots+\mu_n).$$

ゆえにすべての許された配位に対して，この行列の跡は $\exp[i(\nu\alpha+\mu\alpha')]$ の加え算によって得られる．このようにして得られた $\mathbf{\Delta}(R, R')$ の指標（R と R' は Z 軸のまわりの回転である）は，各 ν に1つの行を割り当てそして各 μ に1つの列を割り当て，そして $\frac{1}{2}(\sigma_1+\sigma_2+\cdots+\sigma_n)=\nu$ と $\mu_1+\mu_2+\cdots+\mu_n=\mu$ を持つ許された配位と同じ数だけの＋字印を交叉する区画に置くことによって，223頁のような表に総括される．

一例として，摂動のないエネルギーが等しくそして p-状態（$l=1$）にある

2個の電子を考えよう．許された配位は第Ⅷ表に示される．

第 Ⅷ 表*

縮退した p-状態にある2個の電子に対する許された配位

配　　位	μ_1 σ_1	μ_2 σ_2	μ	ν
1	$(-1\ -1)$	$(-1\ \ 1)$	-2	0
2	$(-1\ -1)$	$(\ 0\ -1)$	-1	-1
3	$(-1\ -1)$	$(\ 0\ \ 1)$	-1	0
4	$(-1\ -1)$	$(\ 1\ -1)$	0	-1
5	$(-1\ -1)$	$(\ 1\ \ 1)$	0	0
6	$(-1\ \ 1)$	$(\ 0\ -1)$	-1	0
7	$(-1\ \ 1)$	$(\ 0\ \ 1)$	-1	1
8	$(-1\ \ 1)$	$(\ 1\ -1)$	0	0
9	$(-1\ \ 1)$	$(\ 1\ \ 1)$	0	1
10	$(\ 0\ -1)$	$(\ 0\ \ 1)$	0	0
11	$(\ 0\ -1)$	$(\ 1\ -1)$	1	-1
12	$(\ 0\ -1)$	$(\ 1\ \ 1)$	1	0
13	$(\ 0\ \ 1)$	$(\ 1\ -1)$	1	0
14	$(\ 0\ \ 1)$	$(\ 1\ \ 1)$	1	1
15	$(\ 1\ -1)$	$(\ 1\ \ 1)$	2	0

* 主および軌道量子数は配位に対する記号から除かれている．これらは両方の電子に対しておのおの2と1である．ゆえに $(\mu_k\,\sigma_k)$ は $(2\ 1\ \mu_k\,\sigma_k)$ を意味している．

最後の2つの列はおのおの $\mu_1+\mu_2=\mu$ と $\frac{1}{2}(\sigma_1+\sigma_2)=\nu$ である．第Ⅷ表の各行に対して1つの＋字印を，第Ⅸ表の対応する区画の中に入れる．

第 Ⅸ 表

2個の同等な p-電子の場合，スピンおよび軌道角運動量のZ成分のとり得る値

ν	μ				
	-2	-1	0	1	2
-1		＋	＋	＋	
0	＋	＋＋	＋＋＋	＋＋	＋
1		＋	＋	＋	

この表には表現 $\mathbf{\Delta}(R, R')$ における群の元 $\mathbf{Q}_{\{\alpha00\}}\mathbf{P}_{\{\alpha'00\}}$ の指標がまとめられている．一方では，既約表現 $\mathfrak{D}^{(S)}\times\mathfrak{D}^{(L)}$ におけるこの元の指標は

$$\sum_{\nu\mu}[\mathfrak{D}^{(S)}(\{\alpha00\})\times\mathfrak{D}^{(L)}(\{\alpha'00\})]_{\nu\mu;\nu\mu}=\sum_{\mu=-L}^{L}\sum_{\nu=-S}^{S}e^{i(\nu\alpha+\mu\alpha')}. \tag{25.13}$$

これは第IX表において ν が $-S$ から S まで，μ が $-L$ から L まで拡がっている単一の＋字印によって作られた矩形によって表わされている．第IX表で表わされた指標が既約な指標の和，すなわち，＋字印の矩形の場の和として考えられるならば，$\nu\mu$ 区画における＋字印の数 $a_{\nu\mu}$ は $\mathbf{\Delta}(R,R')$ に含まれた $S\geqslant|\nu|$ および $L\geqslant|\mu|$ を持つ表現 $\mathfrak{D}^{(S)}\times\mathfrak{D}^{(L)}$ の数 A_{SL} の和である：

$$a_{\nu\mu}=A_{S,L}+A_{S+1,L}+A_{S+2,L}+\cdots$$
$$+A_{S,\,L+1}+A_{S+1,\,L+1}+\cdots+A_{S,\,L+2}+A_{S+1,\,L+2}+\cdots. \tag{25.14}$$

ここで A_{SL} はまた，摂動の適用の結果として準位（25. E.4）から生ずる，多重系 S と軌道量子数 L を持つ準位の数である．(25.14) によって

$$A_{SL}=a_{SL}-a_{S+1,L}-a_{S,\,L+1}+a_{S+1,\,L+1}. \tag{25.14 a}$$

これは，表現 $\mathbf{\Delta}(R,R')$ の既約成分が，R と R' が Z 軸のまわりの回転である場合の元の指標によって完全に決定されるという事実を示す，なぜならばこれらの指標はただ一つの方法で既約な指標 (25.13) に分解されるからである.[10)]

第VIII表の準位に対して，(25.14 a) 式は $A_{11}=1$; $A_{02}=1$; $A_{00}=1$ を与え，そして他のすべての A_{SL} はゼロである．ゆえに2個の同等な p-電子[11)]は ^3P, ^1D, および ^1S 準位を与える．第IX表の＋字印の代わりに，指標が $\exp[i(\nu\alpha+\mu\alpha')]$ となる準位の記号を入れると第X表のようになる．

6. 我々はまた得られた準位のパリティを決定することができる．1個の電子の問題の固有関数に対してパリティは軌道量子数 l によって与えられる ((19.17) 式)；$w=(-1)^l$. ゆえに，次の式が成り立つ

---

10) これは，$\mathbf{Q}_R$ と $\mathbf{P}_{R'}$ の直積の群のあらゆる類は R と R' が共に Z 軸のまわりの回転であるような1つの元を含むという事実に基づいている．各表現において，同じ類のすべての元は同じ指標を持つから，これらの元の指標は全体の指標を決定する．

11) 軌道量子数 $l=0, 1, 2, 3, \cdots$ を持つ軌道は $s, p, d, f, \cdots$ 軌道とよばれる．2つの軌道は，それらの主量子数が同じであるとき，同等である．それゆえ，第IX表で考えられた配位は (Np, Np) あるいは $(Np)^2$ 配位である．全体として系の準位は $L=0,1,2,\cdots$ に対応して $S, P, D, \cdots$ によって表わされ，左上の添字として与えられた $2S+1$ の値によって多重系を表わし，右下の添字として J の値を表わす；たとえば，$^3P_0$, $^3P_1$, あるいは $^3P_2$, 等である．また第8章を見よ．

($\mathbf{O}_I = \mathbf{P}_I$ は反転を表わす)

$$\mathbf{O}_I \psi_{\mu_1\sigma_1}{}^{N_1 l_1}(1)\cdots\psi_{\mu_n\sigma_n}{}^{N_n l_n}(n) = \mathbf{P}_I \psi_{\mu_1\sigma_1}{}^{N_1 l_1}(1)\cdots\mathbf{P}_I \psi_{\mu_n\sigma_n}{}^{N_n l_n}(n)$$
$$= (-)^{l_1+l_2+\cdots+l_n}\psi_{\mu_1\sigma_1}{}^{N_1 l_1}(1)\psi_{\mu_2\sigma_2}{}^{N_2 l_2}(2)\cdots\psi_{\mu_n\sigma_n}{}^{N_n l_n}(n). \quad (25.15)$$

これは μ_k と σ_k に依らない. 固有値 (25. E.4) のすべての固有関数のパリティは $(-1)^{l_1+l_2+\cdots+l_n}$ に等しくそしてこれはまたすべての摂動を受けた準位のパリティである. (25. E.4) から生ずる準位のパリティは個々の軌道に対する軌道量子数の和が偶数ならば正であり, それが奇数ならば負である. これは, なかんずく, 同じ摂動のない準位 (25.4) から生ずる準位の間の電気的2重極遷移が Laporte の法則によって禁止されることを意味する.

第X表

2個の p-電子に対して許された準位

ν	μ				
	-2	-1	0	1	2
-1		^3P	^3P	^3P	
0	^1D	^1D ^3P	^1S ^1D ^3P	^1D ^3P	^1D
1		^3P	^3P	^3P	

7. 最後にエネルギー摂動に対する第1近似の計算を略述しよう.

第IX表の $\nu\mu$ 矩形に+字印が現われるような, $\mu_1+\mu_2+\cdots+\mu_n=\mu$ と $\sigma_1+\sigma_2+\cdots+\sigma_n=2\nu$ を持つ関数 $\chi_{N_1 l_1 \mu_1 \sigma_1 \cdots N_n l_n \mu_n \sigma_n}$ を $\chi_{\nu\mu 1}, \chi_{\nu\mu 2}, \chi_{\nu\mu 3}, \cdots$ によって表わす. ある表現 $\mathfrak{D}^{(S)}\times\mathfrak{D}^{(L)}$ の $\nu\mu$ 番目の行に属する, 正しい1次結合 $f_{\nu\mu 1}, f_{\nu\mu 2}, \cdots$ はすべて $\chi_{\nu\mu 1}, \chi_{\nu\mu 2}, \chi_{\nu\mu 3}, \cdots$ だけの1次結合として書くことができる:

$$f_{\nu\mu\kappa} = \sum_{\lambda} \mathbf{u}_{\kappa\lambda}\chi_{\nu\mu\lambda}. \quad (25.16)$$

変換行列はユニタリである, なぜならば $\chi_{\nu\mu}$ と $f_{\nu\mu}$ はおのおの直交系だからである:

$$\left.\begin{aligned} \delta_{\kappa\kappa'} &= (f_{\nu\mu\kappa}, f_{\nu\mu\kappa'}) = \sum_{\lambda\lambda'} (\mathbf{u}_{\kappa\lambda}\chi_{\nu\mu\lambda}, \mathbf{u}_{\kappa'\lambda'}\chi_{\nu\mu\lambda'}) \\ &= \sum_{\lambda\lambda'} \mathbf{u}_{\kappa\lambda}{}^*\mathbf{u}_{\kappa'\lambda'}\delta_{\lambda\lambda'} = \sum_{\lambda} \mathbf{u}_{\kappa\lambda}{}^*\mathbf{u}_{\kappa'\lambda}. \end{aligned}\right\} \quad (25.17)$$

$f_{\nu\mu}$ の固有値の摂動エネルギーの第1近似は $(f_{\nu\mu}, \mathbf{W} f_{\nu\mu})$ である．すべての κ に対する，すなわち，$S \geqq |\nu|$, $L \geqq |\mu|$ を持つすべての準位に対して摂動エネルギーの和は $\mathbf{u}$ を知らなくても計算される

$$\left.\begin{aligned}\sum_{\kappa}(f_{\nu\mu\kappa}, \mathbf{W} f_{\nu\mu\kappa}) &= \sum_{\kappa}\sum_{\lambda\lambda'} \mathbf{u}_{\kappa\lambda}{}^{*}\mathbf{u}_{\kappa\lambda'}(\chi_{\nu\mu\lambda}, \mathbf{W}\chi_{\nu\mu\lambda'}) \\ &= \sum_{\lambda\lambda'}\delta_{\lambda\lambda'}(\chi_{\nu\mu\lambda}, \mathbf{W}\chi_{\nu\mu\lambda'}) = \sum_{\lambda}(\chi_{\nu\mu\lambda}, \mathbf{W}\chi_{\nu\mu\lambda}).\end{aligned}\right\} \quad (25.18)$$

(25. E.4) から生ずる，多重系 S と軌道量子数 L を持つ準位の摂動エネルギーの和に対して，これは，(25.14 a) と同様に，

$$\begin{aligned}\sum_{\kappa}\Delta E_{SL\kappa} = \sum_{\lambda}[&(\chi_{SL\lambda}, \mathbf{W}\chi_{SL\lambda}) - (\chi_{S+1L\lambda}, \mathbf{W}\chi_{S+1L\lambda}) \\ &- (\chi_{SL+1\lambda}, \mathbf{W}\chi_{SL+1\lambda}) + (\chi_{S+1L+1\lambda}, \mathbf{W}\chi_{S+1L+1\lambda})],\end{aligned} \quad (25.18\text{ a})$$

を意味する．

もし摂動のない問題の準位 (25. E.4) が多重系 S と軌道量子数 L を持つただ1つの準位を与えるならば，そのエネルギーは (25.18 a) によって直接に与えられる；この場合 (25.18 a) は問題を求積法に変える．

(25.18 a) に対するスカラー積の計算において，

$$\begin{aligned}&(\chi_{N_1 l_1 \mu_1 \sigma_1 \cdots N_n l_n \mu_n \sigma_n}, \mathbf{W}\chi_{N_1 l_1 \mu_1 \sigma_1 \cdots N_n l_n \mu_n \sigma_n}) \\ &= \frac{1}{n!}\sum_{PP'}(\varepsilon_P \mathbf{O}_P \psi_{\mu_1\sigma_1}{}^{N_1 l_1}(1)\cdots\psi_{\mu_n\sigma_n}{}^{N_n l_n}(n), \\ &\qquad \mathbf{W}\varepsilon_{P'}\mathbf{O}_{P'}\psi_{\mu_1\sigma_1}{}^{N_1 l_1}(1)\cdots\psi_{\mu_n\sigma_n}{}^{N_n l_n}(n)),\end{aligned} \quad (25.19)$$

ユニタリ演算子 $\varepsilon_P \mathbf{O}_P$ は第2の因子 $\varepsilon_P \mathbf{O}_P{}^{-1}$ として位置を移動できる；これは $\mathbf{W}$ と交換するから，$\varepsilon_{P'}\mathbf{O}_{P'}$ の形に結合することができる．いま足し算を P' についての代わりに $P^{-1}P' = T$ について行なうと，単に $n!$ を与える．このようにして (25.19) の右辺は次のようになる

$$\tfrac{1}{2}(\psi_{\mu_1\sigma_1}{}^{N_1 l_1}(1)\cdots\psi_{\mu_n\sigma_n}{}^{N_n l_n}(n), \sum_{i\neq k}\mathbf{W}_{ik}\sum_{T}\varepsilon_T \mathbf{O}_T \psi_{\mu_1\sigma_1}{}^{N_1 l_1}(1)\cdots\psi_{\mu_n\sigma_n}{}^{N_n l_n}(n)),$$

ここで $\mathbf{W}$ は電子の個々の対の間の相互作用に対応する項 $\mathbf{W}_{ik}$ の和に分解される．

いま1つの特定の $\mathbf{W}_{ik}$ に対する項を考えよう．詳細に書いてみると，それ

は

$$\sum_{T}\sum_{s_1\cdots s_n}\int\cdots\int \psi_{\mu_1\sigma_1}{}^{N_1l_1}(1)^*\cdots\psi_{\mu_n\sigma_n}{}^{N_nl_n}(n)^*$$

$$\cdot\mathbf{W}_{ik}\boldsymbol{\varepsilon}_T\mathbf{O}_T\psi_{\mu_1\sigma_1}{}^{N_1l_1}(1)\cdots\psi_{\mu_n\sigma_n}{}^{N_nl_n}(n)dx_1\cdots dz_n. \quad (25.20)$$

もしこの中の T が i 番目と k 番目の電子に影響するだけでなく（すなわち，T は恒等演算でも転置 (ik) でもない），たとえば j を j' に変換するならば，(25.20) は x_j, y_j, z_j についての積分と s_j についての足し算によってゼロとなる．このことは固有関数 $\psi_{\mu_j\sigma_j}{}^{N_jl_j}$ と $\psi_{\mu_{j'}\sigma_{j'}}{}^{N_{j'},l_{j'}}$ の直交性のためである．**許された**配位において $N_j=N_{j'}$; $l_j=l_{j'}$, $\mu_j=\mu_{j'}$ および $\boldsymbol{\sigma}_j=\boldsymbol{\sigma}_{j'}$ を同時に持つことはできないからである．したがって $\mathbf{W}_{ik}$ の項を計算するとき，T として恒等演算と転置 (ik) をとれば十分である．両方の場合 i および k と異なるすべての電子のデカルト座標についての積分とスピン座標についての足し算は1となる．そして (25.20) は次のようになる

$$\sum_{s_i,s_k}\int\cdots\int\psi_{\mu_i\sigma_i}{}^{N_il_i}(i)\psi_{\mu_k\sigma_k}{}^{N_kl_k}(k)\mathbf{W}_{ik}\Big[\psi_{\mu_i\sigma_i}{}^{N_il_i}(i)\psi_{\mu_k\sigma_k}{}^{N_kl_k}(k)$$

$$-\psi_{\mu_k\sigma_k}{}^{N_kl_k}(i)\psi_{\mu_i\sigma_i}{}^{N_il_i}(k)\Big]dx_idy_idz_idx_kdy_kdz_k. \quad (25.20\,\mathrm{a})$$

$\psi_{\mu_i\sigma_i}{}^{N_il_i}(i)=\psi_{\mu_i}{}^{N_il_i}(\mathbf{r}_i)\boldsymbol{\delta}_{s_i\sigma_i}$, 等，をこの式に代入し（$\mathbf{r}_i$ は i 番目の電子のデカルト座標 x_i, y_i, z_i を意味する），s_i, s_k についての足し算を行なうと次の式が得られる

$$\int\cdots\int\psi_{\mu_i}{}^{N_il_i}(\mathbf{r}_i)\psi_{\mu_k}{}^{N_kl_k}(\mathbf{r}_k)\mathbf{W}_{ik}\Big[\psi_{\mu_i}{}^{N_il_i}(\mathbf{r}_i)\psi_{\mu_k}{}^{N_kl_k}(\mathbf{r}_k)$$

$$-\boldsymbol{\delta}_{\sigma_i\sigma_k}\psi_{\mu_k}{}^{N_kl_k}(\mathbf{r}_i)\psi_{\mu_i}{}^{N_il_i}(\mathbf{r}_k)\Big]dx_idy_idz_idx_kdy_kdz_k. \quad (25.21)$$

すべての $\binom{n}{2}$ 組の ik, および $\mu_1+\mu_2+\cdots+\mu_n=\mu$ と $\boldsymbol{\sigma}_1+\boldsymbol{\sigma}_2+\cdots+\boldsymbol{\sigma}_n=2\boldsymbol{\nu}$ を持つすべての許された配位 $(N_1l_1\mu_1\boldsymbol{\sigma}_1)(N_2l_2\mu_2\boldsymbol{\sigma}_2)\cdots(N_nl_n\mu_n\boldsymbol{\sigma}_n)$ に対して積分 (25.21) を加えることによって，$S\geqslant|\boldsymbol{\nu}|$ かつ $L\geqslant|\mu|$ という条件を持つ，(25.E.4) から生ずるすべての準位の摂動エネルギーの和 (25.18) が得られ

る．そこで (25.18 a) は，与えられた S と L を持つすべての準位について足された，エネルギーの変化に対する第1近似を与える．

計算のこれ以上の詳細，特に積分 (25.21) の評価，これはある場合には具体的な計算なしに行なうことができるが，これらについては読者は Slater[4] のもとの仕事を参照せねばならない．そこには興味ある数値的な例が示されている．

第26章　時　間　反　転

時間反転と反ユニタリ演算子

孤立した系の対称性の群は，前の幾つかの章で考察した回転と鏡像に加えて運動座標系への変換ならびに空間と時間における変位を含んでいる[1]．このような系の状態の数は無限に多く，エネルギー演算子は連続スペクトルを持っている．この点は以前に第17章で明らかにされた．すべての状態の無限の集合から，有限個の状態の多様体が選ばれる：これらはゼロの運動量と一定のエネルギーを持つ状態である．ゼロの運動量を持つ状態だけに限ることは分光学の立場に対応している．ここでは原子あるいは分子系の**内部エネルギー**だけを問題とし，それらの運動エネルギーを問題としない．実際には，分光学の測定の精度は，しばしば原子あるいは分子の運動によって制限される；このような場合には，運動の速度を減らすように，できる限りのあらゆる努力がなされる．

ゼロの運動量だけに制限することは運動座標系への変換を排除する．このことはまた変位演算子を実際上排除する：ゼロの運動量を持つ粒子の波動関数は，空間変位に対して不変であり，そして時間について t だけの変位は波動関数に自明な因子 $\exp(-iEt/\hbar)$ を掛けることになる．ここで E は状態のエネルギーである．あるいは，以前に述べたように，ゼロの運動量の前提は，固定された原子核の場のような，静的な外場の仮定によって置き換えられることができる．これはまた並進対称と運動座標系への変換を対称演算より排除する．どのような場合でも，我々の問題はすでに考察された演算以外には関係のある対称演算を持たないようにみえる．これは，しかしながら，全く正しくはない：もう1つの対称演算として，変換 $t \to -t$ が残っている．それは1つの状態 φ

---

[1] 本節と次の節の議論は大部分著者の論文，*Göttinger Nachrichten*, *Math-Phys.* p. 546 (1932)，の中で述べられている．また G. Lüders, *Z. Physik.* **133**, 325 (1952) を見よ．

を状態 $\theta\varphi$ に変換し，この状態ではすべての速度（電子のスピン運動を含む）は φ でのもとの方向と反対の方向を持つ．（それゆえ“時間反転”よりも“運動方向の反転”といった方が冗長だが，より適当な表現である．）時間反転と時間の推移が系の中に引き起こす変化との間の関係は非常に重要である．時間についての振舞いは第2の Schrödinger 方程式によって記述される

$$\partial\varphi/\partial t = -(i/\hbar)\mathbf{H}\varphi. \tag{26.1}$$

そこで，時間の間隔 t の間に状態 $\varphi_0=\sum_k a_k\Psi_k$ は次のように変化する

$$\varphi_0=\sum_k a_k\Psi_k \to \varphi_t=\sum_k a_k e^{-iE_k t/\hbar}\Psi_k. \tag{26.1 a}$$

(26.1 a) によって記述された変換は“t だけの時間変位”とよばれる．それはユニタリ演算である．

任意の状態に連続して作用される次の4つの演算は，系をそのもとの状態にもどすことに帰着する．すなわち，第1の演算は時間反転，第2は t だけの時間変位，第3は再び時間反転，そして最後は再び t だけの時間変位である．4つの演算は，これらをまとめてとれば，系をその元の状態にかえす，なぜならば，時間反転の後に，時間の経過は，実際には系を時間について押しもどすことだからである．一方，2つの時間反転は，速度の方向に関する限り，相殺する．ゆえに，

（t だけの時間変位）×（時間反転）

×（t だけの時間変位）×（時間反転）

は，単位演算と同等であるということができる．あるいは，

（t だけの時間変位）×（時間反転）

＝（時間反転）×（$-t$ だけの時間変位）　　(26.1 b)

そして (26.1 b) の両辺に対応する演算子は，たかだか，法1の数の因子だけ異なることができるが，これは物理的意味を持たない．

θ は対称演算子であるから，それはどのような2つの状態 Ψ と Φ の間の遷移確率をも不変にする：

$$|(\Psi, \Phi)| = |(\theta\Psi, \theta\Phi)|. \tag{26.2}$$

そこで第20章の付録から，θ は2つの方程式 (20.29) のうちの一方を満足するように規格化されることができるということになる．第20章の付録ですでに議論されたように，純粋に空間対称な演算に対して排除されるものは**第2の**場合であることが指摘された．これはまた (26.1a) から推論されるが，付録の考えの方向にしたがうことによってより直接に知られる．もし直交関数の集合 $\Psi_1, \Psi_2, \cdots$ がハミルトニアンの固有関数と同じと見なされるならば，証明は最も簡単になる；Ψ_i はそこで定常状態である．$\theta\Psi_i$ もまた定常状態であり，そして Ψ_i と $\theta\Psi_i$ は同じエネルギー値に属する．

仮に (20.29) の第1の場合がまた θ にあてはまるならば，θ は1次演算子となる．これから矛盾が生じる，そして (20.29) の第2の場合が θ にあてはまる．この矛盾を示すために，再び任意の状態 Φ_0 を考えそれを定常状態によって展開しよう．

$$\Phi_0 = \sum a_\kappa \Psi_\kappa. \tag{26.3}$$

仮定した θ の1次性より次式が導かれる，

$$\theta\Phi_0 = \sum a_\kappa \theta\Psi_\kappa, \tag{26.3 a}$$

そして $\theta\Psi_\kappa$ はエネルギー E_κ の定常状態であるから，時間間隔 t の間に $\exp(-iE_\kappa t/\hbar)\theta\Psi_\kappa$ に変わるであろう．したがって，状態 $\theta\Phi_0$ は時間 t の後に次の状態になるであろう

$$\sum a_\kappa e^{-iE_\kappa t/\hbar}\theta\Psi_\kappa. \tag{26.3 b}$$

これは次の式から θ によって求められた状態と同じでなければならない

$$\Phi_{-t} = \sum a_\kappa e^{iE_\kappa t/\hbar}\Psi_\kappa.$$

もし θ が1次ならばこの状態は

$$\theta\Phi_{-t} = \sum a_\kappa e^{iE_\kappa t/\hbar}\theta\Psi_\kappa \tag{26.3 c}$$

となりこれは，一般に，(26.3b) の定数倍ではない，なぜならば指数の符号が逆だからである．それゆえ，θ が1次であるという仮定から矛盾が生じる．そして θ は (20.29) の第2の場合を満たさなければならない；すなわち，

$\boldsymbol{\theta\Phi_0}$ は，定数因子を別として，次の式に等しくなければならない，

$$\frac{a_1}{a_1{}^*}(a_1{}^*\theta\Psi_1+a_2{}^*\theta\Psi_2+a_3{}^*\theta\Psi_3+\cdots).$$

我々は $\boldsymbol{\theta\Phi_0}$ の定義において定数因子を自由にとることができるから，これを $a_1{}^*/a_1$ に等しく選ぶ，したがって

$$\boldsymbol{\theta}\boldsymbol{\Phi}_0=\boldsymbol{\theta}(\sum a_\kappa\Psi_\kappa)=\sum a_\kappa{}^*\boldsymbol{\theta}\Psi_\kappa. \tag{26.4}$$

任意の集合 $a_1, a_2, \cdots$ と与えられた完全直交な集合 Ψ_κ に対して (26.4) を満足するような演算子を，**反1次**という．したがってこの演算子は，関数のどのような組に関しても同様な式を満足するであろう．特に，$\Phi_1=\sum b_\kappa\Psi_\kappa$ の場合，次式が成り立つ

$$\alpha\Phi_0+\beta\Phi_1=\alpha\sum a_\kappa\Psi_\kappa+\beta\sum b_\kappa\Psi_\kappa=\sum(\alpha a_\kappa+\beta b_\kappa)\Psi_\kappa$$

したがって

$$\begin{aligned}\theta(\alpha\Phi_0+\beta\Phi_1)&=\theta(\sum(\alpha a_\kappa+\beta b_\kappa)\Psi_\kappa)=\sum(\alpha a_\kappa+\beta b_\kappa)^*\theta\Psi_\kappa\\&=\alpha^*\sum a_\kappa{}^*\theta\Psi_\kappa+\beta^*\sum b_\kappa{}^*\theta\Psi_\kappa=\alpha^*\theta\Phi_0+\beta^*\theta\Phi_1.\end{aligned}$$

最後の式，

$$\theta(\alpha\Phi_0+\beta\Phi_1)=\alpha^*\theta\Phi_0+\beta^*\theta\Phi_1, \tag{26.5}$$

は任意の Φ_0, Φ_1 および任意の2つの数 α, β について正しく，これは反1次演算子の通常の定義である．この式は，(20.29) の第2の場合が時間反転の演算子 θ について正しいという事実，および $\theta(\sum a_\kappa\Psi_\kappa)$ に対して採用された規格化 (26.4) から導かれる．反1次であることに加えて，θ は関数のどのような対に対しても (26.2) を満足する．(26.2) と (26.5) を満足するような演算子を**反ユニタリ**という，そして下記のように反ユニタリ演算子に対する標準形が導かれる．

最も簡単な反ユニタリ演算は，共軛複素変換である．この演算は $\mathbf{K}$ によって表わされる．$\mathbf{K}$ の効果はそれに続く式をその共軛複素によって置き換えることである

$$\mathbf{K}\varphi=\varphi^*. \tag{26.6}$$

演算子 $\mathbf{K}$ は明らかに反1次である．次の式が成り立つから

$$(\mathbf{K}\Psi, \mathbf{K}\Phi)=(\Psi^*, \Phi^*)=(\Psi, \Phi)^*, \tag{26.6 a}$$

$\mathbf{K}$ はまた (26.2) を満足する．ゆえに，それは反ユニタリである．この演算子はさらにもう1つの重要な性質を持っている；

$$\mathbf{K}^2=1. \tag{26.6 b}$$

実際，

$$\mathbf{K}^2\Phi=\mathbf{K}(\mathbf{K}\Phi)=\mathbf{K}\Phi^*=(\Phi^*)^*=\Phi.$$

反ユニタリ演算子 $\boldsymbol{\theta}$ と $\mathbf{K}$ の積 $\mathbf{U}=\boldsymbol{\theta}\mathbf{K}$ を考えよう．これは1次である．

$$\begin{aligned}\mathbf{U}(\alpha\Phi_0+\beta\Phi_1)&=\boldsymbol{\theta}\mathbf{K}(\alpha\Phi_0+\beta\Phi_1)=\boldsymbol{\theta}(\alpha^*\Phi_0{}^*+\beta^*\Phi_1{}^*)\\&=\alpha\boldsymbol{\theta}\Phi_0{}^*+\beta\boldsymbol{\theta}\Phi_1{}^*=\alpha\boldsymbol{\theta}\mathbf{K}\Phi_0+\beta\boldsymbol{\theta}\mathbf{K}\Phi_1=\alpha\mathbf{U}\Phi_0+\beta\mathbf{U}\Phi_1.\end{aligned}$$

さらに，$\boldsymbol{\theta}\mathbf{K}$ はスカラー積の絶対値を不変にする，なぜならばその因子は両方共この性質を持つからである．したがってそれは第20章の付録の仮定，(20.29) の中の第1の場合を満足し，それゆえにユニタリである．あらゆる反ユニタリ演算子，特にまた $\boldsymbol{\theta}$，は1つのユニタリ演算子と複素共軛化の演算子 $\mathbf{K}$ との積として書かれることが導かれる

$$\boldsymbol{\theta}\mathbf{K}=\mathbf{U};\quad \boldsymbol{\theta}=\mathbf{U}\mathbf{K}. \tag{26.7}$$

これは反ユニタリ演算子の標準形である．それは，$\boldsymbol{\theta}$ が (26.4) と (26.5) を満足しまた

$$(\boldsymbol{\theta}\Phi, \boldsymbol{\theta}\Psi)=(\mathbf{U}\mathbf{K}\Phi, \mathbf{U}\mathbf{K}\Psi)=(\mathbf{K}\Phi, \mathbf{K}\Psi),$$

したがって (26.6 a) はどのような反ユニタリ演算子に対しても正しいことを意味する

$$(\boldsymbol{\theta}\Phi, \boldsymbol{\theta}\Psi)=(\Phi, \Psi)^*=(\Psi, \Phi). \tag{26.8}$$

次に2つの反ユニタリ演算子の積はユニタリであることに注意しよう

$$\mathbf{U}_1\mathbf{K}\mathbf{U}_2\mathbf{K}\Phi=\mathbf{U}_1\mathbf{K}\mathbf{U}_2\Phi^*=\mathbf{U}_1(\mathbf{U}_2\Phi^*)^*=\mathbf{U}_1\mathbf{U}_2{}^*\Phi$$

あるいは

$$\mathbf{U}_1\mathbf{K}\mathbf{U}_2\mathbf{K}=\mathbf{U}_1\mathbf{U}_2{}^*. \tag{26.9}$$

同様に，ユニタリと反ユニタリ演算子の積は反ユニタリである．

時間反転の演算子はもう1つの重要な性質を持っている：$\boldsymbol{\theta}\boldsymbol{\Phi}$ は，一般に，$\boldsymbol{\Phi}$ と同じ状態ではないのであるが，状態 $\boldsymbol{\theta}^2\boldsymbol{\Phi}=\boldsymbol{\theta}\boldsymbol{\theta}\boldsymbol{\Phi}$ は $\boldsymbol{\Phi}$ と同じ状態である．それゆえ，$\boldsymbol{\theta}^2\boldsymbol{\Phi}$ は $\boldsymbol{\Phi}$ とただ定数因子だけ異なってよい．この因子は $+1$ あるいは -1 のいずれかであることが示されるであろう．もし $\boldsymbol{\theta}=\mathbf{UK}$ と書くならば，

$$\boldsymbol{\theta}^2=\mathbf{UKUK}=\mathbf{UU}^*=c\mathbf{1}. \qquad (26.10)$$

$\mathbf{U}$ のユニタリ性のゆえに，$\mathbf{UU}^\dagger=\mathbf{1}$ であるから，(26.10) は $\mathbf{U}^*=c\mathbf{U}^\dagger$ あるいは $\mathbf{U}=c\mathbf{U}'$ を意味する．この転置は $\mathbf{U}'=c\mathbf{U}$ であるから $\mathbf{U}=c\mathbf{U}'=c^2\mathbf{U}$. これは再び $c=\pm 1$ を与え，したがって $\mathbf{U}$ は対称かあるいは反対称かのいずれかであり得る，そして

$$\boldsymbol{\theta}^2=\pm\mathbf{1}. \qquad (26.10\,\mathrm{a})$$

読者はこの議論が前に (24.3 b) で用いられたことを思い出すであろう．我々は後で，上の符号が単純な Schrödinger 理論および電子の数が偶数のときスピンを考慮した理論で成り立つことがわかる．下の符号は，電子の数，あるいはより一般的に，半奇数のスピンを持つ粒子の数が奇数のときスピンを考慮する理論で成り立つ．

(26.10 a) の関係は時間反転それ自身についてのみ成り立ち，時間反転と他の対称な演算との積については成り立たない．2回連続して時間反転を行なうと元の状態にもどるということは時間反転の物理的演算の自乗法的性質[2)]の1つの結果である．$\boldsymbol{\theta}^2=c\mathbf{1}$ の式はこの事実を表わす．しかしながら，c が1あるいは -1 だけをとり得るという事実は，$\boldsymbol{\theta}$ の反ユニタリ性の数学的結果である．この事情は回転の際に出会った事情と全く異なる．もし R が π だけの回転ならば，それは物理演算として自乗法である．それにもかかわらず，$\mathbf{O}_R{}^2$ は法1の単位行列のどのような定数倍でもあり得た．$\mathbf{O}_R$ では因子は自由であるから，$\mathbf{O}_R{}^2=1$ となるように規格化することが可能であった．実際に，第20章で実行した規格化は，電子の数が偶数のとき，$\mathbf{O}_R{}^2=1$，電子の数が奇数のとき

---

2) 演算の2乗が単位演算であるとき，その演算を自乗法 (involution) という．

$O_R^2=-1$ にする．しかしながら，これは規格化の結果であり，一方（26.10 a）式は自動的に満足される．事実，θ の $|\omega|=1$ を持つ $\omega\theta$ による置き換え（これは許される）は θ^2 を全く変えない；$\omega\theta\omega\theta=\omega\omega^*\theta\theta=\theta^2$.

時間反転演算子の決定

時間反転の観点から，物理量に重要な2つの種類がある．位置座標，全エネルギーおよび運動エネルギーは第1の種類に属する．これらの量のいずれかのある値 λ に対する確率は，任意の φ を考えたとき，φ と $\theta\varphi$ に対して同じである．これらの量は時間に無関係かあるいは時間変数の偶数巾を含むかのいずれかである．結果として，運動の方向の反転はこれらの量にどんな効果も持たない．速度，運動量および角運動量，与えられた方向でのスピンの成分は演算子の第2の種類に属する．もしこれらのうちの 1つが φ に対して値 λ を持つならば，それは $\theta\varphi$ に対して値 $-\lambda$ を持つ．これらの量は時間変数の奇数巾を含む．当然，どちらの種類にも属さない，座標に速度を加えたような物理量がある．しかしながら，いまはこのような性質の量を問題としない．

第1の種類の量に対応する演算子は θ と交換する．事実，もし $\mathbf{q}$ がこのような演算であり，φ_κ は $\mathbf{q}$ が値 λ_κ を持つような状態であるならば，そこで $\mathbf{q}\psi_\kappa=\lambda_\kappa\psi_\kappa$．$\mathbf{q}$ は $\theta\psi_\kappa$ についてもまた値 λ_κ を持つから，$\mathbf{q}\theta\psi_\kappa=\lambda_\kappa\theta\psi_\kappa$．それゆえ，もし φ が任意の波動関数 $\varphi=\sum a_\kappa\psi_\kappa$ ならば，$\mathbf{q}$ が1次であるから，次の式が成り立つ，

$$\theta\mathbf{q}\varphi=\theta\mathbf{q}\sum a_\kappa\psi_\kappa=\theta\sum a_\kappa\lambda_\kappa\psi_\kappa=\sum a_\kappa^*\lambda_\kappa\theta\psi_\kappa, \tag{26.11a}$$

なぜならば λ_κ は実数であるからである．一方では

$$\mathbf{q}\theta\varphi=\mathbf{q}\theta\sum a_\kappa\psi_\kappa=\mathbf{q}\sum a_\kappa^*\theta\psi_\kappa=\sum a_\kappa^*\mathbf{q}\theta\psi_\kappa=\sum a_\kappa^*\lambda_\kappa\theta\psi_\kappa. \tag{26.11 b}$$

もし $\mathbf{q}$ が第1の種類の演算子ならば当然次のようになる

$$\theta\mathbf{q}=\mathbf{q}\theta. \tag{26.11}$$

これに反して，もし $\mathbf{p}$ が第2の種類の演算子ならば，同じ議論から次の式が導かれる

$$\boldsymbol{\theta}\mathbf{p}=-\mathbf{p}\boldsymbol{\theta}, \tag{26.12}$$

そして $\boldsymbol{\theta}$ はこれらの演算子と反可換である．前述の議論は $\mathbf{q}$ と $\mathbf{p}$ が点スペクトルを持つときにのみ厳密に成り立つが，しかし (26.11) と (26.12) はおのおの第1と第2の種類のすべての演算子に対して正しいことを証明することができる．

まずスピンを無視するような単純な Schrödinger 理論を考えよう．もし $\boldsymbol{\theta}=\mathbf{UK}$ と書くならば，$\boldsymbol{\theta}x=x\boldsymbol{\theta}$ から次式が導かれる，ここで x は位置座標のどれか1つである，

$$\mathbf{UK}x\varphi=\mathbf{U}x\varphi^*=x\mathbf{UK}\varphi=x\mathbf{U}\varphi^*, \tag{26.13}$$

したがって $\mathbf{U}$ は位置座標のどれかとの**掛け算**の演算と交換する．運動量の演算子 $(\hbar/i)\partial/\partial x$ は演算子の第2の種類に属するから，(26.12) から次式が成り立つ

$$\mathbf{UK}(\hbar/i)\partial\varphi/\partial x=-(\hbar/i)\mathbf{U}\partial\varphi^*/\partial x$$
$$=-(\hbar/i)(\partial/\partial x)\mathbf{UK}\varphi=-(\hbar/i)\partial(\mathbf{U}\varphi^*)/\partial x. \tag{26.13 a}$$

運動量に対する演算子の中の i は (26.12) の中の負の符号と相殺し，そして $\mathbf{U}$ はまた位置座標のいずれかに関する**微分**の演算と交換する．これから $\mathbf{U}$ は単に法1の定数との掛け算でなければならない，と結論することができる．この定数は任意に選ぶことができるから，我々はそれを1に等しいと置き，そしてスピンを無視するような理論に対して次の式を得る

$$\boldsymbol{\theta}=\mathbf{K};\ \boldsymbol{\theta}\varphi=\varphi^*. \tag{26.14}$$

これは，定常状態の波動関数をすべて実であるように選ぶことができる—ハミルトニアン演算子が実であるからこの場合かなりわかりきった結論である—ことを示す．しかしながら，(26.14) は位置および運動量の演算子が x と $(\hbar/i)\partial/\partial x$ の形に仮定されたときにのみあてはまることに注意しなければならない（第4章を見よ）．もし“運動量座標”を用い，そして位置座標として $i\hbar\partial/\partial p$ を代入し，運動量座標に対する波動関数の中で変数 p との掛け算を考えると，$\boldsymbol{\theta}$ は $\mathbf{UK}$ となりここで $\mathbf{U}$ は単位演算子ではなく p に対して $-p$ の置

き換えである

$$\mathbf{U}\varphi(-p_1, -p_2, \cdots, -p_f) = \varphi(p_1, p_2, \cdots, p_f). \qquad (26.14\,\text{a})$$

いまスピンを考慮する理論を考えよう．演算子 $\mathbf{U}$ はこの場合にまた (26.13) と (26.13 a) を満足しなければならないが，これらの式は $\mathbf{U}$ を完全に決定するのに十分でない；これらはただ $\mathbf{U}$ がデカルト座標（位置座標）に作用しないということを示すのみである；それはスピン座標に作用してもよい．それは，この点において，第20章のスピンに関係しない演算子と逆の特性を持つ．$\theta=\mathbf{UK}$ を完全に決定するために，時間反転のもとでスピン変数 $\mathbf{s}_{1x}$, $\mathbf{s}_{1y}$, $\mathbf{s}_{1z}, \cdots, \mathbf{s}_{nx}$, $\mathbf{s}_{ny}$, $\mathbf{s}_{nz}$ の振舞いを考える必要がある．スピン変数は，角運動量として，演算子の第2の種類に属するからそれらは θ と反可換である．$\mathbf{s}_{ix}$ はすべて実数であるから，すべての $i=1, 2, \cdots, n$ に対して次の式が成り立つ

$$\theta\mathbf{s}_{ix} = \mathbf{UK}\mathbf{s}_{ix} = \mathbf{U}\mathbf{s}_{ix}\mathbf{K}.$$

これは $-\mathbf{s}_{ix}\theta = -\mathbf{s}_{ix}\mathbf{UK}$ に等しくなければならないから $\mathbf{s}_{ix}$ は $\mathbf{U}$ と**反可換**である．同じことは，また実であるような $\mathbf{s}_{iz}$ について正しい．これに反して，虚の $\mathbf{s}_{iy}$ は $\mathbf{U}$ と**交換する**．それゆえ

$$\mathbf{U}\mathbf{s}_{ix} = -\mathbf{s}_{ix}\mathbf{U},\ \mathbf{U}\mathbf{s}_{iy} = \mathbf{s}_{iy}\mathbf{U},\ \mathbf{U}\mathbf{s}_{iz} = -\mathbf{s}_{iz}\mathbf{U}. \qquad (26.13\,\text{b})$$

これらの要請を満たす演算子はすべての虚のスピン演算子の積である，

$$\mathbf{U} = \mathbf{s}_{1y}\mathbf{s}_{2y}\cdots\mathbf{s}_{ny}. \qquad (26.15)$$

これは，実際，$\mathbf{U}$ の定数倍を除いて，ただ1つのスピンだけの演算子であり，これは (26.13 b) の式のどの2つをも満足する．これらの方程式の第2の解 $\mathbf{U}_1\mathbf{U}$ があると仮定しよう．そこで $\mathbf{U}_1$ はすべての $\mathbf{s}_{ix}$, $\mathbf{s}_{iy}$, $\mathbf{s}_{iz}$ と交換しなければならず，それゆえまたすべての c の値に対して

$$c_1\mathbf{s}_{1z} + c_2\mathbf{s}_{2z} + \cdots + c_n\mathbf{s}_{nz} \qquad (26.\text{E}.1)$$

と交換しなければならないことが導かれる．これらのすべての行列と交換するような行列は，しかしながら，対角行列である，なぜならば，特別の c を選ん

だとき（26. E. 1）の２つの対角要素は等しくないからである．一方では，

$$(\mathbf{s}_{1y}+\mathbf{s}_{1z})(\mathbf{s}_{2y}+\mathbf{s}_{2z})\cdots(\mathbf{s}_{ny}+\mathbf{s}_{nz}) \qquad (26.\text{E}.2)$$

のどの行列要素もゼロでないから，ただ定数行列のみが（26. E. 1）と（26. E. 2）の両方と交換する．定数はまだ $\boldsymbol{\theta}$ の中で勝手であるから，次のように書くことができる

$$\boldsymbol{\theta}=\mathbf{s}_{1y}\mathbf{s}_{2y}\cdots\mathbf{s}_{ny}\mathbf{K}, \qquad (26.15\,\text{a})$$

あるいは

$$\boldsymbol{\theta}\Phi(x_1,y_1,z_1,s_1,\cdots,x_n,y_n,z_n,s_n)$$
$$=i^{-s_1-s_2\cdots-s_n}\Phi(x_1,y_1,z_1,-s_1,\cdots,x_n,y_n,z_n,-s_n)^*. \qquad (26.15\,\text{b})$$

n が偶数ならば $\boldsymbol{\theta}^2=1$，n が奇数ならば $\boldsymbol{\theta}^2=-1$ という事実を証明することは容易である．$\mathfrak{D}^{(1/2)}(\{0,\pi,0\})=i\mathbf{s}_y$ から導かれる，演算子 $\boldsymbol{\theta}$ にはもう１つの表式がある．$\mathbf{Q}_{\{0,\pi,0\}}$ はあらゆるスピン変数に $\mathfrak{D}^{(1/2)}(\{0,\pi,0\})$ を作用させることから成り立っているので，(26.15 a) と比較してみると

$$\boldsymbol{\theta}=(-i)^n\mathbf{Q}_{\{0,\pi,0\}}\mathbf{K}. \qquad (26.15\,\text{c})$$

最後に，時間反転の演算子 $\boldsymbol{\theta}$ と，座標系の回転に対応するユニタリ演算子 $\mathbf{O}_R$ あるいは $\mathbf{O}_\mathbf{u}$ との積の間の関係を導こう．回転と時間反転は物理演算子として交換するから，$\mathbf{O}_R\boldsymbol{\theta}$ と $\boldsymbol{\theta}\mathbf{O}_R$ はただ定数因子 c_R だけ異なることができる．しかしながら，この定数因子は R に依存するかもしれない．それゆえ

$$\boldsymbol{\theta}^{-1}\mathbf{O}_R\boldsymbol{\theta}=c_R\mathbf{O}_R \text{ あるいは } \boldsymbol{\theta}^{-1}\mathbf{O}_\mathbf{u}\boldsymbol{\theta}=c_\mathbf{u}\mathbf{O}_\mathbf{u}. \qquad (26.16)$$

これらの２つの式の積は $\mathbf{O}_R\mathbf{O}_S=\mathbf{O}_{RS}$ であるから，次の式を与える

$$c_Rc_S\mathbf{O}_{RS}=\boldsymbol{\theta}^{-1}\mathbf{O}_R\boldsymbol{\theta}\boldsymbol{\theta}^{-1}\mathbf{O}_S\boldsymbol{\theta}=\boldsymbol{\theta}^{-1}\mathbf{O}_{RS}\boldsymbol{\theta}=c_{RS}\mathbf{O}_{RS}. \qquad (26.16\,\text{a})$$

それゆえ，数 c_R は回転群の（あるいは行列式１の２次元ユニタリ群 $\mathbf{u}$ の）表現を作る．本義回転群あるいはユニタリ群の１次元表現だけが恒等表現 $c_R=1$ であるから，すべての本義回転に対して

$$\mathbf{O}_R\boldsymbol{\theta}=\boldsymbol{\theta}\mathbf{O}_R \text{ あるいは } \mathbf{O}_\mathbf{u}\boldsymbol{\theta}=\boldsymbol{\theta}\mathbf{O}_\mathbf{u} \qquad (26.17)$$

となる．この式はまた直接の計算によっても証明される；それは次の式と同値である

$$\mathfrak{D}^{(1/2)}(R)\mathbf{s}_y=\mathbf{s}_y\mathfrak{D}^{(1/2)}(R)^*. \qquad (26.17\,\mathrm{a})$$

いままでの議論は，Rが転義回転であるとき（26.17）の両辺が大きさにおいて等しいが反対の符号を持つという可能性を排除しない．完全な回転群の対応する表現（c_R）において，（1）はすべての本義回転に対応し，（−1）は行列式 −1 を持つ回転に対応する．しかしながら，また空間反転の演算子 $\mathbf{O}_I$ についても（26.17）は正しいことを容易に証明できる．ゆえに，この式はいままでに考えたすべての対称な演算に対して正しい．

当然，本節の考察は，量子力学的方程式が時間反転のもとで不変であることを証明するものではない．しかしながら，もしそれらが不変であるならば，時間反転の演算子 $\theta=\mathbf{UK}$ は，定数因子を除いて，単純な（スピンに関係しない）理論，あるいは第20章のスピンを取り入れた理論でのわくの中で，おのおの，（26.14）あるいは（26.15 a）によって与えられなければならないことを，これらの考察は示している．

反ユニタリ演算子に対する固有関数の変換

時間反転の対称性は原子スペクトルの理論における結論に大きな影響を持たない．それは，多原子分子あるいは結晶の中の原子のような，より低い対称性を持つ系の研究において，はるかに強力な手段を与える．事実（26.15）の変換は，偏光面の回転[3]の研究の途上で最初に認められた．これは対称面を持たない系において現われた1つの現象である．しかしながら，1次変換による群の表現の理論が，反ユニタリ演算子を含む対称性の群の取り扱いに対する，完全な数学的なわく組みを与えないことを認識することは重要であり，第11章の考察をある程度繰り返すことが必要であろう．

前に，第23章で Stark 効果を取り扱うとき最もはっきりと指摘されたよう

---

[3] H. A. Kramers, *Koninkl. Ned. Akad. Wetenschap., Proc.* **33**, 959 (1930). 古典論での時間反転の対称性の完全な意味はやっと最近になって H. Zocher and C. Török, *Proc. Natl. Akad. Sci. U. S.* **39**, 681 (1953) によって明らかにされた．

に，問題の対称性の結論を導き出すとき考えられるべき群は，物理的変換の群ではなく，これらの変換に対応する量子力学的演算子の群である．もし電子の数が奇数ならば，回転に対応する量子力学的演算子は行列式１の２次元のユニタリ変換 $\mathbf{u}$ の群に同型であり，回転群にただ類型であるだけである．同様に，θ^2 は，この場合 $\mathbf{u}=\mathbf{1}$ でなく $\mathbf{u}=-\mathbf{1}$ に対応する．全体の群は変換 $\mathbf{O_u}$ と $\theta\mathbf{O_u}$ から成り立ち，前者はユニタリ，後者は反ユニタリである．掛け算の規則は

$$\mathbf{O_v}\mathbf{O_u}=\mathbf{O_{vu}}, \qquad \theta\mathbf{O_v}\cdot\mathbf{O_u}=\theta\mathbf{O_{vu}},$$
$$\mathbf{O_v}\cdot\theta\mathbf{O_u}=\theta\mathbf{O_{vu}}, \qquad \theta\mathbf{O_v}\cdot\theta\mathbf{O_u}=\mathbf{O_{\pm vu}}. \tag{26.18}$$

最後の２つの式は（26.17）から導かれそして最後の式で上あるいは下の符号は，おのおの，電子の数が偶数あるいは奇数の場合に成り立つ．掛け算の法則(26.18) は，ユニタリ演算子が部分群，実際指数２の正常部分群，を作りそして反ユニタリ演算子はこの部分群の剰余類を構成することを示している．同じことは，ユニタリと反ユニタリの両方の演算子を含むようなすべての群について正しい．

いま第11章の第５節で行った議論をまとめてみよう．（11.23）式は，ψ_κ が固有関数ならば，$\theta\mathbf{O}_\kappa\psi_\kappa$ も１つの固有関数であるという事実を表わすだけであるから，（11.23）式は反ユニタリ演算子 $\theta\mathbf{O_u}$ についてもまた正しいであろう：

$$\theta\mathbf{O_u}\psi_\kappa=\sum_\lambda \mathbf{D}(\theta\mathbf{O_u})_{\lambda\kappa}\psi_\lambda. \tag{26.19}$$

さらに，ψ_κ が規格直交ならば $\mathbf{D}(\theta\mathbf{O_u})$ はユニタリであるということは正しいであろう．これは，（26.8）の結果として，ユニタリ演算子の場合とちょうど同じように

$$(\theta\mathbf{O_u}\psi_\kappa, \theta\mathbf{O_u}\psi_\lambda)=(\mathbf{O_u}\psi_\lambda, \mathbf{O_u}\psi_\kappa)=(\psi_\lambda, \psi_\kappa)=\delta_{\lambda\kappa} \tag{26.20}$$

が成り立つという事実の結果である．$\mathbf{D}$ のユニタリ性（（11.23）式）はユニタリ演算子の場合対応する式から直接結論された．

行列 $\mathbf{D}(\theta\mathbf{O_v})$ および $\mathbf{D}(\mathbf{O_u})$ あるいは $\mathbf{D}(\theta\mathbf{O_u})$ の積はもはや $\mathbf{D}(\theta\mathbf{O_v}\mathbf{O_u})=\mathbf{D}(\theta\mathbf{O_{vu}})$ あるいは $\mathbf{D}(\theta\mathbf{O_v}\theta\mathbf{O_u})=\mathbf{D}(\mathbf{O_{\pm vu}})$ ではないであろう．ことに，$\theta\mathbf{O_v}$

を (26.19) に作用させると，その反ユニタリ性のゆえに，次の式が導かれる

$$\theta\mathbf{O_v}\theta\mathbf{O_u}\psi_\kappa=\sum_\lambda \theta\mathbf{O_v}\mathbf{D}(\theta\mathbf{O_u})_{\lambda\kappa}\psi_\lambda=\sum_\lambda \mathbf{D}(\theta\mathbf{O_u})_{\lambda\kappa}{}^*\theta\mathbf{O_v}\psi_\lambda$$
$$=\sum_{\lambda\mu} \mathbf{D}(\theta\mathbf{O_u})_{\lambda\kappa}{}^*\mathbf{D}(\theta\mathbf{O_v})_{\mu\lambda}\psi_\mu,$$

したがって

$$\mathbf{D}(\theta\mathbf{O_v})\mathbf{D}(\theta\mathbf{O_u})^*=\mathbf{D}(\theta\mathbf{O_v}\theta\mathbf{O_u})=\mathbf{D}(\mathbf{O}_{\pm\mathbf{vu}}). \tag{26.21 a}$$

同様に，

$$\mathbf{D}(\theta\mathbf{O_v})\mathbf{D}(\mathbf{O_u})^*=\mathbf{D}(\theta\mathbf{O_v}\mathbf{O_u})=\mathbf{D}(\theta\mathbf{O_{vu}}). \tag{26.21 b}$$

したがって行列 $\mathbf{D}(\mathbf{O_u})$, $\mathbf{D}(\theta\mathbf{O_u})$ はもはや演算子の群の表現を作らない．表現に対して正しい積の関係

$$\mathbf{D}(\mathbf{O_v})\mathbf{D}(\mathbf{O_u})=\mathbf{D}(\mathbf{O_v}\mathbf{O_u})=\mathbf{D}(\mathbf{O_{vu}}) \tag{26.21 c}$$

$$\mathbf{D}(\mathbf{O_v})\mathbf{D}(\theta\mathbf{O_u})=\mathbf{D}(\mathbf{O_v}\theta\mathbf{O_u})=\mathbf{D}(\theta\mathbf{O_{vu}}) \tag{26.21 d}$$

は，第1の因子がユニタリ演算子に対応するときにのみ，成り立つ．さもなければ，第2の $\mathbf{D}$ の共軛複素が現われる．この特別の場合は

$$\mathbf{D}((\theta\mathbf{O_u})^{-1})=(\mathbf{D}(\theta\mathbf{O_u})^*)^{-1}=\mathbf{D}(\theta\mathbf{O_u})'. \tag{26.22}$$

特に，$\theta\mathbf{O_u}$ が反ユニタリ自乗法 $(\theta\mathbf{O_u})^2=\mathbf{1}$ ならば $\mathbf{D}(\theta\mathbf{O_u})$ は対称である．電子の数が偶数ならばこれは時間反転の演算子 θ それ自身について正しい；$\mathbf{u}$ が π だけの回転に対応ししたがって $\mathbf{u}^2=-1$ ならば，奇数個の電子に対してそれは $\theta\mathbf{O_u}$ について正しい．

もし ψ が変換 $\alpha=\beta^{-1}$ によって，新しい1次結合

$$\psi_\mu'=\sum_\nu \alpha_{\nu\mu}\psi_\nu, \qquad \psi_\kappa=\sum_\lambda \beta_{\lambda\kappa}\psi_\lambda'$$

によって置き換えられるならば，ユニタリ変換 $\mathbf{O_u}$ に対応する行列 $\mathbf{D}(\mathbf{O_u})$ は，(11.30) によって，次の式で置き換えられるであろう

$$\overline{\mathbf{D}}(\mathbf{O_u})=\alpha^{-1}\mathbf{D}(\mathbf{O_u})\alpha. \tag{26.23 a}$$

一方では

$$\theta\mathbf{O_u}\psi_{\mu}'=\theta\mathbf{O_u}\sum_{\nu}\alpha_{\nu\mu}\psi_{\nu}=\sum_{\nu}\alpha_{\nu\mu}^{*}\theta\mathbf{O_u}\psi_{\nu}$$

$$=\sum_{\nu}\sum_{\kappa}\alpha_{\nu\mu}^{*}\mathbf{D}(\theta\mathbf{O_u})_{\kappa\nu}\psi_{\kappa}=\sum_{\nu}\sum_{\kappa}\sum_{\lambda}\alpha_{\nu\mu}^{*}\mathbf{D}(\theta\mathbf{O_u})_{\kappa\nu}\beta_{\lambda\kappa}\psi_{\lambda}',$$

したがって $\mathbf{D}(\theta\mathbf{O_u})$ は次の式によって置き換えられる

$$\overline{\mathbf{D}}(\theta\mathbf{O_u})=\alpha^{-1}\mathbf{D}(\theta\mathbf{O_u})\alpha^{*}. \tag{26.23 b}$$

反ユニタリ変換に対応する行列の変換において α が α^{*} によって置き換えられるときにのみ，$\overline{\mathbf{D}}$ は（26.21 a）と（26.21 b）を満足する．したがって上式は（26.21 a）あるいは（26.21 b）から推論することができる．

方程式の組（26.21）と（26.23）は，群が反ユニタリ演算子を含む場合にはこの群の演算に対応して固有関数を変換する行列が群の表現を作らないという事実を示している．方程式（26.21）の解は表現論によって直接に与えられず，特別な計算が必要である．特に，（26.21 a）と（26.21 b）の中の共軛複素の記号を行列 $\mathbf{D}(\theta\mathbf{O_u})$ を定義し直すことによって取り除くことは不可能である．（波動関数および変換の両方共）実数と虚数部分を分離することによって，これらの方程式により自然な形を与えることができるかもしれない．しかしながら，これらは，ここに与えられた形でより容易に取り扱われる．

方程式（26.21）を満足するような行列の系 $\mathbf{D}$ は，通常の意味において，ユニタリおよび反ユニタリ演算子 $\mathbf{O_u}$ と $\theta\mathbf{O_u}$ の群の表現ではない．それにもかかわらず，これらは時間反転に関連した演算に対する不変性の考察をする際に現われる方程式である．これらは，（26.21）の中の共軛複素の記号を思い起こさせるように**副表現**（corepresentation）という．当然のことであるが，副表現の概念は，演算子のあるものが反ユニタリであるような演算子の群に対してのみ適用される．

副表現の簡約

本節は方程式（26.21）の解である副表現の決定における第1段階を構成する．この問題を本節および次節では数学的問題として取り扱う．ことに，ユニタリ演算子 $\mathbf{O_u}$ は回転に対応するということ，および反ユニタリ演算子は時間反転を含むということを仮定しない．表記法を簡単化するために，ユニタリ演算子 $\mathbf{O_u}$ は $\mathbf{u}$, $\mathbf{u}_1$, $\mathbf{u}_2$,… と表わす．それらは不変部分群を作り，**ユニタリ部分群**という．この部分群の既約表現は知られていると仮定する；ユニタリ形と仮定した典型的な既約表現を $\mathbf{\Delta}(\mathbf{u})$ と表わす．反ユニタリ演算子 $\theta\mathbf{O_u}$ は，より簡単に，$\mathbf{a}$, $\mathbf{a}_1$, $\mathbf{a}_2$,… と表わす．そこで（26.21）の4つの方程式は次のようになる

$$\mathbf{D}(\mathbf{u}_1)\mathbf{D}(\mathbf{u}_2)=\mathbf{D}(\mathbf{u}_1\mathbf{u}_2), \qquad \mathbf{D}(\mathbf{u})\mathbf{D}(\mathbf{a})=\mathbf{D}(\mathbf{ua}),$$
$$\mathbf{D}(\mathbf{a})\mathbf{D}(\mathbf{u})^*=\mathbf{D}(\mathbf{au}), \qquad \mathbf{D}(\mathbf{a}_1)\mathbf{D}(\mathbf{a}_2)^*=\mathbf{D}(\mathbf{a}_1\mathbf{a}_2). \tag{26.21}$$

（26.21）の解は，もしそれらが相互にユニタリ行列 α によって変換されしたがって

$$\overline{\mathbf{D}}(\mathbf{u})=\alpha^{-1}\mathbf{D}(\mathbf{u})\alpha$$
$$\overline{\mathbf{D}}(\mathbf{a})=\alpha^{-1}\mathbf{D}(\mathbf{a})\alpha^* \tag{26.23}$$

であるとき，同値であるという．そしてもしそれが変換（26.23）によって簡約された形（9. E.2）になることができない場合，（26.21）の解は既約であるという．もし $\alpha=\omega\mathbf{1}$ が単位行列の定数倍ならば，行列 $\mathbf{D}(\mathbf{u})$ は不変のままである；しかしながら，$\mathbf{D}(\mathbf{a})$ には係数 $\omega^{-1}\omega^*=\omega^{*2}$ が掛かる．それゆえ，（26.21）を満たす2組の解は，それらの $\mathbf{D}(\mathbf{u})$ が同じでそれらの $\mathbf{D}(\mathbf{a})$ が共通の数因子だけ異なるとき，確かに同値である．$\mathbf{D}(\mathbf{a})$ の共通の位相因子を固定すると，$\mathbf{D}(\mathbf{a})$ によって変換される波動関数の位相因子が決まる；任意の表現の異なる行に属するすべての波動関数の共有の位相因子は，ユニタリな対称演算子を問題とする限り，決まらない．適当な演算子 $\mathbf{u}$ と $\mathbf{a}$ のもとで，次式に従って変換する波動関数 $\psi_1, \psi_2, \psi_3, \cdots, \psi_f$ の存在を仮定することによって，以下の計算がより明瞭になるであろう，

$$\mathbf{u}\psi_\kappa=\sum_1^f \mathbf{D}(\mathbf{u})_{\lambda\kappa}\psi_\lambda$$
$$\mathbf{a}\psi_\kappa=\sum_1^f \mathbf{D}(\mathbf{a})_{\lambda\kappa}\psi_\lambda. \tag{26.19 a}$$

物理的問題において主として興味のある波動関数は上記のものである．（26.21）

の解を純粋に数学的問題として取り扱う場合には，波動関数は“表現空間”におけるベクトルによって置き換えることができる．この表現空間はf次元であり，fは $\mathbf{D}$ の行と列の数である． そこで行列 $\mathbf{D}$ はこの表現空間においてベクトルに作用すると考えることができ，$\mathbf{D}(\mathbf{u})$ と $\mathbf{D}(\mathbf{a})$ はκ番目の単位ベクトルを，おのおの，λ 成分 $\mathbf{D}(\mathbf{u})_{\kappa\lambda}$ と $\mathbf{D}(\mathbf{a})_{\kappa\lambda}$ を持つベクトルに変換する．このように，表現空間における単位ベクトルは波動関数 ψ の役割をすると仮定できる． しかしながら， 波動関数の 概念を使えば， 表現空間に基づいた解析よりも，以下の解析をより具体的にできると期待される．

ユニタリ変換に対応する行列 $\mathbf{D}(\mathbf{u})$ は， ユニタリ部分群の表現を作る．ユニタリ部分群の１つの表現として $\mathbf{D}(\mathbf{u})$ が完全に簡約されており， そして最初の既約部分 $\mathbf{\Delta}(\mathbf{u})$ の次元数 l が $\mathbf{D}(\mathbf{u})$ の 他の既約部分の 次元数を越えないと仮定しよう．これは波動関数の適当な１次結合を選ぶことによって（表現空間における適当な座標系を用いることによって）行なうことができる．それゆえ，次の式が成り立つ

$$\mathbf{u}\psi_\kappa=\sum_1^l \mathbf{\Delta}(\mathbf{u})_{\lambda\kappa}\psi_\lambda \qquad (\kappa\leqq l). \qquad (26.24)$$

$\mathbf{\Delta}$ はユニタリ演算子に対してだけ定義されそして， たとえば， $\mathbf{\Delta}(\mathbf{a})$ は意味がないことに注意せねばならない．しかしながら， $\mathbf{a}_1\mathbf{a}_2$ あるいは $\mathbf{a}^{-1}\mathbf{u}\mathbf{a}$ はユニタリ部分群の中にあるから，$\mathbf{\Delta}(\mathbf{a}_1\mathbf{a}_2)$ あるいは $\mathbf{\Delta}(\mathbf{a}^{-1}\mathbf{u}\mathbf{a})$ のような式は明確に定義される．

次に，下記の l 個の波動関数を考えよう

$$\psi'_\kappa=\mathbf{a}_0\psi_\kappa=\sum_1^f \mathbf{D}(\mathbf{a}_0)_{\lambda\kappa}\psi_\lambda \qquad (\kappa\leqq l). \qquad (26.25)$$

$\mathbf{D}(\mathbf{a})$ についてどのような仮定もしていないから，右辺の足し算はすべての波動関数におよぼされなければならない．(26.25) の中の $\mathbf{a}_0$ は任意であるが，ある一定の反ユニタリ演算子である．いま，ψ'_κ はユニタリ部分群の１つの既約表現に属することを示してみよう．次の式を考えよ

$$\mathbf{u}\psi'_\kappa=\mathbf{u}\sum_\lambda \mathbf{D}(\mathbf{a}_0)_{\lambda\kappa}\psi_\lambda=\sum_\lambda\sum_\mu \mathbf{D}(\mathbf{a}_0)_{\lambda\kappa}\mathbf{D}(\mathbf{u})_{\mu\lambda}\psi_\mu$$
$$=\sum_\mu [\mathbf{D}(\mathbf{u})\mathbf{D}(\mathbf{a}_0)]_{\mu\kappa}\psi_\mu. \tag{26.26}$$

しかしながら，(26.21) によって

$$\mathbf{D}(\mathbf{u})\mathbf{D}(\mathbf{a}_0)=\mathbf{D}(\mathbf{u}\mathbf{a}_0)=\mathbf{D}(\mathbf{a}_0)\mathbf{D}(\mathbf{a}_0^{-1}\mathbf{u}\mathbf{a}_0)^* \tag{26.26 a}$$

したがって

$$\mathbf{u}\psi'_\kappa=\sum_{\mu\lambda}\mathbf{D}(\mathbf{a}_0)_{\mu\lambda}\mathbf{D}(\mathbf{a}_0^{-1}\mathbf{u}\mathbf{a}_0)_{\lambda\kappa}{}^*\psi_\mu=\sum_\lambda \mathbf{D}(\mathbf{a}_0^{-1}\mathbf{u}\mathbf{a}_0)_{\lambda\kappa}{}^*\psi'_\lambda. \tag{26.26 b}$$

ここで (26.21) の関係のみを用いており，演算子 $\mathbf{u}$ と $\mathbf{a}$ の掛け算の法則を用いていないことに注意せよ.

$\mathbf{a}_0^{-1}\mathbf{u}\mathbf{a}_0$ は $\kappa\leqslant l$ に対してユニタリ部分群の中にあるから，$\lambda\leqslant l$ に対して $\mathbf{D}(\mathbf{a}_0^{-1}\mathbf{u}\mathbf{a}_0)_{\lambda\kappa}=\mathbf{\Delta}(\mathbf{a}_0^{-1}\mathbf{u}\mathbf{a}_0)_{\lambda\kappa}$ および $\lambda>l$ に対して $\mathbf{D}(\mathbf{a}_0^{-1}\mathbf{u}\mathbf{a}_0)=0$ となる．したがって

$$\mathbf{u}\psi'_\kappa=\sum_1^l \mathbf{\Delta}(\mathbf{a}_0^{-1}\mathbf{u}\mathbf{a}_0)_{\lambda\kappa}{}^*\psi'_\lambda \qquad (\kappa\leqslant l) \tag{26.27}$$

そして ψ の1次結合である ψ'_κ は l 次元表現に属する

$$\overline{\mathbf{\Delta}}(\mathbf{u})=\mathbf{\Delta}(\mathbf{a}_0^{-1}\mathbf{u}\mathbf{a}_0)^*. \tag{26.27 a}$$

これらの行列がユニタリ部分群を作るということは (26.27) から導かれる．それはまた，$\mathbf{\Delta}$ がこのような表現であり $\mathbf{a}_0^{-1}\mathbf{u}\mathbf{a}_0$ がユニタリであるという事実からも，導かれる．さらに，$\overline{\mathbf{\Delta}}$ は既約でなければならない．というのはこの表現は $\mathbf{D}(\mathbf{u})$ に含まれており，かつこの表現は l より低い次元数の表現を含まないからである.

表現 $\overline{\mathbf{\Delta}}$ の $\mathbf{\Delta}$ に対する関係を以下に議論する．しかし最初に，$\kappa\leqslant l$ に対して波動関数

$$\mathbf{a}\psi_\kappa=\sum \mathbf{D}(\mathbf{a})_{\mu\kappa}\psi_\mu \tag{26.28 a}$$

$$\mathbf{a}\psi'_\kappa=\sum \mathbf{a}\mathbf{D}(\mathbf{a}_0)_{\lambda\kappa}\psi_\lambda=\sum\sum \mathbf{D}(\mathbf{a}_0)_{\lambda\kappa}{}^*\mathbf{D}(\mathbf{a})_{\mu\lambda}\psi_\mu \tag{26.28 b}$$

は，再び $\kappa\leqslant l$ の ψ_κ, ψ'_κ によって1次的に表わされるということを示してみよう．$\mathbf{D}(\mathbf{a})=\mathbf{D}(\mathbf{a}_0)\mathbf{D}(\mathbf{a}_0^{-1}\mathbf{a})^*$ のゆえに，(26.28 a) は簡単に

$$\begin{aligned}\mathbf{a}\psi_\kappa &= \sum \mathbf{D}(\mathbf{a})_{\mu\kappa}\psi_\mu = \sum\sum \mathbf{D}(\mathbf{a}_0)_{\mu\nu}\mathbf{D}(\mathbf{a}_0^{-1}\mathbf{a})_{\nu\kappa}{}^*\psi_\mu \\ &= \sum_1^l \mathbf{\Delta}(\mathbf{a}_0^{-1}\mathbf{a})_{\nu\kappa}{}^*\psi'_\nu. \qquad (\kappa \leqslant l)\end{aligned} \tag{26.29 a}$$

$\mathbf{a}_0^{-1}\mathbf{a}$ がユニタリ部分群の中にあり，そして $\kappa \leqslant l$, したがって $\nu \leqslant l$ に対して $\mathbf{D}(\mathbf{a}_0^{-1}\mathbf{a})_{\nu\kappa} = \mathbf{\Delta}(\mathbf{a}_0^{-1}\mathbf{a})_{\nu\kappa}$, あるいはゼロとなることから，最後の行が導かれる．同様に，$\mathbf{D}(\mathbf{a})\mathbf{D}(\mathbf{a}_0)^* = \mathbf{D}(\mathbf{a}\mathbf{a}_0)$ から，$\kappa \leqslant l$ に対して (26.28 b) より次式が導かれる

$$\mathbf{a}\psi'_\kappa = \sum \mathbf{D}(\mathbf{a}\mathbf{a}_0)_{\mu\kappa}\psi_\mu = \sum_1^l \mathbf{\Delta}(\mathbf{a}\mathbf{a}_0)_{\mu\kappa}\psi_\mu. \tag{26.29 b}$$

次に，$\psi'_\kappa = \mathbf{a}_0\psi_\kappa$ ($\kappa \leqslant l$ に対して) は全部 $\psi_1, \psi_2, \cdots, \psi_l$ の1次結合で表わされることができるか，あるいは ψ'_κ は ψ_λ と1次的独立でありかつ全部の ψ'_κ が1次的独立であるという補題 (lemma) を証明してみよう．この補題の証明の途中に，$\kappa \leqslant l$ に対して ψ_κ と $\psi'_\kappa = \mathbf{a}_0\psi_\kappa$ をしばしば引き合いに出す．したがって，本節の残りにおいて，κ は1と l の間にあると規定した方が便利である．我々は，まず第1に，ψ'_κ は相互に直交であることを注意しよう．それらは1つの既約表現 $\overline{\mathbf{\Delta}}$ の異なる行に属するからである．それゆえ，ψ_κ と ψ'_κ の間の任意の1次関係は次式で与えられる，

$$\sum \alpha'_\kappa\psi'_\kappa = \varphi_1, \qquad \varphi_1 = \sum \alpha_\kappa\psi_\kappa, \tag{26.30}$$

ここで $\varphi_1 \neq 0$. そこで (26.27) と $\mathbf{u}$ の1次性から，すべての $\mathbf{u}\varphi_1$ もまた ψ'_κ の1次結合であり，そしてこれはまた $\mathbf{u}\varphi_1$ のすべての1次結合について成り立つ．したがってすべての ψ'_κ は $\mathbf{u}\varphi_1$ の1次結合としてあらわす．後者はまた ψ_κ の1次結合であるから，(26.30) のような1つの関係式が成り立つならば，すべての ψ'_κ は ψ_κ の1次結合であるということが導かれる．

すべての ψ'_κ を $\mathbf{u}\varphi_1$ の1次結合として求めるために，我々は φ_1 が $\overline{\mathbf{\Delta}}$ の第1行に属するように $\overline{\mathbf{\Delta}}$ を変換する．これはその第1列が $\alpha'_1, \alpha'_2, \cdots, \alpha'_l$ であるようなユニタリ変換によって達成される．それゆえ，φ_1 のパートナー関数は (12.3 a) によって $\mathbf{u}\varphi_1$ の1次結合として求められる．これらから，ψ'_κ は前に述べたユニタリ変換の逆変換によって求められる．以上で補題が証明され

た.

ψ'_κ が ψ_κ の1次結合ならば,(26.24)と(26.29 a)を導いた前の計算から,$\mathbf{u}\psi_\kappa$ と $\mathbf{a}\psi_\kappa$ もまたこれらの関数の1次結合であることになる.この場合に副表現は,l 次元と($f-l$)次元の部分に簡約される.$\mathbf{D}_{\lambda\kappa}$ はすべて,$\mu\leqslant l$, $\lambda>l$ ならばゼロとなり,同様に $\mu>l$, $\lambda\leqslant l$ のときゼロとなる.すべての $\mathbf{D}(\mathbf{u})$ と $\mathbf{D}(\mathbf{a})$ はユニタリであるから,前述のことが成り立つ.結果として,$\mathbf{D}(\mathbf{u})^\dagger=\mathbf{D}(\mathbf{u}^{-1})$ および,(26.22)によって $\mathbf{D}(\mathbf{a})'=\mathbf{D}(\mathbf{a}^{-1})$.$\mathbf{D}(\mathbf{u}^{-1})_{\lambda\mu}$ と $\mathbf{D}(\mathbf{a}^{-1})_{\lambda\mu}$ は,$\lambda>l$, $\mu\leqslant l$ の矩形の中にゼロのみを持つから,行列 $\mathbf{D}(\mathbf{u})_{\lambda\mu}$ と $\mathbf{D}(\mathbf{a})_{\lambda\mu}$ は $\mu>l$, $\lambda\leqslant l$ でゼロのみを持つであろう.

一方,ψ_κ と ψ'_κ がすべて1次的独立の場合には,直交な組を選ぶことができ,その最初の l 個の部分は ψ_κ, 次の l 個の部分は ψ_κ と ψ'_κ の1次結合,そして残りは ψ_κ と ψ'_κ の両方に直交である.これは,関数 $\psi_1, \psi_2, \cdots, \psi_l; \psi'_1, \psi'_2, \cdots, \psi'_l; \psi_{l+1}, \psi_{l+2}, \cdots, \psi_f$ に,Gram-Schmidt の手続きを適用することによって,なされる.そこで,ψ_κ と ψ'_κ はこの組の最初の $2l$ 個の部分の1次結合である.もし $\mathbf{u}$ か $\mathbf{a}$ のいずれかがこの組の最初の $2l$ 個の部分の1つに適用されるならば,結果として生ずる関数は再び最初の $2l$ 個の部分の1次結合となる.このことはまた,この議論に先立って行なわれ,(26.24),(26.27),(26.29 a)および(26.29 b)を導いた計算からも結論される.それゆえ,もし$\mathbf{D}$をちょうどいま述べた規格直交な組に適用するときの形に仮定すると,すべての $\mathbf{D}(\mathbf{u})_{\lambda\mu}$ と $\mathbf{D}(\mathbf{a})_{\lambda\mu}$ は $\lambda\leqslant 2l$, $\mu>2l$ の場合ゼロとなるであろう.そこで前のように,$\mathbf{D}$は2つの部分に分解し,1つは $2l$ 次元,他は($f-2l$)次元となる.最初の部分は,ユニタリ部分群 $\mathbf{\Delta}$ と $\overline{\mathbf{\Delta}}$ の2つの既約表現だけを含む.

いま,全体の $\mathbf{D}$ に適用した上述と同じ手続きを,($f-l$)あるいは($f-2l$)次元の第2の部分に応用することによって $\mathbf{D}$ の簡約が続けられる.この分解の結果として,副表現のあらゆる簡約された部分は,ユニタリ部分群のただ1つの既約表現を含むかあるいはただ2つの表現,$\mathbf{\Delta}(\mathbf{u})$ と $\overline{\mathbf{\Delta}}(\mathbf{u})=\mathbf{\Delta}(\mathbf{a}_0^{-1}\mathbf{u}\mathbf{a}_0)^*$ を含むかのいずれかである.

既約副表現の決定

ユニタリ部分群 $\mathbf{\Delta}$ と $\overline{\mathbf{\Delta}}$ の既約表現は異値か同値かのいずれかである．これら2つの可能性のうち前者はより簡単であり，これを最初に取り扱ってみよう．

1．もし $\mathbf{\Delta}(\mathbf{u})$ と $\mathbf{\Delta}(\mathbf{a}_0^{-1}\mathbf{u}\mathbf{a}_0)^*$ が同値でないならば，2つの波動関数 ψ_κ と $\psi'_\kappa=\mathbf{a}_0\psi_\kappa$ は直交する，なぜならばそれらはユニタリ部分群の異なる表現に属するからである．それゆえ，前節で定義された規格直交な系の最初の $2l$ 個の部分は，ψ_κ と ψ'_κ 自身となる，そして行列 $\mathbf{D}(\mathbf{u})$ と $\mathbf{D}(\mathbf{a})$ は (26.24), (26.27), (26.29 a) および (26.29 b) によって与えられる：

$$\mathbf{D}(\mathbf{u})=\begin{pmatrix}\mathbf{\Delta}(\mathbf{u}) & \mathbf{0}\\ \mathbf{0} & \mathbf{\Delta}(\mathbf{a}_0^{-1}\mathbf{u}\mathbf{a}_0)^*\end{pmatrix} \tag{26.31}$$

$$\mathbf{D}(\mathbf{a})=\begin{pmatrix}\mathbf{0} & \mathbf{\Delta}(\mathbf{a}\mathbf{a}_0)\\ \mathbf{\Delta}(\mathbf{a}_0^{-1}\mathbf{a})^* & \mathbf{0}\end{pmatrix}. \tag{26.31 a}$$

当然，これらの行列に相似変換を行なうことができる．ことに，もし $\mathbf{a}_0$ を群の他の元 $\mathbf{a}_1$ によって置き換えたい場合，$\mathbf{D}$ を次の式によって変換しなければならない

$$\alpha=\begin{pmatrix}\mathbf{1} & \mathbf{0}\\ \mathbf{0} & \mathbf{\Delta}(\mathbf{a}_0^{-1}\mathbf{a}_1)^*\end{pmatrix}.$$

もし $\mathbf{\Delta}(\mathbf{u})$ と $\overline{\mathbf{\Delta}}(\mathbf{u})=\mathbf{\Delta}(\mathbf{a}_0^{-1}\mathbf{u}\mathbf{a}_0)^*$ が異値既約表現ならば，行列の系 (26.31) と (26.31 a) は明らかに既約である．これは反ユニタリ演算子 $\mathbf{a}_0$ の選択によらないということを読者は理解できるであろう．$\mathbf{D}(\mathbf{a})$ は (26.23 b) にしたがって変換しなければならないことに注意せよ．

2．もう1つの場合には，表現 $\mathbf{\Delta}(\mathbf{u})$ と

$$\overline{\mathbf{\Delta}}(\mathbf{u})=\mathbf{\Delta}(\mathbf{a}_0^{-1}\mathbf{u}\mathbf{a}_0)^*=\beta^{-1}\mathbf{\Delta}(\mathbf{u})\beta \tag{26.32}$$

は同値である．ここで2つの場合を区別せねばならない：表現 $\mathbf{D}$ は $\mathbf{\Delta}$ と同じだけの行と列を持っているか，あるいは $\mathbf{\Delta}$ の 2 倍の行と列を持っている．前者の場合 $\mathbf{D}(\mathbf{u})$ はすでに次のように決定されている

$$\mathbf{D}(\mathbf{u})=\mathbf{\Delta}(\mathbf{u}). \tag{26.32 a}$$

後者の場合，$\mathbf{D}(\mathbf{u})$ は次の形を持つと仮定することができる

$$\mathbf{D}(\mathbf{u})=\begin{pmatrix}\mathbf{\Delta}(\mathbf{u}) & \mathbf{0}\\ \mathbf{0} & \mathbf{\Delta}(\mathbf{u})\end{pmatrix}. \tag{26.32 b}$$

ユニタリ演算子に対応する行列は，両方の場合に決定される．$\mathbf{D}(\mathbf{a})$ を決めるためには，表現 $\mathbf{\Delta}$ をより厳密に分析しなければならない．

(26.32) をユニタリ変換 $\mathbf{a}_0^{-1}\mathbf{u}\mathbf{a}_0$ へ適用すると，次の式が成り立つ

$$\mathbf{\Delta}(\mathbf{a}_0^{-2}\mathbf{u}\mathbf{a}_0^{2})^*=\beta^{-1}\mathbf{\Delta}(\mathbf{a}_0^{-1}\mathbf{u}\mathbf{a}_0)\beta \tag{26.33}$$

そして，この式の共軛複素と (26.32) を用いると，次の式が成り立つ．ここで $\mathbf{a}_0^{-2}$ と $\mathbf{a}_0^{2}$ はユニタリ部分群の中にある．

$$\mathbf{\Delta}(\mathbf{a}_0^{-2})\mathbf{\Delta}(\mathbf{u})\mathbf{\Delta}(\mathbf{a}_0^{2})=\mathbf{\Delta}(\mathbf{a}_0^{-2}\mathbf{u}\mathbf{a}_0^{2})=\beta^{*-1}\beta^{-1}\mathbf{\Delta}(\mathbf{u})\beta\beta^*. \tag{26.33 a}$$

行列 $\beta\beta^*\mathbf{\Delta}(\mathbf{a}_0^{-2})$ は既約表現のすべての行列 $\mathbf{\Delta}(\mathbf{u})$ と交換し，したがって定数行列 $\omega\mathbf{1}$ である；

$$\beta\beta^*=\omega\mathbf{\Delta}(\mathbf{a}_0^{2}). \tag{26.34}$$

(26.34) の中のすべての行列はユニタリであるから，$|\omega|=1$ となる．次に，$\omega=\pm1$ を証明しよう．この目的のために，(26.33) に $\mathbf{u}=\mathbf{a}_0^{2}$ を代入してみると，

$$\mathbf{\Delta}(\mathbf{a}_0^{2})^*=\beta^{-1}\mathbf{\Delta}(\mathbf{a}_0^{2})\beta \tag{26.34 a}$$

そして $\mathbf{\Delta}(\mathbf{a}_0^{2})$ を (26.34) によって表わす

$$\omega\beta^*\beta=\beta^{-1}(\omega^{-1}\beta\beta^*)\beta=\omega^{-1}\beta^*\beta. \tag{26.34 b}$$

したがって，$\omega^2=1$, $\omega=\pm1$. それゆえ，

$$\beta\beta^*=\mathbf{\Delta}(\mathbf{a}_0^{2}),\ \beta=\mathbf{\Delta}(\mathbf{a}_0^{2})\beta', \tag{26.35 a}$$

かあるいは

$$\beta\beta^*=-\mathbf{\Delta}(\mathbf{a}_0^{2}),\ \beta=-\mathbf{\Delta}(\mathbf{a}_0^{2})\beta'. \tag{26.35 b}$$

以上の分析は，第24章の第 2 節での分析と非常によく似ている．それは，(26.27 a) によって導き出された表現 $\overline{\mathbf{\Delta}}$ と同値である表現 $\mathbf{\Delta}$ の間の区別を示して

いる．これはまた，共軛複素と同値である表現に対する，潜在的に実な表現と疑実な表現との間の区別と非常によく似ている．与えられた $\boldsymbol{\Delta}$ に対して，反ユニタリ変換 $\mathbf{a}_0$ の選択とは独立に，(26.35 a) あるいは (26.35 b) が成り立つという事実は明らかであろう．

いま，既約な副表現を決定するという問題にもどろう．問題は，あらゆる $\mathbf{a}$ が固定された $\mathbf{a}_0$ と変化する $\mathbf{u}$ を用い $\mathbf{u}\mathbf{a}_0$ と書かれることに注意することによって，簡単化される．(26.21) の第2の方程式によって，

$$\mathbf{D}(\mathbf{u}\mathbf{a}_0)=\mathbf{D}(\mathbf{u})\mathbf{D}(\mathbf{a}_0). \tag{26.36}$$

(26.21) の他の2式の中の $\mathbf{a}$ に対して $\mathbf{u}\mathbf{a}_0$ を導入し，そしてすべての $\mathbf{a}$ をユニタリ演算子と $\mathbf{a}_0$ の積によって置き換えると，これらの式は次のようになる

$$\mathbf{D}(\mathbf{u}\mathbf{a}_0)\mathbf{D}(\mathbf{u}_1)^*=\mathbf{D}(\mathbf{u}\mathbf{a}_0\mathbf{u}_1)=\mathbf{D}(\mathbf{u}\mathbf{a}_0\mathbf{u}_1\mathbf{a}_0^{-1}\cdot\mathbf{a}_0)$$
$$\mathbf{D}(\mathbf{u}_1\mathbf{a}_0)\mathbf{D}(\mathbf{u}_2\mathbf{a}_0)^*=\mathbf{D}(\mathbf{u}_1\mathbf{a}_0\mathbf{u}_2\mathbf{a}_0)=\mathbf{D}(\mathbf{u}_1\cdot\mathbf{a}_0\mathbf{u}_2\mathbf{a}_0^{-1}\cdot\mathbf{a}_0^2).$$

これらに (26.36) を代入し，さらに $\mathbf{D}(\mathbf{u})$ がユニタリ部分群の１つの表現を作ると仮定すると，これらの式は次の式によって置き換えられる

$$\mathbf{D}(\mathbf{u})\mathbf{D}(\mathbf{a}_0)\mathbf{D}(\mathbf{u}_1)^*=\mathbf{D}(\mathbf{u}\mathbf{a}_0\mathbf{u}_1\mathbf{a}_0^{-1})\mathbf{D}(\mathbf{a}_0)=\mathbf{D}(\mathbf{u})\mathbf{D}(\mathbf{a}_0\mathbf{u}_1\mathbf{a}_0^{-1})\mathbf{D}(\mathbf{a}_0) \tag{26.37}$$

$$\mathbf{D}(\mathbf{u}_1)\mathbf{D}(\mathbf{a}_0)\mathbf{D}(\mathbf{u}_2)^*\mathbf{D}(\mathbf{a}_0)^*=\mathbf{D}(\mathbf{u}_1)\mathbf{D}(\mathbf{a}_0\mathbf{u}_2\mathbf{a}_0^{-1})\mathbf{D}(\mathbf{a}_0^2). \tag{26.37 a}$$

もし

$$\mathbf{D}(\mathbf{u}_1)^*=\mathbf{D}(\mathbf{a}_0)^{-1}\mathbf{D}(\mathbf{a}_0\mathbf{u}_1\mathbf{a}_0^{-1})\mathbf{D}(\mathbf{a}_0)$$

があらゆる $\mathbf{u}_1$ に対して成り立つならば，これらの最初の式は満足されるであろう．この式の中で，$\mathbf{u}_1$ を $\mathbf{a}_0^{-1}\mathbf{u}\mathbf{a}_0$ で置き換えると次の式のようになる

$$\mathbf{D}(\mathbf{a}_0^{-1}\mathbf{u}\mathbf{a}_0)^*=\mathbf{D}(\mathbf{a}_0)^{-1}\mathbf{D}(\mathbf{u})\mathbf{D}(\mathbf{a}_0). \tag{26.38}$$

もしこの式がすべての $\mathbf{u}$ について満足されるならば，そしてもし $\mathbf{D}(\mathbf{a})$ が (26.36) によって定義されるならば，(26.21) の第3の方程式は満たされる．いま (26.38) が正しいと仮定しそして (26.37 a) の中で $\mathbf{u}_2$ に対して $\mathbf{a}_0^{-1}\mathbf{u}\mathbf{a}_0$ を導入すると，これは次の式によって置き換えられる

$$\mathbf{D}(\mathbf{a}_0)\mathbf{D}(\mathbf{a}_0)^* = \mathbf{D}(\mathbf{a}_0{}^2). \qquad (26.38\,\mathrm{a})$$

これは（26.21）の最後の式の特別の場合である．しかしながら，前の分析によれば，もし $\mathbf{D}(\mathbf{a}_0)$ が（26.38）と（26.38 a）を満足し，そしてもし他の $\mathbf{D}(\mathbf{a})$ が（26.36）によって定義されるならば，それらはすべての方程式（26.21）を満足するであろう．これは，(26.32 a）あるいは（26.32 b）の $\mathbf{D}(\mathbf{u})$ と共に，（26.21）の解を作るような $\mathbf{D}(\mathbf{a})$ を決定することを一層容易にする．このことは，問題を $\mathbf{D}(\mathbf{a}_0)$ のみを含む式（26.38）と（26.38 a）を解くことに変えてしまう．

まず，$\mathbf{D}$ が $\mathbf{\Delta}$ をただ1度だけ含んでいる場合（26.32 a）を考えよう．(26.32）と（26.38）を比較すると，1つの重要でない因子は別として（405頁の（26.23）の後の注を見よ），次の式が得られる

$$\mathbf{D}(\mathbf{a}_0) = \boldsymbol{\beta}. \qquad (26.39\,\mathrm{a})$$

それゆえ，2つの可能性のうちの1つである（26.35 a）が $\mathbf{\Delta}$ にあてはまるときのみ（26.38 a）が満足され，したがって（26.35 a）が $\mathbf{\Delta}$ に対して正しいときにのみ（26.32 a）が成り立つことができる．逆に，(26.35 a）があてはまるような $\mathbf{\Delta}$ には，(26.36）式によって全体の群の副表現ができあがる，

$$\mathbf{D}(\mathbf{a}) = \mathbf{\Delta}(\mathbf{a}\mathbf{a}_0{}^{-1})\boldsymbol{\beta}. \qquad (26.40\,\mathrm{a})$$

もし $\mathbf{D}$ が $\mathbf{\Delta}$ を2回含むならば，$\mathbf{D}(\mathbf{u})$ は（26.32 b）によって与えられる．これはまた $\mathbf{1}\times\mathbf{\Delta}(\mathbf{u})$ の直積，すなわち，2次元の単位行列と $\mathbf{\Delta}(\mathbf{u})$ の直積として書くことができる．この場合，(26.38）の特解は

$$\mathbf{D}(\mathbf{a}_0) = \begin{pmatrix} \boldsymbol{\beta} & \mathbf{0} \\ \mathbf{0} & \boldsymbol{\beta} \end{pmatrix} = \mathbf{1}\times\boldsymbol{\beta}. \qquad (26.\mathrm{E}.3)$$

そこで（26.38）の最も一般的な解は，(26. E.3）に左から次のような行列を掛けた行列である

$$\begin{pmatrix} c_{11}\mathbf{1} & c_{12}\mathbf{1} \\ c_{21}\mathbf{1} & c_{22}\mathbf{1} \end{pmatrix} = \mathbf{c}\times\mathbf{1} \qquad (26.\mathrm{E}.4)$$

これは（26.32 b）のすべての $\mathbf{D}(\mathbf{u})$ と交換する．これは Schur の補題（第9

章，定理2）から導かれる．(26. E.4) の右辺で $\mathbf{c}$ は任意の 2×2 行列であり，そして (26. E.4) はこのような行列と $\boldsymbol{\Delta}$ と同じ次元数を持つ単位行列との直積である．それゆえ，(26.38) の一般解はこの場合

$$\mathbf{D}(\boldsymbol{\alpha}_0)=\begin{pmatrix}\mathbf{c}_{11}\boldsymbol{\beta} & \mathbf{c}_{12}\boldsymbol{\beta}\\ \mathbf{c}_{21}\boldsymbol{\beta} & \mathbf{c}_{22}\boldsymbol{\beta}\end{pmatrix}=\mathbf{c}\times\boldsymbol{\beta}. \tag{26.39 b}$$

$\mathbf{D}(\boldsymbol{\alpha}_0)$ はユニタリでなければならないから，$\mathbf{c}$ はユニタリでなければならない．$\mathbf{D}(\boldsymbol{\alpha}_0)$ に対する第2の条件 (26.38 a) より

$$(\mathbf{c}\times\boldsymbol{\beta})(\mathbf{c}^*\times\boldsymbol{\beta}^*)=\mathbf{c}\mathbf{c}^*\times\boldsymbol{\beta}\boldsymbol{\beta}^*=\mathbf{D}(\boldsymbol{\alpha}_0{}^2)=\mathbf{1}\times\boldsymbol{\Delta}(\boldsymbol{\alpha}_0{}^2).$$

この式の中の $\mathbf{1}$ は2次元単位行列である．$\boldsymbol{\beta}\boldsymbol{\beta}^*=\pm\boldsymbol{\Delta}(\boldsymbol{\alpha}_0{}^2)$ から，$\mathbf{c}\mathbf{c}^*=\pm\mathbf{1}$ となる．我々は，この場合下の符号が成り立つと仮定する；もし上の符号（それゆえ (26.35 a)）が成り立つならば表現は可約であることが後で示されるであろう．そこでユニタリ条件 $\mathbf{c}\mathbf{c}^\dagger=\mathbf{1}$ から $\mathbf{c}^*=-\mathbf{c}^\dagger=-\mathbf{c}^{*\prime}$，すなわち，$\mathbf{c}$ は反対称であることが導かれる．すべての $\mathbf{D}(\boldsymbol{\alpha})$ に共通な因子は勝手にとってよいから，我々は次のように置くことができ

$$\mathbf{c}=\begin{pmatrix}0 & 1\\ -1 & 0\end{pmatrix},$$

そしてこれは，表現 $\boldsymbol{\Delta}$ に対して，(26.35 b) の可能性の方が正しいとき，次の式を与える

$$\mathbf{D}(\boldsymbol{\alpha})=\begin{pmatrix}0 & \boldsymbol{\Delta}(\mathbf{a}\mathbf{a}_0{}^{-1})\boldsymbol{\beta}\\ -\boldsymbol{\Delta}(\mathbf{a}\mathbf{a}_0{}^{-1})\boldsymbol{\beta} & \mathbf{0}\end{pmatrix}. \tag{26.40 b}$$

ここで，$\mathbf{c}\mathbf{c}^*=\mathbf{1}$ の場合だけ考えてみる必要がある．この場合，$\mathbf{c}$ は対称なユニタリ行列である．(24.4 b) によって，それは $\mathbf{r}^{-1}\boldsymbol{\omega}\mathbf{r}$ の形に書くことができ，ここで $\mathbf{r}$ は実直交行列で $\boldsymbol{\omega}$ は対角行列である．それゆえ，もし $\mathbf{D}$ が次の式によって変換されるならば

$$\boldsymbol{\alpha}=\mathbf{r}^{-1}\times\mathbf{1} \tag{26.41}$$

($\mathbf{r}$ は2次元；$\mathbf{1}$ は l 次元である)，$\mathbf{D}(\mathbf{u})=\mathbf{1}\times\boldsymbol{\Delta}$ は変わらないが，$\mathbf{D}(\boldsymbol{\alpha}_0)=\mathbf{c}\times\boldsymbol{\beta}$ は $(\mathbf{r}\times\mathbf{1})(\mathbf{r}^{-1}\boldsymbol{\omega}\mathbf{r}\times\boldsymbol{\beta})(\mathbf{r}^{-1}\times\mathbf{1})=\boldsymbol{\omega}\times\boldsymbol{\beta}$ に変わる．それゆえ，表現は (26.40 a)

の型の２つの l 次元表現に分解する．

総括すれば，３つの型の既約副表現，すなわち，(26.21) の既約な解，がある．我々が最初に考えたがしかし**第３の型**とよばれる型はユニタリ部分群の２つの異値既約表現，$\mathbf{\Delta}$ と

$$\overline{\mathbf{\Delta}}(\mathbf{u})=\mathbf{\Delta}(\mathbf{a}^{-1}\mathbf{u}\mathbf{a})^{*}, \tag{26.27 a}$$

を含む，ここで $\mathbf{a}$ は任意の反ユニタリ演算子である．$\overline{\overline{\mathbf{\Delta}}}$ と $\mathbf{\Delta}$ は同値であることに注意せよ；表現 $\mathbf{\Delta}$ と $\overline{\mathbf{\Delta}}$ の間の関係は相反的である．第１の型の副表現はユニタリ部分群のただ１つの既約表現 $\mathbf{\Delta}$ を含む．この場合 — これは最もしばしば起こる場合であるが— $\mathbf{\Delta}$ と $\overline{\mathbf{\Delta}}$ は同値である；$\mathbf{\Delta}$ を $\overline{\mathbf{\Delta}}$ に変換するような行列 $\boldsymbol{\beta}$ は $\boldsymbol{\beta}\boldsymbol{\beta}^{*}=\mathbf{\Delta}(\mathbf{a}_0{}^2)$ の式を満足する．副表現の最後の型，これを**第２の型**とよぶ，はユニタリ部分群の同じ既約表現 $\mathbf{\Delta}$ を２回含む．この $\mathbf{\Delta}$ はまた $\overline{\mathbf{\Delta}}$ に同値であるがしかしこの場合，$\overline{\mathbf{\Delta}}$ を $\mathbf{\Delta}$ に変換するような行列 $\boldsymbol{\beta}$ に対して $\boldsymbol{\beta}\boldsymbol{\beta}^{*}=-\mathbf{\Delta}(\mathbf{a}_0{}^2)$ が成り立つ．副表現の第３の型においては，$\mathbf{\Delta}$ と $\overline{\mathbf{\Delta}}$ は異値である．副表現の３つの型は (26.32 a) および (26.40 a) によって，(26.32 b) および (26.40 b) によって，そして (26.31) および (26.31 a) によって与えられる．このように列挙してみると，各ユニタリ部分群の既約表現は１つの既約副表現だけに含まれることになる．$\mathbf{\Delta}$ と $\overline{\mathbf{\Delta}}$ が同値ならば，$\mathbf{\Delta}$ が (26.35 a) を満足するとき，$\mathbf{\Delta}$ はただ１度だけ副表現に含まれ，$\mathbf{\Delta}$ が (26.35 b) を満足するとき２回含まれる．また副表現の既約部分はユニタリ部分群に対応するような行列の既約部分によって，それゆえユニタリ部分群の指標によって，完全に決定されることになる．副表現は，ちょうど表現のように，２つの本質的に異なる方法で既約部分に分解されることはできない．最後に，反ユニタリ演算子は，ユニタリ部分群によって与えられた量子数以外に新しい量子数を導入することはない．[4] それらが固有値の間の一致の原因となり得る．このようにし

[4] これは素粒子論における“型”と矛盾しない．これらは，同じ物理的対称性を表わすような対称演算子の群において，異なる．したがって，１の型と２の型の粒子に対して $\boldsymbol{\theta}^2=(-1)^{2s}$，３の型と４の型の粒子に対して $\boldsymbol{\theta}^2=-(-1)^{2s}$，ここで s は粒子のスピンである．演算子の群は異なる型に対して異なる掛け算法則を持つ；掛け算法則の各集合は，ただ１つの副表現を持つ．

て，もし Δ と $\overline{\Delta}$ が異値ならば，表現 Δ を持つ固有値は常に表現 $\overline{\Delta}$ を持つ固有値と一致する．反ユニタリ対称演算子はまた行列要素がゼロになることの原因となり得る．

前述の計算においてたとえどの反ユニタリ演算子が $\mathbf{a}_0$ の役割を演ずるとしても，ユニタリ表現の副表現への拡張は同じ型が得られる，ということを証明するのは読者のために有用であろう．これは，もし(26.32)において $\mathbf{a}_0$ が他のユニタリ演算子 $\mathbf{u}_0\mathbf{a}_0$ によって置き換えられたとき，(26.32)の Δ がそれに同値ならば，対応する $\overline{\Delta}$ は Δ と同値であるということを証明することに等しい．もし $\mathbf{a}_0$ が $\mathbf{u}_0\mathbf{a}_0$ によって置き換えられるならば，(26.32)の β は $\gamma=\Delta(\mathbf{u}_0)\beta$ によって置き換えられなければならないことがわかる．第2に，β が(26.35 a)を満たすかあるいは(26.35 b)を満たすかによって，γ は $\mathbf{a}_0$ の代わりに $\mathbf{u}_0\mathbf{a}_0$ を入れた同じ式を満足するであろう．一定の Δ を含む副表現は，演算子 $\mathbf{a}_0$ の選び方に依存しないから，これらのことはすべてまた，前述の理論から導かれる．

時間反転不変性の結論

完全な回転対称性が存在する場合をまず考えよう．$\mathbf{a}_0$ として時間反転の演算子 θ 自身を選ぶことは自然と思われる．結論は，もちろん，この選択によらない．(26.17)および(26.32)から，この場合 $\overline{\Delta}=\Delta^*$ あるいは，表現に対する標準的表記法を用いると次の式になることがわかる

$$\overline{\mathfrak{D}}^{(J)}=\mathfrak{D}^{(J)*}. \tag{26.42}$$

$\mathfrak{D}^{(J)}$ をこの形に変換するような行列 β は，(24.3)の $\mathbf{C}^{-1}=\mathbf{C}^{\dagger}$ である．それゆえ $\beta\beta^*=\mathbf{C}^{-1}\mathbf{C}^{\dagger *}=\mathbf{C}^{-1}\mathbf{C}'$ であり，整数の J に対して $\mathbf{C}'=\mathbf{C}$ であるから，$\beta\beta^*=\mathbf{1}$ となる．我々はこの場合 $\theta^2=\mathbf{1}$ であることを知っており，これはスピンを無視するような単純な Schrödinger 理論かあるいは偶数個の電子の場合のいずれかに対応する．それゆえ(26.35 a)は正しく，そして副表現はすべて第1の型である．電子の数が奇数のとき，同じことが正しい．この場合 J は奇数でありそして $\beta\beta^*=\mathbf{C}^{-1}\mathbf{C}'=-\mathbf{C}\mathbf{C}^{\dagger}=-\mathbf{1}$，なぜならばこの場合 $\mathbf{C}=-\mathbf{C}'$ だ

からである．電子の数が奇数ならば $\theta^2=-1$ であるから，再びすべての副表現は第1の型である．完全対称の場合には，時間反転によってより以上の縮退が現われることはない．

しかしながら，時間反転の考察より固有関数の実数性に関する重要な結果が導かれる．(26.39 a) あるいは (26.40 a) によって，この場合 $\mathbf{D}(\mathbf{a}_0)=\mathbf{D}(\theta)=\boldsymbol{\beta}=\mathbf{C}$ となるから，単純な Schrödinger 理論においては次のように書くことができる

$$\theta\psi_\mu{}^l=\psi_\mu{}^{l*}=\sum_{\mu'}\mathbf{C}_{\mu'\mu}\psi_{\mu'}{}^l=(-)^{l-\mu}\psi_{-\mu}{}^l. \tag{26.43}$$

ここで (24.6) で与えられた $\mathbf{C}$ の形を代入した．(26.43) は位相因子を一定の値に選んだことに相当することに注意せねばならない；このような選択は，$\mathbf{D}(\mathbf{a})$ が (26.39 a) において $\omega\boldsymbol{\beta}$ よりむしろ $\boldsymbol{\beta}$ に等しいと置かれたとき，なされた．[5] いまの場合に，$l-\mu$ が偶数ならば $\psi_\mu{}^l$ と $\psi_{-\mu}{}^l$ は共軛複素であり，$l-\mu$ が奇数ならば $-\psi_\mu{}^l$ と $\psi_{-\mu}{}^l$ は共軛複素である．ことに，$\psi_0{}^l$ は偶数の l に対して実数，奇数の l に対して純虚数である．He 原子の波動関数 (19.18) の中の $G_\mu{}^l$ に対して同じ結果が導かれる．そこで (19.19) および (19.19 a) から G は偶の状態に対してすべて実数であり，奇の状態に対してすべて純虚数であるということになる．もちろん，1つの表現の異なる行に属するようなすべての波動関数に共通因子を掛けることによって，すべての実数特性を変えることは可能であろう．

スピンを考慮するような理論では，(26.43) は次の式によって置き換えられる

$$\begin{aligned}\theta\Psi_M{}^J(\cdots,x_k,y_k,z_k,s_k,\cdots)&=i^{-s_1-s_2-\cdots-s_n}\Psi_M{}^J(\cdots,x_k,y_k,z_k,-s_k,\cdots)^*\\&=\sum_{M'}\mathbf{C}_{M'M}\psi_{M'}{}^J(\cdots,x_k,y_k,z_k,s_k,\cdots)=(-)^{J-M}\Psi_{-M}{}^J(\cdots,x_k,y_k,z_k,s_k,\cdots).\end{aligned} \tag{26.43 a}$$

---

[5] 位相のこの選択は，第15章に具体的に述べた波動関数において用いた位相と因子 i^l だけ異なる．球関数は時々この因子を含むように定義した方が都合がよい．たとえば，L. C. Biedenharn, J. M. Blatt and M. E. Rose, *Rev. Mod. Phys.* **24**, 249 (1952) 参照．

この場合に，$\Psi_M{}^J$ と $\Psi_{-M}{}^J$ は逆のスピン方向の関係にある．このようにたとえば，$M=0$ ならば，J とスピン角運動量の Z 成分が共に偶数，あるいは共に奇数ならば波動関数は実数である；J が偶数でスピン角運動量の Z 成分が奇数，あるいはその逆のとき $\Psi_0{}^J$ は純虚数である．

上述の考察は波動関数についての知識を与えるので，第19章の考察に対応している．これから，行列要素の大きさについて結論を引き出すことができる．あるいは，行列要素を直接に考えることもできる．これは第21章でなされ，そこでは既約テンソルの概念が導入された．第21章と同様な考察を，反ユニタリ演算子によってもまた行なうことができる．たとえば，時間の奇数巾を含むような，すなわち，(26.12) が成り立つような１つの（すなわち，スカラー）対称演算子 $\mathbf{p}$ を考えよう．このような演算子は，たとえば，粒子のいずれかに対して座標ベクトルとスピン（または軌道）角運動量のスカラー積

$$x\mathbf{S}_x+y\mathbf{S}_y+z\mathbf{S}_z \quad \text{あるいは} \quad x\mathbf{L}_x+y\mathbf{L}_y+z\mathbf{L}_z$$

あるいは座標と速度のスカラー積，等である．このような演算子の期待値は，偶然縮退がない限りどんな定常状態に対しても，ゼロである．実際，

$$(\sum a_\mu \Psi_\mu{}^J,\ \mathbf{p}\sum a_\nu \Psi_\nu{}^J) \tag{26.E.5}$$

において混合された項 $\mu\neq\nu$ はゼロとなる，なぜならば $\Psi_\mu{}^J$ と $\mathbf{p}\Psi_\nu{}^J$ は表現の異なる行に属するからである．さらに，$\mu=\nu$ の項もゼロとなる．これは (26.8) と (26.43a) から次のようにして明らかとなる：

$$\begin{aligned}(\Psi_\mu{}^J,\ \mathbf{p}\Psi_\mu{}^J)&=(\theta\mathbf{p}\Psi_\mu{}^J,\ \theta\Psi_\mu{}^J)=-(\mathbf{p}\theta\Psi_\mu{}^J,\ \theta\Psi_\mu{}^J)\\&=-(-1)^{2J-2\mu}(\mathbf{p}\Psi_{-\mu}{}^J,\ \Psi_{-\mu}{}^J)=-(\Psi_{-\mu}{}^J,\ \mathbf{p}\Psi_{-\mu}{}^J).\end{aligned} \tag{26.44}$$

$2J-2\mu$ はつねに偶数でありそして $\mathbf{p}$ は，物理量として，エルミートであるから，最後の部分が導かれる．(26.44) によって，$(\Psi_\mu, \mathbf{p}\Psi_\mu)$ は μ と $-\mu$ に対して逆の符号を持つ．Ψ_μ と $\Psi_{-\mu}$ はパートナー関数であるからそして $\mathbf{p}$ は対称な演算子であるから，２つの式は等しくなければならない．ゆえに，それらはゼロとなり，そして式 (26.E5) もまたゼロとなる．多くの同様な例があ

り，そのうちのあるものは行列要素が実数あるいは純虚数であると結論される．このように，たとえば，$\mathbf{p}$ が上に列挙された条件を満足するが，しかし

$$(\Psi_\mu{}^J,\ \mathbf{p}\Phi_\mu{}^J) \tag{26.E.6}$$

の中の2つの波動関数が全く等しくはないならば，スカラー積は純虚数である．このことは，$\Psi_\mu{}^J$ と $\Phi_\mu{}^J$ の位相が，副表現が両方に対して同じ形を持つように，たとえば (26.43 a) が両方について成り立つように，決定されるということを前提とする．もし $\mathbf{p}$ があるベクトル演算子の Z 成分であり，時間反転に関して同様な性質であるならば，(26.E.6) は実数である．これらの結果は (26.44) で行なった議論によって求められ，任意の階の既約テンソル演算子に正しく一般化することができる．

いま，**空間対称のない**逆の場合を考えよう．この場合，ユニタリ部分群は単位元になりしたがって $\mathbf{\Delta}=(1)$．それゆえ，$\mathbf{\Delta}$ と $\overline{\mathbf{\Delta}}$ は全く等しくそして β は法1の任意の数である．このように $\beta\beta^*=(1)$． これに反して，電子の数が偶数ならば $\theta^2=1$ であるが，電子の数が奇数ならば $\theta^2=-1$ である． 結果として，副表現（ただ1つある）は前者の場合第1の型であるが，電子の数が奇数でスピンが考慮されるときは第2の型である．後者の場合に，すべての固有値は2重に縮退している：もし $\beta=(1)$ と選ぶならば，2つの波動関数 ψ_1, ψ_2 は時間反転のもとで (26.40 b) に従って変換する

$$\theta\psi_1=-\psi_2 \quad \theta\psi_2=\psi_1. \tag{26.45}$$

これは Kramers の縮退のもとの形である．縮退の事実はすでに，もし θ が $\theta^2=-1$ であるような反ユニタリ演算子であるならば，ψ と $\theta\psi$ は常に直交であるという事実から導かれる．これは (26.8) から導かれる

$$(\psi,\ \theta\psi)=(\theta\theta\psi,\ \theta\psi)=(-\psi,\ \theta\psi). \tag{26.45 a}$$

一方，偶数個の電子の場合，あるいは単純な Schrödinger 理論では，縮退はなくそして

$$\theta\psi=\psi \tag{26.46}$$

が，適当に選ばれた位相因子を持つあらゆる定常状態に対して成り立つ．空間

対称のない，しかし時間反転に関して不変な，このような場合は，たとえば，低い対称性を持った結晶でよく起こる．非対称な電場の中の原子に対する問題で重要となる．

最後の例として，Z 方向をむいた一様な磁場の場合を考えよう．ユニタリ部分群は第18章で決定された；それは Z 軸のまわりのすべての回転 $\mathbf{O}_{\{\alpha,0,0\}}$ と，これらの回転と空間反転 $\mathbf{O}_I$ の積から成り立っている．ここで興味ある点は，時間反転それ自体では対称な演算でなく，時間反転と磁場の方向を逆にする演算子との積のみが対称な演算であるということである．XY 平面内の任意の軸のまわりの π だけの回転はこれをなし遂げる．また Z 軸を通る任意の平面についての鏡像も同様である．時間反転と Y 軸のまわりの π だけの回転との積 $\boldsymbol{\theta}\mathbf{O}_{\{0,\pi,0\}}$ を $\mathbf{a}_0$ として選んでみよう．$\boldsymbol{\theta}$ と $\mathbf{O}_R$ は交換するから，

$$\mathbf{a}_0{}^{-1}\mathbf{O}_{\{\alpha,0,0\}}\mathbf{a}_0=\mathbf{O}_{\{0,\pi,0\}}{}^{-1}\boldsymbol{\theta}^{-1}\mathbf{O}_{\{\alpha,0,0\}}\boldsymbol{\theta}\mathbf{O}_{\{0,\pi,0\}}=\mathbf{O}_{\{0,\pi,0\}}{}^{-1}\mathbf{O}_{\{\alpha,0,0\}}\mathbf{O}_{\{0,\pi,0\}}=\mathbf{O}_{\{-\alpha,0,0\}}.$$

$\boldsymbol{\beta}$ を定義している (26.32) 式は，空間反転を含んでいる方程式と共に，次のようになる

$$\boldsymbol{\Delta}(\{-\alpha,0,0\})^*=\boldsymbol{\beta}^{-1}\boldsymbol{\Delta}(\{\alpha,0,0\})\boldsymbol{\beta}. \tag{26.47}$$

しかしながら，これは自動的に満足される．$\boldsymbol{\Delta}(\{\alpha,0,0\})=(e^{im\alpha})$ であるから，(26.47) 式は再び $\boldsymbol{\beta}=(\omega)$ を与える．そしてすべての副表現は第1の型である．予想されていたように，すべての固有値は磁場があるとき単純である．しかしながら，$\boldsymbol{\beta}$ に対して単位行列をとるならば，(26.39 a) は次のことを述べる

$$\boldsymbol{\theta}\mathbf{O}_{\{0,\pi,0\}}\psi_\mu=\psi_\mu, \tag{26.47 a}$$

あるいは，(26.15 c) を用い $\boldsymbol{\theta}$ に $(-i)^n\mathbf{Q}_{\{0,\pi,0\}}\mathbf{K}$ を代入し，そして $\mathbf{O}_{\{0,\pi,0\}}$ に $\mathbf{P}_{\{0,\pi,0\}}\mathbf{Q}_{\{0,\pi,0\}}$ を代入すると

$$(-i)^n\mathbf{Q}_{\{0,\pi,0\}}\mathbf{K}\mathbf{P}_{\{0,\pi,0\}}\mathbf{Q}_{\{0,\pi,0\}}\psi_\mu=\psi_\mu.$$

$\mathbf{P}$ と $\mathbf{Q}_{\{0,\pi,0\}}$ は実であるから，そして後者の2乗は $(-1)^n$ であるから，次の式が導かれる

$$i^n \mathbf{P}_{\{0,\pi,0\}} \psi_\mu{}^* = \psi_\mu, \tag{26.47 b}$$

あるいは

$$i^n \psi_\mu(-x_1, y_1, -z_1, s_1, \cdots, -x_n, y_n, -z_n, s_n)^* \\ = \psi_\mu(x_1, y_1, z_1, s_1, \cdots, x_n, y_n, z_n, s_n), \tag{26.47 c}$$

これは Z 軸に沿って強い一様な磁場がある場合成り立つ．$\boldsymbol{\beta}=(1)$ の意味する位相因子の選択は，(26.43 a) において $M=\mu$ を持つ $\Psi_M{}^J$ に対する位相因子の選択が意味するものと同じであるから，(26.47) 式は位相因子を変えることなしにまた $\Psi_M{}^J$ に対して成り立つ．これらは (26.43 a)から，それに $\mathbf{O}_{\{0,\pi,0\}}$ を作用させ，$\mathfrak{D}^{(J)}(\{0,\pi,0\})$ の実際の形と $\Psi_M{}^J$ の変換性を用いることによって求められる．

第27章　表現係数，3–j および 6–j 記号の物理的解釈と古典的極限

表現係数，3–j 記号および Racah 係数はすべて典型的に量子力学的な量である．すべての量子力学的な量と同じく，それらは確率振巾として解釈することができる．本章の第1の目的は，これを詳細に述べることである．

角運動量の値[1] $j\hbar$ と与えられた方向に対するその成分 $\mu\hbar$ を，1つの状態に対して同時に指定することができる．角運動量とその Z 成分がそのように指定されるような状態を表わす波動関数は $\Psi_\mu{}^j$ である．しかしながら，運動量の2つの成分を同時に指定することは不可能である．角運動量の Z' 方向への射影が $\mu\hbar$ であるような状態の波動関数は $\mathbf{O}_R\Psi_\mu{}^j$ である．ここで R は，Z' を Z に移す回転である．しかしながら，$j=0$ の場合を除いて，状態 $\mathbf{O}_R\Psi_\mu{}^j$ において角運動量の Z 成分はある特定の値を持たない；実際方程式

$$\mathbf{O}_R\Psi_\mu{}^j=\sum_{\mu'}\mathfrak{D}^{(j)}(R)_{\mu'\mu}\Psi_{\mu'}{}^j \tag{27.1}$$

は，角運動量の Z 成分のすべての可能な値が，一般に，有限の確率を持つということを示している．値 $\mu'\hbar$ に対する確率は，(27.1) における $\Psi_{\mu'}{}^j$ の展開係数の絶対値の2乗である；すなわち，それは $|\mathfrak{D}^{(j)}(R)_{\mu'\mu}|^2$ である．これが表現係数の最も簡単な物理的解釈である．3–j 記号や 6–j 記号についても，同様な解釈を後で述べる．

量子数が大きくなると，古典的概念がますます正しくなる．したがって，すべての方向についてせまい領域に局限されるような角運動量をもった状態を定義することが可能でなければならない．これは以下に証明されるであろう．同様に，3–j 記号および 6–j 記号は，大きな量子数の極限において，通常の幾何学的概念による解釈が可能でなければならない．このような解釈は，これら

---

[1] 角運動量の2乗は $j(j+1)\hbar^2$ であるという方が，量子力学の一般原理と一層よく一致する．

の記号の対称性を明らかに表現していなければならない．これは確かにそのようになるであろう．しかしながら，量子力学的な量をそれらの古典的類似へ接近させることは決して簡単でない：添字の少なくとも1つに関して適度の領域での平均が行なわれたときにのみ，それらは古典的極限に近づく．以下でより詳細に記述される方法で，それらはそれぞれ平均のまわりに振動する．

表 現 係 数

実行可能な考察による

$$|\mathfrak{D}^{(j)}(R)_{\mu'\mu}|^2=[\boldsymbol{d}^{(j)}(\beta)_{\mu'\mu}]^2 \tag{27.E.1}$$

の解釈は，少なくとも原理的には前の節に述べられている．(27.E.1) の式は，角運動量の Z' 成分が $\mu\hbar$ で全角運動量[1)] が $j\hbar$ のとき，この量の Z 成分が $\mu'\hbar$ である確率を与える．回転 R は，Z' 方向を Z 方向に移す．Z と Z' の間の角度は β であり，そして実際，(27.E.1) は β にのみ依存し，回転 R の他の Euler 角に依存しない．1 個の電子のスピン変換行列に対する同様な解釈は，(20.20) の後に与えられている；(27.E.1) の中に暗に含まれている表現係数の解釈は，特に Güttinger[2)] によって強調された．

表現係数に関する前述の解釈から，幾つかの関係式が導かれる．これらの中で最も明らかなものは，(27.E.1) が μ' と μ について対称でなければならない，ということである．次のことを証明することは容易である

$$\boldsymbol{d}^{(j)}(\beta)_{\mu'\mu}=(-)^{\mu-\mu'}\boldsymbol{d}^{(j)}(\beta)_{\mu\mu'}. \tag{27.2}$$

その他の関係は (24.7) と (19.14) であり，その **2 乗**は (27.E.1) の解釈に暗に含まれている．

(27.1) で $\mu=j$ と置くと，角運動量が Z' に平行であるような状態が得られる．そこで，角運動量の Z 成分が $\mu\hbar$ となる確率は，(27.2) と (15.27a) によって，次の式で与えられる

---

2) P. Güttinger, *Z. Physik.* **73**, 169 (1932).

$$P(\mu)=\binom{2j}{j-\mu}\cos^{2j+2\mu}\tfrac{1}{2}\beta\sin^{2j-2\mu}\tfrac{1}{2}\beta. \qquad (27.3)$$

もし j が大きいならば，この式は $\mu_0=j\cos\beta$ の付近で極大を持つと期待されるだろう―この値は μ が古典論でとる値である．もし $\mu_0=j\cos\beta$ が整数であると仮定するならば，確率 $P(\mu)$ は最も容易に μ_0 の近くで計算されることができる．j は大きいから，これは本質的制限でない．そこで，もし $\mu>\mu_0$ ならば

$$\begin{aligned}P(\mu)&=\frac{(2j)!}{(j-\mu)!(j+\mu)!}\cos^{2j+2\mu}\tfrac{1}{2}\beta\sin^{2j-2\mu}\tfrac{1}{2}\beta\\&=\frac{(j-\mu_0)(j-\mu_0-1)\cdots(j-\mu+1)}{(j+\mu_0+1)(j+\mu_0+2)\cdots(j+\mu)}(\tan^2\tfrac{1}{2}\beta)^{\mu_0-\mu}P(\mu_0),\end{aligned}$$

あるいは

$$\tan^2\tfrac{1}{2}\beta=\frac{1-\cos\beta}{1+\cos\beta}=\frac{j-\mu_0}{j+\mu_0},$$

であるから，

$$P(\mu)=\frac{1\left(1-\dfrac{1}{j-\mu_0}\right)\left(1-\dfrac{2}{j-\mu_0}\right)\cdots\left(1-\dfrac{\mu-\mu_0-1}{j-\mu_0}\right)}{\left(1-\dfrac{1}{j+\mu_0}\right)\left(1+\dfrac{2}{j+\mu_0}\right)\cdots\left(1+\dfrac{\mu-\mu_0}{j+\mu_0}\right)}P(\mu_0).$$

もし $\mu-\mu_0\ll j\pm\mu_0$ ならば，これは次の式にほとんど等しい

$$\begin{aligned}P(\mu)&\approx\frac{e^{-(\mu-\mu_0)^2/2(j-\mu_0)}}{e^{(\mu-\mu_0)^2/2(j+\mu_0)}}P(\mu_0)\\&=e^{-j(\mu-\mu_0)^2/(j^2-\mu_0{}^2)}P(\mu_0).\end{aligned} \qquad (27.4)$$

$\mu<\mu_0$ のときにも同じ公式が成り立つ．量子論においては，$P(\mu)$ は μ_0 の値のまわりで Gauss 分布を示し，μ_0 は古典論における μ の値となる．仮に $\mu\neq j$ を持つ状態 $\mathbf{O}_R\Psi_\mu{}^j$ を考えるならば，結果はこのように単純ではなかったであろう，なぜならばこのような状態の角運動量は，古典論においてさえも，Z' と角度 ϑ をなすあらゆる方向を取ることができる．ここで $\cos\vartheta=\mu/j$．$\mu=\pm j$ のときにのみこの方向は一義的である；この場合には，おのおの，Z'

と $-Z'$ に一致する．

ベクトル結合係数

3-j 係数あるいはベクトル結合係数の最も直接の物理的解釈は (24.20)，あるいは多数の同等の関係式の中に含まれている．(24.20) によって

$$(2j+1)\begin{pmatrix} j & \kappa & \lambda \\ m & j_1 & j_2 \end{pmatrix}^2 = (2j+1)\begin{pmatrix} j & j_1 & j_2 \\ -m & \kappa & \lambda \end{pmatrix}^2 \tag{27.E.2}$$

は，ベクトル[3] $\mathbf{j}_1$ と $\mathbf{j}_2$ が合成され $\mathbf{j}$ となり，そして $\mathbf{j}$ の方向としてその Z 成分が m となるとき，ベクトル $\mathbf{j}_1$ と $\mathbf{j}_2$ の Z 成分が κ と λ となる確率である．$\mathbf{j}$, $\mathbf{j}_1$, $\mathbf{j}_2$ の関係は，もし $\mathbf{j}$ が $-\mathbf{j}$ によって置き換えられ，したがって3つのベクトル $\mathbf{j}_1$, $\mathbf{j}_2$, $\mathbf{j}$ がゼロに合成されるならば，より対称化される．古典論における事情は第14図に説明される．ベクトル $\mathbf{j}_1$ は円上のどの点に向いていてもよい．次にベクトル $\mathbf{j}_2$ はその点から出発する．もしベクトル $\mathbf{j}_1$, $\mathbf{j}_2$, $\mathbf{j}$ の長さ j_1, j_2, j とこれらのZ軸上の射影 κ, λ と m（ここで $\kappa+\lambda+m=0$）が与えられるならば，ベクトル $\mathbf{j}_1$, $\mathbf{j}_2$, $\mathbf{j}$ の全体の配位は，Z 軸のまわりに全体の図が回転されてもよいということを除いて，決定されることは明らかである．ゆえに，数 j_1, j_2, j, κ, λ, m は，Z 軸のまわりの回転のもとで不変であるような図の幾何学的性質によって，決定される．

第14図において等しい長さを持つ円弧は，$\mathbf{j}_1$ の終点として同等の確率をもっている．それゆえ，もし単位時間に円を画きおわるように円上を一定の割合で進むならば，$z=\kappa$ の平面と $z=\kappa+1$ の平面との間で費される時間はZ軸上への $\mathbf{j}_1$ の射影の値 κ の確率を与えるであろう．$z=\kappa$ の平面上の点 P で，円の接線の方向は $\mathbf{j}_1\times\mathbf{j}_2$，この方向における単位ベクトルは $(\mathbf{j}_1\times\mathbf{j}_2)/|(\mathbf{j}_1\times\mathbf{j}_2)|$ である．この Z 方向における射影は $(\mathbf{j}_1\times\mathbf{j}_2)\cdot\mathbf{e}_z/|(\mathbf{j}_1\times\mathbf{j}_2)|$，ここで $\mathbf{e}_z$ は Z 方向における単位ベクトルである．それゆえ，もし速度 v で円上を進むならば，Z 方向において次のような速度で進み

[3] この章では，前の章で用いた約束（ベクトルはドイツ文字で表わす）をやめ，ベクトルに対して太文字を用いる．こうしても，ここではベクトルと演算子の間に混乱は起こりそうにない．

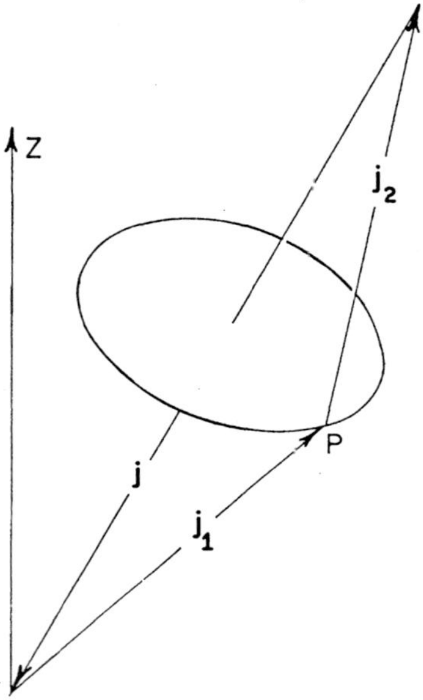

第14図. 3-j 記号の幾何学的解釈．角運動量 $\mathbf{j}_1$ と $\mathbf{j}_2$ は，Z 成分 m を持つ全角運動量 $\mathbf{j}$ に合成される．このような状況のもとで，$\mathbf{j}_1$ と $\mathbf{j}_2$ のZ成分がおのおの κ と $\lambda=m-\kappa$ である確率は（27. E. 2）によって与えられる．この確率の漸近値は，$Z=\kappa$ の平面と $Z=\kappa+1$ の平面との間にある円弧の全長に比例する．

$$v\frac{(\mathbf{j}_1\times\mathbf{j}_2)\cdot\mathbf{e}_z}{|(\mathbf{j}_1\times\mathbf{j}_2)|},$$

そして $z=\kappa$ と $z=\kappa+1$ の平面の間で費す時間はこの量の逆数あるいは，むしろ，この逆数の2倍である，なぜならば円上をまわるとき，zの間隔（κ, $\kappa+1$）を2回通過するからである．この円の円周は $2\pi|(\mathbf{j}_1\times\mathbf{j}_2)|/j$ であるから，これはまた速度 v である．$\mathbf{j}_1$ の Z 成分が κ と $\kappa+1$ の間にある確率は次の式であることが導かれる

$$\frac{2|(\mathbf{j}_1\times\mathbf{j}_2)|}{|(\mathbf{j}_1\times\mathbf{j}_2)\cdot\mathbf{e}_z|v}=\frac{2|(\mathbf{j}_1\times\mathbf{j}_2)|}{|(\mathbf{j}_1\times\mathbf{j}_2)\cdot\mathbf{e}_z|}\frac{j}{2\pi|(\mathbf{j}_1\times\mathbf{j}_2)|}. \tag{27.5}$$

この確率は（27. E. 2）で与えられ，m を $-m$ で置き換えてもよいから，3-j 記号の2乗の古典的対応は次のようになる

$$\begin{pmatrix} j & j_1 & j_2 \\ m & \kappa & \lambda \end{pmatrix}^2 \approx \frac{\delta_{m+\kappa+\lambda,0}}{2\pi|(\mathbf{j}_1\times\mathbf{j}_2)\cdot\mathbf{e}_z|}. \tag{27.6}$$

係数 $j/(2j+1)$ は½によって置き換えられた．前に述べたように，数 j, j_1,

j_2, m, κ, λ は，これらのベクトルの図が Z 軸のまわりに回転されてよいということを除いて，ベクトル $\mathbf{j}_1$, $\mathbf{j}_2$, $\mathbf{j}$ を決定する（ここで $\mathbf{j}_1+\mathbf{j}_2+\mathbf{j}=0$）．しかしながら，(27.6) の右辺は明らかにこのような回転のもとで不変である．それはベクトル $\mathbf{j}_1$, $\mathbf{j}_2$, $\mathbf{j}$ によって作られた三角形の面積の XY 平面上への射影の 4π 倍の逆数である．最後の記述はまた，(27.6) がベクトル $\mathbf{j}_1$, $\mathbf{j}_2$, $\mathbf{j}$ の入れ換えに対して不変であることを示す．$\mathbf{j}_1+\mathbf{j}_2+\mathbf{j}=0$ であるから，これはまた (27.6) からもわかる．

3-j 記号の古典的極限を，記号の中に含まれた添字を用いて陽にあらわすと，

$$4\pi\begin{pmatrix} j & j_1 & j_2 \\ m & m_1 & m_2 \end{pmatrix}^2 \approx \frac{\delta_{m_1+m_2+m,\,0}}{[A^2+\frac{1}{4}(j^2m_1m_2+j_1{}^2m_2m+j_2{}^2mm_1)]^{1/2}}. \quad (27.6\,\mathrm{a})$$

ここで A^2 は j, j_1, j_2 の辺を持つ3角形の面積の2乗である

$$16\,A^2=-j^4-j_1{}^4-j_2{}^4+2j^2j_1{}^2+2j^2j_2{}^2+2j_1{}^2j_2{}^2. \quad (27.6\,\mathrm{b})$$

前のように，量子力学的量，3-j 記号，の**2乗**のみに古典的対応を与えることができる．これは当然である．ψ と同様，3-j 記号は直接の古典的対応を持たない**振巾**だからである．この理由で (27.6) は，適当な領域で添字の1つについて平均されたときにのみ，成り立つことが期待される．しかしながら，$\mathfrak{D}$ とベクトル結合係数の両方を解釈するために半古典的な概念を用いることは可能である；このように求められた式[4),5)]はこれらの量の符号まで正しい．これらの半古典的な式はまた，すべての量子数が大きいとき成立つ．しかし $\mathfrak{D}$ と 3-j 記号の公式は，平均として成り立ちこの領域において，振動する特性を持っている．ここに与えられた 3-j 記号の解釈から，もし m_1 が第14図の円の最も低い点より下か，あるいはこの円の最も高い点より上にあるような値をとるならば，これらの量はゼロとなることが推論できるであろう．(27.6a) の分母はこのような場合に虚数となる．しかしながら，半古典的な式は，3-j 記号がこのような m_1 に対してゼロとならないことを示す；そして，第14図の最

---

4) A. R. Edmonds, "Angular Momentum in Quantum Mechanics" 第2.7節および付録 2. Princeton Univ. Press, Princeton, New Jersey, 1957 参照.

5) P. Brussard and J. H. Tolhoek, *Physica*, **23**, 955 (1957).

も低い点および最も高い点に対応する m_1 の値の下および上で，指数関数的に減少するに過ぎない．

もし $m=-j$ ならば，第14図の中の ベクトル $\mathbf{j}$ は Z 軸に反平行となり，そして κ と λ は古典論で一義的に決定されるであろう．それらの値は κ_0 と λ_0 によって表わされる．そこで

$$\kappa_0+\lambda_0=j, \tag{27.7}$$

そして j に垂直な高さの2乗は

$$j_1^2-\kappa_0^2=j_2^2-\lambda_0^2. \tag{27.7 a}$$

これら2つの式から κ_0 と λ_0 が決まる．量子論では，$\mathbf{j}_1$ と $\mathbf{j}_2$ の射影が κ と λ の値をとる確率は（27. E. 2）によって与えられる．この確率を $P(\kappa, \lambda)$ と表わす．$m=-j$ に対して（27. E. 2）に現われている 3-j 記号は（17. 27 b）と（24. 9 a）によって与えられる：

$$\begin{pmatrix} j & j_1 & j_2 \\ -j & \kappa & \lambda \end{pmatrix}=\frac{(-)^{2j_1+j_2-\lambda}\delta_{\kappa+\lambda,j}[(2j)!(j_1+j_2-j)!(j_1+\kappa)!(j_2+\lambda)!]^{1/2}}{[(j+j_1+j_2+1)!(j-j_1+j_2)!(j+j_1-j_2)!(j_1-\kappa)!(j_2-\lambda)!]^{1/2}}. \tag{27.8}$$

それゆえ，

$$P(\kappa, \lambda)=\text{const}\frac{(j_1+\kappa)!(j_2+\lambda)!}{(j_1-\kappa)!(j_2-\lambda)!} \tag{27.9}$$

ここで定数は κ と λ によらない．

もし κ と λ の古典的な値，すなわち κ_0 と λ_0，が整数であると仮定するならば，以下の計算は一層簡単化される．$P(\kappa, \lambda)$ に対して求められるべき式は，すべての j 並びに κ と λ が大きいときにのみ，興味があるから，これは本質的な仮定ではない．正の n を用い $\kappa=\kappa_0+n$, $\lambda=\lambda_0-n$ とおくと，次の式が成り立つ

$$\frac{P(\kappa,\lambda)}{P(\kappa_0,\lambda_0)}=\frac{(j_1+\kappa_0+1)(j_1+\kappa_0+2)\cdots(j_1+\kappa_0+n)}{(j_2-\lambda_0+1)(j_2-\lambda_0+2)\cdots(j_2-\lambda_0+n)}$$

$$\times\frac{(j_1-\kappa_0)(j_1-\kappa_0-1)\cdots(j_1-\kappa_0-n+1)}{(j_2+\lambda_0)(j_2+\lambda_0-1)\cdots(j_2+\lambda_0-n+1)}. \tag{27.9 a}$$

(27.7 a) のゆえに，

$$(j_1+\kappa_0)(j_1-\kappa_0)=(j_2-\lambda_0)(j_2+\lambda_0).$$

もし (27.9 a) の分子と分母を上式の n 次の巾で割り，そして n が $j_1\pm\kappa$ と $j_2\pm\lambda$ に比べて小さいと仮定するならば，(27.9 a) の中のすべての因子は 1 とほとんど異ならない．それゆえ，(27.9 a) は次の公式によって計算することができ

$$(1+h_1)(1+h_2)\cdots(1+h_n)=e^{h_1+h_2+\cdots+h_n}$$

そして (27.7) と (27.7 a) によって，次の式を与える

$$\frac{P(\kappa,\lambda)}{P(\kappa_0,\lambda_0)}\approx\frac{\exp[-\kappa_0 n^2/(j_1{}^2-\kappa_0{}^2)]}{\exp[\lambda_0 n^2/(j_2{}^2-\lambda_0{}^2)]}=\exp(-jn^2/(j_1{}^2-\kappa_0{}^2)). \tag{27.9 b}$$

同じ公式が負の n に対しても成り立つ．

古典的な値 κ_0 から n だけずれた κ の確率に対する最後の式は，μ の古典的な値 μ_0 からのずれの確率 (27.4) 式と非常によく似ている．確率は再び $\kappa=\kappa_0$ の値に対して最大でそして，大きな量子数 j, j_1, j_2, κ, λ に対して，κ_0 のまわりに Gauss 分布を示す．実際，大きな量子数に対して 3-j 記号と表現係数の間に密接な類似点がある．[6] 表現係数の解釈の基礎の図になる第14図からベクトル $\mathbf{j}_2$ と，円の平面の上に広がる $\mathbf{j}$ の部分を除いてみるとこれはすでに明らかである．

Racah 係数

6-j 記号の物理的解釈は，波動関数 $X_M{}^{jJ}$ (ここで粒子 1 と 2 の合成角運動量は j である) の波動関数 $\Phi_M{}^{j'J}$ (ここで粒子 1 と 3 の合成角運動量は j' である) への分解 (24.22) から，最も明らかである：

$$X_M{}^{jJ}=\sum_{j'}\sqrt{2j+1}\sqrt{2j'+1}(-)^{2j_1}\begin{Bmatrix}J & j_2 & j'\\ j_1 & j_3 & j\end{Bmatrix}\Phi_M{}^{j'J}. \tag{27.10}$$

---

[6] A. R. Edmonds, "Angular Momentum in Quantum Mechanics," 2.7章および付録 2. Princeton Univ. Press, Princeton, New Jersey, 1957.

(24.23a) で述べたように， $c(jJM;j'J'M')=\delta_{JJ'}\delta_{MM'}c^J(j;j')$ は (27.10) では 6-j 記号によって表わされてる．このことから

$$(2j+1)(2j'+1)\begin{Bmatrix} J & j_2 & j' \\ j_1 & j_3 & j \end{Bmatrix}^2 \tag{27.E.3}$$

は，角運動量 $\mathbf{j}_1$ と $\mathbf{j}_3$ の和が長さ j' を持つ確率を与えることが導かれる；この場合の条件として，角運動量 $\mathbf{j}_1$ と $\mathbf{j}_2$ が長さ j のベクトル $\mathbf{j}$ に結合され，そして $\mathbf{j}_3$ はこのベクトルと結合されて長さ J の角運動量になる．第15図は，6個のベクトルの関係を図示する；それらは（一般に，不規則な）4面体を作る．

もしベクトル $\mathbf{j}_1$, $\mathbf{j}_2$, $\mathbf{j}$, $\mathbf{j}_3$, $\mathbf{J}$ の長さを固定すると，ベクトル $\mathbf{j}_1$, $\mathbf{j}_2$, $\mathbf{j}$ の作る平面は，まだ $\mathbf{j}$ のまわりに回転することができる．第15図の点 P は，そこで $\mathbf{j}$ 上の1点に中心を持つ円を画く．この円上の長さが等しい弧は等しい確率を持つ．j' の与えられた値に対する確率を，我々が 3-j 記号を解釈したとき用いた方法によって，計算することができる．P で，円への接線の単位ベクトルは $(\mathbf{j}_1\times\mathbf{j}_2)/|(\mathbf{j}_1\times\mathbf{j}_2)|$ である．j' の単位領域の確率はこのベクトルの j' 上への射影に逆比例する；すなわち，それは次の式に比例する

$$\frac{|(\mathbf{j}_1\times\mathbf{j}_2)|}{(\mathbf{j}_1\times\mathbf{j}_2)\cdot\mathbf{j}'/j'}.$$

比例定数は円周の2分の1の逆数，すなわち $\pi|(\mathbf{j}_1\times\mathbf{j}_2)|/j$ の逆数である．それゆえ，大きな量子数 j の極限において，(27.E.3) 式は次のようになる

$$(2j+1)(2j'+1)\begin{Bmatrix} J & j_2 & j' \\ j_1 & j_3 & j \end{Bmatrix}^2 \approx \frac{|(\mathbf{j}_1\times\mathbf{j}_2)|j'}{(\mathbf{j}_1\times\mathbf{j}_2)\cdot\mathbf{j}'}\frac{j}{\pi|(\mathbf{j}_1\times\mathbf{j}_2)|}. \tag{27.11}$$

$j/(2j+1)$ と $j'/(2j'+1)$ を½で置き換えると次の式を与える

$$\begin{Bmatrix} J & j_2 & j' \\ j_1 & j_3 & j \end{Bmatrix}^2 \approx \frac{1}{4\pi(\mathbf{j}_1\times\mathbf{j}_2)\cdot\mathbf{j}'}. \tag{27.12}$$

6-j 記号の2乗は記号の中に含まれたベクトルによって作られた4面体の体積の24π倍の逆数に漸近的に等しくなる．漸近値へ接近する場合の特性は 3-j

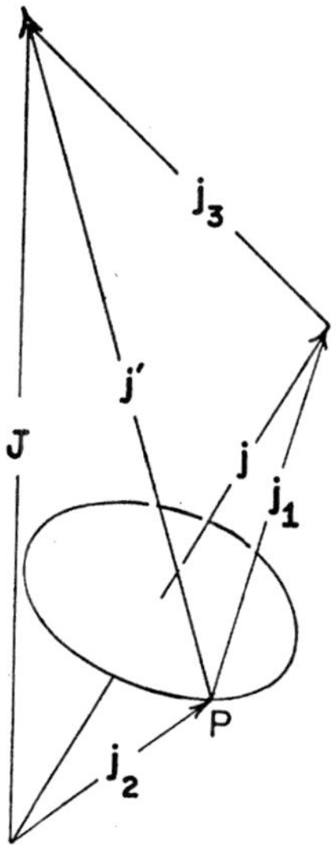

第15図　Racah 係数の幾何学的解釈．角運動量 $\mathbf{j}_1$ と $\mathbf{j}_2$ は角運動量 $\mathbf{j}$ に合成される．これは次に $\mathbf{j}_3$ と結合して全角運動量 $\mathbf{J}$ になる．角運動量 $\mathbf{j}_3$ と $\mathbf{j}_1$ が大きさ j' の角運動量に合成されるという確率は (27.E.3) に述べたように Racah 係数によって与えられる．この確率の漸近値は，ベクトル $\mathbf{J}$ の終点から j' と $j'+1$ の距離に両端を持つような円弧の長さに比例する．

記号の場合におけると同じである；(27.12) の左辺の平均だけが，少なくとも j の１つについての平均が右辺に収斂すると期待することができる．

付録A[1]．座標系，回転および位相に対する約束

この付録には，この訳で採用している座標系，回転および位相に対する約束をまとめる．これらは Rose[2] のそれと全く等しく，また Condon と Shortley[3] の波動関数，Wigner[4] の表現係数 およびベクトル 結合係数に対して最も広く用いられている[3),4),5),6)] 約束と一致するという長所を持っている．また Wigner のもとの左手座標系を普通用いられる右手系へ変換する．したがって，物理の文献における約束の相違から生ずる可能性のある混乱を最小限にし，しかも左手座標系の短所は取り除かれる．

表現係数，ベクトル結合係数，および再結合係数に対する，いろいろな著者によって用いられた，位相と表記法の間の関係は， Edmonds[6] によってより完全にまとめられている．

1. 座　　標

本書で用いられた座標では，正の x 軸の（正の）y 軸へ向う（正の）回転は，正の z 軸に沿って右ねじを進めるようになっている．球座標（r, θ, φ）は次の式によって定義される

$$\begin{aligned} r &= \sqrt{x^2+y^2+z^2}, \\ \theta &= \cos^{-1}\frac{z}{r}, \\ \phi &= \sin^{-1} y/\sqrt{x^2+y^2}. \end{aligned} \tag{A.1}$$

---

1) この付録は英訳で加えられた．

2) M. E. Rose, "Multipole Fields." Wiley, New York, 1955.

3) E. U. Condon and G. H. Shortley, "The Theory of Atomic Spectra." Cambridge Univ. Press, London and New York, 1953.

4) E. P. Wigner, "Gruppentheorie und Anwendung auf die Quantenmechanik der Atomspektren." Vieweg, Brauschweig, 1931, 英語版はこの本の訳である．

5) G. Racah, *Phys. Rev.* **62**, 438 (1942); **63**, 367 (1943).

6) A. R. Edmonds, "Angular Momentum in Quantum Mechanics." Princeton Univ Press, Princeton, New Jersey, 1957.

これらの定義は 183頁の第7図に図示されている．

2. 回　　転

回転 R はその Euler 角 $\{\alpha, \beta, \gamma\}$ によって指定される．各回転に1つの演算子 $\mathbf{P}_R$ が対応し，これは（a）z 軸のまわりに角度 α だけ場を回転させ，（b）y 軸のまわりに角度 β だけ場を回転させ，そして（c）z 軸のまわりに角度 γ だけ場を回転させる．各回転に，行列 $\mathbf{R}_R$ によって表わされる座標変換が対応し，これは（a）z 軸のまわりに角度 γ だけの座標系の回転，（b）新しい y 軸のまわりに角度 β だけ座標系の回転，そして（c）新しい z 軸のまわりに角度 α だけ座標系を回転させる．したがって[7]

$$\mathbf{R}_R=\mathbf{R}_{\{\alpha\beta\gamma\}}=\begin{pmatrix}\cos\alpha, & \sin\alpha, & 0\\ -\sin\alpha, & \cos\alpha, & 0\\ 0, & 0, & 1\end{pmatrix}\begin{pmatrix}\cos\beta, & 0, & -\sin\beta\\ 0, & 1, & 0\\ \sin\beta, & 0, & \cos\beta\end{pmatrix}\begin{pmatrix}\cos\gamma, & \sin\gamma, & 0\\ -\sin\gamma, & \cos\gamma, & 0\\ 0, & 0, & 1\end{pmatrix}. \tag{A.2}$$

$\mathbf{R}_{\{\alpha\beta\gamma\}}$ による座標系の回転は，$\mathbf{P}_{\{\alpha\beta\gamma\}^{-1}}=\mathbf{P}_{\{\pi-\gamma,\,\beta,\,-\pi-\alpha\}}$ による場の逆回転と物理的に全く同等である；すなわち，

$$f(\mathbf{R}_R\mathfrak{r})=(\mathbf{P}_{R^{-1}}f)(\mathfrak{r}). \tag{A.3}$$

ここで，演算子 $\mathbf{P}$ は座標 $\mathfrak{r}$ の新しい関数を与えるという事実を強調するために（$\mathbf{P}_{R^{-1}}f$）と書く．次のように置こう

$$\mathbf{P}_{R^{-1}}f(\mathfrak{r})=g(\mathfrak{r}). \tag{A.4}$$

そこで $f(\mathfrak{r})=\mathbf{P}_R g(\mathfrak{r})$，そして（A.3）式は演算子 $\mathbf{P}_R$ を定義する[8]ために用いた（11.19）式となる：

$$\left.\begin{aligned}\mathbf{P}_R g(\mathfrak{r}')&=g(\mathfrak{r})\\ \mathfrak{r}'&=\mathbf{R}_R\mathfrak{r}.\end{aligned}\right\} \tag{A.5}$$

ここで後の参考のために，（A.2）式によって行列 $\mathbf{R}_{\{\alpha,\beta,\gamma\}}$ は極座標（$r=z_1$,

---

7）（15.14 a）から（15.15）式までを見よ．

8）$\mathbf{P}_S\mathbf{P}_R f(x)$ のような積を計算する際に，第11章で議論されたように，左から右への順序で演算子を考えなければならない．この方法においてのみ，$\mathbf{P}_S\mathbf{P}_R\equiv\mathbf{P}_{SR}$ を保証することができる．第11章，125頁を見よ．

($\vartheta=0,\ \phi=0$) を持つ点 ($0,\ 0,\ z_1$) を極座標 ($r'=z_1,\ \vartheta'=\beta,\ \phi'=\pi-\alpha$) を持つ点 ($x',\ y',\ z'$) に変換するということを注意する.

3.　回転群の表現と球関数

(11.23) あるいは (11.26) 式は, 演算子 $\mathbf{P}_R$ をパートナー関数 $\psi_\lambda(x_1, y_1, z_1, \cdots, x_n, y_n, z_n)$ によって表現行列を定義する：

$$\mathbf{P}_R\psi_\nu(x_1, y_1, z_1, \cdots, x_n, y_n, z_n)=\sum_\kappa \mathbf{D}(R)_{\kappa\nu}\psi_\kappa(x_1, y_1, z_1, \cdots, x_n, y_n, z_n) \tag{A.6}$$

あるいは, 同等なことだが

$$\psi_\nu(x'_1, y'_1, z'_1, \cdots, x'_n, y'_n, z'_n)=\sum_\kappa \mathbf{D}(R)_{\nu\kappa}{}^*\psi_\kappa(x_1, y_1, z_1, \cdots, x_n, y_n, z_n), \tag{A.7}$$

ここで

$$\mathfrak{r}'_i=\mathbf{R}_R\mathfrak{r}_i.$$

回転群の場合に, 球関数 $Y_{l,m}(\vartheta,\ \phi)$, $-l\leqslant m\leqslant +l$ がパートナー関数であり, 表現行列は $\mathfrak{D}^{(l)}(R)_{km}$ である. そこで (A.6) によって

$$Y_{l,m}(\vartheta', \phi')=\sum_k \mathfrak{D}^{(l)}(R)_{mk}{}^* Y_{l,k}(\vartheta, \phi). \tag{A.8}$$

この方程式は, $\vartheta=0,\ \phi=0$ での球関数の値と $\mathfrak{D}_{km}{}^{(l)}$ を用いて, すべての ϑ' と ϕ' に対する球関数を定義する：

$$Y_{l,m}(\vartheta, \phi)=\sum_k \mathfrak{D}^{(l)}(R)_{mk}{}^* Y_{lk}(\vartheta=0,\ \phi=0). \tag{A.9}$$

ここで R は, その行列 $\mathbf{R}_R$ が原点から r だけ離れた Z 軸上の点を, 極座標 $r,\ \vartheta,\ \phi$ を持つ点に導くような回転でなければならない. 前の節で注意したように, この回転は $R=\{\pi-\phi,\ +\vartheta,\ +\gamma\}$ である. $Y_{l,0}$ だけが $\vartheta=\phi=0$ の点でゼロでないということが, 第15章で証明された. ゆえに, (A.9) 式は次のように簡単になる

$$Y_{l,m}(\vartheta,\ \phi)=\mathfrak{D}^{(l)}(\{\pi-\phi,\ +\vartheta,\ +\gamma\})_{m0}{}^* Y_{l0}(\vartheta=0,\ \phi=0). \tag{A.10}$$

Condon と Shortley[3] にしたがって, 我々は Y_{l0} (0, 0) を実数で正にとる；

そこで

$$Y_{l,m}(\vartheta,\ \phi)=(\text{const})\cdot(-1)^m e^{im\varphi}\mathbf{d}^{(l)}(\vartheta)_{m0}. \qquad \text{(A. 11)}$$

これは（19.8 b）式で述べられた球関数と表現係数の間の関係である．球関数それ自身は Condon と Shortley のものと全く等しい．

4. ベクトル結合係数

第17章で注意したように，表現 $\mathfrak{D}^{(L)}$ の $(\mu+\nu)$ 番目の行に属する積，$\Psi_\mu^{(l)}\Psi_\nu^{(\bar{l})}$ の一次結合を $\mathbf{S}$ が与えるという条件は，行列 $\mathbf{S}_{Lm;\mu\nu}{}^{(l,\bar{l})}=s_{L,\mu,\nu}{}^{(l,\bar{l})}\delta_{m,\mu+\nu}$ を一義的に指定しない．(17.21) 式は，ベクトル結合係数を一義的に指定する選び方を述べている：

$$s_{L,l,-\bar{l}}{}^{(l,\bar{l})}=|s_{L,l-\bar{l}}{}^{(l,\bar{l})}|>0. \qquad \text{(A. 12)}$$

Condon と Shortley,[3] Racah,[5] Rose,[2] Edmonds,[6] 等は Wigner[4] のこの選び方にしたがう．

ベクトル結合係数と第24章で用いた 3–j 記号との関係式は：

$$\begin{pmatrix} j_1 & j_2 & j_3 \\ m_1 & m_2 & m_3 \end{pmatrix}=\frac{(-1)^{j_1-j_2-m_3}}{\sqrt{2j_3+1}}s_{j_3m_1m_2}{}^{(j_1j_2)}\delta_{m_1+m_2+m_3,\,0}. \qquad \text{(A. 13)}$$

5. Racah 係数と 6–j 記号

本書で用いた再結合係数，あるいは 6–j 記号と Racah の W–係数との関係式は次のようになる：

$$W(j_1j_2l_1l_2;j_3l_3)=(-)^{j_1+j_2+l_1+l_2}\begin{Bmatrix} j_1 & j_2 & j_3 \\ l_1 & l_2 & l_3 \end{Bmatrix}. \qquad \text{(A. 14)}$$

付録 B. 公 式 集

摂動論

$$\mathbf{V}_{lk}=(\psi_l, \mathbf{V}\psi_k) \tag{5.8}$$

$$F_k=E_k+\lambda\mathbf{V}_{kk}+\lambda^2 \sum_{l\neq k}\frac{|\mathbf{V}_{lk}|^2}{E_k-E_l} \tag{5.10}$$

$$\varphi_k=\varphi_k+\lambda \sum_{l\neq k}\frac{\mathbf{V}_{lk}}{E_k-E_l}\psi_l. \tag{5.11}$$

群論

記号 $\sum_R$ は有限群の場合すべての群の元についての足し算を表わす；連続群の場合は，それは **Hurwitz** 積分を意味する．

$$\sum_R J_R=\sum_R J_{SR}. \qquad (7.1), (10.5)$$

位数 h の群のユニタリ，既約表現の直交関係は

$$\sum_R \mathbf{D}^{(j')}(R)_{\mu'\nu'}{}^*\mathbf{D}^{(j)}(R)_{\mu\nu}=\frac{h}{l_j}\delta_{j'j}\delta_{\mu'\mu}\delta_{\nu'\nu}, \tag{9.32}$$

ここで l_j は $\mathbf{D}^{(j)}$ の次元数である．指標 $\chi^{(j)}(R)=\sum_\mu \mathbf{D}^{(j)}(R)_{\mu\mu}$ に対して，次の式が成り立つ

$$\sum_R \chi^{(j')}(R)^*\chi^{(j)}(R)=h\,\delta_{j'j}. \tag{9.33}$$

連続群に対して $h=\sum_R 1$ は $\int dR$ によって置き換えられる（(10.12)，(10.13) 式)．

表現と固有関数

$$\mathbf{P}_R f(x'_1, x'_2,\cdots, x'_n)=f(x_1, x_2, \cdots x_n), \tag{11.19}$$

ここで x_i および x'_j は実，直交変換 $\mathbf{R}$ によって関係づけられる

$$x'_j=\sum_i \mathbf{R}_{ji}x_i \quad \text{あるいは} \quad x_i=\sum_j \mathbf{R}_{ji}x'_j, \tag{11.18}$$

上の式から次のことが導かれる

$$\mathbf{P}_{SR}=\mathbf{P}_S\mathbf{P}_R. \tag{11.20}$$

また

$$\mathbf{P}_R\psi_\nu=\sum_\kappa \mathbf{D}(R)_{\kappa\nu}\psi_\kappa \tag{11.23}$$

および $\mathbf{P}_S\mathbf{P}_R=\mathbf{P}_{SR}$ は次のことを意味する

最後に，

$$\mathbf{D}(SR)=\mathbf{D}(S)\mathbf{D}(R). \tag{11.25}$$

$$\mathbf{P}_R f_\kappa^{(j)}=\sum_\lambda \mathbf{D}^{(j)}(R)_{\lambda\kappa}f_\lambda^{(j)} \quad \text{および} \quad \mathbf{P}_R g_{\kappa'}^{(j')}=\sum_{\lambda'}\mathbf{D}^{(j')}(R)_{\lambda'\kappa'}g_{\lambda'}^{(j')}$$

は次の式を意味する

$$(f_\kappa^{(j)},g_\kappa^{(j')})=\frac{h}{l_j}\delta_{jj'}\delta_{\kappa\kappa'}\sum_\lambda (f_\lambda^{(j)},g_\lambda^{(j')}). \tag{12.8}$$

3次元回転群の既約表現

$$\mathfrak{D}^{(j)}(\{\alpha\beta\gamma\})_{m'm}=e^{im'\alpha}\boldsymbol{d}^{(j)}(\beta)_{m'm}e^{im\gamma}. \tag{15.8}$$

$$\mathfrak{D}^{(\frac{1}{2})}(\{\alpha\beta\gamma\})=\begin{pmatrix} e^{-\frac{1}{2}i\alpha}\cos\frac{1}{2}\beta e^{\frac{1}{2}-i\gamma} & -e^{\frac{1}{2}i\alpha}\sin\frac{1}{2}\beta e^{\frac{1}{2}i\gamma} \\ e^{\frac{1}{2}i\alpha}\sin\frac{1}{2}\beta e^{-\frac{1}{2}i\gamma} & e^{\frac{1}{2}i\alpha}\cos\frac{1}{2}\beta e^{\frac{1}{2}i\gamma}\end{pmatrix}. \tag{15.16}$$

$$\mathfrak{D}^{(j)}(\{\alpha\beta\gamma\})_{j\mu}=\sqrt{\binom{2j}{j-\mu}}e^{ij\alpha}\cos^{j+\mu}\tfrac{1}{2}\beta\sin^{j-\mu}\tfrac{1}{2}\beta e^{i\mu\gamma}. \tag{15.27 a}$$

$$\chi^{(j)}(\varphi)=\sum_{\mu=-j}^{j}e^{i\mu\varphi}. \tag{15.28}$$

表現 $\mathfrak{D}^{(l)}\times\mathfrak{D}^{(\bar{l})}$ は表現 $\mathfrak{D}^{(L)}$ をおのおの正確に1回含む，ここで

$$L=|l-\bar{l}|,\ |l-\bar{l}|+1,\cdots,l+\bar{l}-1,l+\bar{l}. \tag{17.14}$$

$$\mathfrak{D}^{(l)}(R)_{\mu'\mu}\mathfrak{D}^{(\bar{l})}(R)_{\nu'\nu}=\sum_{L=|l-\bar{l}|}^{l+\bar{l}} s_{L\mu'\nu'}{}^{(l\bar{l})}\mathfrak{D}^{(L)}(R)_{\mu'+\nu';\,\mu+\nu}s_{L\mu\nu}{}^{(l\bar{l})}, \tag{17.16 b}$$

$$s_{L\mu L-\mu}{}^{(l\bar{l})}=\frac{(-1)^{l-\mu}\sqrt{(2L+1)!\,(l+\bar{l}-L)!}}{\sqrt{(L+l+\bar{l}+1)!(L-\bar{l}+l)!(L-l+\bar{l})!}}\times\sqrt{\frac{(l+\mu)!(\bar{l}+L-\mu)!}{(l-\mu)!(\bar{l}-L+\mu)!}}, \tag{17.27 b}$$

$$\begin{aligned}&\sum_\mu s_{L,\,\mu,\,m-\mu}{}^{(l\bar{l})}s_{L',\,\mu m-\mu}{}^{(l\bar{l})}=\delta_{LL'},\\ &\sum_L s_{L,\,\mu,\,m-\mu}{}^{(l\bar{l})}s_{L,\,\mu',\,m-\mu'}{}^{(l\bar{l})}=\delta_{\mu\mu'}.\end{aligned} \tag{17.28}$$

Pauli のスピン理論

$$\mathbf{Q}_R\Phi(x_1, y_1, z_1, s_1, \cdots x_n, y, z_n, s_n)$$
$$= \sum_{t_1=\pm 1} \cdots \sum_{t_n=\pm 1} \mathfrak{D}^{(1/2)}(R)_{\frac{1}{2}s_1, \frac{1}{2}t_1} \cdots \mathfrak{D}^{(1/2)}(R)_{\frac{1}{2}s_n, \frac{1}{2}t_n}$$
$$\cdot \Phi(x_1, y_1, z_1, t_1, \cdots, x_n, y_n, z_n, t_n) \quad (21.6\,\mathrm{b})$$

$$\mathbf{O}_R = \mathbf{P}_R\mathbf{Q}_R = \mathbf{Q}_R\mathbf{P}_R. \quad (21.8)$$

既約テンソル

$$\mathbf{O}_R^{-1}\mathbf{T}^{(\rho)}\mathbf{O}_R = \sum_{\sigma=-\omega}^{\omega} \mathfrak{D}^{(\omega)}(R)_{\rho\sigma}\mathbf{T}^{(\sigma)}, \quad (21.16\,\mathrm{b})$$

$$\mathbf{T}^{(\rho)}{}_{Nj\mu;N'j'\mu'} = (\Psi_\mu{}^{Nj}, \mathbf{T}^{(\rho)}\Psi_{\mu'}{}^{N'j'}) \quad (21.18)$$
$$= s_{j'\mu\rho}{}^{(j\omega)}\delta_{\mu+\rho, \mu'} T_{Nj;N'j'}. \quad (21.19)$$

ここで $s_{j'\mu\rho}{}^{(j\omega)}$ は次のようなときゼロである

$$|j-\omega|>j' \text{ あるいは } j'>j+\omega.$$

無限小回転

デカルト座標の無限小回転に対する演算子は：

$$\frac{1}{\hbar}\mathbf{L}_z\Psi = -i\frac{\partial}{\partial\alpha}\mathbf{P}_{\{\alpha 00\}}\Psi\Big|_{\alpha=0}; \quad (18.7)$$

スピン座標については

$$\tfrac{1}{2}(s_1+s_2+\cdots+s_n)\Psi = \frac{1}{\hbar}\mathbf{S}_z\Psi = -i\frac{\partial}{\partial\alpha}\mathbf{Q}_{\{\alpha 00\}}\Psi\Big|_{\alpha=0}; \quad (23.23\,\mathrm{a})$$

そしてすべての座標を同時に：

$$\frac{1}{\hbar}(\mathbf{L}_z+\mathbf{S}_z) = -i\frac{\partial}{\partial\alpha}\mathbf{O}_{\{\alpha 00\}}\Big|_{\alpha=0}. \quad (23.30\,\mathrm{a})$$

3-j 記号

1. 3-j 記号とベクトル結合係数の間の関係.

$$\begin{pmatrix} j_1 & j_2 & j_3 \\ m_1 & m_2 & m_3 \end{pmatrix} = \frac{(-)^{j_1-j_2-m_3}}{\sqrt{2j_3+1}} s_{j_3 m_1 m_2}{}^{(j_1 j_2)}\delta_{m_1+m_2+m_3, 0}. \quad (24.9\,\mathrm{a})$$

2.　3-j 記号の対称性.

$$(-)^{j_1+j_2+j_3}\begin{pmatrix} j_1 & j_2 & j_3 \\ m_1 & m_2 & m_3 \end{pmatrix}=\begin{pmatrix} j_1 & j_3 & j_2 \\ m_1 & m_3 & m_2 \end{pmatrix}=\begin{pmatrix} j_3 & j_2 & j_1 \\ m_3 & m_2 & m_1 \end{pmatrix}=\begin{pmatrix} j_2 & j_1 & j_3 \\ m_2 & m_1 & m_3 \end{pmatrix}. \tag{24.10}$$

$$\begin{pmatrix} j_1 & j_2 & j_3 \\ m_1 & m_2 & m_3 \end{pmatrix}=\begin{pmatrix} j_2 & j_3 & j_1 \\ m_2 & m_3 & m_1 \end{pmatrix}=\begin{pmatrix} j_3 & j_1 & j_2 \\ m_3 & m_1 & m_2 \end{pmatrix}. \tag{24.10 a}$$

$$\begin{pmatrix} j_1 & j_2 & j_3 \\ -m_1 & -m_2 & -m_3 \end{pmatrix}=(-1)^{j_1+j_2+j_3}\begin{pmatrix} j_1 & j_2 & j_3 \\ m_1 & m_2 & m_3 \end{pmatrix}. \tag{24.10 b}$$

6-j 記号

1.　3-j 記号との関係

$$(j_1 l_2 l^{\bullet})(l_1 j_2 l_{\bullet})=(-)^{2l_1}\sum_j (2j+1)\begin{Bmatrix} j_1 & j_2 & j \\ l_1 & l_2 & l \end{Bmatrix}(j_1 j_2 j^{\bullet})(l_1 l_2 j_{\bullet}). \tag{24.24 a}$$

$$(j_1 l_{2\bullet} l_3^{\bullet})(l_1^{\bullet} j_2 l_{3\bullet})(l_{1\bullet} l_2^{\bullet} j_3)=\begin{Bmatrix} j_1 & j_2 & j_3 \\ l_1 & l_2 & l_3 \end{Bmatrix}(j_1 j_2 j_3). \tag{24.24 b}$$

(上に用いた共変な表記法については第24章を見よ.)

2.　位置座標に関してp次，スピン座標に関してゼロ次（スカラー）の既約テンソルの σ 番目の成分 $\mathbf{T}^{\sigma}$ を考えよう．そこで演算子 $\mathbf{T}^{\sigma}$ はすべての座標の回転に関して $\omega=p$ 階の既約テンソルである．このような演算子に対して (21.19) 式のもう１つの形は

$$(\Psi_{\mu}{}^{NJ},\ \mathbf{T}^{\sigma}\Psi_{\mu'}{}^{N'J})=(J^{\mu}, p^{\sigma}, J'_{\mu'})\,T_{NJ;N'J'}. \tag{24.27 a}$$

(24.27 a）における $T_{NJ;N'J'}$ は (21·19) の $T_{NJ;N'J'}$ の $(-1)^{J-p-J'}\sqrt{2J'+1}$ 倍である．LS 結合が $\Psi_{\mu}{}^{NJ}$ と $\Psi_{\mu'}{}^{N'J'}$ の両方に成り立つ場合には，

$$T_{NJ;N'J'}=(-1)^{2J-L+S+J'+p}\begin{Bmatrix} J & p & J' \\ L' & S & L \end{Bmatrix}\sqrt{2J+1}\,\sqrt{2J'+1}\,T_{NSL;N'S'L'}. \tag{24.30}$$

反ユニタリ演算子

任意の2つの状態 Ψ と Φ について次の式が成り立つとき，演算子 $\boldsymbol{\theta}$ は反ユニタリである

$$(\boldsymbol{\theta}\Phi, \boldsymbol{\theta}\Psi) = (\Phi, \Psi)^* = (\Psi, \Phi) \tag{26.8}$$

および

$$\boldsymbol{\theta}(\alpha\Phi + \beta\Psi) = \alpha^*\boldsymbol{\theta}\Phi + \beta^*\boldsymbol{\theta}\Psi. \tag{26.5}$$

反ユニタリ時間反転の演算子は次の式によって与えられる

$$\boldsymbol{\theta} = \mathbf{s}_{1y}\mathbf{s}_{2y}\cdots\mathbf{s}_{ny}\mathbf{K} \tag{26.15 a}$$

$$= (-i)^n \mathbf{Q}_{\{0,\pi,0\}}\mathbf{K}, \tag{26.15 c}$$

ここで $\mathbf{K}$ はある量をその複素共軛によって置き換える演算子である．

反ユニタリ演算子 $\mathbf{a}$ とユニタリ演算子 $\mathbf{u}$ に対応する行列に対する掛け算の法則は

$$\begin{aligned}
\mathbf{D}(\mathbf{u}_1)\mathbf{D}(\mathbf{u}_2) &= \mathbf{D}(\mathbf{u}_1\mathbf{u}_2),\\
\mathbf{D}(\mathbf{a})\mathbf{D}(\mathbf{u})^* &= \mathbf{D}(\mathbf{a}\mathbf{u}),\\
\mathbf{D}(\mathbf{u})\mathbf{D}(\mathbf{a}) &= \mathbf{D}(\mathbf{u}\mathbf{a}),\\
\mathbf{D}(\mathbf{a}_1)\mathbf{D}(\mathbf{a}_2)^* &= \mathbf{D}(\mathbf{a}_1\mathbf{a}_2).
\end{aligned} \tag{26.21}$$

索　引

タ 行

マ　行

ヤ　行

E. P. Wigner ; Group Theory 1971 ©

1971年1月15日　第1刷発行　¥ 2,800.

訳　　者　森田正人
　　　　　森田玲子

発　　行　京都市左京区田中門前町　株式会社 吉岡書店
　　　　　吉岡　清

発 売 元　東京都中央区日本橋　丸善株式会社

天業社印刷・藤沢製本

群論と量子力学 [POD版]

2000年2月15日　発行

著　者　ウイグナー

訳　者　森田 正人・森田 玲子

発行者　吉岡 誠

発　行　株式会社 吉岡書店
〒606-8225
京都市左京区田中門前町87
TEL 075-781-4747
FAX 075-701-9075

印刷・製本　ココデ印刷株式会社
〒173-0001
東京都板橋区本町34-5

ISBN978-4-8427-0280-3　Printed in Japan